教育部高等学校电子信息类专业教学指

高等学校电子信息类专业系列教材·新

U0668569

模拟电子技术

（第2版）

（微课视频版）

劳五一　编著

清华大学出版社

北京

内 容 简 介

本书是高等院校电子类专业的基础教材，全书共 13 章，分为电子电路基础知识、基本电路及其应用、基本应用电路、模拟集成电路原理及半导体器件四部分。本书采用"自顶向下"的层次结构，注重设计思想，全面地介绍了模拟电子学的基本理论和基本技术，内容丰富，实用性强，尤其是与 Multisim 软件相结合，通过仿真辅助分析和设计验证，提供了大量有价值的实例。本书的附录还对线性电路的基本问题进行了归纳和总结。

本书可用作高等院校模拟电子技术基础课程的教材，也可作为工程技术人员的参考工具书。

图书在版编目(CIP)数据

模拟电子技术：微课视频版/劳五一编著. —2 版. —北京：清华大学出版社，2022.1
高等学校电子信息类专业系列教材　新形态教材
ISBN 978-7-302-57981-6

Ⅰ．①模…　Ⅱ．①劳…　Ⅲ．①模拟电路－电子技术－高等学校－教材　Ⅳ．①TN710

中国版本图书馆 CIP 数据核字(2021)第 065471 号

责任编辑：曾　珊
封面设计：李召霞
责任校对：郝美丽
责任印制：朱雨萌

出版发行：清华大学出版社
　　　　　网　　　址：http://www.tup.com.cn，http://www.wqbook.com
　　　　　地　　　址：北京清华大学学研大厦 A 座　　　　　　邮　　编：100084
　　　　　社 总 机：010-62770175　　　　　　　　　　　　邮　　购：010-83470235
　　　　　投稿与读者服务：010-62776969，c-service@tup.tsinghua.edu.cn
　　　　　质量反馈：010-62772015，zhiliang@tup.tsinghua.edu.cn
　　　　　课件下载：http://www.tup.com.cn，010-83470236
印 装 者：三河市君旺印务有限公司
经　　销：全国新华书店
开　　本：185mm×260mm　　印　张：31.5　　　　　　字　　数：769 千字
版　　次：2015 年 7 月第 1 版　　2022 年 1 月第 2 版　　印　　次：2022 年 1 月第 1 次印刷
印　　数：1～1500
定　　价：89.00 元

产品编号：090976-01

高等学校电子信息类专业系列教材

我国电子信息产业销售收入总规模在 2013 年已经突破 12 万亿元,行业收入占工业总体比重已经超过 9%。电子信息产业在工业经济中的支撑作用凸显,更加促进了信息化和工业化的高层次深度融合。随着移动互联网、云计算、物联网、大数据和石墨烯等新兴产业的爆发式增长,电子信息产业的发展呈现了新的特点,电子信息产业的人才培养面临着新的挑战。

(1) 随着控制、通信、人机交互和网络互联等新兴电子信息技术的不断发展,传统工业设备融合了大量最新的电子信息技术,它们一起构成了庞大而复杂的系统,派生出大量新兴的电子信息技术应用需求。这些"系统级"的应用需求,迫切要求具有系统级设计能力的电子信息技术人才。

(2) 电子信息系统设备的功能越来越复杂,系统的集成度越来越高。因此,要求未来的设计者应该具备更扎实的理论基础知识和更宽广的专业视野。未来电子信息系统的设计越来越要求软件和硬件的协同规划、协同设计和协同调试。

(3) 新兴电子信息技术的发展依赖于半导体产业的不断推动,半导体厂商为设计者提供了越来越丰富的生态资源,系统集成厂商的全方位配合又加速了这种生态资源的进一步完善。半导体厂商和系统集成厂商所建立的这种生态系统,为未来的设计者提供了更加便捷却又必须依赖的设计资源。

教育部 2012 年颁布了新版《高等学校本科专业目录》,将电子信息类专业进行了整合,为各高校建立系统化的人才培养体系,培养具有扎实理论基础和宽广专业技能的、兼顾"基础"和"系统"的高层次电子信息人才给出了指引。

传统的电子信息学科专业课程体系呈现"自底向上"的特点,这种课程体系偏重对底层元器件的分析与设计,较少涉及系统级的集成与设计。近年来,国内很多高校对电子信息类专业课程体系进行了大力度的改革,这些改革顺应时代潮流,从系统集成的角度,更加科学合理地构建了课程体系。

为了进一步提高普通高校电子信息类专业教育与教学质量,贯彻落实《国家中长期教育改革和发展规划纲要(2010—2020 年)》和《教育部关于全面提高高等教育质量若干意见》(教高〔2012〕4 号)的精神,教育部高等学校电子信息类专业教学指导委员会开展了"高等学校电子信息类专业课程体系"的立项研究工作,并于 2014 年 5 月启动了《高等学校电子信息类专业系列教材》(教育部高等学校电子信息类专业教学指导委员会规划教材)的建设工作。其目的是为推进高等教育内涵式发展,提高教学水平,满足高等学校对电子信息类专业人才培养、教学改革与课程改革的需要。

本系列教材定位于高等学校电子信息类专业的专业课程,适用于电子信息类的电子信息工程、电子科学与技术、通信工程、微电子科学与工程、光电信息科学与工程、信息工程及其相近专业。经过编审委员会与众多高校多次沟通,初步拟定分批次建设约100门课程教材。本系列教材将力求在保证基础的前提下,突出技术的先进性和科学的前沿性,体现创新教学和工程实践教学;将重视系统集成思想在教学中的体现,鼓励推陈出新,采用"自顶向下"的方法编写教材;将注重反映优秀的教学改革成果,推广优秀的教学经验与理念。

为了保证本系列教材的科学性、系统性及编写质量,本系列教材设立顾问委员会及编审委员会。顾问委员会由教指委高级顾问、特约高级顾问和国家级教学名师担任,编审委员会由教育部高等学校电子信息类专业教学指导委员会委员和一线教学名师组成。同时,清华大学出版社为本系列教材配置优秀的编辑团队,力求高水准出版。本系列教材的建设,不仅有众多高校教师参与,也有大量知名的电子信息类企业支持。在此,谨向参与本系列教材策划、组织、编写与出版的广大教师、企业代表及出版人员致以诚挚的感谢,并殷切希望本系列教材在我国高等学校电子信息类专业人才培养与课程体系建设中发挥切实的作用。

吕志伟 教授

前 言
PREFACE

"模拟电子电路"是电子、通信和计算机等专业的学科基础课程。因为中学生所学课程中几乎没有涉及电子电路的内容,因此"模拟电子电路"是学生接触"电子技术"的启蒙课。作者在多年教学实践中发现,采用传统的从器件原理到分立元件,再到集成电路的教学思路,学生普遍感到入门难、学习枯燥、课程知识点零散庞杂,不易形成电子系统的整体概念,这对于本课程乃至后续专业学习和工作实践均有不利的影响。

在前期学习了侧重掌握基本分析工具的"电路分析"课程之后,学生在学习模拟电子电路时,除了将分析方法进一步延伸到电子电路上外,核心的学习目的是进行电路设计。如今高性能集成电路已经广泛普及,在工程实践中更为重要的是确立设计框架,从宏观上确定系统结构,通过理解器件的外部特性进行选型,并辅以相应的分析和验证从而达到设计要求。

本书首先为读者打下理论基础,采用了从电子系统功能到系统构建,再从器件特性到器件原理的"自顶向下"的层次结构,体现从外部到内部,从整体到局部的逐步深化的认识过程,而不至于在学习之初时"见树木而不见森林",被大量的器件内部结构和原理等知识所困扰。同时,针对模拟电子电路实践性强的特点,书中采用理论与仿真实验紧密结合的教学形式,利用 Multisim 仿真软件对所学内容进行分析和设计验证。每一章的习题均分为分析题与设计题,旨在能够更好地培养学生认识、分析和设计电路的能力。无论学生后续是侧重混合电路系统设计,还是深入学习半导体和微电子学科,本书均能够发挥良好的基础作用。

本书整体分为四个部分,即第 1~3 章介绍模拟电路的基础知识和分析方法,第 4~7 章为基本电路要素,第 8~11 章为基本应用电路,第 12、13 章为模拟集成电路和半导体器件。具体学习路线图如图 0.1 所示。

第 1 章介绍电子电路基础知识。考虑到读者学习知识上的连续性,本书在电路理论(电路分析)的基础上,从电信号和电子系统出发,介绍放大器的主要指标、电源设置和简单应用,形成对模拟电子电路的宏观认识;第 2、3 章分别为放大电路的频率响应和放大电路中的反馈。在学习模拟电路之前,先掌握电路系统中的两个基本问题——频率响应和反馈,掌握严密系统的分析方法,为后续学习各种功能电路打下基础。

第 4~7 章,均从器件的外部特性出发,分别介绍集成运算放大器与集成电压比较器、半导体二极管、双极型晶体管和场效应管的基本电路。前三章的知识会帮助读者深刻理解和掌握这四章的内容。第 8~11 章是各种应用型功能电路介绍,分别为有源滤波器、振荡器、功率放大电路和电源电路,它们是模拟电路实际应用时的常见模块。

基础知识　　　　　　　基本电路及其应用　　　　　　基本应用电路

第1章
电子电路基础知识

第2章
放大电路的频率响应

第3章
放大电路中的反馈

第4章
集成运算放大器和
电压比较器

第5章
半导体二极管

第6章
双极型晶体管

第7章
场效应管

第8章
有源滤波器

第9章
信号产生电路

第10章
功率放大电路

第11章
直流电源电路

第12章
模拟集成电路

第13章
半导体器件的物理机理

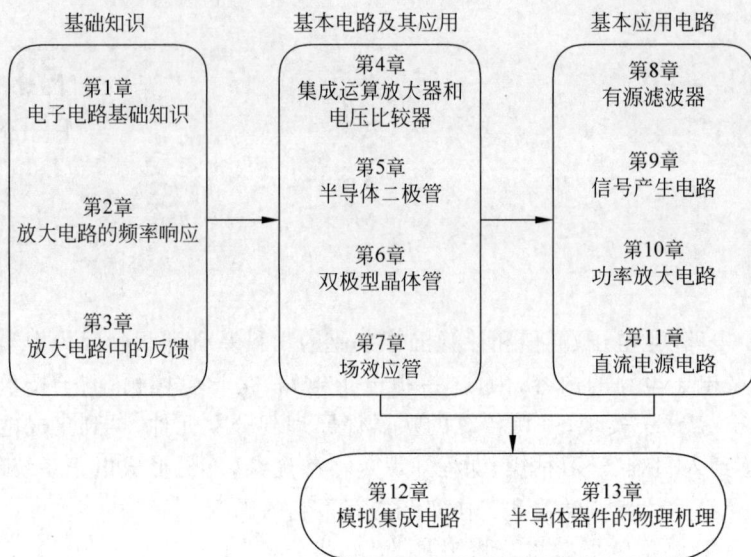

图 0.1　本书内容框图

　　最后,进一步深入器件内部,第 12 章介绍各种模拟集成电路原理,以便读者更好地理解和应用集成电路,掌握基本集成电路结构和分析方法;第 13 章介绍半导体器件的物理机理,从微观角度对半导体器件的内部结构和原理加以介绍,为今后微电子专业的学习打下基础。

作　者

2021 年 9 月于上海

符号和仿真图说明

1. 交流和直流

小写字母 v 或 i，小写下标，表示交流电压或电流瞬时值

v_o 输出交流电压瞬时值

i_b 晶体管基极交流电流瞬时值

大写字母 V 或 I，大写下标，表示直流电压或电流

V_O 输出直流电压

VCC 集电极直流电源电压

I_B 基极直流偏置电流

I_L 负载直流电流

小写字母 v 或 i，大写下标，表示含直流的电压或电流瞬时值

v_O 含有直流的输出电压瞬时值

v_I 含有直流的输入电压瞬时值

大写字母 V 或 I，小写下标，表示正弦电压或电流有效值，或表示 s 域参数

V_o 输出正弦电压有效值

V_m 正弦电压幅值

大写字母上加圆点表示正弦复数值

$\dot{V}_o$ 复数输出电压

$\dot{A}_v$ 复数电压增益

2. 元器件

R 电阻或等效电阻

r 器件内部的等效电阻

C 电容

L 电感

D 二极管

T、Q 双极型晶体管

T、J、M 场效应管

A 集成运算放大器

C 集成电压比较器

Tr 变压器

3. 其他符号

V_A Early 电压

V_T 热电压

$V_{BE(on)}$	双极型晶体管 B-E 结导通电压
g_m	跨导
β	双极型晶体管共发射极电流放大系数
A_{vf}	闭环电压增益
Q	静态工作点
BW	带宽
T	温度,周期
φ	相位角
η	效率
SR	压摆率
D	全谐波失真系数

4. 仿真图注

本书仿真图标注(英文)与 NI Multisim 软件中保持一致,常见的分析方法及坐标变量如下:

Transient Analysis	瞬态分析
AC Analysis	交流小信号分析
DC Sweep Analysis	直流扫描分析
Parameter Sweep	参数扫描
Temperature Sweep	温度扫描
Fourier Analysis	傅里叶分析
Pole Zero	零-极点分析
Transfer Function	传输函数分析
Post Process	数据后处理
Time	时间
Frequency	频率
Voltage	电压
Current	电流
Resistance	电阻
Capacitance	电容
Temperature	温度
Input	输入
Output	输出
Channel	通道
Gain	增益
Power	功率
Efficiency	效率

微课视频清单

实验视频清单

实验视频 1　双电源集成运放实验——反相电路(4.2.1节)

实验视频 2　双电源集成运放实验——同相电路(4.2.2节)

实验视频 3　双电源集成运放实验——积分电路(4.2.5节)

实验视频 4　单电源集成运放实验(4.3.3节)

实验视频 5　桥式整流滤波双电源电路(5.3.1节)

实验视频 6　全波精密整流电路(5.3.1节)

实验视频 7　单管共射放大电路实验(6.5.2节)

实验视频 8　线性锯齿波发生器(6.7.6节)

实验视频 9　二阶带通滤波器实验(8.2.3节)

实验视频 10　桥式 RC 振荡器实验(9.1.4节)

实验视频 11　方波-三角波发生器实验(9.2.2节)

实验视频 12　V-F 转换电路(9.2.4节)

实验视频 13　集成功率放大器实验(10.5节)

实验视频 14　数控稳压器(11.2.3节)

实验视频 15　跟踪直流稳压电源(第11章分析题)

目 录
CONTENTS

电子电路基础知识

随着通信技术、计算机技术和电子技术的迅速发展,各种电子产品进入千家万户,手机、计算机、数码相机、家庭音响、电视机等电子设备已成为人们日常生活中的必需品。那么,它们的工作原理是怎样的? 其内部电路又是如何设计的? 要回答这些问题,就需要了解电子电路中诸多方面的知识,例如电子设备中每一个电子元器件是怎样工作的,它们又是如何组成具有特殊功能的电路,进而构成一个复杂巧妙的电子系统的,等等。因此,学习电子电路是一件非常有趣的事。

为了便于后续内容的学习,首先需要介绍一些电子电路的基本概念和基本分析方法,并通过一些电子系统的典型实例对将要学习的一些重要功能模块有一个初步的认识。

另外,作为研究电子电路的基础用书,本书附录对线性电路的几个基本问题进行了回顾,以便读者学习时参考。

1.1 电信号

你知道我们的声音是如何传送到扬声器的吗? 声音首先通过微音器(话筒)变成音频信号,再经过扩音器的放大,最后通过扬声器还原成声音。这一过程可归纳为"声—电—声"的转换和传送的过程。类似的例子还可以列举很多,它们的共同点是,非电量(例如声信号)经过传感器(例如微音器)转换为电量,即电信号,然后再送入电子系统进行电信号的处理。由此可见,讨论需从"电信号"和"电子系统"两方面入手。

从广义上讲,信号包含光信号、声信号和电信号等。信号作为带有信息的某种物理量,可以随时间或随空间变化。在信号分析中,根据信号的取值在时间上是否连续(不考虑个别不连续点),可将信号分为时间连续信号和时间离散信号。其中,时间连续信号有两种:一种取值是连续的,一种取值是离散的;同理,时间离散信号也有两种:一种取值连续,一种取值离散。若信号的时间与取值都是连续的,则称此类信号为模拟信号;若信号的时间连续,但是信号的取值离散,则称此类信号为量化信号;若信号的时间离散,但信号的取值连续,则称此类信号为抽样信号或取样信号;若信号的时间与取值都是离散的,则称此类信号为数字信号。

电子系统可处理的信号为电信号,所以自然界中各种非电量必须通过传感器转换为电信号,而电信号是指随时间而变化的电压或电流。能够处理模拟电信号的电子电路称为模拟电路,能够处理数字电信号的电子电路称为数字电路。模拟电路正是本书主要讨论的内容,包括模拟电路的基本概念、基本原理、基本分析方法、基本设计方法和基本应用等。至于其他类型信号的处理方法和电路,可参考数字电路等有关书籍。

1.2 电子系统

在人们的日常生活中,有许多熟悉的电子产品,它们就是一个电子系统,如电视机、收音机、家庭音响、手机和计算机等。还有一些电子系统是存在的但不是很明显,例如电冰箱中的电子控制系统。当然,还有很多不熟悉的庞大而复杂的电子系统。一般而言,为了完成特定的功能,将若干个子系统或功能模块,按照一定的要求,组成的规模较大的、完整的电子装置,称为电子系统。

电子系统有大有小,有简单的,也有复杂的。它们可分为模拟、数字、模拟和数字混合三种。电子系统常见的功能模块包括信号源、放大电路、滤波器、直流电源、波形变换电路、数字逻辑电路和转换电路等。

信号源可以产生各种波形信号,例如正弦波、方波、三角波等,放大电路用于增大微弱信号的功率,滤波器用于信号的提取等;直流电源为其他功能模块提供必需的能量;波形变换电路可将一种波形变换为另一种波形;数字逻辑电路可以处理数字信号;转换电路可以实现信号从模拟到数字或从数字到模拟的转换;等等。

作为对电子系统的初步认识,下面列举几个简单的模拟电子系统的例子。

1. 扩音器

一个简单扩音器的基本功能,是能够将微弱的音频信号放大,最终以足够大的功率驱动扬声器发声。扩音器的原理框图如图 1.1 所示。语言信号通过微音器(话筒)转换成的电信号是很微弱的,需先经过具有一定放大倍数的放大电路,即音频电压放大电路,将微弱信号放大到具有一定电压值的信号,然后再推动音频功率放大电路,使之输出足够大的功率,推动扬声器发声。

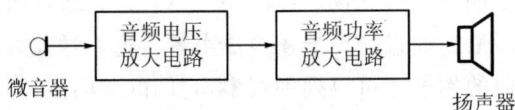

图 1.1 扩音器原理框图

2. 直流稳压电源

以低压线性直流稳压电源为例,其输入为 220V 的正弦波交流电压,而输出为所需的低压直流电压。为了实现此功能,需要如图 1.2 所示的四个功能模块,其中变压器可将 220V 的交流电压降到一定值的低压交流电压,整流器(即波形变换电路)将交流电压变为脉动直流电压,滤波器可将脉动直流变为较平稳的直流,最终稳压器(即放大电路)的输出将是不随输入电压或负载变化的稳定直流。

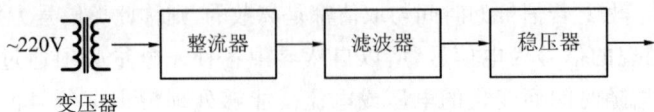

图 1.2 直流稳压电源

3. 超外差收音机

典型的超外差收音机的原理框图如图 1.3 所示,包括放大电路、滤波器、信号源(如本机振荡器)和波形变换电路(如峰值检波器)等。

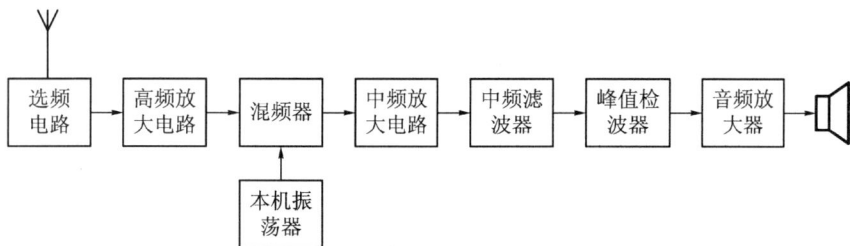

图 1.3　超外差收音机原理框图

以上仅对电子系统作了一个简单的介绍。显然,描述一个完整的电子系统,还需要对每一个功能模块提出相应的技术指标,例如放大电路的放大倍数、输入阻抗、输出阻抗和带宽等。当然,每一个功能模块又应由包含电阻、电容、电感、晶体管、集成电路等元器件构成的电路所组成。我们需要掌握的技巧是,设计每一个模块都应从它的外部特性出发,例如设计一个实际的放大电路时,首先涉及的是它所要求的技术指标。而对于一个复杂的电子系统而言,如何选择一个合理的原理框图,将涉及诸多方面的知识,例如控制系统、通信系统,电路设计的优化,电磁兼容性,元器件的选择,工艺等问题,这里不一一介绍。

从对电子系统的分析可知,对模拟信号最基本的处理是放大,而放大电路不仅具有独立完成信号放大的功能,而且也是构成各种功能模拟电路(如滤波器、振荡器、稳压器等)的基本电路。

1.3　放大电路

利用传感器将非电量转换为电量所得到的模拟信号,通常是很微弱的,例如上述的微音器可将声音转换为幅值为 1mV 左右的电信号,这个小信号再输入电压放大倍数为数千倍的放大器进行放大,从而输出幅值为数伏量级的信号,将这个大电压信号作用于扬声器,才能发出响亮的声音。又例如数码照相机,其前端的光电传感器所产生的微弱信号需放大几千倍甚至更大,才能进行模数转换,从而作进一步的分析、处理和显示等。可见放大电路是电子系统中非常重要的功能模块,它的作用就是对输入信号进行线性放大,即放大电路的输出信号是与输入信号波形形状完全相同的大幅度的信号。可用图 1.4 概括放大电路"放大"信号的过程。

(1) 放大电路输入端口的一端和输出端口的一端连接到一个公共"地"(也称电位参考点)上,这是通常的做法(隔离放大电路除外)。注意图 1.4(a)中的接地符号为⊥。这个公共地可作为信号电流和直流供电(在 1.4 节介绍)电流回路的共同端点。在电子电路中引入电位参考点,将为电子电路的绘制、分析、设计和制作等带来很多方便。

(a) 放大电路

(b) 输入信号

(c) 输出信号

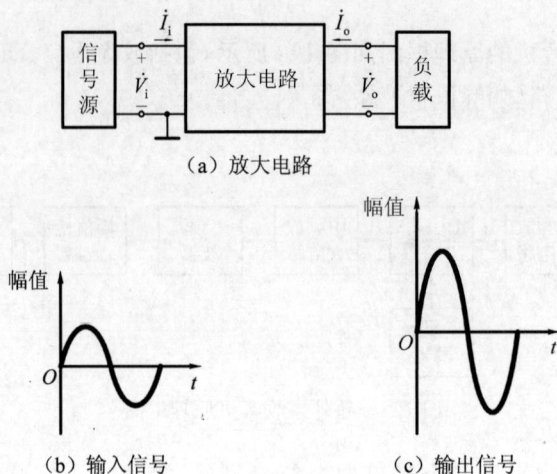

图 1.4　放大电路"放大"信号

(2) 放大电路可视为一个二端口网络。根据二端口网络的四个模型可以得到放大电路的四个模型。这里只考虑放大电路的正向传输,而没有考虑它的负向传输,因此,忽略系数 z_{12}、g_{12}、h_{12} 和 y_{12} 得到放大电路四个模型的基本方程组:

$$\begin{cases} \dot{V}_1 = z_{11}\dot{I}_1 \\ \dot{V}_2 = z_{21}\dot{I}_1 + z_{22}\dot{I}_2 \end{cases} \tag{1.1}$$

$$\begin{cases} \dot{I}_1 = g_{11}\dot{V}_1 \\ \dot{V}_2 = g_{21}\dot{V}_1 + g_{22}\dot{I}_2 \end{cases} \tag{1.2}$$

$$\begin{cases} \dot{V}_1 = h_{11}\dot{I}_1 \\ \dot{I}_2 = h_{21}\dot{I}_1 + h_{22}\dot{V}_2 \end{cases} \tag{1.3}$$

$$\begin{cases} \dot{I}_1 = y_{11}\dot{V}_1 \\ \dot{I}_2 = y_{21}\dot{V}_1 + y_{22}\dot{V}_2 \end{cases} \tag{1.4}$$

由式(1.1)~式(1.4)的第一式,可以求得输入阻抗

$$Z_i = \frac{\dot{V}_1}{\dot{I}_1} = z_{11} = \frac{1}{g_{11}} = h_{11} = \frac{1}{y_{11}}$$

由式(1.1)~式(1.4)的第二式,令 $\dot{V}_1 = 0$ 或 $\dot{I}_1 = 0$,可以求得输出阻抗

$$Z_o = \frac{\dot{V}_2}{\dot{I}_2}\bigg|_{\dot{V}_1=0} = \frac{\dot{V}_2}{\dot{I}_2}\bigg|_{\dot{I}_1=0} = z_{22} = g_{22} = \frac{1}{h_{22}} = \frac{1}{y_{22}}$$

也就是说,放大电路四个模型中的输入阻抗是相同的,输出阻抗也是相同的。

如果仅限于中频段(参见第 2 章)讨论问题,则可以用输入电阻 R_i 和输出电阻 R_o 代替输入阻抗 Z_i 和输出阻抗 Z_o。将 $\dot{I}_1$、$\dot{I}_2$、$\dot{V}_1$ 和 $\dot{V}_2$ 分别以 $\dot{I}_i$、$\dot{I}_o$、$\dot{V}_i$ 和 $\dot{V}_o$ 来表示,得到放大

电路的四个模型，如图 1.5 所示。

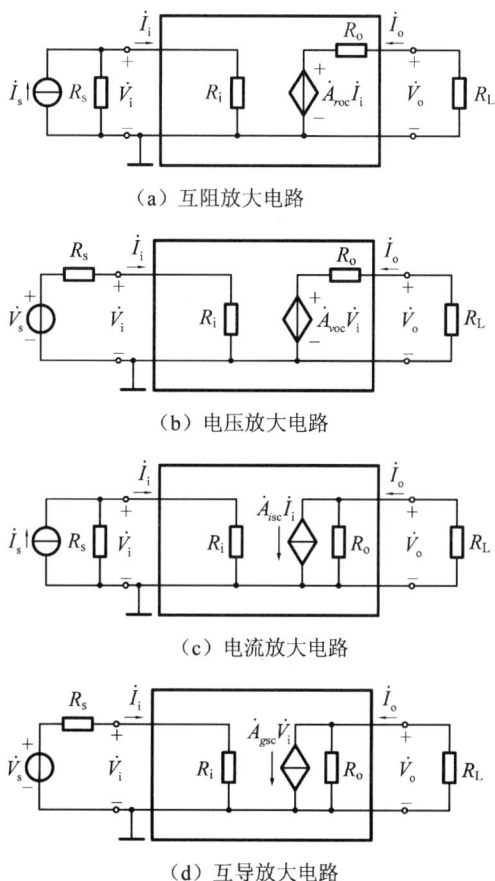

（a）互阻放大电路

（b）电压放大电路

（c）电流放大电路

（d）互导放大电路

图 1.5　放大电路的四个模型

（3）信号源（例如上述例中的微音器）是独立源，可以等效为电压源或电流源，这是根据放大电路的输入电阻的大小来确定的。

若输入电阻较大，则信号源应采用电压源，以确保电路输入端得到较大的信号压降；若输入电阻较小，则信号源应采用电流源，以确保电路输入端得到较大的信号电流。

（4）负载（例如上述例中的扬声器）可以是一个确定的电阻，也可以是一个等效电阻（例如后级电路的输入电阻）。

一个实际的放大电路原则上可以用上述四个模型中的任意一个作为它的电路模型。但是根据信号源的特性和负载的要求，一般只有一个模型最为合适。

例如一个电流-电压转换器，其信号源为高内阻的电流源，而负载要求得到恒定的电压信号，此时放大电路应选用互阻放大电路模型，如图 1.5(a) 所示。在这种情况下，放大电路可视为电流控制型的电压源。参数（比例系数）$\dot{A}_{roc}$ 称为开路互阻放大倍数，即式（1.1）第二式中，在 $\dot{I}_2 = 0$ 时 z_{21} 的值，其单位为欧，它等于开路输出电压 $\dot{V}_{ooc}$ 与输入电流 $\dot{I}_i$ 的比值，即

$$\dot{A}_{roc} = \frac{\dot{V}_{ooc}}{\dot{I}_i} \tag{1.5}$$

对于一个实际的互阻放大电路,则要求其输入电阻越小越好,其输出电阻也越小越好。而理想的互阻放大电路,则要求输入电阻为零,输出电阻也为零。

又例如在上述图 1.1 扩音器的例子中,信号源为低内阻的电压源,而负载要求得到恒定的电压信号,此时放大电路应选用电压放大电路模型,如图 1.5(b)所示。在这种情况下,放大电路可视为电压控制型的电压源。参数 $\dot{A}_{voc}$ 称为开路电压放大倍数,即式(1.2)第二式中,在 $\dot{I}_2 = 0$ 时 g_{21} 的值,无量纲,它等于开路输出电压 $\dot{V}_{ooc}$ 与输入电压 $\dot{V}_i$ 的比值,即

$$\dot{A}_{voc} = \frac{\dot{V}_{ooc}}{\dot{V}_i} \tag{1.6}$$

对于一个实际的电压放大电路,则要求其输入电阻越大越好,其输出电阻越小越好。而理想的电压放大电路,则要求输入电阻为无穷大,输出电阻为零。

再例如一个电流放大器,其信号源为高内阻的电流源,负载要求得到恒定的电流信号,此时放大电路应选用电流放大电路模型,如图 1.5(c)所示。在这种情况下,放大电路可视为电流控制型的电流源。参数 $\dot{A}_{isc}$ 称为短路电流放大倍数,即式(1.3)第二式中,在 $\dot{V}_2 = 0$ 时 h_{21} 的值(无量纲),它等于短路输出电流 $\dot{I}_{osc}$ 与输入电流 $\dot{I}_i$ 的比值,即

$$\dot{A}_{isc} = \frac{\dot{I}_{osc}}{\dot{I}_i} \tag{1.7}$$

对于一个实际的电流放大电路,则要求其输入电阻越小越好,其输出电阻越大越好。而理想的电流放大电路,则要求输入电阻为零,输出电阻为无穷大。

类似地,一个电压-电流转换器,其信号源为低内阻的电压源,负载要求得到恒定的电流信号,此时放大电路应选用互导放大电路模型,如图 1.5(d)所示。在这种情况下,放大电路可视为电压控制型的电流源。参数 $\dot{A}_{gsc}$ 称为短路互导放大倍数,即式(1.4)第二式中,在 $\dot{V}_2 = 0$ 时 y_{21} 的值,其单位为西,它等于短路输出电流 $\dot{I}_{osc}$ 与输入电压 $\dot{V}_i$ 的比值,即

$$\dot{A}_{gsc} = \frac{\dot{I}_{osc}}{\dot{V}_i} \tag{1.8}$$

对于一个实际的互导放大电路,则要求其输入电阻越大越好,其输出电阻也越大越好。而理想的互导放大电路,则要求输入电阻为无穷大,输出电阻也为无穷大。

四种类型放大电路的放大倍数和源放大倍数如表 1-1 所示。

表 1-1　四种类型放大电路放大倍数和源放大倍数一览表

类　　型	放大倍数和源放大倍数
互阻放大电路	$\dot{A}_r = \dfrac{\dot{V}_o}{\dot{I}_i} = \dfrac{R_L}{R_o + R_L}\dot{A}_{roc}$ $\dot{A}_{rs} = \dfrac{\dot{V}_o}{\dot{I}_s} = \dfrac{R_s}{R_s + R_i}\dfrac{R_L}{R_o + R_L}\dot{A}_{roc}$

续表

类　　型	放大倍数和源放大倍数
电压放大电路	$$\dot{A}_v = \frac{\dot{V}_o}{\dot{V}_i} = \frac{R_L}{R_o + R_L}\dot{A}_{voc}$$ $$\dot{A}_{vs} = \frac{\dot{V}_o}{\dot{V}_s} = \frac{R_i}{R_s + R_i}\frac{R_L}{R_o + R_L}\dot{A}_{voc}$$
电流放大电路	$$\dot{A}_i = \frac{\dot{I}_o}{\dot{I}_i} = \frac{R_o}{R_o + R_L}\dot{A}_{isc}$$ $$\dot{A}_{is} = \frac{\dot{I}_o}{\dot{I}_s} = \frac{R_s}{R_s + R_i}\frac{R_o}{R_o + R_L}\dot{A}_{isc}$$
互导放大电路	$$\dot{A}_g = \frac{\dot{I}_o}{\dot{V}_i} = \frac{R_o}{R_o + R_L}\dot{A}_{gsc}$$ $$\dot{A}_{gs} = \frac{\dot{I}_o}{\dot{V}_s} = \frac{R_i}{R_s + R_i}\frac{R_o}{R_o + R_L}\dot{A}_{gsc}$$

【例 1.1】　已知信号源电压 $\dot{V}_s$ 的有效值为 1mV，内阻为 $R_s = 1\text{k}\Omega$；放大电路的开路电压放大倍数 $\dot{A}_{voc} = 10^4$，输入电阻 $R_i = 1\text{M}\Omega$，输出电阻 $R_o = 10\Omega$，负载电阻 $R_L = 100\Omega$。求放大电路的电压放大倍数和源电压放大倍数。

解　电路模型选用图 1.5(b) 所示的电压放大电路。根据表 1-1 中公式，可以得到电压放大倍数为

$$\dot{A}_v = \frac{\dot{V}_o}{\dot{V}_i} = \frac{R_L}{R_o + R_L}\dot{A}_{voc} = 9091$$

源电压放大倍数为

$$\dot{A}_{vs} = \frac{\dot{V}_o}{\dot{V}_s} = \frac{R_i}{R_s + R_i}\frac{R_L}{R_o + R_L}\dot{A}_{voc} = 9082$$

可见，放大电路的有载电压放大倍数 A_v 较开路电压放大倍数 A_{voc} 小，这是由于电路输出电阻上的压降造成的。类似地，由于信号源内阻上压降的影响，电路的源电压放大倍数 A_{vs} 较有载电压放大倍数 A_v 小。

【例 1.2】　已知一放大电路的电压放大电路模型如图 1.5(b) 所示。其中，

$$R_i = 1\text{k}\Omega, \quad R_o = 100\Omega, \quad A_{voc} = 100$$

试确定它的电流放大电路模型。

解　将图 1.5(b) 所示电路的输出端短路，求出短路电流放大倍数 $\dot{A}_{isc}$。

因为电路的输入电流和短路电流分别为

$$\dot{I}_i = \frac{\dot{V}_i}{R_i} \quad 和 \quad \dot{I}_{osc} = \frac{\dot{A}_{voc}\dot{V}_i}{R_o}$$

所以短路电流放大倍数 $\dot{A}_{isc}$ 为

$$\dot{A}_{i\,sc} = \frac{\dot{I}_{osc}}{\dot{I}_i} = \frac{\dot{A}_{voc}R_i}{R_o} = 1000$$

据此得到的电流放大电路模型如图 1.5(c)所示。图中输入电阻和输出电阻分别为 $R_i =$ 1kΩ 和 $R_o = 100\Omega$，短路电流放大倍数 $\dot{A}_{i\,sc} = 1000$。

特别注意，以上讨论的等效模型是用三个参数，即输入电阻、输出电阻和放大倍数来描述的，并认为放大电路输出端的变化不会影响输入端。但是如果放大电路中引入了反馈，输出端的变化将影响电路的输入端，三个参数的放大电路模型则是不完整的。有关反馈的问题将在第 3 章中讨论。

1.4　放大电路的电源

通常扬声器获得的功率远大于微音器提供的功率，即放大电路输出的信号功率远大于信号源提供的功率。根据能量守恒原理可知，图 1.4(a)中还应该有为放大电路提供能量的其他形式的电源。事实上，人们往往是在放大电路上接入一个或多个直流电源为电路供电。常见的供电方式有单电源和双电源两种，如图 1.6 所示。电源提供给放大电路的平均功率可以用每个电源的平均电流和电压的乘积求得，提供的总功率应等于这些电源提供的功率之和。例如图 1.6(b)中所示的直流电源提供给放大电路的总平均功率应为

$$P_s = V_{AA}I_A + V_{BB}I_B$$

在电子电路中，按照惯例使用大写字母和大写下标(例如 V_{CC}，V_{EE})表示直流电源的电压。

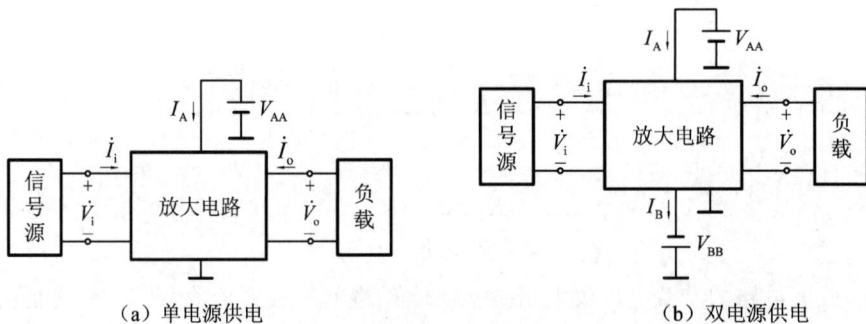

（a）单电源供电　　　　　　　　　　（b）双电源供电

图 1.6　常见的两种供电方式

放大器的功率增益可以非常大，即输出给负载的功率远大于信号源所提供的功率，这个额外的功率是从供电电源中获得的。自然在放大电路中，还有一部分功率也可以热能的形式消耗掉。在设计放大电路时，这部分消耗的功率不是必要的，因此通常希望这个消耗能够达到最小。

显然，从信号源提供给放大器的功率 P_i 和从直流电源提供给放大器的功率 P_s 之和，必须等于输出功率 P_o 和耗散功率 P_d 之和，即

$$P_s + P_i = P_o + P_d$$

在这个方程中，通常来自信号源的输入功率 P_i 与其他的功率相比可以忽略不计。

    总而言之,可以把放大电路看作是一种能够从直流电源取出能量,并将这个能量的一部分转换为输出信号能量的电子电路。也就是说,放大电路中的受控源在信号源的作用下,将直流电源的部分能量转变为输出信号的能量,同时放大电路本身还需消耗一部分能量。因此放大电路"放大"信号的能力实质上是对受控源的控制能力。

    由上可见,需要引入一个物理量——效率 η,来描述一个放大电路所转换的输出功率占电源所提供的功率的百分比,即

$$\eta = \frac{P_o}{P_s} \times 100\%$$

第 10 章将重点讨论这个问题。

    由上述分析可知,放大电路是由信号源和供电直流源共同作用的一种交直流混合电路,那么如何分析这种电路呢? 我们知道,处于放大状态的电路是线性的,所以可以应用叠加定理,将原电路分为两个电路,一个是只有直流源作用,而使交流(信号)源失去作用的直流等效电路,即为直流通路;另一个是只有交流(信号)源作用,而使直流源失去作用的交流等效电路,即为交流通路。由于直流通路中只有直流源作用,所以由此电路求得的电路参数为直流参数,或称为静态参数;类似地,交流通路中只有交流(信号)源的作用,所以由此电路求得的电路参数为交流参数,或称为动态参数。这样,就可以根据需要,有针对性地重点讨论其中之一。例如图 1.4 和图 1.5 则是针对信号源讨论的交流等效电路,由此得到的电路参数应为交流参数,如 $\dot{A}_v$、R_i、R_o 等。在后续的电路分析计算中,将采用这种分析方法。

1.5 差分放大电路

    至此,我们讨论了仅有一个信号源输入的放大电路,可称为单端输入放大电路。现在考虑具有两个信号源输入的双端输入放大电路。由于这种电路只能放大两个输入信号电压的差,故又称为"差分放大电路",如图 1.7 所示(图中的直流电源未画出)。

    一个理想的差分放大电路所产生的输出电压与输入电压的差值成正比,即

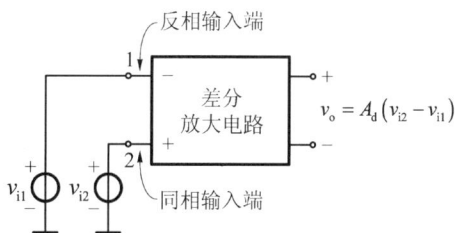

图 1.7 差分放大电路

$$v_o(t) = A_d[v_{i2}(t) - v_{i1}(t)] \tag{1.9}$$

式中 A_d 称为电压放大倍数。式(1.9)表明输出电压可以分为两部分,即 $A_d v_{i2}(t)$ 和 $-A_d v_{i1}(t)$。前一项说明,对于 2 端的输入电压来说,放大电路的放大倍数是正值,即输出电压 $A_d v_{i2}(t)$ 与 2 端的输入电压同相;后一项说明,对于 1 端的输入电压来说,放大倍数是负值,即输出电压 $-A_d v_{i1}(t)$ 与 1 端的输入电压反相。换言之,输出电压 $v_o(t)$ 与 2 端的输入电压 $v_{i2}(t)$ 同相,与 1 端的输入电压 $v_{i1}(t)$ 反相。因此将输入端 2 称为同相输入端,以"$+$"标记;输入端 1 称为反相输入端,以"$-$"标记,如图 1.7 所示。

    现在考虑两种类型的信号,使之分别作用于差分放大电路,分析电路的输出电压。

    一种是大小相等,相位相反的信号,称为差模信号,即 $v_{i2}(t) = -v_{i1}(t)$;

    一种是大小相等,相位相同的信号,称为共模信号,即 $v_{i2}(t) = v_{i1}(t)$。

不难得出,当差分放大电路的两个输入端加入差模信号时,由式(1.9)可知,输出电压为

$$v_o(t) = 2A_d v_{i2}(t) = -2A_d v_{i1}(t) \tag{1.10}$$

当差分放大电路的两个输入端加入共模信号时,由式(1.9)可知,输出电压为

$$v_o(t) = 0 \tag{1.11}$$

由此可见,差分放大电路与已经介绍过的单端输入放大电路不同,差分电路的优势表现为对差模信号和共模信号有不同的放大能力,即对于差模信号来说,具有较大的输出电压幅度,而对共模信号来说,输出电压幅度却很小。简言之,差分放大电路的特点是"放大差模信号,抑制共模信号",这是单端输入放大电路所不能及的。这一特点在实际应用时尤为重要,例如希望放大来自传感器的很小的差模信号,而两根信号线上均带有较大的共模噪声信号,这是我们不希望看到的。若采用差分放大电路,在理想情况下,输出电压中除了被放大的差模信号外不再含有噪声。除此之外,差分放大电路的优势还包括偏置电路更简单和具有更高的线性度等。正因为差分放大电路具有很多有用的特性,所以它已经成为当今高性能模拟电路和混合信号电路的主要选择,这将在后续章节中加以介绍。

一般情况下,在差分放大电路两个输入端上加入的信号 $v_{i1}(t)$、$v_{i2}(t)$ 是任意的,即它们既不是差模信号,也不是共模信号。下面对 $v_{i1}(t)$、$v_{i2}(t)$ 进行等效变换:

$$v_{i1}(t) = -\frac{v_{i2}(t) - v_{i1}(t)}{2} + \frac{v_{i2}(t) + v_{i1}(t)}{2} = v_{id1}(t) + v_{ic1}(t)$$

$$v_{i2}(t) = \frac{v_{i2}(t) - v_{i1}(t)}{2} + \frac{v_{i2}(t) + v_{i1}(t)}{2} = v_{id2}(t) + v_{ic2}(t)$$

可见,对于差分放大电路来说,输入任意信号 $v_{i1}(t)$、$v_{i2}(t)$ 相当于输入差模信号

$$v_{id2}(t) = -v_{id1}(t) = \frac{v_{i2}(t) - v_{i1}(t)}{2} \tag{1.12}$$

和共模信号

$$v_{ic2}(t) = v_{ic1}(t) = v_{ic}(t) = \frac{v_{i2}(t) + v_{i1}(t)}{2} \tag{1.13}$$

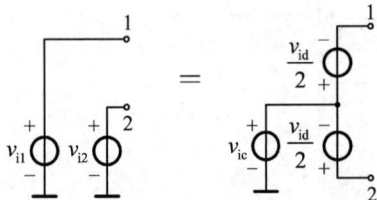

图 1.8　用等效源 $v_{id}(t)$ 和 $v_{ic}(t)$ 取代
原输入源 $v_{i1}(t)$ 和 $v_{i2}(t)$

于是,可用一个等效源系统取代任意信号 $v_{i1}(t)$、$v_{i2}(t)$,如图 1.8 所示。图中 $v_{id}(t) = v_{i2}(t) - v_{i1}(t)$ 称为差模输入电压,于是式(1.9)可写成

$$v_o(t) = A_d v_{id}(t)$$

可见 A_d 应称为差模电压放大倍数。而共模信号为输入电压的平均值,即 $v_{ic}(t) = \dfrac{v_{i2}(t) + v_{i1}(t)}{2}$。

实际的差分放大电路对差模信号和共模信号均有一定的放大能力,若以 A_d 和 A_c 分别表示差模电压放大倍数和共模电压放大倍数,则输出电压为

$$v_o(t) = A_d v_{id}(t) + A_c v_{ic}(t) \tag{1.14}$$

对于一个高质量的差分放大电路来说,A_d 要远远大于 A_c。为了能够定量地描述二者的相对大小,引入共模抑制比(CMRR),其定义为差模放大倍数的数值与共模放大倍数的数值之比。通常 CMRR 以分贝为单位,表示为

$$\mathrm{CMRR} = 20\lg\frac{|A_\mathrm{d}|}{|A_\mathrm{c}|} \tag{1.15}$$

一般差分放大电路的 CMRR 应为频率的函数,且随着频率变低而提高。第 2 章将专门讨论放大电路的频率特性。

在后续章节的学习中我们将看到,利用两个单端输入放大电路可构成差分放大电路,而将差分放大电路的一个输入端接地,即可得到单端输入放大电路。

1.6 放大电路的传输特性

在电路研究中,一个主要的研究方法是对元器件或电路的外特性进行研究,例如曾经研究的电阻、电容和电感的伏安特性(曲线),由此得知它们的特点、功能以及应用等方面的问题,在后续章节中还将研究二极管、三极管等电子元器件的外特性。本节主要讨论放大电路的外特性——传输特性。

放大电路的传输特性是它的瞬时输出电压振幅对瞬时输入电压振幅所画出的曲线。对于理想放大电路来说,其输出的波形完全是"不失真"放大的输入波形,所以,电路的传输特性应是一条过原点的直线,且直线的斜率即为放大倍数。但在大振幅信号时,实际放大电路的传输特性将偏离这条直线,如图 1.9 所示。传输特性的弯曲将导致一个不理想的结果——非线性失真。在有些情况下,直线偏离处是很明显的,使得在输入大振幅信号时,输出波形的正负半周的顶部就像被"剪掉"一样,即输出波形被"限幅",如图 1.10 所示。在有些应用中,哪怕是小的偏离直线特性,都有可能造成很严重的后果。

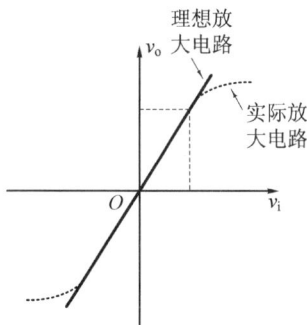

图 1.9 放大电路的传输特性

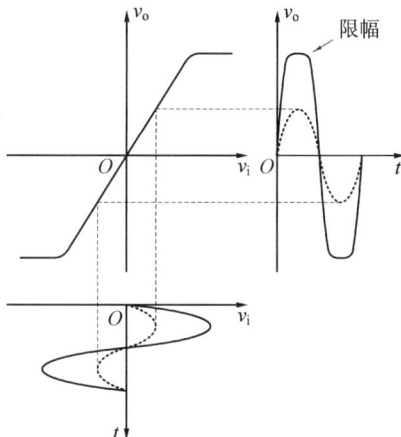

图 1.10 放大电路输入小信号和大信号的情形

下面针对非线性放大电路作一简单分析。

一个非线性放大电路的输出-输入关系可表示为

$$v_\mathrm{o} = A_1 v_\mathrm{i} + A_2 (v_\mathrm{i})^2 + A_3 (v_\mathrm{i})^3 + \cdots \tag{1.16}$$

式中,A_1、A_2、A_3 等是与非线性传输特性相匹配的一系列常数。

假设输入信号为正弦波信号,即

$$v_\mathrm{i}(t) = V_\mathrm{m}\cos(\omega t) \tag{1.17}$$

将式(1.17)代入式(1.16),注意利用三角恒等式求解$\cos^n(\omega t)$,然后合并同类项,令V_0等于所有常数项的和,V_1等于所有$\cos(\omega t)$项的系数的和,等等。于是有

$$v_o(t) = V_0 + V_1\cos(\omega t) + V_2\cos(2\omega t) + V_3\cos(3\omega t) + \cdots \tag{1.18}$$

式中,$V_1\cos\omega t$项是希望得到的输出电压,称为基波分量;V_0项表示移动的直流电平,若采用交流耦合方式,这个直流不会出现在负载上;传输特性的二次和较高次幂项,产生了许多输入频率的倍频附加项,将这些项称为谐波失真。其中2ω项称为二次谐波,3ω项称为三次谐波,等等。也就是说,式(1.16)中的高次项产生高次谐波。例如,平方项产生二次谐波,立方项产生三次谐波,等等。

为了对谐波失真进行定量描述,首先定义n次谐波失真因子。例如二次谐波失真因子D_2定义为二次谐波振幅V_2与基波振幅V_1的比值,即

$$D_2 = \frac{V_2}{V_1}$$

类似地,三次谐波失真因子,等等,分别定义为

$$D_3 = \frac{V_3}{V_1}, \quad D_4 = \frac{V_4}{V_1}, \quad \cdots$$

全谐波失真(THD)系数以D表示,其定义式为

$$D = \frac{\sqrt{\sum_{m=2}^{\infty} V_m^2}}{V_1}$$
$$= \sqrt{D_2^2 + D_3^2 + D_4^2 + \cdots} \tag{1.19}$$

通常将THD表示为百分比的形式。例如,一个优质的音频放大电路在额定功率输出时的THD为0.01%。

事实上,由于放大电路传输特性非线性的程度是依赖信号振幅的,所以,放大电路的THD指标与输出信号的振幅有关。当然,若信号的振幅变得足够大,任何放大电路最终总是要限制输出信号幅度的。当严重限幅时,THD的值将变大。

1.7　放大电路的性能指标

以上根据放大电路的传输特性,分析了电路的THD。除此之外,为了衡量放大电路品质的优劣,人们提出了许多指标,诸如放大倍数(增益)、输入电阻、输出电阻、频率响应、最大输出功率、效率、转换速率/压摆率、信噪比等。下面仅对放大倍数、输入电阻和输出电阻作一介绍。有关频率响应的问题将在第2章中专门加以阐述,还有的指标将在后续章节中进行讨论。

1. 放大倍数

在1.3节中,引入了放大电路的四种模型,介绍了与之对应的放大倍数,即互阻放大倍数$\dot{A}_r$、电压放大倍数$\dot{A}_v$、电流放大倍数$\dot{A}_i$和互导放大倍数$\dot{A}_g$,它们实际上反映了在输入信号的控制下,放大电路将直流电源能量转换为输出信号能量的能力。

通常,电压放大倍数$\dot{A}_v$和电流放大倍数$\dot{A}_i$用分贝(dB)来表示,即

$$A_v(\text{dB}) = 20\lg\left|\frac{\dot{V}_o}{\dot{V}_i}\right|(\text{dB})$$

$$A_i(\text{dB}) = 20\lg\left|\frac{\dot{I}_o}{\dot{I}_i}\right|(\text{dB})$$

(1.20)

例如,电压放大倍数的模等于 100,则 $A_v(\text{dB}) = 20\lg 100 = 40(\text{dB})$,表明信号电压经过放大电路后,放大到原信号的 100 倍。又例如,电路的电压放大倍数为 -40dB,则表明信号电压经过电路后,衰减到原来的 $1/100$,即 $|\dot{A}_v| = 0.01$。

用对数方式表示放大倍数,在工程上得到了广泛的应用,一是用对数坐标表示放大倍数随频率变化的曲线,可以扩大放大倍数变化的视野(见第 2 章);二是计算级联放大电路的总放大倍数时,可将乘法变为加法进行运算(见 1.8 节)。

电压放大倍数的测量方法:测量线路如图 1.11 所示。在保证示波器的波形不失真的条件下,调节信号源的输出幅度及频率至合适的数值,然后用毫伏表分别测出输入电压和输出电压的数值,再求二者的比值即可。

2. 输入电阻

输入电阻 R_i 是从放大电路输入端看进去的等效电阻,其值表明了放大电路从信号源索取电流 I_i 的大小,R_i 越大,I_i 越小;反之,R_i 越小,I_i 越大。放大电路输入电阻的大小是根据需要而设计的。注意,当考虑放大电路的输入电容时,输入电阻应改为输入阻抗。

输入电阻的测量方法:测量线路如图 1.12 所示。在信号源与放大电路输入端之间串入一个已知电阻 R。在保证示波器的波形不失真的条件下,用毫伏表分别测出输入电压 $\dot{V}_1$ 和 $\dot{V}_2$ 的值,然后即可求得 R_i,即

$$R_i = \frac{V_2}{V_1 - V_2}R$$

(1.21)

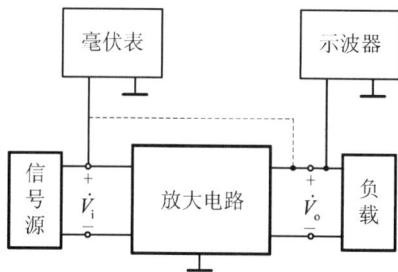

图 1.11　电压放大倍数的测量线路

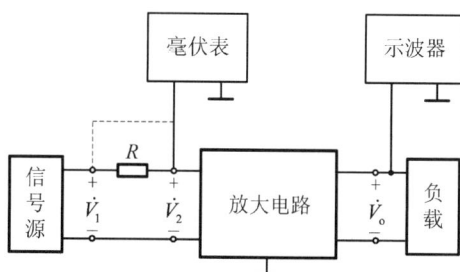

图 1.12　输入电阻的测量线路

3. 输出电阻

输出电阻 R_o 的大小决定了放大电路带负载的能力。R_o 越小,负载变化时,负载端电压变化越小,即放大电路带负载的能力越强。放大电路输出电阻的大小是根据负载的需要而设计的。

输出电阻的测量方法:测量线路如图 1.13 所示。在放大电路的输出端接入一个已知负载 R_L,

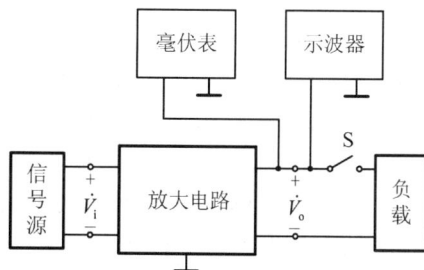

图 1.13　输出电阻的测量线路

并串入开关 S。信号源给放大电路输入幅度和频率合适的交流信号,以保证示波器的波形不失真。用毫伏表分别测出开关 S 断开和闭合时的输出电压,即 S 断开时,放大电路的开路输出电压 V_{o1};S 闭合时,放大电路的有载输出电压 V_{o2},故有

$$R_o = \frac{V_{o1} - V_{o2}}{V_{o2}} R_L \tag{1.22}$$

1.8 级联放大电路

在实际的应用电路中,有时需要将一个放大电路的输出连接到另一个放大电路的输入端,如图 1.14 所示,这称为放大电路的级联。级联放大电路的总电压放大倍数为

$$\dot{A}_v = \frac{\dot{V}_{o2}}{\dot{V}_{i1}}$$

将上式变换为

$$\dot{A}_v = \frac{\dot{V}_{o1}}{\dot{V}_{i1}} \frac{\dot{V}_{o2}}{\dot{V}_{o1}} = \frac{\dot{V}_{o1}}{\dot{V}_{i1}} \frac{\dot{V}_{o2}}{\dot{V}_{i2}}$$

其中,$\dot{A}_{v1} = \dfrac{\dot{V}_{o1}}{\dot{V}_{i1}}$ 是第一级的电压放大倍数;$\dot{A}_{v2} = \dfrac{\dot{V}_{o2}}{\dot{V}_{i2}}$ 是第二级的电压放大倍数,故有

$$\dot{A}_v = \dot{A}_{v1} \dot{A}_{v2}$$

表明级联放大电路的总电压放大倍数等于单级电压放大倍数的乘积。

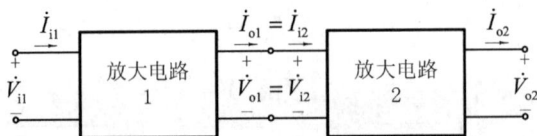

图 1.14 两个放大电路的级联

若以分贝(dB)表示电压放大倍数,则有

$$20\lg |\dot{A}_v| = 20\lg |\dot{A}_{v1}| + 20\lg |\dot{A}_{v2}| \tag{1.23}$$

表明总电压放大倍数等于各级放大电路的放大倍数之和。例如第一级的电压放大倍数为20dB,第二级为40dB,则总电压放大倍数为60dB。

特别注意,计算每一级的放大倍数时,需考虑后级的负载作用,即第二级的输入电阻为第一级的负载。

还可以用类似的方法,计算级联放大电路的总电流放大倍数和总功率放大倍数,即级联放大电路的总电流放大倍数等于单级电流放大倍数的乘积;级联放大电路的总功率放大倍数等于单级功率放大倍数的乘积。

对于级联放大电路来说,根据等效的概念,也可以求得一个简化模型:级联放大电路的输入电阻为第一级放大电路的输入电阻;其输出电阻则是末级的输出电阻;而其开路电压放大倍数,则是在末级负载开路的条件下求得的。在求解时,要注意考虑每一级的负载效应,求得级联放大电路的总开路电压放大倍数后,再据此画出简化模型。

【例1.3】 由两个电压放大电路构成的级联放大电路如图1.15所示,试确定它的简化模型。

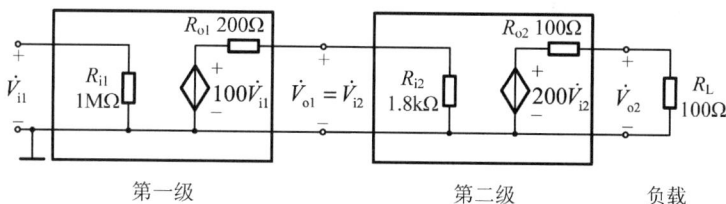

图1.15 两个电压放大电路构成的级联放大电路

解 考虑第二级的负载作用后,第一级的电压放大倍数

$$A_{v1} = A_{vo1}\frac{R_{i2}}{R_{i2}+R_{o1}} = 100 \times \frac{1.8}{1.8+0.2} = 90$$

负载开路时,第二级的电压放大倍数

$$A_{v2} = A_{vo2} = 200$$

级联放大电路的总开路电压放大倍数为

$$A_{vo} = A_{v1}A_{v2} = 90 \times 200 = 1.8 \times 10^4$$

级联放大电路的输入电阻为

$$R_i = R_{i1} = 1M\Omega$$

输出电阻为

$$R_o = R_{o2} = 100\Omega$$

于是图1.15所示级联放大电路的简化模型如图1.16所示。

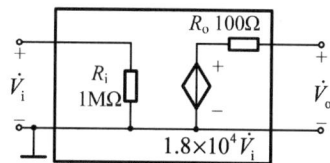

图1.16 图1.15所示级联放大电路的简化模型

此外,对于电压放大电路来说,人们往往根据输入和相应输出波形的相位关系,分为反相放大电路和同相放大电路。若电压放大倍数 A_v 为负值,则输出电压与输入电压反相,则称为反相放大电路;反之若 A_v 为正值,则称为同相放大电路。两种放大电路的输入波形和相应的输出波形如图1.17所示。

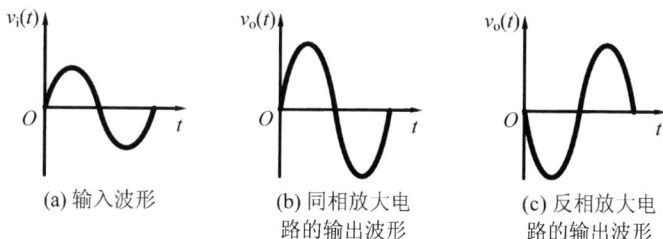

(a) 输入波形　　(b) 同相放大电路的输出波形　　(c) 反相放大电路的输出波形

图1.17 两种放大电路的输入波形和相应的输出波形

在实际应用中,对放大电路输入和相应输出波形相位的要求是不同的。例如对于单声道的音频信号来说,由于扬声器所发出的声音,我们感觉不到有什么不同,所以放大电路是反相还是同相的没有那么重要。但是对于立体声系统来说就不同了,此时它的左右声道的放大电路必须是相同的,这是由于作用于两个扬声器的信号具有固定的相位关系。再例如,对于视频信号来说,若将其反相,就会得到一个黑白颠倒的负图像,可见对于视频放大电路来说,选择反相的还是同相的放大电路是非常重要的。

1.9　计算机仿真

计算机仿真软件为我们分析和设计电子电路创造了一个很好的环境。在 Multisim 仿真软件中,提供了许多功能模块,例如乘法器、除法器、电压积分器、电压微分器、电压放大器、电压求和、电压限幅和传输函数等模块,还有各种信号源、受控源和仪器仪表,以及多种分析类型(详细内容可参考有关书籍)。本节将利用 Multisim 仿真软件,通过几个仿真实例,初步学习电子电路的仿真方法,为今后提高仿真能力以及分析和设计电子电路的能力打下基础。

1. 电路的电压传输特性

在 Multisim 仿真软件的功能模块库中,选择"电压限幅"模块,并设"输出电压的上限"为 1V,"输出电压的下限"为 -1V,电路增益为 1V/V。在电压限幅模块的输入端接入直流源,在输出端接上负载。然后,对输出端"2"进行"直流扫描",即可得到该模块的传输特性。仿真电路和传输特性如图 1.18 所示。

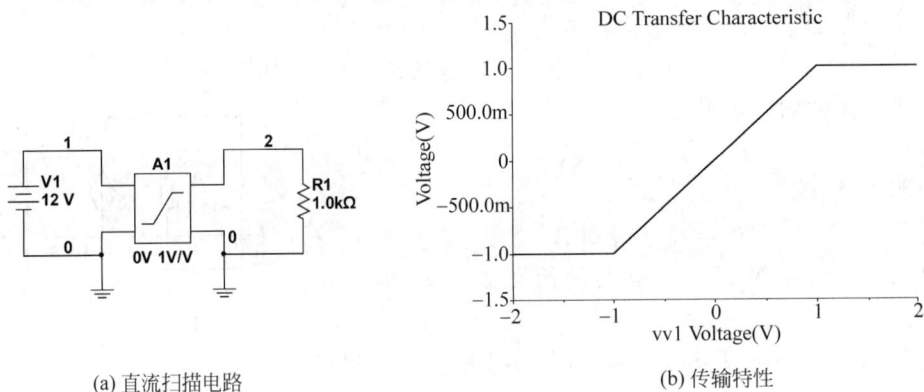

(a) 直流扫描电路　　　　　　　　　　　　　　　(b) 传输特性

图 1.18　电压限幅模块传输特性

将直流电源改为交流电源,以正弦波信号为例,当输入电压较小(为 $-1\sim1$V)时,电路工作在线性区,故输出电压仍为正弦波信号;当输入电压较大(为 $-2\sim2$V)时,电路工作将进入非线性区,故输出波形被"限幅",如图 1.19 所示。

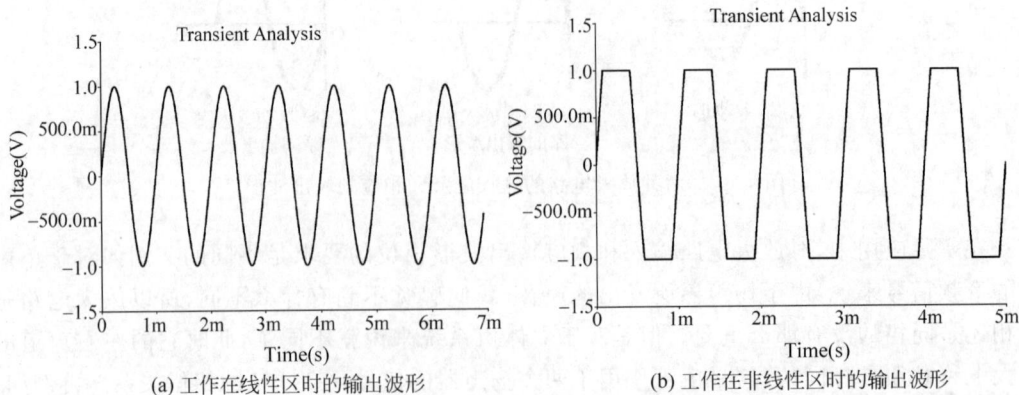

(a) 工作在线性区时的输出波形　　　　　　　　(b) 工作在非线性区时的输出波形

图 1.19　电压限幅模块输入正弦波信号时的输出波形

2. 单级放大电路模型

利用 Multisim 仿真软件功能模块库中的受控源模型,可以对放大电路模型进行仿真。值得注意的是,软件中提供的受控源,可以在输入小信号下,输出大信号,而不需要另外施加外接电源。如电流控制电流源,当输入小电流时,它可以输出大电流。当然这是不符合能量守恒的。不过这种模型为仿真交流等效电路带来了方便。

(1) 选择电压控制电流源,设置其参数为 1mMho,即输入 1V 电压时,输出电流为 1mA;负载取 2kΩ 电阻,于是,得到互导放大电路模型仿真图,如图 1.20(a)所示。当信号源为电压峰值 1V、频率 1kHz 的正弦波信号时,在负载上将产生峰值为 2V(1mA×2kΩ)、频率 1kHz 的正弦波信号,如图 1.20(b)所示。

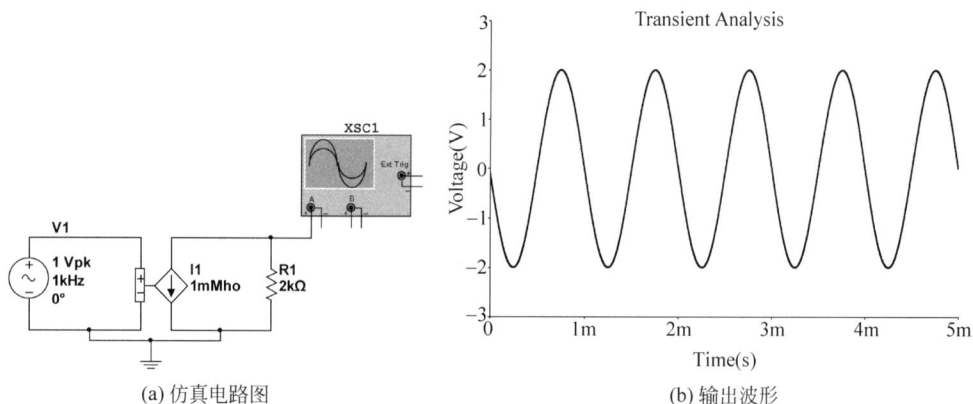

(a) 仿真电路图   (b) 输出波形

图 1.20 互导放大电路模型仿真

(2) 以上是直接对互导放大电路模型的仿真。还可以在电路中接入直流电源,得到一个接近实际电路的仿真电路,如图 1.21(a)所示。

图中的受控源为电压控制电流源,这就是场效应管的等效模型(参见第 7 章),故图 1.21(a)可以理解为场效应管放大电路。直流电源经过电阻 R1 作用于受控源上,输入电压作用于输入端,于是,在电阻 R1 上产生两个电压信号:一是直流电源在 R1 上的直流压降;二是由输入信号引起的交流信号。当我们通过电容输出信号于示波器时,在示波器上将看到交流信号,即电容 C1 起到了"通交流,隔直流"的作用,如图 1.21(b)所示。

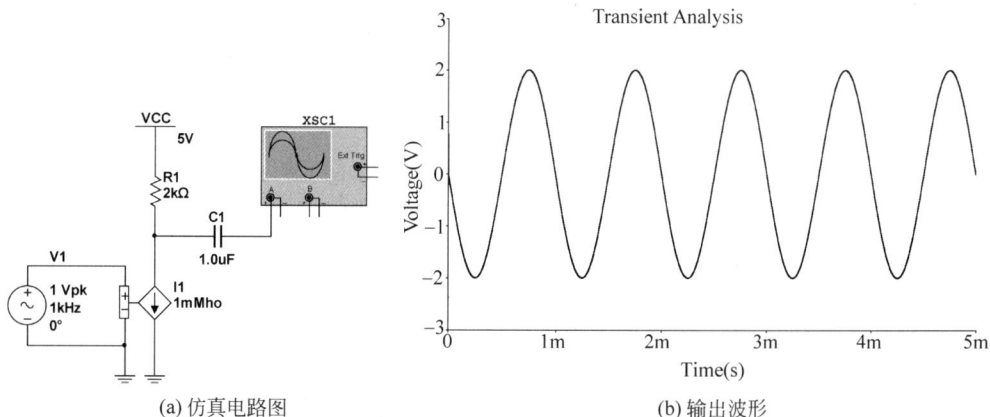

(a) 仿真电路图   (b) 输出波形

图 1.21 实际互导放大电路仿真

可以看出,图 1.20(b)与图 1.21(b)是一样的,即只考虑交流信号的作用时,也就是令直流电源为零时,图 1.21(a)即等效为图 1.20(a)。换言之,图 1.20(a)是图 1.21(a)的交流等效电路。

(3) 将输出波形与输入波形进行比较,如图 1.22 所示,可知图 1.21(a)所示电路为反相放大电路。后续章节中会遇到这种电路。

(4) 若无电容 C1,则输出的波形中含有直流分量,如图 1.23 所示。

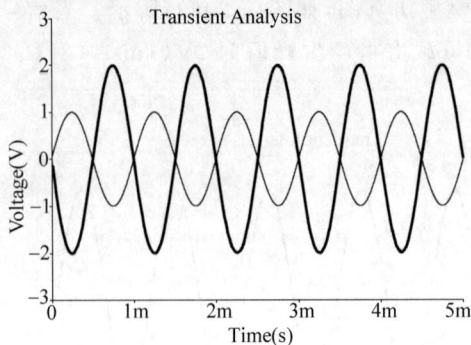

图 1.22   输入波形与输出波形的比较

粗线——输出波形;细线——输入波形

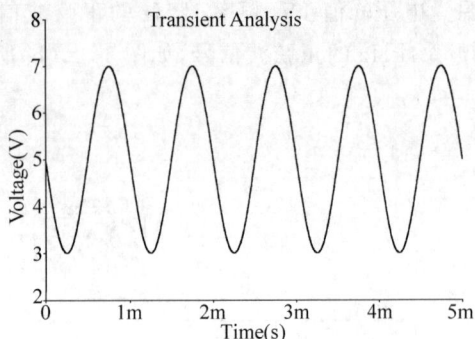

图 1.23   无电容 C1 时的输出波形

(5) 若在 C1 的右端接入负载 R2(2kΩ),则我们将看到输出电压减小了一半。也就是说,对于交流信号来说,负载为 R1 与 R2 的并联,即交流负载为 2kΩ//2kΩ=1kΩ,于是交流输出电压峰值为 1V(1mA×1kΩ),如图 1.24 所示。注意,对于交流信号来说,电容 C1 的容抗较负载 R2 的值可略,故 C1 视为交流的通路。

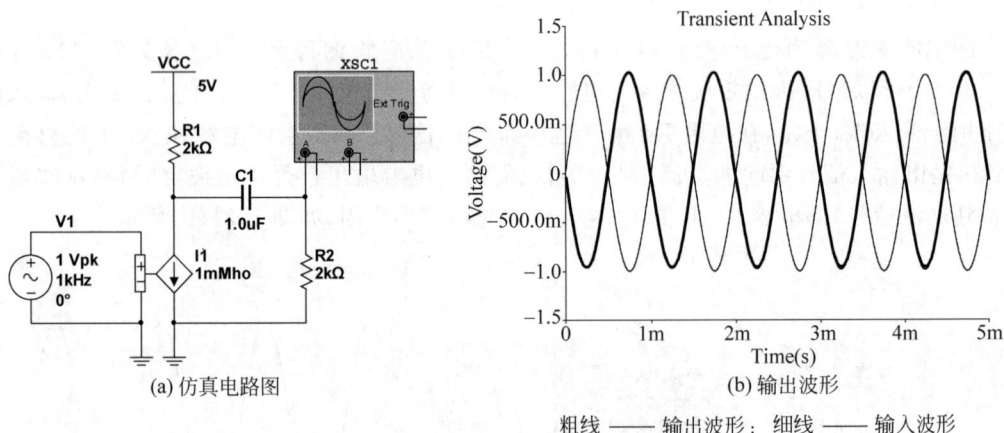

(a) 仿真电路图

(b) 输出波形

粗线 —— 输出波形;细线 —— 输入波形

图 1.24   带载互导放大电路仿真

3. 级联放大电路模型

选择电压控制电压源,对例 1.3 的级联放大电路进行仿真。设置参数:根据例题的已知条件,设 V1 受控源的输入端"漏电阻"为 1MΩ,"增益"为 100V/V;V2 受控源的输入端"漏电阻"为 1.8kΩ,"增益"为 200V/V。仿真电路如图 1.25(a)所示。

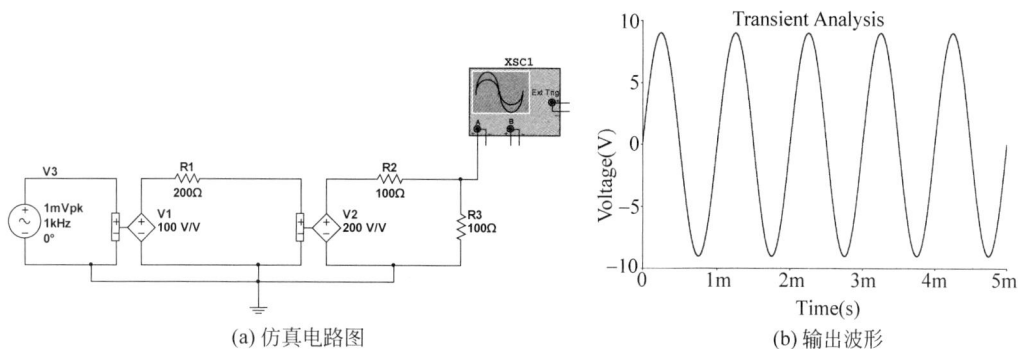

(a) 仿真电路图   (b) 输出波形

图 1.25　级联放大电路仿真

例题中已求出电路的开路电压放大倍数为 1.8×10^4，故接入负载 100Ω 后，有载电压放大倍数为 9.0×10^3。当输入信号源电压为峰值 $1mV$ 的正弦波时，其输出信号电压为峰值 $9V$ 的正弦波，仿真输出波形如图 1.25(b)所示，可见仿真测试与理论计算结果一致。

4. 差分放大电路模型

利用功能模块库中的"电压放大器"模块，可以对差分放大电路进行仿真。仿真电路如图 1.26(a)所示。设置"电压放大器"模块的增益为 $2V/V$，接入峰值分别为 $1.5V$ 和 $1V$ 的正弦波信号源。单端输出(对地)、双端输出的输出波形如图 1.26(b)所示，图中两个细线波形为单端输出波形；粗线波形为双端输出波形。可以看出，单端输出的输出波形(对地)是互为反相的，且输出电压峰值均为 $0.5V$，而双端输出的输出波形为单端输出的差值，即输出电压峰值为 $1V$。

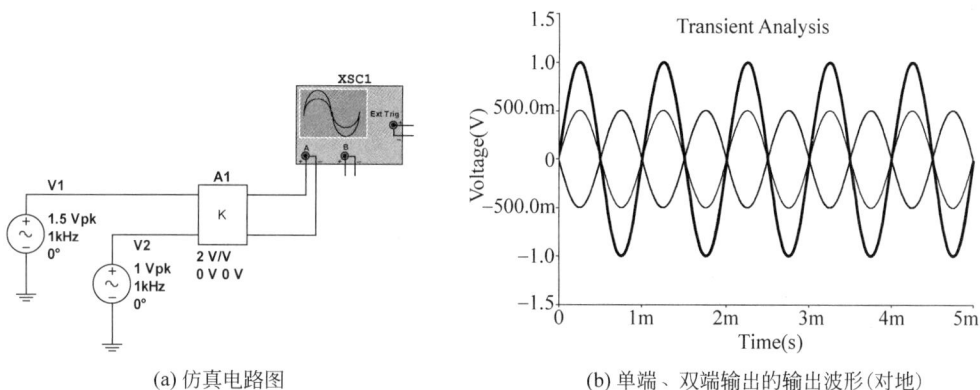

(a) 仿真电路图   (b) 单端、双端输出的输出波形(对地)

图 1.26　差分放大电路模型仿真

由以上分析可知，差分放大电路双端输出的差模放大倍数为

$$A_{vd} = \frac{v_O}{v_{i1} - v_{i2}}$$

在本例中，$A_{vd} = \dfrac{1}{1.5 - 1} = 2$，即模块的增益为 $2V/V$。

单端输出的差模放大倍数为

$$A_{vd1} = \frac{1}{2} \frac{v_O}{v_{i1} - v_{i2}} = \frac{1}{2} A_{vd} \text{ 或 } A_{vd2} = -\frac{1}{2} \frac{v_O}{v_{i1} - v_{i2}} = -\frac{1}{2} A_{vd}$$

在本例中,$A_{vd1} = \frac{1}{2} \frac{1}{1.5 - 1} = 1$ 或 $A_{vd2} = -1$,即差分放大电路的单端输出电压放大倍数为双端输出时的 1/2。

5. 电子系统

通过对基本模块进行仿真,可以对它们的特性以及仿真过程有一定的了解。下面根据实际问题设计一个小电子系统,然后再进行计算机仿真。

由于噪声和干扰使得本来等幅的调频信号不再等幅,所以在调频收音机的电路中,有这样一部分电路,需要实现的功能是将幅度受到干扰的调频信号变成等幅的调频信号。据此设计两个功能模块来实现这样一个子系统。

(1) 放大电路:将电压幅度较小的非等幅调频信号进行放大,且放大到较大的幅度。

(2) 限幅电路:将大幅度的调频信号进行限幅,从而得到等幅的调频信号。

仿真电路及波形图如图 1.27 所示。

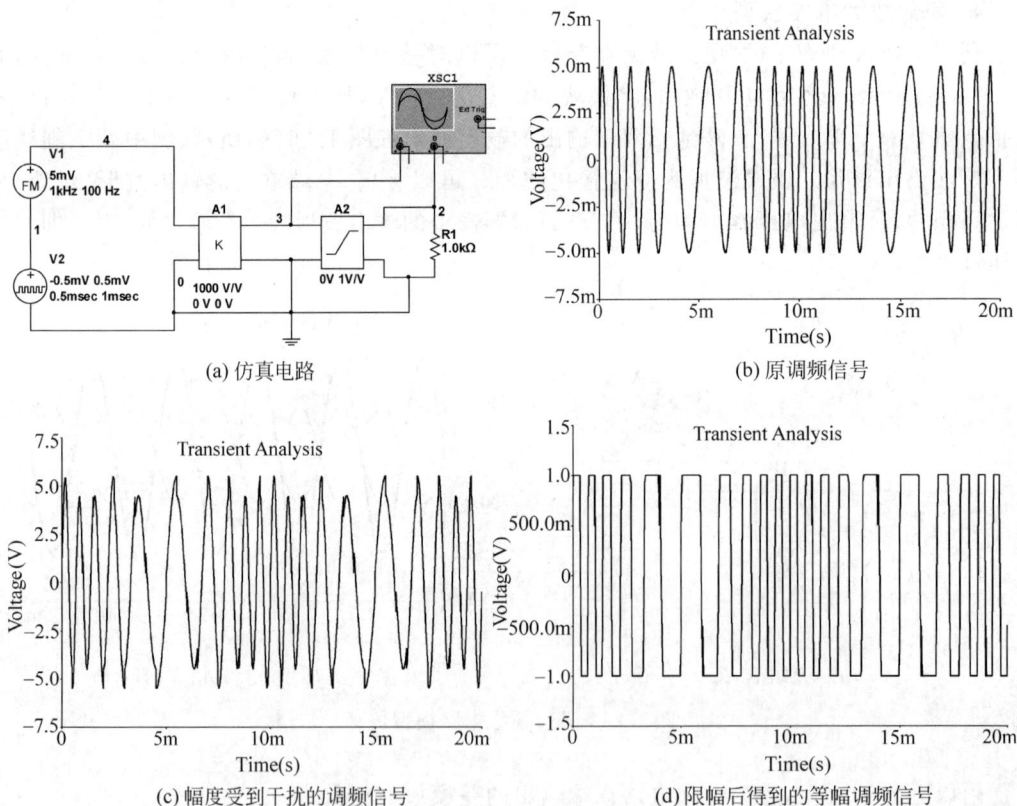

(a) 仿真电路   (b) 原调频信号

(c) 幅度受到干扰的调频信号   (d) 限幅后得到的等幅调频信号

图 1.27 调频信号的放大、限幅电路

在图 1.27 中,将一个调频信号源与一个脉冲信号源串联,来模拟幅度受到干扰的调频信号,经过放大器 1000 倍的放大,将毫伏级的电压变为伏级的电压,然后送入限幅模块实现限幅,从而输出等幅的调频信号。

本章知识结构图和小结

知识结构图

电信号 —— 模拟信号
电信号 —— 数字信号

电子系统 —— 模拟系统
电子系统 —— 数字系统
电子系统 —— 模数混合系统

实际问题

放大电路

模型 —— 互阻放大电路
模型 —— 电压放大电路
模型 —— 电流放大电路
模型 —— 互导放大电路

供电方式 —— 单电源
供电方式 —— 双电源

输入方式 —— 单端输入
输入方式 —— 差分输入

传输特性

技术性能指标 —— 放大倍数
技术性能指标 —— 输入电阻
技术性能指标 —— 输出电阻

级联 —— 电路的电压传输特性
级联 —— 单级放大电路模型
级联 —— 级联放大电路模型
级联 —— 差分放大电路模型
级联 —— 电子系统

Multisim仿真

频率响应（第2章）
反馈（第3章）

放大电路的实现

集成运算放大器和
电压比较器（第4章）
半导体二极管（第5章）
双极型晶体管（第6章）
场效应管（第7章）

放大电路的应用

有源滤波器（第8章）
信号产生电路（第9章）
功率放大电路（第10章）
直流电源电路（第11章）
模拟集成电路（第12章）

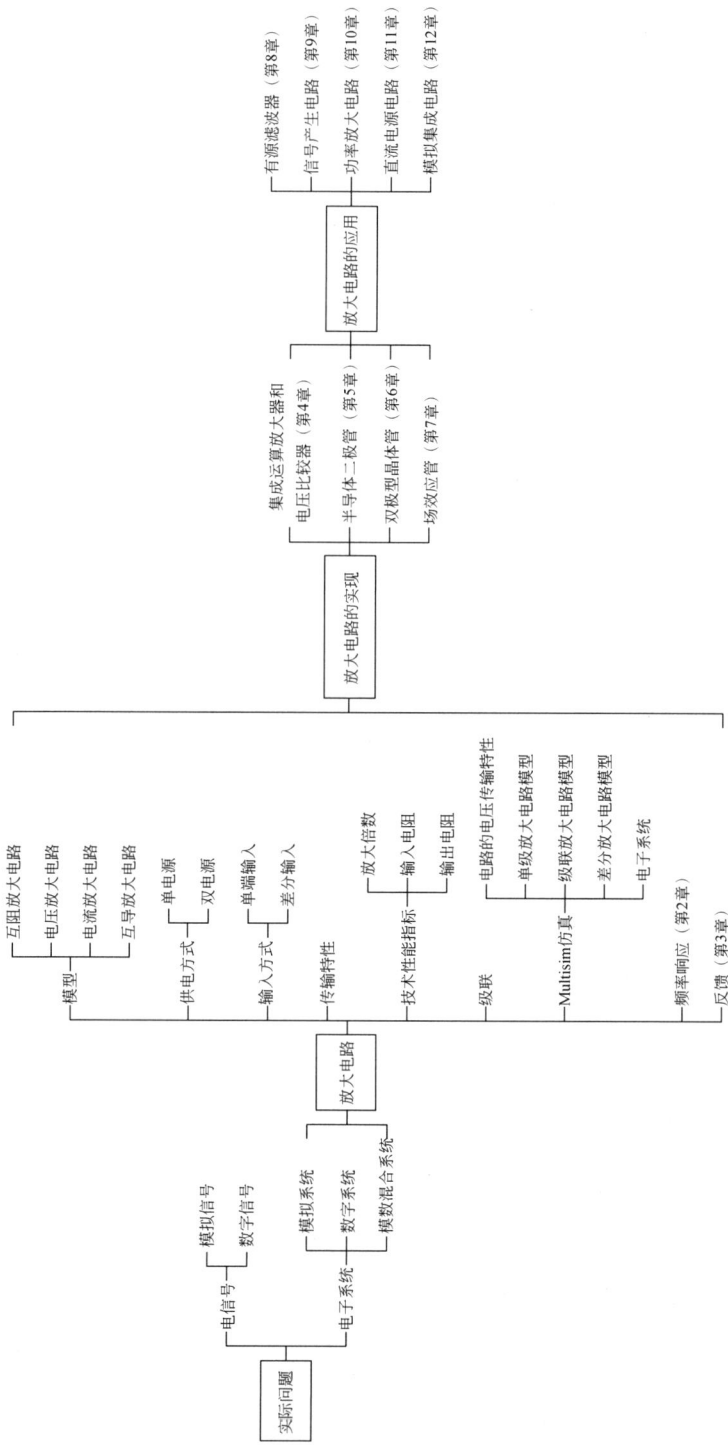

注：第 13 章介绍了半导体器件的物理机理。

小结

1. 电子系统可处理的信号均为电信号。电信号分为模拟电信号和数字电信号。能够处理模拟电信号的电子电路称为模拟电路；能够处理数字电信号的电子电路称为数字电路。

2. 电子系统是指为了完成某种特定的功能，将若干个子系统或功能模块，按照一定要求，组成的规模较大的、完整的电子装置。

电子系统常见的功能模块有信号源、放大电路、滤波电路、直流电源、波形变换电路等，这些电路是本课程讨论的重点。

3. 放大电路是电子系统中非常重要的功能模块，它的作用是对输入信号进行线性放大。放大电路有四个电路模型，即电压放大电路、互阻放大电路、互导放大电路和电流放大电路。一个实际的放大电路，根据其信号源的特性和负载的要求，一般只有一个模型最为合适。

4. 直流电源为放大电路提供能量，放大电路可视为一种能够从直流电源取出能量，并将这个能量的一部分转换为输出信号能量的电子电路。为此，引入效率的概念。

放大电路常见的供电方式有单电源和双电源两种。

5. 作用于放大电路有两种源——信号源和直流源。根据叠加定理，可将放大电路分为交流等效电路和直流等效电路，由此可分别求得放大电路的交流参数(动态参数)和直流参数(静态参数)。

6. 差模信号是指大小相等，相位相反的信号；共模信号是指大小相等、相位相同的信号。

7. 放大电路有单端输入放大电路和差分放大电路之分。后者的优势在于能够"放大差模信号，抑制共模信号"。为此，引入 CMRR 的概念。

8. 放大电路的传输特性是它的瞬时输出电压振幅与瞬时输入电压振幅的关系曲线。研究放大电路的传输特性可以分析电路的非线性程度。

9. 衡量放大电路品质的优劣，有许多技术指标，例如放大倍数、输入电阻、输出电阻、频率响应和效率等。

10. 在实际应用中，有时根据需要进行放大电路的级联，构成级联放大电路。计算级联放大电路的每一级增益时，要注意考虑后级的负载作用。

11. 计算机仿真能够帮助我们更好地理解、分析和设计电子电路。

习题

分析题

1.1 一信号源的开路电压有效值 $V_s = 2\text{mV}$，内阻为 $50\text{k}\Omega$，将其连接到一个放大电路的输入端。放大电路的开路电压增益为 100，输入电阻为 $100\text{k}\Omega$，输出电阻为 4Ω，负载为 4Ω。求放大电路的电压增益 $A_{vs} = V_o/V_s$ 和 $A_v = V_o/V_i$，以及功率增益和电流增益。

1.2 某一放大电路具有单位开路电压增益，$1\text{M}\Omega$ 的输入电阻和 100Ω 的输出电阻。信号源的电动势有效值为 5V，内阻为 $100\text{k}\Omega$，而负载为 50Ω。若信号源接到放大电路的输入端，负载接到其输出端。求负载的端电压和负载获得的功率。若将负载直接连接到信号源两端，再求负载的端电压和功率。比较两次的结果，你对单位增益放大电路传输到负载的信号功率作何结论?

　　1.3　一个放大电路的开路电压增益为 100,接入 10kΩ 的负载时,电压增益为 90。求放大电路的输出电阻。

　　1.4　电路如图 1.28 所示,开关闭合时,输出电压 V_o 为 100mV;开关断开时,输出电压 V_o 为 50mV。求放大电路的输入电阻。

图 1.28　题 1.4 的图

　　1.5　两个放大电路的特性如表 1-2 所示。若放大电路以 A—B 的顺序级联,求级联放大电路的输入电阻、输出电阻和开路电压增益。若以 B—A 的顺序级联,再求上述指标。比较两个结果,你能得出什么结论?

表 1-2　两个放大电路的特性

放大电路	开路电压增益	输入电阻	输出电阻
A	100	3kΩ	400Ω
B	500	1MΩ	20Ω

　　1.6　一个放大电路的差模电压增益为 500,若将两个输入端连接在一起,接入电压有效值为 10mV 的信号,输出信号电压的有效值为 20mV。求该放大电路的 CMRR。

设计题

　　1.1　现有一个高噪声环境,若在该环境中讲话,信噪比很小。设计一个电路,要求在其输出端的扬声器上,能够听到比较清晰的讲话声。

　　1.2　设计一个传感器放大器,当传感器电阻值产生 ±1% 的偏差时,放大器能产生 ±5V 的输出电压。

　　1.3　麦克风的等效电路为一个电压源和一个输出电阻串联,其中电压源产生峰值为 5mV 的信号,其输出电阻为 10kΩ。设计一个放大器,能放大麦克风的输出信号,并产生峰值为 1V 的输出电压。

<table>
<tr><td>第 2 章
CHAPTER 2</td><td># 放大电路的频率响应</td></tr>
</table>

第 1 章介绍了放大电路的一个重要技术性能指标——放大倍数,它包括电压放大倍数、电流放大倍数、互阻放大倍数和互导放大倍数,在整个频率范围内来讨论放大电路的这个指标时,它们都应为频率的函数。因此本章将重点讨论放大电路的放大倍数随频率变化的规律——频率响应(又称频率特性)。

2.1　概述

2.1.1　为什么要研究放大电路的频率响应

放大电路欲处理的信号,如音频信号,视频信号等,都是由许多不同相位、不同频率的信号分量组成的复杂信号,且占有一定的频率范围;而在实际的放大电路中,存在许多电抗元件,它们对电路的影响是不同的。

对于较低频率信号分量来说,电路的耦合电容、旁路电容等对该分量的分压作用不可忽略,导致电路的放大倍数的数值减小且产生附加相移。对于较高频率信号分量来说,晶体管的极间电容、电路的负载电容、分布电容和电感等对该分量的分流作用不可忽略,导致电路的放大倍数的数值减小且产生附加相移。图 2.1 是在第 1 章中所介绍的放大电路模型的基础上,将信号源、负载与放大电路连接在一起,同时考虑电路中的各种电容后而得到的。图中的 C_1、C_4 为耦合电容,C_2、C_3 为放大电路内部的极间电容,C_L 为负载电容。由上述可知放大倍数是信号频率的函数。以电压放大倍数为例,应有

$$\dot{A}_v(\mathrm{j}\omega) = \frac{\dot{V}_o}{\dot{V}_i} = |\dot{A}_v(\mathrm{j}\omega)| \,\underline{/\varphi(\omega)} \tag{2.1}$$

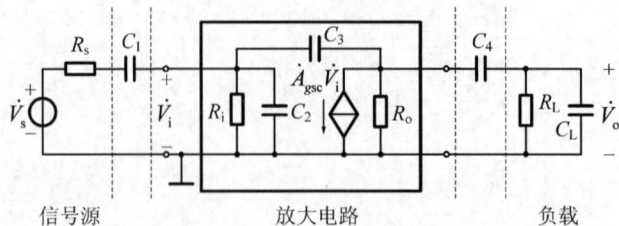

图 2.1　放大电路中的耦合电容、极间电容和负载电容

式中,放大倍数数值随信号频率的变化规律,即 $|\dot{A}_v(\mathrm{j}\omega)|$ 与 ω 的关系称为幅频特性;输出电压与输入电压的相位差随信号频率的变化规律,即 $\varphi(\omega)$ 与 ω 的关系称为相频特性。幅频特性和相频特性统称为频率特性。图 2.2 给出了一个实际阻容耦合(阻容耦合的概念参见第 6 章)放大电路的频率特性。

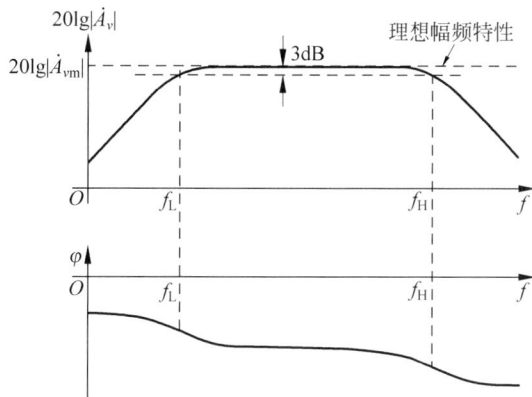

图 2.2　实际阻容耦合放大电路的频率特性

图 2.2 表明,实际的幅频特性并不像理想的那样平坦。为了描述频率响应,人们定义了下限截止频率 f_L,即当信号频率下降到一定值时,使放大倍数的数值等于 $0.707|\dot{A}_{vm}|$ 的频率(即 $-3\mathrm{dB}$ 点或者半功率点对应的频率);还有上限截止频率 f_H,即当信号频率上升到一定值时,使放大倍数的数值等于 $0.707|\dot{A}_{vm}|$ 的频率(即 $-3\mathrm{dB}$ 点或者半功率点对应的频率),并将频率在 f_L 和 f_H 之间的范围称为中频段,也称通频带 BW,即

$$\mathrm{BW} = f_\mathrm{H} - f_\mathrm{L} \tag{2.2}$$

$\dot{A}_{vm}$ 称为中频放大倍数。另外,将频率低于 f_L 的范围称为放大电路的低频段,将频率高于 f_H 的范围称为放大电路的高频段。

可见,任何一个具体的放大电路都有其确定的通频带,所以,它只适用于放大某一特定频率范围的信号。在设计电路时,往往是在已知信号频率范围的基础上,设计放大电路合适的频率响应,使之能够不失真地放大信号。

2.1.2　频率失真

下面通过一个实例来了解一下电抗元件对放大信号的影响。

图 2.3(a)给出了某输入信号(图中的粗线),它由基波(ω_0)和三次谐波($3\omega_0$)组成(图中的细线)。由于电抗元件的影响,经放大电路后,若仅信号中基波和三次谐波的幅值比例不同于输入信号,则会使合成的信号产生失真,如图 2.3(b)所示。人们把这种由于电路放大倍数数值随频率变化而引起的失真称为幅频失真。若放大电路对基波和三次谐波的放大倍数数值相同,而延迟时间不同,即相位与频率不成正比,则放大后的合成信号也将产生失真,如图 2.3(c)所示。人们把这种失真称为相频失真。

幅频失真和相频失真统称为频率失真,它们是由电路的线性电抗元件引起的,故又称线性失真。从本例中可以看出,线性失真是使信号中各频率分量的比例关系和时间关系发生变化,但不产生新的频率分量。

视频 5

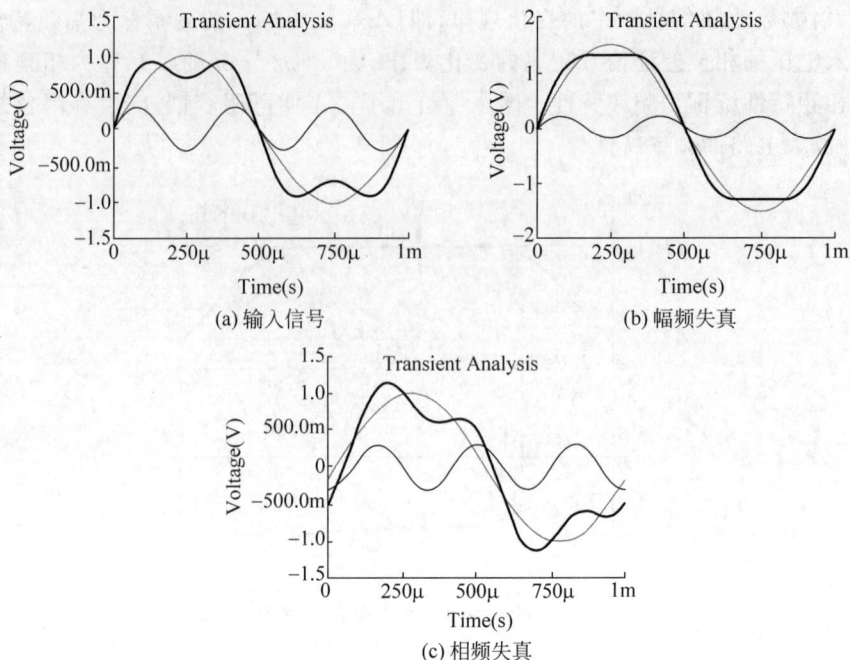

(a) 输入信号　　(b) 幅频失真

(c) 相频失真

图 2.3　放大电路的频率失真

在后续章节中,还将看到由电路中的非线性元件引起的非线性失真,它的主要特征是产生了新的频率分量,例如输入信号为正弦波,但在输出中不仅有输入信号的频率成分(基波),而且还产生了许多新的频率成分(谐波),于是输出信号为非正弦波。

综上所述,欲使放大电路对信号实现频率不失真的传输,须具备两个条件:一是放大电路对不同频率分量具有相同的放大倍数;二是各频率分量的相移与频率成正比。但是电子电路中含有的各种电路电容有的影响电路的高频特性,有的影响电路的低频特性,同时满足这两个条件是较困难的。一般解决方法是针对待处理信号的应用场合,根据对幅频失真和相频失真的敏感程度而有所侧重,从而设计出具有特定频率特性的放大电路。

下面就放大电路中电抗元件影响电路频率响应的问题进行定量分析。

2.2　分析方法

图 2.1 所示给出了考虑各种电路电容的一种电路模型,可以看出,它由多个电阻和多个电容组成的电路,为了便于分析这一类电路的频率响应,首先对两种最简单的 RC 电路的频率响应加以分析。

2.2.1　高通电路和低通电路

由一个电阻 R 和一个电容 C 可组成最简单的 RC 电路。根据其输入和输出的位置关系,可分为两个结构类型。

1. *RC* 高通电路

输入信号作用于 *RC* 串联电路的两端,输出信号取自于电阻 *R* 两端,如图 2.4 所示。分析可知,当信号频率足够高时,电容相当于短路,输出信号电压几乎等于输入信号电压,而当信号频率低于一定值时,电容上的压降不可忽略,从而导致输出信号电压明显小于输入信号电压,且产生相移,即 *RC* 高通电路具有信号频率越高越易通过的特点。

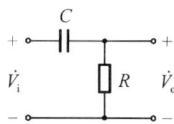

图 2.4 *RC* 高通电路

根据图 2.4 可得出电路的电压传递函数为

$$\dot{A}_v(\mathrm{j}\omega) = \frac{\dot{V}_o(\mathrm{j}\omega)}{\dot{V}_i(\mathrm{j}\omega)} = \frac{R}{R + \dfrac{1}{\mathrm{j}\omega C}} = \frac{1}{1 - \mathrm{j}\dfrac{1}{\omega RC}}$$

式中,ω 为输入信号的角频率。令 $\omega_{\mathrm{L}} = \dfrac{1}{RC}$ 或 $f_{\mathrm{L}} = \dfrac{1}{2\pi RC}$,则有

$$\dot{A}_v = \frac{1}{1 - \mathrm{j}\dfrac{\omega_{\mathrm{L}}}{\omega}} = \frac{1}{1 - \mathrm{j}\dfrac{f_{\mathrm{L}}}{f}}$$

由此可得 *RC* 高通电路的幅频特性和相频特性分别为

$$|\dot{A}_v| = \frac{1}{\sqrt{1 + \left(\dfrac{f_{\mathrm{L}}}{f}\right)^2}} \tag{2.3}$$

$$\varphi = \arctan\left(\frac{f_{\mathrm{L}}}{f}\right) \tag{2.4}$$

可以利用计算机画图软件,由式(2.3)和式(2.4)画出 *RC* 高通电路的幅频特性曲线和相频特性曲线,也可以利用计算机仿真软件(例如 Multisim),通过 *AC* 分析,得到这两条曲线,以上两种方法得到的是精确的结果。下面介绍一种近似的画图法。

由于信号的频率范围很宽,放大电路放大倍数的值可以很大,为了能在同一坐标系中表示如此宽的变化范围,常在对数坐标下画出频率特性曲线,称为 Bode 图。据此,在画幅频特性曲线时,纵轴采用 $20\lg|\dot{A}_v|$,以分贝为单位,横轴采用对数刻度 $\lg f$;相频特性的纵轴用 φ 表示,横轴仍用 $\lg f$。由式(2.3)可得

$$20\lg|\dot{A}_v| = -20\lg\sqrt{1 + \left(\frac{f_{\mathrm{L}}}{f}\right)^2} \tag{2.5}$$

与式(2.4)联立,分三种情况分析,可得

当 $f \gg f_{\mathrm{L}}$ 时,$20\lg|\dot{A}_v| \to 0$, $\varphi \to 0$;

当 $f = f_{\mathrm{L}}$ 时,$20\lg|\dot{A}_v| = -20\lg\sqrt{2} = -3\mathrm{dB}$, $\varphi = +45°$;

当 $f \ll f_{\mathrm{L}}$ 时,$20\lg|\dot{A}_v| \approx -20\lg\dfrac{f_{\mathrm{L}}}{f} = +20\lg\dfrac{f}{f_{\mathrm{L}}}$,表明 f 每下降 10 倍,$20\lg|\dot{A}_v|$ 下降 20dB,且 $\varphi = +90°$。

根据上述分析,可以画出 *RC* 高通电路的近似 Bode 图。

先画幅频特性。在 $20\lg|\dot{A}_v|$ 轴上标出 $-20\mathrm{dB}$ 点，在 f 轴上标出 $0.1f_\mathrm{L}$、f_L 和 $10f_\mathrm{L}$ 三个点，这里，认为 $f=10f_\mathrm{L}$ 时，即为 $f\gg f_\mathrm{L}$；$f=0.1f_\mathrm{L}$ 时，即为 $f\ll f_\mathrm{L}$。根据计算结果，从 $f=f_\mathrm{L}$ 到 $f\gg f_\mathrm{L}$，画出 $20\lg|\dot{A}_v|=0$ 的直线；从 $f=f_\mathrm{L}$ 到 $f\ll f_\mathrm{L}$ 画出 $20\mathrm{dB}/$十倍频的斜线。再画相频特性。在 φ 轴上标出 $45°$ 和 $90°$ 两个点，根据计算结果，连接对应的三个坐标点。据此画出的 RC 高通电路的 Bode 图如图 2.5 所示。图中的幅频特性曲线以频率 f_L 点为拐点，用两条直线近似于曲线；相频特性曲线以频率 $0.1f_\mathrm{L}$ 和 $10f_\mathrm{L}$ 点为拐点，用三条直线近似于曲线。

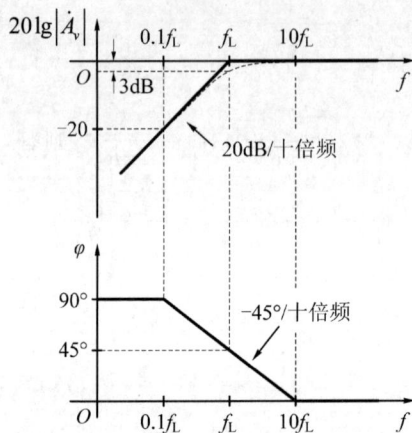

图 2.5 RC 高通电路的近似 Bode 图

由此可见，对 RC 高通电路来说，频率越低，衰减越大，相移也越大。当频率 f 远远大于 f_L 时，输出电压近似等于输入电压，且无相移，这与前面的定性分析结论是一致的。这里的频率 f_L 称为下限截止频率(简称下限频率)。

图 2.6 所示是利用 Multisim 仿真软件，通过 AC 分析，得到的 RC 高通电路的精确的频率特性曲线。二图比较可知，图 2.5 是图 2.6 曲线折线化的结果，称为近似 Bode 图，可用于电路频率特性的近似分析。

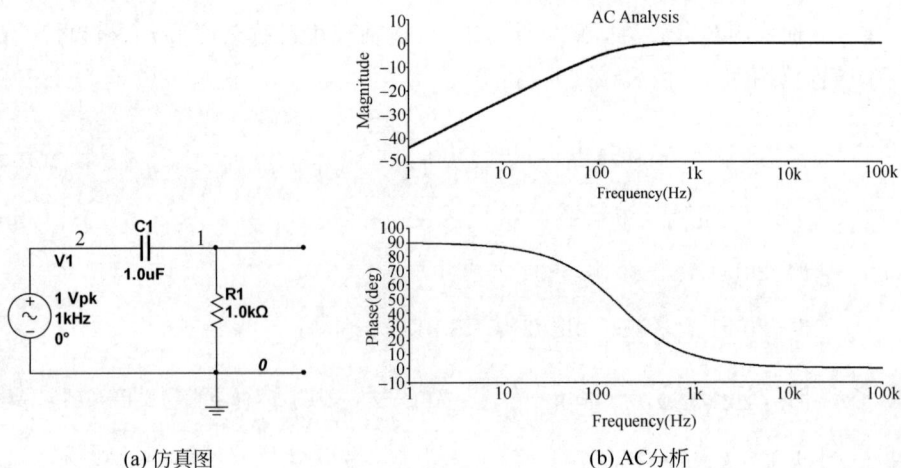

(a) 仿真图 (b) AC分析

图 2.6 RC 高通电路的仿真频率特性曲线

2. RC 低通电路

RC 低通电路的输入信号作用于 RC 串联电路的两端,输出信号取自于电容 C 两端,如图 2.7 所示。分析可知,当信号频率足够低时,电容相当于开路,输出信号几乎等于输入信号。而当信号频率高于一定值时,电容上的压降变小,从而导致输出信号明显小于输入信号,且产生相移。即 RC 低通电路具有信号频率越低越易通过的特点。

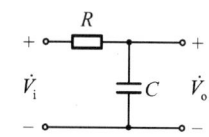

图 2.7 RC 低通电路

采用与 RC 高通电路类似的方法,根据图 2.7 所示,可得出电路的电压传递函数为

$$\dot{A}_v(\mathrm{j}\omega) = \frac{\dot{V}_o(\mathrm{j}\omega)}{\dot{V}_i(\mathrm{j}\omega)} = \frac{\dfrac{1}{\mathrm{j}\omega C}}{R + \dfrac{1}{\mathrm{j}\omega C}} = \frac{1}{1 + \mathrm{j}\omega RC}$$

式中,ω 为输入信号的角频率。令 $\omega_H = \dfrac{1}{RC}$ 或 $f_H = \dfrac{1}{2\pi RC}$,则有

$$\dot{A}_v = \frac{1}{1 + \mathrm{j}\dfrac{\omega}{\omega_H}} = \frac{1}{1 + \mathrm{j}\dfrac{f}{f_H}}$$

由此可得 RC 低通电路的幅频特性和相频特性分别为

$$|\dot{A}_v| = \frac{1}{\sqrt{1 + \left(\dfrac{f}{f_H}\right)^2}} \tag{2.6}$$

$$\varphi = -\arctan\left(\frac{f}{f_H}\right) \tag{2.7}$$

式(2.6)两边取常用对数,有

$$20\lg|\dot{A}_v| = -20\lg\sqrt{1 + \left(\frac{f}{f_H}\right)^2} \tag{2.8}$$

与式(2.7)联立,分三种情况分析,可得

当 $f \ll f_H$ 时,$20\lg|\dot{A}_v| \to 0$,$\varphi \to 0$;

当 $f = f_H$ 时,$20\lg|\dot{A}_v| = -20\lg\sqrt{2} = -3\mathrm{dB}$,$\varphi = -45°$;

当 $f \gg f_H$ 时,$20\lg|\dot{A}_v| \approx -20\lg\dfrac{f}{f_H}$,表明 f 每上升 10 倍,$20\lg|\dot{A}_v|$ 下降 20dB,且 $\varphi = -90°$。

根据上述分析,可以画出 RC 低通电路的近似 Bode 图,如图 2.8 所示。

由此可见,对 RC 低通电路来说,频率越高,衰减越大,相移越大。当频率 f 远远小于 f_H 时,输出电压近似等于输入电压,且无相移,与上述定性分析结论是一致的。这里的频率 f_H 称为上限截止频率(简称上限频率)。

图 2.9 给出了 RC 低通电路的仿真频率特性曲线,以便与图 2.8 所示的近似 Bode 图比较。

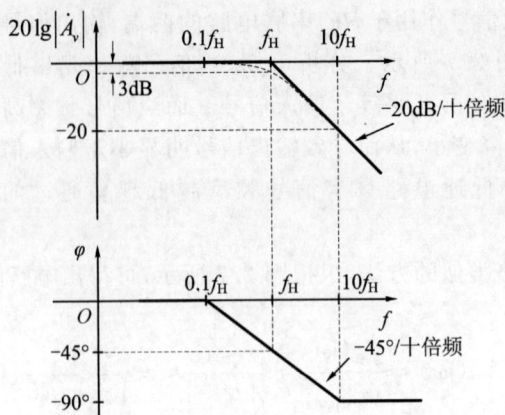

图 2.8 RC 低通电路的近似 Bode 图

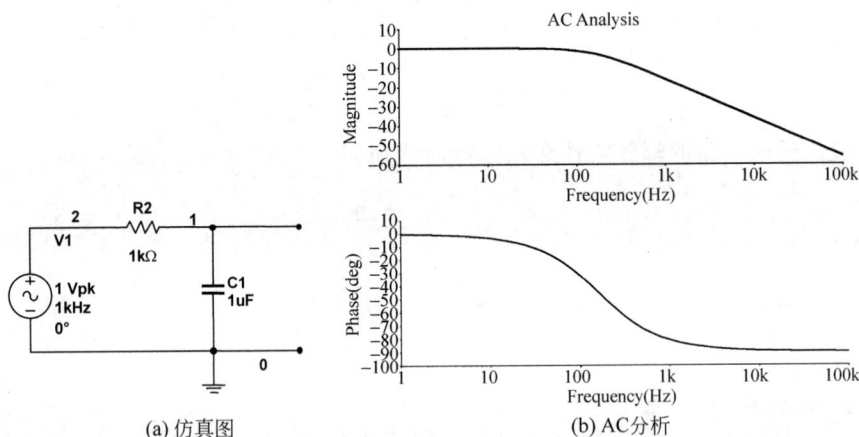

(a) 仿真图 (b) AC分析

图 2.9 RC 低通电路的仿真频率特性曲线

2.2.2 三频段近似分析法

2.2.1 节介绍了两个简单的 RC 电路,并对其频率特性进行了分析研究,即通过求解电压传输函数,得到幅频特性和相频特性,进而画出近似 Bode 图。下面将以此为基础,从图 2.1 所示的电路中得到含有两个电容的 RC 串并联电路,如图 2.10 所示。

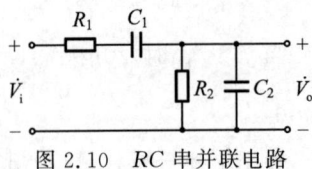

图 2.10 RC 串并联电路

其中 C_1 可视为耦合电容,C_2 可视为负载电容。易得该电路的电压传递函数为

$$\dot{A}_v(\mathrm{j}\omega) = \dot{A}_{vm} \cfrac{1}{1 + \cfrac{R_2 C_2}{(R_1 + R_2)C_1} + \mathrm{j}\omega R_{并} C_2 + \cfrac{1}{\mathrm{j}\omega R_{串} C_1}} \qquad (2.9)$$

式中,$\dot{A}_{vm} = \dfrac{R_2}{R_1 + R_2}$, $R_{并} = R_1 // R_2$, $R_{串} = R_1 + R_2$。

为了便于分析,可避开原电压传递函数,而是根据实际情况,寻求另一个函数来近似描述式(2.9)。当 $C_2 \ll C_1$ 且 R_1 和 R_2 为同一数量级时(这一点在研究的许多电子电路中是满足的),有

$$\dot{A}_v(\mathrm{j}\omega) = \dot{A}_{vm} \frac{1}{1 + \dfrac{R_2 C_2}{(R_1 + R_2)C_1} + \mathrm{j}\omega R_并 C_2 + \dfrac{1}{\mathrm{j}\omega R_串 C_1}}$$

$$\approx \dot{A}_{vm} \cdot \frac{1}{1 + \mathrm{j}\omega R_并 C_2} \cdot \frac{1}{1 + \dfrac{1}{\mathrm{j}\omega R_串 C_1}}$$

$$= \dot{A}_{vm} \cdot \frac{1}{1 + \mathrm{j}\dfrac{\omega}{\omega_并}} \cdot \frac{1}{1 - \mathrm{j}\dfrac{\omega_串}{\omega}} \tag{2.10}$$

其中,$\omega_并 = \dfrac{1}{R_并 C_2}$,$\omega_串 = \dfrac{1}{R_串 C_1}$。

显然,式(2.10)中含有三项,根据 2.2.1 节的分析可知,其中的第2、第3项分别为低通和高通电路的传递函数,而第1项 $\dot{A}_{vm}$ 中不含电抗元件,与频率无关。据此可以画出式(2.10)的等效电路,如图 2.11 所示。

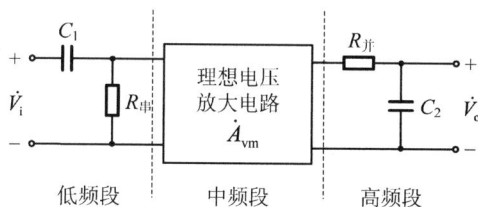

图 2.11　图 2.10 的近似等效电路

由此可知,在分析这一类电路的频率特性时,可将频率分为三个频段,即低频段、中频段和高频段,利用三个频段下的等效电路,分别求出相应的表达式,然后将它们写成乘积的形式,即可得到所求电路的传递函数。

下面利用三频段分析方法,求解图 2.10 所示电路的电压传递函数。

中频段等效电路:指将耦合电容和旁路电容视为短路,晶体管极间电容、负载电容和分布电容视为开路后所得到的电路,即中频段等效电路中没有电容。图 2.10 的中频段等效电路如图 2.12 所示。

利用图 2.12 写出 $\dot{A}_{vm}$ 的表达式

$$\dot{A}_{vm} = \frac{\dot{V}_o}{\dot{V}_i} = \frac{R_2}{R_1 + R_2} \tag{2.11}$$

低频段等效电路:指将耦合电容和旁路电容保留于电路中,而晶体管极间电容、负载电容和分布电容仍视为开路后所得到的电路。图 2.10 的低频段等效电路如图 2.13 所示。

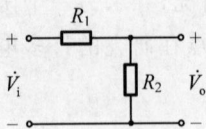

图 2.12　图 2.10 的中频段等效电路

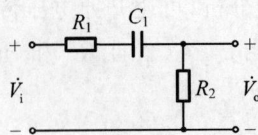

图 2.13　图 2.10 的低频段等效电路

从图 2.13 中可知,输出信号取自于电阻 R_2 两端,具有高通电路的特点,故耦合电容 C_1 及电阻 R_1、R_2 构成高通电路,其传递函数为

$$\dot{A}_v(\mathrm{j}\omega) = \dot{A}_{v\mathrm{m}} \cdot \cfrac{1}{1 - \mathrm{j}\cfrac{\omega_{串}}{\omega}}$$

也可以由图 2.13 直接确定电路的下限频率 $\omega_{串}$。先求出从 C_1 两端看入的戴维南等效电阻,即 $R_{串} = R_1 + R_2$,再求与 C_1 相关的时间常数 $\tau_{串} = (R_1 + R_2)C_1$,故有

$$\omega_{串} = \frac{1}{(R_1 + R_2)C_1} \quad 或 \quad f_{串} = \frac{1}{2\pi(R_1 + R_2)C_1}$$

从而得到因子

$$\cfrac{1}{1 - \mathrm{j}\cfrac{\omega_{串}}{\omega}} \tag{2.12}$$

高频段等效电路:指将耦合电容和旁路电容视为短路,而晶体管极间电容、负载电容和分布电容保留于电路中后所得到的电路。图 2.10 的高频段等效电路如图 2.14 所示。

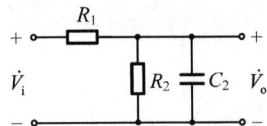

图 2.14　图 2.10 的高频段等效电路

从图 2.14 中可知,输出信号取自于电容 C_2 两端,具有低通电路的特点,故负载电容 C_2 及电阻 R_1、R_2 构成低通电路,其传递函数为

$$\dot{A}_v(\mathrm{j}\omega) = \dot{A}_{v\mathrm{m}} \cdot \cfrac{1}{1 + \mathrm{j}\cfrac{\omega}{\omega_{并}}}$$

也可以由图 2.14 直接确定电路的上限频率 $\omega_{并}$。先求出从 C_2 两端看入的戴维南等效电阻,即 $R_{并} = R_1 // R_2$,再求与 C_2 相关的时间常数 $\tau_{并} = (R_1 // R_2)C_2$,故有

$$\omega_{并} = \frac{1}{(R_1 // R_2)C_2} \quad 或 \quad f_{并} = \frac{1}{2\pi(R_1 // R_2)C_2}$$

从而得到因子

$$\cfrac{1}{1 + \mathrm{j}\cfrac{\omega}{\omega_{并}}} \tag{2.13}$$

最后,将式(2.11)、式(2.12)和式(2.13)相乘,可得到传递函数的表达式,即

$$\dot{A}_v(\mathrm{j}\omega) = \dot{A}_{v\mathrm{m}} \cdot \cfrac{1}{1 + \mathrm{j}\cfrac{\omega}{\omega_{并}}} \cdot \cfrac{1}{1 - \mathrm{j}\cfrac{\omega_{串}}{\omega}}$$

总之,许多电子电路是满足 $f_\mathrm{H} \gg f_\mathrm{L}$(在本例中 $f_{并} \gg f_{串}$)条件的,这样,就可以利用三

个频段的等效电路,分别求出中频放大倍数 $\dot{A}_{vm}$,下限频率 f_L 和上限频率 f_H,进而画出电路的近似 Bode 图。

一般来说,画 Bode 图时,先画幅频特性,可分三个频段进行,其顺序依次是中频段、低频段和高频段,合起来即为全频段的幅频特性,最后根据幅频特性画出相应的相频特性。

当然,也可以利用计算机仿真,分析包含所有电容的电路的频率响应,从而得到比手动计算更精确的结果。

【例 2.1】 电路如图 2.15 所示。

图中,$R_1 = 0.2\text{k}\Omega$,$R_2 = 2\text{k}\Omega$,$R_3 = 3\text{k}\Omega$,$g_m = 60\text{mA/V}$,$C_1 = 2\mu\text{F}$,$C_2 = 50\text{pF}$。

(1) 计算中频放大倍数 $\dot{A}_{vm}$;

(2) 计算上限频率 f_H 和下限频率 f_L;

(3) 写出 $\dot{A}_v$ 的表达式并画出近似 Bode 图;

(4) 用 Multisim 仿真验证以上结果。

解 由已知条件可知,C_1 比 C_2 约大 5 个数量级,故满足近似条件。

(1) 中频段等效电路如图 2.16 所示。

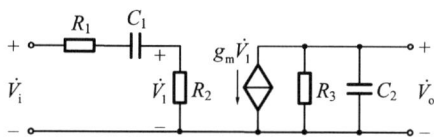

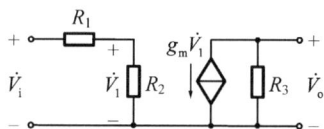

图 2.15 例 2.1 的电路　　　图 2.16 图 2.15 的中频段等效电路

由图可知,

$$\dot{A}_{vm} = \frac{\dot{V}_o}{\dot{V}_i} = -\frac{g_m \dot{V}_1 R_3}{\dfrac{R_1 + R_2}{R_2}\dot{V}_1} = -\frac{g_m R_3 R_2}{R_1 + R_2} = -\frac{60 \times 2 \times 3}{2 + 0.2} = -164$$

故 $|\dot{A}_{vm}| = 44\text{dB}$。

(2) 下限频率 $f_L = \dfrac{1}{2\pi(R_1 + R_2)C_1} = \dfrac{1}{2\pi(2 + 0.2)\times 10^3 \times 2 \times 10^{-6}} = 36\text{Hz}$

上限频率 $f_H = \dfrac{1}{2\pi R_3 C_2} = \dfrac{1}{2\pi \times 3 \times 10^3 \times 50 \times 10^{-12}} = 1.1 \times 10^6 \text{Hz} = 1.1\text{MHz}$

(3) 电路 $\dot{A}_v$ 的表达式为

$$\dot{A}_v(\text{j}f) = (-164) \cdot \frac{1}{1 + \text{j}\dfrac{f}{1.1 \times 10^6}} \cdot \frac{1}{1 - \text{j}\dfrac{36}{f}}$$

画幅频特性。在 $20\lg|\dot{A}_v|$ 轴上标出 44dB 和 24dB 两个点,在 f 轴上标出 3.6Hz、36Hz、360Hz、1.1×10^5 Hz、1.1×10^6 Hz 和 1.1×10^7 Hz 六个点。从 36Hz 到 1.1×10^6 Hz,画出 $20\lg|\dot{A}_v| = 44\text{dB}$ 的直线,即为中频段。从 36Hz 到 3.6Hz,画出 20dB/十倍频的斜线,即为低频段。从 1.1×10^6 Hz 到 1.1×10^7 Hz,画出 -20dB/十倍频的斜线,即为高频段。

画相频特性。因 $\dot{A}_v(\mathrm{j}f)$ 的分子为 -164，所以分子的相角为 $-180°$，分母的相角根据频率范围来确定。例如，当 $f=36\,\mathrm{Hz}$ 时，分母的相角为 $-45°$，所以此时的总相角为 $-180°-(-45°)=-135°$；又例如，当 $f=1.1\times10^7\,\mathrm{Hz}$ 时，分母的相角为 $+90°$，所以此时的总相角为 $-180°-(+90°)=-270°$，等等。据此画出的 Bode 图如图 2.17 所示。

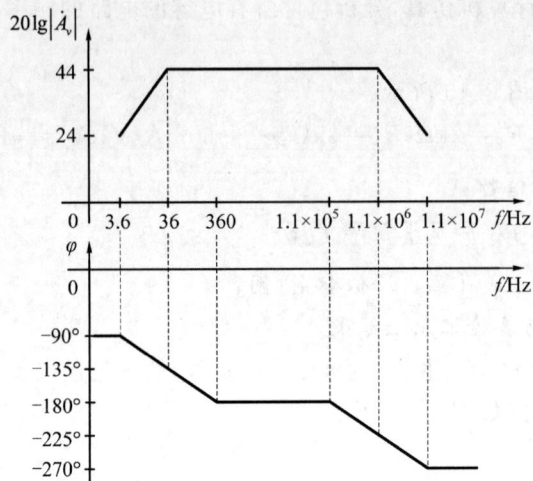

图 2.17　例 2.1 的 Bode 图

（4）Multisim 仿真验证。图 2.18 为图 2.15 的仿真电路和 AC 分析。

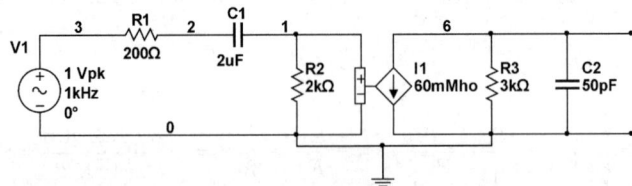

（a）仿真电路

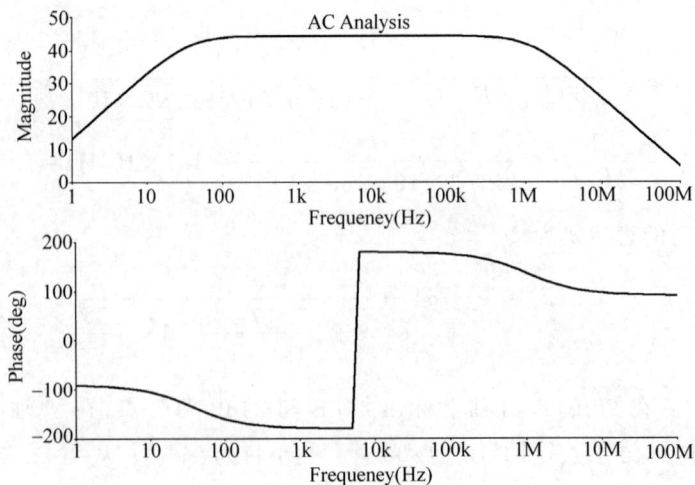

（b）幅频特性和相频特性

图 2.18　图 2.15 的仿真电路和 AC 分析

仿真结果表明,仿真测试结果与理论计算结果基本一致。

2.3 放大电路的上限频率与下限频率

2.2.2节介绍了三频段近似分析法,在图2.10中只含有两个电容,其中C_1确定了电路的下限频率f_L,C_2确定了电路的上限频率f_H。而在实际的电路中,往往含有$n(n=n_1+n_2)$个电容,其中n_1个电容确定电路的下限频率,n_2个电容确定电路的上限频率。对于这样一个多电容电路来说,如何求得电路的上下限频率呢?

下面以多级放大电路为例,介绍求解方法。

1. 上限频率f_H

假设一多级放大电路由n_2个单级放大电路级联而成,第k个单级中只含一个电容,并确定该级的上限频率f_{Hk},该级的中频段放大倍数为$\dot{A}_{vmk}$,则第k个单级对应的高频段电压放大倍数可表示为

$$\dot{A}_{vk}(jf) = \dot{A}_{vmk} \cdot \frac{1}{1 + j\dfrac{f}{f_{Hk}}}$$

于是,多级放大电路的放大倍数$\dot{A}_v(jf)$为

$$\dot{A}_v(jf) = \frac{\dot{A}_{vm1}}{1+j\dfrac{f}{f_{H1}}} \cdot \frac{\dot{A}_{vm2}}{1+j\dfrac{f}{f_{H2}}} \cdots \frac{\dot{A}_{vmn_2}}{1+j\dfrac{f}{f_{Hn_2}}} = \prod_{k=1}^{n_2} \frac{\dot{A}_{vmk}}{1+j\dfrac{f}{f_{Hk}}}$$

其模为

$$|\dot{A}_v(jf)| = \prod_{k=1}^{n_2} \frac{|\dot{A}_{vmk}|}{\sqrt{1+\left(\dfrac{f}{f_{Hk}}\right)^2}}$$

式中$\prod_{k=1}^{n_2}|\dot{A}_{vmk}|$为多级放大电路的中频段放大倍数。根据$f_H$的定义,当$f=f_H$时,必有

$$|\dot{A}_v(jf)| \big|_{f=f_H} = \frac{\prod_{k=1}^{n_2}|\dot{A}_{vmk}|}{\sqrt{2}}$$

即

$$\prod_{k=1}^{n_2} \sqrt{1+\left(\dfrac{f_H}{f_{Hk}}\right)^2} = \sqrt{2}$$

亦即

$$\prod_{k=1}^{n_2} \left[1+\left(\dfrac{f_H}{f_{Hk}}\right)^2\right] = 2 \tag{2.14}$$

由于f_H/f_{Hk}小于1,解该方程时忽略高次项,所以可得到f_H的近似表达式

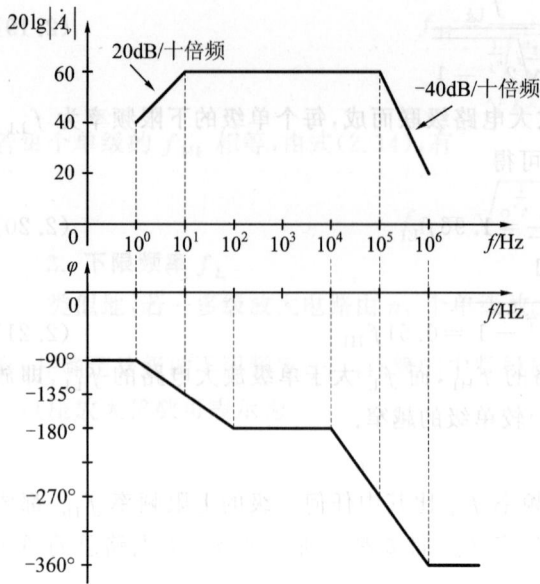

图 2.19　例 2.2 电路图

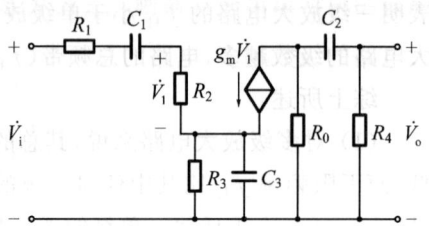

图 2.20　例 2.3 电路图

在求解某一电容所对应的下限频率时,应将其他电容视为短路。

求解 C_1 所对应的下限频率 f_{L1},等效电路如图 2.21(a)所示。C_1 两端看入的戴维南等效电阻为 $(R_1 + R_2)$,故所对应的下限频率为

$$f_{L1} = \frac{1}{2\pi(R_1 + R_2)C_1}$$

求解 C_2 所对应的下限频率 f_{L2},等效电路如图 2.21(b)所示。C_2 两端看入的戴维南等效电阻为 $(R_0 + R_4)$,故所对应的下限频率为

$$f_{L2} = \frac{1}{2\pi(R_0 + R_4)C_2}$$

求解 C_3 所对应的下限频率 f_{L3},等效电路如图 2.21(c)所示。C_3 两端看入的戴维南等效电阻为

$$R_3 // \frac{R_1 + R_2}{1 + g_m R_2}$$

故所对应的下限频率为

$$f_{L3} = \frac{1}{2\pi\left(R_3 // \dfrac{R_1 + R_2}{1 + g_m R_2}\right)C_3}$$

若 f_{L1}、f_{L2} 和 f_{L3} 的值相差不大,则可用式(2.18)求得电路的下限频率 f_L;若在 f_{L1}、f_{L2} 和 f_{L3} 中,某个的值远大于其他两个的值,则电路的下限频率 f_L 就是该频率。

读者可用 Multisim 软件仿真,来对该例题的结论加以验证。

总之,我们对放大电路进行三频段近似分析,给有限的手工计算带来了方便,但是,当电路中含有多个电容时,分析它的频率响应是很复杂的,这样的电路很容易用计算机仿真进行分析。因为在利用计算机软件进行分析时,不需要将电路分为三个频段,只需输入电路图,

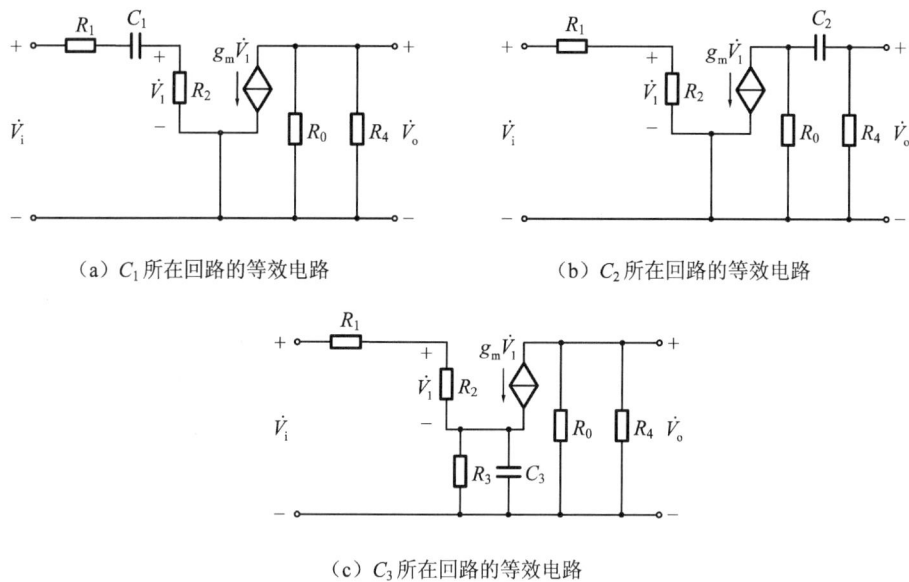

（a）C_1 所在回路的等效电路　　　　　（b）C_2 所在回路的等效电路

（c）C_3 所在回路的等效电路

图 2.21　求解下限频率的等效电路

给定元器件的实际参数,即可分析出精确的频率响应,还可分析元器件参数对频率响应的影响,因此计算机软件特别适用于放大电路频率特性的仿真设计。

2.4　密勒效应

下面讨论图 2.1 中电容 C_3 对电路频率响应的影响(在第 3 章中将介绍反馈的概念,这里的电容 C_3 从输入端连接到输出端,实际上起到了反馈的作用。由于 C_3 是放大电路内部的极间电容,所以由它引入的反馈属于内部反馈)。

根据密勒定理,可以将电容 C_3 等效到电路的输入回路和输出回路,如图 2.22 所示。图中跨接在输入端的密勒阻抗为

$$Z_{\mathrm{in,M}}=\frac{1}{\mathrm{j}\omega C_3(1-\dot{A}_v)}$$

跨接在输出端的密勒阻抗为

$$Z_{\mathrm{out,M}}=\frac{\dot{A}_v}{\mathrm{j}\omega C_3(\dot{A}_v-1)}$$

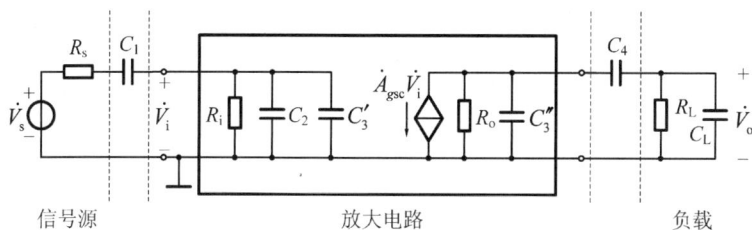

图 2.22　利用密勒定理得到的图 2.1 的等效电路

视频 6

于是电容 C_3 等效到电路的输入回路和输出回路后,有

$$C_3' = C_3(1 - \dot{A}_v) \tag{2.22}$$

$$C_3'' = \frac{C_3(\dot{A}_v - 1)}{\dot{A}_v} \tag{2.23}$$

一般情况下, $|\dot{A}_v| \gg 1$,故输出回路中的 $C_3'' \approx C_3$,而对于输入回路来说,电容 C_3 就等效于在电路的输入端接入了电容 $C_3' = C_3(1 - \dot{A}_v)$,这就是所谓的密勒效应。

这一点对于讨论电路的频率响应是很重要的。因为许多放大电路具有数值较大的负的放大倍数,而在这样的放大电路内部,往往有一个连接输入端和输出端的容量很小的电容。由于密勒效应,这个很小的反馈电容等效到输入端将是一个值较大的电容。例如,放大电路的 $\dot{A}_v = -100$, $C_3 = 2\text{pF}$,则跨接在输入端的等效电容 $C_3' = C_3(1 - \dot{A}_v) = 202\text{pF}$,这个值往往比电容 C_2 要大得多,即 C_3' 对电路上限频率的影响比 C_2 会更大。

【例2.4】 试用 Multisim 分析图 2.1 中电容 C_2、C_3 对电路上限频率的影响。

解 (1) 只考虑电容 C_2 的影响:设电容 $C_2 = 20\text{pF}$,仿真电路如图 2.23(a)所示。

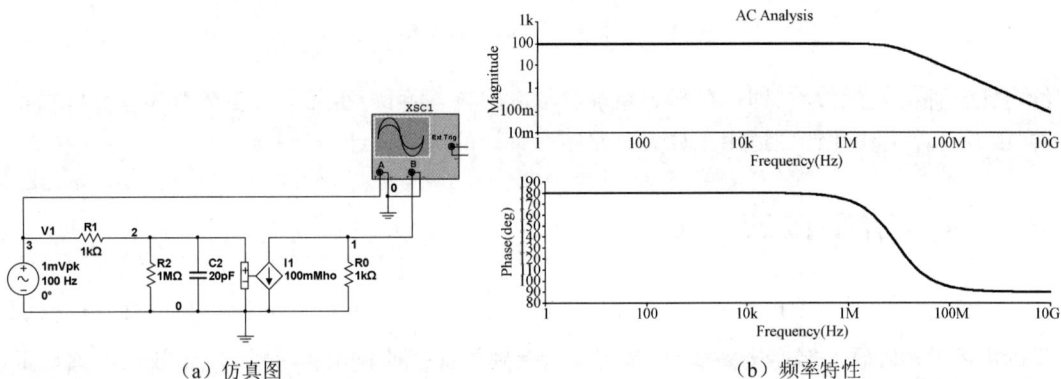

(a) 仿真图   (b) 频率特性

图 2.23 只考虑电容 C_2 对电路上限频率的影响

仿真测试结果:电路的上限频率为 7.9502MHz。根据理论计算,从电容 C_2 两端看入的戴维南等效电阻为 $R_1 // R_2 \approx 1\text{k}\Omega$,故电路的上限频率的理论值为 7.9577MHz,二者基本吻合。

(2) 只考虑电容 C_3 的影响:设电容 $C_3 = 10\text{pF}$,仿真电路如图 2.24(a)所示。

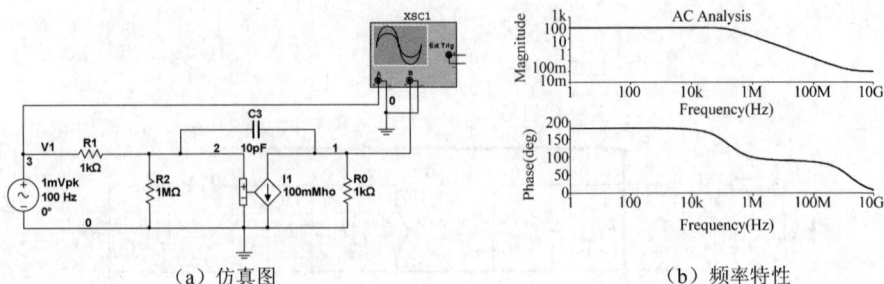

(a) 仿真图   (b) 频率特性

图 2.24 只考虑电容 C_3 对电路上限频率的影响

仿真测试结果：电路的上限频率为 155.9840kHz。根据理论计算,先利用密勒定理将电容 C_3 等效到电路的输入端,即 C_3' 和输出端,即 C_3''。从 C_3' 两端看入的戴维南等效电阻为 $R_1//R_2 \approx 1k\Omega$,电路的电压放大倍数约为

$$\dot{A}_v = (-100\text{mMho} \times 1\text{mV} \times 1k\Omega)/1\text{mV} = -100$$

故由 C_3' 决定的电路上限频率的理论值为

$$f_H' = \frac{1}{2\pi(R_1//R_2)C_3(1-\dot{A}_v)} = \frac{1}{2\pi \times 1 \times 10^3 \times 10 \times 10^{-12} \times [1-(-100)]}$$
$$= 157.579\text{kHz}$$

由 C_3'' 决定的电路上限频率的理论值为

$$f_H'' = \frac{1}{2\pi R_0 C_3} = \frac{1}{2\pi \times 1 \times 10^3 \times 10 \times 10^{-12}} = 15.915\text{MHz}$$

可见,$f_H' \ll f_H''$,故电路的上限频率主要由 f_H' 决定,其值与仿真测试值基本吻合。

(3) 同时考虑电容 C_2 和 C_3 的影响:仿真电路如图 2.25(a)所示。

仿真测试结果：电路的上限频率为 153.1237kHz。根据理论计算,由 C_2 和 C_3' 并联决定的电路上限频率的理论值为

$$\frac{1}{2\pi(R_1//R_2)[C_3(1-\dot{A}_v)+C_2]} = \frac{1}{2\pi \times 1 \times 10^3 \times \{10 \times 10^{-12} \times [1-(-100)] + 20 \times 10^{-12}\}}$$
$$= 154.519\text{kHz}$$

二者基本吻合,且与 f_H' 的值近似相等,说明 C_3' 对电路的上限频率起决定性作用,也就是说,密勒效应将主要影响该电路的上限频率。

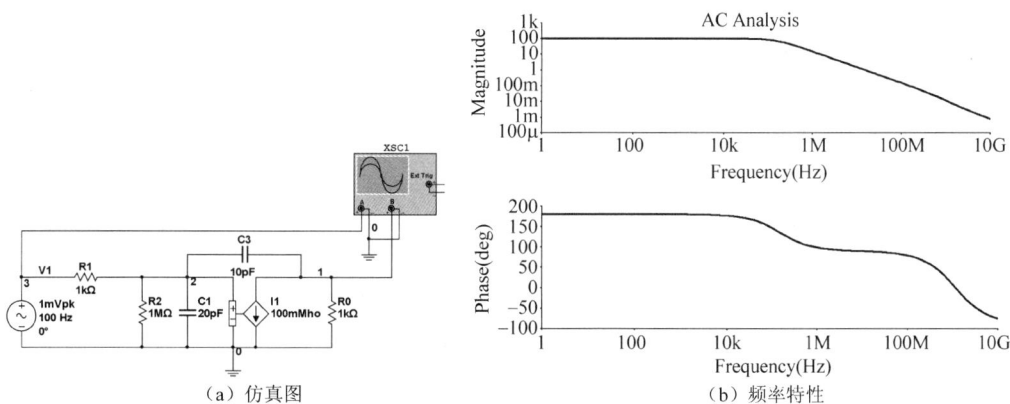

图 2.25 同时考虑电容 C_2 和 C_3 对电路上限频率的影响

本章知识结构图和小结

知识结构图

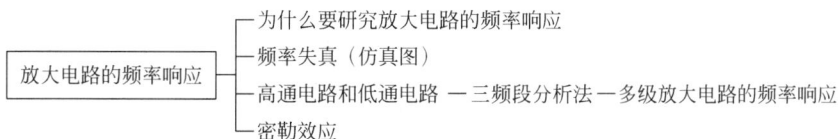

小结

1. 由于在实际的放大电路中存在许多电抗元件,其中,耦合电容和旁路电容将使低频段的放大倍数的数值下降,且产生超前相移;极间电容等将使高频段的放大倍数的数值下降,且产生滞后相移。所以,放大电路的放大倍数应为频率的函数。

放大倍数随频率变化的规律称为频率响应(频率特性)。其中,放大倍数数值随信号频率的变化规律,称为幅频特性;输出电压与输入电压的相位差随信号频率的变化规律,称为相频特性。

2. 在实际的幅频特性中,定义了下限截止频率 f_L 和上限截止频率 f_H。频率在 f_L 和 f_H 之间的范围称为中频段,也称为通频带(BW),即

$$BW = f_H - f_L$$

频率低于 f_L 的范围称为放大电路的低频段,频率高于 f_H 的范围称为放大电路的高频段。

3. 幅频失真和相频失真统称为频率失真,它们是由电路的线性电抗元件所引起的,故又称为线性失真。欲使放大电路对信号实现频率不失真的传输,须具备两个条件:一是放大电路对不同频率分量具有相同的放大倍数;二是各频率分量的相移与频率成正比。

4. RC 高通电路的结构特征是输入信号作用于 RC 串联电路的两端,输出信号取自于电阻 R 两端,其特点是信号频率越高越易通过。

RC 低通电路的结构特征是输入信号作用于 RC 串联电路的两端,输出信号取自于电容 C 两端,其特点是信号频率越低越易通过。

5. 我们在分析放大电路的频率特性时,可将频率分为三个频段,即低频段、中频段和高频段,利用三个频段下的等效电路分别求出相应的表达式,然后将它们写成乘积的形式,即可得到所求电路的传递函数,并用近似 Bode 图来描述它的频率特性。

6. 对于多级放大电路来说,其总的上限频率 f_H 比其中任何一级的上限频率 f_{Hk} 都要低,而下限频率 f_L 比其中任何一级的下限频率 f_{Lk} 都要高。所以多级放大电路总的通频带($f_H - f_L$)小于任何一单级的通频带。

7. 利用计算机软件进行分析时,不需要将电路分为三个频段,只需输入电路图,给定元器件的实际参数,即可分析出精确的频率响应,还可分析元器件参数对频率响应的影响,因此,计算机软件特别适用于放大电路频率特性的仿真设计。

8. 对于放大电路而言,密勒效应主要影响电路的上限频率。

习题

分析题

2.1 已知一放大电路的 Bode 图如图 2.26 所示,试写出 $\dot{A}_v$ 的表达式。

2.2 一放大电路的 Bode 图如图 2.27 所示,试写出 $\dot{A}_v$ 的表达式。

2.3 一放大电路的 Bode 图如图 2.28 所示,试求:

(1) 电路的中频电压放大倍数 $20\lg|\dot{A}_{vm}| = $ _____ dB;

(2) 电路的下限频率 $f_L \approx $ _____ Hz,上限频率 $f_H \approx $ _____ kHz;

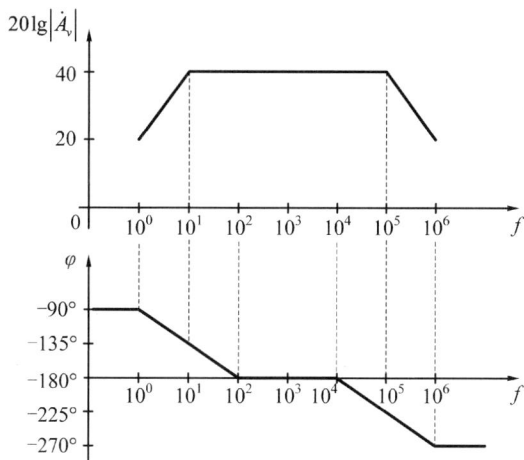

图 2.26 题 2.1 的图

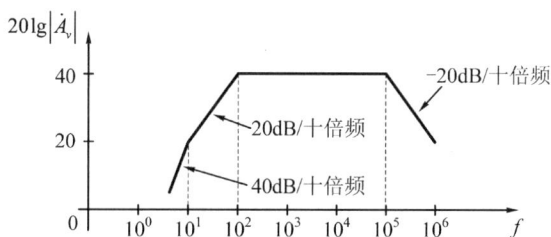

图 2.27 题 2.2 的图

（3）电路的电压放大倍数的表达式 $\dot{A}_v =$ _____。

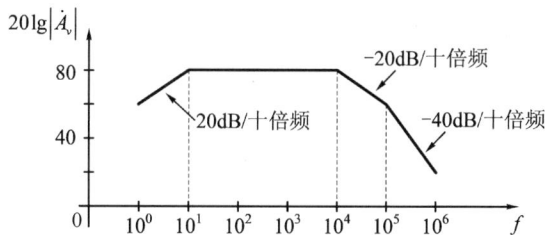

图 2.28 题 2.3 的图

2.4 已知一放大电路的电压放大倍数为

$$\dot{A}_v = \frac{-10\mathrm{j}f}{\left(1 + \mathrm{j}\dfrac{f}{10}\right)\left(1 + \mathrm{j}\dfrac{f}{10^5}\right)}$$

试求：（1） $\dot{A}_{vm}$、f_{L}、f_{H}；

（2）画出 Bode 图。

2.5 已知两级放大电路的电压放大倍数为

$$\dot{A}_v = \frac{20\mathrm{j}f}{\left(1 + \mathrm{j}\dfrac{f}{5}\right)\left(1 + \mathrm{j}\dfrac{f}{10^4}\right)\left(1 + \mathrm{j}\dfrac{f}{10^5}\right)}$$

试求：(1) $\dot{A}_{vm}$、f_L、f_H；

(2) 画出 Bode 图。

2.6　已知一个两级放大电路各级电压放大倍数分别为

$$\dot{A}_{v1} = \frac{\dot{V}_{o1}}{\dot{V}_i} = \frac{-20\mathrm{j}f}{\left(1 + \mathrm{j}\,\dfrac{f}{5}\right)\left(1 + \mathrm{j}\,\dfrac{f}{10^5}\right)}$$

$$\dot{A}_{v2} = \frac{\dot{V}_o}{\dot{V}_{i2}} = \frac{-2\mathrm{j}f}{\left(1 + \mathrm{j}\,\dfrac{f}{50}\right)\left(1 + \mathrm{j}\,\dfrac{f}{10^5}\right)}$$

(1) 写出该放大电路 $\dot{A}_v$ 的表达式；

(2) 求出该电路的 f_L 和 f_H；

(3) 画出该电路的 Bode 图。

2.7　若两级放大器各级的 Bode 图均如图 2.26 所示，试画出整个电路的 Bode 图。

2.8　电路如图 2.29 所示。图中，$R_1 = 0.1\mathrm{k\Omega}$，$R_2 = 1\mathrm{k\Omega}$，$R_3 = 3\mathrm{k\Omega}$，$g_m = 50\mathrm{mA/V}$，$C_1 = 5\mu\mathrm{F}$，$C_2 = 50\mathrm{pF}$。

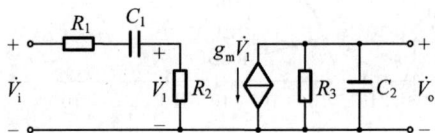

图 2.29　题 2.8 的图

(1) 计算中频放大倍数 $\dot{A}_{vm}$；

(2) 计算上限频率 f_H 和下限频率 f_L；

(3) 写出 $\dot{A}_v$ 的表达式并画出近似 Bode 图；

(4) 用 Multisim 仿真验证以上结果。

设计题

2.1　已知信号源的内阻为 100Ω，电压放大电路的输入电阻为 $100\mathrm{k\Omega}$，输出电阻为 10Ω，负载为 10Ω。要求信号源、放大电路和负载之间均采用阻容耦合，且电路的下限频率为 $20\mathrm{Hz}$，试画出电路模型图，确定耦合电容的值，并用 Multisim 仿真验证其结果。

2.2　电路如图 2.20 所示，已知 $R_1 = R_2 = 1\mathrm{k\Omega}$，$R_3 = 2\mathrm{k\Omega}$，$R_0 = R_4 = 5\mathrm{k\Omega}$，$g_m = 10\mathrm{mS}$。欲使电路的下限频率 $f_L = 55\mathrm{Hz}$，试确定 C_1、C_2 和 C_3 的值，并用 Multisim 仿真验证其结果。

第 3 章

放大电路中的反馈

对于实用电路来说,总是要引入不同形式的反馈来改善其各方面的性能,以满足实际问题对电路的要求,也就是说,任何一种实用放大电路都存在反馈技术的应用。因此,在研究具体放大电路之前,先要对反馈的基本概念、反馈的类型、反馈的基本方程以及反馈对放大电路性能的影响等问题进行讨论。

3.1 反馈的基本概念

1. 反馈的概念

在放大电路中,将输出量(输出电压或电流)的一部分或全部,通过一定的方式引回输入回路来影响输入量(输入电压或电流),这一过程称为反馈。

2. 反馈电路的组成

根据反馈的定义可知,反馈电路由基本放大电路和反馈网络两部分组成,如图 3.1 所示。其中基本放大电路用于信号的正向传输,反馈网络用于信号的反向传输。图中,反馈电路的输入信号称为输入量,输出信号称为输出量,反馈网络的输出信号称为反馈量,基本放大电路的输入信号称为净输入量。

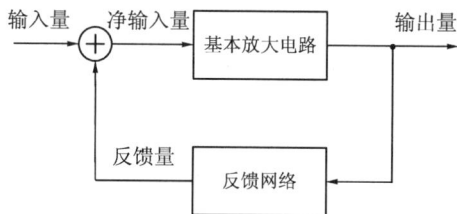

图 3.1　反馈电路的方框图

3.2 反馈的分类

1. 正反馈和负反馈

根据反馈量的极性,可分为正反馈和负反馈。若引入反馈后使放大电路的净输入量增大的称为正反馈,使净输入量减小的称为负反馈。也就是说,正反馈使输出量的变化增大,负反馈使输出量的变化减小。

判断正反馈还是负反馈,可用瞬时极性法。先假定输入信号的瞬时极性,然后,沿基本放大电路逐级推出电路各点的瞬时极性,再沿反馈网络推出反馈信号的瞬时极性,最后判断净输入信号是增大了还是减小了。若净输入信号增大则为正反馈,净输入信号减小则为负反馈。

【例 3.1】 试判断图 3.2 所示电路的反馈是正反馈还是负反馈。

解 首先进行有无反馈的判断。若电路的输出回路与输入回路有由电阻、电容等元器件构成的通路,则说明电路中引入了反馈,否则无反馈。

在图 3.2 电路中,电阻 R_F 和电容 C_F 将电路的输出回路和输入回路"联系"起来,构成反馈通路,使输出电压影响电路的输入电压,故该电路引入了反馈。

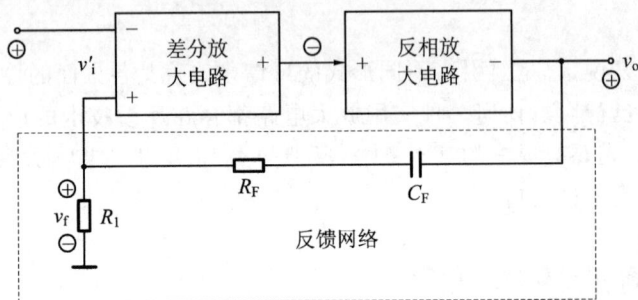

图 3.2 反馈放大电路

再进行正、负反馈的判断。假设电路输入端信号的极性为上⊕下⊖,即差分放大电路的反相端为⊕,输出端则为⊖,即反相放大电路的输入端也为⊖,其输出端则为⊕。输出信号 $\dot{V}_o$ 通过电阻 R_F 和电容 C_F 反馈至 R_1 得到反馈信号 $\dot{V}_f$,其极性为上⊕下⊖,导致差分放大电路的净输入信号 $\dot{V}'_i = \dot{V}_i - \dot{V}_f$ 减小,可判断该反馈为负反馈。

2. 直流反馈和交流反馈

根据反馈量本身的交、直流性质,可分为直流反馈和交流反馈。若反馈量中只包含直流成分,则称为直流反馈;若反馈量中只有交流成分,则称为交流反馈。在很多情况下,交、直流两种反馈兼而有之,则为交、直流反馈。

在图 3.2 中,输出信号通过电阻 R_F 和电容 C_F 在 R_1 上得到反馈信号 $\dot{V}_f$,由于电容 C_F 的隔直作用,反馈信号中只有交流成分,故该反馈是交流反馈。

3. 电压反馈和电流反馈

根据反馈量在电路输出端采样方式的不同,可分为电压反馈和电流反馈。若反馈信号取自输出电压,则称为电压反馈;若反馈信号取自输出电流,则称为电流反馈。

判断是电压反馈还是电流反馈,可采用短路法,即可假设将输出端交流短路(即令输出电压等于零),并观察此时反馈信号是否存在。若反馈信号不复存在,则为电压反馈;否则,即为电流反馈。也可直接根据电路结构判断,若反馈网络直接接在输出端,则为电压反馈;否则,即为电流反馈。

在图 3.2 中,反馈信号与输出电压成正比,$\dot{V}_o = 0$ 时,$\dot{V}_f = 0$,即属于电压反馈。也可以从图中的连接方式上直接看出。

4. 串联反馈和并联反馈

根据反馈量与输入量在电路输入回路中连接形式的不同,可分为串联反馈和并联反馈。

若反馈信号与输入信号在输入回路中以电压形式求和,即二者为串联关系,则称为串联反馈;若反馈信号与输入信号在输入回路中以电流形式求和,即二者为并联关系,则称为并联反馈。也可直接根据电路结构判断,若反馈网络直接接在输入端,则为并联反馈;否则,为串联反馈。

在图 3.2 中,差分放大电路的净输入信号 $\dot{V}_i' = \dot{V}_i - \dot{V}_f$,说明反馈信号与输入信号以电压形式求和,故属于串联反馈。也可以从图中看出,反馈网络没有直接接在输入端,故为串联反馈。

综合以上分析可知,图 3.2 所示电路的反馈组态是电压串联交流负反馈。根据类似的组合方式,可以得到反馈的各种组态,例如,电压并联交直流负反馈等。可见,反馈的形式是多种多样的。通常情况下,放大电路中应用更多的是负反馈,而正反馈常用于振荡器的设计(参见第 9 章)。下面将重点分析各种形式的负反馈。

3.3 负反馈放大电路的四种组态

根据以上对反馈分类的分析,对于负反馈来说,共有四种组态,即电压串联负反馈、电压并联负反馈、电流串联负反馈和电流并联负反馈。四种组态负反馈放大电路的方框图如图 3.3 所示。

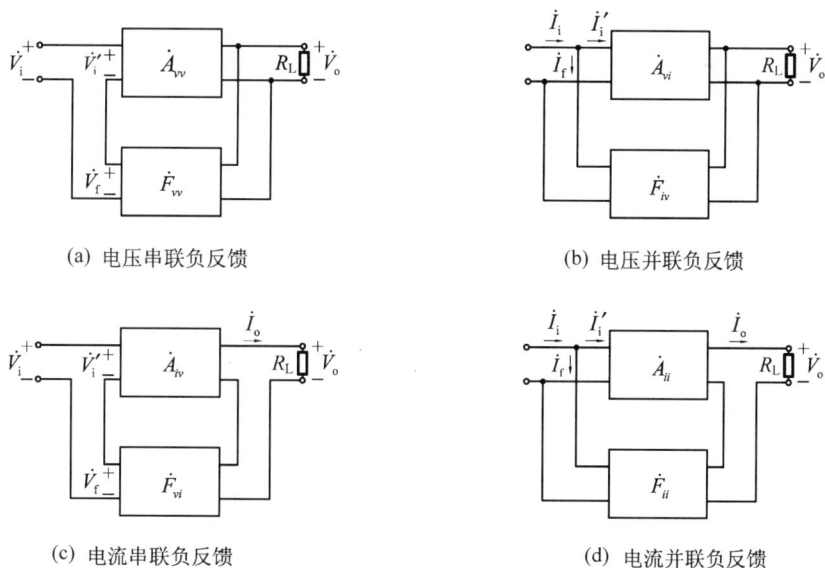

(a) 电压串联负反馈   (b) 电压并联负反馈

(c) 电流串联负反馈   (d) 电流并联负反馈

图 3.3 四种组态负反馈放大电路的方框图

必须强调:

(1)电压和电流反馈是对输出信号的采样方式而言的,所以,在电压反馈中,反馈网络的输入端并联于负载两端,即输出电压作用于反馈网络框图的输入端,如图 3.3(a)和图 3.3(b)所示;在电流反馈中,反馈网络的输入端串联于负载回路,即负载电流流过反馈网络框图的输入口,如图 3.3(c)和图 3.3(d)所示。

(2) 串联和并联反馈是对输入端的连接方式而言的,所以,在串联反馈中,源信号和反馈信号均应是电压源的形式,因为在串联连接中电压是可以相加减的,如图 3.3(a)和图 3.3(c)所示;在并联反馈中,源信号和反馈信号均应是电流源的形式,因为在并联连接中电流是可以相加减的,如图 3.3(b)和图 3.3(d)所示。

可见,在电压串联负反馈中,应考虑的是输出电压与输入电压的关系,此时放大器的类型为电压放大器,对应的增益参数为电压增益,即 $\dot{A}_{vv} = \dfrac{\dot{V}_o}{\dot{V}_i}$。在电流串联负反馈中,应考虑的是输出电流与输入电压的关系,此时放大器的类型为互导放大器,对应的增益参数为互导增益,即 $\dot{A}_{iv} = \dfrac{\dot{I}_o}{\dot{V}_i}$。

类似地,在电压并联负反馈中,放大器的类型为互阻放大器,对应的增益参数为互阻增益,即 $\dot{A}_{vi} = \dfrac{\dot{V}_o}{\dot{I}_i}$;在电流并联负反馈中,放大器的类型为电流放大器,对应的增益参数为电流增益,即 $\dot{A}_{ii} = \dfrac{\dot{I}_o}{\dot{I}_i}$。

对于不同组态的负反馈放大电路来说,反馈网络的反馈系数也应有不同的意义和量纲。例如,在电压并联负反馈中,互阻增益的单位是欧,因此,反馈系数是互导参数,其单位是西。类似地,在电压串联负反馈中,电压增益是无单位的,反馈系数也无单位;在电流串联负反馈中,互导增益的单位是西,反馈系数是互阻参数,其单位是欧;在电流并联负反馈中,电流增益和反馈系数均无单位。

由于每种负反馈放大电路的参数是不同的,因此在设计电路时,为了达到设计的目标,就需选择负反馈的类型。

四种负反馈放大电路增益和反馈系数,如表 3-1 所示。

表 3-1 四种负反馈组态的比较

	输出信号	反馈信号	基本放大电路增益	反馈系数
电压串联式	$\dot{V}_o$	$\dot{V}_f$	$\dot{A}_{vv} = \dfrac{\dot{V}_o}{\dot{V}_i'}$ 电压增益	$\dot{F}_{vv} = \dfrac{\dot{V}_f}{\dot{V}_o}$
电压并联式	$\dot{V}_o$	$\dot{I}_f$	$\dot{A}_{vi} = \dfrac{\dot{V}_o}{\dot{I}_i'}$ 互阻增益	$\dot{F}_{iv} = \dfrac{\dot{I}_f}{\dot{V}_o}$
电流串联式	$\dot{I}_o$	$\dot{V}_f$	$\dot{A}_{iv} = \dfrac{\dot{I}_o}{\dot{V}_i'}$ 互导增益	$\dot{F}_{vi} = \dfrac{\dot{V}_f}{\dot{I}_o}$
电流并联式	$\dot{I}_o$	$\dot{I}_f$	$\dot{A}_{ii} = \dfrac{\dot{I}_o}{\dot{I}_i'}$ 电流增益	$\dot{F}_{ii} = \dfrac{\dot{I}_f}{\dot{I}_o}$

【例 3.2】 电路如图 3.4 所示,试判断该电路的反馈类型。

解 可以看出,电阻 R_2、R_L 将输出回路与输入回路联系起来,故该电路中存在反馈。

根据瞬时极性法,当输入端为瞬时"⊕"时,输出端为瞬时"⊖",于是,在 R_2 上形成从左向右的反馈电流 i_2,导致净输入电流 i_1' 减小,故 R_2、R_L 为电路引入了负反馈。由于反馈信号以电流形式出现在输入端,故为并联反馈;反馈电流与输出电压无关,故为电流反馈;而反馈信号中含有交、直流成分。因此,该电路的反馈类型为交、直流电流并联负反馈。

参照例 3.1、例 3.2,你能利用差分放大电路分别实现另两种负反馈组态吗?

【例 3.3】 电路如图 3.5 所示,试判断该电路的反馈类型。

解 可以看出,电阻 R_3 将输出回路与输入回路联系起来,故该电路中存在反馈。

根据瞬时极性法,可判断出输入电压 $\dot{V}_i$、反馈电压 $\dot{V}_f$ 和输出电压 $\dot{V}_o$ 的瞬时极性如图 3.5 所示。反馈电压 $\dot{V}_f$ 使净输入电压 $\dot{V}_i'$ 减小,故 R_3 为电路引入了负反馈。由于反馈信号以电压形式出现在输入端,故为串联反馈;反馈电压与输出电流有关,故为电流反馈;而反馈信号中含有交流成分(因该电路为交流等效电路)。因此,该电路的反馈类型为交流电流串联负反馈。

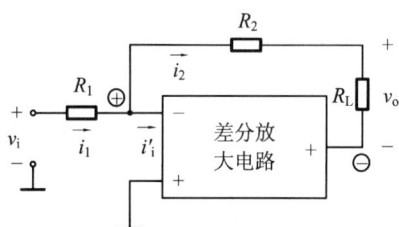

图 3.4 例 3.2 电路图

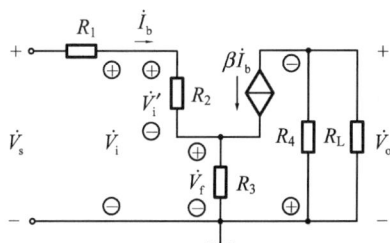

图 3.5 例 3.3 电路图

3.4 反馈放大电路的基本方程

为了研究放大电路中反馈的一般规律,将图 3.1 表示为图 3.6,框图中的输入量、输出量、反馈量和净输入量分别用相量 $\dot{X}_i$、$\dot{X}_o$、$\dot{X}_f$ 和 $\dot{X}_i'$ 表示,它们可能是电压量,也可能是电流量。$\dot{A}$ 和 $\dot{F}$ 分别是广义的增益(开环增益)和广义的反馈系数,如表 3-1 所示。

开环增益和反馈系数分别为

$$\dot{A} = \frac{\dot{X}_o}{\dot{X}_i'} \tag{3.1}$$

$$\dot{F} = \frac{\dot{X}_f}{\dot{X}_o} \tag{3.2}$$

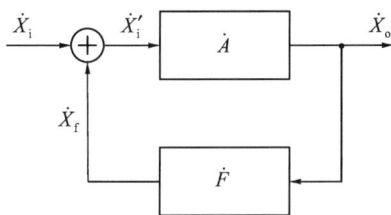

图 3.6 反馈放大电路的方框图

净输入量为

$$\dot{X}_i' = \dot{X}_i - \dot{X}_f \tag{3.3}$$

由式(3.1)、式(3.2)和式(3.3)可得闭环增益为

$$\dot{A}_{\mathrm{f}} = \frac{\dot{X}_{\mathrm{o}}}{\dot{X}_{\mathrm{i}}} = \frac{\dot{A}}{1 + \dot{A}\dot{F}} \tag{3.4}$$

式(3.4)即为反馈放大电路的基本方程。其中,

$\dot{A}\dot{F}$ 称为环路增益,表示在反馈放大电路中,信号沿着基本放大电路和反馈网络组成的环路传递一周以后所得到的放大倍数。

$1 + \dot{A}\dot{F}$ 称为反馈深度,是描述反馈量大小的物理量。

由式(3.4)可知,若 $|1 + \dot{A}\dot{F}| > 1$,则 $|\dot{A}_{\mathrm{f}}| < |\dot{A}|$,说明引入反馈后使放大倍数比原来减小,这种反馈称为负反馈;若 $|1 + \dot{A}\dot{F}| < 1$,则 $|\dot{A}_{\mathrm{f}}| > |\dot{A}|$,说明引入反馈后使放大倍数比原来增大,这种反馈称为正反馈。

在负反馈情况下,若 $|1 + \dot{A}\dot{F}| \gg 1$,则称为深度负反馈。此时式(3.4)可简化为

$$\dot{A}_{\mathrm{f}} = \frac{\dot{A}}{1 + \dot{A}\dot{F}} \approx \frac{1}{\dot{F}} \tag{3.5}$$

上式表明,深度负反馈放大电路的闭环增益 $\dot{A}_{\mathrm{f}}$ 几乎与基本放大电路的开环增益 $\dot{A}$ 无关,而主要取决于反馈网络的反馈系数 $\dot{F}$。

在实际应用电路中,反馈网络往往是由电阻等元件组成的,反馈系数通常取决于电阻值之比,对于给定电路来说,F 是一个小于或等于 1 的定值,且基本上不受温度等因素的影响,可见,深度负反馈放大电路的闭环增益是比较稳定的。为保证电路引入深度负反馈,理论上应选用开环增益趋于无穷大的基本放大电路,这样才能使得电路的闭环增益 $\dot{A}_{\mathrm{f}}$ 更加稳定。但实际的基本放大电路的开环增益并不是无穷大,而是一个有限值。如果我们在电路中引入了负反馈,则它的闭环增益是小于深度负反馈下的闭环增益的,也就是说,深度负反馈下的闭环增益是个最大值,基本放大电路的开环增益越大,负反馈放大电路的闭环增益越趋于这个最大值。例如我们将在第 4 章中介绍的集成运放,就是这样一类器件。人们把集成运放的开环增益设计得很高,于是,由运放构成的负反馈放大电路即可视为深度负反馈放大电路,这就给我们设计电路和应用带来极大的方便。

在实际的放大电路中多引入的是深度负反馈,所以下面介绍深度负反馈放大电路闭环增益的估算方法。

根据式(3.5)和 $\dot{A}_{\mathrm{f}}$、$\dot{F}$ 的定义,可得

$$\dot{A}_{\mathrm{f}} = \frac{\dot{X}_{\mathrm{o}}}{\dot{X}_{\mathrm{i}}}, \quad \dot{F} = \frac{\dot{X}_{\mathrm{f}}}{\dot{X}_{\mathrm{o}}}, \quad \text{而} \dot{A}_{\mathrm{f}} \approx \frac{1}{\dot{F}} = \frac{\dot{X}_{\mathrm{o}}}{\dot{X}_{\mathrm{f}}}$$

说明 $\dot{X}_{\mathrm{i}} \approx \dot{X}_{\mathrm{f}}$,即 $\dot{X}'_{\mathrm{i}} \approx 0$。也就是说,深度负反馈的实质是在近似分析中忽略净输入量。具体地,当电路引入深度串联负反馈时有

$$\dot{V}_{\mathrm{i}} \approx \dot{V}_{\mathrm{f}} \tag{3.6}$$

即忽略净输入电压 $\dot{V}'_{\mathrm{i}}$。当电路引入深度并联负反馈时有

$$\dot{I}_i \approx \dot{I}_f \qquad\qquad (3.7)$$

即忽略净输入电流 $\dot{I}'_i$。

【例 3.4】 电路如图 3.2 所示。求深度负反馈下的电压放大倍数 $\dot{A}_{vf}$。

解 首先判断该电路中引入了电压串联负反馈,且 $\dot{V}_o$ 作用于反馈网络,在 R_1 上的压降即为反馈电压,故

$$\dot{V}_f = \frac{R_1}{R_1 + R_F} \dot{V}_o$$

根据式(3.6)有

$$\dot{A}_{vf} = \frac{\dot{V}_o}{\dot{V}_i} \approx \frac{\dot{V}_o}{\dot{V}_f} = 1 + \frac{R_F}{R_1}$$

由此可以看出,在深度负反馈下,闭环增益只与反馈网络中的元件参数有关,而与基本放大电路无关。

【例 3.5】 电路如图 3.7 所示。判断电路的反馈类型,并在深度负反馈条件下,计算电路的源电压增益。

解 根据瞬时极性法,可以判断该电路的反馈类型为电压并联负反馈。

在深度负反馈条件下,对于并联负反馈来说有

$$\dot{I}_1 = \dot{I}_4$$

故 $\dot{I}_b = 0$,即 $\dot{V}_i = 0$。于是有

$$\dot{I}_1 = \frac{\dot{V}_s}{R_1}, \qquad \dot{I}_4 = \frac{0 - \dot{V}_o}{R_4} = -\frac{\dot{V}_o}{R_4}$$

因此,有

$$\dot{A}_{vsf} = \frac{\dot{V}_o}{\dot{V}_s} = -\frac{R_4}{R_1}$$

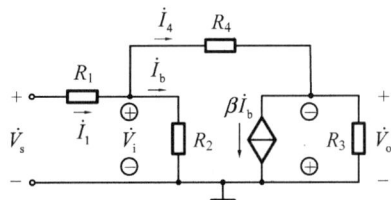

图 3.7 例 3.5 电路图

3.5 负反馈对放大电路性能的影响

一个放大电路引入负反馈后,对其性能将产生多方面的影响,其中包括对电路整体性能(增益的稳定、展宽频带和减小非线性失真)和电路局部参数的影响(改变电路的输入电阻和输出电阻)。下面我们根据反馈放大电路的框图和式(3.4)对这一问题加以讨论。

首先,根据负反馈放大电路的方框图 3.4,分析负反馈对输出量 $\dot{X}_o$ 的影响。负反馈的过程可表示为

$$\dot{X}_o \uparrow \rightarrow \dot{X}_f \uparrow \rightarrow \dot{X}'_i = \dot{X}_i - \dot{X}_f \downarrow$$
$$\dot{X}_o \downarrow \longleftarrow \qquad\qquad |$$

可知,当电路引入负反馈后,必使输出量 $\dot{X}_{\circ}$ 趋于稳定,即若 $\dot{X}_{\circ}$ 是电压量,则使输出电压趋于稳定;若 $\dot{X}_{\circ}$ 是电流量,则使输出电流趋于稳定。若电路引入的是直流负反馈,则使电路的直流参量趋于稳定,主要用于稳定电路的静态参数;若电路引入的是交流负反馈,则主要用于改善电路的动态指标。根据式(3.4),有 $|\dot{A}_{\mathrm{f}}| < |\dot{A}|$,即电路引入负反馈后的闭环增益小于基本放大电路的开环增益,也就是说,电路引入负反馈后以牺牲电路增益为代价,来换得对放大电路性能多方面的改善。

3.5.1　提高增益的稳定性

若考虑到放大电路工作在中频范围,且反馈网络为纯电阻性,则式(3.4)可表示为

$$A_{\mathrm{f}} = \frac{A}{1+AF} \tag{3.8}$$

式中,F 为常量。对式(3.8)两边求微分,得

$$\mathrm{d}A_{\mathrm{f}} = \frac{(1+AF)\mathrm{d}A - AF\mathrm{d}A}{(1+AF)^2} = \frac{\mathrm{d}A}{(1+AF)^2} \tag{3.9}$$

将式(3.9)除以式(3.8),可得

$$\frac{\mathrm{d}A_{\mathrm{f}}}{A_{\mathrm{f}}} = \frac{1}{1+AF}\frac{\mathrm{d}A}{A} \tag{3.10}$$

式(3.10)表明,负反馈放大电路闭环增益 A_{f} 的相对变化量,等于基本放大电路开环增益 A 的相对变化量的 $1/(1+AF)$,即反馈越深,$\dfrac{\mathrm{d}A_{\mathrm{f}}}{A_{\mathrm{f}}}$ 越小,闭环增益的稳定性越高。综合式(3.8)和式(3.10)可以看出,引入负反馈后,电路增益下降为原来的 $1/(1+AF)$,而电路增益的稳定性提高了 $(1+AF)$ 倍。

【例3.6】 已知一个负反馈放大电路的反馈系数 F 为 0.1,其基本放大电路的开环增益 A 为 10^5。若 A 产生 $\pm10\%$ 的变化,试求闭环增益 A_{f} 及其相对变化量。

解　反馈深度为 $1+AF = 1+10^5 \times 0.1 \approx 10^4$。

根据式(3.8),闭环增益为

$$A_{\mathrm{f}} = \frac{A}{1+AF} = \frac{10^5}{10^4} = 10$$

根据式(3.10),A_{f} 的相对变化量为

$$\frac{\mathrm{d}A_{\mathrm{f}}}{A_{\mathrm{f}}} = \frac{1}{1+AF}\frac{\mathrm{d}A}{A} = \frac{\pm10\%}{10^4} = \pm0.001\%$$

3.5.2　展宽频带

由式(3.10)可知,无论何种原因引起放大电路增益的变化,均可通过负反馈使电路增益的相对变化量减小,可见,对于由信号频率不同而引起电路增益的变化,也同样可用负反馈进行改善,即引入负反馈可使放大电路的频带增宽。

为使讨论问题简单,不妨设反馈网络为纯电阻网络,基本放大电路是具有一个极点的直接耦合放大电路,其增益为

$$\dot{A} = \frac{\dot{A}_{\mathrm{m}}}{1 + \mathrm{j}f/f_{\mathrm{H}}} \tag{3.11}$$

式中，$\dot{A}_{\mathrm{m}}$ 为电路的开环中频增益，f_{H} 为开环上限截止频率。将式(3.11)代入式(3.4)，可得引入负反馈后的闭环增益为

$$\dot{A}_{\mathrm{f}} = \frac{\dot{A}_{\mathrm{mf}}}{1 + \mathrm{j}f/f_{\mathrm{Hf}}} \tag{3.12}$$

式中

$$\dot{A}_{\mathrm{mf}} = \frac{\dot{A}_{\mathrm{m}}}{1 + \dot{A}_{\mathrm{m}}\dot{F}} \tag{3.13}$$

$$f_{\mathrm{Hf}} = (1 + \dot{A}_{\mathrm{m}}\dot{F})f_{\mathrm{H}} \tag{3.14}$$

其中 $\dot{A}_{\mathrm{mf}}$ 和 f_{Hf} 分别为闭环中频增益和闭环上限截止频率。

将式(3.13)与式(3.14)相乘，得

$$\dot{A}_{\mathrm{mf}}f_{\mathrm{Hf}} = \dot{A}_{\mathrm{m}}f_{\mathrm{H}} \tag{3.15}$$

一般情况下，放大电路的通频带(BW)可近似地用其上限截止频率来表示，则式(3.15)又可表示为

$$\dot{A}_{\mathrm{mf}} \cdot \mathrm{BW}_{\mathrm{f}} \approx \dot{A}_{\mathrm{m}} \cdot \mathrm{BW} \tag{3.16}$$

且有

$$\mathrm{BW}_{\mathrm{f}} \approx (1 + \dot{A}_{\mathrm{m}}\dot{F})\mathrm{BW} \tag{3.17}$$

以上分析表明，中频增益与通频带的乘积(称为增益带宽积)是一个常量。也就是说，对于一个给定的电路，引入负反馈后频带展宽了 $(1 + \dot{A}_{\mathrm{m}}\dot{F})$ 倍，但中频增益下降为基本放大电路的 $1/(1 + \dot{A}_{\mathrm{m}}\dot{F})$。可见，负反馈的深度越深，则频带展得越宽，同时中频增益也下降得越多。

注意：若基本放大电路具有两个以上的极点，引入负反馈后频带也会展宽。其分析过程较复杂，有兴趣的读者可查阅有关资料。

【**例3.7**】 已知一反馈放大器，它的中频开环增益 $A_{\mathrm{m}} = 10^4$，开环带宽 $f_{\mathrm{H}} = 100\,\mathrm{Hz}$，中频闭环增益 $A_{\mathrm{mf}} = 50$，试确定该反馈放大器的带宽。

解 根据式(3.15)，有

$$f_{\mathrm{Hf}} = \frac{A_{\mathrm{m}}f_{\mathrm{H}}}{A_{\mathrm{mf}}} = \frac{10^4 \times 100}{50} = 20\,\mathrm{kHz}$$

即该反馈放大器的带宽为 $20\,\mathrm{kHz}$。

3.5.3 减小非线性失真

当输入信号为正弦波时，由于放大器件特性曲线的非线性(例如晶体管输入特性曲线的非线性)，将导致输出信号的波形可能不是正弦波，即输出波形产生了非线性失真，并且信号幅度越大，非线性失真越严重。

为了理解负反馈对放大电路非线性的抑制作用，不妨假设基本放大电路的传输特性为

$$X_{\mathrm{o}} = A_0 X_{\mathrm{i}}' + A_1 (X_{\mathrm{i}}')^2$$

则电路的开环增益可表示为

视频 11

$$A = \frac{X_o}{X'_i} = A_0 + A_1 X'_i = A_0 \left(1 + \frac{A_1}{A_0} X'_i\right) \tag{3.18}$$

即电路的非线性表现为电路的增益随输入量的变化而变化,也就是说,电路增益是输入量的函数。式中 A_0 为开环增益的线性部分,比值 $\frac{A_1}{A_0}$ 表示开环增益 A 的非线性程度,比值越大,增益的非线性程度也越大。

考虑一个轻度非线性系统,即放大电路存在很小的失真,这就意味着 A_1 为一小量。引入负反馈后,若反馈系数 F 为常数,且略去二次及二次以上的高次项,则电路的闭环增益为

$$A_f = \frac{A}{1+AF} = \frac{A_0 + A_1 X'_i}{1 + (A_0 + A_1 X'_i)F} \approx \frac{A_0}{1+A_0 F}\left(1 + \frac{1}{1+A_0 F}\frac{A_1}{A_0}X'_i\right) \tag{3.19}$$

式中,$\frac{A_0}{1+A_0 F}$ 为闭环增益的线性部分,比值 $\frac{1}{1+A_0 F}\frac{A_1}{A_0}$ 表示闭环增益 A_f 的非线性程度,显然,$\frac{1}{1+A_0 F}\frac{A_1}{A_0} < \frac{A_1}{A_0}$,说明引入负反馈后,电路的非线性明显减小了。这里选择高开环增益的放大电路(例如集成运算放大电路)将有利于减小电路的非线性失真。特别是在深度负反馈下,电路的非线性失真基本不存在了,因为此时式(3.19)已经变为 $A_f = 1/F$ 了。

利用放大电路的传输特性,可以比较直观地理解负反馈是如何减小电路的非线性失真的。假设某放大电路的传输特性如图 3.8 所示。图中,电路的开环增益 $A_1 = 5000$,$A_2 = 2500$,显然,电路是非线性的。现在电路中引入不同深度的负反馈,反馈系数 F 分别为 0.001、0.01 和 0.1,电路的闭环增益分别为

$F = 0.001$ 时,$A_{1f} = 833$,$A_{2f} = 714$;

$F = 0.01$ 时,$A_{1f} = 98$,$A_{2f} = 96$;

$F = 0.1$ 时,$A_{1f} = 9.98$,$A_{2f} = 9.96$

可见,随着反馈深度的增加,闭环增益 A_{1f} 和 A_{2f} 趋于相等,也就是说,闭环放大电路趋于线性。不同反馈深度下电路的传输特性比较如图 3.9 所示。

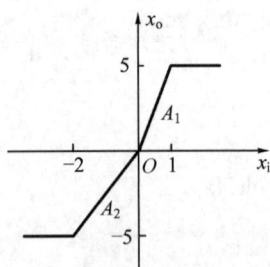

图 3.8 非线性放大电路的传输特性   图 3.9 不同反馈深度下电路的传输特性比较

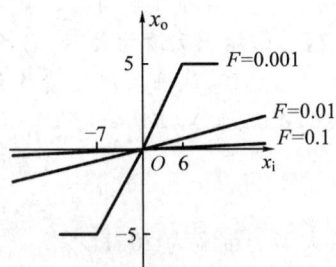

根据反馈电路方框图(见图 3.6)可知,利用负反馈减小非线性失真指的是减小反馈环内的失真,若输入波形本身已是失真的,则引入负反馈也将无济于事。

3.5.4 对输入电阻和输出电阻的影响

以上分析了引入负反馈对电路整体性能的影响,下面讨论电路引入不同组态的负反馈对输入电阻和输出电阻的影响。

1. 负反馈对输入电阻的影响

1）串联负反馈使输入电阻增大

在图 3.10 所示的串联负反馈放大电路方框图中，基本放大电路的输入电阻为

$$R_i = \frac{\dot{V}_i'}{\dot{I}_i}$$

串联负反馈放大电路的输入电阻为

$$R_{if} = \frac{\dot{V}_i}{\dot{I}_i} = \frac{\dot{V}_i' + \dot{V}_f}{\dot{I}_i}$$

而

$$\dot{V}_f = \dot{A}\dot{F}\dot{V}_i'$$

故

$$R_{if} = (1 + \dot{A}\dot{F})R_i \tag{3.20}$$

可见输入电阻增大到 R_i 的 $(1 + \dot{A}\dot{F})$ 倍。须注意，引入串联负反馈后，只是将反馈环路内的输入电阻增大 $(1 + \dot{A}\dot{F})$ 倍。

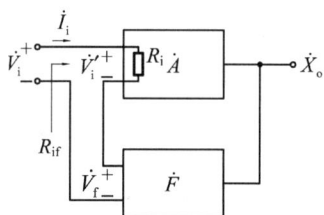

图 3.10 串联负反馈电路的方框图   图 3.11 并联负反馈电路的方框图

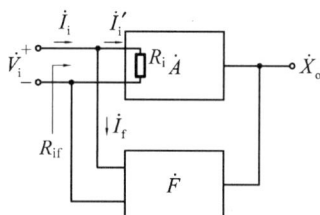

2）并联负反馈使输入电阻减小

在图 3.11 所示的并联负反馈放大电路方框图中，基本放大电路的输入电阻为

$$R_i = \frac{\dot{V}_i}{\dot{I}_i'}$$

并联负反馈放大电路的输入电阻为

$$R_{if} = \frac{\dot{V}_i}{\dot{I}_i} = \frac{\dot{V}_i}{\dot{I}_i' + \dot{I}_f}$$

而

$$\dot{I}_f = \dot{A}\dot{F}\dot{I}_i'$$

故

$$R_{if} = \frac{1}{1 + \dot{A}\dot{F}}R_i \tag{3.21}$$

可见输入电阻仅为 R_i 的 $1/(1 + \dot{A}\dot{F})$。

2. 负反馈对输出电阻的影响

1）电压负反馈减小输出电阻

在输入量 $\dot{X}_i=0$ 的条件下，利用加压求流法，求输出电阻。电压负反馈放大电路的框图如图 3.12 所示，图中广义增益 $\dot{A}_{oc}$ 表示负载开路(open-circuit)时的增益。

电路的输出电阻为

$$R_{of}=\frac{\dot{V}_o}{\dot{I}_o}$$

由图 3.12 可知，外加电压 $\dot{V}_o$ 通过反馈网络得到反馈量 $\dot{X}_f=\dot{F}\dot{V}_o$，基本放大电路的净输入量 $\dot{X}_i'=\dot{X}_i-\dot{X}_f=-\dot{F}\dot{V}_o$，再经基本放大电路得到电压 $(-\dot{A}_{oc}\dot{F}\dot{V}_o)$，而基本放大电路的输出电阻为 R_o。于是可列出方程

$$\dot{V}_o=\dot{I}_oR_o+(-\dot{A}_{oc}\dot{F}\dot{V}_o)$$

最后得到电压负反馈放大电路的输出电阻为

$$R_{of}=\frac{R_o}{1+\dot{A}_{oc}\dot{F}} \tag{3.22}$$

可见输出电阻仅为 R_o 的 $1/(1+\dot{A}_{oc}\dot{F})$。

2）电流负反馈增大输出电阻

在输入量 $\dot{X}_i=0$ 的条件下，利用加压求流法，求输出电阻。电流负反馈放大电路的方框图如图 3.13 所示，图中广义增益 $\dot{A}_{sc}$ 表示负载短路(short-circuit)时的增益。

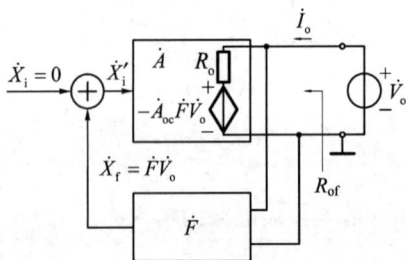

图 3.12　电压负反馈电路的方框图　　　　图 3.13　电流负反馈电路的方框图

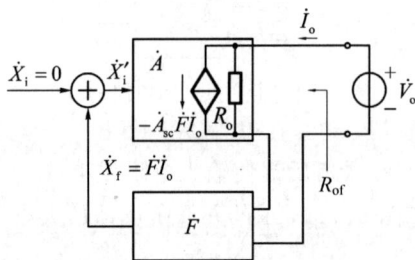

电路的输出电阻为

$$R_{of}=\frac{\dot{V}_o}{\dot{I}_o}$$

由图 3.13 可知，外加电压 $\dot{V}_o$ 产生电流 $\dot{I}_o$，通过反馈网络得到反馈量 $\dot{X}_f=\dot{F}\dot{I}_o$，基本放大电路的净输入量 $\dot{X}_i'=\dot{X}_i-\dot{X}_f=-\dot{F}\dot{I}_o$，再经基本放大电路得到电流 $(-\dot{A}_{sc}\dot{F}\dot{I}_o)$，而基本放大电路的输出电阻为 R_o。于是可列出方程

$$\dot{I}_o=\frac{\dot{V}_o}{R_o}+(-\dot{A}_{sc}\dot{F}\dot{I}_o)$$

最后得到电流负反馈放大电路的输出电阻为

$$R_{\text{of}} = (1 + \dot{A}_{\text{sc}}\dot{F})R_{\text{o}} \qquad (3.23)$$

可见输出电阻增大到 R_{o} 的 $(1 + \dot{A}_{\text{sc}}\dot{F})$ 倍。

综上所述,放大电路中引入负反馈的基本原则:

(1) 若要求电路的静态参数(静态工作点)稳定,则引入直流负反馈。

(2) 若要求改善电路的动态参数,则引入交流负反馈:①若要求输出电压稳定,带负载能力强,则引入电压负反馈;②若要求输出电流稳定,则引入电流负反馈;③若要求放大电路从信号源索取的电流小,则引入串联负反馈;④若要求放大电路的输入电阻小,则引入并联负反馈。

(3) 若使串联负反馈的反馈效果显著,则信号源的内阻应较小,即信号源应为电压源。

(4) 若使并联负反馈的反馈效果显著,则信号源的内阻应较大,即信号源应为电流源。

此外,若要求展宽频带、减小非线性失真和抑制噪声,均应在放大电路中引入负反馈。

以上讨论了放大电路中负反馈的作用,这将为今后设计电路打下基础。在后续的章节中,可看到负反馈在集成运算放大电路、晶体管放大电路、场效应管放大电路和电源电路等电路中的广泛应用。

*3.6 反馈网络的负载作用

在以上对负反馈电路的分析中,我们认为反馈网络是理想的,即忽略了反馈网络对基本放大电路的负载作用,例如,在电压串联负反馈中,认为反馈网络的输入电阻为无穷大,即反馈网络对基本放大电路的输出电压无影响;反馈网络的输出端输出反馈电压,其内阻为零。上述假设使我们的分析得以简化。事实上,当分析基本放大电路的开环增益及其输入输出电阻时,需断开反馈环路得到一个开环系统,此时,反馈网络所引起的负载效应往往是不可忽略的。为此,我们先来讨论反馈网络模型。

3.6.1 反馈网络模型

反馈网络可以视为一个双口线性网络,根据基本电路理论可知,利用双口线性网络的四个变量可以列出以下四个方程组:

$$\begin{cases} \dot{V}_1 = z_{11}\dot{I}_1 + z_{12}\dot{I}_2 \\ \dot{V}_2 = z_{21}\dot{I}_1 + z_{22}\dot{I}_2 \end{cases} \qquad (3.24)$$

$$\begin{cases} \dot{I}_1 = g_{11}\dot{V}_1 + g_{12}\dot{I}_2 \\ \dot{V}_2 = g_{21}\dot{V}_1 + g_{22}\dot{I}_2 \end{cases} \qquad (3.25)$$

$$\begin{cases} \dot{V}_1 = h_{11}\dot{I}_1 + h_{12}\dot{V}_2 \\ \dot{I}_2 = h_{21}\dot{I}_1 + h_{22}\dot{V}_2 \end{cases} \qquad (3.26)$$

$$\begin{cases} \dot{I}_1 = y_{11}\dot{V}_1 + y_{12}\dot{V}_2 \\ \dot{I}_2 = y_{21}\dot{V}_1 + y_{22}\dot{V}_2 \end{cases} \qquad (3.27)$$

由此得到四个模型,分别称为 z 模型、g 模型、h 模型和 y 模型,如图 3.14 所示。

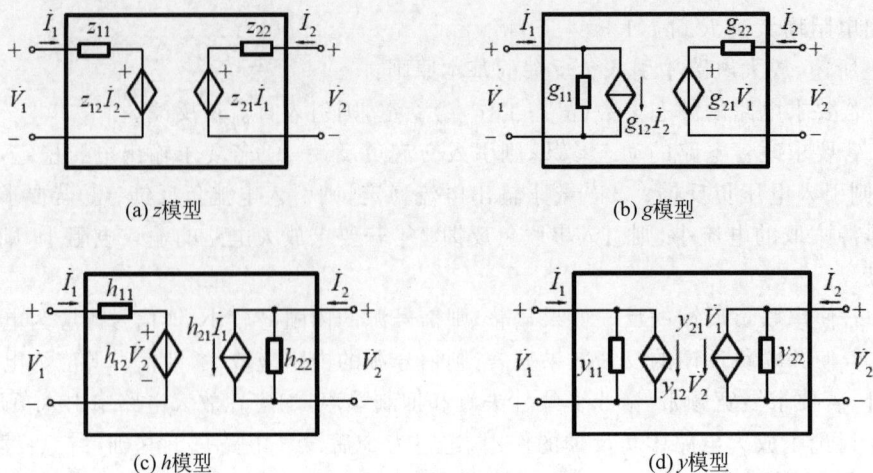

(a) z模型

(b) g模型

(c) h模型

(d) y模型

图 3.14 反馈网络的四种模型

在分析反馈网络的负载效应时,可以根据不同的反馈,从上述模型中选择一个合适的模型来表示反馈网络。

反馈网络模型选择的原则:

(1) 若是电压反馈,反馈网络的输入端并联于基本放大电路的输出端,则反馈网络的输入端应为电流源,使反馈网络有大的输入电阻。

(2) 若是电流反馈,反馈网络的输入口串联于基本放大电路的输出回路,则反馈网络的输入端应为电压源,使反馈网络有小的输入电阻。

(3) 若是串联反馈,反馈网络的输出口串联于基本放大电路的输入回路,则反馈网络的输出端应为电压源,反馈网络的输出电阻小。

(4) 若是并联反馈,反馈网络的输出端并联于基本放大电路的输入端,则反馈网络的输出端应为电流源,反馈网络的输出电阻大。

下面对四种负反馈电路分别加以讨论。

3.6.2 电压串联负反馈

根据反馈网络模型的选择原则,用 g 模型取代电压串联反馈中的反馈网络,可得到图 3.15(a)。考虑到基本放大电路的正向增益远远大于反馈网络的反向增益,所以忽略 $g_{12}\dot{I}_2$,于是得到图 3.15(a) 的简化图,如图 3.15(b) 所示。

在考虑反馈网络负载作用的情况下,可利用图 3.15(b),计算电压串联负反馈电路的闭环增益。由图可以得到

$$\dot{V}'_i = \frac{\dot{V}_i - g_{21}\dot{V}_o}{z_i + g_{22}} z_i$$

和

$$\dot{V}_o = \dot{A}_{v0} \dot{V}'_i \frac{g_{11}^{-1}}{z_o + g_{11}^{-1}}$$

(a) 采样g模型的反馈网络

(b) 简化图

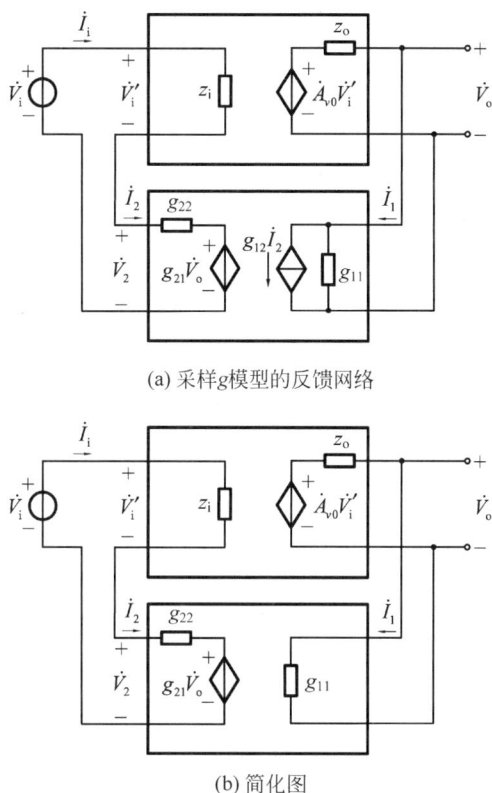

图 3.15　用 g 模型取代反馈网络的电压串联负反馈电路

联立求解,得电路的闭环增益为

$$\dot{A}'_{vvf}=\frac{\dot{V}_o}{\dot{V}_i}=\frac{\dfrac{z_i}{z_i+g_{22}}\dfrac{g_{11}^{-1}}{z_o+g_{11}^{-1}}\dot{A}_{v0}}{1+\dfrac{z_i}{z_i+g_{22}}\dfrac{g_{11}^{-1}}{z_o+g_{11}^{-1}}\dot{A}_{v0}g_{21}}$$

令

$$\dot{A}'_{vv}=\frac{z_i}{z_i+g_{22}}\frac{g_{11}^{-1}}{z_o+g_{11}^{-1}}\dot{A}_{v0} \tag{3.28}$$

则

$$\dot{A}'_{vvf}=\frac{\dot{V}_o}{\dot{V}_i}=\frac{\dot{A}'_{vv}}{1+\dot{A}'_{vv}g_{21}} \tag{3.29}$$

比较式(3.29)与式(3.4)可知,式(3.28)应为考虑反馈网络负载作用时的基本放大电路的开环电压增益,式(3.29)中的 g_{21} 为反馈系数即表 3-1 中的 F_{vv}。可以看出,若反馈网络为理想的,即 $g_{22}=0$,$g_{11}^{-1}=\infty$,则式(3.29)与 3.4 节所讨论的一致。

可以采用拆环的办法,得到基本放大电路,从而求得开环增益。如何拆环呢? 我们知道,实际的反馈放大电路中的基本放大电路与反馈网络是连在一起的,反馈网络对基本放大电路的输入端和输出端均有影响,这种影响表现为反馈网络对基本放大电路的负载作用。在拆环时,既要去掉反馈,又要考虑反馈网络的负载作用。例如,在图 3.15(a)中,应使受控

源 $g_{21}\dot{V}_o$ 和 $g_{12}\dot{I}_2$ 失去作用,也就是使受控源 $g_{21}\dot{V}_o$ 短路和 $g_{12}\dot{I}_2$ 开路,但保留 g_{11} 和 g_{22},也就是说,使 $\dot{V}_o=0$ 和 $\dot{I}_2=0$。这与利用式(3.25)求解 g_{11} 和 g_{22} 的条件是一致的,即

$$g_{11}=\frac{\dot{I}_1}{\dot{V}_1}\bigg|_{\dot{I}_2=0} \quad \text{和} \quad g_{22}=\frac{\dot{V}_2}{\dot{I}_2}\bigg|_{\dot{V}_o=0}$$

可见,在电压串联负反馈条件下,拆环的依据是 $\dot{V}_o=0$ 和 $\dot{I}_2=0$,也就是说,电压反馈时,使输出电压为零,即输出端短路;串联反馈时,使输入回路电流为零,即输入回路开路,由此拆环得到的放大电路就是基本放大电路。

在图 3.15(a)所示中,利用上述拆环的方法,得到的基本放大电路如图 3.16 所示。

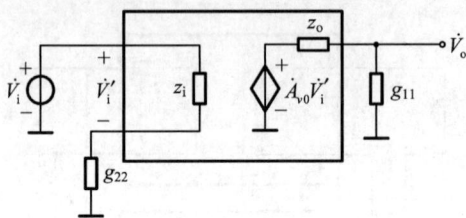

图 3.16　图 3.15(a)的基本放大电路

利用图 3.16 可以很容易地求出基本放大电路的开环增益,见式(3.28)。然后,利用求得的反馈系数,根据式(3.4)便可以求出闭环增益。

3.6.3　电流并联负反馈

根据反馈网络模型的选择原则,用 h 模型取代电流并联反馈中的反馈网络,可得到图 3.17(a)。考虑到基本放大电路的正向增益远远大于反馈网络的反向增益,所以忽略 $h_{12}\dot{V}_2$,于是得到图 3.17(a)的简化图,如图 3.17(b)所示。

利用图 3.17(b),计算电流并联负反馈电路的闭环增益。由图中可以得到

$$\dot{I}'_i=\frac{\dot{I}_i-h_{21}\dot{I}_o}{z_i+h_{22}^{-1}}h_{22}^{-1}$$

和

$$\dot{I}_o=\dot{A}_{i0}\dot{I}'_i\frac{z_o}{z_o+h_{11}}$$

联立求解,得电路的闭环增益为

$$\dot{A}'_{iif}=\frac{\dot{I}_o}{\dot{I}_i}=\frac{\dfrac{h_{22}^{-1}}{z_i+h_{22}^{-1}}\dfrac{z_o}{z_o+h_{11}}\dot{A}_{i0}}{1+\dfrac{h_{22}^{-1}}{z_i+h_{22}^{-1}}\dfrac{z_o}{z_o+h_{11}}\dot{A}_{i0}h_{21}}$$

令

$$\dot{A}'_{ii}=\frac{h_{22}^{-1}}{z_i+h_{22}^{-1}}\frac{z_o}{z_o+h_{11}}\dot{A}_{i0} \tag{3.30}$$

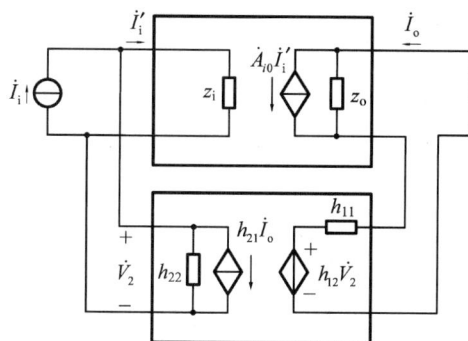

(a) 采用 h 模型的反馈网络

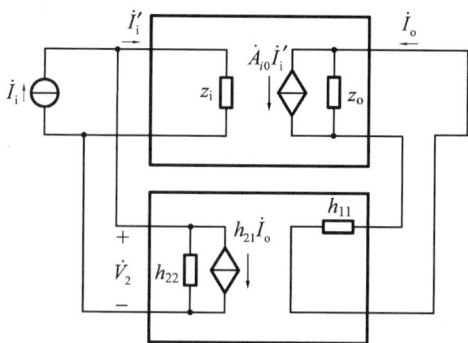

(b) 简化图

图 3.17 用 h 模型取代反馈网络的电流并联负反馈电路

则

$$\dot{A}'_{iif} = \frac{\dot{A}'_{ii}}{1 + \dot{A}'_{ii}h_{21}} \tag{3.31}$$

式(3.30)应为考虑反馈网络负载作用时的基本放大电路的开环电流增益,式(3.31)中的 h_{21} 为反馈系数即表 3-1 中的 F_{ii}。

利用式(3.26)求解 h_{11} 和 h_{22} 的条件由以下两式得到,

$$h_{11} = \frac{\dot{V}_1}{\dot{I}_o}\bigg|_{\dot{V}_2 = 0} \quad \text{和} \quad h_{22} = \frac{\dot{I}_2}{\dot{V}_2}\bigg|_{\dot{I}_o = 0}$$

即 $\dot{V}_2 = 0$ 和 $\dot{I}_o = 0$。可见,在电流并联负反馈条件下,拆环的依据是 $\dot{V}_2 = 0$ 和 $\dot{I}_o = 0$,也就是说,电流反馈时,使输出电流为零,即输出回路开路;并联反馈时,使输入端电压为零,即输入端短路,由此拆环得到的放大电路就是基本放大电路。据此得到的基本放大电路如图 3.18 所示。

同样,我们利用图 3.18 可以求得基本放大电路的开环增益(见式(3.30)),进而利用反馈系数求得闭环增益。

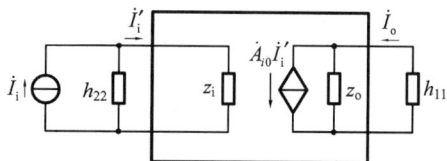

图 3.18 图 3.17(a)的基本放大电路

3.6.4 电流串联负反馈

用 z 模型取代电流串联反馈中的反馈网络,可得到图 3.19(a)。考虑到基本放大电路的正向增益远远大于反馈网络的反向增益,所以忽略 $z_{12}\dot{I}_2$,于是得到图 3.19(a)的简化图,如图 3.19(b)所示。

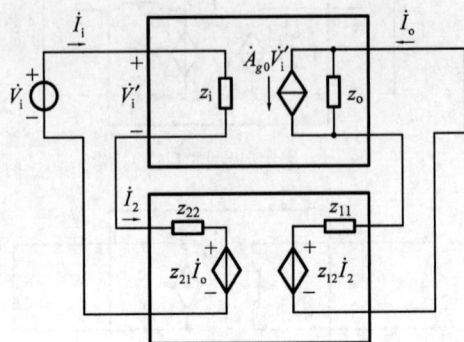

(a) 采用 z 模型的反馈网络

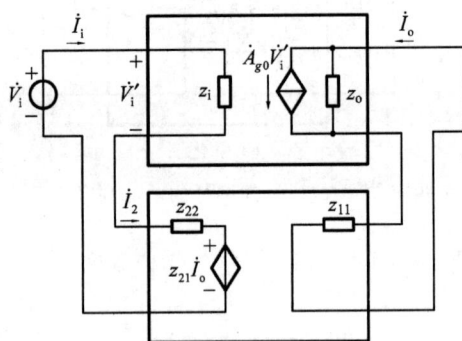

(b) 简化图

图 3.19　用 z 模型取代反馈网络的电流串联负反馈电路

利用图 3.19(b),计算电流串联负反馈电路的闭环增益。由图中可以得到

$$\dot{V}'_i = \frac{\dot{V}_i - z_{21}\dot{I}_o}{z_i + z_{22}} z_i$$

和

$$\dot{I}_o = \dot{A}_{g0}\dot{V}'_i \frac{z_o}{z_o + z_{11}}$$

联立求解,得电路的闭环增益为

$$\dot{A}'_{ivf} = \frac{\dot{I}_o}{\dot{V}_i} = \frac{\dfrac{z_i}{z_i + z_{22}} \dfrac{z_o}{z_o + z_{11}} \dot{A}_{g0}}{1 + \dfrac{z_i}{z_i + z_{22}} \dfrac{z_o}{z_o + z_{11}} \dot{A}_{g0} z_{21}}$$

令

$$\dot{A}'_{iv} = \frac{z_i}{z_i + z_{22}} \frac{z_o}{z_o + z_{11}} \dot{A}_{g0} \tag{3.32}$$

则

$$\dot{A}'_{ivf} = \frac{\dot{A}'_{iv}}{1 + \dot{A}'_{iv} z_{21}} \tag{3.33}$$

式(3.32)应为考虑反馈网络负载作用时的基本放大电路的开环互导增益,式(3.33)中的 z_{21} 为反馈系数即表 3-1 中的 F_{vi}。

利用式(3.24)求解 z_{11} 和 z_{22} 的条件由以下两式得到

$$z_{11} = \frac{\dot{V}_1}{\dot{I}_o}\bigg|_{\dot{I}_2 = 0} \quad \text{和} \quad z_{22} = \frac{\dot{V}_2}{\dot{I}_2}\bigg|_{\dot{I}_o = 0}$$

即 $\dot{I}_2 = 0$ 和 $\dot{I}_o = 0$。可见,在电流串联负反馈条件下,拆环的依据是 $\dot{I}_2 = 0$ 和 $\dot{I}_o = 0$,也就是说,电流反馈时,使输出电流为零,即输出回路开路;串联反馈时,使输入电流为零,即输入回路开路,由此拆环得到的放大电路就是基本放大电路。据此得到的基本放大电路如图 3.20 所示。

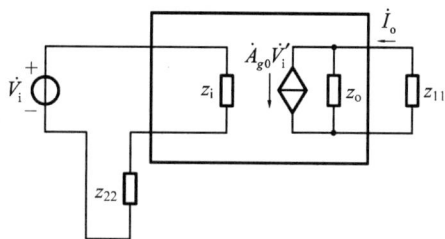

同样,利用图 3.20 可以求得基本放大电路的开环增益(见式(3.32)),进而利用反馈系数求得闭环增益。

图 3.20 图 3.19(a)的基本放大电路

3.6.5 电压并联负反馈

用 y 模型取代电压并联反馈中的反馈网络,可得到图 3.21(a)。考虑到基本放大电路的正向增益远远大于反馈网络的反向增益,所以忽略 $y_{12}\dot{V}_2$,于是得到图 3.21(a)的简化图,如图 3.21(b)所示。

利用图 3.21(b),计算电压并联负反馈电路的闭环增益。由图中可以得到

$$\dot{I}'_i = \frac{\dot{I}_i - y_{21}\dot{V}_o}{z_i + y_{22}^{-1}} y_{22}^{-1}$$

和

$$\dot{V}_o = \dot{A}_{r0}\dot{I}'_i \frac{y_{11}^{-1}}{z_o + y_{11}^{-1}}$$

联立求解,得电路的闭环增益为

$$\dot{A}'_{vif} = \frac{\dot{V}_o}{\dot{I}_i} = \frac{\dfrac{y_{11}^{-1}}{z_o + y_{11}^{-1}} \dfrac{y_{22}^{-1}}{z_i + y_{22}^{-1}} \dot{A}_{r0}}{1 + \dfrac{y_{11}^{-1}}{z_o + y_{11}^{-1}} \dfrac{y_{22}^{-1}}{z_i + y_{22}^{-1}} \dot{A}_{r0} y_{21}}$$

令

$$\dot{A}'_{vi} = \frac{y_{11}^{-1}}{z_o + y_{11}^{-1}} \frac{y_{22}^{-1}}{z_i + y_{22}^{-1}} \dot{A}_{r0} \tag{3.34}$$

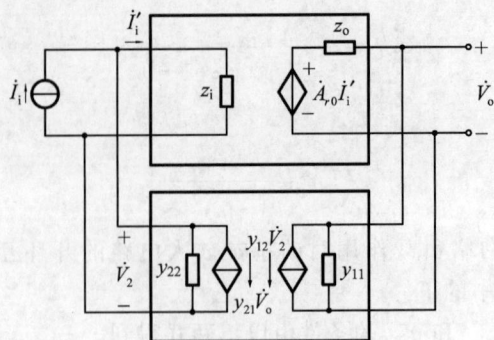

(a) 采用y模型的反馈网络

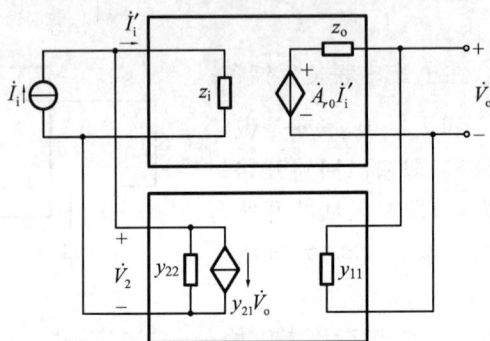

(b) 简化图

图 3.21　用 y 模型取代反馈网络的电压并联负反馈电路

则

$$\dot{A}'_{vif} = \frac{\dot{A}'_{vi}}{1 + \dot{A}'_{vi} y_{21}} \tag{3.35}$$

式(3.34)应为考虑反馈网络负载作用时的基本放大电路的开环互阻增益,式(3.35)中的 y_{21} 为反馈系数即表 3-1 中的 F_{iv}。

利用式(3.27)求解 y_{11} 和 y_{22} 的条件由以下两式得到

$$y_{11} = \frac{\dot{I}_o}{\dot{V}_1}\bigg|_{\dot{V}_2 = 0} \quad \text{和} \quad y_{22} = \frac{\dot{I}_2}{\dot{V}_2}\bigg|_{\dot{V}_o = 0}$$

即 $\dot{V}_2 = 0$ 和 $\dot{V}_o = 0$。可见,在电压并联负反馈条件下,拆环的依据是 $\dot{V}_2 = 0$ 和 $\dot{V}_o = 0$,也就是说,电压反馈时,使输出端电压为零,即输出端短路;并联反馈时,使输入端电压为零,即输入端短路,由此拆环得到的放大电路就是基本放大电路。据此得到的基本放大电路如图 3.22 所示。

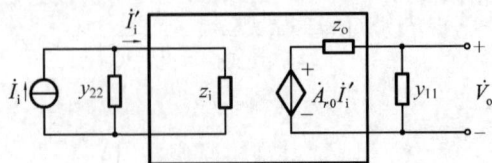

图 3.22　图 3.21(a)的基本放大电路

　　类似地,利用图 3.22 所示电路,可以求得基本放大电路的开环增益,见式(3.34),进而利用反馈系数求得闭环增益。

　　以上仅从反馈网络的负载作用、如何拆环、基本放大电路的开环增益以及反馈电路的闭环增益等方面进行了讨论,涉及反馈电路的其他计算内容读者可参考有关资料。

3.7　负反馈放大电路的稳定性

　　在放大电路中引入负反馈后,可以使电路的性能得到改善,并且反馈深度越深,改善效果越好。然而,对于多级放大电路而言,反馈深度过深,即使放大电路的输入信号为零,输出端也可能会出现具有一定频率和幅值的输出信号,这就是放大电路的自激振荡。自激振荡将使放大电路不能正常工作,从而失去了电路的稳定性。

3.7.1　负反馈放大电路产生自激振荡的条件和原因

　　根据负反馈放大电路的基本方程式,即式(3.4)可知,当 $1+\dot{A}\dot{F}=0$ 时,则有 $\dot{A}_{\mathrm{f}}\rightarrow\infty$。这就意味着即使无信号输入,放大器也会有信号输出,也就是放大器自激了。由此得到自激振荡的条件是

$$\dot{A}\dot{F}=-1 \tag{3.36}$$

或者分别写成自激的幅值条件和相位条件

$$|\dot{A}\dot{F}|=1 \tag{3.37}$$

$$\varphi_A+\varphi_F=\pm(2n+1)\pi \quad n=0,1,2,\cdots \tag{3.38}$$

　　那么,一个负反馈放大电路有没有可能同时满足上述两个条件,而产生自激振荡呢? 事实上,我们前面在讨论负反馈时,是在特定的频段(如中频段)下进行的,并且放大器的反馈量与输入量的相位刚好差 $180°$。当频率升高或下降时,放大器和反馈网络都会产生附加相移 $\Delta\varphi$,例如在低频段,由于耦合电容和旁路电容的作用,将产生超前相移;在高频段,由于极间电容和负载电容的作用,将产生滞后相移,从而导致反馈量与输入量相差不再是 $180°$。若在某一频率 f_0 处,$\Delta\varphi$ 满足式(3.38),则放大器的反馈量与输入量同相,使之变为正反馈,与此同时,若再满足式(3.37),则放大器就成为自激振荡器了,导致其不能稳定工作。放大器级数越多,附加相移越大,越易产生自激。

　　可见,在深度负反馈条件下,必须采取措施破坏自激条件,才能使放大器稳定地工作。

3.7.2　反馈放大器的稳定判据

　　如何判断一个反馈系统是否稳定呢? 下面介绍反馈系统的稳定判断方法——频率判据法。它是根据式(3.36),用反馈放大器频率特性图来判断放大器是否自激的方法。

　　根据式(3.36),当相位条件满足之后,一般情况下,只要 $|\dot{A}\dot{F}|>1$ 放大器就将产生自激振荡,其输出信号的幅度逐渐增大,直至进入电路的非线性工作区域,限制了输出幅度,从而形成等幅振荡。为了判断一个反馈放大器是否稳定,只需研究环路增益 $\dot{A}\dot{F}$ 的幅频特性和相频特性图。

　　这里引入两个频率,一是环路增益 $|\dot{A}\dot{F}|=1$,即 $20\lg|\dot{A}\dot{F}|=0$ 处对应的增益交界频率

f_c;二是 $\dot{A}\dot{F}$ 的相角 $\varphi=180°$ 处对应的相位交界频率 f_π,据此来判断放大器的稳定性。

当 $f=f_\pi$ 时,若 $20\lg|\dot{A}\dot{F}|>0$,则电路产生自激振荡。或者,当 $f=f_c$ 时,若 $|\varphi_{fc}|>180°$,则电路产生自激振荡。也可以说在环路增益的幅频特性和相频特性中,若 $f_c\geq f_\pi$,则该电路自激;反之,若 $f_c<f_\pi$,则电路不自激,如图 3.23 所示。

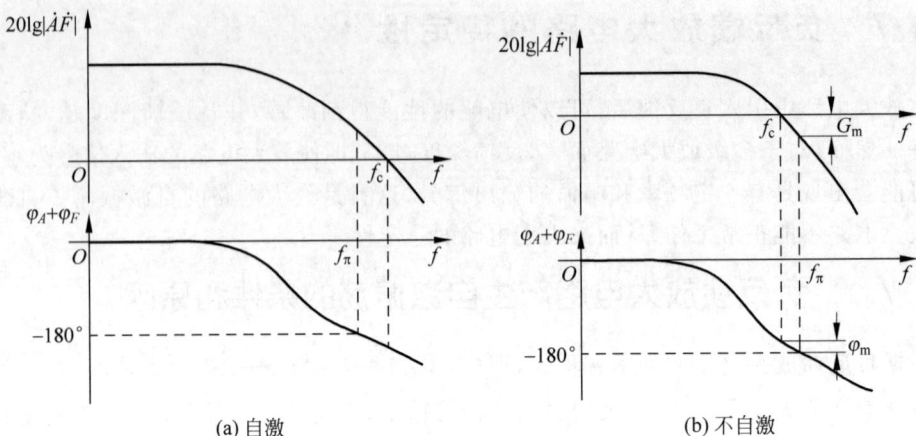

图 3.23　环路增益的幅频特性和相频特性

当反馈网络仅由电阻组成时,可以直接利用开环增益的幅频特性和相频特性来分析闭环增益的稳定性。其方法是:在开环增益的幅频特性上作一条 $20\lg(1/F)$ 的水平线,与开环增益幅频特性相交,其交点 M 满足 $|AF|=1$,它所对应的频率即为 f_c。若这时对应的相频特性 $|\varphi(f_c)|<180°$,则放大器不自激;若 $\varphi(f_c)|\geq180°$,则放大器自激,如图 3.24 所示。

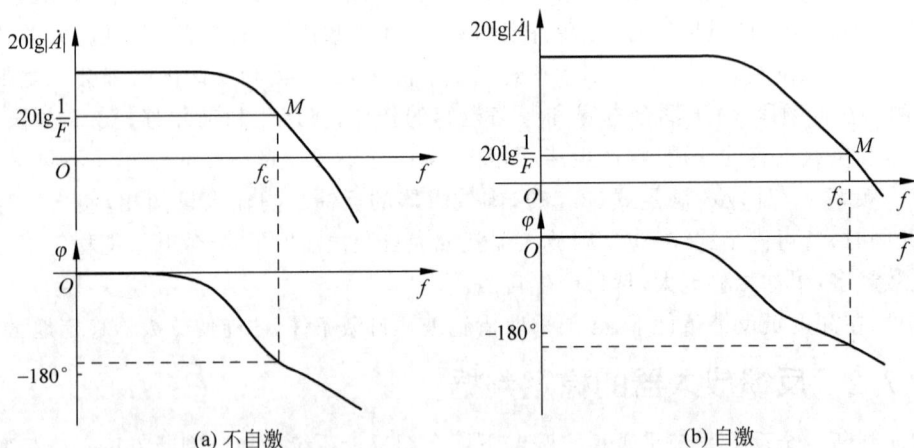

图 3.24　用开环增益的幅频特性和相频特性分析闭环增益的稳定性

3.7.3　负反馈放大电路的稳定裕度

为了保证负反馈放大电路能够稳定工作,不仅要求它不进入自激状态,而且要求它远离自激状态,以保证当环境温度、电路参数及电源电压等因素发生变化时,仍能稳定工作。也就是说,要求放大电路具有一定的稳定裕度。为此,我们引入两个衡量稳定性能好坏的指标。

1. 相位裕度 φ_m

当 $f=f_c$ 时,应有 $|\varphi_{fc}|<180°$,反馈放大器才是稳定的。通常用相位裕度 φ_m 来表示稳定的程度。它定义为

$$\varphi_m = 180° - |\varphi_{fc}| \tag{3.39}$$

对于稳定的反馈放大器,应有 $|\varphi_{fc}|<180°$,故 $\varphi_m>0°$。

φ_m 越大表示电路越稳定,通常要求 $\varphi_m \geqslant 45°$,电路才具有足够的相位稳定裕度。

2. 增益裕度 G_m

当 $f=f_\pi$ 时,要求 $20\lg|\dot{A}\dot{F}|<0$,反馈放大器才是稳定的。增益裕度 G_m 用来表示稳定的程度,它定义为

$$G_m = 20\lg|\dot{A}\dot{F}|\,\Big|_{f=f_\pi} \tag{3.40}$$

G_m 为负值。G_m 越小越稳定,通常要求 $G_m \leqslant -10\text{dB}$,电路才具有足够的幅值稳定裕度。

【例3.8】 设某三级放大器的中频开环增益 $A_m=10^4$,各级的上限频率分别为 $f_{H1}=10^4\,\text{Hz}$,$f_{H2}=10^5\,\text{Hz}$ 和 $f_{H3}=10^6\,\text{Hz}$。现对该放大器引入整体负反馈,构成三级负反馈放大器。设反馈系数 $F=1/10$,且反馈网络没有相移。试判断该负反馈放大器能否稳定工作。若反馈系数为 1/100 或 1/1000,稳定情况又如何?

解 根据题意,该放大器的开环增益为

$$\dot{A} = \frac{A_m}{\left(1+\text{j}\dfrac{f}{f_{H1}}\right)\left(1+\text{j}\dfrac{f}{f_{H2}}\right)\left(1+\text{j}\dfrac{f}{f_{H3}}\right)} = \frac{10^4}{\left(1+\text{j}\dfrac{f}{10^4}\right)\left(1+\text{j}\dfrac{f}{10^5}\right)\left(1+\text{j}\dfrac{f}{10^6}\right)}$$

其 Bode 图如图 3.25 所示。

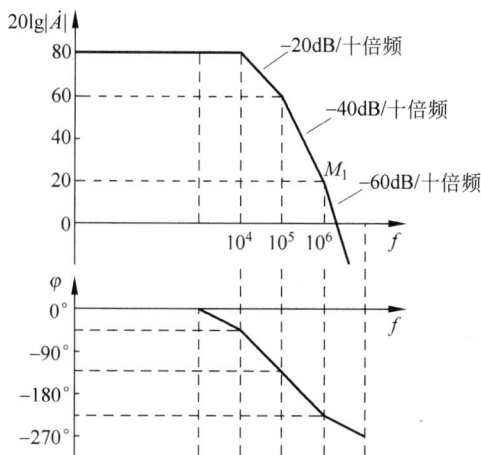

图 3.25 例 3.8 放大器的 Bode 图

在图 3.25 中作水平直线 $20\lg(1/F)=20\text{dB}$,与幅频特性曲线的交点为 M_1,所对应的频率为 $f_{c1}=10^6\,\text{Hz}$,对应的相频特性 $|\varphi(f_{c1})|=225°>180°$,因此,反馈系数为 1/10 时,负反馈放大器是不稳定的。

同理,$F=1/100$ 时,负反馈放大器也是不稳定的。

当 $F=1/1000$ 时,对应的 $|\varphi(f_{c3})|=135°<180°$,且有 $45°$ 的相位裕度,故此时的负反馈放大器能稳定工作。

由此可见,当 $F \leqslant 1/1000$ 时,则 $A \geqslant 60\text{dB}$,该放大器有大于或等于 $45°$ 的相位裕度,故能稳定工作;反之,当 $F > 1/1000$ 时,$A < 60\text{dB}$,放大器则不能稳定工作。因此,放大器的反馈越强,其工作的稳定性越不易保证。还可以看出,F 值减小将导致反馈深度减小,负反馈对放大器性能的改善就不显著了。

3.7.4　负反馈放大电路自激振荡的消除方法

为了保证负反馈放大电路的稳定工作,必须设法破坏自激条件。根据式(3.37)和式(3.38)可知,若在相位条件满足,即为正反馈时,破坏振幅条件,使反馈量幅值不满足原输入量;或者在振幅条件满足,反馈量足够大时,破坏相位条件,使反馈无法构成正反馈。据此,消除自激振荡常用的方法有以下几种。

1. 减小反馈环内放大电路的级数

耦合电容和旁路电容以及极间电容和负载电容等所引起的附加相移,随着放大电路级数的增多而增大,这样,负反馈就越容易过渡成正反馈。一般来说,因为两级以下负反馈放大电路的附加相移的极限值为 $\pm 180°$,故其产生自激的可能性较小。即便达到此极限值,相应的放大倍数已趋于零,振幅条件不满足。可见,实际使用的负反馈放大电路的级数一般不超过两级,最多三级。

2. 减小反馈深度

当负反馈放大电路的附加相移满足自激振荡的相位条件时,防止自激的方法是使电路不满足振幅条件,即限制反馈深度,使环路增益不大于或等于1。当然,这就要求中频时的反馈深度不能太大,所以,这种方法将影响放大电路性能的改善。

3. 在放大电路的适当位置加补偿电路

为了消除自激振荡,又不使放大电路的性能改善受到影响,可在负反馈放大电路中接入由 C 或 RC 构成的校正补偿电路,以此来破坏电路的自激条件,从而保证电路的稳定工作。

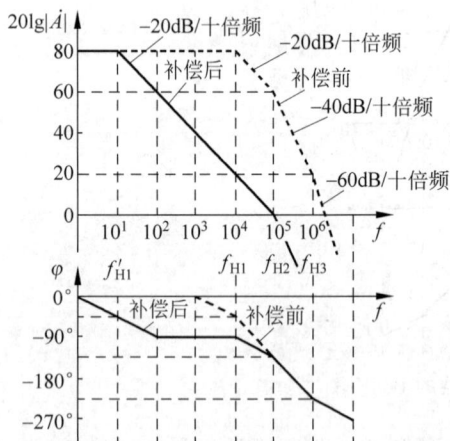

图 3.26　采用电容滞后补偿前后的频率特性

1) 滞后补偿

在放大电路中插入元件,使环路增益的附加相移增大的相位补偿,称为滞后补偿。常见的滞后补偿有电容滞后补偿、RC 滞后补偿和密勒效应补偿。

(1) 电容滞后补偿

下面通过一个实例,来说明电容滞后补偿的原理。为简单起见,设反馈网络没有相移。

设某负反馈放大电路的频率特性如图 3.26 所示。首先我们在电路中找出产生 10^4 Hz 的那一级电路,然后对地并联一个电容,如图 3.27(a) 所示,其等效电路如图 3.27(b) 所示。

图中 R_{o1} 为前级 A_1 的输出电阻,R_{i2} 和 C_{i2} 分别为后级 A_2 的输入电阻和输入电容。据此,加补偿电容前的上限频率为

$$f_{H1} = \frac{1}{2\pi(R_{o1}//R_{i2})C_{i2}}$$

（a）补偿电路　　　　　　　　　　（b）等效电路

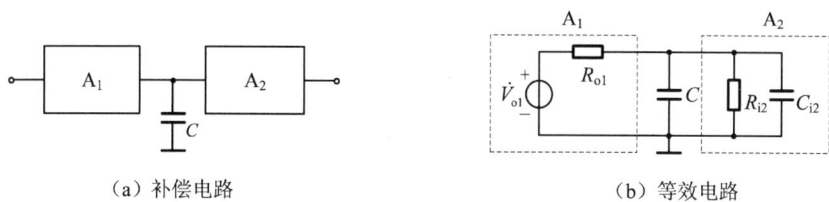

图 3.27　电容滞后补偿电路

加补偿电容后的上限频率为

$$f'_{H1} = \frac{1}{2\pi(R_{o1}//R_{i2})(C_{i2}+C)}$$

表明我们可选择适当的补偿电容 C，加长幅频特性中（-20dB/十倍频）段，使之与原来的 f_{H2} 相交于 0dB 处，如图 3.26 实线所示。这样，即使在 $F=1$ 全反馈的情况下，仍具有 $45°$ 的相位裕度，放大器一定不会产生自激振荡。

（2）RC 滞后补偿

从图 3.26 中可以看出，电容滞后补偿是以牺牲带宽为代价，来换取电路工作的稳定。下面将介绍的 RC 滞后补偿方法，既可以消除自激，又可以减少对带宽的损失。具体方法是，在电容滞后补偿 C 上串入一个电阻 R，并且满足 $R \ll (R_{o1}//R_{i2})$ 和 $C \gg C_{i2}$，电路的等效电路和简化等效电路如图 3.28 所示。

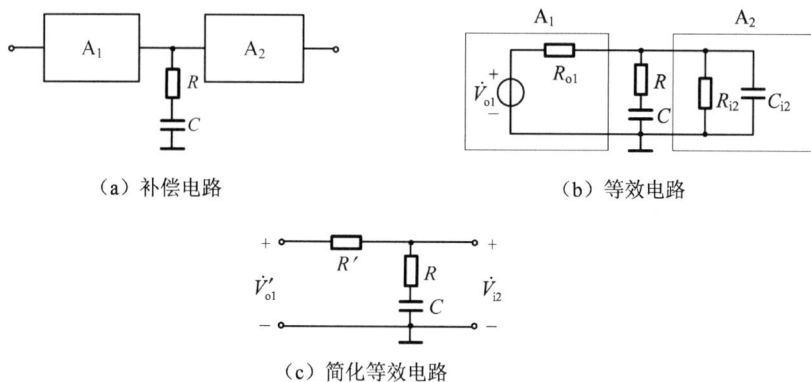

（a）补偿电路　　　　　　　　　　（b）等效电路

（c）简化等效电路

图 3.28　RC 滞后补偿电路

图中，$\dot{V}'_{o1} = \dfrac{R_{i2}}{R_{o1}+R_{i2}}\dot{V}_{o1}$，$R' = R_{o1}//R_{i2}$。根据图 3.28(c)，可得该级的增益为

$$\dot{A}'_{v1} = \frac{\dot{V}_{i2}}{\dot{V}'_{o1}} = \frac{R+\dfrac{1}{j\omega C}}{R'+R+\dfrac{1}{j\omega C}} = \frac{1+j\omega RC}{1+j\omega(R+R')C} = \frac{1+j\dfrac{f}{f'_{H2}}}{1+j\dfrac{f}{f'_{H1}}}$$

式中 $f'_{H1} = \dfrac{1}{2\pi(R+R')C}$ 和 $f'_{H2} = \dfrac{1}{2\pi RC}$。

设补偿前放大电路的增益为

$$\dot{A} = \frac{\dot{A}_m}{\left(1+j\dfrac{f}{f_{H1}}\right)\left(1+j\dfrac{f}{f_{H2}}\right)\left(1+j\dfrac{f}{f_{H3}}\right)}$$

取 RC 的值使 $f'_{H2} = f_{H2}$，则补偿后放大电路的增益为

$$\dot{A} = \frac{\dot{A}_m\left(1 + j\dfrac{f}{f'_{H2}}\right)}{\left(1 + j\dfrac{f}{f'_{H1}}\right)\left(1 + j\dfrac{f}{f_{H2}}\right)\left(1 + j\dfrac{f}{f_{H3}}\right)} = \frac{\dot{A}_m}{\left(1 + j\dfrac{f}{f'_{H1}}\right)\left(1 + j\dfrac{f}{f_{H3}}\right)}$$

表明补偿后放大电路的幅频特性中只有两个拐点，所以电路不可能自激。

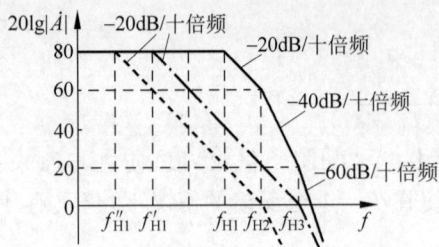

图 3.29　两种滞后补偿方法的比较

采用以上两种滞后补偿方法，放大电路幅频特性比较，如图 3.29 所示。

图中，右边实线为未加补偿的幅频特性，左边虚线为加电容补偿后的幅频特性，中间点画线为加 RC 补偿后的幅频特性，可以看出，RC 补偿比电容补偿的带宽要宽些。

（3）密勒效应补偿

利用密勒效应，可以减小补偿电容的容量，如图 3.30 所示。图中跨接在 A_2 输入输出端的电容 C 等效到 A_2 的输入端为 C'，其容量 $C' = (1 + |A_2|)C$。

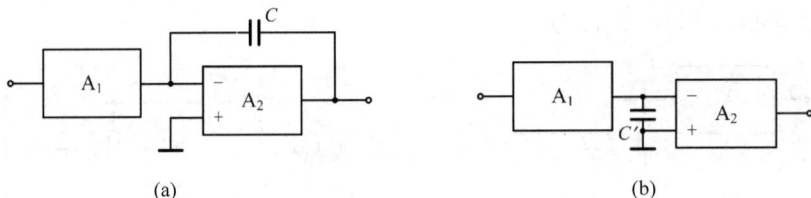

图 3.30　密勒效应补偿电路

由于集成电路工艺不宜制作大容量电容，而密勒效应补偿又可使小容量电容作为大容量电容来使用，所以，密勒效应补偿在集成电路中有着广泛的应用，这一点可参见第 12 章的有关内容。

2）超前补偿

在放大电路中插入元件，使环路增益的附加相移减小，从而使得 0dB 点的相位不满足 $-180°$ 的条件，这种补偿方法称为超前补偿。图 3.31 给出了超前补偿的一种电路，其中超前补偿电容 C 并联在反馈电阻 R_2 两端。

不接电容 C 时的反馈系数为

$$\dot{F}_0 = \frac{R_1}{R_1 + R_2}$$

加入补偿电容 C 后的反馈系数为

$$\dot{F} = \frac{R_1}{R_1 + R_2 // \dfrac{1}{j\omega C}} = \frac{R_1}{R_1 + R_2} \cdot \frac{1 + j\omega R_2 C}{1 + j\omega R_p C} = \dot{F}_0 \frac{1 + j\dfrac{f}{f_1}}{1 + j\dfrac{f}{f_2}}$$

式中 $R_p = R_1 // R_2$，$f_1 = \dfrac{1}{2\pi R_2 C}$ 和 $f_2 = \dfrac{1}{2\pi R_p C}$。由于 $f_1 < f_2$，所以补偿后的反馈系数具

有超前相移,从而使环路增益总相移超前一个角度,破坏了自激条件,保证了反馈放大电路的稳定工作。

图 3.32 给出了超前补偿的频率特性,图中,未补偿前,0dB 点对应的相移为 $-180°$,处于临界稳定状态。补偿后,在 0dB 点附近,通过选择合适的 f_1 和 f_2,改变 0dB 点对应的相移值,使其相移为 $-135°$,这样,放大器具有了 $45°$ 的相位裕度,工作也就稳定了。

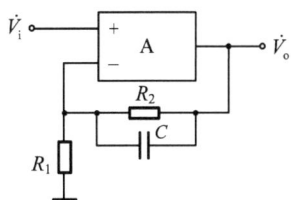

图 3.31　超前补偿电路

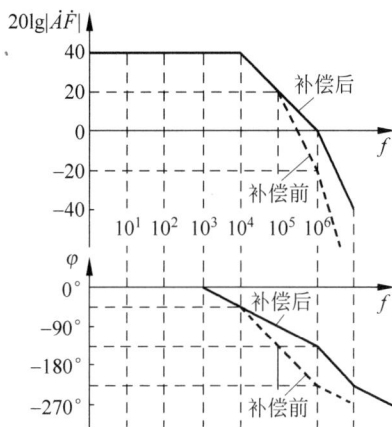

图 3.32　超前补偿频率特性

以上介绍了滞后补偿和超前补偿的基本原理,在实际应用中,我们可以通过计算机辅助分析或实验,来调整电容的实际数值,以便获得理想的补偿效果。

本章知识结构图和小结

知识结构图

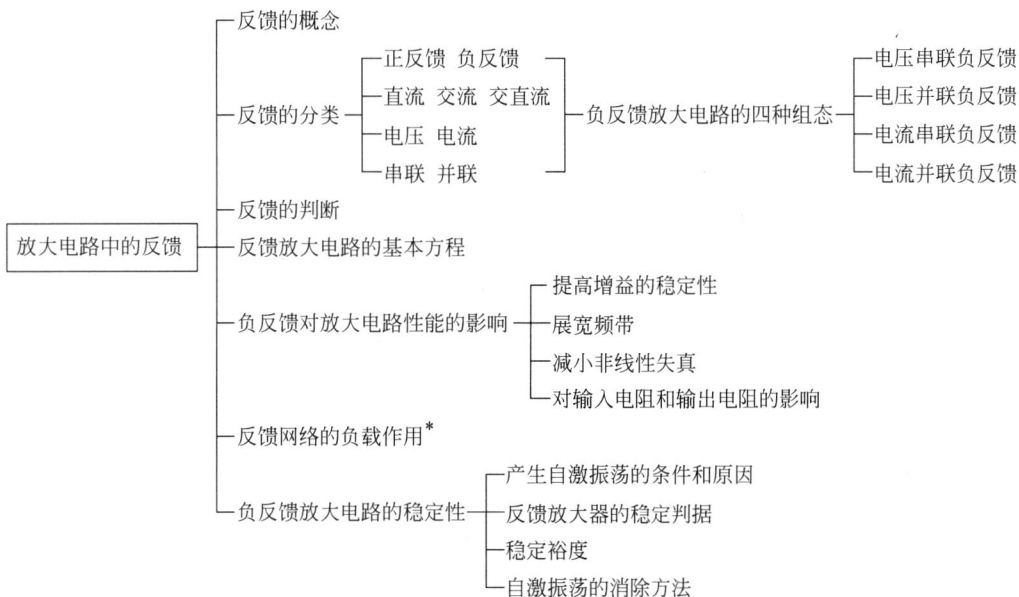

小结

1. 任何一种实用放大电路都存在反馈技术的应用,在电路中通过引入不同形式的反馈,来改善其各方面的性能。

2. 根据反馈量的极性,可分为正反馈和负反馈;根据反馈量本身的交、直流性质,可分为直流反馈和交流反馈;根据反馈量在电路输出端采样方式的不同,可分为电压反馈和电流反馈;根据反馈量与输入量在电路输入回路中连接形式的不同,可分为串联反馈和并联反馈。

注意反馈的判断方法。

3. 对负反馈来说,共有四种组态,即电压串联负反馈、电压并联负反馈、电流串联负反馈和电流并联负反馈。

4. 负反馈放大电路的基本方程为

$$\dot{A}_f = \frac{\dot{X}_o}{\dot{X}_i} = \frac{\dot{A}}{1 + \dot{A}\dot{F}}$$

其中 $\dot{A}\dot{F}$ 称为环路增益,表示在反馈放大电路中,信号沿着基本放大电路和反馈网络组成的环路传递一周以后所得到的放大倍数。

5. $1 + \dot{A}\dot{F}$ 称为反馈深度,是描述反馈量大小的物理量。

在负反馈情况下,若 $|1 + \dot{A}\dot{F}| \gg 1$,则称为深度负反馈。此时,有

$$\dot{A}_f = \frac{\dot{A}}{1 + \dot{A}\dot{F}} \approx \frac{1}{\dot{F}}$$

当电路引入深度串联负反馈时,有

$$\dot{V}_i \approx \dot{V}_f$$

即忽略净输入电压 $\dot{V}_i'$。当电路引入深度并联负反馈时,有

$$\dot{I}_i \approx \dot{I}_f$$

即忽略净输入电流 $\dot{I}_i'$。

6. 电路引入负反馈后牺牲了电路增益,但换得对放大电路性能多方面的改善:提高增益的稳定性,展宽频带,中频增益与通频带的乘积(称为增益带宽积)是一个常量,减小非线性失真。

串联负反馈使输入电阻增大;并联负反馈使输入电阻减小。电压负反馈减小输出电阻;电流负反馈增大输出电阻。

在实用电路中,应根据需要引入合适组态的负反馈。

7. 在环路增益的幅频特性和相频特性中,若 $f_c \geqslant f_\pi$,则该电路自激;反之,若 $f_c < f_\pi$,则电路不自激。为使电路具有足够的稳定性,通常要求 $G_m \leqslant -10\text{dB}$,$\varphi_m \geqslant 45°$。

注意消除自激振荡的常用方法。

习题

分析题

3.1 判断图 3.33 所示各放大电路的反馈组态。图中 A_1、A_2 代表一种高增益差分放大电路,设图中电容对交流信号可视为短路。

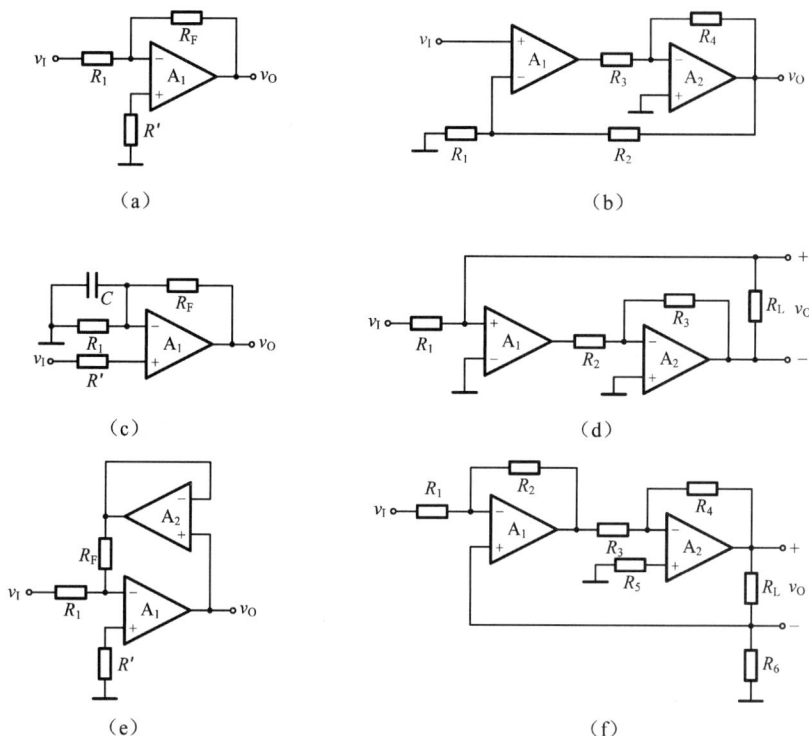

图 3.33 题 3.1 的图

3.2 在深度负反馈条件下,估算图 3.33(a)、图 3.33(d)、图 3.33(e)和图 3.33(f)所示电路的电压放大倍数。

3.3 已知一个电压串联负反馈放大电路的电压放大倍数 $A_{vf}=20$,其基本放大电路的电压放大倍数 A_v 的相对变化率为 10%,A_{vf} 的相对变化率小于 0.1%,试问 F 和 A_v 各为多少?

3.4 根据下列电路要求,选择合适的交流负反馈组态。

(1)欲实现电流-电压的转换,应在放大电路中引入_____;

(2)欲实现电压-电流的转换,应在放大电路中引入_____;

(3)欲减小电路从信号源索取的电流,同时,增大电路带负载的能力,应在放大电路中引入_____;

(4)欲从信号源获得更大的电流,并稳定输出电流,应在放大电路中引入_____。

3.5 在图 3.33(a)、图 3.33(d)、图 3.33(e)和图 3.33(f)所示各电路中,哪些电路能稳定输出电压?哪些电路能稳定输出电流?哪些电路能提高输入电阻?哪些电路能降低输出电阻?

3.6 根据下列电路要求,选择直流负反馈或交流负反馈。

(1)为了稳定电路的静态工作点,应引入_____;

(2)为了稳定电路的放大倍数,应引入_____;

(3)为了改变电路的输入电阻和输出电阻,应引入_____;

(4)为了抑制温漂,应引入_____;

(5)为了展宽频带,应引入_____。

3.7 以高增益差分放大电路作为放大电路,引入合适的负反馈,分别达到下列目的,试画出电路图。

(1) 实现电流-电压转换电路；

(2) 实现电压-电流转换电路；

(3) 实现输入电阻高、输出电压稳定的电压放大电路；

(4) 实现输入电阻低、输出电流稳定的电流放大电路。

3.8 已知差分放大电路的开环差模增益 $A_{od} = 2 \times 10^5$，差模输入电阻 $r_{id} = 2\text{M}\Omega$，输出电阻 $r_o = 200\Omega$。试分别求解图 3.34 所示各电路的 A、F、A_f、R_{if} 和 R_{of}。

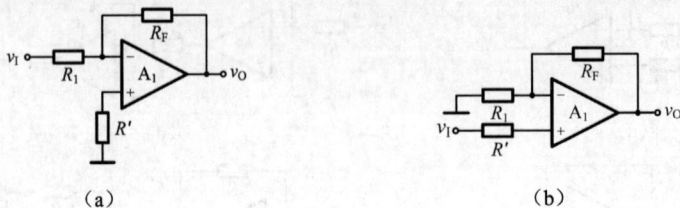

图 3.34 题 3.8 的图

3.9 电路如图 3.35 所示。判断电路的反馈类型，并在深度负反馈条件下，计算电路的源电压增益。

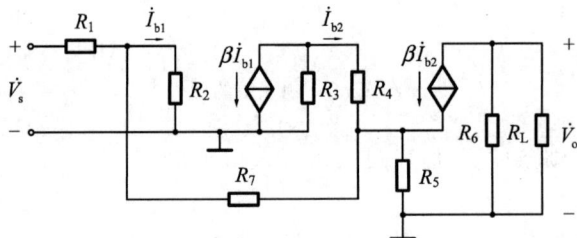

图 3.35 题 3.9 图

3.10 一个三级反馈放大器的总增益为

$$\dot{A}_v = \frac{100}{\left(1 + j\dfrac{f}{10^5}\right)^3}$$

在 $f = 0.2$ 和 $f = 0.02$ 两种情况下，确定放大器的稳定性。

设计题

3.1 高增益差分放大电路的开环增益为 10^5，开环带宽为 5Hz。设计一个两级同相放大电路，使其最小总增益为 800，最小带宽为 10kHz。

3.2 麦克风等效于一个电压源和一个输出电阻的串联，其中电压源的峰值电压为 2.5mV，频率为 10Hz～15kHz，输出电阻为 10kΩ。要求选用开环增益为 5×10^4，开环带宽为 10Hz，输入电阻为无穷大的高增益差分放大电路，设计一个麦克风前置放大器，并能产生峰值为 1V 的输出电压。

第 4 章

集成运算放大器和电压比较器

视频 12

放大电路中引入负反馈后,其性能会得到多方面的改善,特别是引入深度负反馈后,放大器的增益仅取决于反馈网络,而反馈网络通常由电阻、电容组成,因而可获得很好的增益稳定性。要实现这一目标,则需要一种高增益的放大电路,本章所介绍的集成运算放大器(简称集成运放)就是一种高电压增益放大电路。人们将集成运放设计成通用模块,并试图制造一种"理想"运放,以适用于各种不同应用的需求。

4.1 集成运放的电压传输特性

视频 13

集成运放的电路符号如图 4.1(a)所示。它有两个输入端,一个输出端。图中标有+号的为同相输入端;标有−号的为反相输入端,这里的"同相"是指运放的输出电压与该输入端的输入电压相位相同;"反相"是指运放的输出电压与该输入端的输入电压相位相反。另外,还有电源供电端,一般分为正电源端和负电源端,以及调零端等。若不作特别说明,有些引端(如电源端)有时就不在图中标出了,这一点读者需特别注意,因为在我们看到的大多数实际电路图中,运放的电源端是没有画出的,但在实际连接电路时,运放的电源端必须接到其所需的供电电压上,以确保其内部电路的正常工作。

（a）符号　　　　　　　　　　　　　（b）电压传输特性

图 4.1　集成运放的电路符号及其电压传输特性

集成运放是一个比较理想的电压放大电路,它的输出电压与两个输入端所加电压之差($v_{Id}=v_P-v_N$)即差模输入电压的关系可表示为

$$v_O = A_{vd}(v_P - v_N) \tag{4.1}$$

式中,A_{vd} 为集成运放的开环差模电压放大倍数。可见,集成运放实际上是一个高电压增益的差分放大电路。

集成运放的电压传输特性反映的是输出电压与差模输入电压的关系,如图 4.1(b)所示。传输特性可分为线性放大区和非线性区,而非线性区即正向饱和区和负向饱和区。静态时,即差模输入电压 v_{Id} 为零时,输出电压 v_O 也为零,这相当于集成运放工作于传输特性的原点处。当差模输入电压 v_{Id} 不为零且幅值很小时,输出电压 v_O 随着输入电压 v_{Id} 的增加而线性增加,此时运放工作于线性区,其开环差模电压增益就是直线的斜率。工作在线性区时的运放是一个高增益的差模电压放大器,典型的集成运放的差模电压增益在 10^5 以上,甚至有的可达 10^7。由于 A_{vd} 的值很大,故运放输入电压的线性区很窄。当输入电压增加到一定程度时,由于受供电电压的限制,输出电压不再增加,达到了正的最大值 V_{Om} 和负的最大值($-V_{Om}$),即运放的工作进入非线性区。

一般运放的供电电压在十几伏以下,故运放输出电压的最大值只有十几伏,这就导致集成运放在线性放大时的差模最大输入电压很小,例如当输出电压为 10V,差模电压增益为 $10^5 \sim 10^7$ 时,则输入电压为 $1 \sim 100 \mu V$。如此小的输入信号,不仅难以控制,而且会被噪声、温漂等所淹没而无法放大。另外,集成运放开环状态下的带宽很窄。图 4.2 给出了在 Multisim 仿真软件中集成运放 741 的开环频率特性和电压传输特性,其开环电压增益可达 100dB 以上,但上限频率 f_H 仅约为 5Hz。由此可见,高增益集成运放是不能开环工作在线性放大状态的。

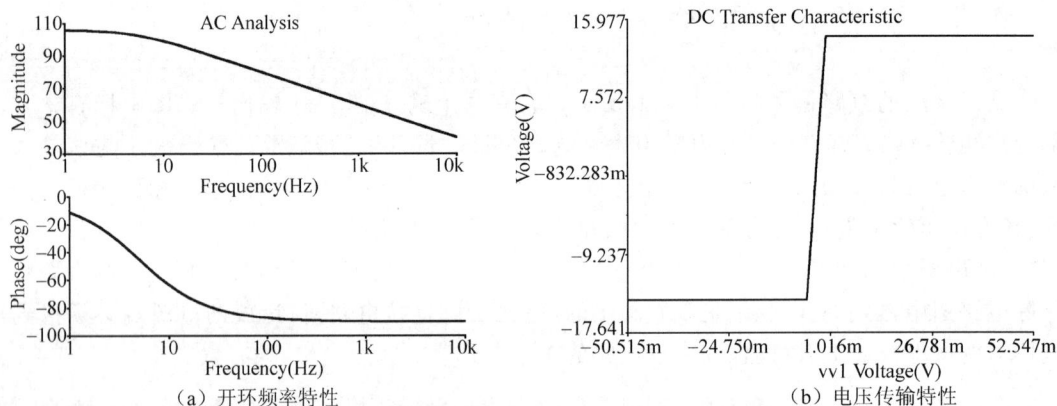

图 4.2　Multisim 仿真软件中集成运放 741 的开环频率特性和电压传输特性

根据第 3 章负反馈知识可知,当放大电路引入负反馈后,其闭环增益变小,从而使闭环状态下输入电压的线性区变宽,同时,闭环状态下的频带也变宽了。特别是引入深度负反馈后,放大电路的增益仅与反馈系数有关,这为设计电路带来了极大的方便,由此可见,引入负反馈是集成运放线性应用的必要条件。

以集成运放作为基本放大电路,再配以反馈网络,便可构成一负反馈放大电路。由于运放的开环增益很大,故易满足深度负反馈的条件,从而保证了差模输入信号趋于零和集成运放工作于线性状态。在深度负反馈下,对于串联反馈,有 $v_I \approx v_F$ 和 $v_{Id} \approx 0$,故有 $i_I \approx 0$,如图 4.3(a)所示;对于并联反馈,有 $i_1 \approx i_F$ 和 $i_I \approx 0$,故有 $v_{Id} \approx 0$,如图 4.3(b)所示。由此可以得到线性应用时的两条重要结论:

$$v_{Id} \approx 0 \text{ 即 } v_P \approx v_N (虚短) \tag{4.2}$$

$$i_I \approx 0 \text{ 即 } i_P \approx i_N \approx 0 (虚断) \tag{4.3}$$

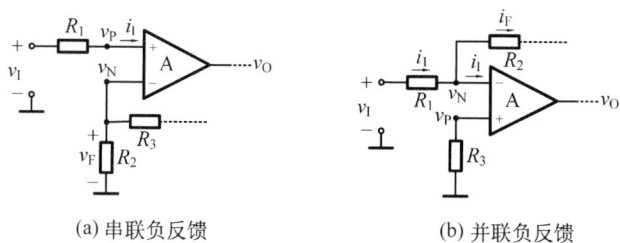

(a) 串联负反馈   (b) 并联负反馈

图 4.3 深度负反馈下的集成运放电路

事实上,由于集成运放的开环差模电压增益很大,差模输入电阻值很大和输出电阻很小,所以常将集成运放理想化,其理想化条件是:

(1) 开环差模电压增益为无穷大;

(2) 差模输入电阻为无穷大;

(3) 输出电阻为零;

(4) 共模抑制比为无穷大。

根据开环电压增益为无穷大,利用式(4.1)可得 $v_P \approx v_N$;根据差模输入电阻值为无穷大,可得 $i_P \approx i_N \approx 0$。可见,由理想化条件得出的这两条结论是通过对运放引入深度负反馈来保证的。因此,两条重要结论是分析和设计工作于线性状态下的集成运放的重要工具。

集成运放的非线性应用将在本章后面内容中介绍。

4.2 应用电路

在许多模拟系统和混合信号系统中,集成运放作为一个完整器件,通过引入负反馈,可构成各种功能电路。本节首先介绍集成运放的三种基本应用电路,即反相电路、同相电路和差分电路,在此基础上,再介绍其他形式的电路。

4.2.1 反相电路

将集成运放的输出电压 v_O 通过电阻 R_F 反馈到运放的反相输入端,同相输入端通过电阻 R' 接地,如图 4.4 所示。判断可知,该电路引入的是电压并联负反馈,是一个单端输入的反相互阻放大电路,可实现电流-电压的转换。

由图 4.4 可知,电路的互导反馈系数为

$$F_{iv} = \frac{i_F}{v_O} = -\frac{1}{R_F} \tag{4.4}$$

根据第 3 章中有关拆环的方法,可得到图 4.4 所示电路的基本放大电路,如图 4.5 所示。基本放大电路的互阻增益为

$$A_{vi} = \frac{v_O}{i_I} = -\frac{(R_i + R')R_F}{R_i + R' + R_F} A_{vd} \tag{4.5}$$

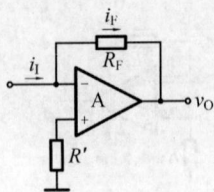

图 4.4 反相互阻放大电路

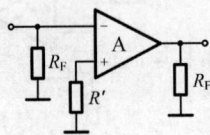

图 4.5 图 4.4 所示电路的基本
放大电路

式中,R_i 为运放的输入电阻。故电路的闭环互阻增益为

$$A_{vif} = \frac{A_{vi}}{1 + A_{vi}F_{iv}} = \frac{-\dfrac{(R_i + R')R_F}{R_i + R' + R_F}A_{vd}}{1 + \left[-\dfrac{(R_i + R')R_F}{R_i + R' + R_F}A_{vd}\right]\left(-\dfrac{1}{R_F}\right)} = \frac{-\dfrac{(R_i + R')R_F}{R_i + R' + R_F}A_{vd}}{1 + \dfrac{(R_i + R')}{R_i + R' + R_F}A_{vd}}$$

(4.6)

若 R_F 的值使电路的环路增益 $A_{vi}F_{iv}$ 远远大于 1,即 R_F 的值不是很大,则电路满足深度负反馈条件。在深度负反馈下,电路的闭环互阻增益为

$$A_{vif} = \frac{v_O}{i_I} = \frac{1}{F_{iv}} = -R_F$$

(4.7)

1. 电流-电压转换电路

图 4.4 所示电路的基本应用,是实现电流-电压的转换,或者说,可以用输入电流控制输出电压。图 4.6 所示电路是一个由输入电流源 i_S 转换为输出电压 v_O 的典型电路。在理想运放条件下,根据"虚短"和"虚断",电路的输入电阻为零,$i_S = i_{RL}$,且有

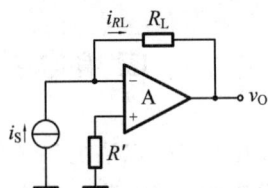

图 4.6 电流-电压转换电路

$$v_O = -i_S R_L$$

(4.8)

表明负载电压正比于输入电流。

在实际应用电路中,驱动电流源可以是一个电流型传感器,其内阻 R_S 不可能为无穷大,电路的输入电阻也不可能为零,为保证较高的转换精度,需使驱动电流源的内阻远大于电路的输入电阻。

【例 4.1】 用 Multisim 分析图 4.6 所示的电流-电压转换电路。

解 由 OP07 构成的电流-电压转换电路的仿真图如图 4.7 所示。图中考虑了驱动电流源的内阻 R_S。在图中所给参数的情况下,根据式(4.8)可知,输出电压为 $-2V$。仿真时,用探针测得的输出电压为 $-1.99997V$,与理论值基本吻合。

下面在运放型号不变的条件下,分两种情况进行仿真分析。

(1) 保持电流源的 i_S 和负载 R_L($2k\Omega$)不变,研究驱动电流源内阻 R_S 对输出电压的影响。

利用参数扫描,设置电流源内阻 R_S 在 $1 \sim 5000\Omega$ 变化,输出电压的变化如表 4-1 所示。

可以看出,随着驱动电流源内阻的不断增大,输出电压也在增大,并趋向于理论值,如此电路才能保证较高的转换精度。

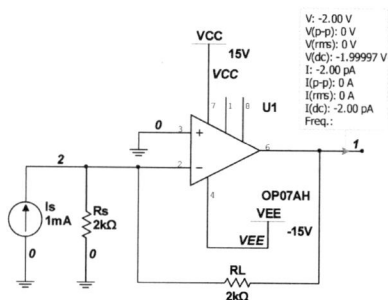

图 4.7 由 OP07 构成的电流-电压转换电路的仿真

（2）保持驱动电流源内阻 R_S（3.5kΩ）不变，调整电流源 i_S 的值，使输出电压的理论值为 2V，研究负载 R_L 对输出电压的影响。

设置电流源 i_S 和负载 R_L 的值，利用探针测试输出电压的变化，如表 4-2 所示。

表 4-1 电流源内阻 R_S 与输出电压的数值关系

电流源内阻 R_S/Ω	输出电压/V	电流源内阻 R_S/Ω	输出电压/V
1	$-1.970\,42$	500	$-1.999\,92$
56	$-1.999\,45$	1000	$-1.999\,95$
111	$-1.999\,72$	1500	$-1.999\,96$
166	$-1.999\,80$	2000	$-1.999\,97$
221	$-1.999\,85$	2500	$-1.999\,97$
276	$-1.999\,88$	3000	$-1.999\,97$
331	$-1.999\,89$	3500	$-1.999\,98$
386	$-1.999\,91$	4000	$-1.999\,98$
441	$-1.999\,92$	4500	$-1.999\,98$
496	$-1.999\,92$	5000	$-1.999\,98$

表 4-2 负载 R_L 与输出电压的数值关系

电流源 i_S/mA	负载 R_L/Ω	输出电压/V
0.001	2M	$-1.989\,92$
0.01	200k	$-1.998\,98$
0.1	20k	$-1.999\,88$
1	2k	$-1.999\,98$
10	200	$-1.999\,98$

负载 R_L 的值越大，输出电压的误差越大。图 4.6 所示的电流-电压转换电路属于电压并联负反馈电路，其反馈系数 $F = -1/R_L$。当 R_L 的值较小时，反馈系数 F 较大，满足深度负反馈条件，电路的输入电阻很小，从而保证有较高的转换精度；反之，当 R_L 的值较大时，反馈系数 F 较小，不满足深度负反馈条件，电路的输入电阻较大，从而导致电路的转换精度变低。

2. 反相比例运算电路

当驱动源为电压源时,需接入电阻 R_1,将电压源转换为电流源,如图 4.8 所示。下面用"虚短"和"虚断"的概念来分析电路。

因为 $i_N = i_P = 0$,故 $v_N = v_P = 0$,又 $i_1 = i_F$,而 $i_1 = \dfrac{v_I}{R_1}$,

$i_F = -\dfrac{v_O}{R_F}$,则 $\dfrac{v_I}{R_1} = -\dfrac{v_O}{R_F}$,于是,有

图 4.8 反相比例运算电路

$$v_O = -\frac{R_F}{R_1} v_I \tag{4.9}$$

表明电路的输出电压与输入电压为反相比例运算关系,故该电路称为"反相比例运算电路"。将式(4.9)写作

$$A_{vf} = \frac{v_O}{v_I} = -\frac{R_F}{R_1} \tag{4.10}$$

式中"—"说明输出电压与输入电压反相,且电路的闭环电压增益仅取决于 $\dfrac{R_F}{R_1}$ 的值,故该电路又称反相输入放大电路。也可以利用深度负反馈,求电路的闭环电压增益,即

$$A_{vf} = \frac{v_O}{v_I} = \frac{1}{F_{iv}} \frac{i_F}{v_I} = \frac{1}{F_{iv}} \frac{i_1}{v_I} = -\frac{R_F}{R_1}$$

根据 $i_N = i_P = 0$ 可知,从输入信号 v_1 看入的电路输入电阻 $R_i = R_1$,则调整 R_1 即可调整电路的输入电阻。电路的输出电阻 $R_{of} \approx 0$。另外,由于运放两个输入端电位均为零,故无共模输入信号。

图 4.8 中同相端的对地电阻 R' 称为平衡电阻。在静态时,为了保证 $v_I = 0$ 时,$v_O = 0$,要求反相端所接的电阻与同相端所接的相等,即平衡电阻 $R' = R_1 // R_F$。

由式(4.10)可知,当 $R_1 = R_F$ 时,有 $A_{vf} = -1$,即 $v_O = -v_I$,此时电路为反相器。

【例 4.2】 现有一正弦电压源,其电动势 $v_S = 0.1\sin\omega t V$,内阻 $R_S = 1\text{k}\Omega$,可以输出的最大电流为 $5\mu A$。由于信号源频率较低,故不需考虑电路频率特性的影响。试采用运放 OP07,设计一个闭环电压增益为 -10 的反相放大器。

解 由运放构成的反相放大器如图 4.8 所示。当接入信号源后,信号源内阻 R_S 与放大器的输入电阻 R_1 串联,故输入电流为

$$i_1 = \frac{v_S}{R_S + R_1}$$

已知输入电流的最大值为 $5\mu A$,则输入电阻 R_1 的最小值为

$$R_{1\min} = \frac{v_S}{i_{1\max}} - R_S = \frac{0.1}{5 \times 10^{-6}} - 1 \times 10^3 = 19 \times 10^3 \, \Omega = 19\text{k}\Omega$$

又,电路的闭环电压增益为

$$A_{vf} = -\frac{R_F}{R_1 + R_S} = -10$$

故

$$R_F = 10(R_1 + R_S) = 200\text{k}\Omega$$

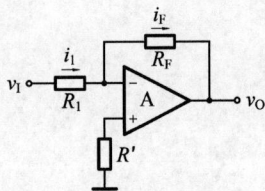

特别注意,由于反相放大器的输入电阻 R_1 与信号源内阻 R_S 是串联的,导致 R_S 影响整个电路的电压增益,所以,在设计电路时,必须考虑信号源内阻 R_S。

Multisim 仿真:设计的闭环电压增益为 -10 的反相放大器仿真图如图 4.9(a)所示。通过瞬态分析,得到的输入输出波形如图 4.9(b)所示,且二者的相位相反,测得其电压增益的数值约为 10。用探针测得输入电流的峰-峰值为 $9.99\mu A$,符合设计要求。由此可见,运放 OP07 的非理想参数对设计结果影响很小。

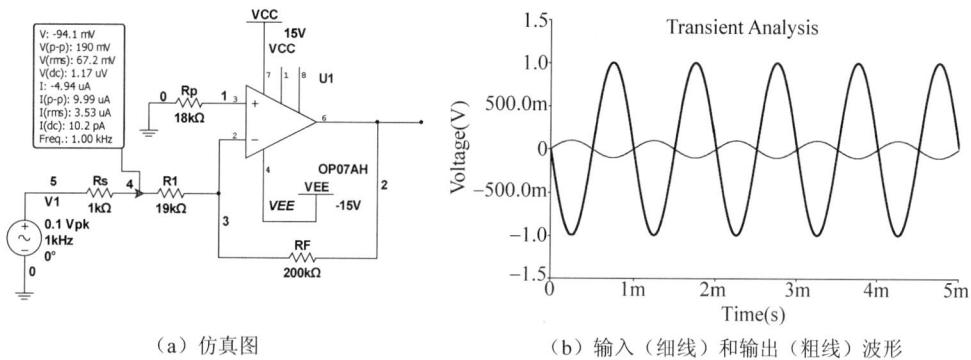

（a）仿真图　　　　　　　　（b）输入（细线）和输出（粗线）波形

图 4.9　闭环电压增益为 -10 的反相放大器的仿真

【例 4.3】　设计一个反相比例运算电路,要求比例系数为 -100,输入电阻为 $50k\Omega$。
解　采用图 4.8 所示电路,因输入电阻为 $50k\Omega$,故电阻 R_1 取 $50k\Omega$。
根据式（4.10）,可得

$$-\frac{R_F}{R_1}=-100$$

即

$$R_F=5M\Omega$$

如此大阻值的电阻,一方面其精度不可能很高,电阻的稳定性差、噪声大;另一方面,$i_N=i_P=0$ 的结论不再成立,这将带来不可忽略的运算误差。

下面将介绍一种 T 形网络反相比例运算电路,它可以使用阻值较小的电阻,达到数值较大的比例系数,并且还可具有较高的输入电阻。电路如图 4.10 所示。图中采用电阻 R_2、R_3、R_4 构成的 T 形网络取代图 4.8 中的 R_F,组成反相运算电路。

采用类似的分析方法,有

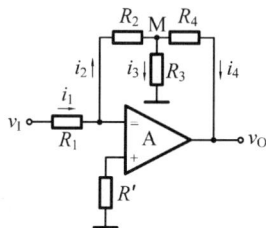

图 4.10　T 形网络反相比例运算电路

$$i_1=\frac{v_1}{R_1},i_2=-\frac{v_M}{R_2},i_3=\frac{v_M}{R_3} \text{ 和 } i_4=\frac{v_M-v_O}{R_4}$$

且

$$i_1=i_2 \quad \text{和} \quad i_2=i_3+i_4$$

于是有

$$v_M\left(\frac{1}{R_2}+\frac{1}{R_3}+\frac{1}{R_4}\right)=\frac{v_O}{R_4}$$

即

$$-\frac{R_2}{R_1}v_1\left(\frac{1}{R_2}+\frac{1}{R_3}+\frac{1}{R_4}\right)=\frac{v_O}{R_4}$$

整理可得

$$v_O = -\frac{R_2 + R_4 + \dfrac{R_2 R_4}{R_3}}{R_1} v_I \tag{4.11}$$

将上式与式(4.10)比较可知,分子$\left(R_2 + R_4 + \dfrac{R_2 R_4}{R_3}\right)$与反馈电阻$R_F$相当,可见只要将分子中的比值$\dfrac{R_2}{R_3}$或$\dfrac{R_4}{R_3}$选大,不用高阻值电阻也能得到很大的比例系数。显然,该电路的输入电阻$R_i = R_1$。

根据题意可知,R_1仍取$50\text{k}\Omega$,所以有

$$R_2 + R_4 + \frac{R_2 R_4}{R_3} = 100 R_1 = 5000$$

取$R_2 = R_4 = 100\text{k}\Omega$,求得$R_3 = 2.08\text{k}\Omega$。可以选用一个可变电阻作为$R_3$,通过调整$R_3$,得到大小为100的比例系数。

对于本例题的设计要求来说,其解决方案不是唯一的。

Multisim仿真:图4.11(a)给出了T形网络反相比例运算电路的仿真图。输入信号为电压峰值0.01V,频率1kHz的正弦波,图4.11(b)显示了电路增益为100时的输出波形。实测输出电压的峰值为988mV,同时可以看到输出电压波形(粗线)与输入电压波形(细线)之间180°的相位关系。仿真结果说明,741的非理想参数对电路特性的影响较小。

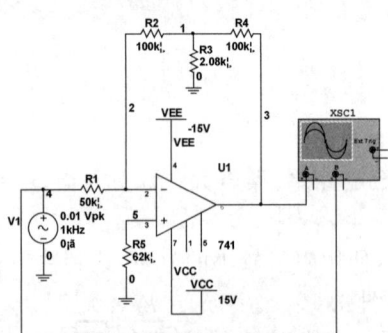

<table>
<tr><td>(a)T形网络反相比例运算电路的仿真图</td><td>(b)输出电压(粗线)与输入电压(细线)</td></tr>
</table>

图4.11 T形网络反相比例运算电路的仿真

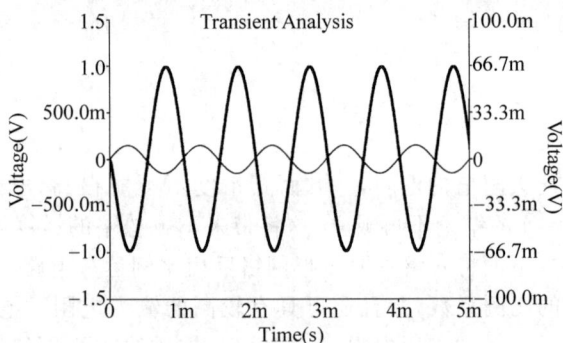

4.2.2 同相电路

对换一下图4.8所示电路的信号输入端和接地端,即信号电压v_I通过平衡电阻R'加到运放的同相输入端,输出电压v_O通过电阻R_F、R_1串联分压,在R_1上得到反馈电压,作用于运放的反相输入端,如图4.12所示。

可以判断电路引入的是电压串联负反馈。电路的电压反馈系数为

图4.12 同相比例运算电路

$$F_{vv} = \frac{v_F}{v_O} = \frac{R_1}{R_1 + R_F} \tag{4.12}$$

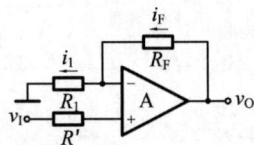

考虑到电路引入的是深度负反馈,则电路的闭环电压增益为

$$A_{vvf} = \frac{v_O}{v_I} = \frac{1}{F_{vv}} = 1 + \frac{R_F}{R_1} \tag{4.13}$$

表明 A_{vvf} 取决于 $\left(1 + \dfrac{R_F}{R_1}\right)$ 的值,且恒为正值,即输出电压与输入电压同相,故称为同相输入放大电路。或者将式(4.13)表示为

$$v_O = \left(1 + \frac{R_F}{R_1}\right) v_I \tag{4.14}$$

表明该电路为同相比例运算电路。

显然也可以用"虚短"和"虚断"的概念来分析电路。

因为 $i_N = i_P = 0$,故 $v_N = v_P = v_I$,又 $i_1 = i_F$,而 $i_1 = \dfrac{v_I}{R_1}$,$i_F = \dfrac{v_O - v_I}{R_F}$,则 $\dfrac{v_I}{R_1} = \dfrac{v_O - v_I}{R_F}$,由此同样可以得到式(4.13)和式(4.14)。

将图 4.12 所示的电路拆环,得到其基本放大电路,如图 4.13 所示。开环放大电路的输入电阻约为运放的输入电阻,其值很大。引入深度电压串联负反馈后,电路的输入电阻 R_{if} 会更大,而输出电阻 $R_{of} \approx 0$。

另外,由于运放的两个输入端的电位均为 v_I,故运放有共模输入信号,其值等于输入电压 v_I。

同理,图中的电阻 R' 为平衡电阻,且 $R' = R_1 // R_F$。

由式(4.13)可知,当 $R_1 \rightarrow \infty$ 时,即断开 R_1,则 $A_{vvf} = 1$,$v_O = v_I$,此时电路为电压跟随器,如图 4.14 所示。

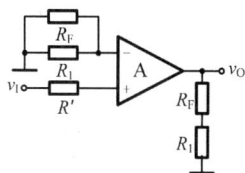

图 4.13 图 4.9 所示电路的基本
放大电路

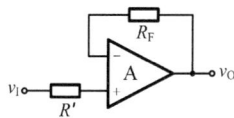

图 4.14 电压跟随器

由于电压跟随器具有输入电阻高、输出电阻低和输出电压跟随输入电压的特点,所以,其作为单元电路得到了广泛的应用。

(1) 作放大电路的输入级:例如电压表、示波器等测量仪器仪表,在测量时,为了避免从被测电路索取较大的电流而影响原电路,人们常用电压跟随器构成仪器仪表的输入级,以便获得很高的输入阻抗。

(2) 作放大电路的缓冲级(隔离级):在一个多级放大电路中,后一级的输入阻抗是前一级的负载,若后一级的输入阻抗较低,则导致前一级增益的下降。若在前后级间加一级电压跟随器,则由于它的输入阻抗高,可减小对前一级增益的影响;其输出阻抗低,可提高对后一级的驱动能力;电压跟随器本身的电压增益为 1,不影响整个电路的增益。故可用电压跟随器作缓冲级。

(3) 作放大电路的输出级:放大电路的输出端所带的负载往往是变化的,特别是当负

载较重时,要求输出级具有较低的输出阻抗,或者说,具有较高的带负载能力,所以,放大电路多采用电压跟随器作输出级。

【例4.4】 已知电源电压为12V,阻性负载电压为6V。设计一个电路,要求当负载在一定范围内变化时,负载压降基本不变。试用 Multisim 验证。

解 利用两个等值电阻,对电源电压分压,可得到所需的负载电压6V。显然,直接将负载接入分压点是不可能满足题意要求的。

根据电压跟随器的特点,我们可以在分压点与负载之间插入一个电压跟随器,这样,便可保证负载在一定范围内变化时,负载压降基本不变。仿真电路图及其测试结果如图4.15所示。

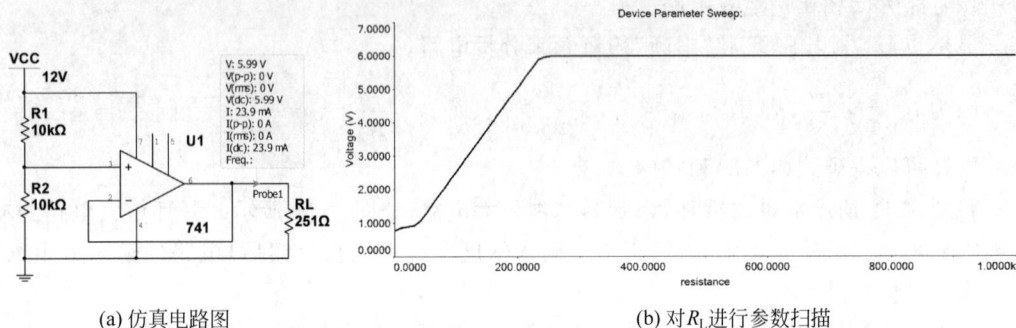

(a) 仿真电路图   (b) 对R_L进行参数扫描

图4.15 例4.4的图

从图4.15(a)测试结果可以看出,当负载电阻为251Ω时,负载电压为5.99V,误差不足0.2%。通过对R_L进行参数扫描可知,当负载电阻大于或等于251Ω时,负载电压基本不变。

【例4.5】 电路如图4.16所示,是由一个同相输入放大电路与一个反相输入放大电路组成的级联放大电路,试求电路的总电压增益。

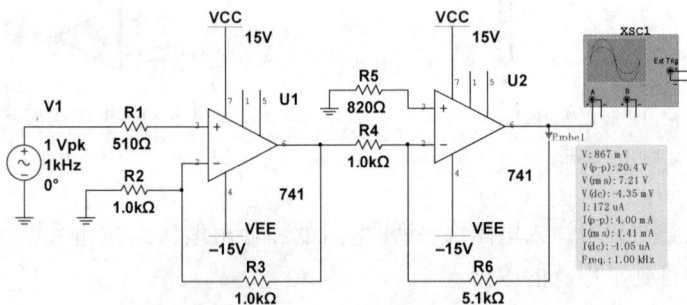

图4.16 例4.5的图

解 根据级联放大电路电压增益的求法,计算第一级电压增益时,应考虑第二级输入电阻对第一级的影响,或者说,应考虑第二级输入电阻的负载效应。但对于集成运放构成的级联放大电路来说,如果第一级采用的是电压负反馈,其输出电阻很小,则第二级输入电阻的负载效应可忽略不计。因此,本例中两级的电压增益可独立分别计算,电路的总电压增益为二者之积。

第一级的电压增益为 $A_{v1}=1+\dfrac{R_3}{R_2}=1+\dfrac{1}{1}=2$;

第二级的电压增益为 $A_{v2}=-\dfrac{R_6}{R_4}=-\dfrac{5.1}{1}=-5.1$；

电路的总增益为 $A_v=A_{v1}A_{v2}=2\times(-5.1)=-10.2$，与图 4.16 的仿真结果吻合。

4.2.3　差分电路

4.2.1 节和 4.2.2 节讨论了由运放构成的两种单端输入放大电路，本节将分析几个不同电路结构的差分电路。

1. 单运放差分电路

输入信号 v_{I2} 通过电阻 R_2、R_3 分压，并将 R_3 上的电压作用于运放的同相输入端；输入信号 v_{I1} 通过电阻 R_1 加到运放的反相输入端；输出电压 v_O 通过电阻 R_F 反馈到其反相输入端，如图 4.17 所示。

可以判断，差分电路对于两路输入信号来说，表现为不同的反馈类型。对于 v_{I1} 来说，为电压并联负反馈；对于 v_{I2} 来说，为电压串联负反馈。在深度负反馈条件下，令 $v_{I2}=0$，输出电压为

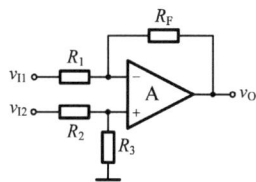

图 4.17　单运放差分电路

$$v_O'=-\frac{R_F}{R_1}v_{I1}$$

令 $v_{I1}=0$，输出电压为

$$v_O''=\left(1+\frac{R_F}{R_1}\right)\frac{R_3}{R_2+R_3}v_{I2}$$

根据叠加定理，有

$$v_O=v_O'+v_O''=-\frac{R_F}{R_1}v_{I1}+\left(1+\frac{R_F}{R_1}\right)\frac{R_3}{R_2+R_3}v_{I2}$$

考虑到当 $v_{I1}=v_{I2}=0$ 时，$v_O=0$，必有 $R_1/\!/R_F=R_2/\!/R_3$。若取 $R_1=R_2$，$R_3=R_F$，则

$$v_O=\frac{R_F}{R_1}(v_{I2}-v_{I1}) \tag{4.15}$$

表明输出电压 v_O 与两输入电压之差 $(v_{I2}-v_{I1})$ 成正比，故该电路称为差分比例运算电路（或称减法运算电路）。电路的闭环电压增益为

$$A_{vvf}=\frac{v_O}{v_{I2}-v_{I1}}=\frac{R_F}{R_1} \tag{4.16}$$

该电路又称为差分输入放大电路。

2. 两运放仪用放大器

可以看出，对于每一路输入信号而言，单运放差分电路呈现出不同的输入电阻，这在实际应用中，会导致两路输入信号的不平衡。对此，在单运放差分电路的基础上，增加了一级同相电路，如图 4.18 所示，这就构成了两运放仪用放大器。这样一来，既提高了每一路信号的输入电阻，又使得电路参数的选取更为方便。

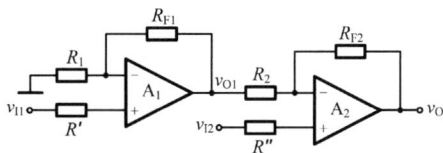

图 4.18　两运放仪用放大器

考虑到第一级运放 A_1 采用了电压负反馈，使 A_1 的输出电阻趋于零，故第二级 A_2 的接入不影响第一级的输出电压 v_{O1}。于是，有

$$v_{O1} = \left(1 + \frac{R_{F1}}{R_1}\right) v_{I1}$$

$$v_O = -\frac{R_{F2}}{R_2} v_{O1} + \left(1 + \frac{R_{F2}}{R_2}\right) v_{I2}$$

即

$$v_O = -\frac{R_{F2}}{R_2}\left(1 + \frac{R_{F1}}{R_1}\right) v_{I1} + \left(1 + \frac{R_{F2}}{R_2}\right) v_{I2}$$

为了使问题简化,取 $R_1 = R_{F2}$, $R_{F1} = R_2$,则

$$v_O = \left(1 + \frac{R_{F2}}{R_2}\right)(v_{I2} - v_{I1}) \tag{4.17}$$

表明该电路为差分电路。显然,有 $R' = R_1 // R_{F1}$, $R'' = R_2 // R_{F2}$,且 $R' = R''$。

3. 三运放仪用放大器

以上讨论了两种形式的差分放大电路,它们在合理的电阻值范围内,很难做到既高输入阻抗,又高电压增益,并且不能方便地改变电路的增益。当然,理想情况是通过改变一个电阻的阻值就能够改变放大电路的增益。下面介绍的三运放仪用放大器就能够满足这一要求,电路如图 4.19 所示。

视频 15

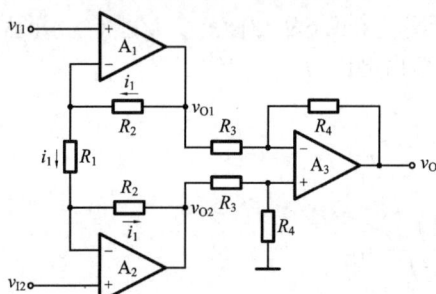

图 4.19 三运放仪用放大器

从图中可以看出,A_1、A_2 作为输入级,可看作第一级差分电路,由于它们均为同相输入放大电路,故有很高的输入阻抗。A_3 组成第二级差分电路。通过两级差分电路,该电路具有很高的共模抑制能力。

根据"虚断"和"虚短",R_1 中的电流为

$$i_1 = \frac{v_{I1} - v_{I2}}{R_1}$$

根据叠加原理,可得 A_1 的输出电压

$$v_{O1} = i_1 R_2 + v_{I1} = \left(1 + \frac{R_2}{R_1}\right) v_{I1} - \frac{R_2}{R_1} v_{I2}$$

和 A_2 的输出电压

$$v_{O2} = -i_1 R_2 + v_{I2} = \left(1 + \frac{R_2}{R_1}\right) v_{I2} - \frac{R_2}{R_1} v_{I1}$$

故 A_3 的输出电压

$$v_O = \frac{R_4}{R_3}(v_{O2} - v_{O1}) = \frac{R_4}{R_3}\left(1 + \frac{2R_2}{R_1}\right)(v_{I2} - v_{I1}) \tag{4.18}$$

表明 v_O 与 $(v_{I2} - v_{I1})$ 成正比,故电路能够放大差模信号,抑制共模信号。还可知,电路的差模增益 $v_O/(v_{I2} - v_{I1})$ 是 R_1 的函数,因此,将 R_1 改为可变电阻,就可方便地改变放大器的增益。可见,三运放仪用放大器具有高输入阻抗、低输出阻抗、高增益和高共模抑制比的特点。

【例 4.6】 设计一个传感器放大电路,如图 4.20 所示,其中 R 代表传感器,当 R 相对于 R' 的偏差为 $\pm 1\%$ 时,放大器产生 ± 5V 的输出电压。图中,传感器所在桥电路的供电电压 $V_1 = 7.5$V。运放的电源电压为 ± 15V,$R' = 100$kΩ,$R = 100(1 + \delta)$kΩ,$\delta = \pm 1\%$。

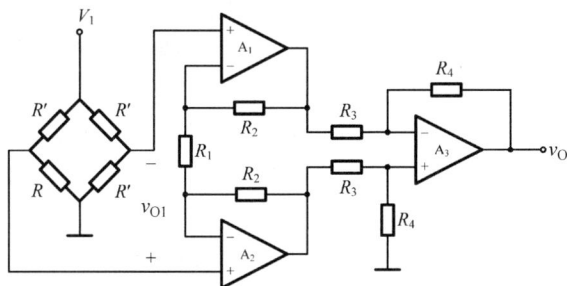

图 4.20　传感器放大电路

解　从图 4.20 所示的电路可以看出，V_1 为传感器所在的桥式电路提供一个稳定的电压。三个电阻 R' 和传感器电阻 R 构成桥式电路，将 R 的变化转化为输出电压 v_{O1}。A_1、A_2 和 A_3 等组成仪用放大器，对桥式电路的输出电压 v_{O1} 进行放大。

对于传感器所在的桥式电路，有

$$v_{O1} = \left[\frac{R'(1+\delta)}{R' + R'(1+\delta)} - \frac{R'}{R' + R'} \right] V_1 \approx \left(\frac{1+\delta}{2+\delta} - \frac{1}{2} \right) V_1 \approx \frac{\delta}{4} V_1$$

当 $V_1 = 7.5\text{V}$，$\delta = 1\%$ 时，桥式电路的最大输出电压 $v_{O1max} = 0.01875\text{V}$。

根据设计要求，$v_O = 5\text{V}$，则放大器增益为

$$A_v = \frac{v_O}{v_{O1max}} = \frac{5}{0.01875} = 266.7$$

根据仪用放大器增益公式，即式(4.18)，有

$$\frac{v_O}{v_{O1}} = \frac{R_4}{R_3} \left(1 + \frac{2R_2}{R_1} \right)$$

一般选择 $\dfrac{R_4}{R_3}$ 和 $\dfrac{R_2}{R_1}$ 具有相同的数量级。为了估计 $\dfrac{R_4}{R_3}$ 和 $\dfrac{R_2}{R_1}$ 的量级，可以近似地认为

$$\frac{v_O}{v_{O1}} \approx \frac{R_4}{R_3} \cdot \frac{R_2}{R_1}$$

故将 $\sqrt{\dfrac{v_O}{v_{O1}}}$ 认为是 $\dfrac{R_4}{R_3}$ 和 $\dfrac{R_2}{R_1}$ 的近似值。因为 $\sqrt{266.7} = 16.3$，若取 $R_3 = 15\text{k}\Omega$，$R_4 = 180\text{k}\Omega$，则 $\dfrac{R_4}{R_3} = 12$，$\dfrac{R_2}{R_1} = 10.6125$。取 $R_2 = 180\text{k}\Omega$，则 $R_1 = 16.96\text{k}\Omega$。

除 R_1 以外，其他电阻的阻值均为标称值。实际制作时，R_1 可通过一个固定电阻和一个可调电阻串联的形式实现，以满足增益的要求。

从上例中可以看出，温度引起的电桥臂变化是很小的，其满量程差分输出不足 20mV，而共模电压为 7.5/2V。为此，我们需要抑制共模信号，提取差模信号，所以，需用差分电路来完成这个取差的工作。但是，电桥的输出端接入不同的差分电路，其输出的结果是不同的。读者可通过仿真，来认识这个问题。

比较三种差分电路可知：

单运放差分电路：仅使用了一个运放，成本最低；同相端和反相端的输入阻抗不同，且其值较小，不适于高源阻抗的应用；电压增益不易调整。

两运放仪表放大器:采用两个运放级联,有较低的成本;输入阻抗很高,可以完成共模信号的抑制;但输入信号一路经过一个运放,一路经过两个运放,导致两路信号的路径不平衡,在信号频率较高时,会使电路的 CMRR 下降。

三运放仪表放大器:采用三个运放,成本较高;输入阻抗很高,输入信号被两级放大,其电压增益可以很大,且调整方便;提供了最好的输入信号平衡,在频率较高时,也有较好的 CMRR。

前文讨论了由运放构成的反相比例运算电路和同相比例运算电路,它们是最基本的运算电路。下面将在这两种运算电路的基础上,变换不同的反馈网络,实现不同的运算电路。

4.2.4 加法电路

在反相比例运算电路的基础上,再增加一个信号输入端,即为二输入信号反相加法电路,如图 4.21 所示。显然,$R' = R_1 // R_2 // R_F$。

类似于反相比例运算电路的分析方法,有

$$i_1 + i_2 = i_F$$

而

$$i_1 = \frac{v_{I1}}{R_1}, \quad i_2 = \frac{v_{I2}}{R_2}, \quad i_F = -\frac{v_O}{R_F}$$

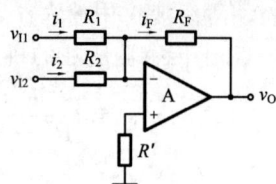

图 4.21 反相加法电路

故

$$\frac{v_{I1}}{R_1} + \frac{v_{I2}}{R_2} = -\frac{v_O}{R_F}$$

即

$$v_O = -\left(\frac{R_F}{R_1}v_{I1} + \frac{R_F}{R_2}v_{I2}\right) \tag{4.19}$$

表明输出电压 v_O 为二输入信号电压的反相比例相加。特殊地,取 $R_1 = R_2 = R$,则

$$v_O = -\frac{R_F}{R}(v_{I1} + v_{I2}) \tag{4.20}$$

类似地,可以得到多输入的反相加法电路,如图 4.22 所示。图中电阻 R' 应满足 $R' = R_1 // R_2 // \cdots // R_n // R_F$。可见,在该电路中,改变电阻 R_1(或 R_2 等),并不影响其他输入电压与输出电压的比例关系(注意 R_1,R_2,$\cdots$,R_n 均不为零),因此,在测量和自控系统中,可用这种电路对多路信号按不同比例进行调节。

同理,在同相比例运算电路的基础上,可得到同相加法电路,如图 4.23 所示。

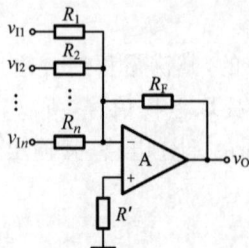

图 4.22 多输入反相加法电路

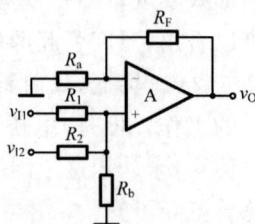

图 4.23 同相加法电路

根据节点电压法,可求得同相端电位为

$$v_P = \frac{\dfrac{v_{I1}}{R_1} + \dfrac{v_{I2}}{R_2}}{\dfrac{1}{R_1} + \dfrac{1}{R_2} + \dfrac{1}{R_b}} = R_p \left(\frac{v_{I1}}{R_1} + \frac{v_{I2}}{R_2} \right)$$

式中,$R_p = R_1 // R_2 // R_b$,于是有

$$v_O = \left(1 + \frac{R_F}{R_a}\right) v_P = \left(1 + \frac{R_F}{R_a}\right) R_p \left(\frac{v_{I1}}{R_1} + \frac{v_{I2}}{R_2} \right) \tag{4.21}$$

显然,若有 $R_a // R_F = R_1 // R_2 // R_b$ 成立,则式(4.21)变为

$$v_O = \frac{R_F}{R_1} v_{I1} + \frac{R_F}{R_2} v_{I2} \tag{4.22}$$

表明该电路具有同相比例求和的功能。

【例 4.7】　设计一个加法器,使其产生的输出电压为

$$v_O = -a_1 v_{I1} - a_2 v_{I2} + a_3 v_{I3} + a_4 v_{I4}$$

式中的系数 a_1、a_2、a_3 和 a_4 均大于零。

解　设计这样的一个加法器,可以选择多种方案。例如,可先将 v_{I3} 和 v_{I4} 分别经过反相放大器,然后再将它们的输出和 v_{I1}、v_{I2} 送入四输入反相加法器。这种设计使用了三个运放。

通过对运放的分析可知,运放的输出电压与同相输入端信号电压同相,与反相输入端信号电压反相,若有多个信号同时作用于两个输入端,则可满足设计要求。这样,就可使用一个运放,构成"通用加法器",如图 4.24 所示。

利用叠加定理确定电路的输出电压。考虑反相端输入电压 v_{I1} 和 v_{I2} 作用,同时令同相端输入电压 v_{I3} 和 v_{I4} 为零,此时,图 4.24 所示电路变为二输入反相加法器,由式(4.19),其输出电压为

$$v_{O1} = -\left(\frac{R_F}{R_1} v_{I1} + \frac{R_F}{R_2} v_{I2} \right)$$

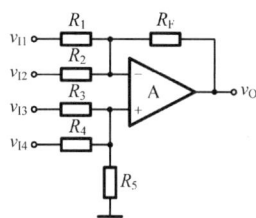

图 4.24　通用加法器

考虑同相端输入电压 v_{I3} 和 v_{I4} 作用,同时令反相端输入电压 v_{I1} 和 v_{I2} 为零,此时,图 4.24 所示电路变为二输入同相加法器,若满足 $R_1 // R_2 // R_F = R_3 // R_4 // R_5$,由式(4.22),其输出电压为

$$v_{O2} = \frac{R_F}{R_3} v_{I3} + \frac{R_F}{R_4} v_{I4}$$

则所有输入信号同时作用时的输出电压为

$$v_O = v_{O1} + v_{O2} = -\frac{R_F}{R_1} v_{I1} - \frac{R_F}{R_2} v_{I2} + \frac{R_F}{R_3} v_{I3} + \frac{R_F}{R_4} v_{I4} \tag{4.23}$$

表明此输出电压表达式与题目要求的一致。

现要求加法器的输出电压为 $v_O = -10 v_{I1} - 4 v_{I2} + 5 v_{I3} + 2 v_{I4}$,试确定电路中所有电阻的阻值(所用电阻的最小值为 $20\text{k}\Omega$)。

根据上述导出的输出电压表达式可知

$$\frac{R_F}{R_1} = 10, \qquad \frac{R_F}{R_2} = 4, \qquad \frac{R_F}{R_3} = 5, \qquad \frac{R_F}{R_4} = 2$$

式中，R_1 取值为最小，即 $R_1 = 20\text{k}\Omega$，于是有

$$R_F = 200\text{k}\Omega, \quad R_2 = 50\text{k}\Omega, \quad R_3 = 40\text{k}\Omega, \quad R_4 = 100\text{k}\Omega$$

由关系式 $R_1 // R_2 // R_F = R_3 // R_4 // R_5$，可得 $R_5 = 25\text{k}\Omega$。

由此可见，可以通过调整电阻 R_5，使关系式 $R_1 // R_2 // R_F = R_3 // R_4 // R_5$ 成立，从而保证了输出电压表达式具有简单的形式，为设计电路带来了方便。

Multisim 仿真：通用加法器的仿真图如图 4.25 所示。它是由运放 OP07 构成的，仿真时，令 4 个输入电压均为 1V，用探针测量输出电压为 $-7V$；令 4 个输入电压均为 $-1V$，用探针测量输出电压为 $+7V$ 时，说明符合设计要求。

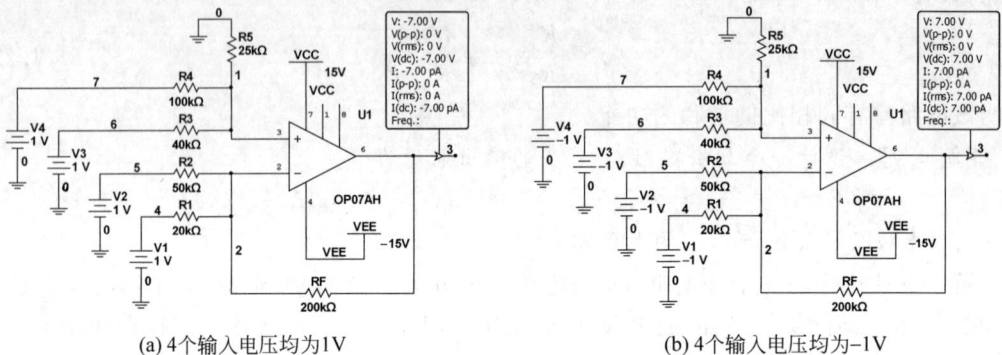

(a) 4个输入电压均为1V　　　　　　　　　(b) 4个输入电压均为–1V

图 4.25　通用加法器的仿真

4.2.5　积分电路

将反相比例运算电路中的电阻 R_F 用电容 C 取代，可得到反相积分运算电路，如图 4.26 所示。因 $i_N = i_P = 0$ 和 $v_N = v_P = 0$，所以有

$$i_R = i_C$$

而

$$i_R = \frac{v_I}{R}, \quad i_C = C\frac{dv_C}{dt} = -C\frac{dv_O}{dt}$$

故

$$\frac{v_I}{R} = -C\frac{dv_O}{dt}$$

即

$$v_O = -\frac{1}{RC}\int_{t_0}^{t} v_I(t)\,dt + v_O(t_0) \tag{4.24}$$

式中，$v_O(t_0)$ 为积分的初始条件。此式表明输出电压为输入电压对时间的积分。

积分运算电路主要有下列应用。

1. 输入信号 v_I 为阶跃信号

假设 $v_O(0) = 0$。当 $t \geqslant 0$ 时，根据式(4.24)有

$$v_O = -\frac{1}{RC}\int_{0}^{t} V_m\,dt = -\frac{V_m}{RC}t$$

表明输出电压 v_O 随时间 t 沿负向线性增加。当 v_O 达到运放的 $-V_{Om}$ 时，进入负向饱和区，即在

$0\sim t_1$ 期间,输出电压 v_O 与输入电压 v_I 保持正常的积分关系。输入输出波形如图 4.27 所示。

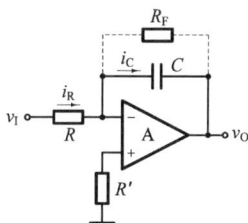

图 4.26　反相积分运算电路

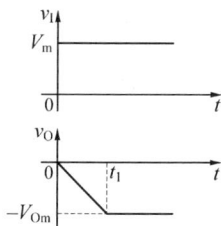

图 4.27　输入阶跃信号时的
输出波形

实验视频 3

2. 输入信号 v_I 为方波

假设 $v_O(0)=0$。分别对 $t\geqslant 0$ 时的各时间段进行分析。

在 $0\sim t_1$ 期间: $v_{O1}=-\dfrac{1}{RC}\displaystyle\int_0^{t_1}V_m\mathrm{d}t=-\dfrac{V_m}{RC}t_1$

在 $t_1\sim t_2$ 期间: $v_{O2}=-\dfrac{1}{RC}\displaystyle\int_{t_1}^{t_2}(-V_m)\mathrm{d}t+\left(-\dfrac{V_m}{RC}t_1\right)=\dfrac{V_m}{RC}(t_2-t_1)+\left(-\dfrac{V_m}{RC}t_1\right)$

设 $t_2-t_1=2t_1$,则 $v_{O2}=\dfrac{V_m}{RC}t_1$

在 $t_2\sim t_3$ 期间: $v_{O3}=-\dfrac{1}{RC}\displaystyle\int_{t_2}^{t_3}V_m\mathrm{d}t+\dfrac{V_m}{RC}t_1=-\dfrac{V_m}{RC}(t_3-t_2)+\dfrac{V_m}{RC}t_1$

设 $t_3-t_2=2t_1$,则 $v_{O3}=-\dfrac{V_m}{RC}t_1$

可见,利用积分运算电路,可以将方波变换为三角波,如图 4.28 所示。

3. 输入信号 v_I 为正弦波

类似地,若 $v_I=V_m\sin\omega t$,可得

$$v_O=-\frac{1}{RC}\int_0^t V_m\sin\omega t\,\mathrm{d}t=\frac{V_m}{\omega RC}\cos\omega t$$

此时积分电路的输出为余弦波,如图 4.29 所示。可见,输出电压 v_O 比输入电压 v_I 超前 90°,积分电路起到了移相的作用。

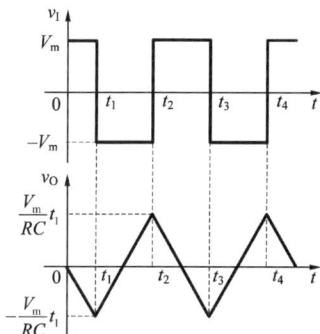

图 4.28　输入方波信号时的输出波形

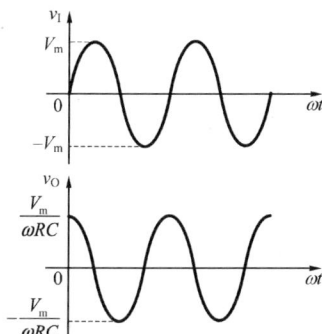

图 4.29　输入正弦波信号时的输出波形

在图 4.26 所示电路中,电容 C 上并联了一个阻值较大的电阻 R_F,是为了使电路保持直流负反馈通路,以确保运放工作在线性状态。显然,并联 R_F 后,电路可近似用式(4.24)来描述。

4.2.6 微分电路

将图 4.26 所示的积分运算电路中的电阻 R 和电容 C 的位置互换,可得到微分运算电路,如图 4.30 所示。

用类似的分析方法,可得

$$v_O = -i_R R = -i_C R = -RC\frac{\mathrm{d}v_I}{\mathrm{d}t} \tag{4.25}$$

表明输出电压 v_O 与输入电压的微分 $\dfrac{\mathrm{d}v_I}{\mathrm{d}t}$ 成正比。

图 4.30　微分运算电路

微分运算电路的主要应用如下。

1. 输入信号 v_I 为矩形波

根据式(4.25)可知,在矩形波的上升沿和下降沿处,即在波形的突变处,$\dfrac{\mathrm{d}v_I}{\mathrm{d}t}$ 的值很大,而在波形恒定的高、低电平处,$\dfrac{\mathrm{d}v_I}{\mathrm{d}t}=0$。据此,可得到矩形波通过微分电路后变为尖脉冲的波形图。图 4.31 给出了在 Multisim 仿真软件中的仿真结果。

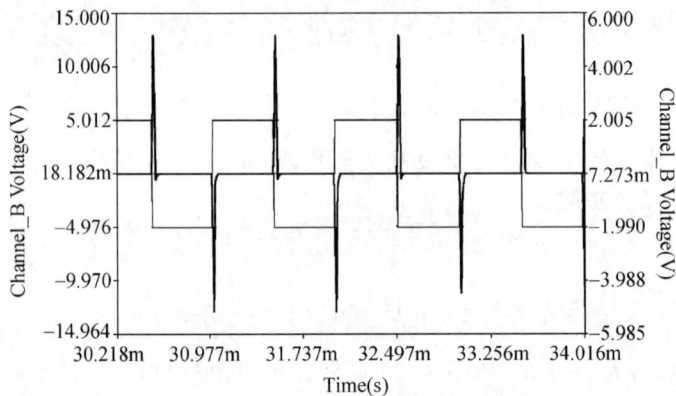

图 4.31　输入方波时的输出波形

(粗线为输出波形,细线为输入波形)

2. 输入信号 v_I 为正弦波

若 $v_I = V_m\sin\omega t$,则

$$v_O = -RC\frac{\mathrm{d}v_I}{\mathrm{d}t} = -\omega RC V_m\cos\omega t$$

表明输出电压 v_O 将比输入电压 v_I 滞后 $90°$,此时微分电路也起到了移相作用。图 4.32 是在 Multisim 仿真软件中的仿真结果。

图 4.30 所示的微分运算电路仍存在一些问题,例如,输出电压 v_O 对输入电压 v_I 的突变十分敏感,导致电路的抗干扰能力差。电路易产生自激振荡,使电路的稳定性变差和输入电压 v_I 突变时,输入电流会很大,可能导致电路不能正常工作。

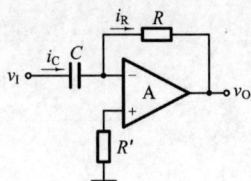

如图 4.33 所示,给出了一种实用微分运算电路。图中,电阻 R_1 阻值较小,以限制输入电流的值,电容 C_1 和 C_2 的值也较小,起相位补偿作用。

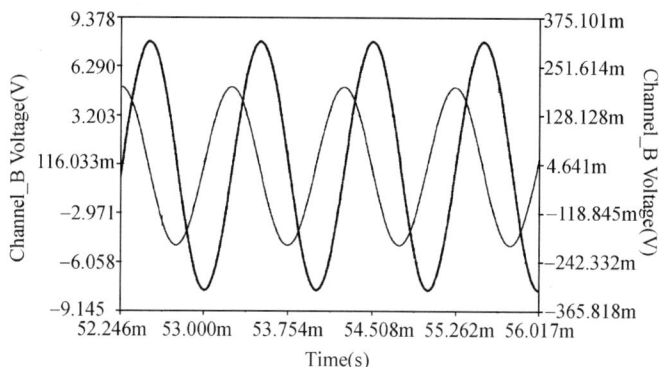

图 4.32 输入正弦波时的输出波形

(粗线为输出波形,细线为输入波形)

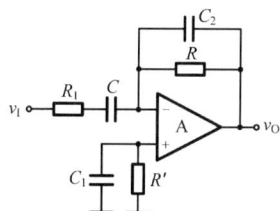

图 4.33 实用微分运算电路

4.2.7 电压-电流转换电路

图 4.12 所示的同相电路实质上是电压串联负反馈电路,现将其中的 R_F 作为负载电阻 R_L,则电路就变成了电流串联负反馈电路,即可实现输入电压控制输出电流,也就是说,该电路是一个互导放大电路,如图 4.34 所示。

显然 $v_P = v_N = v_I$,故

$$i_O = v_I / R \tag{4.26}$$

不难看出,图 4.34 所示电路中的负载两端均不接地,即负载是"浮地"的,而在实用电路中,负载常有一端是接地的。图 4.35 给出了负载接地的电压-电流转换电路的一种形式,被称为 Howland 电流源电路(第 11 章还将介绍其他几种电流源电路)。

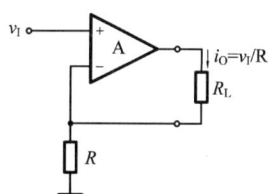

图 4.34 电压-电流转换电路

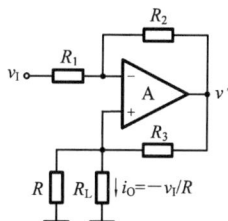

图 4.35 Howland 电流源电路

假设运放为理想运放,根据"虚短"和"虚断",可列出如下方程

$$\frac{v_I - v_N}{R_1} = \frac{v_N - v'}{R_2}$$

$$\frac{v_P}{R // R_L} = \frac{v' - v_P}{R_3}$$

其中 $v_P = v_N$。二式左右两边相除,得

$$\frac{v_I - v_P}{R_1} \frac{R // R_L}{v_P} = -\frac{R_3}{R_2}$$

整理得

$$\frac{v_I - v_P}{v_P}\frac{R}{R_1}\frac{R_L}{R + R_L} = -\frac{R_3}{R_2}$$

令

$$\frac{R}{R_1} = \frac{R_3}{R_2} \tag{4.27}$$

则有 $\dfrac{v_I - v_P}{v_P} = -\dfrac{R + R_L}{R_L}$,即

$$i_O = \frac{v_P}{R_L} = -\frac{v_I}{R} \tag{4.28}$$

式(4.26)和式(4.28)表明图 4.34 和图 4.35 所示电路均具有电压-电流转换功能,且负载电流均与负载电阻无关。注意,Howland 电流源电路要求有严格匹配的电阻比,即式(4.27)。

从图 4.35 中可以看出,Howland 电流源电路中既引入了负反馈,又引入了正反馈,那它是如何稳定输出电流的呢?下面根据反馈理论,对此作一定性分析。

不妨假设由于某种原因导致输出电流 i_O 下降,则电路将经过以下反馈过程,使 i_O 稳定。对于正反馈过程来说,有

$$i_O \downarrow \ \rightarrow \ v_P \downarrow \ \rightarrow \ v' \downarrow \ \rightarrow \ i_O \downarrow$$

对于负反馈过程来说,有

$$v' \downarrow \ \rightarrow \ i_{R2} \uparrow \ \rightarrow \ i_N \downarrow \ \rightarrow \ v' \uparrow \ \rightarrow \ i_O \uparrow$$

在满足式(4.27)的条件下,正反馈与负反馈共同作用,从而确保输出电流 i_O 的稳定。

还可以通过求解电路的输出电阻(Howland 电流源的内阻),定量地分析 Howland 电流源的特性。

为此,先令 $v_I = 0$,且负载 R_L 开路,再利用"加压求流"法,求得输出电阻 R_O。输出电阻的求解电路如图 4.36 所示。输出电阻为外加电压 v 与由其所产生的电流 i 之比,即

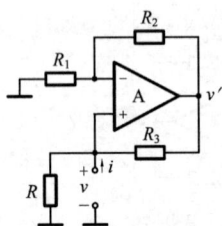

$$R_O = \frac{v}{i}$$

根据"虚短"和"虚断",有

$$i = \frac{v}{R} + \frac{v - v'}{R_3}$$

$$v' = \left(1 + \frac{R_2}{R_1}\right)v$$

图 4.36 求解 Howland 电流源的输出电阻

联立求解,并考虑到式(4.27),得

$$i = 0$$

由此可知,输出电阻为无穷大,也就是说,在满足式(4.27)的条件下,Howland 电流源具有很好的恒流特性。

特别强调,前面所有分析均假设运放为理想运放,即运放的电压传输特性有无限的线性区,而实际运放的电压传输特性如图 4.1(b)所示,即在传输特性的线性区上述分析是成立的,因此,在设计电路时,必须考虑到运放有限的线性区对输出电压的影响,这势必使得电路

参数的设计受到一定的限制。

下面通过一个实例,说明 Howland 电流源的设计过程。

【例 4.8】 设计一个 Howland 电流源。要求电流为 1mA,负载电阻的最大值为 200Ω,运放采用 OP07。用 Multisim 仿真软件验证设计结果。

解 (1)通过 DC 扫描,得到 OP07 的传输特性,从而得知运放输出电压的最大摆幅。DC 扫描和传输特性如图 4.37 所示。通过测试可知,运放输出电压的最大摆幅为 13V。

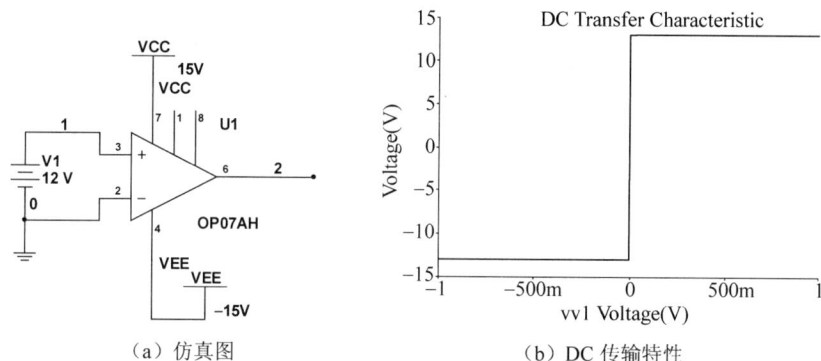

(a)仿真图 　　　　　　　　　　　(b)DC 传输特性

图 4.37　DC 扫描和传输特性

(2)当运放工作在线性区时,必有 $v_N=v_P$,且

$$v_N=v_P=\frac{R_1}{R_1+R_2}v'_m+\frac{R_2}{R_1+R_2}v_I \tag{4.29}$$

式中,v'_m 为运放输出电压 v' 的最大值,且 $|v_I|<|v'_m|$。

(3)根据设计要求,计算 v_P 的值。若输入电压 v_I 取正值,则 v_P 为负值,即 $v_P=-i_O R_L=-1\times0.2=-0.2\text{V}$。

(4)求输入电压 v_I 的最大值。为了取值方便起见,取 $R_1=R_2=1\text{k}\Omega$。为使运放工作在线性区,$|v'_m|$ 的取值应小于输出电压的最大摆幅 13V。因输入电压 v_I 取正值,v'_m 须取负值,例如 $v'_m=-12.8\text{V}$。根据式(4.29),可得 $v_I=12.4\text{V}$。

(5)确定 R 和 R_3 的值。根据式(4.27)和式(4.28),可得 $R=R_3=12.4\text{k}\Omega$。

(6)仿真验证。根据上述设计值,Howland 电流源的 Multisim 仿真电路图如图 4.38 所示。

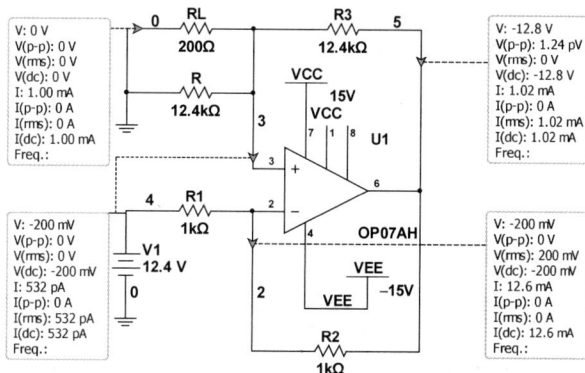

图 4.38　Howland 电流源的 Multisim 仿真电路图

从图中可以看出,4 个探针所显示的测试结果与设计值完全吻合。

通过对负载 R_L 进行参数扫描,得到的 R_L 值与流过其电流 i_O 的数值关系,如表 4-3 所示。表中的数据表明,R_L 的值在设计范围内变化时,电流 i_O 的值基本不变,说明所设计的电流源具有较好的恒流特性,符合设计要求。

表 4-3 R_L 值与流过其电流 i_O 的数值关系

R_L/Ω	i_O/A	R_L/Ω	i_O/A
0.01	999.99436μ	220	999.99417μ
0.1	999.99436μ	230	999.99415μ
1	999.99436μ	240	999.99412μ
10	999.99435μ	250	999.99404μ
100	999.99427μ	260	999.99382μ
140	999.99423μ	270	999.99255μ
180	999.99420μ	280	999.96885μ
200	999.99418μ	290	999.39424μ
210	999.99417μ	300	998.11844μ

通过 DC 扫描,测试负载电流与输入电压的关系。仿真时,设置输入电压 vv1 的扫描范围为 $-15\sim+15V$,对探针 1 的电流进行 DC 扫描,得到的曲线图如图 4.39 所示。测试结果显示,输入电压在 $-12.4\sim+12.4V$ 变化时,负载电流(探针 1 的电流)在 $-1\sim+1mA$ 呈线性变化关系,符合设计要求。

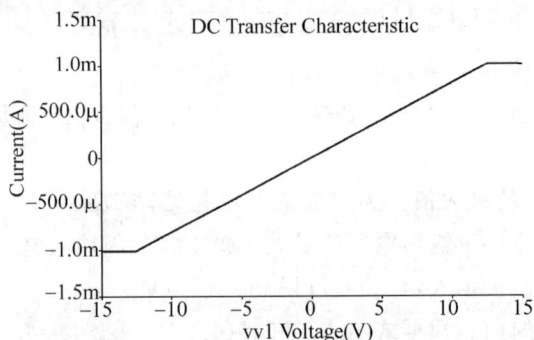

图 4.39 负载电流与输入电压之间的关系曲线

4.3 集成运放的单电源供电

在前面的讨论中,我们认为运放都是采用正负电源对称的双电源供电的,且两个电源的公共端与电路的地相连,输入的信号源和输出的电压均是相对于此地进行分析计算的。

如今,在众多的电池供电设备中,更需要运放在单电源下运行。因此,本节将从单电源供电的运放电路特性、偏置电路和设计实例等几方面加以介绍。

4.3.1 单电源供电运放电路的特性

我们知道,集成运放有两个电源引脚,分别标为正电源端和负电源端。不论运放是双电源供电还是单电源供电,只要两个电源端的压差满足要求,运放均可以工作,即不存在单电源专用运放和双电源专用运放。但是,当一个运放采用双电源或单电源供电时,其电路传输特性是不同的。

图 4.40(a)为典型的双电源供电反相放大器,其电压增益为-1,图中运放采用 OPA735。通过 DC 扫描,可得到电路的电压传输特性,如图 4.40(b)所示。可以看出,当输入电压在$-5\sim+5$V 变化时,输出电压在$+4.9722\sim-4.9815$V 变化,也就是说,这种放大器的输入和输出电压摆幅非常接近或几乎等于电源电压值,这就是所谓的轨对轨(rail-to-rail)运算放大器,而一般的运算放大器的输入输出电压范围则不然。

由图 4.40(b)可知,当输入信号为不含直流的正弦波时,经放大后的输出信号仍为不含直流的正弦波;当输入信号为含直流的正弦波时,经放大后的输出信号仍为含直流的正弦波。因此,电路的输出电压与输入电压的关系可表示为

$$v_O = Av_I + b \tag{4.30}$$

式中 A 为电路的电压增益,b 为输出电压中所含的直流分量。在本例中 $A=-1$ 。

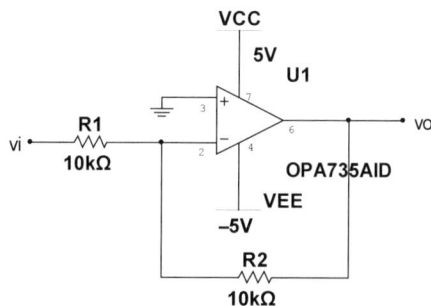

(a)

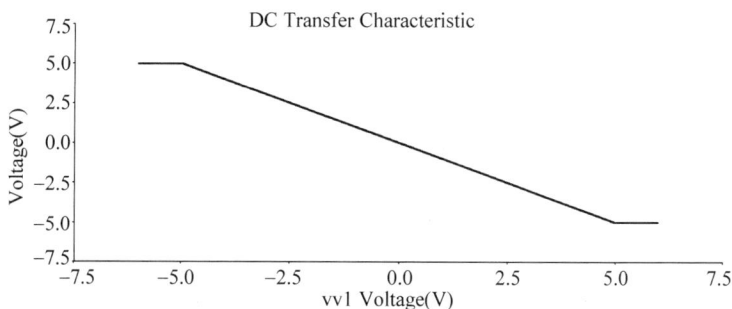

(b)

图 4.40 双电源供电反相放大器

现将图 4.40(a)的双电源的 VEE 改为地,也就是说,将原来的双电源改为单电源,如图 4.41(a)所示,通过 DC 扫描,可得到此时电路的电压传输特性,如图 4.41(b)所示。可以看出,当输入电压在$-5\sim+5$V 变化时,输出电压在$+4.9722$V$\sim+738\mu$V 变化。与图 4.40 相比较可知,图 4.41 的输出电压范围减小了一半,且只有正输出电压,也就是说,当输入信号为不含直流的正弦波时,电路只对输入信号的负半周进行了放大,即输出信号仅为正弦波的负半周,而输入信号的正半周就无法放大了。

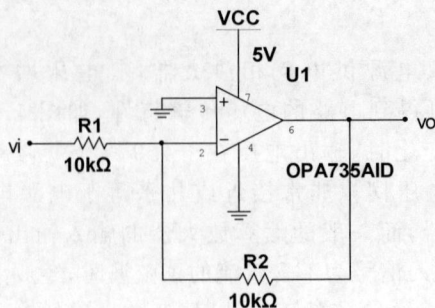

(a)

DC Transfer Characteristic

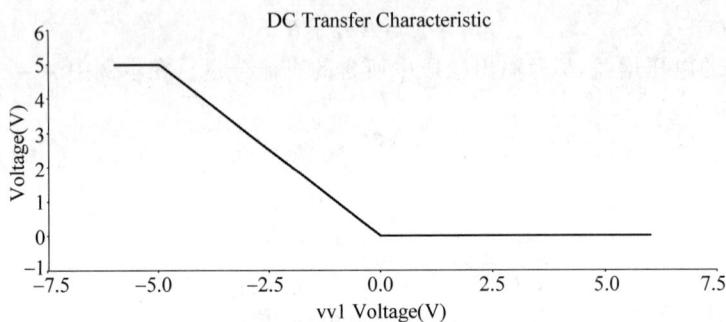

(b)

图 4.41　单电源供电反相放大器

欲使该电路能够放大正弦信号,需要给电路的输入端加入一定的直流偏置,或者输入信号源中含有适量的直流,这样才能将输入信号偏置于电路的输入线性区,从而使电路能够放大输入信号,此时输出信号中会含有一定的直流分量。总之,不论运放是双电源供电还是单电源供电,电路的输出电压与输入电压的关系均可表示为式(4.30)的形式。

4.3.2　单电源供电运放电路的偏置电路

由以上分析可知,当运放工作于单电源供电时,需要给电路一定的直流偏置,才能使电路产生正确的输出。偏置直流电压主要有两个目的,一是使输出信号电压的峰-峰值最大,充分发挥运放的输出能力,二是根据后级输入端直流电平的要求,设计本级的直流输出电压。

鉴于此,我们先根据式(4.30)分析四种单电源供电的运放电路结构。然后通过实例,说明偏置电路的设计过程。

根据式(4.30)中 A 和 b 的正负,可确定如下四种电路结构。

(1) 当 $A>0,b>0$ 时,说明电路为同相放大电路,且偏置电压也作用于同相端,如图 4.42 所示。图中,R_3 和 R_4 分别为信号源和参考源的隔离电阻。电路的输出电压为

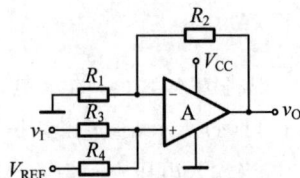

图 4.42　$A>0,b>0$ 时的放大电路

$$v_O = \left(\frac{R_4}{R_3+R_4}\right)\left(\frac{R_1+R_2}{R_1}\right)v_I + \left(\frac{R_3}{R_3+R_4}\right)\left(\frac{R_1+R_2}{R_1}\right)V_{REF} \tag{4.31}$$

（2）当 $A>0,b<0$ 时，说明电路为同相放大电路，且偏置电压作用于反相端，如图 4.43 所示。为便于设计，图中偏置电压由参考源经 R_3 和 R_4 分压而得到。电路的输出电压为

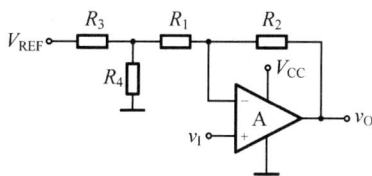

图 4.43　$A>0,b<0$ 时的放大电路

$$v_{\mathrm{O}} = \left(\frac{R_3//R_4 + R_1 + R_2}{R_3//R_4 + R_1}\right) v_{\mathrm{I}} - \left(\frac{R_4}{R_3 + R_4}\right)\left(\frac{R_2}{R_3//R_4 + R_1}\right) V_{\mathrm{REF}} \qquad (4.32)$$

（3）当 $A<0,b>0$ 时，说明电路为反相放大电路，且偏置电压作用于同相端，如图 4.44 所示。为便于设计，图中偏置电压由参考源经 R_3 和 R_4 分压而得到。电路的输出电压为

$$v_{\mathrm{O}} = -\frac{R_2}{R_1} v_{\mathrm{I}} + \left(\frac{R_4}{R_3 + R_4}\right)\left(\frac{R_1 + R_2}{R_1}\right) V_{\mathrm{REF}} \qquad (4.33)$$

（4）当 $A<0,b<0$ 时，说明电路为反相放大电路，且偏置电压也作用于反相端，如图 4.45 所示。图中，R_3 为参考源的隔离电阻。电路的输出电压为

$$v_{\mathrm{O}} = -\frac{R_2}{R_1} v_{\mathrm{I}} - \frac{R_2}{R_3} V_{\mathrm{REF}} \qquad (4.34)$$

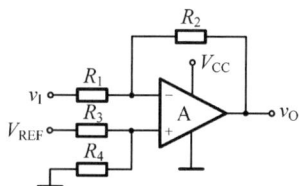

图 4.44　$A<0,b>0$ 时的放大电路

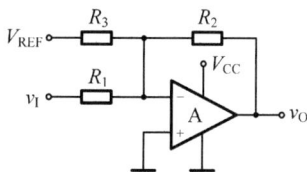

图 4.45　$A<0,b<0$ 时的放大电路

4.3.3　单电源供电运放电路的设计实例

以上仅就式中 A 和 b 的正负分析了四种直接耦合的单电源供电运放电路结构，在实际应用中，电路有直接耦合和交流耦合之分，还需具体问题具体分析。下面通过设计实例加以说明。

1. 直接耦合

【例 4.9】　设计一个直接耦合同相放大器，要求：将峰值为 0.1V、频率为 1kHz 的正弦波转换为最小值为 1V、最大值为 4.5V，频率仍为 1kHz 的正弦波，电路采用 5V 单电源供电，电阻选用标称值。

解　由于题目中没有特别说明参考源的值，为节省成本和制作空间，参考源采用电源电压，即 $V_{\mathrm{REF}} = 5\mathrm{V}$。根据题目要求可知，当 $v_{\mathrm{I}} = -0.1\mathrm{V}$ 时，$v_{\mathrm{O}} = 1\mathrm{V}$；当 $v_{\mathrm{I}} = 0.1\mathrm{V}$ 时，$v_{\mathrm{O}} = 4.5\mathrm{V}$，将数据代入式（4.30），可得到

$$\begin{cases} 1 = A(-0.1) + b \\ 4.5 = A(0.1) + b \end{cases} \qquad (4.35)$$

解之，得 $A=17.5,b=2.75$。由此可知，所设计放大器的电路方程为

$$v_{\mathrm{O}} = 17.5 v_{\mathrm{I}} + 2.75 \qquad (4.36)$$

符合方程式（4.31），可采用图 4.42 所示电路。根据 A、b 的值，确定图中电阻值。

对比式(4.31)和式(4.36),有

$$17.5 = \left(\frac{R_4}{R_3 + R_4}\right)\left(\frac{R_1 + R_2}{R_1}\right), \quad 2.75 = \left(\frac{R_3}{R_3 + R_4}\right)\left(\frac{R_1 + R_2}{R_1}\right)V_{REF} \quad (4.37)$$

即

$$17.5\frac{R_3 + R_4}{R_4} = \frac{2.75}{V_{REF}}\left(\frac{R_3 + R_4}{R_3}\right) \rightarrow R_4 = \frac{17.5}{\dfrac{2.75}{V_{REF}}}R_3 = 31.8R_3$$

根据电阻标称值,选择 $R_3 = 1.5\text{k}\Omega$,所以有 $R_4 = 47.7\text{k}\Omega$,现选择标称值 $47\text{k}\Omega$。将 R_3 和 R_4 的值代入式(4.37)中之一,可得

$$\frac{R_1 + R_2}{R_1} = 17.5 \times \frac{47 + 1.5}{47} = 18.06 \rightarrow R_2 = 17.06R_1$$

选择 $R_1 = 1.2\text{k}\Omega$,则有 $R_2 = 20.5\text{k}\Omega$,现选择标称值 $20\text{k}\Omega$。由于题目要求输出电压的摆幅为 $1\sim4.5\text{V}$,所以,选择轨对轨运放 OPA735。本设计的仿真电路图如图 4.46(a) 所示,图 4.46(b) 所示的电压传输特性是一条直线,表明电路是线性的。当输入电压为 -100mV 时,输出电压为 1.0199V;当输入电压为 100mV 时,输出电压为 4.4440V,与设计要求有一些误差,但不超过 2%,这个误差是由于电阻采用了标称值所引起的。图 4.46(c) 给出了电路的输入(细线)和输出(粗线)波形。

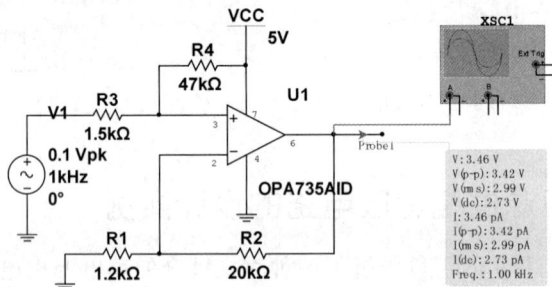

(a) 电路图

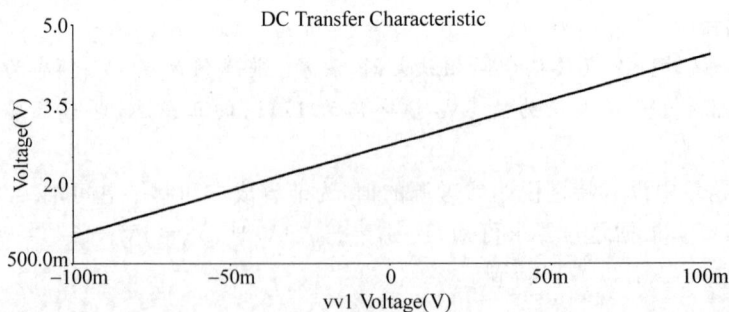

(b) 电压传输特性

图 4.46 例 4.9 的图

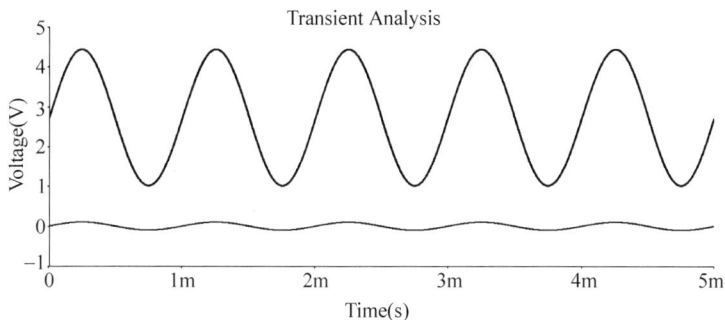

(c) 输入(细线)、输出(粗线)波形

图 4.46　（续）

【**例 4.10**】　设计一个直接耦合反相放大器,要求:将峰值为 0.1V、频率为 1kHz、偏置电压为 −0.2V 的正弦波转换为最小值为 1V,最大值为 5V,频率仍为 1kHz 的正弦波,电路采用 5V 单电源供电,电阻选用标称值。

解　参考源采用电源电压,即 $V_{\text{REF}}=5\text{V}$。根据题目要求可知,当 $v_{\text{I}}=-0.1\text{V}$ 时,$v_{\text{O}}=1\text{V}$;当 $v_{\text{I}}=-0.3\text{V}$ 时,$v_{\text{O}}=5\text{V}$,将数据代入式(4.30),可得到

$$\begin{cases} 1=A(-0.1)+b \\ 5=A(-0.3)+b \end{cases} \tag{4.38}$$

解之,得 $A=-20$,$b=-1$。由此可知,所设计放大器的电路方程为

$$v_{\text{O}}=-20v_{\text{I}}-1 \tag{4.39}$$

符合方程式(4.34),可采用图 4.45 所示电路。根据 A、b 的值,确定图中电阻值。

对比式(4.39)和式(4.34),有

$$20=\frac{R_2}{R_1}, \qquad 1=\frac{R_2}{R_3}V_{\text{REF}} \tag{4.40}$$

根据电阻标称值,选择 $R_1=1\text{k}\Omega$,则有 $R_2=20\text{k}\Omega$,由此求得 $R_3=100\text{k}\Omega$。

本设计的仿真电路图如图 4.47(a)所示,图中 V1 的偏置电压设置为 −0.2V,图 4.47(b)所示为其电压传输特性。当输入电压为 −300mV 时,输出电压为 4.9855V;当输入电压为 −100mV 时,输出电压为 1.0000V,符合设计要求。

以上通过两个设计实例,介绍了单电源运放电路的设计过程,在实际应用中,概括起来,大致分为以下几点:

(1) 根据设计要求,选择两组输入输出电压的数据分别代入电路方程式(4.30),联立求得 A 和 b;

(2) 根据 A 和 b 的正负,确定电路结构,写出电路方程;

(3) 比较方程系数,算出电阻值;

(4) 选择具有轨对轨性能的运放(可使输出动态范围更大些),根据所求元件参数,搭建电路,仿真验证电路性能;

(5) 制作实际电路,测试电路性能。

2. 交流耦合

如果只希望放大输入信号中的交流分量,而避免其直流分量对电路的影响,我们可采用交流耦合方式。利用电容"通交隔直"的作用,在放大器的信号输入端串入耦合电容,可实现交流耦合方式。

(a)

(b)

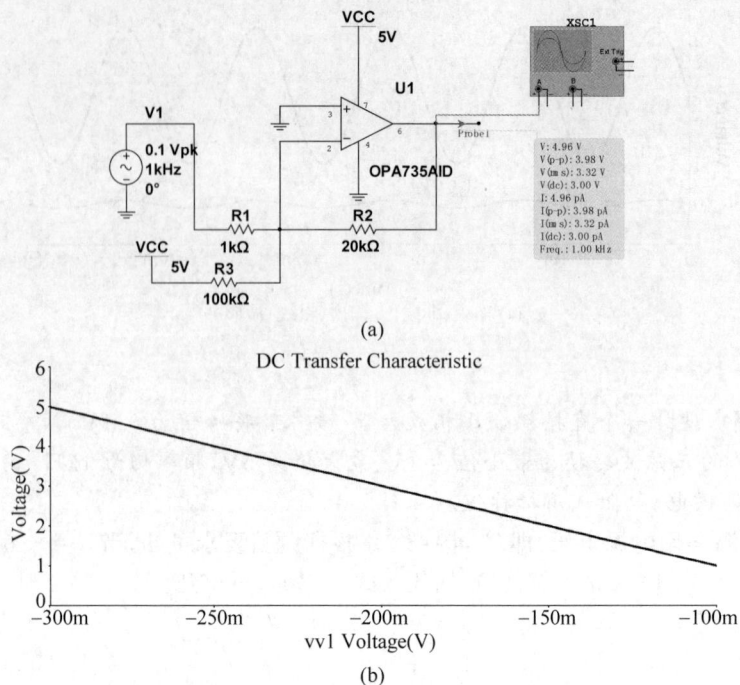

图 4.47 例 4.10 的图

【例 4.11】 设计一个交流耦合反相放大器,要求:将峰
值为 0.1V、频率为 1kHz、偏置电压为 1V 的正弦波转换为
最小值为 0.1V、最大值为 5V,频率仍为 1kHz 的正弦波,电
路采用 5V 单电源供电,电阻选用标称值。

解 交流耦合单电源供电的反相放大器的电路结构如
图 4.48 所示。

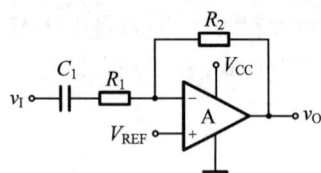

图 4.48 交流耦合单电源供电的
反相放大器

电路方程为

$$v_O = V_{REF}\left(1 + \frac{R_2}{Z_1}\right) - \frac{R_2}{Z_1}(v_I + V_I) \tag{4.41}$$

式中,Z_1 为 R_1 和 C_1 串联的总阻抗,由 C_1 的通交隔直作用,对交流来说,$Z_1 = R_1$,对直流
来说,$Z_1 \to \infty$。v_I 和 V_I 分别为输入信号中的交流分量和直流分量。于是,式(4.41)可变为

$$v_O = V_{REF} - \frac{R_2}{R_1}v_I \tag{4.42}$$

根据题目要求,当 $v_I = -0.1V$ 时,$v_O = 5V$;当 $v_I = 0.1V$ 时,$v_O = 0.1V$,将数据代入
式(4.42),可得到

$$\begin{cases} 5 = V_{REF} - \dfrac{R_2}{R_1} \times (-0.1) \\ \\ 0.1 = V_{REF} - \dfrac{R_2}{R_1} \times 0.1 \end{cases}$$

解之得

$$V_{\text{REF}} = \frac{V_{\text{Omax}} + V_{\text{Omin}}}{2} = \frac{5 + 0.1}{2} = 2.55\text{V}$$

$$\frac{R_2}{R_1} = \frac{V_{\text{REF}} - V_{\text{Omin}}}{v_{\text{imax}}} = \frac{2.55 - 0.1}{0.1} = 24.5$$

取 $R_1 = 1.6\text{k}\Omega$，则 $R_2 = 39.2\text{k}\Omega$，选标称值 $39\text{k}\Omega$。于是所设计电路的方程为

$$v_{\text{O}} = 2.55 - 24.5v_{\text{i}} \tag{4.43}$$

本例的仿真电路图如图 4.49(a)所示，电路的输入(细线)输出(粗线)波形图如图 4.49(b)所示。仿真测试结果表明电路符合设计要求。

不难看出，由于采用交流耦合，所以输入信号中的直流分量不会影响输出的直流分量。

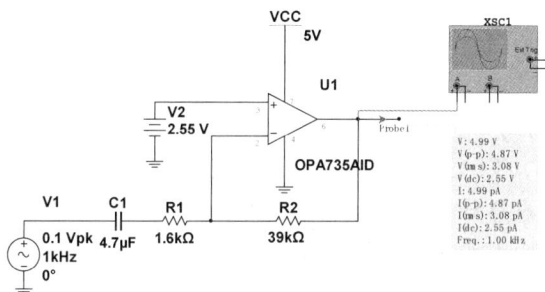

(a) 电路图

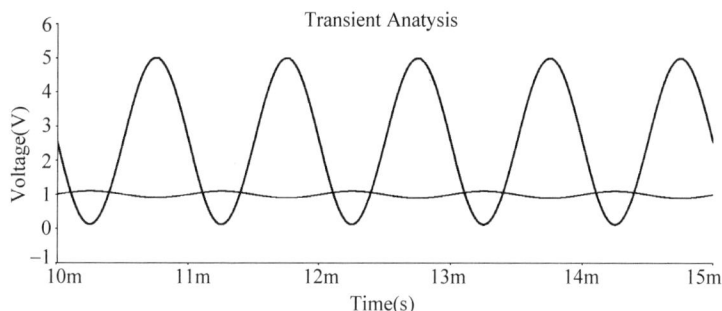

(b) 输入(细线)输出(粗线)波形图

图 4.49 例 4.11 的图

由于电容的阻抗与信号的频率有关，所以采用交流耦合方式势必会影响电路的频率特性。以例 4.11 来说，串入电容 C_1 将构成一个高通滤波器，影响电路的低频特性。该电路的下限频率可表示为

$$f_{\text{L}} = \frac{1}{2\pi R_1 C_1} = \frac{1}{2\pi \times 1.6 \times 10^3 \times 4.7 \times 10^{-6}} = 21\text{Hz}$$

通过 AC 分析，可得到图 4.49(a)的幅频特性，如图 4.50 所示。测试结果表明电路的电压放大倍数为 24.4，电路的下限频率为 21Hz，均与理论值吻合得很好。

在上例中，电路的下限频率为 21Hz，这就意味着当输入信号的频率超过 21Hz 后，C_1 可视为短路。在实际应用时，如何选择耦合电容呢？如果信号的频率较高，则可串入一个容值较小的耦合电容(电容的体积相对较小)，也可实现低串联阻抗；如果信号的频率较低，则

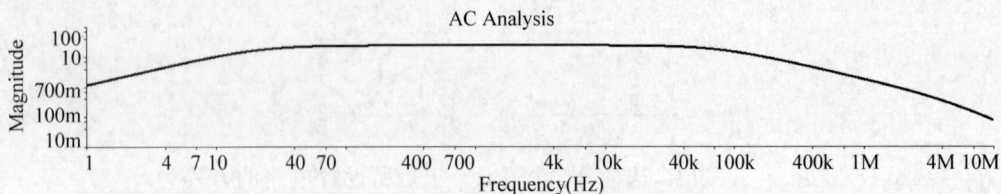

图 4.50 例 4.11 图 4.49(a)的幅频特性

需串入一个容值较大的耦合电容(电容的体积相对较大),方可实现低串联阻抗。而体积较大的电容在某些应用场合是不合适的。

有关交流耦合同相放大器的内容,读者可参见本章习题。

4.4 电压反馈运放与电流反馈运放

根据电路拓扑结构的不同,运放可分为电压反馈(voltage feedback,VFB)运放和电流反馈(current feedback,CFB)运放,前面我们所讨论的运放属于电压反馈运放,本节将简单介绍电流反馈运放,并重点分析两类运放的区别,以便在实际应用中能够正确使用它们。

为了便于理解,我们不妨先以理想运放为例。

4.4.1 基本概念

图 4.51 给出了两类运放的理想模型。

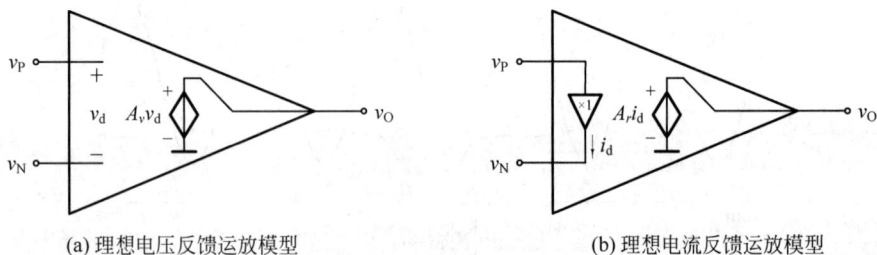

(a) 理想电压反馈运放模型   (b) 理想电流反馈运放模型

图 4.51 两类理想运放模型

对于图 4.51(a),同相端和反相端的输入阻抗均为无穷大,输出阻抗为零,且有

$$v_O = A_v v_d \tag{4.44}$$

式中,v_d 为差值电压,A_v 为运放的开环电压增益。

对于图 4.51(b),同相端的输入阻抗为无穷大,反相端的输入阻抗为零,输出阻抗为零,且有

$$v_O = A_r i_d \tag{4.45}$$

式中,i_d 为差值电流;A_r 为运放的开环互阻增益。

现将图 4.51 模型构成闭环电路,例如引入电压串联负反馈,可得到同相放大电路。对于电压反馈运放而言,如图 4.52(a)所示,引入的负反馈将使差值电压为零,这就是电压反馈;对于电流反馈运放来说,如图 4.52(b)所示,引入的负反馈将使差值电流为零,这就是电流反馈。注意,这两个术语与第 3 章中的电压反馈和电流反馈不同。

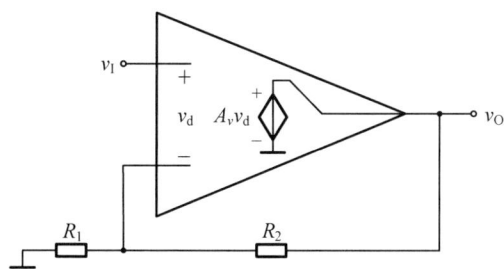

(a) 理想电压反馈同相放大器

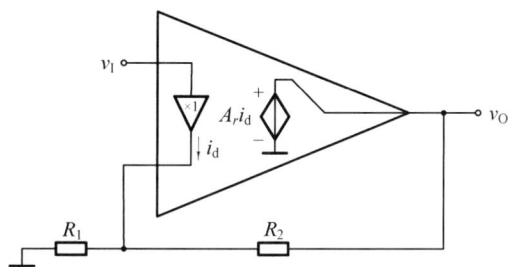

(b) 理想电流反馈同相放大器

图 4.52 两类理想运放构成的同相放大器

4.4.2 主要区别

1. 增益和带宽

为了研究两类运放的增益和带宽,我们画出图 4.52 所示电路的高频小信号简化模型,分别如图 4.53(a)和图 4.53(b)所示。

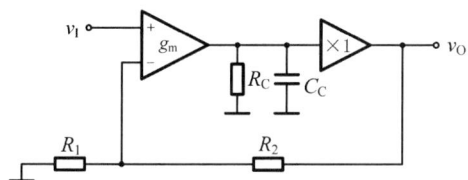

(a) 电压反馈运放模型

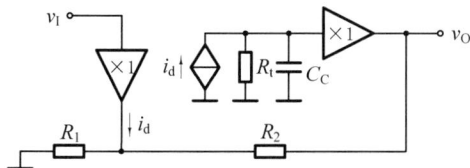

(b) 电流反馈运放模型

图 4.53 两类运放高频小信号简化模型

对于图 4.53(a),有

$$\left(\dot{V}_i - \frac{R_1}{R_1 + R_2} \dot{V}_o \right) g_m \left(R_C // \frac{1}{j2\pi f C_C} \right) = \dot{V}_o \tag{4.46}$$

式中 g_m 为电压反馈运放输入级的互导增益。整理式(4.46),可得

$$\dot{A}_v = \frac{\dot{V}_o}{\dot{V}_i} = \frac{R_1 + R_2}{R_1} \cdot \cfrac{1}{1 + \cfrac{R_1 + R_2}{R_1} \cdot \cfrac{1}{g_m R_C} + \cfrac{R_1 + R_2}{R_1} \cdot \cfrac{\mathrm{j}2\pi f C_C}{g_m}}$$

$$= A_{vm} \cfrac{1}{1 + \cfrac{A_{vm}}{g_m R_C} + A_{vm} \cfrac{\mathrm{j}2\pi f C_C}{g_m}}$$

式中 $A_{vm} = \dfrac{R_1 + R_2}{R_1}$ 为电路的中频电压增益。一般情况下，$\dfrac{A_{vm}}{g_m R_C} \ll 1$，于是有

$$\dot{A}_v = \frac{\dot{V}_o}{\dot{V}_i} \approx A_{vm} \cfrac{1}{1 + A_{vm} \cfrac{\mathrm{j}2\pi f C_C}{g_m}} = A_{vm} \cfrac{1}{1 + \mathrm{j}\cfrac{f}{f_H}} \tag{4.47}$$

式中 $f_H = \dfrac{g_m}{2\pi A_{vm} C_C}$ 为电路的上限频率。由此可得

$$A_{vm} f_H = \frac{g_m}{2\pi C_C} \tag{4.48}$$

表明电压反馈运放的闭环增益与闭环带宽之积为常数，即当增益提高时，其带宽变窄；反之，带宽变宽。

对于图 4.53(b)，有

$$\frac{\dot{V}_i}{R_1} = \dot{I}_d + \frac{\dot{V}_o - \dot{V}_i}{R_2} \tag{4.49}$$

而 $\dot{I}_d \left(R_t // \dfrac{1}{\mathrm{j}2\pi f C_C} \right) = \dot{V}_o \rightarrow \dot{I}_d = \dfrac{1 + \mathrm{j}2\pi f R_t C_C}{R_t} \dot{V}_o$，代入式(4.49)，整理可得

$$\dot{A}_v = \frac{\dot{V}_o}{\dot{V}_i} = \frac{R_1 + R_2}{R_1} \cdot \cfrac{1}{1 + \cfrac{R_2}{R_t} + \mathrm{j}2\pi f R_2 C_C} = A_{vm} \cfrac{1}{1 + \cfrac{R_2}{R_t} + \mathrm{j}2\pi f R_2 C_C}$$

式中 $A_{vm} = \dfrac{R_1 + R_2}{R_1}$ 为电路的中频电压增益。一般情况下，$\dfrac{R_2}{R_t} \ll 1$，于是有

$$\dot{A}_v = \frac{\dot{V}_o}{\dot{V}_i} \approx A_{vm} \cfrac{1}{1 + \mathrm{j}2\pi f R_2 C_C} = A_{vm} \cfrac{1}{1 + \mathrm{j}\cfrac{f}{f_H}} \tag{4.50}$$

式中 $f_H = \dfrac{1}{2\pi R_2 C_C}$ 为电路的上限频率。可见，电流反馈运放不存在增益带宽积为常数的问题，其增益和带宽是相互独立的，可先调整 R_2 来确定上限频率，再调整 R_1 来确定电路的增益。

下面就两类运放各选一个型号，通过仿真，来比较直观地了解二者的区别。

OPA842 是一款电压反馈运放，其增益带宽积为 200MHz。由 OPA842 构成的 10 倍反相放大器仿真电路如图 4.54 所示，幅频特性如图 4.55 所示。当把正弦波信号源改为 0.2V、10MHz 的方波源时，其输出波形如图 4.56 所示。

OPA691 是一款电流反馈运放，其单位增益为 280MHz。由 OPA691 构成的 10 倍反相放大器仿真电路如图 4.57 所示，幅频特性如图 4.58 所示。当把正弦波信号源改为 0.2V、10MHz 的方波源时，其输出波形如图 4.59 所示。

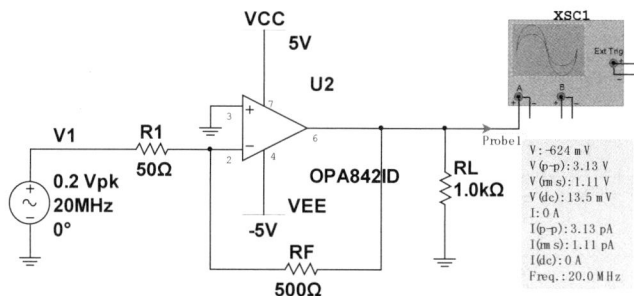

图 4.54　OPA842 构成的 10 倍反相放大器

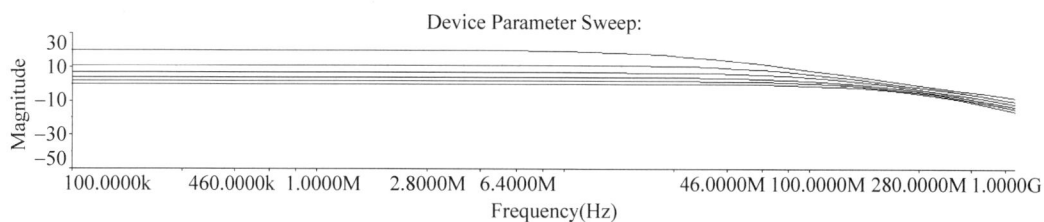

图 4.55　OPA842 反相放大器的幅频特性

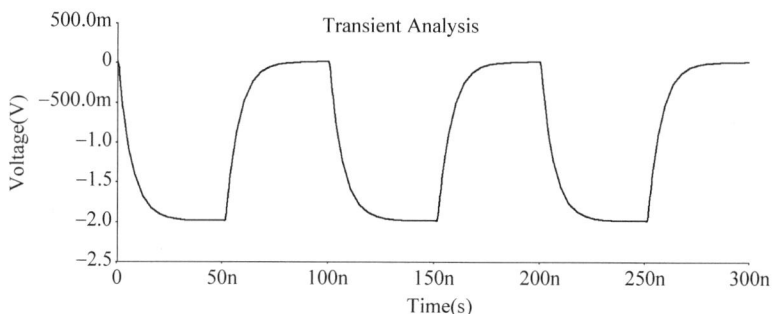

图 4.56　0.2V、10MHz 方波源时的输出波形

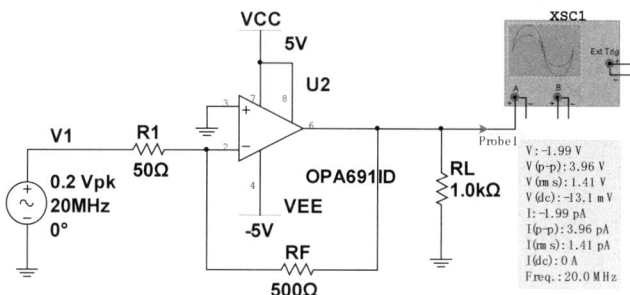

图 4.57　OPA691 构成的 10 倍反相放大器

　　比较图 4.54 和图 4.57 可知，OPA842 的输出电压峰-峰值仅有 3.13V，而 OPA691 的输出电压峰-峰值为 3.96V。说明前者放大峰-峰值为 0.4V、频率为 20MHz 的正弦波时，已经由于带宽不足而使输出电压不能达到 4V 峰-峰值，而后者是可以满足要求的。

　　图 4.55 和图 4.58 是对电阻 R_1 进行参数扫描而得到的，目的是改变 R_1 可改变增益而

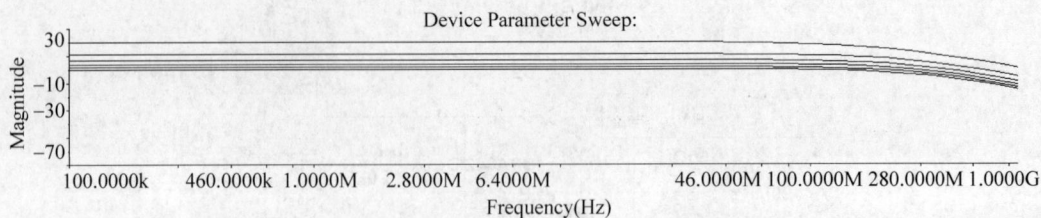

图 4.58　OPA691 反相放大器的幅频特性

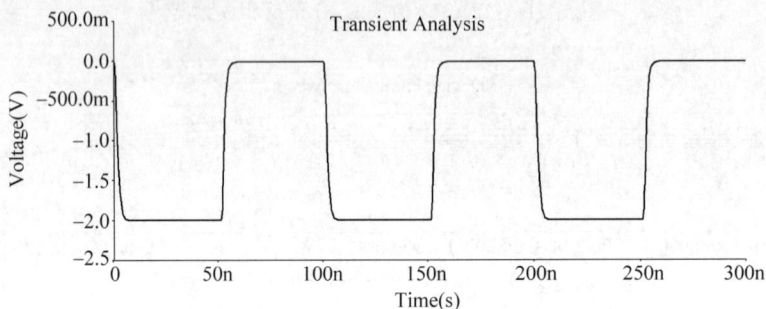

图 4.59　0.2V、10MHz 方波源时的输出波形

不影响带宽。比较可知,OPA842 的幅频特性表现为增益带宽积为常数,而 OPA691 的幅频特性表明改变增益,带宽基本不变。

比较图 4.56 和图 4.59 可知,受带宽的影响,OPA842 输出的方波已经出现了明显的失真。

2. 反馈元件

在前面介绍的电压反馈运放电路中,其反馈元件有电阻和电容,那么电流反馈运放电路中的反馈元件将如何考虑呢?如上所述,反馈电阻 R_2 决定了电流反馈运放的带宽,同时也决定了电路的稳定性,所以电流反馈运放的反馈电阻值是有限制的,其数据手册会给出推荐的反馈电阻值,也就是说,该反馈电阻应根据运放的数据手册在一定范围内取值,且不能为零。例如,电压跟随器的输出短接到反相输入端,将会引起电路自激。而对于电压反馈运放来说,反馈电阻的取值相对随意些,但需要考虑电路的功耗、驱动能力等,从而电阻取值不能过小;由于还要考虑电路的噪声等,电阻取值又不能过大。

电容在电压反馈运放电路中常被使用,例如,在反馈电阻上并联一个小容量电容,来增强电路的稳定性。由于电容的容抗随着频率的升高而降低,当信号频率高到一定程度时,电容近乎短路了反馈电阻。所以,当应用于电流反馈运放时,很有可能会使电路自激。

3. 压摆率

对于幅度较大的信号来说,运放的压摆率就是非常重要的指标了。下面通过仿真,可以比较直观地看到,在放大同一个信号时,不同压摆率的运放的不同表现。

现将 OPA842 和 OPA691 均构成一个电压跟随器,分别如图 4.60(a)和图 4.61(a)所示,放大幅度为 3.5V、频率为 20MHz 的正弦波,它们的输出波形分别如图 4.60(b)和图 4.61(b)所示。

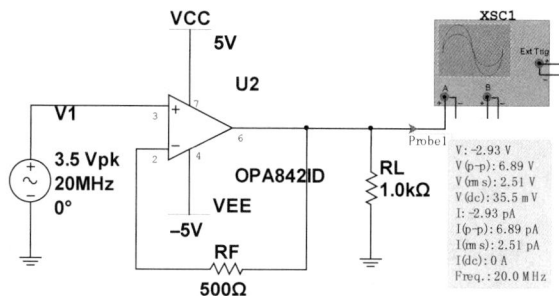

(a) 电路图

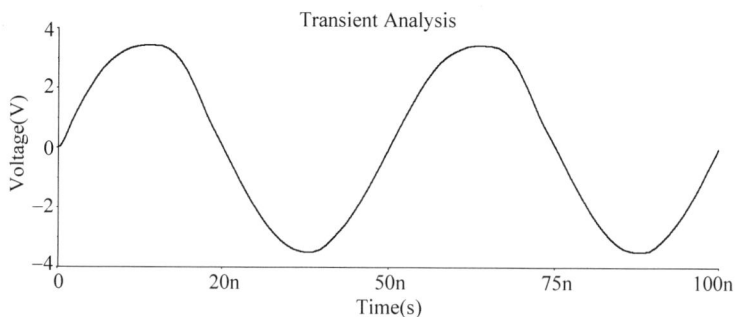

(b) 输出波形

图 4.60　OPA842 电压跟随器及其输出波形

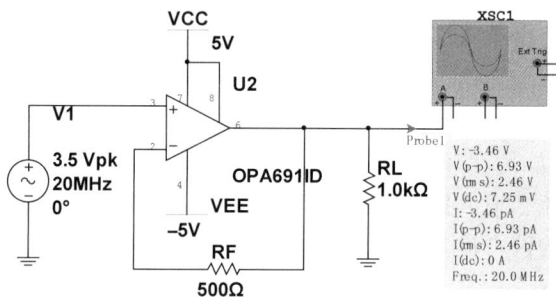

(a) 电路图

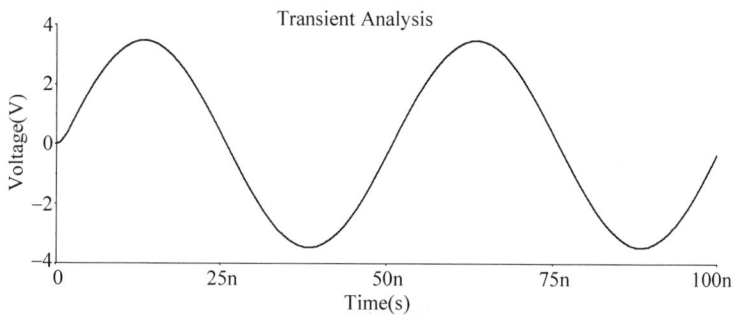

(b) 输出波形

图 4.61　OPA691 电压跟随器及其输出波形

可以看出，OPA691能够输出完好的正弦波，而OPA842输出的波形已经失真了，说明后者的压摆率小了。

根据压摆率定义式：$SR = 2\pi f V_p$，可以对上述仿真结果进行理论分析。

欲放大幅度为3.5V、频率为20MHz的正弦波，要求放大器的压摆率为

$$SR = 2\pi \times 20 \times 3.5 = 440V/\mu s$$

而OPA842和OPA691的压摆率分别为400V/μs和2100V/μs。显然，OPA842不能满足要求。

概括起来，电压反馈运放的同相端和反相端具有基本相同的高输入阻抗，增益带宽积为常数，反馈电阻取值比较随意，噪声低，具有很好的直流特性，适合于信号频率较低的小信号，且低增益、低失调电压、低噪声的情况。电流反馈运放具有同相端高输入阻抗，反相端低输入阻抗，带宽不受增益影响，压摆率大，失真低，反馈电阻取值有一定限制，适合于信号频率较高的大信号，且电路增益可设置但不影响带宽，高压摆率和低失真的情况。

以上仅从增益、带宽、反馈元件以及压摆率等几方面，介绍了电压反馈运放与电流反馈运放的区别，并通过仿真进行了实例说明，在实际应用中，还需要对各个不同种类的运放有充分的了解，以便能够对运放正确选型。

*4.4.3 集成运放的参数

集成运放是我们学习模拟电路以来接触到的第一个模拟器件，也是模拟电路中应用最广泛的器件，在后续的章节和以后的学习中，还会遇到更多的模拟器件。现实中的这些器件都是非理想的，它们的数据手册中有很多技术参数，供我们使用时参考。在这里主要介绍集成运放数据手册中的参数。

集成运放数据手册中有众多的参数，包括芯片特征、推荐工作条件、技术参数和极限参数等几个方面。下面我们介绍几个常关注的参数，更多的参数读者可查阅相关资料。

1. 输入偏置电流和输入失调电流

我们知道，理想运放是没有输入偏置电流和输入失调电流的，但实际的运放的输入端都会流入或流出少量电流。输入偏置电流定义为运放两个输入端流入或流出直流电流的平均值。输入失调电流则为两个输入端电流之差。

2. 输入失调电压

输入失调电压定义为为了使$V_O = 0V$而必须加在两个输入端之间的直流电压。

3. 开环电压增益

开环电压增益定义为输出电压的变化量与两个输入端之间电压变化量之比。通常，在数据手册中以dB为单位。

4. 增益带宽积

当运放在小信号环境下工作时，电压反馈运放的增益与带宽之积为一个定值，它定义为开环电压增益与该增益处的频率之积。

5. 压摆率

压摆率是当运放在大信号输入输出时的带宽参数，它描述的是运放最大输出电压摆幅与频率的关系，即

$$SR = 2\pi f V_p$$

压摆率以V/μs为单位。

6. 建立时间

建立时间是显示运放高速特性的参数,定义为在输入端阶跃信号的作用下,输出电压达到指定误差范围内为止所需的时间。

7. 共模抑制比

共模抑制比定义为差模电压放大倍数与共模电压放大倍数之比,以 dB 为单位。

8. 共模输入电压范围

共模输入电压范围给出了运放可以正常工作的共模电压范围,当超出这个范围时,将导致运放停止工作。

9. 输出电压摆幅

输出电压摆幅定义为在输出静态直流分量为零,输出端输出波形没有限幅的情况下,输出电压正的或负的最大峰值。

10. 电源电压

电源电压定义为加到运放电源引脚上的直流电压。

4.5　集成电压比较器

集成电压比较器是另一种重要的模拟集成电路,它的基本功能是对两个输入电压进行比较,并根据比较结果输出高电平或低电平。比较器的输入信号是连续变化的模拟量,而输出信号是数字量 0 或 1。因此,比较器可以作为模拟电路和数字电路的“接口”电路,广泛应用于信号处理和检测电路、模数转换以及各种非正弦波信号的发生和变换电路中。

4.5.1　集成电压比较器的电压传输特性

4.1 节介绍了集成运放的电压传输特性,如图 4.1(b)所示。在理想情况下,当 $v_P > v_N$ 时,输出电压为 V_{Om},即逻辑 1;当 $v_P < v_N$ 时,输出电压为 $-V_{Om}$,即逻辑 0。也就是说,只要设法将运放工作在其非线性区,即可实现电压比较器的基本功能。由此可见,一个高增益的差分电压放大电路实际上也可以作为电压比较器,所以,电压比较器的电压传输特性与运放的是类似的,其电路符号和电压传输特性如图 4.62 所示。其中的线性区对于运放来说,即运放的放大区,而对于比较器来说,即比较器的不灵敏区。因为当 $v_P - v_N$ 的值在此范围内时,输出电压既非 V_{Om},也非 $-V_{Om}$,故电路无法判断 v_P、v_N 的大小关系。当然,作为比较器,希望其线性区越窄越好,即当两个输入电压比较时,电压增益越高,其输出电压越能够迅速作出反应,亦即比较器的鉴别灵敏度越高。

注意:为了区别电压比较器与上述运算放大器,特意在符号中用字母 C 加以区别。

那么,是不是说集成电压比较器与上述集成运算放大器没有差别呢? 能否简单地理解为集成电压比较器是上述运算放大器的非线性应用呢?

集成电压比较器与上述运算放大器的主要差别在于,比较器是为输出开关信号设计的,而运算放大器则是根据线性放大要求设计的。比较器工作在开环或正反馈状态,不需要为保证闭环稳定而加入频率补偿电容,且频率补偿电容会影响转换速率。所以,比较器的响应时间短,工作速度高。比较器改变输出状态的典型响应时间为 30～200ns,而集成运放(例

(a) 电路符号   (b) 电压传输特性

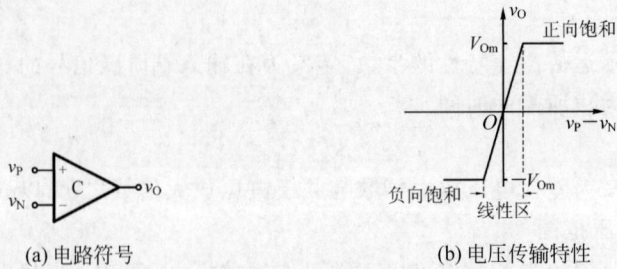

图 4.62   电压比较器的电路符号及其电压传输特性

如 741)的响应时间约为 $30\mu s$,约是比较器的 1000 倍。其次,比较器的输出电平一般可以直接与 TTL 等数字电路兼容。大部分集成电压比较器采用集电极开路输出,以适应不同的输出电平要求。再者,比较器要求有较高的共模抑制比,允许共模输入电压较高,而失调电压、失调电流以及温漂较低等。为了保证信号不失真,集成运算放大器的输出级具有相当大的线性区,而集成电压比较器的输出级则常采用高速快恢复开关管以提升响应速度,等等。在第 12 章介绍模拟集成电路原理时将讨论它们内部电路的差别。

    在实际应用中,对要求不高的场合,有时也可将运算放大器做比较器使用。严格地讲,让运算放大器工作在开环状态作比较器使用是不可取的,其线性区宽,阶跃响应慢,功耗大且可能造成电路不稳定。因此,在需要进行电压比较时,应使用集成电压比较器。

4.5.2   电压比较器的基本应用

    电压比较器的基本应用是将其构成具有不同功能的电压比较器。下面讨论两种比较器的结构及其电压传输特性。

1. 单门限电压比较器

    图 4.63 所示为电压比较器最基本的应用形式,即在比较器的反相端接参考电压 V_{REF},同相端接输入电压 v_I,以同相端的输入电压与反相端的参考电压比较,即同相比较器。或者,在比较器的同相端接参考电压 V_{REF},反向端接输入电压 v_I,以反相端的输入电压与同相端的参考电压比较,即反向比较器。这里,我们均假设比较器线性区的宽度很小,可以忽略不计。

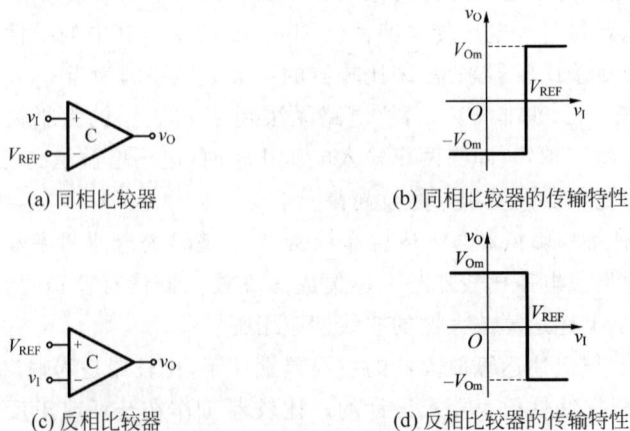

(a) 同相比较器   (b) 同相比较器的传输特性

(c) 反相比较器   (d) 反相比较器的传输特性

图 4.63   电压比较器两种最基本的应用形式

研究电压比较器主要是对其电压传输特性进行分析,进而讨论其输入输出波形。根据图 4.63(a)和图 4.63(c)可知,对于同相比较器来说,有

当 $v_I > V_{REF}$ 时, $v_O = +V_{Om}$

当 $v_I < V_{REF}$ 时, $v_O = -V_{Om}$

对于反相比较器来说,有

当 $v_I > V_{REF}$ 时, $v_O = -V_{Om}$

当 $v_I < V_{REF}$ 时, $v_O = +V_{Om}$

由此不难画出它们的电压传输特性,分别如图 4.63(b)和图 4.63(d)所示。图中,假设参考电压 V_{REF} 为正值。

定义门限电压 V_T——输出电压改变时对应的输入电压。在图 4.63 所示中,电路的门限电压 $V_T = V_{REF}$。由于电路只有一个门限电压,故又称单门限电压比较器。特殊地,当门限电压 $V_{REF} = 0$ 时,称其为过零电压比较器。

必须指出,在上述比较器中,若比较器是用运放构成的,则输出电压 V_{Om}(或 $-V_{Om}$)的值较大,接近电源电压 V_{CC}(或 $-V_{CC}$)。有时为了与后续电路兼容,可通过限幅电路(如采用稳压管限幅电路等)将输出电压限定在所需电压上;若比较器是用集成电压比较器构成的,一般与数字电路兼容,则输出电压 V_{Om}(或 $-V_{Om}$)为 3.5V(或 0.3V)。而集电极开路输出(参见第 6 章)的比较器,须在输出端接上拉电阻 R,如图 4.64 所示。

(a)同相比较器 　　　　　　(b)反相比较器

图 4.64　集电极开路输出的比较器

【例 4.12】 分析图 4.65(a)所示电压比较器,求出其门限电压,画出其电压传输特性。已知 v_I 为峰值 6V、频率 1kHz 的三角波,采用 ±12V 双电源供电, $V_{REF} = -2V$, $R_1 = R_2 = 2k\Omega$,画出输入、输出波形。

解 根据图 4.65(a)所示电路,利用叠加原理,可得

$$v_P = \frac{R_2}{R_1 + R_2} V_{REF} + \frac{R_1}{R_1 + R_2} v_I$$

因 v_P 与 $v_N(=0)$ 比较,故令 $v_P = 0$,可求得门限电压,即

$$R_2 V_{REF} + R_1 v_I = 0$$

于是,门限电压

$$V_T = v_I = -\frac{R_2}{R_1} V_{REF} \tag{4.51}$$

当 $v_P > 0$,即 $v_I > -\frac{R_2}{R_1} V_{REF}$ 时,输出为 V_{Om};同理, $v_I < -\frac{R_2}{R_1} V_{REF}$ 时,输出为 $-V_{Om}$。由此可画出图 4.65(a)所示电路的电压传输特性,如图 4.65(b)所示。根据图 4.65(b),画出输入、输出波形如图 4.65(c)所示。

Multisim仿真:图 4.65(a)所示电路的仿真图如图 4.66(a)所示。图中,比较器采用集

(a) 电路　　　　　　　　　　　(b) 传输特性

(c) 输入、输出波形

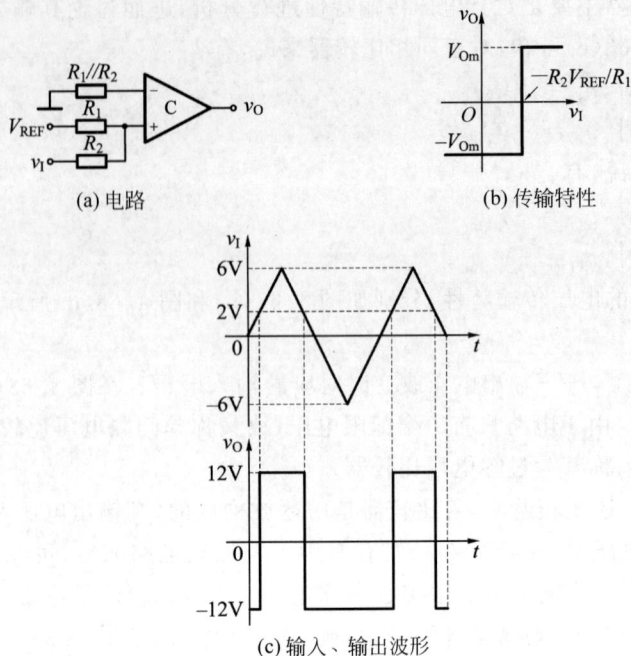

图 4.65　另一种同相比较器

成电压比较器 TLC393CD,其输出端为集电极开路输出,须经上拉电阻 R_4 接电源 $+V_{CC}$,参考电压 V_{REF} 为 $-2V$。通过对 V1 的 DC 扫描,得到的电压传输特性如图 4.66(b)所示。仿真测试:输出电压最大值为 12.0000V,最小值为 $-11.8954V$;门限电压为 1.9926V,与理论值 2V 基本吻合。

　　读者可输入题设三角波,通过瞬态分析,得到输入波形和对应的输出波形,验证上述分析结果。

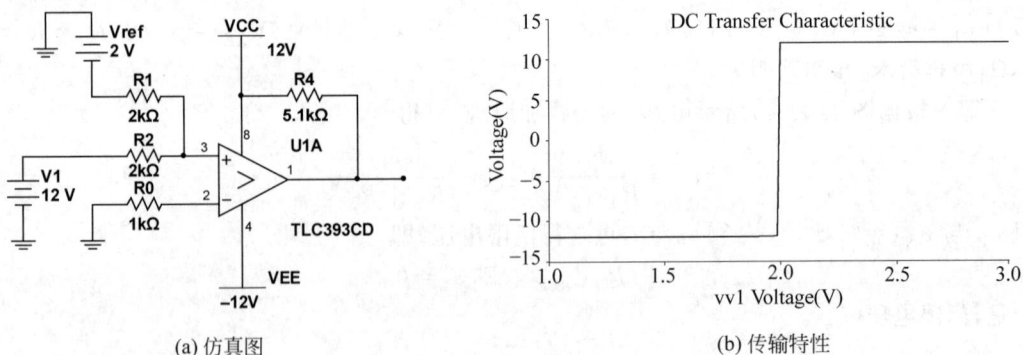

(a) 仿真图　　　　　　　　　　　(b) 传输特性

图 4.66　图 4.65(a)的仿真图及其传输特性

　　根据以上对单限电压比较器电路和电压传输特性的讨论,下面以过零电压比较器为例,对其输入输出波形进行仿真分析,来了解单限电压比较器的优缺点。

1) 过零比较器的基本功能

如图 4.67(a)所示,给出了采用 TLC393CD 构成的过零电压比较器,为讨论问题方便,输入模拟信号以正弦波为例。图中,将同相端接地,反相端输入信号,构成反相输入过零比较器。在输入端加入电压幅值 1V、频率 1kHz 的正弦波信号,通过比较器后的输出波形为方波,如图 4.67(b)所示。图中,细线为输入波形,粗线为输出波形。仿真测试:输出高电平为 5.0079V,输出低电平为 −4.8713V,实现了过零比较器的基本功能,即输入信号 v_I 与零的比较,当 $v_I>0$ 时,输出为低电平;当 $v_I<0$ 时,输出为高电平。

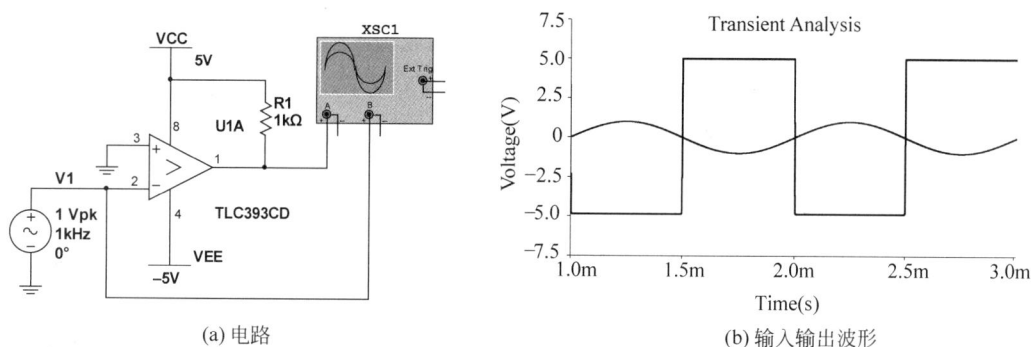

(a) 电路   (b) 输入输出波形

图 4.67 反相输入过零比较器

可见,过零比较器可作为零电平检测电路,也可以用于波形的"整形",即将不规则的输入波形整形为规则的输出波形。

2) 响应时间对输出波形的影响

一个比较器是否能够正确地实现其功能,与它的另一个重要指标——响应时间,即从所加的两个输入信号的差值电压非常接近于零电平开始到输出达到规定的阈值电平所需的时间,亦即比较器的输出状态发生转换所需要的时间,有很大关系。下面以图 4.67(a)所示电路为例,在其输入端加入不同频率的正弦波信号,观察其输出信号波形的变化情况。输入信号的频率分别为 1kHz、1MHz 和 5MHz,输出波形分别如图 4.67(b)和图 4.68所示。

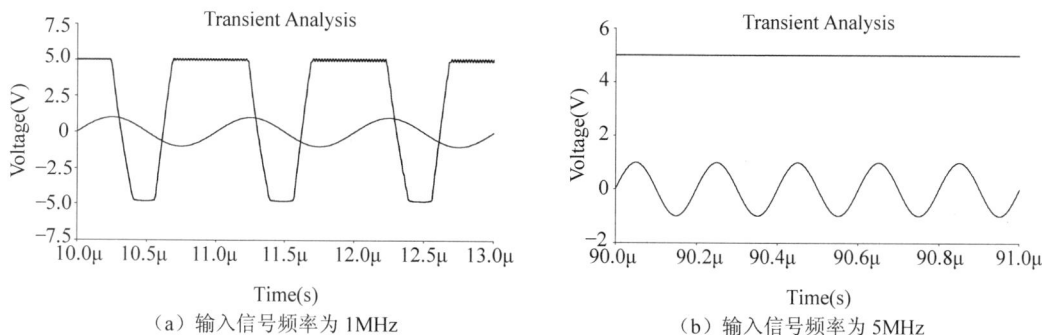

(a) 输入信号频率为 1MHz   (b) 输入信号频率为 5MHz

图 4.68 不同频率输入信号时的输出波形比较

可以看出,输入信号频率为 1kHz 时,比较器输出为方波;输入信号频率为 1MHz 时,比较器的响应时间对输出波形产生较大的影响,输出方波的上升沿和下降沿明显变差了,且输出波形已不再是方波;输入信号频率为 5MHz 时,输出波形几乎为一条直线,说明信号的半周期已经小于比较器的响应时间,致使比较器的输出状态来不及翻转。因此,在实际应用中选择器件时,要特别注意器件的参数是否满足要求。

3) 噪声对输出波形的影响

实际的信号并不像上述波形那样"纯",这是因为信号在传输过程中要受到干扰或噪声的影响。当这样的信号进行电压比较时,就会在门限电压附近上下波动,造成比较器误判断,从而使输出电压在高、低电平之间反复跳变,这不仅会导致输出波形异常,而且有可能对后续电路造成影响。如图 4.69 所示,给出了含噪声正弦波通过过零比较器的仿真电路及其输出波形。图中,用一个热噪声源与信号源串联,来模拟含噪声正弦波。通过过零比较器的输出波形如图 4.69(b)所示,其前、后沿明显出现了错误的跳变。输出波形的前沿如图 4.69(c)所示,这是我们所不希望看到的。

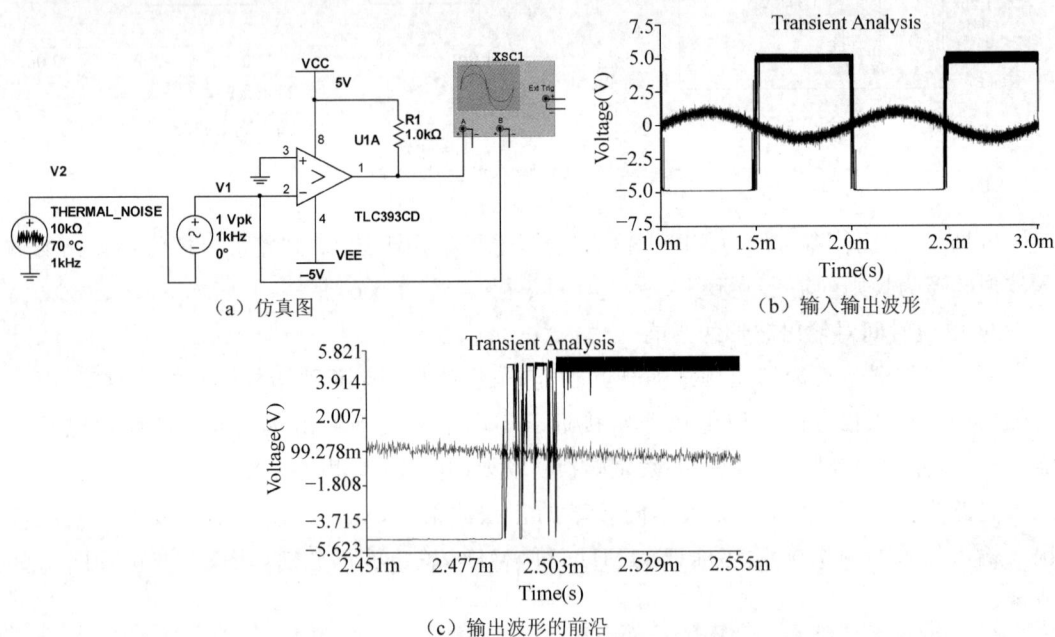

（a）仿真图 （b）输入输出波形

（c）输出波形的前沿

图 4.69　含噪声正弦波通过过零比较器的情况

由此可见,单限电压比较器电路结构简单,灵敏度高,但存在两点不足:一是输出电压的跳变受比较器响应时间的限制,导致高频率信号的输出波形前后沿不够陡峭,如图 4.68(a)所示;二是抗干扰能力差,如图 4.69(b)所示。为了解决这两个问题,常采用滞回电压比较器。

2. 滞回电压比较器

为了克服单限比较器的不足,我们在电路中引入正反馈,一是正反馈加速了输出状态的转换,从而改善了输出波形的前后沿;二是通过正反馈,将输出的两个状态送回比较器的同相端,将单限比较器变为具有上、下门限的滞回比较器,从而使比较器具有很强的抗干扰能力,可以说是"一举两得"。下面以反相输入滞回电压比较器为例,对这类比较器的电路及其传输特性等加以介绍。

在图 4.64(b)所示反相比较器的基础上,将参考电压 V_{REF} 通过电阻 R_1 作用于比较器的同相端,同时,输出电压 v_O 通过电阻 R_2 也作用于比较器的同相端,构成正反馈,加速了比较器的转换速度;输入信号 v_I 通过电阻 $R'(=R_1 // R_2)$ 作用于比较器的反相端,即为反相输入滞回电压比较器,如图 4.70(a)所示。

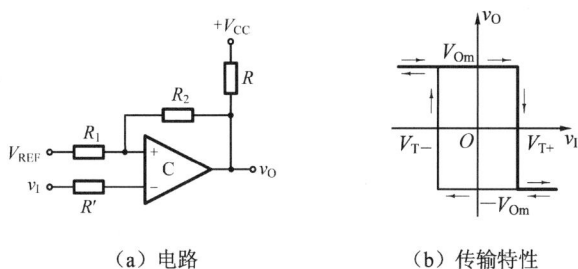

（a）电路　　　　　　　（b）传输特性

图 4.70 反相输入滞回电压比较器

下面根据图 4.70(a)所示的电路来分析其传输特性。

根据叠加原理,比较器同相端的电压 v_P 为

$$v_P = \frac{R_2}{R_1 + R_2}V_{REF} + \frac{R_1}{R_1 + R_2}v_O \tag{4.52}$$

考虑到输出电压 v_O 只有两个可能值 V_{Om} 和 $-V_{Om}$,故 v_P 的值也有两个值,即

$$v_P = \begin{cases} \dfrac{R_2}{R_1 + R_2}V_{REF} + \dfrac{R_1}{R_1 + R_2}V_{Om} \\[4mm] \dfrac{R_2}{R_1 + R_2}V_{REF} - \dfrac{R_1}{R_1 + R_2}V_{Om} \end{cases} \tag{4.53}$$

令 $v_I = v_N = v_P$,可求得电路的门限电压,即电路的上门限电压 V_{T+} 和下门限电压 V_{T-} 分别为

$$V_{T+} = \frac{R_2}{R_1 + R_2}V_{REF} + \frac{R_1}{R_1 + R_2}V_{Om}$$

$$V_{T-} = \frac{R_2}{R_1 + R_2}V_{REF} - \frac{R_1}{R_1 + R_2}V_{Om} \tag{4.54}$$

为使讨论问题简单,不妨先令 $V_{REF} = 0$,于是,式(4.54)变为

$$V_{T+} = +\frac{R_1}{R_1 + R_2}V_{Om}$$

$$V_{T-} = -\frac{R_1}{R_1 + R_2}V_{Om} \tag{4.55}$$

根据输入电压 v_I 的变化方向,讨论输出电压的变化情况。

当 v_I 由小到大逐渐增加时,注意 v_I 的值是从小于下门限电压 V_{T-} 开始增加的,此时输出为高电平 V_{Om},即比较器的同相端电压 v_P 为上门限电压 V_{T+}。只有当 v_I 大于 V_{T+} 时,输出将由高电平转换为低电平,之后仍保持低电平。据此画出的传输特性曲线如图 4.70(b)中的粗线所示。

当 v_I 由大到小逐渐减少时,注意 v_I 的值是从大于上门限电压 V_{T+} 开始减少的,此时输出为低电平 $-V_{Om}$,即比较器的同相端电压 v_P 为下门限电压 V_{T-}。只有当 v_I 小于 V_{T-} 时,输出将由低电平转换为高电平,之后仍保持高电平。据此画出的传输特性曲线如图 4.70(b)中的细线所示。

综上所述,反相输入滞回比较器完整的电压传输特性如图 4.70(b)所示。可以看出,只要输入电压 v_I 满足 $V_{T-} < v_I < V_{T+}$,输出电压将保持原来的状态,即电路具有"记忆"功能;只有当 v_I 增大到 V_{T+} 以上或下降到 V_{T-} 以下时,输出才会转换状态。特别注意,曲线是具有方向性的。

滞回比较器的上门限电压 V_{T+} 与下门限电压 V_{T-} 之差称为回差,用 ΔV 来表示,即

$$\Delta V = V_{T+} - V_{T-} = \frac{2R_1}{R_1 + R_2} V_{Om} \tag{4.56}$$

由此可见,正是由于回差的存在,才使得滞回比较器输出状态的跳变,不再是发生在同一个输入信号的电平上。这样,当含噪声信号作用于比较器时,只要噪声信号的幅度不大于回差,噪声就不会导致比较器输出状态的误跳变。

【例 4.13】 反相输入滞回比较器的电压传输特性如图 4.70(b)所示,已知 $V_{Om} = 12V$,$V_{T+} = +3V, V_{T-} = -3V$。现 $v_I = 6\sin\omega t$,试画出输入、输出波形图。

解 画出输入波形图,标出上、下门限,根据电压传输特性,画出输出波形图,如图 4.71 所示。

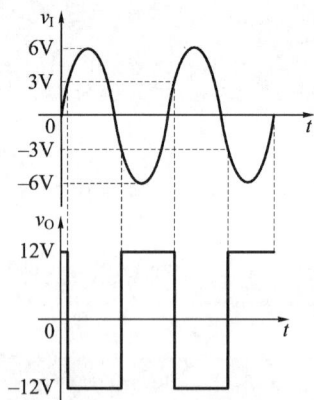

图 4.71 例 4.13 的图

下面再回到图 4.69 含噪声正弦波的情况。首先对噪声的幅度进行估测,约为 475mV。现设计比较器的回差约为 1V,已知 $V_{Om} = 5V$,取 $R_2 = 100k\Omega$,根据式(4.56),可求得 $R_1 \approx 11k\Omega$。利用仿真中的示波器(方法:在比较器的输入端接入三角波,以实现输入电压的正向和负向扫描;示波器设置为"A/B"状态,即 A 通道(纵轴)接输出电压,B 通道(横轴)接输入电压,示波器的其他选择如图 4.72(a)所示),可以得到该比较器的电压传输特性,如图 4.72(a)所示,并测得其回差约为 950mV,输出高电平为 4.955V,输出低电平为 $-4.871V$,基本满足设计要求。含噪声正弦波通过滞回比较器的仿真电路及其输出波形如图 4.72 所示。可以看出,输出波形是很规则的矩形波,且波形的前后沿也很陡峭。

可见,滞回比较器具有较强的抗干扰能力,而抗干扰能力的提高是以牺牲灵敏度为代价的。由于回差的存在,使电路的鉴别灵敏度降低,一般情况下,随着回差的增大,比较器的鉴别灵敏度随之下降。

还可以通过仿真,对于同一个输入波形,将单限比较器和滞回比较器输出波形的前、后沿分别进行对比,可以发现后者的明显优于前者。

如果 $V_{REF} \neq 0$,则比较器的上、下门限电压应由式(4.54)决定,它实际上就是在

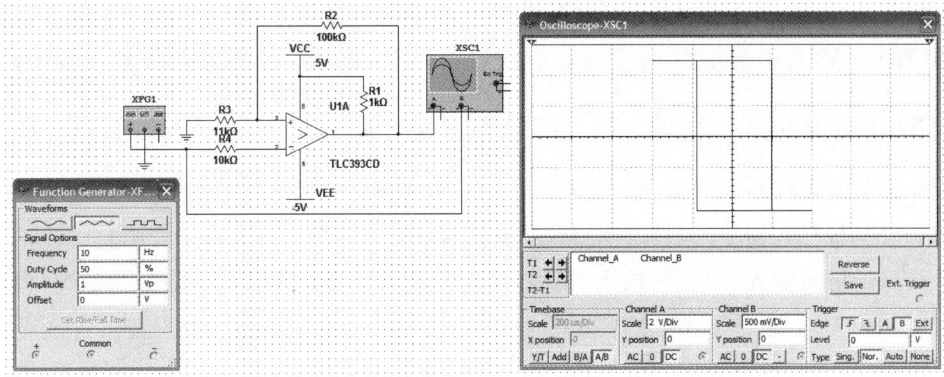

（a）电压传输特性测量

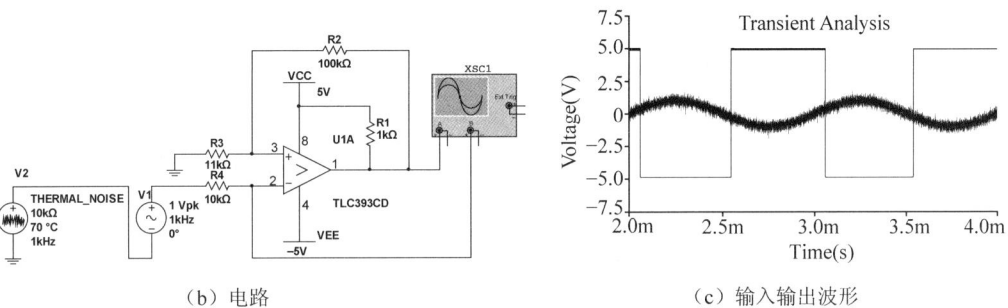

（b）电路　　　　　　　　　　　（c）输入输出波形

图 4.72　含噪声正弦波通过滞回比较器的情况

式(4.55)的基础上增加了 $\dfrac{R_2}{R_1+R_2}V_{\text{REF}}$。可见此时的电

压传输特性应是在图 4.70(b)的基础上作 $\dfrac{R_2}{R_1+R_2}V_{\text{REF}}$

的平移。当 $V_{\text{REF}}>0$ 时,将图 4.70(b)中的曲线右移;当 $V_{\text{REF}}<0$ 时,将图 4.70(b)中的曲线左移。例如 $V_{\text{REF}}>0$ 时,反相输入滞回电压比较器的传输特性如图 4.73 所示。根据式(4.54),可求得电路的回差 ΔV,与式(4.56)相同,说明 ΔV 与 V_{REF} 无关,即可通过调整 V_{REF},改变上、下门限电压的值,但 ΔV 保持不变。

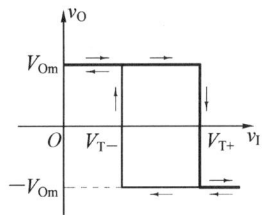

图 4.73　$V_{\text{REF}}>0$ 时,反相输入滞回电压比较器的传输特性

4.5.3　各种比较器电路简介

以上介绍了比较器电路的基本形式,但在实际应用中,应根据需要选用不同的集成芯片,例如采用单电源供电模式、利用运算放大器的非线性作比较器等,并在电路中适当添加辅助电路,以提高电路的适应能力。下面以实际的集成芯片为例,通过仿真来了解电路的结构和特性。

1. 单电源供电的比较器电路

1) 单限比较器

图 4.74(a)所示电路是由集成电压比较器构成的单电源供电模式下的单限比较器。图

中,MAX907CPA 采用单 $4.5\sim5.5\text{V}$ 电源电压供电,其输出高、低电平的典型值分别为 3.5V 和 0.3V,直接与 TTL 电平兼容。利用电阻 R_2 和 R_3 将电源电压 V_{CC} 分压,得到该比较器的门限电压为 $+\dfrac{R_3}{R_2+R_3}V_{CC}=+2.5\text{V}$,这里的电容 C_1 为旁路电容,其作用是为了防止噪声引起比较器的误动作;输入信号经过电阻 R_1 加到比较器的同相端,这里的二极管 D1 和 D2 构成比较器输入端保护电路(二极管的有关内容将在第 5 章中介绍)。如图 4.74(b) 所示给出了仿真输入(细线)、输出(粗线)波形。测试结果:门限电压为 2.4960V,输出高电平为 4.9284V,低电平为 18.2297mV。

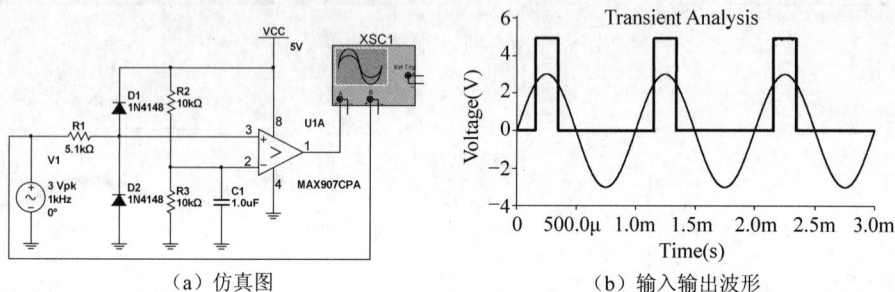

图 4.74　单电源供电的单限比较器

2) 过零比较器

图 4.75(a)所示是由集成电压比较器构成的单电源供电模式下的过零比较器电路图。图中,TLC393CD 可采用单电源或双电源供电,其输出高、低电平可以与 TTL、MOS 和 CMOS 电平兼容,这里采用单电源供电。首先利用电阻 R4 和 R5 将电源电压 V_{CC} 分压,由此得到比较器的同相端电压 $v_P=+\dfrac{R_4}{R_4+R_5}V_{CC}$,这是在单电源模式下,为比较器内部电路(可参考第 12 章)提供一个工作电压而设置的;同理,将对应的相同阻值电阻接于反相端;输入信号 v_I 经过电阻 R_1、R_2 加到比较器的反相端,这样反相端电压为 $v_N=\dfrac{R_1+R_2}{R_1+R_2+R_3}V_{CC}+$ $\dfrac{R_3}{R_1+R_2+R_3}v_1$。当 $v_P=v_N$ 时,此时的输入电压即为比较器的门限电压。根据图中数据,可求得门限电压 $V_T=v_1=0$,也就是说,该电路为过零比较器。图中的二极管 D1 构成比较器输入端负向限幅电路。由于 TLC393CD 为集电极开路输出,故接有电阻 RL 对电源电压 V_{CC}。如图 4.75(b)所示,给出了仿真输入(细线)、输出(粗线)波形。测试结果:门限电压为 7.7378mV,输出高电平为 4.9979V,低电平为 105.8909mV。

2. 由集成运放构成的电压比较器

在要求工作速度不高的情况下,利用集成运放的非线性,将运放作为电压比较器使用,可构成低速比较器。一般来说,使用集成比较器时,与后续电路的接口是没有问题的,而使用运放时,输出电平通常比较高,为了适应数字电路的逻辑电平,则需要使用接口电路。

1) 滞回比较器

图 4.76(a)给出了由集成运放 741 构成的单电源供电的反相滞回比较器。图中,运放

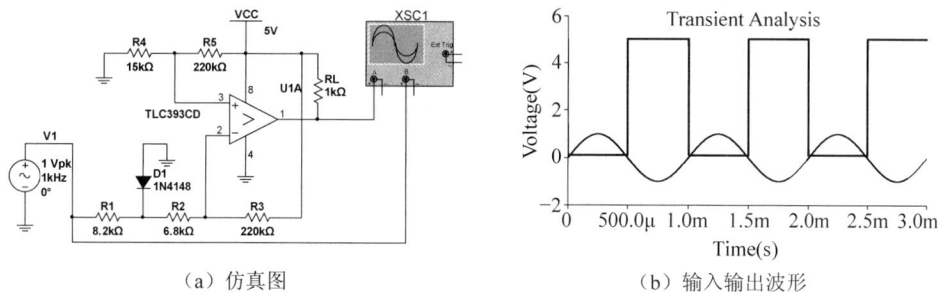

（a）仿真图　　　　　　　　　　（b）输入输出波形

图 4.75　单电源供电的过零比较器

741 采用单电源＋5V 供电。利用电阻 R_2 和 R_4 将电源电压＋5V 分压，得到 2.5V，为运放内部电路（可参考第 12 章）提供一个工作电压。根据叠加定理，可得到运放的同相端电压为

$$v_P = \frac{R_2//R_3}{R_4 + R_2//R_3}V_{CC} + \frac{R_2//R_4}{R_3 + R_2//R_4}v_O$$

输入信号 v_1 通过电阻 R_1 加到运放的反相端，即 $v_1 = v_N$。当 $v_P = v_N$ 时，求得的输入电压即为比较器的门限电压，考虑到输出的高电平 V_{oH} 和低电平 V_{oL}，于是有

$$V_{T+} = \frac{R_2//R_3}{R_4 + R_2//R_3}V_{CC} + \frac{R_2//R_4}{R_3 + R_2//R_4}V_{oH}$$
$$V_{T-} = \frac{R_2//R_3}{R_4 + R_2//R_3}V_{CC} + \frac{R_2//R_4}{R_3 + R_2//R_4}V_{oL}$$

$$(4.57)$$

利用示波器得到该比较器的电压传输特性如图 4.76(b)所示。仿真测试：输出的高电平约为 4.1180V，低电平约为 0.8818V，回差为 164.2266mV，上门限电压 $V_{T+} = 2.5824V$，下门限电压 $V_{T-} = 2.4182V$。而利用图中数据，根据式(4.57)，可求得上门限电压 $V_{T+} = 2.5770V$，下门限电压 $V_{T-} = 2.4229V$，与仿真测试值基本吻合。图 4.76(c)给出了仿真输入（细线）、输出（粗线）波形。

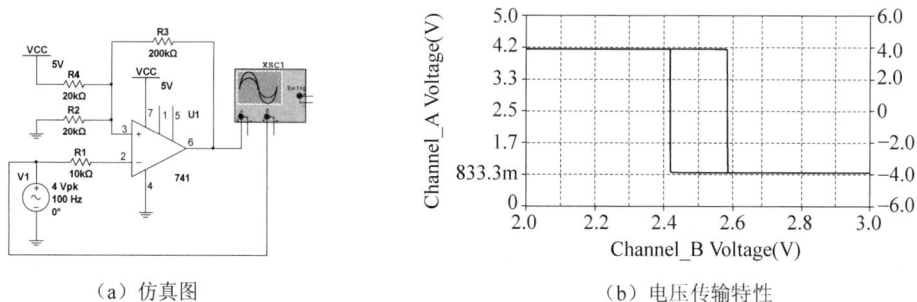

（a）仿真图　　　　　　　　　　（b）电压传输特性

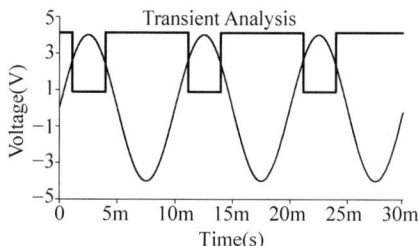

（c）输入输出波形

图 4.76　由集成运放构成的单电源供电滞回比较器

2) 带限幅电路的滞回比较器

以图 4.76 所示电路为例,若供电电压较高,例如 15V,则其输出端需接入限幅电路,限制输出电压的幅度,以便更好地适应后续的数字电路。电路如图 4.77(a)所示,图中电阻 R_5 和稳压管 D1 构成最简单的单向限幅电路(详细内容可参照第 5 章),正反馈电阻 R_3 的右端接于限幅输出端。仿真得到的电压传输特性和输入输出波形分别如图 4.77(b)、图 4.77(c)所示。仿真测试:输出的高电平约为 5.1049V,低电平约为 0.9288V,上门限电压 $V_{T+}=7.4234V$,下门限电压 $V_{T-}=7.1774V$,回差为 246mV。

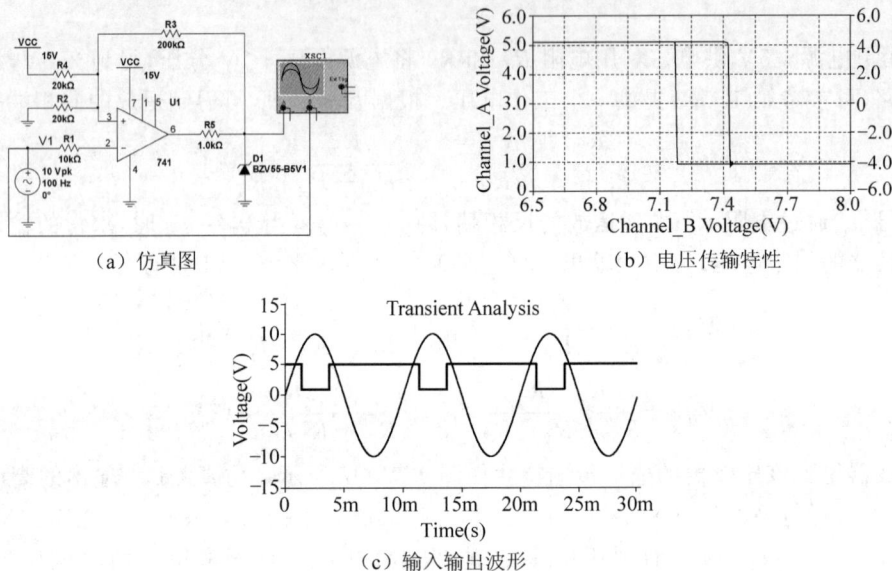

（a）仿真图

（b）电压传输特性

（c）输入输出波形

图 4.77　单电源供电的带限幅电路的滞回比较器

4.5.4　比较器的简单应用

比较器的应用是很广泛的,第 9 章将介绍其在非正弦波产生电路中的应用。这里就比较器的简单应用,介绍两个例子。

1. 窗口比较器

单限比较器可以检测输入信号的电平是否达到某一给定的门限电平。但有时需要检测输入信号的电平是否处在给定的两个门限电平之间,例如电冰箱的过电压、欠电压保护电路,就是要求将电冰箱的工作电压限定在 $220V\pm10\%$ 之间,这就要求保护电路中的比较器有两个门限电平,故这种比较器称为双限比较器。由于双限比较器的传输特性形状像一个窗口,故又称为窗口比较器。

图 4.78 给出了由双集成电压比较器 LM2903D 构成的窗口比较器仿真图。可以看出,电路由两个单限比较器构成,输入电压 v_I 加在 U1A 的反相端和 U1B 的同相端,电阻 RL 为二比较器输出晶体管集电极的上拉电阻;电阻 R_1、R_2 和 R_3 将电源电压 V_{CC} 分压,分别得到上门限电平 V_{refH} 和下门限电平 V_{refL},分别加在 U1A 的同相端和 U1B 的反相端,显然,$V_{refH}>V_{refL}$。它们由以下表达式给出,即

$$V_{\mathrm{refH}} = \frac{R_2 + R_3}{R_1 + R_2 + R_3} V_{\mathrm{CC}}$$

$$(4.58)$$

$$V_{\mathrm{refL}} = \frac{R_3}{R_1 + R_2 + R_3} V_{\mathrm{CC}}$$

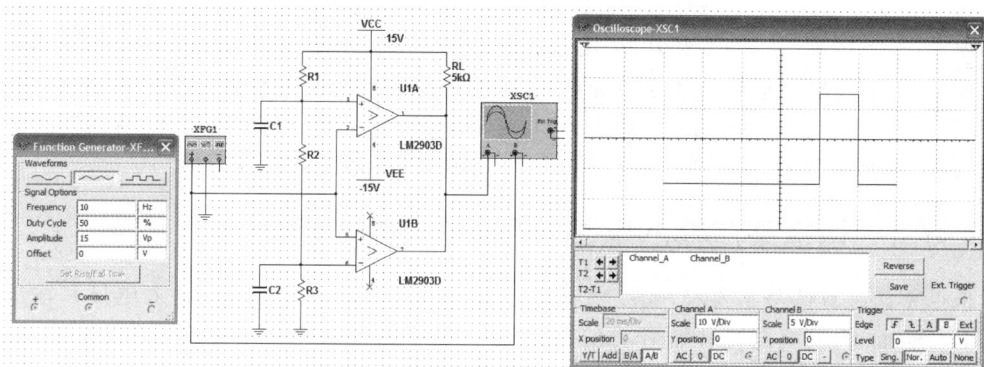

图 4.78　由双集成电压比较器 LM2903D 构成的窗口比较器

若 v_1 低于 V_{refL}，当然更低于 V_{refH}，此时 U1A 输出晶体管截止，U1B 输出晶体管饱和，故输出为低电平（可参考第 6、12 章的晶体管和比较器内部电路的有关内容）；

若 v_1 高于 V_{refH}，当然更高于 V_{refL}，此时 U1B 输出晶体管截止，U1A 输出晶体管饱和，故输出为低电平；

只有在 $V_{\mathrm{refL}} \leqslant v_1 \leqslant V_{\mathrm{refH}}$ 内时，U1A 和 U1B 的输出晶体管均截止，比较器输出为高电平。

据此，可以画出窗口比较器的传输特性。这里我们取 $R_1 = R_2 = R_3$，根据式(4.58)，可得 $V_{\mathrm{refH}} = 10\mathrm{V}$，$V_{\mathrm{refL}} = 5\mathrm{V}$，利用示波器仿真，得到此时窗口比较器的传输特性如图 4.78 所示。当输入三角波时，其输出波形如图 4.79 所示。

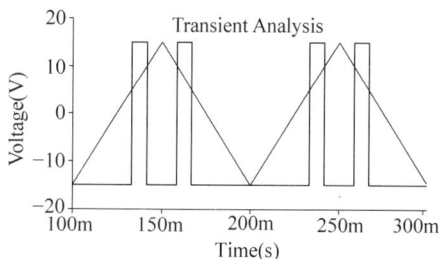

图 4.79　图 4.78 输入三角波时的输出波形

2. PWM 调制电路

第 10 章和第 11 章将分别介绍 D 类放大电路和开关电源电路，它们都需使用一种电路——PWM(Pulse Width Modulation)电路，即脉宽调制电路。这种电路是在基本比较器中，将参考电压改为三角波，例如输入信号为正弦波，则随着输入信号的变化，输出矩形波的脉宽也随之变化。图 4.80 给出了 PWM 电路和输入输出波形。

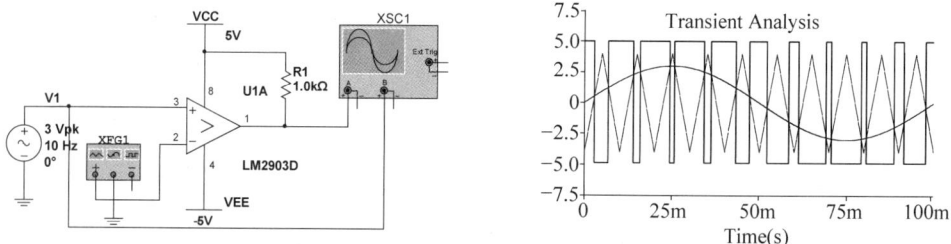

（a）仿真图

（b）输入输出波形

图 4.80　PWM 电路和输入输出波形

4.6 模拟乘法器

前面讨论了模拟电路中的两个通用模块——集成运放和电压比较器,本节将介绍另一个模块——模拟乘法器。模拟乘法器是实现两个模拟量相乘的非线性电子器件,利用它可以实现模拟运算(乘、除、乘方和开方)电路。模拟乘法器被广泛地应用于通信、测量和自动控制等系统,进行模拟信号的变换与处理,已成为模拟集成电路的重要分支之一。

实现模拟量相乘的方法很多,其中采用变跨导型电路的集成模拟乘法器得到了广泛的应用,具体可参见第 12 章。下面仅作为一个电路模块,介绍它的各种应用。

4.6.1 模拟乘法器的电路符号及其等效电路

根据乘法运算的基本要求,模拟乘法器有两个输入端,一个输出端,输入电压和输出电压均对"地"而言,其电路符号如图 4.81(a)所示。其中输入的两个模拟信号是互不相干的,输出信号是它们的乘积,表示为

$$v_O = k v_X v_Y \tag{4.59}$$

式中,k 为乘积增益,其单位为 V^{-1}。

模拟乘法器的等效电路如图 4.81(b)所示。其中 r_{i1} 和 r_{i2} 分别为两个输入端的输入电阻,r_o 为输出电阻。对于理想模拟乘法器而言,r_{i1} 和 r_{i2} 应为无穷大,r_o 为零;k 为定值,且当 v_X 或 v_Y 为零时,v_O 也为零。

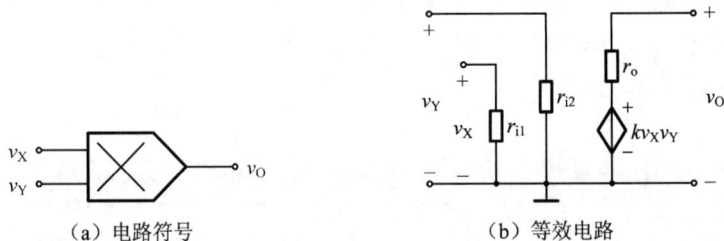

(a) 电路符号   (b) 等效电路

图 4.81 模拟乘法器的电路符号和等效电路

4.6.2 模拟乘法器的应用

模拟乘法器最基本的应用是实现模拟输入信号的乘法和乘方的运算,与集成运放相结合,利用反馈的方法,可实现除法、开方等运算电路。

1. 乘方运算电路

乘方运算电路如图 4.82 所示。输出电压为

$$v_O = k v_I^2 \tag{4.60}$$

若输入电压为正弦波,即 $v_I = \sqrt{2} V_I \sin\omega t$,则输出电压为

$$v_O = 2k V_I^2 \sin^2 \omega t = k V_I^2 - k V_I^2 \cos 2\omega t \tag{4.61}$$

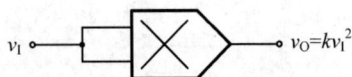

图 4.82 乘方运算电路

式中,第一项为直流信号,第二项为输入信号的二倍频信号,可通过输出端的耦合电容,隔离直流信号,从而得到二倍频信号,此时的电路称为倍频电路。

Multisim 仿真：选择仿真库中的乘法器，其输出增益、X 增益和 Y 增益均设为 1V/V。在输入端加入峰值为 1V、频率为 1kHz 的正弦信号，输出端接入耦合电容和负载，通过瞬态分析，得到输入(细线)和输出(粗线)波形，如图 4.83 所示。可以看出，输出信号的频率为输入信号的二倍，而幅度为输入信号的一半。

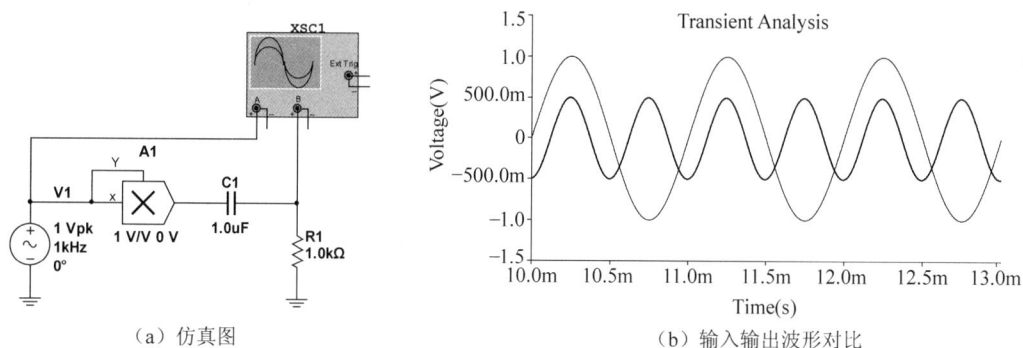

（a）仿真图　　　　　　　　（b）输入输出波形对比

图 4.83　倍频电路的仿真

应当指出，用多个模拟乘法器串联实现输入信号的 n 次幂的运算电路，在要求较高时是不可取的。因为当串联的模拟乘法器超过 3 个时，运算误差的积累会使得电路的精度变得很差。因此，可以考虑采用对数运算电路、模拟乘法器和指数运算电路，来实现高次幂的乘方运算，参见本章习题。

2. 除法运算电路

将模拟乘法器置于集成运放的反馈支路中，便可构成除法运算电路，如图 4.84 所示。

值得注意的是，用运放和模拟乘法器构成运算电路时，必须保证运放引入的是负反馈。就图 4.84 所示电路而言，当 $i_1 = i_2$ 时，电路即引入了负反馈。具体地说，当 $v_{I1} > 0$ 时，$v_O' < 0$；当 $v_{I1} < 0$ 时，$v_O' > 0$。而 v_{I1} 与 v_O 反相，故要求 v_O' 与 v_O 同相。因此，当模拟乘法器为反相乘法器(k 小于零)时，v_{I2} 应小于零；当为同相乘法器(k 大于零)时，v_{I2} 应大于零，即 v_{I2} 应与 k 同符号。

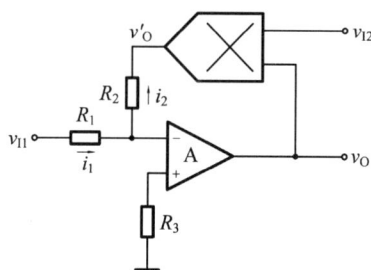

图 4.84　除法运算电路

根据运放的基本分析方法，有

$$\frac{v_{I1}}{R_1} = -\frac{v_O'}{R_2} = -\frac{k v_O v_{I2}}{R_2}$$

整理后可得到输出电压

$$v_O = -\frac{R_2}{kR_1}\frac{v_{I1}}{v_{I2}} \tag{4.62}$$

由于 v_{I2} 的极性受 k 的限制，故图 4.84 所示电路是一个两象限除法运算电路。

3. 开方运算电路

将乘方运算电路置于集成运放的反馈支路中，便可构成开方运算电路，如图 4.85 所示。

为保证电路引入的是负反馈，可分两种情况：

(1) 当模拟乘法器为同相乘法器时，$v_O' > 0$，故 v_{I1} 必须小于零，则 v_O 大于零；

（2）当模拟乘法器为反相乘法器时，$v_O' < 0$，故 v_{I1} 必须大于零，则 v_O 小于零。图中标出的电流方向，为此情况下电阻中电流的实际方向。

根据运放的分析方法，对于前一种情况，有

$$-\frac{v_{I1}}{R_1} = \frac{v_O'}{R_2} = \frac{kv_O^2}{R_2}$$

即

$$v_O = \sqrt{-\frac{R_2}{kR_1}v_{I1}} \tag{4.63}$$

对于后一种情况，有

$$-\frac{v_{I1}}{R_1} = \frac{v_O'}{R_2} = \frac{kv_O^2}{R_2}$$

即

$$v_O = -\sqrt{-\frac{R_2}{kR_1}v_{I1}} \tag{4.64}$$

对于实际的运算电路来说，输出电压或者是式(4.63)，或者是式(4.64)。

在前一种情况中，若 $v_{I1} > 0$，则 v_O' 依然大于零，会导致电路的反馈变为正反馈，从而使电路不能正常工作；同理，在后一种情况中，若 $v_{I1} < 0$，则 v_O' 依然小于零，会导致电路的反馈变为正反馈，从而使电路也不能正常工作。因此，在实际电路中，需在运放的输出端接入一个二极管（二极管将在第 5 章中介绍，这里利用了它的一个主要特性——单向导电性，就图中二极管来说，从左到右方向是导通的，而从右到左是截止（不导通）的)，如图 4.86 所示，以保证只有在 $v_{I1} < 0$ 时电路才能正常工作。图中电阻 R_L 为二极管提供直流通路。

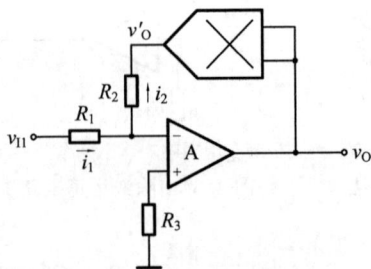

图 4.85　开方运算电路　　　　　　　　图 4.86　实用开方运算电路

知识拓展

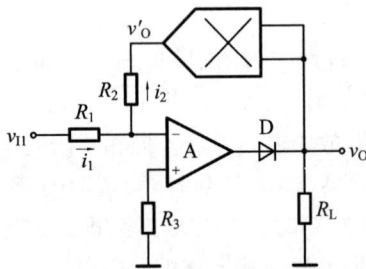

视频 17　　　　　视频 18　　　　　视频 19　　　　　视频 20

本章知识结构图和小结

知识结构图

放大电路的外特性

- 线性区——集成运算放大器
  - 封装
  - 电路符号
  - 电压传输特性
  - 引入负反馈保证运放工作在线性区（虚短、虚断）
    - 两条重要结论
  - 电压反馈运放与电流反馈运放
    - 基本概念
    - 主要区别
  - 集成运放的参数
  - 运放电路分析与设计
    - 双电源供电
      - 三种基本电路
        - 反相电路
        - 同相电路
        - 差分电路
          - 单运放差分电路
          - 两运放仪用放大器
          - 三运放仪用放大器
      - 应用电路
        - 加法电路
        - 积分电路
        - 微分电路
        - 电压-电流转换电路
    - 单电源供电
      - 电路的特性
      - 偏置电路
      - 设计实例
        - 直接耦合
        - 交流耦合

- 正、负饱和区——集成电压比较器
  - 封装
  - 电路符号
  - 电压传输特性
  - 处于开环状态或引入正反馈时
    - $v_P > v_N$时，$v_O = V_{Om}$；$v_P < v_N$时，$v_O = -V_{Om}$。虚断
  - 比较器电路分析与设计
    - 基本应用
      - 单门限电压比较器
      - 滞回电压比较器
    - 各种比较器电路简介
      - 单电源供电的比较器
      - 由集成运放构成的电压比较器
    - 比较器的简单应用
      - 窗口比较器
      - PWM调制电路

模拟乘法器

- 电路符号
- 等效电路
- 模拟乘法器的应用
  - 乘方运算电路
  - 除法运算电路
  - 开方运算电路

小结

1. 集成运放是一个比较理想的电压放大电路,其输出电压与两个输入端所加电压之差,即差模输入电压的关系可表示为

$$v_O = A_{vd}(v_P - v_N)$$

集成运放实际上是一个高电压增益的差分放大电路。

2. 集成运放的电压传输特性反映的是输出电压与差模输入电压的关系。传输特性可分为线性放大区和非线性区,而非线性区即正向饱和区和负向饱和区。

3. 引入负反馈是集成运放线性应用的必要条件。

4. 集成运放的理想化条件:开环差模电压增益为无穷大,差模输入电阻为无穷大,输出电阻为零,共模抑制比为无穷大。由此可得 $v_P \approx v_N$ 和 $i_P \approx i_N \approx 0$。由理想化条件得出的这两条结论是通过对实际运放引入深度负反馈来保证的。因此,两条重要结论是分析和设计工作于线性状态下的集成运放的重要工具。

5. 集成运放作为一个完整器件,通过引入负反馈,可构成各种功能电路。

三种基本电路,即反相电路、同相电路和差分电路是学习其他功能电路的基础。在此基础上,学习了加法电路、积分电路和微分电路,以及一些应用电路。

6. 集成运放分单电源和双电源供电模式,在便携式电子设备中,运放常采用单电源供电。根据运放的基本方程,单电源供电运放有四种应用电路结构。

7. 集成运放有电压反馈运放和电流反馈运放之分,注意二者的特点和应用范围,选择最适合实际需要的运放。

8. 集成电压比较器是另一种重要的模拟集成电路,它的基本功能是对两个输入电压进行比较,并根据比较结果输出高电平或低电平。

9. 一个高增益的差分电压放大电路实际上也可以作为电压比较器,所以,电压比较器的电压传输特性与运放的是类似的。我们可以通过电压传输特性来描述电压比较器输出电压与输入电压的函数关系。

10. 集成电压比较器与运算放大器的主要区别在于,比较器是为输出开关信号而设计的,而运算放大器则是根据线性放大要求而设计的。

11. 电压比较器的基本应用:单门限电压比较器和滞回电压比较器。

注意在实际应用中,我们要根据需要,选用不同的集成芯片,并在电路中适当添加辅助电路,以提高电路的适应能力。

12. 模拟乘法器是实现两个模拟量相乘的非线性电子器件,利用它可以实现模拟运算(乘、除、乘方和开方)电路。模拟乘法器被广泛地应用于通信、测量和自动控制等系统,进行模拟信号的变换与处理,已成为模拟集成电路的重要分支之一。

13. 模拟乘法器最基本的应用是实现模拟输入信号的乘法和乘方的运算,与集成运放相结合,利用反馈的方法,可实现除法、开方等运算电路。

习题

分析题

4.1 试求图 4.87 所示各电路输出电压与输入电压的运算关系式。

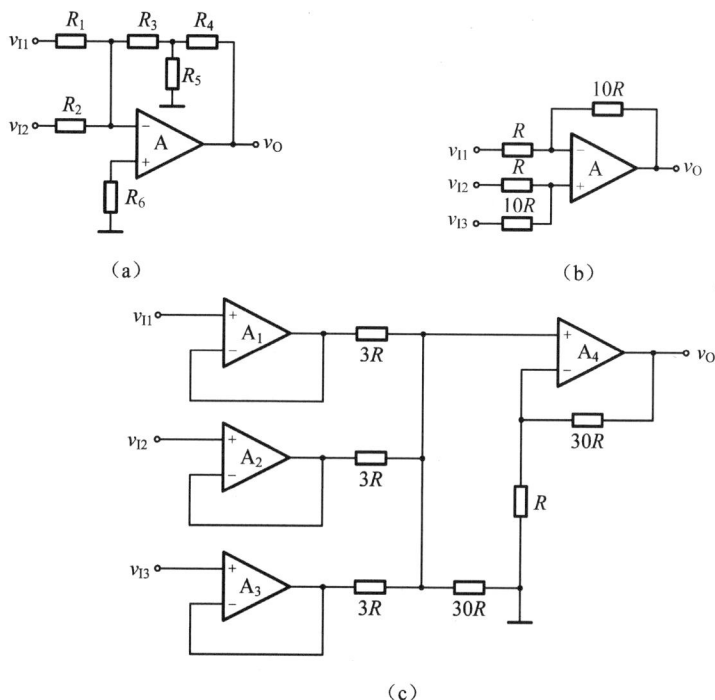

（a）

（b）

（c）

图 4.87 题 4.1 的图

4.2 已知图 4.88 所示各电路中的集成运放均为理想运放。试分别求解各电路的运算关系。

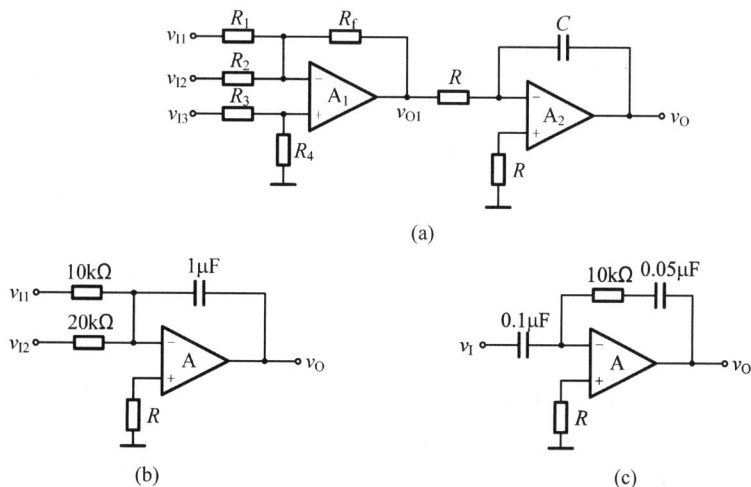

（a）

（b）

（c）

图 4.88 题 4.2 的图

4.3 电路如图 4.89 所示,已知稳压管工作在稳压状态,试求负载电阻中的电流,并用 Multisim 仿真验证你的结论。该电路采用了何种反馈类型?其功能如何?

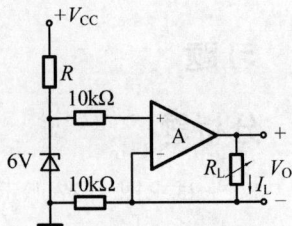

图 4.89 题 4.3 的图

4.4 电路如图 4.90 所示,判断各电路的反馈类型。

4.5 在深度负反馈条件下,计算图 4.90(a)所示电路的电压放大倍数。

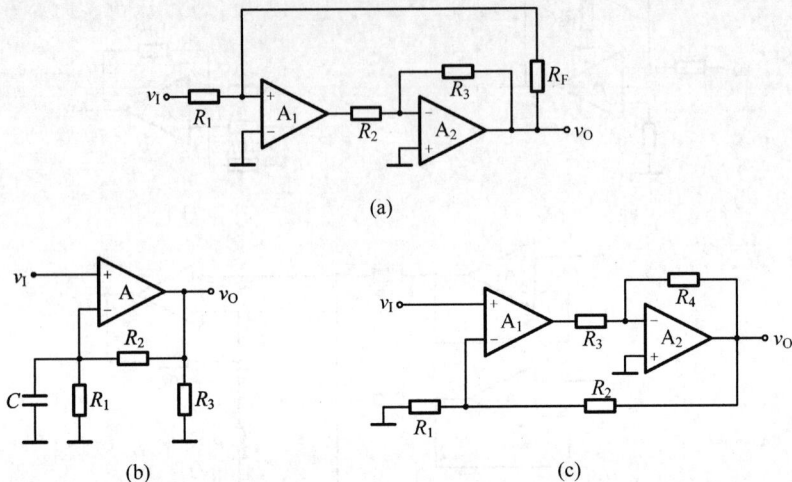

(a)

(b)

(c)

图 4.90 题 4.4 的图

4.6 电路如图 4.91 所示。

(1) 确定输出电压与输入电压的关系。

(2) 根据输出电压和输入电压的范围,确定 R_W 的范围,并进行仿真验证。

4.7 图 4.92 所示的电路是一种可选择反相或同相的放大器。在理想运放的条件下,试证明:当开关断开时,其电压增益为 $+1$;当开关闭合时,其电压增益为 -1,即 $A_v = \pm 1$ 可调放大器,并确定电路的输入阻抗和输出阻抗。

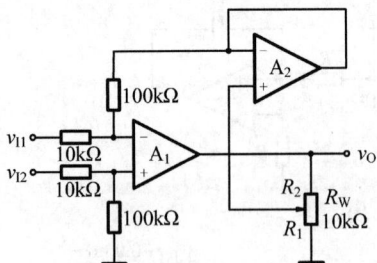

图 4.91 题 4.6 的图

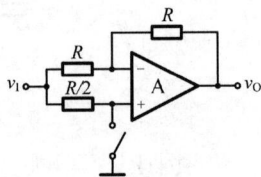

图 4.92 题 4.7 的图

4.8 积分电路如图 4.93 所示。根据输入波形(正弦波和方波),通过仿真分析它的输出波形。

4.9 电路如图 4.94 所示。请导出输出电压与输入电压的关系,并进行仿真分析。

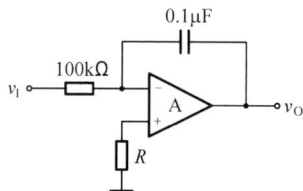

图 4.93　题 4.8 的图　　　　图 4.94　题 4.9 的图

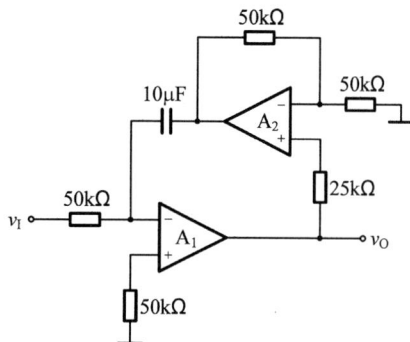

4.10　分析一个简易音频混合器,画出电原理图。

4.11　分析一个高阻抗差分放大器,画出电原理图。

4.12　分析一个输入可选择的程控增益放大器,画出电原理图。

4.13　分析一个音频分配放大器,画出电原理图。

4.14　画出直接耦合单电源供电反相放大器的电路图。选择四个不同型号的运放,分析电路的传输特性,你能得出什么结论?

4.15　交流耦合单电源供电同相放大器如图 4.95 所示,试回答以下问题:

(1) 电容 C_1 和 C_2 的作用;

(2) 电阻 R_3 的作用;

(3) 输出与输入电压的关系式;

(4) 分析电路的反馈类型;

(5) 电路的特点。

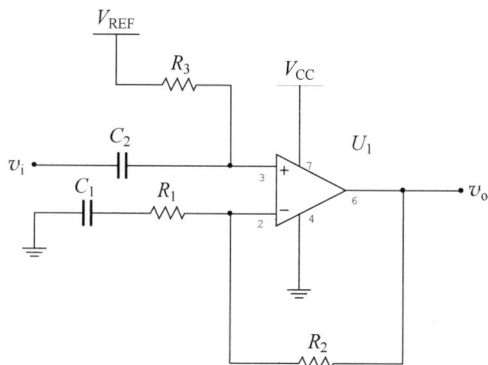

图 4.95　题 4.15 的图

4.16　现有一电子系统,共有四个电路模块组成,如图 4.96(a)所示,已知电路 1 产生正弦波,与其他各电路的输出波形关系如图 4.96(b)所示。试确定电路 2、3 和 4 的功能,并仿真验证结论。

(a)

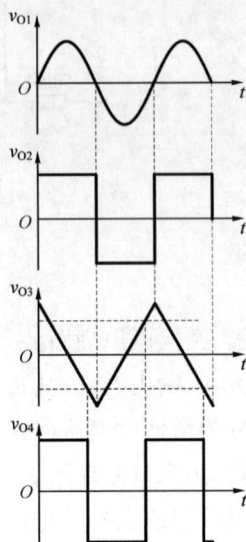

(b)

图 4.96 题 4.16 的图

视频 22

4.17 电路如图 4.97 所示。分析电路的电压传输特性，并仿真验证。图中 D_Z 是背靠背的稳压管，可用两只同型号的稳压管串联而成，其端电压约为稳压管的稳压值加上 $0.7V$。

4.18 电路如图 4.98 所示。这是一实用温度测量仪的电原理图，其中 LM134 为电流型温度传感器，R_1 取 227Ω 时可以获得 $1\mu A/K$ 的灵敏度(绝对温标 $0K = -273℃$)，经取样电阻 $(R_2 + R_3) = 10k\Omega$ 转变为 $10mV/K$ 的电压，在 $0℃ \sim 100℃$ 内 V_A 为 $2.73 \sim 3.73V$，最后输出 V_O 为 $0 \sim 10V$ 的电压至数字电压表指示温度值。

(1) 说出该电路由哪几部分组成，简述各部分的作用；

(2) 图中有三个可调元件，简述调试要点。

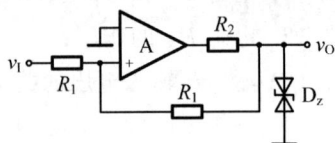

图 4.97 题 4.17 的图

视频 23

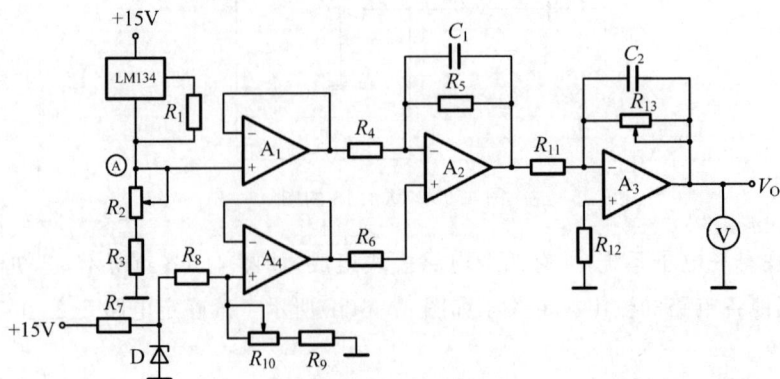

图 4.98 题 4.18 的图

4.19 现有对数运算电路、模拟乘法器和指数运算电路,它们满足的运算关系分别为

$$v_O = k_1 \ln v_I, \quad v_O = k_2 v_{I1} v_{I2}, \quad v_O = k_3 e^{v_1}$$

将它们组成一种运算电路,如图 4.99 所示,图中 N 为正整数。试导出该电路输出与输入的关系,说明电路的功能。

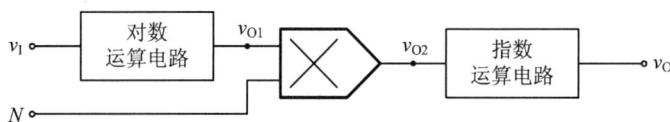

图 4.99 题 4.19 的图

4.20 电路如图 4.100 所示,图中的二极管、集成运放和模拟乘法器均为理想器件,其中模拟乘法器的乘积增益 k 大于零。电路输出端对地接有负载电阻 R_L。试导出电路的运算关系。

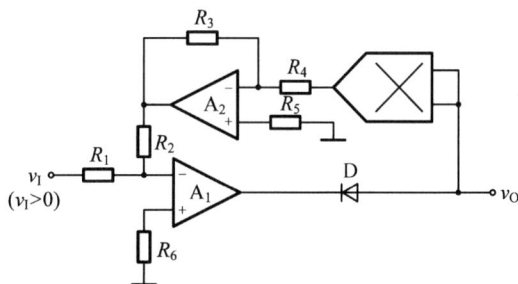

图 4.100 题 4.20 的图

设计题

4.1 设计一个 Howland 电流源。要求电流为 2mA,负载电阻的最大值为 200Ω,运放采用 OP07。用 Multisim 仿真软件验证设计结果。

4.2 设计一个传感器放大电路,如图 4.101 所示,其中 R 代表传感器,当 R 相对于 R' 的偏差为 ±1% 时,放大器产生 ±5V 的输出电压。图中,传感器所在桥电路的供电电压 $V_1 = 7.5V$。运放的电源电压为 ±15V,$R' = 200\text{k}\Omega$,$R = 200(1+\delta)\text{k}\Omega$,$\delta = \pm 1\%$。

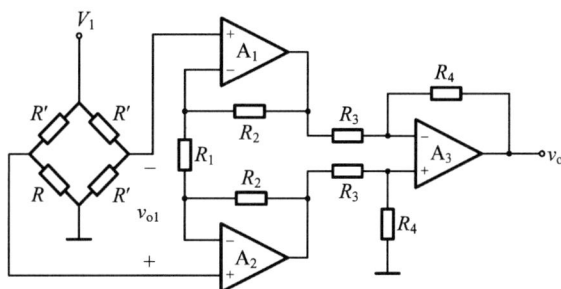

图 4.101 题 4.2 的图

4.3 设计一个直接耦合单电源供电同相放大器。信号源:峰值为 0.5V、频率为 1kHz 的正弦波,集成运放选用 OPA277,采用单电源 5V 供电,要求尽量保证输出电压动态范围

达到最大,电阻选用标称值。

4.4 设计一个直接耦合单电源供电放大器。要求:将峰-峰值为 1V、频率为 1kHz、偏压为 0.6V 的正弦波变为峰-峰值为 3.6V、频率为 1kHz、偏压为 2.8V 的正弦波,采用单电源 5V 供电,电阻选用标称值。

4.5 设计一个直接耦合单电源供电放大器。要求:将峰-峰值为 0.3V、频率为 1kHz、偏压为 0.35V 的正弦波变为峰-峰值为 3V、频率为 1kHz、偏压为 3V 的正弦波,采用单电源 5V 供电,电阻选用标称值。

4.6 设计一个直接耦合单电源供电反相放大器。要求:将峰-峰值为 0.9V、频率为 1kHz、偏压为 −0.55V 的正弦波变为峰-峰值为 5V、频率为 1kHz、偏压为 3.5V 的正弦波,采用单电源 10V 供电,电阻选用标称值。

4.7 设计一个直接耦合单电源供电反相放大器。要求:将峰-峰值为 0.3V、频率为 1kHz、偏压为 −0.25V 的正弦波变为峰-峰值为 4V、频率为 1kHz、偏压为 3V 的正弦波,采用单电源 5V 供电,电阻选用标称值。

4.8 设计一个电压比较器,它的电压传输特性如图 4.102 所示。要求合理选择电路中各电阻的阻值,限定最大值为 50kΩ。用 Multisim 仿真软件验证设计结果。

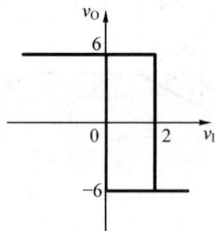

图 4.102 题 4.8 的图

<table>
<tr>
<td>

第 5 章
CHAPTER 5

</td>
<td align="center">

半导体二极管

</td>
<td>

视频 24

</td>
</tr>
</table>

前面主要针对放大电路及其特性进行了讨论,以介绍集成运放这个典型的放大电路为例,通过引入不同组态的负反馈,构成各种功能电路,并对这些电路进行分析和设计,由此理解集成运放的各种应用电路,等等,所有这些都是基于放大电路的外部特性而进行的。一个电子电路(包括放大电路)是由各种不同的电子元器件组成的,了解这些元器件的特性及其应用,将有助于电子电路的分析与设计。本章及第 6、7 章将对几种典型的电子元器件,如半导体二极管、双极型晶体管和场效应管进行讨论,从元器件的外部特性出发,分析其基本电路的原理和构成以及应用电路的分析和设计。

5.1 半导体二极管的外部特性

视频 25

利用半导体的掺杂工艺,根据掺入杂质元素的不同,可以得到两种掺杂半导体,即主要靠自由电子导电的 N 型半导体和主要靠空穴导电的 P 型半导体。当 N 型半导体和 P 型半导体结合后,在它们的交界面附近便形成了所谓的"PN 结"(可参见第 13 章)。将 PN 结用外壳封装起来,并分别从 P 区和 N 区引出电极引线,就构成了半导体二极管(简称二极管)。几种常见的二极管封装如图 5.1 所示。PN 结示意图和二极管的电路符号如图 5.2 所示。图中,阳极(正极)对应于 P 区的引线,阴极(负极)对应于 N 区的引线。通过下面的讨论可知,电路符号中"三角形箭头"的方向表示二极管正向导通时的电流方向。

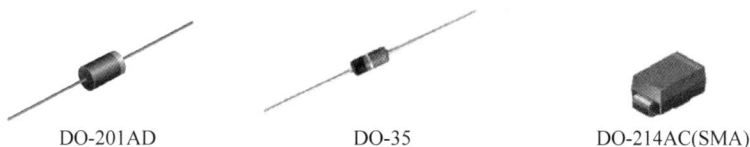

DO-201AD   DO-35   DO-214AC(SMA)

图 5.1　几种常见的二极管

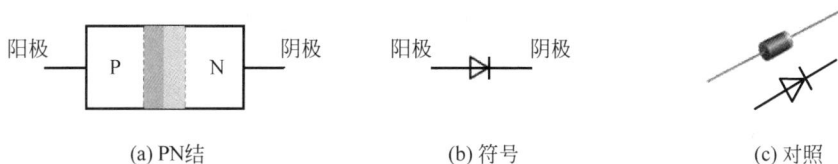

(a) PN结   (b) 符号   (c) 对照

图 5.2　PN 结示意图、二极管的电路符号及其与实物的对照

可以通过实验的方法得到二极管的外部特性,即伏安特性,测试电路如图 5.3 所示。图 5.3(a)为二极管正向特性测试电路,此时加在二极管上的电压为正向电压(简称正偏),即 P 区的电位高于 N 区的电位。图 5.3(b)所示为二极管反向特性测试电路,此时加在二极管上的电压为反向电压(简称反偏),即 N 区的电位高于 P 区的电位。由此可以得到二极管的伏安特性,也可以使用晶体管特性图示仪直接测试得到该特性曲线。图 5.4 给出了利用 Multisim 仿真软件得到的二极管伏安特性曲线。图中,$v>0$ 的部分为其正向特性,当正向电压超过零点几伏(工程上,一般取硅管约为 0.7V,锗管约为 0.2V)时,才会有明显的正向电流,这个电压称为二极管的导通电压 V_{on}。从整个正向特性来看,当电流较小时,呈现出指数规律变化;当电流较大时,近似于直线。$v<0$ 的部分为其反向特性,当反向电压未达到击穿电压 $V_{(BR)}$ 时,反向电流很小(硅管小于 $0.1\mu A$,锗管小于几十微安)。当反向电压达到击穿电压 $V_{(BR)}$ 时,二极管处于反向击穿状态,反向电流将会急剧增大。

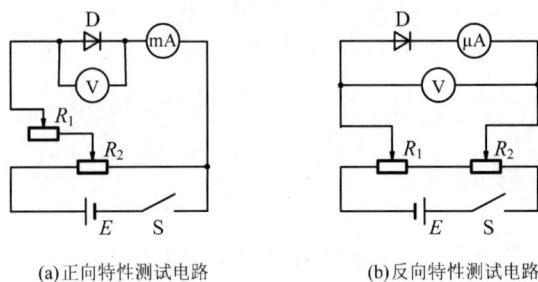

(a)正向特性测试电路　　　　　(b)反向特性测试电路

图 5.3　二极管伏安特性测试电路

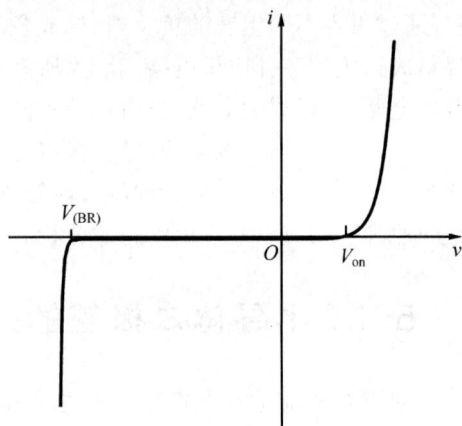

图 5.4　二极管的伏安特性

一般来说,电路中的二极管工作在特性曲线的不同区域,将具有不同的电路功能:

(1) 当工作在正向特性的线性部分时,若加入一幅值较小的正弦电压信号,即小信号,则流过二极管的交流电流分量也为正弦的,以实现信号的线性传输。可用于放大电路。

(2) 当工作在正向特性的非线性部分时,若加入一定幅值的正弦电压信号,则流过二极管的交流电流分量为非正弦的,即出现了高次谐波。可用于高频电路。

(3) 当工作在正向特性(导通状态)和反向特性(未击穿)时,二极管呈现单向导电性。后面介绍的应用实例中,大多数属于这种工作状态。

(4) 当工作在反向特性的击穿状态时,若使流过二极管的反向电流在一定范围内变化,则其端电压基本不变,据此可用于稳压电路。注意,这里所说的反向击穿属于齐纳击穿,而不是雪崩击穿(可参考第 13 章的有关内容)。

由理论分析可知,二极管的伏安特性可用式(5.1)描述,即

$$i = I_S(e^{v/V_T} - 1) \tag{5.1}$$

式中,I_S 为反向饱和电流,$V_T = \dfrac{kT}{q}$,被称为热电压,其中 q 为电子电量,k 为玻耳兹曼常数,T 为热力学温度。当 $T=300K$ 时,$V_T \approx 26mV$。

尽管各种二极管特性曲线的形状是类似的,但人们根据不同的用途,对曲线的不同区域和数值有了特定的要求,于是出现了各种用途的二极管。例如普通二极管一般是应用它的单向导电性,故它的反向电阻很大,正向导通电阻很小,且反向击穿电压较高;齐纳二极管一般是应用它的反向击穿特性,故它的反向击穿区曲线非常陡峭,以保证它有很好的稳压特性,等等。因此,在使用不同用途的二极管时,就应根据其特性,通过设置工作点,以确保它工作在曲线的相应位置。关于这个问题,将在后面二极管的应用中,针对具体问题再作讨论。

以上仅从二极管的伏安特性曲线进行了分析,可知二极管具有单向导电性、稳压特性等。事实上,若考虑 PN 结的温度特性,则可作为热敏元件;若考虑 PN 结的光特性,则可作为光敏元件;若考虑 PN 结在外加反向电压作用下,是一个主要由势垒电容构成的电容,且其电容值随外加反向电压变化而变化,则可作为压控电容,例如变容二极管,等等。

5.2 半导体二极管模型

由图 5.4 可知,二极管是一个非线性电子器件,对于含有二极管的非线性电路,可以采用图解分析法来求解电路中的电压和电流。例如,求解如图 5.5 所示电路中流过二极管的电流和二极管的端电压。

先将电路以 ab 为分界线分为两部分,ab 的右边为非线性部分,其端电压 v_D 和电流 i_D 应符合二极管的特性曲线;ab 的左边为线性部分,其端电压 v_D 和电流 i_D 应满足线性方程

$$i_D = -\frac{1}{R}v_D + \frac{E}{R} \tag{5.2}$$

在事先得到的二极管特性曲线上作图,连接纵轴截距点 $\left(0, \frac{E}{R}\right)$ 和横轴截距点 $(E, 0)$,即可得到式(5.2)所确定的直线,该直线称为负载线,二极管特性曲线与负载线的交点 $Q(V_{DQ}, I_{DQ})$ 即为所求,如图 5.6 所示。显然,图解法在实际应用中有时就不大适宜。对此,人们根据器件的工作状态和工程计算精度要求,提出了不同的简化电路模型,以满足定性分析和简单计算的需要。

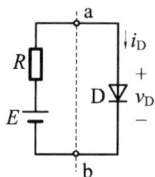

图 5.5 含有二极管的非线性电路   图 5.6 图解分析法

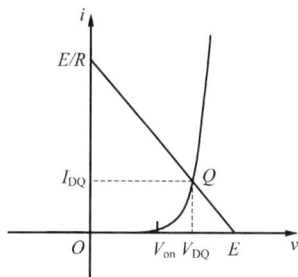

1. 理想二极管模型

若作用于二极管上的信号为大信号,即信号电压(或电流)可使二极管导通或截止,此时二极管的非线性主要表现为单向导电性,导通电压相对较小且可忽略,那么二极管的伏安特

性曲线由图 5.4 变为图 5.7。因此采用理想二极管模型可作定性分析和要求计算精度不高的工程计算。

2. 恒压降二极管模型

若考虑到导通电压不可忽略,并视为一常数(例如硅管为 0.7V,锗管为 0.3V),那么二极管的伏安特性曲线由图 5.7 变为图 5.8 所示。因此采用恒压降二极管模型也可作定性分析和要求计算精度不高的工程计算,但比理想二极管模型的精度高一些。

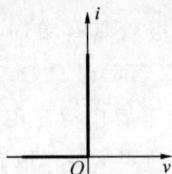

图 5.7　理想二极管的伏安
　　　　特性曲线

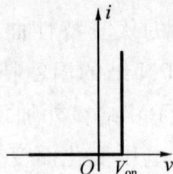

图 5.8　恒压降二极管的伏安
　　　　特性曲线

3. 分段线性二极管模型

分段线性模型的伏安特性曲线如图 5.9 所示。可以看出,该曲线较前两种更接近实际的特性曲线,因此,采用分段线性模型可以得到较高精度的计算结果。

4. 二极管的微变等效电路

在二极管的实际应用中,有时需要先通过加入直流电压,给二极管设置一个静态工作点即 Q 点,Q 点的位置为正向特性曲线上的某一点,然后再加入一交流小信号。显然,Q 点的位置不同,交流小信号在其附近变化时,二极管表现出的动态电阻 $\left(r_{\mathrm{d}} = \dfrac{\Delta v_{\mathrm{D}}}{\Delta i_{\mathrm{D}}}\right)$ 也不同,如图 5.10 所示。因此以上三种模型就不适用了,于是有必要讨论在 Q 点附近二极管的交流小信号特性——微变等效电路。

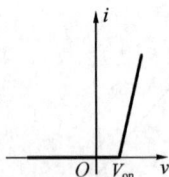

图 5.9　分段线性二极管的
　　　　伏安特性曲线

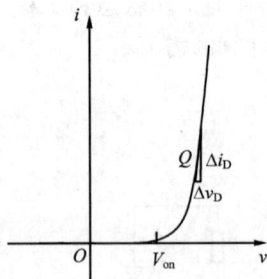

图 5.10　二极管的动态电阻

欲讨论二极管的微变等效电路,必须先确定 Q 点,并计算出静态参数,然后再计算动态参数,即所谓的"先静态后动态"。

假设已经求得静态参数 I_{D}(可利用上述模型计算),然后再求出动态电阻。

根据二极管电流-电压方程,即式(5.1),得

$$\frac{1}{r_\mathrm{d}} = \frac{\Delta i_\mathrm{D}}{\Delta v_\mathrm{D}} \approx \frac{\mathrm{d}i_\mathrm{D}}{\mathrm{d}v_\mathrm{D}} = \frac{\mathrm{d}[I_\mathrm{S}(\mathrm{e}^{v_\mathrm{D}/V_T} - 1)]}{\mathrm{d}v_\mathrm{D}} \approx \frac{I_\mathrm{S}}{V_T}\mathrm{e}^{v_\mathrm{D}/V_T} \approx \frac{I_\mathrm{D}}{V_T} \qquad (5.3)$$

即

$$r_\mathrm{d} \approx \frac{V_T}{I_\mathrm{D}} \qquad (5.4)$$

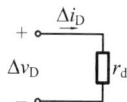

式中，I_D 为 Q 点的电流。二极管的微变等效电路如图 5.11 所示。由式(5.4)可以看出，Q 点不同，即 I_D 值不同，动态电阻 r_d 的值也不同。

图 5.11　二极管的微变
等效电路

5.3　应用电路分析与设计

视频 27

根据前面对二极管伏安特性的分析可知，利用二极管可以构成各种功能电路。下面选择几种常见的应用电路，并采用二极管的不同模型进行分析。同时根据实际问题对电路的要求，进行电路设计。

5.3.1　整流电路

1. 半波整流电路

将交流电变为直流电的过程称为整流。仅由一个二极管构成的最简单的整流电路如图 5.12(a)所示，图中二极管 D 起整流作用，R_L 为负载。

在整流电路中，输入交流电压的幅值远大于二极管的导通电压，利用交流电的正半周和负半周，使二极管导通和截止，故无须给二极管加偏置电压，即零偏置。因此整流电路是利用二极管的单向导电性的一种功能电路。对此，可采用理想二极管模型对电路进行分析。若输入交流电压 $v_\mathrm{i} = \sqrt{2}V_1\sin\omega t$，当 v_i 为正半周时，D 导通，输出电压 $v_\mathrm{O} = v_\mathrm{i}$；当 v_i 为负半周时，D 截止，$v_\mathrm{O} = 0$，其输入、输出波形如图 5.12(b)所示。由于电路输出的电压只有半周，故这种电路称为半波整流电路。

在 Multisim 中，对图 5.12(a)进行仿真，通过 DC 扫描，得到该电路的 DC 传输特性，如图 5.12(c)所示。可以看出，v_i 大于零点几伏时，v_O 正比于 v_i；v_i 小于该值时，$v_\mathrm{O} = 0$。可见，二极管的导通电压 V_on 对整流输出电压 v_O 有一定影响。所以只有当输入电压幅值远大于 V_on 时，才可将二极管的管压降忽略不计。

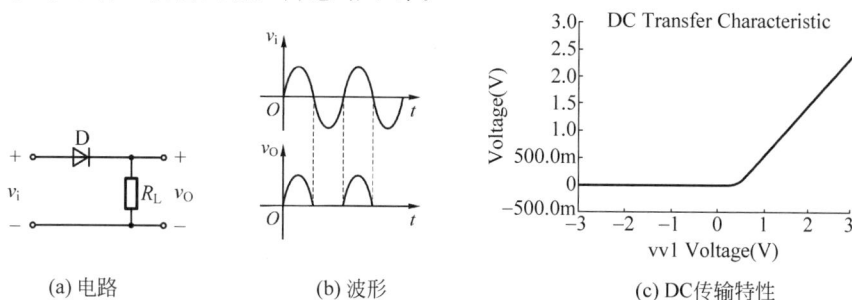

(a) 电路　　　　　　(b) 波形　　　　　　(c) DC传输特性

图 5.12　半波整流电路、输入和输出波形及其 DC 传输特性

半波整流电路输出电压的平均值就是负载上电压的平均值 $V_\mathrm{O(AV)}$，可表示为

$$V_{O(AV)} = \frac{1}{2\pi}\int_0^\pi \sqrt{2}V_I \sin\omega t\, d(\omega t) \tag{5.5}$$

式中,V_I 为输入电压的有效值。解式(5.5)得

$$V_{O(AV)} = \frac{\sqrt{2}V_I}{\pi} \approx 0.45V_I \tag{5.6}$$

负载电流的平均值

$$I_{L(AV)} = \frac{V_{O(AV)}}{R_L} \approx \frac{0.45V_I}{R_L} \tag{5.7}$$

2. 全波整流电路

全波整流电路及其输入、输出波形如图 5.13(a)、图 5.13(b)所示。可以看出,全波整流电路是由 D_1、D_2 两个半波整流电路组成的,它们的输入电压大小相等,相位相反,这可以利用具有中心抽头的变压器来实现。D_1、D_2 在交流电的正半周和负半周内轮流导通,且流过负载的电流保持同一方向,从而使正、负半周在负载上均有输出电压。其输出电压的平均值和负载电流的平均值可分别表示为

$$V_{O(AV)} = \frac{1}{\pi}\int_0^\pi \sqrt{2}V_I \sin\omega t\, d(\omega t) = \frac{2\sqrt{2}}{\pi}V_I \approx 0.9V_I \tag{5.8a}$$

$$I_{L(AV)} = \frac{V_{O(AV)}}{R_L} \approx \frac{0.9V_I}{R_L} \tag{5.8b}$$

在 Multisim 中,对如图 5.13(a)所示电路进行仿真。在进行 DC 扫描时,用一个可调电阻分压,来模拟具有中心抽头的变压器,以便得到大小相等,相位相反的输入电压,仿真电路和该电路的 DC 传输特性分别如图 5.13(c)、图 5.13(d)所示。可以看出,$|v_i|$ 大于零点几伏时,v_O 正比于 $|v_i|$,所以,全波整流电路又称为绝对值电路。同样地,二极管的导通电压 V_{on} 对整流输出电压 v_O 也有一定影响。

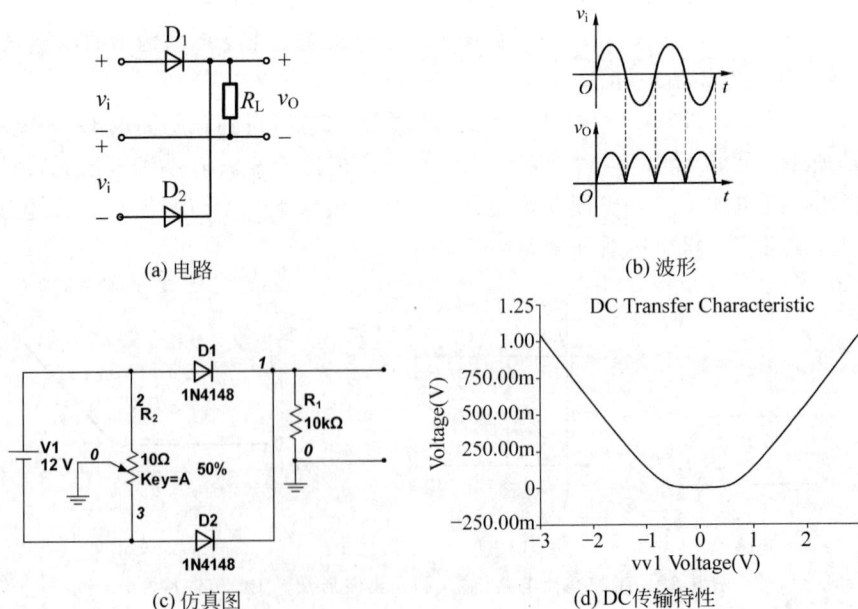

(a) 电路 (b) 波形

(c) 仿真图 (d) DC传输特性

图 5.13 全波整流电路、输入和输出波形及其 DC 传输特性

3. 桥式整流电路

桥式整流电路及其输入、输出波形如图 5.14 所示。可以看出,桥式整流电路由四个二极管 D_1、D_2、D_3 和 D_4 组成,它们接成电桥的形式。在交流电的正半周内 D_2、D_4 导通、D_1、D_3 截止;在交流电的负半周内 D_1、D_3 导通、D_2、D_4 截止,且流过负载的电流保持同一方向,从而使正、负半周在负载上均有输出电压,其输出电压的平均值与式(5.8a)相同。桥式整流电路的 DC 传输特性与图5.13(d)相似。桥式整流电路也是一种绝对值电路。

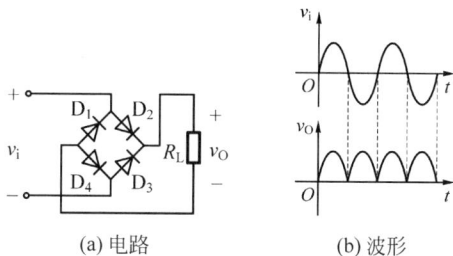

(a) 电路　　　　　(b) 波形

图 5.14　桥式整流电路及其输入、输出波形

在设计整流电路时,需先根据负载电阻的电压要求,确定输入电压的有效值和负载电流值,再确定二极管的参数,这里是根据流过二极管电流在一个周期内的平均值和它所承受的最大反向电压来选择二极管的型号的。

在半波整流电路中,流过二极管的平均电流为 $\dfrac{0.45V_I}{R_L}$,二极管承受的最大反压为 $\sqrt{2}V_I$。

在全波整流电路中,流过二极管的平均电流为 $\dfrac{0.45V_I}{R_L}$,二极管承受的最大反压为 $2\sqrt{2}V_I$。

在桥式整流电路中,流过二极管的平均电流为 $\dfrac{0.45V_I}{R_L}$,二极管承受的最大反压为 $\sqrt{2}V_I$。

【**例 5.1**】　已知一负载的工作电压为 $12V$,负载电阻值为 100Ω,试问:

(1) 若选用半波整流电路供电,则输入电压为多少? 二极管的参数如何?

(2) 若选用桥式整流电路供电,则输入电压又为多少? 二极管的参数如何?

解　(1) 由式(5.6),可得整流电路的输入电压为

$$V_I = \frac{V_{O(AV)}}{0.45} = \frac{12}{0.45}V \approx 26.7V$$

由已知条件,可得负载电流为

$$I_L = \frac{V_{O(AV)}}{R_L} = \frac{12}{100}A = 0.12A = 120mA$$

二极管的参数为

$$I_D > I_L = 120mA$$

$$V_{RM} > \sqrt{2}V_I = \sqrt{2} \times 26.7V = 37.8V$$

(2) 由式(5.8a),可得整流电路的输入电压为

$$V_I = \frac{V_{O(AV)}}{0.9} = \frac{12}{0.9}V \approx 13.3V$$

由已知条件,可得负载电流为

$$I_L = \frac{V_{O(AV)}}{R_L} = \frac{12}{100}A = 0.12A = 120mA$$

二极管的参数为

$$I_D > \frac{1}{2}I_L = 60mA$$

$$V_{RM} > \sqrt{2}V_I = \sqrt{2} \times 13.3 = 18.8V$$

4. 精密整流电路

以上介绍的是简单整流电路,它们的 DC 传输特性(见图 5.12(c)和图 5.13(d))表明,二极管的导通电压 V_{on} 对整流输出电压 v_O 是有一定影响的。以图 5.12(a)所示的半波整流电路为例,若输入电压 v_i 为正弦波,考虑到二极管 D 存在导通电压 V_{on},故 v_O 只是 v_i 大于 V_{on} 的那部分电压,而当 v_i 小于 V_{on} 时,则 v_O 几乎为 0,v_i 和 v_O 的波形如图 5.15 所示。因此在实际应用中,简单整流电路须使 v_i 远大于 V_{on},这样,才可以忽略 V_{on} 对 v_O 的影响,即简单整流电路常应用于输入电压远大于二极管导通电压的场合下,而不能对微弱交流信号进行整流。下面将介绍一种精密整流电路,它由集成运放和二极管等元器件组成,利用运放的放大作用,可将微弱的交流电转换为直流电。

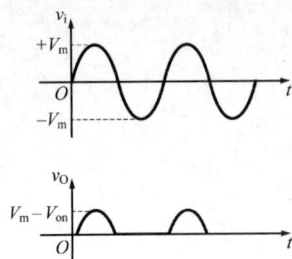

图 5.15 简单整流电路波形图

1) 半波精密整流电路

由二极管和集成运放构成的半波精密整流电路如图 5.16(a)所示。若 v_i 为正弦波,当 $v_i > 0$(正半周)时,则 $v_O' < 0$,导致 D_1 截止,D_2 导通,此时电路等效为反相器,输出电压 $v_O = -v_i$;当 $v_i < 0$(负半周)时,则 $v_O' > 0$,导致 D_1 导通,D_2 截止,输出电压 $v_O = 0$,v_i 和 v_O 的波形如图 5.16(b)所示。

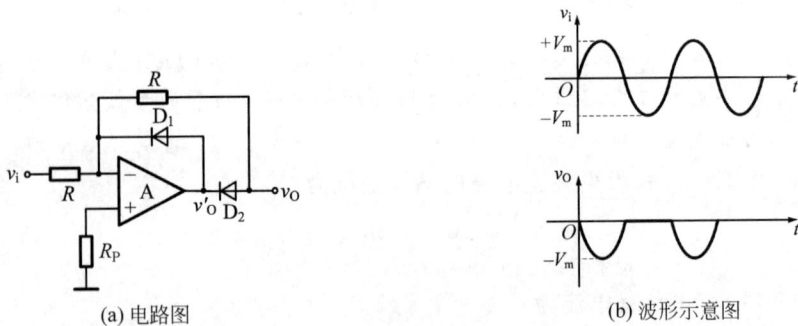

(a) 电路图　　　　(b) 波形示意图

图 5.16 半波精密整流电路

下面对这种电路的"精密"程度作一估计。设二极管的导通电压 $V_{on} = 0.7V$,集成运放的开环差模电压增益 $A_{vd} = 10^5$。为使二极管导通,集成运放的净输入电压为 $0.7/10^5 = 7\mu V$。

由此可知,集成运放只需微伏数量级的净输入电压,二极管 D_1 或 D_2 就可以处于导通状态,以实现精密整流。

利用 Multisim 仿真,半波精密整流电路的仿真图如图 5.17(a)所示。通过 DC 扫描,得到的电压传输特性如图 5.17(b)所示。从图中也可以看出该整流电路确实是很"精密"的,因为在输入电压幅度很小时,依然有 $v_O = -v_i$,而没有观察到二极管导通电压的影响。

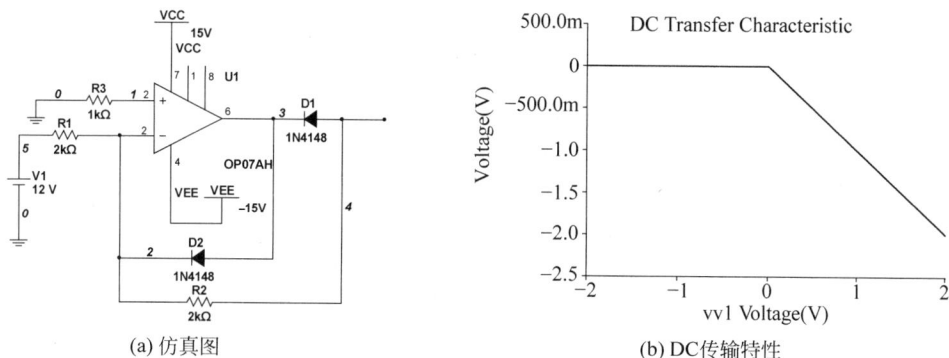

(a) 仿真图 (b) DC传输特性

图 5.17 半波精密整流电路的 DC 电压传输特性仿真

2) 全波精密整流电路

全波精密整流电路是在上述半波精密整流电路的基础上,利用一个二输入反相加法器,使交流信号的正半周和负半周在负载上均有相同的输出电压,从而降低了输出波形的脉动成分,其电路如图 5.18(a) 所示。其中,A_1、D_1 和 D_2 等组成半波精密整流电路,其输出为

$$v'_O = \begin{cases} -2v_i & v_i > 0 \\ 0 & v_i < 0 \end{cases}$$

A_2 组成反相加法器,其输出为

$$v_O = -(v'_O + v_i)$$

综合上述二式,可得

$$v_O = \begin{cases} v_i & v_i > 0 \\ -v_i & v_i < 0 \end{cases}$$

或

$$v_O = |v_i|$$

表明输入电压不论是正半周还是负半周,电路的输出电压均为正值,因此该电路又称绝对值电路。v_i 和 v_O 的波形图如图 5.18(b) 所示。

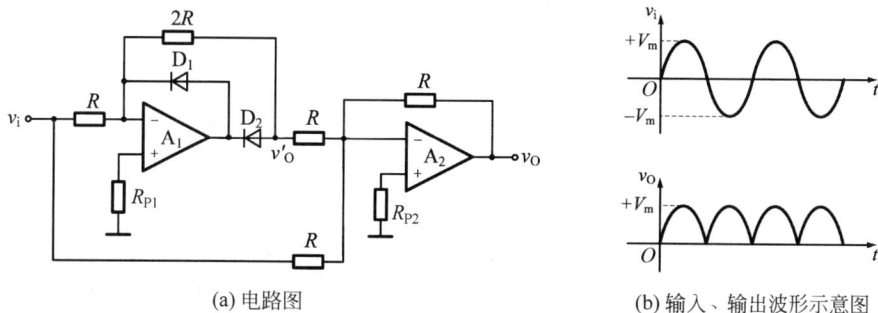

(a) 电路图 (b) 输入、输出波形示意图

图 5.18 全波精密整流电路

利用 Multisim 仿真,全波精密整流电路的仿真图如图 5.19(a)所示。通过 DC 扫描,得到的电压传输特性如图 5.19(b)所示,从图中也可看出它所具有的"绝对值"电路特性。

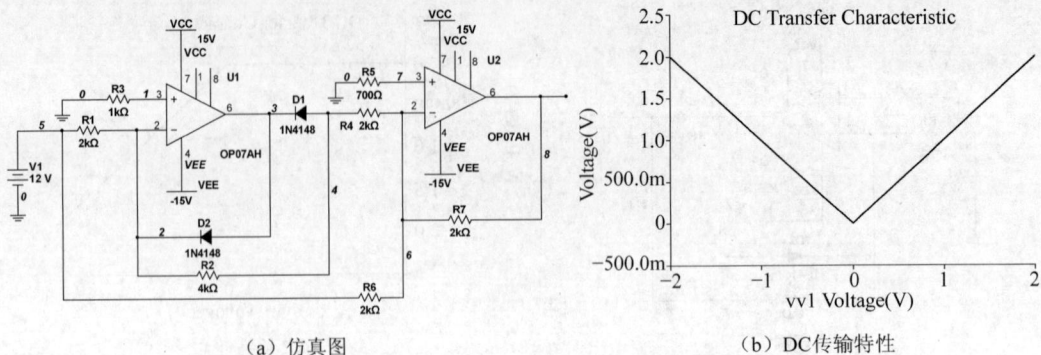

（a) 仿真图　　　　　　　　　（b) DC传输特性

图 5.19　全波精密整流电路的 DC 电压传输特性仿真

综上所述,精密整流电路的 DC 传输特性明显优于普通整流电路,两种电路相比,前者电路较复杂,成本较高,常用于小信号的整流,但电路的输入输出电压和电流受集成运放参数的限制;后者电路简单,成本低,适用于输入电压远大于二极管的导通电压的场合下,二极管的工作电流取决于电路中的负载电流,常用于大信号的整流,如电源电路等。

5.3.2　二极管逻辑电路

图 5.20(a)给出了数字电路中常见的二极管"与"逻辑电路,它是利用二极管的单向导电性,使电路接通或者断开,二极管在其中相当于一个"开关"。从两个输入信号波形来看,低电平为 0.3V 对应逻辑 0,高电平为 3.6V 对应逻辑 1。在分析电路时,需考虑二极管的导通电压对输出电平的影响,特别在逻辑电路级联时,二极管的导通电压有可能影响到整个电路的逻辑,对此,采用恒压降模型分析输出高低电平比较适宜。首先分析输入输出高低电平的各种可能,以便画出输出波形图。

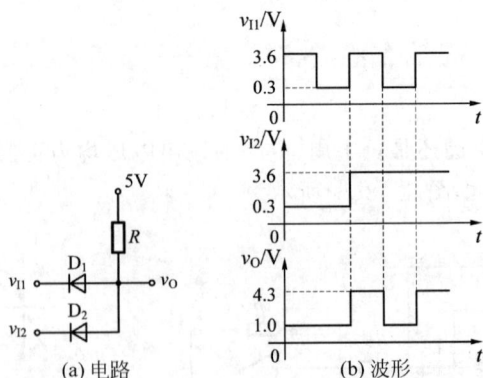

(a) 电路　　　　　　　　　(b) 波形

图 5.20　二极管"与"逻辑电路及其波形

当 v_{I1}、v_{I2} 均为 0.3V 时,D_1、D_2 均导通,故此时输出为 1V(认为二极管的导通电压为 0.7V);当 v_{I1} 为 0.3V、v_{I2} 为 3.6V 时,D_1 导通、D_2 截止,故此时输出也为 1V;当 v_{I1} 为 3.6V、v_{I2} 为 0.3V 时,D_1 截止、D_2 导通,故此时输出仍为 1V;当 v_{I1}、v_{I2} 均为 3.6V 时,D_1、

D_2 均导通,故此时输出为 4.3V。据此画出的输出波形如图 5.20(b)所示。

5.3.3　钳位电路

钳位电路又称直流分量恢复电路,其作用是使整个信号电压进行直流平移。钳位电路的一个重要特征是无须知道确切的信号波形,而能调整其直流分量。

图 5.21 所示为一种简单的二极管钳位电路。若输入电压 $v_i = V_m \sin\omega t$,将二极管视为理想二极管,则在时间为 $\dfrac{T}{4}$ 时,信号电压达到其幅值 V_m,同时电容上的电压也被充到幅值 V_m,而后,信号电压下降,二极管截止,电容上的电压将保持 V_m。当电路稳定后,输出电压应为

$$v_O = -V_m + V_m \sin\omega t$$

可见输出波形相对输入波形有了 $-V_m$ 的直流平移。

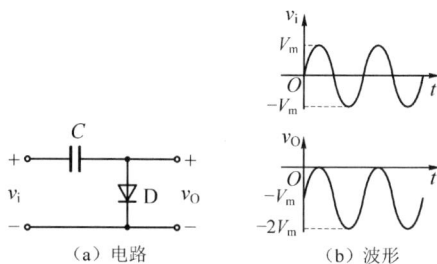

图 5.21　二极管钳位电路及其波形

5.3.4　稳压电路

1. 基本稳压电路

齐纳二极管又称稳压二极管,简称稳压管。从特性曲线上来看,反向击穿区曲线非常陡峭,当稳压管工作在反向击穿状态时,它表现出很好的稳压作用,即在反向击穿电压 V_Z 附近,电流增量 ΔI_Z 很大,而电压变化量 ΔV_Z 却很小。因此在使用稳压管时,首先应将其设置在反向击穿区,但是流过稳压管的反向电流必须加以限制,若小于最小工作电流 I_{Zmin},则稳压管还没有被可靠"击穿",起不到稳压作用;若大于允许的最大工作电流 I_{Zmax},则稳压管将过热而损坏。在给出的图 5.22 所示的简易稳压电路中,输入电压的极性和稳压管的接入应使稳压管反偏,输入电压的值应大于稳压管的稳压值即反向击穿电压 V_Z,通过设置电阻 R 的值,来保证稳压管有一个合适的工作电流,即给稳压管设置一个合适的工作点。

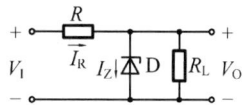

图 5.22　稳压管稳压电路

设稳压管的最小工作电流为 I_{Zmin},允许的最大工作电流为 I_{Zmax};输入电压的最大值为 V_{Imax},最小值为 V_{Imin};负载电流的最小值为 I_{Lmin},最大值为 I_{Lmax}。欲使稳压管能正常工作,则有

$$\frac{V_{Imax} - V_Z}{R} - I_{Lmin} < I_{Zmax}$$

和

$$\frac{V_{Imin} - V_Z}{R} - I_{Lmax} > I_{Zmin}$$

即

$$R > \frac{V_{Imax} - V_Z}{I_{Zmax} + I_{Lmin}} \qquad (5.9)$$

和

$$R < \frac{V_{Imin} - V_Z}{I_{Zmin} + I_{Lmax}} \qquad (5.10)$$

因此同时满足式(5.9)和式(5.10)的电阻 R 即为所求。

图 5.22 所示的稳压过程可表示为

$$V_O \uparrow \rightarrow I_Z \uparrow \rightarrow I_R \uparrow \rightarrow V_R \uparrow$$
$$V_O \downarrow \hookleftarrow$$

可见电阻 R 是至关重要的,它具有双重作用,一是限流作用,即通过设计合适的 R 值,将稳压管设置在反向击穿区,并保证其电流在最小工作电流 I_{Zmin} 与允许的最大工作电流 I_{Zmax} 之间;二是调整作用,即通过电阻 R 上压降 V_R 的变化,对输出电压进行调整。

根据上述对稳压管的分析可知,由于稳压管的反向击穿特性非常陡峭,所以它具有很好的稳压特性,事实上,有些二极管的正向特性也比较陡峭,只不过它的导通电压较低。在实际应用中,可以利用普通二极管的正向特性,实现低电压稳压电路,例如两只普通硅二极管正向串联,可得到约为 1.4V 的稳定电压;还可以利用发光二极管的正向特性(正向导通电压约为 2V),实现约为 2V 的稳定电压。

【例 5.2】 现用蓄电池为一台 9V 收音机供电,收音机的最大消耗功率为 0.5W,蓄电池的电压波动为 12~13.6V。设计一个简易稳压电路,如图 5.22 所示。试确定电阻 R 和稳压管的参数。

解 当收音机关闭时,负载电流最小,$I_{Lmin} = 0$;当收音机音量最大时,负载电流最大,$I_{Lmax} = \frac{0.5}{9} \approx 56\text{mA}$。输入电压的最小值为 12V,最大值为 13.6V。

由已知条件可知,稳压管的稳定电压为 9V。设 $I_{Zmin} = 0.05 I_{Zmax}$,根据式(5.9)和式(5.10)可得

$$R > \frac{13.6 - 9}{I_{Zmax}} = \frac{4.6}{I_{Zmax}}, \quad R < \frac{12 - 9}{0.05 I_{Zmax} + 56} = \frac{3}{0.05 I_{Zmax} + 56}$$

令二式相等,可求得 I_{Zmax} 的最小值

$$I_{Zmax} = 93\text{mA}$$

稳压管消耗的功率为 $9 \times 93 = 837\text{mW}$,这个计算结果是稳压管应满足的最低限度值。对应的限流电阻 $R = 4.6/93 = 49.5\Omega$。

选择参数时,要根据实际情况,对上述值进行适当的调整。例如取电阻 R 为 47Ω(标称值),则稳压管的 I_{Zmax} 应大于 $(13.6-9)\text{V}/47\Omega = 0.098\text{A} = 98\text{mA}$,此时稳压管消耗的功率为 $9 \times 98\text{mW} = 882\text{mW}$,并可求得电阻 R 上消耗的最大功率为 $(13.6-9) \times 0.098\text{W} = 0.451\text{W}$。为了确保电路工作的安全、可靠,参数选择需留有一定的余量。因此 R 选用 47Ω、1W 的电阻;稳压管选用 1N4739A,其参数为:稳定电压为 9.1V,耗散功率为 1W。

2. 基准电压源

图 5.22 是稳压管的基本电路,它可以提供一个固定电压或基准电压。但该电路有两点

不足：一是它所提供的基准电压不能超过稳压管的稳压值；二是电路的带负载能力较差。根据第 4 章介绍的集成运放，结合稳压管的基本电路，就可以设计灵活方便的基准电压源电路。

由稳压管和集成运放构成的基准电压源电路如图 5.23 所示。图中电阻 R 和稳压管 D_Z 组成基本稳压电路，其中，电压源 V 通过 R 将 D_Z 偏置于反向击穿区，使稳压管提供稳定电压 V_Z；为了减小负载的影响，在基本稳压电路与负载之间，接入由集成运放构成的同相放大电路，对电压 V_Z 进行放大。根据图中参数，电路的输出电压为

图 5.23 简单的集成运放基准电压源电路

$$V_O = \left(1 + \frac{R_2}{R_1}\right)V_Z$$

由此可见，图 5.23 所示电路具有以下特点，一是通过适当调整电阻比 R_2/R_1，可以满足所需的基准电压；二是负载电流由集成运放提供，这样，负载电流的变化不会影响流过稳压管的电流，使稳压管提供的电压 V_Z 更为稳定，即集成运放在这里起到了"放大"和"隔离"的作用；三是根据负反馈理论可知，图中的同相放大电路属于电压串联负反馈电路，具有高输入电阻和低输出电阻的特点，而高输入电阻对稳压管基本电路的影响会更小，低输出电阻使得该电路具有很强的带负载能力。

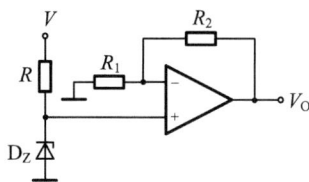

5.3.5 限幅电路

限幅电路的作用是消除信号中大于或小于某一特定值的部分，它可分为上限幅电路、下限幅电路和双向限幅电路，它们的传输特性如图 5.24 所示。其中，图 5.24(a) 表明当输入电压 v_I 小于上门限电压 V_{IH} 时，输出电压 v_O 与 v_I 呈线性关系，而当 $v_I > V_{IH}$ 时，v_O 等于最大输出电压 V_{Omax}，即可实现上限幅；图 5.24(b) 表明当 v_I 大于下门限电压 V_{IL} 时，v_O 与 v_I 呈线性关系，而当 $v_I < V_{IL}$ 时，v_O 等于最小输出电压 V_{Omin}，即可实现下限幅；图 5.24(c) 表明当 $V_{IL} < v_I < V_{IH}$ 时，v_O 与 v_I 呈线性关系，而当 $v_I > V_{IH}$ 或 $v_I < V_{IL}$ 时，v_O 等于 V_{Omax} 或 V_{Omin}，即可实现双向限幅。比较图 5.12(c) 与图 5.24(b) 可知，半波整流电路可视为门限电压约为零的限幅电路。

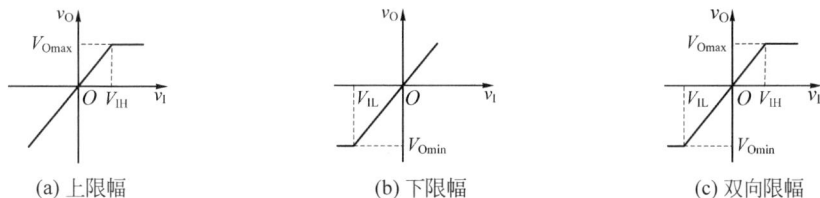

(a) 上限幅   (b) 下限幅   (c) 双向限幅

图 5.24 限幅电路的传输特性

根据前面对二极管伏安特性的分析可知，二极管的正向导通特性和反向击穿特性均具有限制电压的作用，所以，利用普通二极管或稳压管可构成多种形式的限幅电路。

【例 5.3】 利用二极管的正向导通特性构成的双向限幅电路如图 5.25(a) 所示。试分析它的传输特性，以及输入输出波形。

解 考虑到二极管正向导通电压的影响，采用恒压降模型进行分析。

从图中可以看出，当 D_1、E 支路的端电压等于 $E + V_{on}$ 时，D_1 处于导通与截止之间的临界

状态,而当 $v_I > E + V_{on}$ 时,D_1 导通,$v_O = E + V_{on}$;当 $v_I < E + V_{on}$ 时,D_1 截止,该支路等效为开路,$v_O = v_I$,即电路实现了上限幅。当 D_2、E 支路的端电压等于 $-(E + V_{on})$ 时,D_2 处于导通与截止之间的临界状态,而当 $v_I < -(E + V_{on})$ 时,D_2 导通,$v_O = -(E + V_{on})$;当 $v_I > -(E + V_{on})$ 时,D_2 截止,该支路等效为开路,$v_O = v_I$,即电路实现了下限幅。因此电路的下门限、上门限分别为

$$V_{IL} = -(E + V_{on}), \quad V_{IH} = E + V_{on}$$

电路的传输特性如图 5.25(b)所示。

(a) 电路

(b) 传输特性

图 5.25 二极管双向限幅电路

Multisim 仿真:取 $E = 3V$,$R = 1k\Omega$。输入信号为正弦波电压,其幅值为 6V,频率为 1kHz。二极管双向限幅电路的仿真图如图 5.26(a)所示。通过 DC 扫描,得到电路的传输特性,如图 5.26(b)所示,测试结果表明,电路的下门限、上门限电压分别为 $-3.634V$ 和 $+3.634V$,与理论分析结果基本一致;通过瞬态分析,得到的输入输出波形如图 5.26(c)所示,比较二波形可以看出,电路将输入电压超出 $\pm 3.634V$ 的部分削去后作为输出电压。考虑到实际二极管的特性,仿真与理论结果是有差异的,比较图 5.25(b)与图 5.26(b)所示即可看出。

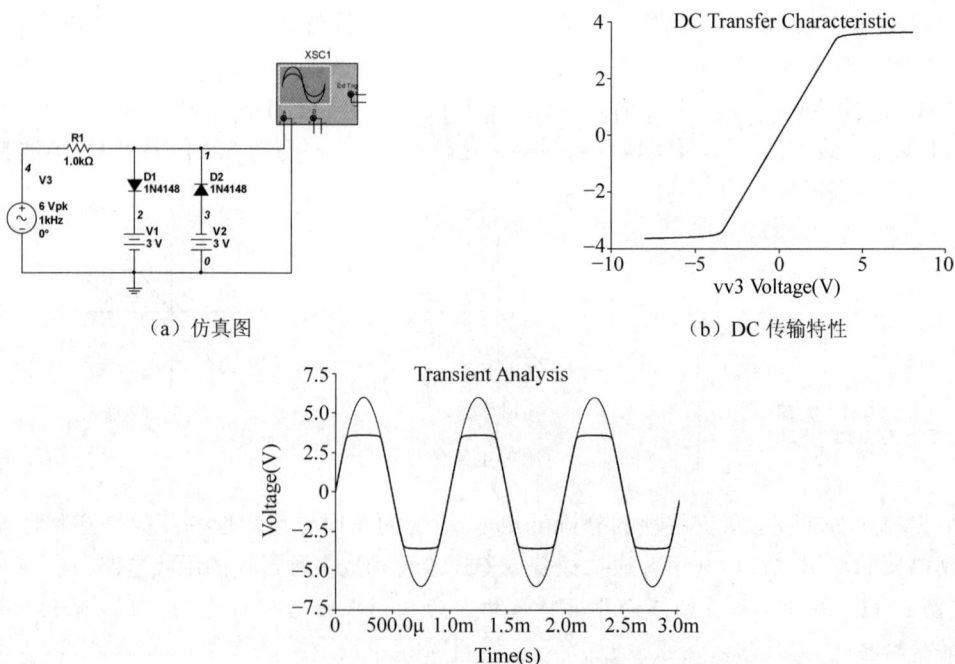

(a) 仿真图

(b) DC 传输特性

(c) 输入(细线)和输出(粗线)波形

图 5.26 二极管双向限幅电路仿真

在实际应用中,可以将限幅电路设置于电路的不同地方,以起到不同的作用。如图 5.27 所示,将限幅电路设置于集成运放的输入端,起到保护输入端的作用。图 5.27(a)中所示的 D_1 和 D_2 将输入电压限制在二极管的正向导通电压以内,以防止输入差模电压过大。图 5.27(b)中所示的 D_1 和 D_2 将输入电压限制在 $-(V+V_{on}) \sim (V+V_{on})$ 以内,以防止输入共模电压过大。

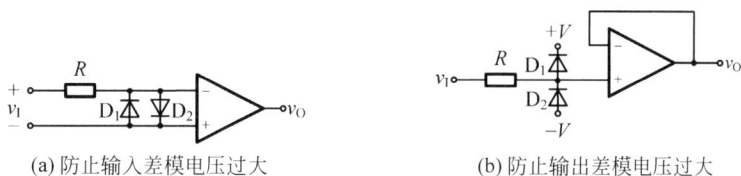

(a) 防止输入差模电压过大   (b) 防止输出差模电压过大

图 5.27　集成运放输入端保护电路

图 5.28 显示了利用稳压管的反向击穿特性和正向导通特性构成的双向限幅电路。将限流电阻和两个背靠背的稳压管设置于集成运放的输出端,使输出电压限制在 $-(V_Z+V_{on}) \sim (V_Z+V_{on})$ 以内,以满足后续电路的需要。同时该电路对输出端也有一定的保护作用。

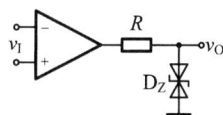

图 5.28　稳压管双向
限幅电路

5.3.6　显示电路

发光二极管(Light-Emitting Diode,LED)是由电能转换为光能的一种半导体器件,正因其发光颜色种类多、驱动电压低、功耗小、寿命长、可靠性高及价格低等优点,在各种显示电路中得到了广泛的应用。

发光二极管的发光颜色取决于所用材料,常见的有红、绿、黄、橙和蓝等颜色,其外形有圆柱形和长方体形等,如图 5.29(b)所示。其电路符号如图 5.29(a)所示。

发光二极管的伏安特性与普通二极管的相似,其正向导通电压 V_{on} 一般为 $1.8 \sim 2.5V$,蓝色发光二极管的在 $3 \sim 4V$。

发光二极管的发光强度与工作电流有关,工作电流大,亮度大。在一般使用中,发光二极管的正向工作电流 I_F 为 $5 \sim 10mA$。典型应用电路如图 5.30 所示。通过设置限流电阻 R,使发光二极管工作在正向导通状态,R 的取值可由式(5.11)求出。

$$R = \frac{V - V_{on}}{I_F} \tag{5.11}$$

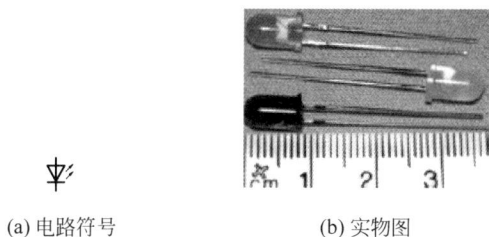

(a) 电路符号   (b) 实物图

图 5.29　发光二极管电路符号及其实物

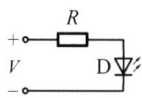

图 5.30　发光二极管的典型
应用电路

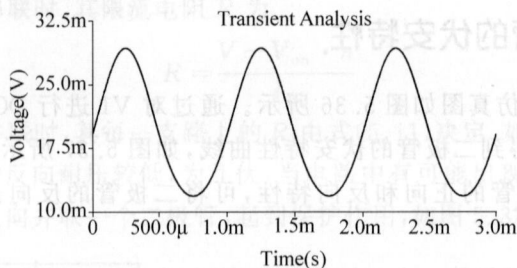

图 5.39 $R_1 = 500\text{k}\Omega$ 时，R_2 上的电压波形

当 $R_1 = 5\text{k}\Omega$ 时，R_2 上的电压波形如图 5.40 所示，其失真度为 0.014%，输出波形失真较小。此时二极管静态电流的理论值为 1.55mA，工作点较高，二极管工作在特性曲线的线性区。

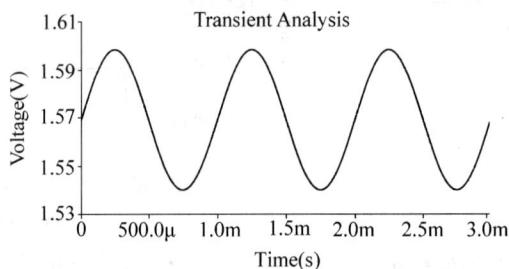

图 5.40 $R_1 = 5\text{k}\Omega$ 时，R_2 上的电压波形

可见，对于给定的输入波形来说，可根据不同的需要，选择不同的静态工作点。

通过进一步分析和仿真可知，当 $R_1 = 0$ 时，直流源将交流信号短路，故输出电压中不含交流成分，由此可以看出电阻 R_1 的"隔离"作用。而电容 C_1 的作用则是既要保证交流信号通过，又要保证二极管上的直流电压不被交流源短路，即所谓"通交隔直"作用。

5.4.3 对数和指数放大电路

1. 对数放大电路

第 4 章介绍了由集成运放构成的反相输入放大电路，现将其中的反馈电阻用二极管 D 取代，即为对数放大电路，如图 5.41(a)所示。由于二极管需正向偏置，故要求输入电压大于零。当二极管的正向压降较大时，二极管的伏安特性方程，即式(5.1)可近似为

$$i_D \approx I_S e^{v_D/V_T}$$

根据"虚断"和"虚短"，输入电流即流过电阻 R 的电流为

$$i_I = \frac{v_I}{R}$$

且 $i_I = i_D$ 和 $v_D = -v_O$，故有

$$I_S e^{-v_O/V_T} = \frac{v_I}{R}$$

两边取自然对数，并整理可得

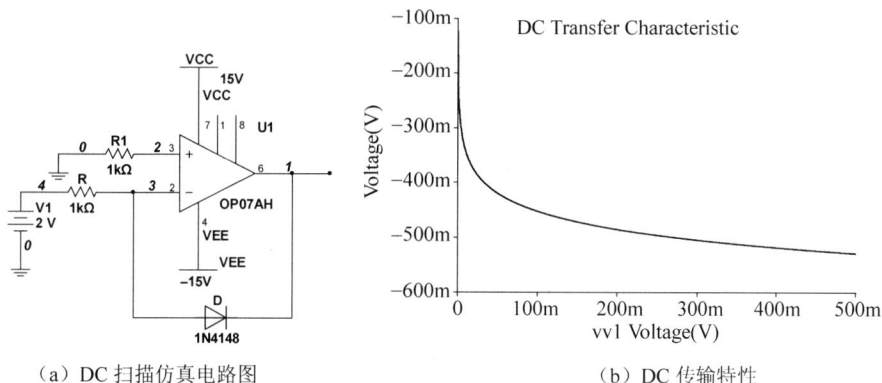

（a）DC 扫描仿真电路图　　　　　　　　（b）DC 传输特性

图 5.41　对数放大电路仿真

$$v_O = -V_T \ln\left(\frac{v_I}{I_S R}\right) \tag{5.13}$$

表明该电路的输出电压与输入电压的对数成正比。利用 Multisim 仿真，通过 DC 扫描，得到该电路的 DC 传输特性如图 5.41（b）所示。

2. 指数放大电路

将对数放大电路中的电阻 R 和二极管 D 对换，即得到指数放大电路，如图 5.42（a）所示。根据"虚断"和"虚短"，在输入电压 $v_I > 0$ 的条件下有

$$i_D \approx I_S e^{v_I/V_T}$$

和

$$v_O = -i_R R = -i_D R$$

即

$$v_O = -I_S R e^{v_I/V_T} \tag{5.14}$$

表明该电路的输出电压是输入电压的指数函数。利用 Multisim 仿真，通过 DC 扫描，得到该电路的 DC 传输特性如图 5.42（b）所示。

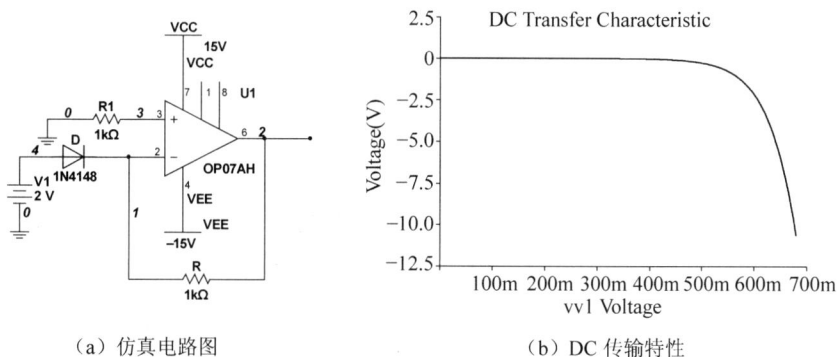

（a）仿真电路图　　　　　　　　　　（b）DC 传输特性

图 5.42　指数放大电路仿真

另外，式（5.13）和式（5.14）表明输出电压 v_O 与反向饱和电流 I_S 有关，而 I_S 与温度有很大关系，且不同二极管的 I_S 也不同，所以，电路的运算精度受温度和器件的影响。用晶体管取代二极管构成的对数和指数电路，可以消除 I_S 的影响，这将在第 6 章中介绍。

5.4.4　基准电压源设计

5.3.4 节介绍了简单的基准电压源电路,并分析了它的特点。进一步分析,不难发现它存在的不足。稳压管的动态电阻是不等于零的,故稳压管的稳定电压 V_Z 与其流过的电流有关,这样电压 V 的变化势必影响 V_Z 的值,从而导致输出电压 V_O 的变化。如图 5.43 所示,给出了基准电压源的另一种电路结构,它试图减小甚至消除供电电压对 V_O 的影响。图中电阻 R_1 和 R_2 构成负反馈网络;电阻 R_3 和稳压管 D2 构成基准电压电路,兼正反馈网络;电阻 R_4、二极管 D1、单刀双掷开关 S1 和电源 V1 组成启动电路。

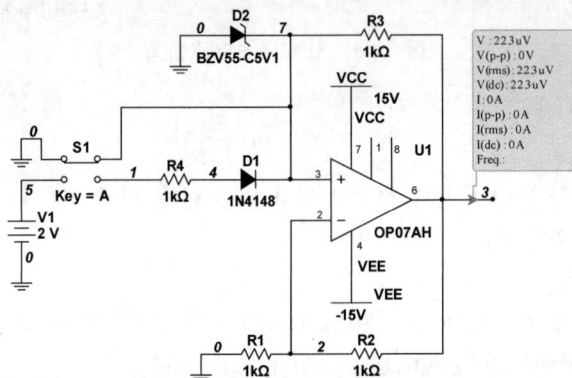

（a）启动开关 S1 断开,输出电压为 0V

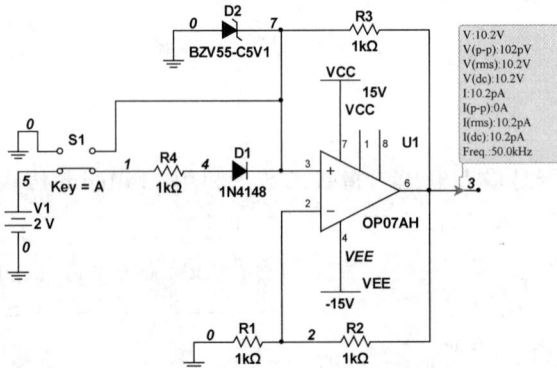

（b）启动开关 S1 闭合,输出电压为 10.2V

图 5.43　带启动电路的基准电压源仿真

当启动开关 S1 掷上方时,如图 5.43(a)所示,由于运放的同相端被 S1 短接到地,即同相端的电位为零,故此时输出电压 V_O 也为零。

当启动开关 S1 掷下方时,如图 5.43(b)所示,电压 V1 通过 S1、R4 和 D1 作用于运放的同相端,使运放有一定的输出电压,而该电压值还不足以使稳压管 D2 反向击穿。由于 R_3 的正反馈且此时为输出电压的全部正反馈,大于 R_1 和 R_2 的负反馈作用,导致输出电压 V_O 迅速增大,直到使稳压管 D2 反向击穿,这样运放的同相端将被固定在稳压值 V_Z 上,同时运放的输出电压 V_O 也被固定,即

$$V_O = \left(1 + \frac{R_2}{R_1}\right) V_Z \tag{5.15}$$

流过稳压管的电流为

$$I_{D2} = \frac{V_O - V_Z}{R_3} = \frac{R_2}{R_1 R_3} V_Z \tag{5.16}$$

与此同时,由于 D1 的负端电位高于其正端电位,故 D1 截止,启动电路不再起作用,电源 V1 也就对电路不再产生影响,也就是说,电源 V1 仅仅用于电路的启动。这里利用了 D1 的单向导电性,当 D1 正向导通时,保证了 V1 对电压源电路的启动;当 D1 反向截止时,阻断 V1 对电压源电路的影响。注意,这里要求 $V_Z > $ V1。

根据反馈理论,可以分析输出电压 V_O 的稳定过程。假设由于某种原因导致输出电压 V_O 升高,电路将通过正、负反馈过程,使输出电压 V_O 稳定在一定值上。这一过程可概括为:对于正反馈过程来说,V_O 升高→I_{D2} 增大→V_Z 略有升高,即运放的同相端电位略有升高;对于负反馈过程来说,V_O 升高→负反馈电压即 R_1 上的压降增大→运放的反相端电位升高;由于运放反相端电位比同相端电位升高的相对较高,故运放的输出电压 V_O 将下降,即 V_O 保持稳定。同理也可以进行相反过程的分析。

根据上述分析,设计一个带启动电路的基准电压源,使其输出电压为 10.2V。所用稳压管的稳压值为 5.1V,其工作电流在 5mA 左右。

首先确定电阻 R_1 和 R_2。由式(5.15),可知

$$\frac{V_O}{V_Z} = 1 + \frac{R_2}{R_1} = \frac{10.2}{5.1} = 2$$

故有

$$\frac{R_2}{R_1} = 1$$

若取 $R_1 = 1k\Omega$,则 $R_2 = 1k\Omega$。又由于

$$I_{D2} = I_{R3} = \frac{V_O - V_Z}{R_3} = 5mA$$

代入数据,可得 $R_3 = 1k\Omega$。

据此设计数据,在 Multisim 中的仿真图如图 5.43 所示。仿真时按动开关 S1,即 A 键,可以看到,随着 A 键的按动,探针的测试结果也随之变化。从图 5.43 所示结果可知,该电路符合设计要求。

5.4.5 限幅放大器

在第 1 章中曾经以功能模块的形式,介绍了放大和限幅电路。本节利用集成运放和稳压管,设计一个具有放大与限幅双重功能的电路,即限幅放大器。

要求:限幅放大器的放大倍数为 20,输出电压限制在 −3.5～+3.5V。

根据第 4 章中介绍的集成运放放大电路,先设计一个 20 倍电压放大器,例如采用反相比例放大器,然后利用背靠背的稳压管,对输出电压加以限制,以实现双向限幅,仿真图如

图 5.44(a)所示。图中若 R_1 取 $1\text{k}\Omega$,则 R_2 取 $20\text{k}\Omega$,R_3 取 $1//20\approx1\text{k}\Omega$。考虑到稳压管的正向压降,稳压管的稳压值取 3.3V。

电路的输出电压为电阻 R_2 右端对地的电压,而反相放大电路的反相输入端为"虚地",故输出电压 v_o 即 R_2 的端电压(右→左)。将背靠背的稳压管 D1 和 D2 并联于 R_2 两端,即可实现对输出电压的双向限幅。根据设计要求,当 $|v_o|<3.5\text{V}$,即输入电压 $|v_i|<3.5/20=0.175\text{V}$ 时,D1 和 D2 均处于截止状态,此时电路等效为 -20 倍的电压放大器,即 $v_o=-20v_i$;当 $|v_i|>0.175\text{V}$ 时,D1 和 D2 一个正向导通,一个反向击穿,此时电路的反馈电流主要流过稳压管,使 $|v_o|$ 稳定在 3.5V。

通过 DC 扫描,得到电路的 DC 传输特性,如图 5.44(b)所示。测试结果:输出电压摆幅为 $\pm3.5382\text{V}$,输入电压范围为 $-0.175\sim+0.175\text{V}$,基本符合要求。

通过瞬态分析,可以观测输出电压波形的情况。当输入正弦电压幅值较小(例如 0.1V)时,输出电压小于 3.5V,波形未被限幅,仍为正弦波,如图 5.44(c)所示。当输入正弦电压幅值较大(例如 0.3V)时,输出电压大于 3.5V 而被限幅于 3.5V,如图 5.44(d)所示。

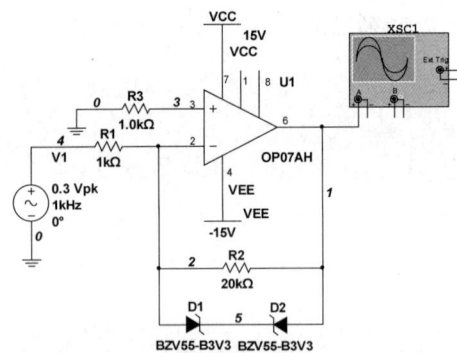

(a) 仿真图

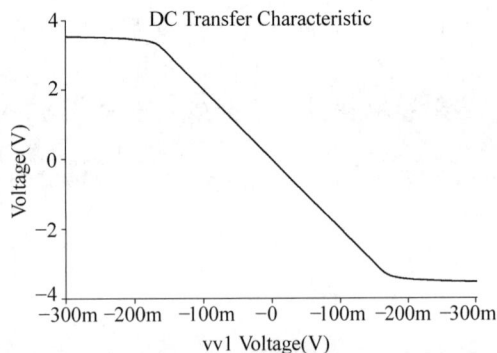

(b) DC 传输特性

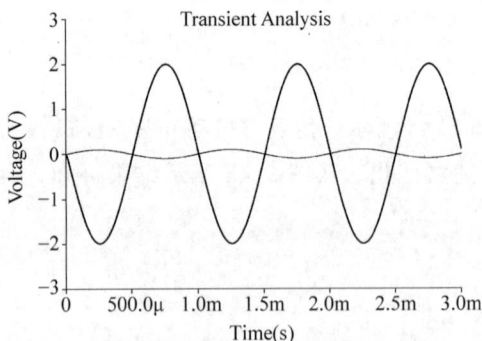

(c) 输入电压幅值为 0.1V 时的输出波形
输入波形(细线),输出波形(粗线)

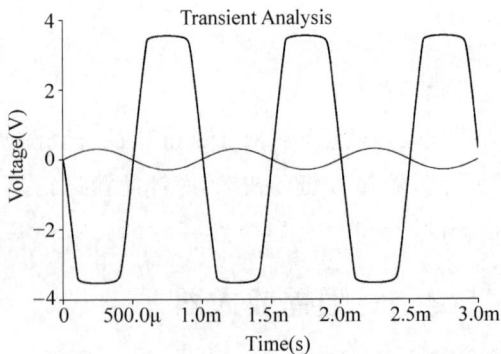

(d) 输入电压幅值为 0.3V 时的输出波形
输入波形(细线),输出波形(粗线)

图 5.44 限幅放大器仿真

本章知识结构图和小结

知识结构图

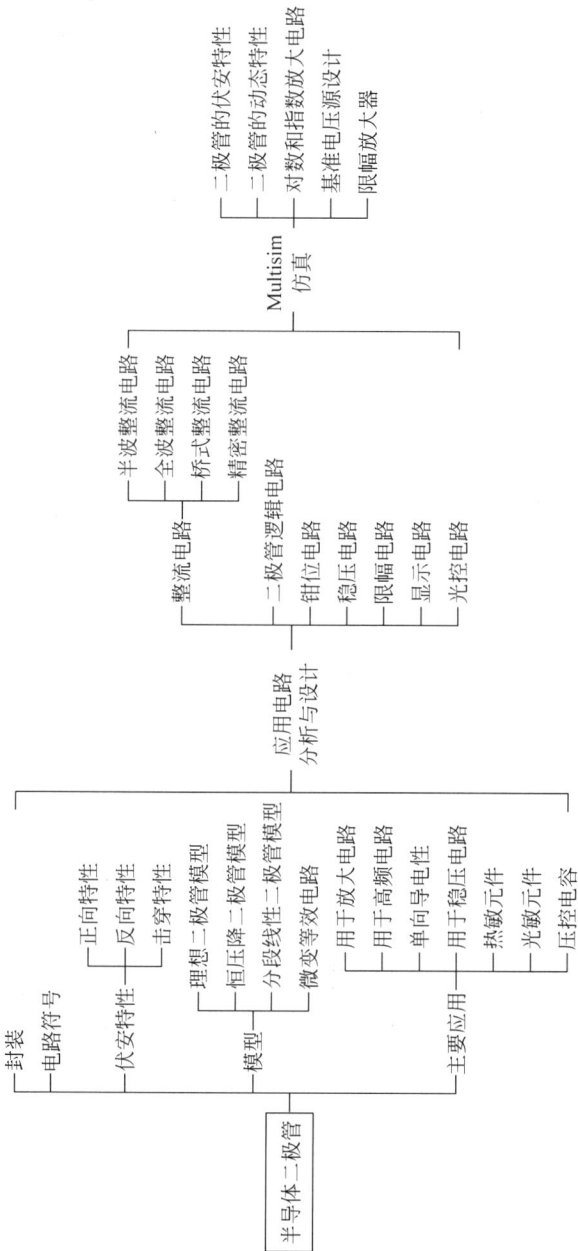

小结

1. 将 PN 结用外壳封装起来,并分别从 P 区和 N 区引出电极引线,就构成了半导体二极管(简称二极管)。

2. 由伏安特性可知,二极管工作在特性曲线的不同区域,可具有不同的电路功能。

在使用不同用途的二极管时,应根据其特性,通过设置工作点,以确保它工作在曲线的相应位置。

3. 二极管除具有单向导电性和稳压特性外,根据其温度特性,则可作为热敏元件;根据其光特性,则可作为光敏元件;根据其在外加反向电压作用下,是一个主要由势垒电容构成的电容,且其电容值随外加反向电压变化而变化,则可作为压控电容,例如变容二极管,等等。

4. 二极管是一个非线性电子器件,可以采用图解分析法,来求解电路中的电压和电流。

5. 根据器件的工作状态和工程计算精度要求,满足定性分析和简单计算的需要,二极管有不同的简化电路模型:

理想二极管模型

恒压降二极管模型

分段线性二极管模型

二极管的微变等效电路

6. 通过对二极管伏安特性的分析可知,利用二极管可以构成各种功能电路。几种常见的应用电路,例如整流电路、二极管逻辑电路、钳位电路、稳压电路、限幅电路、显示电路和光控电路等,可采用二极管的不同模型进行分析。

7. 利用计算机仿真软件,对二极管的特性及其应用电路进行仿真分析与设计,将有助于更好地理解二极管电路,为进一步应用二极管电路打下基础。

习题

分析题

5.1 电路如图 5.45 所示,设二极管导通电压 $V_D = 0.7V$,试确定各电路的输出电压值。

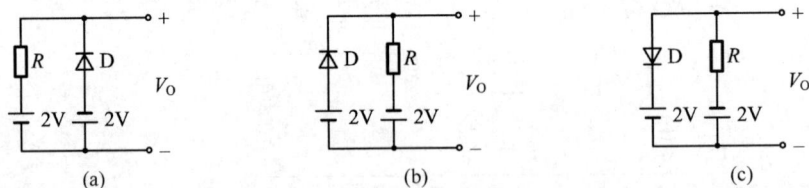

图 5.45 题 5.1 的图

5.2 电路如图 5.46 所示,已知 $v_i = 5\sin\omega t$ (V),二极管导通电压 $V_D = 0.7V$。试画出 v_i 与 v_O 的波形,并标出幅值。

5.3 仿真分析半波整流电路。

5.4 仿真分析全波整流电路。

5.5 对图 5.21(a) 钳位电路进行仿真分析。

5.6 电路如图 5.47 所示,二极管导通电压 $V_D = 0.7V$,常温下 $V_T \approx 26mV$,电容 C 对

交流信号可视为短路；v_i 为正弦波，有效值为 $10\mathrm{mV}$。试问二极管中流过的交流电流有效值为多少？

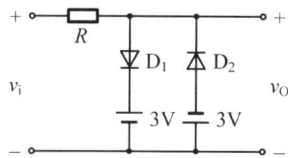

图 5.46 题 5.2 的图

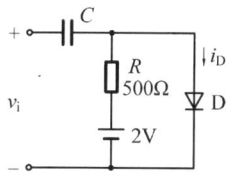

图 5.47 题 5.6 的图

5.7 已知电源电压为 $5\mathrm{V}$，发光二极管导通电压 $V_D = 1.8\mathrm{V}$，正向电流在 $5 \sim 15\mathrm{mA}$ 时才能正常工作。试确定限流电阻 R 的取值范围。

5.8 现有两只稳压管，它们的稳定电压分别为 $6\mathrm{V}$ 和 $8\mathrm{V}$，正向导通电压均为 $0.7\mathrm{V}$。试回答：

（1）若将它们串联相接，可得到哪几种稳压值？

（2）若将它们并联相接，又可得到哪几种稳压值？

5.9 已知一负载的工作电压为 $15\mathrm{V}$，负载电阻值为 100Ω，若选用桥式整流电路供电，试确定输入电压以及二极管的参数。

5.10 电路如图 5.48 所示。确定电路输出电压与输入电压的关系，并通过仿真分析电路的电压传输特性加以验证，电路的功能如何？

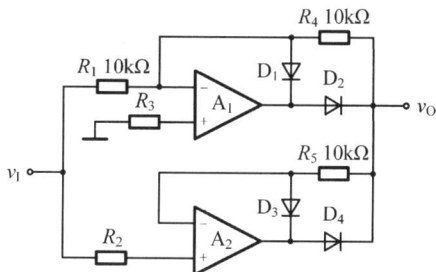

图 5.48 题 5.10 的图

设计题

5.1 已知运放的供电电压为 $\pm 15\mathrm{V}$，稳压管的稳压值为 $5.1\mathrm{V}$，工作电流为 $5\mathrm{mA}$。设计一个 $9\mathrm{V}$ 的基准电压源，并进行仿真验证。

5.2 若收音机的最大消耗功率为 $0.3\mathrm{W}$，重新设计例 5.2，并仿真验证设计结果。

5.3 设计一个简易 $3\mathrm{V}$ 稳压电源。已知输入电压为 $8 \sim 10\mathrm{V}$ 的直流电压，要求输出电压为 $3\mathrm{V}$，输出电流最大为 $20\mathrm{mA}$，最小为 $0\mathrm{mA}$。现有稳压管一个，稳压值为 $5.1\mathrm{V}$，最大工作电流为 $50\mathrm{mA}$，最小工作电流为 $5\mathrm{mA}$；正向导通电压为 $0.7\mathrm{V}$ 的二极管若干。试画出电原理图，确定电路其他元件参数，并仿真验证之。

5.4 使用 $1\mathrm{k}\Omega$ 电阻、理想二极管和其他元件，设计一个电路，使之满足图 5.49 所示的电压传输特性，并进行仿真验证。

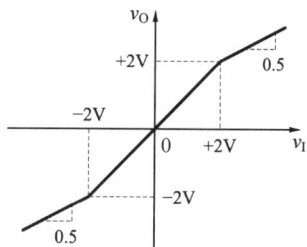

图 5.49 设计题 5.4 的图

从图 6.4 中可以看出,对应于 $v_{CE}=0$ 的曲线,相当于集电极与发射极短路,即与二极管的伏安特性曲线类似。随着 v_{CE} 增大,曲线右移,且 v_{CE} 超过一定值后,曲线不再明显右移。因此一般情况下,可以用 $v_{CE}=1V$ 的曲线,来近似表示 v_{CE} 大于 1V 的所有曲线。

可将图 6.4 所示的 $v_{CE}=1V$ 的输入特性曲线分为三个区域:

0～ⓐ段: $v_{BE}<V_{on}$ 时, $i_B\approx0$,晶体管处于截止状态。

ⓐ～ⓑ段: $v_{BE}>V_{on}$ 但较小时, i_B 与 v_{BE} 呈非线性关系,也就是说,当晶体管工作在该范围时,若加在基-射极间一定值的正弦电压,则基极电流则为非正弦的,即基极电流将出现高次谐波。这一点将会在通信电子线路(变频电路)中得到应用。

ⓑ～ⓒ段: $v_{BE}>V_{on}$ 但较大时, i_B 与 v_{BE} 呈线性关系,也就是说,当晶体管工作在该范围时,若加在基-射极间一定值的正弦电压,则基极电流也为正弦的。这将在后面的晶体管放大电路中得以应用。

2. 输出特性

对于输出回路来说,在给定 i_B 的条件下,研究集电极电流 i_C 与集电极-发射极间电压 v_{CE} 的关系,即

$$i_C=f(v_{CE})\big|_{I_B=常数} \tag{6.2}$$

可得到晶体管的输出特性。当 i_B 为一系列值时,将得到一曲线族,如图 6.5 所示。

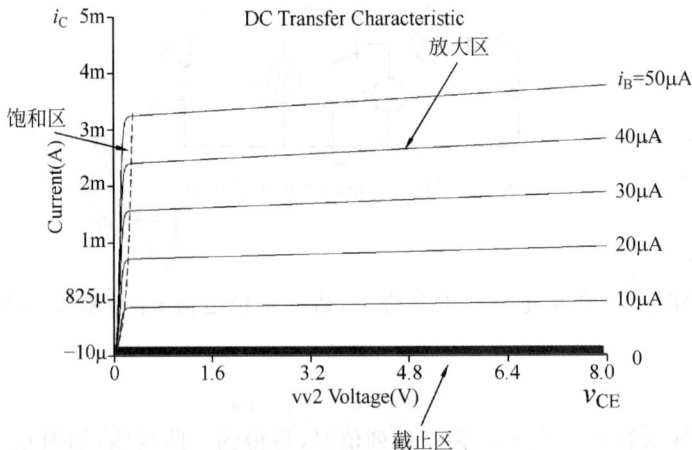

图 6.5 共发射极输出特性

从图 6.5 中可以看出,每一个确定的 i_B,对应一条曲线。每一条曲线的特点是:当 v_{CE} 从 0 逐渐增大时, i_C 以线性增大;当 v_{CE} 增大到一定值后, i_C 值基本恒定,几乎与 v_{CE} 无关。

当然,也可以利用晶体管特性图示仪,直接在屏幕上观察晶体管的输入和输出特性曲线,并测量有关参数,或利用计算机仿真软件得到晶体管的特性曲线。图 6.4 和图 6.5 就是利用 Multisim 仿真得到的输入和输出特性曲线。

图 6.5 所示的输出特性曲线可分为三个区域:

截止区: 由图可见, $i_B\leqslant0$,即 $v_{BE}\leqslant V_{on}$,且 $i_C\approx0$,此时 v_{CE} 为一定值且大于 v_{BE}。因此,晶体管处于截止区的条件是,发射结电压小于导通电压,且集电结反偏。由于 $i_C\approx0$,且 $v_{CE}\gg0$,故此时晶体管的集-射极间相当于一个断开的开关。

放大区: 由图可见, $i_B\neq0$,即 $v_{BE}>V_{on}$, v_{CE} 有一定值且大于 v_{BE}。因此晶体管处于放大区的条件是,发射结正偏,集电结反偏。

放大区的特性曲线有以下特点：

（1）当 v_{CE} 一定时，基极电流增加一个 Δi_B，集电极电流将增加一个 Δi_C，且

$$\beta = \frac{\Delta i_C}{\Delta i_B}\bigg|_{v_{CE}=\text{常数}}\qquad\text{——共发射极交流电流放大系数}$$

（2）对于曲线上的一点来说，有

$$\bar{\beta} = \frac{i_C}{i_B}\bigg|_{v_{CE}=\text{常数}}\qquad\text{——共发射极直流电流放大系数}$$

且有 $\bar{\beta} \approx \beta$，故在实际应用中，$\bar{\beta}$ 与 β 是不加区别的。

（3）当 v_{CE} 增加时，i_C 是升高的，即输出特性曲线是倾斜的，且将各条输出特性曲线向左方延长，将与横坐标轴的负向相交于同一点，交点值为 $-V_A$。V_A 称为厄尔利（Early）电压，如图 6.6 所示。

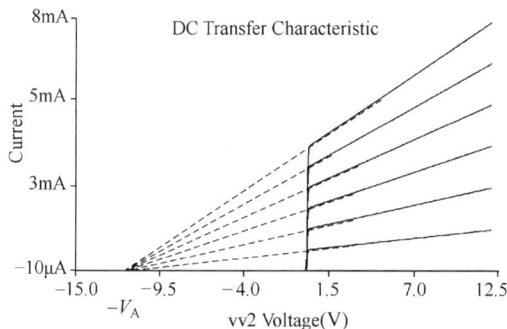

图 6.6　厄尔利（Early）电压

在放大区，由于 i_C 与 i_B 成正比，故此时晶体管相当于一个由基极电流 i_B 控制集电极电流 i_C 的流控电流源。

饱和区：由图可见，$i_B \neq 0$，即 $v_{BE} > V_{on}$，i_C 有一定值，且 v_{CE} 很小（$v_{CE} = V_{CES}$——晶体管的饱和压降），$v_{CE} < v_{BE}$。因此，晶体管处于饱和区的条件是，发射结和集电结均处于正偏。由于 i_C 有一定值，且 v_{CE} 很小，故此时晶体管的集-射极间相当于一个闭合的开关。

饱和区输出特性曲线有以下特点：

（1）当 i_B 一定时，v_{CE} 从 0 逐渐增大时，i_C 将急剧上升，v_{CE} 对 i_C 的控制呈线性关系；

（2）当 v_{CE} 一定时，i_B 增大，i_C 增加不多或基本不变，说明 i_B 对 i_C 失去控制作用；

（3）当 $v_{CE} = v_{BE}$ 时，晶体管处于临界饱和状态，即图中虚线位置。此时的 v_{CE} 叫作临界饱和电压；$v_{CE} < v_{BE}$ 时，则称为饱和状态。晶体管饱和时的集-射极压降称为饱和管压降，用 V_{CES} 表示。在实际应用中，小功率硅管的 V_{CES} 约为 0.3 V，小功率锗管约为 0.1 V。

综上所述，当晶体管工作在截止区和饱和区时，晶体管相当于一个开关；当晶体管工作在放大区时，晶体管相当于一个流控电流源，集电极"放大"了基极电流 β 倍。因此晶体管具有"开关"和"放大"两个作用。而"开关"作用主要用于数字电路，产生 0、1 信号；"放大"作用主要用于模拟电路，以实现输入信号对输出信号的控制作用。

6.2　基本放大电路的工作原理及其组成

由上述对晶体管输入、输出特性的分析可知，欲使晶体管放大电路不失真地放大信号，首先，应通过设置直流偏置电压，使晶体管处于放大区。具体地说，在输入回路，通过设置直

视频 29

流偏压,使晶体管工作在输入特性曲线的线性区,即ⓑ~ⓒ段;在输出回路,通过设置直流偏压,使晶体管工作在输出特性曲线的放大区,即使 $\Delta i_C = \beta \Delta i_B$。这样,当在输入端加入一个适当大小的正弦电压 v_i 时,将在基极上产生一个正弦电流 i_b,通过晶体管,控制输出回路中产生一个 $\beta i_b (= i_c)$ 的正弦电流,从而实现"放大"。

可见,在晶体管放大电路中,既有直流又有交流,即为交直流混合电路。这就需要我们在构成放大电路时,既要保证直流偏置电路正常工作,又要保证交流信号可以作用于电路的输入回路和负载。欲使这两种信号互不影响,在电路中往往通过增添隔离元件(如电阻)、通交流隔直流器件(如电容、变压器、光电耦合器等)和其他电路来实现。

除了通过设置合适的直流偏置,即静态工作点(Q 点),以确保晶体管工作在放大区外,对电路中交流信号(不论是输入信号还是输出信号)的幅值也有一定的限制,即交流信号的幅值不超出 Q 点附近的线性区;否则,将导致交流信号的失真,失去"放大"的意义。

下面以 NPN 型晶体管基本放大电路为例,说明电路的组成。

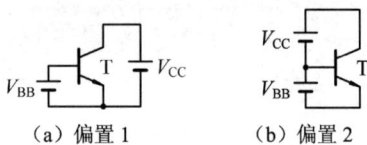

图 6.7　两种使晶体管偏置于放大区的电路

为了使晶体管处于放大区,必须使"发射结正偏,集电结反偏",图 6.7 给出了两种使晶体管偏置于放大区的电路。

图中,V_{BB} 和 V_{CC} 满足晶体管处于放大区时的电压值。以图 6.7(a)为例,交流信号源将如何作用于晶体管 T 的发射结呢?负载又将如何接到输出回路中呢?

图 6.8 给出了四种电路形式,它们是根据输入回路中的信号源与直流源是串联还是并联,以及输出回路中的负载与直流源是串联还是并联等不同连接方式画出的。现在分析它们的可行性。

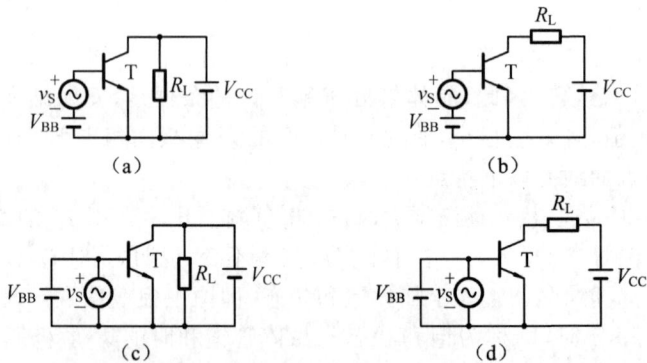

图 6.8　直流源、交流源共同作用于电路时的四种形式

放大电路中的晶体管是处于线性放大区的,而电路中又有两个源的作用(直流源保证直流工作点,为电路提供能量;交流源提供需要"放大"的信号),所以可以应用叠加定理进行分析,也就是说,进行直流分析时,应将交流源置零;进行交流分析时,应将直流源置零,最后,电路总的响应是两个源单独作用时的响应的叠加。只有当直流分析和交流分析电路均合理时,才可以说电路是能够放大信号的。

为了进行直流分析和交流分析,需将原电路图分别转化为直流通路和交流通路。

直流通路是指仅在直流源作用下,直流电流流经的通路,即电路处于静态时,电流流经

的通路,用于研究电路的静态参数。具体做法是:

(1) 将交流信号源置零,但应保留其内阻;

(2) 电容视为开路;

(3) 电感线圈视为短路(若线圈内阻不可忽略,则应保留);

(4) 二极管以其直流等效图所取代。

交流通路是指仅在输入信号源作用下,交流电流流经的通路,用于研究电路的动态参数。具体做法是:

(1) 将直流源置零,但应保留其内阻;

(2) 对于电容器(电感器)来说,要根据信号的频率,视其容抗(感抗)的大小,来决定是将其视为短路(开路),还是就视为一个电容(电感)。例如耦合电容,一般来说其容抗较小,即可将其视为短路;

(3) 二极管以其交流等效图所取代。

据此可以得到图 6.8 电路的直流通路和交流通路,如图 6.9 所示。

	直流通路	交流通路
图 6.8(a)	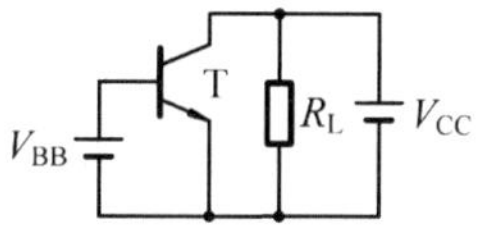 满足放大区条件	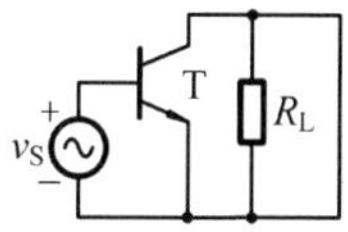 直流源将负载 R_L 短路
图 6.8(b)	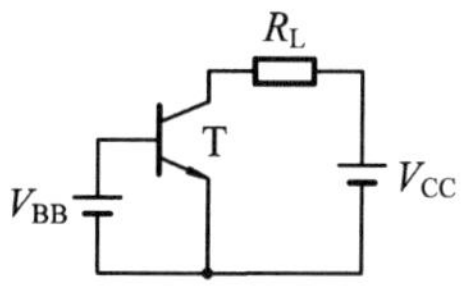 满足放大区条件	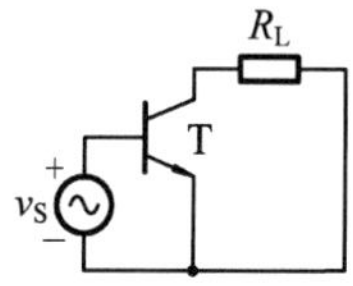 交流信号源可以作用于发射结,输出信号可以作用于负载
图 6.8(c)	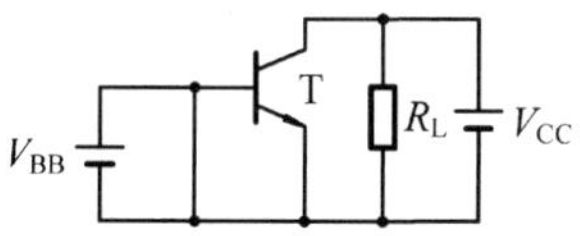 交流源将直流源短路	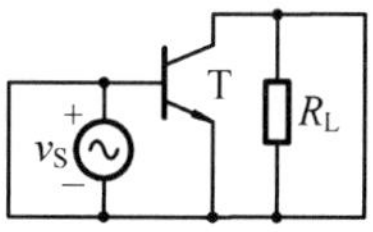 直流源将交流源短路,直流源将负载 R_L 短路
图 6.8(d)	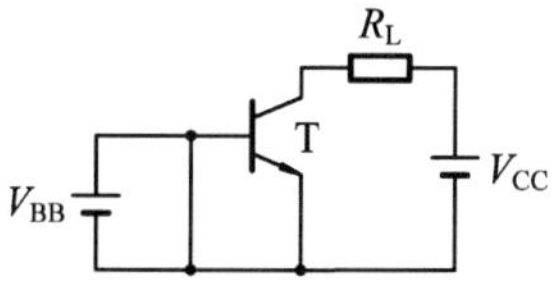 交流源将直流源短路	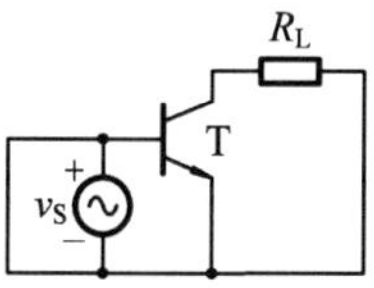 直流源将交流源短路

图 6.9　图 6.8 各电路的直流通路和交流通路分析

由以上分析可知,只有图 6.8(b)是可行的。但该电路存在以下不足:

(1) 电路中存在两个直流源,且其值的选取不实用,最好采用一个直流源,晶体管的静态值可以方便调整;

(2) 信号源没有接地;

(3) 直流电流流过信号源。

能够克服上述不足的最简单的电路结构如图 6.10(a)所示。图中交流源与直流源采用并联连接,以克服第(2)点不足;接入电容 C,起到通交流隔直流的作用,以克服第(3)点不足。同时接入电阻 R_b,作用有二:一是直流源不再短路交流源,起到隔离作用;二是调整 R_b 的值,可以方便地调整静态值,以克服第(1)点不足。将两个直流源供电改为单个直流源供电,如图 6.10(b)所示。电阻 R_c 的选取,可以调整 V_{CE} 的值,另外交流电流流过 R_c,形成交流压降(参见交流通路图 6.11(b))。

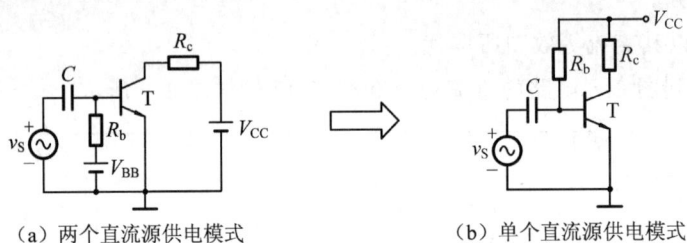

(a) 两个直流源供电模式   (b) 单个直流源供电模式

图 6.10   最简单的实用放大电路

图 6.10(b)的直流、交流通路如图 6.11 所示。

因为图 6.11(a)、图 6.11(b)都是可行的,故图 6.10(b)也是可行的。若电阻 R_c 决定静态值 V_{CEQ},负载可采用图 6.12 所示的电路耦合方式接入电路,这种耦合方式叫作阻容耦合。这里的"阻"指的是放大电路的输出电阻(近似为图中的 R_c。有关输出电阻的计算将在后面的分析中介绍),"容"指的是耦合电容 C_2。

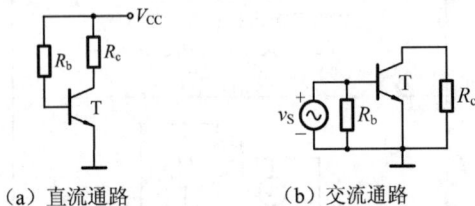

视频 30

(a) 直流通路   (b) 交流通路

图 6.11   图 6.10(b)的直流、交流通路

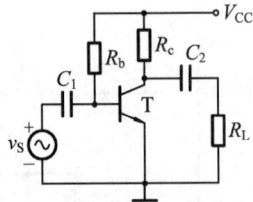

图 6.12   基本的阻容耦合放大电路

6.3   工作点稳定的偏置电路

视频 31

晶体管是对温度较敏感的电子器件,主要表现为当温度 T 升高时,集电极电流将随之增大。这里有三个量的变化影响集电极电流的变化(可参见第 13 章),即

$$T \uparrow \rightarrow \begin{matrix} \beta \uparrow \\ I_{CBO} \uparrow \\ V_{BE(on)} \downarrow \end{matrix} \rightarrow I_{CQ} \uparrow$$

这对于图 6.12 所示电路来说,有

$$T\uparrow \rightarrow I_{CQ}\uparrow \rightarrow I_{CQ}R_c\uparrow \rightarrow V_{CEQ}=V_{CC}-I_{CQ}R_c\downarrow \rightarrow 晶体管趋于饱和$$

由此可见图 6.12 所示电路的偏置电路是不大实用的。

寻求一种工作点稳定的偏置电路是非常必要的,利用负反馈原理来实现工作点的稳定,是人们常用的一种方法(其他方法可参考有关资料)。

根据第 3 章负反馈的知识可知,当电路中引入直流电流负反馈时,将起到稳定静态电流 I_{CQ} 的作用。据此得到的电路如图 6.13 所示。

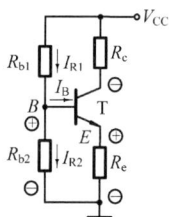
图 6.13　工作点稳定的偏置电路

通过对反馈的判断可知,该电路为电流串联负反馈,其中电阻 R_e 为反馈元件。稳定 I_{CQ} 的过程可概括为

$$T\uparrow \rightarrow I_{CQ}\uparrow \rightarrow I_{EQ}\uparrow \rightarrow V_{EQ}=I_{EQ}R_e\uparrow \rightarrow V_{BEQ}=V_{BQ}-V_{EQ}\downarrow \rightarrow I_{BQ}\downarrow$$
$$I_{CQ}\downarrow \longleftarrow$$

在这个稳定过程中,利用了 V_{BQ} 基本稳定的条件,这就需要在设计电路时合理选择 R_{b1}、R_{b2} 和 R_e。

事实上,假设 $I_{R1}\gg I_B$(工程上认为 $I_{R1}=(5\sim 10)I_B$),即 $I_{R1}\approx I_{R2}$,则

$$V_{BQ}=\frac{R_{b2}}{R_{b1}+R_{b2}}V_{CC} \tag{6.3}$$

同时,令 $V_{BQ}\gg V_{BEQ}$(工程上认为 $V_{BQ}=(5\sim 10)V_{BEQ}$),则

$$V_{EQ}=V_{BQ}-V_{BEQ}\approx V_{BQ}$$

即

$$I_{CQ}\approx I_{EQ}=\frac{V_{EQ}}{R_e}\approx \frac{V_{BQ}}{R_e} \tag{6.4}$$

此时,I_{CQ} 仅与 V_{CC}、R_{b1}、R_{b2} 和 R_e 有关,而与晶体管参数无关,故是稳定的。

也可以利用戴维南定理,将图 6.13 等效为图 6.14。其中

$$V_{eq}=\frac{R_{b2}}{R_{b1}+R_{b2}}V_{CC}, \quad R_{eq}=R_{b1}//R_{b2} \tag{6.5}$$

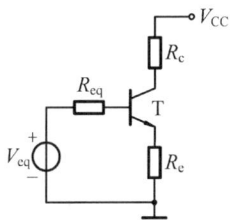
图 6.14　图 6.13 的戴维南等效

于是有

$$V_{eq}-V_{BEQ}=I_{BQ}R_{eq}+I_{EQ}R_e$$

而 $I_{EQ}=(1+\beta)I_{BQ}$,故

$$I_{EQ}=\frac{V_{eq}-V_{BEQ}}{\dfrac{R_{eq}}{1+\beta}+R_e}\approx I_{CQ} \tag{6.6}$$

若令

$$\begin{cases}(1+\beta)R_e\gg R_{eq} \\ V_{eq}\gg V_{BEQ}\end{cases} \tag{6.7}$$

式(6.6)变为

$$I_{CQ}=\frac{V_{eq}}{R_e} \tag{6.8}$$

与式(6.4)相同,即令 $I_{R1} \gg I_B$ 与 $(1+\beta)R_e \gg R_{eq}$ 是等价的,均可满足 V_{BQ} 基本稳定的条件,亦即可以达到稳定 I_{CQ} 的目的。但是在满足条件 $I_{R1} \gg I_B$ 或 $(1+\beta)R_e \gg R_{eq}$ 时,既要注意 $R_{eq} = R_{b1} // R_{b2}$ 中的两电阻 R_{b1} 和 R_{b2} 之值不易取得太小,又要考虑 I_{CQ} 的稳定。否则流过 R_{b1} 和 R_{b2} 的电流会过大,导致偏置电路消耗很多功率。一般选择 $R_{eq} = 0.1(1+\beta)R_e$。

【例 6.1】 电路如图 6.13 所示。设 $V_{CC} = 9V, R_c = 4.7k\Omega, V_{BE(on)} = 0.7V, \beta = 120, V_{CEQ} = 4V$。试确定 $R_{b1}、R_{b2}$ 和 R_e 的值。

解 一般情况下,选择 R_e 上的压降与 $V_{BE(on)}$ 的数量级相当。例如选 $R_e = 680\Omega$,则有

$$I_{CQ} = \frac{V_{CC} - V_{CEQ}}{R_e + R_c} = \frac{9 - 4}{4.7 + 0.68} \approx 0.93\text{mA}$$

此时 R_e 上的压降为 $0.93 \times 0.68 = 0.632V$,基本符合要求。

根据条件 $R_{eq} = 0.1(1+\beta)R_e$,有 $R_{eq} = 0.1 \times 121 \times 0.68 = 8.228k\Omega$。

根据式(6.6)有

$$V_{eq} = I_{EQ}\left(\frac{R_{eq}}{1+\beta} + R_e\right) + V_{BEQ} = 0.93 \times \left(\frac{8.228}{121} + 0.68\right) + 0.7 \approx 1.396V$$

由式(6.5),得

$$\frac{R_{b2}}{R_{b1} + R_{b2}} = \frac{V_{eq}}{V_{CC}} = \frac{1.396}{9} \approx 0.155$$

又 $R_{eq} = \frac{R_{b2}R_{b1}}{R_{b1} + R_{b2}} = 0.155R_{b1} = 8.228$,故

$$R_{b1} = \frac{8.228}{0.155} = 53.08k\Omega, \quad R_{b2} = 9.74k\Omega$$

取 $R_{b1} = 53k\Omega, R_{b2} = 9.1k\Omega$。

Multisim 仿真:在仿真界面上搭建图 6.13 所示电路,晶体管选用 2SC945,并将其 BF 参数改为 120,然后进行"DC 工作点"测试,测得 I_{CQ} 为 0.942mA,与设计值基本吻合。

通过"模型参数扫描",可以观察晶体管 β 变化对 I_{CQ} 的影响,扫描结果如下:

β	$I_{CQ}(\text{mA})$
100	0.931
120	0.942
140	0.950
160	0.957
180	0.962

例如 β 从 100 变为 120,变化了 20%,而 I_{CQ} 从 0.931 变为 0.942,变化了 1.18%;又例如 β 从 160 变为 180,变化了 12.5%,而 I_{CQ} 从 0.957 变为 0.962,变化了 0.52%,等等。表明 β 变化时,对电路的 Q 点影响很小。因此在一定条件下,该电路具有稳定 Q 点的作用。

6.4 放大电路的三种基本组态

以上我们得到了工作点稳定的偏置电路,在此基础上,在不同电极上,通过耦合电容接入信号源和负载,即可构成晶体管放大电路的三种基本组态,如图 6.15 所示。可以看出这三种组态的直流通路是相同的,所不同的是它们的交流通路,如图 6.16 所示。注意,在画交流通路时,三个电容 $C_1、C_2$ 和 C_3 均视为交流短路。

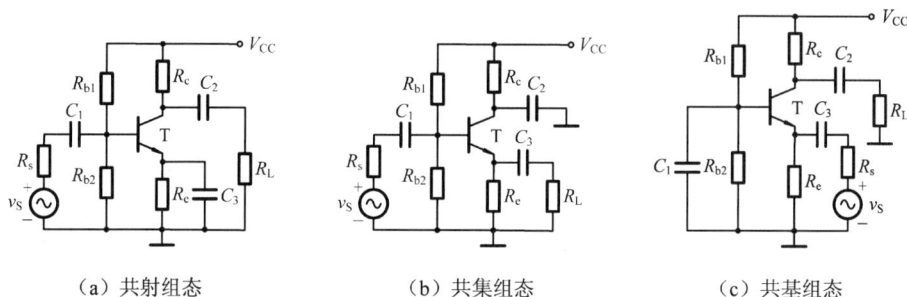

（a）共射组态 （b）共集组态 （c）共基组态

图 6.15 放大电路的三种基本组态

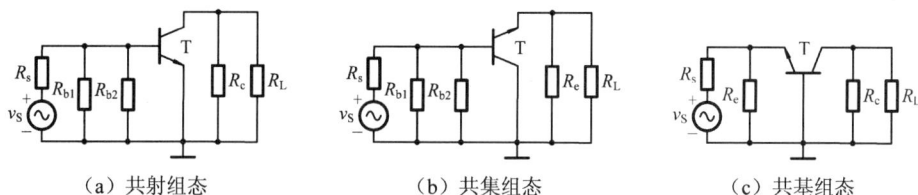

（a）共射组态 （b）共集组态 （c）共基组态

图 6.16 放大电路三种基本组态的交流通路

这三种组态分别称为共射、共集和共基放大电路。所谓共射电路,是指信号输入端为基极,输出端为集电极,发射极为输入回路和输出回路的公共端;所谓共集电路,是指信号输入端为基极,输出端为发射极,集电极为输入回路和输出回路的公共端;所谓共基电路,是指信号输入端为发射极,输出端为集电极,基极为输入回路和输出回路的公共端。

下面分别对这三种组态进行分析。

6.5 共发射极放大电路

由以上分析可知,一个放大电路中含有直流源和交流源,因此对它的分析将分为直流分析(静态分析)和交流分析(动态分析)。直流分析就是要计算电路的直流参数,例如 I_{BQ}、I_{CQ}、V_{BEQ} 和 V_{CEQ} 等,即 Q 点分析;交流分析是分析电路的交流参数,例如 $\dot{A}_v$、$\dot{A}_i$、R_i 和 R_o,以及波形、频率特性等。下面以图 6.15(a)所示的共射放大电路为例进行分析。

6.5.1 直流分析

直流分析是在直流通路基础上所进行的分析,主要分析电路的直流参数,具体到一个简单的单管共射电路来说,就是分析它的 I_{BQ}、I_{CQ}、V_{BEQ} 和 V_{CEQ} 四个参数,但有时认为 V_{BEQ} 是已知的(硅管: $|V_{BEQ}| = 0.6 \sim 0.7V$,锗管: $|V_{BEQ}| = 0.2 \sim 0.3V$)。

直流分析的方法分为解析法和图解法。

1. 解析法

利用直流通路,根据电路理论,求得直流参数。图 6.15(a)所示的共射放大电路的直流通路如图 6.13 所示。在 $I_{R1} \gg I_B$ 的条件下,可得

视频 32

$$\begin{cases} V_{BQ} = \dfrac{R_{b2}}{R_{b1} + R_{b2}} V_{CC} \\[2mm] I_{EQ} = \dfrac{V_{EQ}}{R_e} = \dfrac{V_{BQ} - V_{BEQ}}{R_e} \approx I_{CQ} (\text{其中}\, V_{BEQ}\, \text{是已知的}) \\[2mm] I_{BQ} = \dfrac{I_{EQ}}{1 + \beta} \\[2mm] V_{CEQ} = V_{CC} - I_{CQ} R_c - I_{EQ} R_e \approx V_{CC} - I_{CQ}(R_c + R_e) \end{cases} \tag{6.9}$$

2. 图解法

利用直流通路,在已知晶体管的输入特性和输出特性的情况下,采用作图的方法,求得直流参数。根据图6.13直流通路的等效电路图6.14,对于输入回路有

$$V_{eq} - v_{BE} = i_B R_{eq} + (1 + \beta) i_B R_e = i_B R_{b,eq} \tag{6.10}$$

此式称为输入回路负载线方程。其中 $R_{b,eq} = R_{eq} + (1 + \beta) R_e$ 为输入回路等效电阻。同理,对于输出回路有

$$V_{CC} - v_{CE} = i_C R_c + i_E R_e = i_C \left(R_c + \frac{1+\beta}{\beta} R_e \right) = i_C R_{c,eq} \tag{6.11}$$

此式称为输出回路负载线方程,即直流负载线方程。其中 $R_{c,eq} = R_c + \dfrac{1+\beta}{\beta} R_e$ 为输出回路等效电阻。于是图6.14可等效为图6.17。

用虚线将晶体管与外电路分开,其中晶体管上的电压、电流应满足其特性曲线,外电路部分应满足负载线方程式(6.10)和式(6.11),那么特性曲线与负载线的交点即为所求。

图6.17　图6.14的等效图

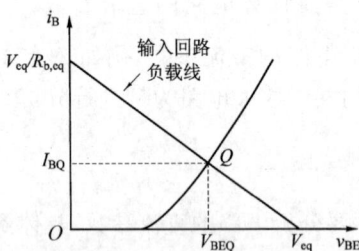

在输入特性坐标系中,画出由式(6.10)所确定的直线,该直线的横轴截距为 V_{eq},纵轴截距为 $V_{eq}/R_{b,eq}$,斜率为 $-1/R_{b,eq}$。与曲线的交点 Q 即为输入回路的静态工作点,其横坐标值为 V_{BEQ},纵坐标值为 I_{BQ},如图6.18(a)所示。

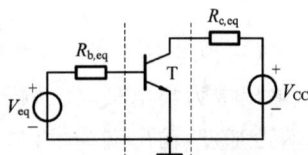

（a）输入回路的图解分析　　　（b）输出回路的图解分析

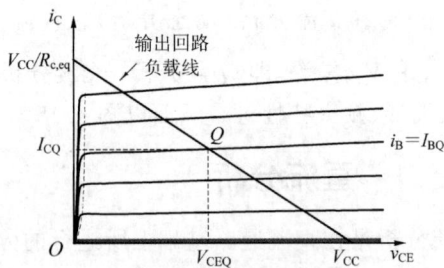

图6.18　静态工作点的图解分析

类似地,在输出特性坐标系中,画出由式(6.11)所确定的直线,该直线的横轴截距为 V_{CC},纵轴截距为 $V_{CC}/R_{c,eq}$,斜率为 $-1/R_{c,eq}$。然后,找出与 $i_B = I_{BQ}$ 对应的输出特性曲线,于是该曲线与负载线的交点 Q 即为输出回路的静态工作点。Q 点的横坐标值为 V_{CEQ},纵坐标值为 I_{CQ},如图6.18(b)所示。

【例 6.2】 电路如图 6.13 所示。已知 $R_{b1}=39k\Omega, R_{b2}=10k\Omega, R_e=1k\Omega, R_c=3.6k\Omega$，$V_{CC}=12V, \beta=100, V_{BEQ}=0.7V$，试计算电路的 Q 点。

解 因为 $R_{eq}=R_{b1}//R_{b2}=7.96k\Omega, (1+\beta)R_e=101\times1=101k\Omega$，所以，满足 $(1+\beta)R_e\gg R_{eq}$ 的条件，根据式(6.9)有

$$V_{BQ}=\frac{R_{b2}}{R_{b1}+R_{b2}}V_{CC}=\frac{10}{39+10}\times12=2.45V$$

$$I_{EQ}=\frac{V_{BQ}-V_{BEQ}}{R_e}=\frac{2.45-0.7}{1}=1.75mA$$

$$I_{BQ}=\frac{I_{EQ}}{1+\beta}=\frac{1.75}{101}=0.017mA$$

$$V_{CEQ}=V_{CC}-I_{CQ}(R_e+R_c)=12-1.75\times(1+3.6)=4V$$

6.5.2 交流分析

交流分析是在交流通路基础上所进行的分析，主要分析电路的交流参数(例如 $\dot{A}_v$、R_i、R_o 等)、输入波形、输出波形和频率特性等。

交流分析的方法分为图解法和小信号等效电路法。

1. 图解法

在已知所用晶体管特性曲线的情况下，通过作图，先进行 Q 点分析，然后再进行波形分析，即先静态，后动态。由于晶体管特性曲线仅反映信号频率较低时的电压和电流关系，故图解分析交流信号多适用于信号幅度较大而频率不太高的情况，例如分析最大不失真输出电压和波形失真情况等。

在图 6.18 的基础上，研究输入输出波形。从图 6.16(a)可以看出，输入信号电压 v_i 作用于发射结上，当信号的幅值较小时，v_{be} 与 i_b 呈线性关系，如图 6.19(a)所示。同时还可以看出，一方面，电路带有负载 R_L，输出电压 v_{ce} 是集电极电流 i_c 在并联电阻 $R_c//R_L$ 上所产生的电压，即 $v_{ce}=-i_c(R_c//R_L)$；另一方面，当输入电压 v_i 为 0 时，晶体管应工作于 Q 点，可见过 Q 点且斜率为 $-1/(R_c//R_L)$ 的直线即为交流负载线，如图 6.19(b)所示。

交流负载线的作图法：取 Q 点的纵坐标 I_{CQ}，计算出 $I_{CQ}(R_c//R_L)$，在横轴上确定点 $N[V_{CEQ}+I_{CQ}(R_c//R_L),0]$，连接 NQ 的直线即为交流负载线。

事实上，也可以根据图 6.15(a)来确定交流负载线方程。若选取时间常数 C_2R_L 远远大于信号周期，则 C_2 的端电压 V_{C2} 为一定值，且 $V_{C2}=V_{CQ}$(集电极静态电位)，此时 C_2 对交流信号相当于短路，负载 R_L 上只有交流电压 v_o 和交流电流 i_o。于是集电极输出的总电压为

$$v_O=V_{CQ}+v_o$$

而 $v_O=v_{CE}+V_{EQ}, V_{CQ}+v_o=V_{CEQ}+V_{EQ}+v_o$，即

$$v_{CE}+V_{EQ}=V_{CEQ}+V_{EQ}+v_o$$

故

$$v_{CE}=V_{CEQ}+v_o$$

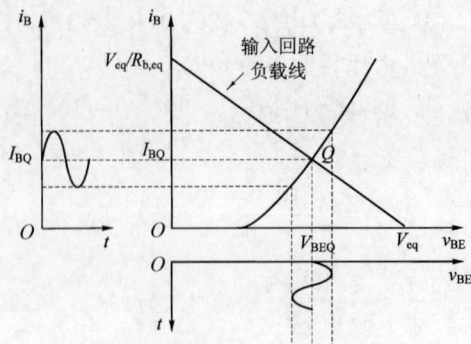

(a)输入回路的工作波形

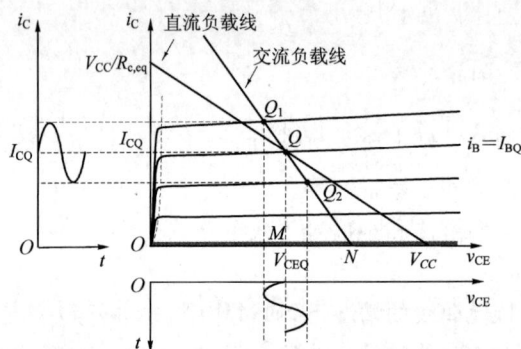

(b)输出回路的工作波形

图 6.19　共射电路的交流图解分析

又 $v_o = v_{ce} = -i_c(R_c//R_L)$,代入上式有

$$v_{CE} = V_{CEQ} - i_c(R_c//R_L)$$
$$= V_{CEQ} - (i_C - I_{CQ})(R_c//R_L)$$
$$= V_{CEQ} + I_{CQ}(R_c//R_L) - i_C(R_c//R_L)$$

即

$$i_C = -\frac{1}{R_c//R_L}v_{CE} + \frac{V_{CEQ} + I_{CQ}(R_c//R_L)}{R_c//R_L} \qquad (6.12)$$

这就是交流负载线方程。由此可知,交流负载线的斜率为 $-\dfrac{1}{R_c//R_L}$。当交流为零,即 $i_c = 0$ 时,

$v_{CE} = V_{CEQ}$,同时 $i_C = I_{CQ}$,即交流负载线过 Q 点,且在横轴上的截距为 $[V_{CEQ} + I_{CQ}(R_c//R_L)]$。

综合图 6.19 可知,当输入正弦电压 v_{be} 作用于发射结时,瞬时工作点将围绕 Q 点,沿输入特性曲线上下移动,从而产生正弦电流 i_b;在输出特性曲线上,将引起 Q 点沿交流负载线,在 Q_1 与 Q_2 之间移动,从而产生正弦电流 i_c 和正弦电压 v_{ce}。请注意,i_b、v_{be}、i_c 和 v_{ce} 都是围绕着 Q 点作相应的正弦变化的。

从图 6.19 中的波形不难发现:

(1) 欲使放大电路能够不失真地放大信号,信号的幅度必须远远小于静态值,即所谓的"小信号",这样不仅能保证晶体管各极电流和极间电压的方向始终不变,在工作点上叠加了一个小信号,而且又保证了这些电流、电压间的线性关系。

（2）交流信号 i_b、v_{be} 和 i_c 相位相同,但 v_{ce} 与它们相位相反。由于输出电压与输入电压反相,是共射放大电路所特有的,因此共射放大电路又称为反相放大电路。

（3）从图中还可求得电压放大倍数

$$A_v = \frac{\Delta v_{CE}}{\Delta v_{BE}} = \frac{V_{ce,max}}{V_{be,max}}$$

式中,$V_{ce,max}$ 为 v_{ce} 的幅值;$V_{be,max}$ 为 v_{be} 的幅值。

（4）利用图解分析,还可求得最大不失真输出电压。从图中可以看出,最大不失真输出电压的幅值为 $(V_{CEQ} - V_{CES})$ 与 $I_{CQ}(R_c // R_L)$ 中的较小者。

（5）利用图 6.19 还可以进一步分析 Q 点的位置对放大电路电压放大能力的影响,以及 Q 点过低或过高时,将引起的截止失真或饱和失真。

2. 小信号等效电路法

根据电路的工作频率,晶体管的小信号等效电路有低频和高频之分。低频小信号等效电路是在输入信号电压幅值较小,信号频率较低(晶体管的极间电容视为开路)的条件下,将晶体管在 Q 点附近小范围内所等效的线性模型。高频小信号等效电路是在输入信号电压幅值较小,信号频率较高(必须考虑晶体管的发射结电容和集电结电容的影响)的条件下,将晶体管在 Q 点附近小范围内所等效的线性模型。

之所以可以这样做,是因为在放大电路中,偏置电路保证了晶体管工作在放大区的某一点,可以把晶体管看作线性有源器件。这样,在对放大电路进行交流参数分析时,只要将交流通路中的晶体管用其小信号等效电路取代,即可讨论放大电路的性能指标。

1）晶体管的低频小信号等效电路

根据以上分析,将晶体管看成一个二端口网络,如图 6.20 所示。输入端口和输出端口的电压、电流分别为 v_{BE}、i_B 和 v_{CE}、i_C,选择它们四个中的两个作为自变量,其余两个作为因变量,可得到不同的网络参数来描述该网络。其中选择 i_B、v_{CE} 为自变量,v_{BE}、i_C 为因变量,即

$$\begin{cases} v_{BE} = f(i_B, v_{CE}) \\ i_C = f(i_B, v_{CE}) \end{cases} \tag{6.13}$$

所得到的网络参数称为 H 参数(混合参数)。H 参数物理意义明确,测量条件易实现,且在低频范围内为实数,所以在低频时使用较广泛。

图 6.20　晶体管的二端口网络

为了求得低频小信号模型,可通过对式(6.13)求全微分,得到电压、电流变化量之间的关系,即

$$\begin{cases} dv_{BE} = \dfrac{\partial v_{BE}}{\partial i_B}\bigg|_{V_{CEQ}} di_B + \dfrac{\partial v_{BE}}{\partial v_{CE}}\bigg|_{I_{BQ}} dv_{CE} \\ di_C = \dfrac{\partial i_C}{\partial i_B}\bigg|_{V_{CEQ}} di_B + \dfrac{\partial i_C}{\partial v_{CE}}\bigg|_{I_{BQ}} dv_{CE} \end{cases} \tag{6.14}$$

若考虑输入信号为正弦波,则以瞬时量 v_{be} 等取代微分量 dv_{BE} 等,则式(6.14)变为

$$\begin{cases} v_{be} = h_{ie}i_b + h_{re}v_{ce} \\ i_c = h_{fe}i_b + h_{oe}v_{ce} \end{cases} \tag{6.15}$$

式中,h_{ie}、h_{re}、h_{fe} 和 h_{oe} 称为晶体管共射极连接时的 H 参数。这里

$$h_{ie} = \frac{\partial v_{BE}}{\partial i_B}\bigg|_{V_{CEQ}}$$ 是晶体管输出端交流短路,即 $v_{ce} = 0$,$v_{CE} = V_{CEQ}$ 时的输入电阻,常用 r_{be} 表示。

$$h_{fe} = \frac{\partial i_C}{\partial i_B}\bigg|_{V_{CEQ}}$$ 是晶体管输出端交流短路,即 $v_{ce} = 0$,$v_{CE} = V_{CEQ}$ 时的正向电流传输比 (电流放大系数),用 β 表示。

$$h_{re} = \frac{\partial v_{BE}}{\partial v_{CE}}\bigg|_{I_{BQ}}$$ 是晶体管输入端交流开路,即 $i_b = 0$,$i_B = I_{BQ}$ 时的反向电压传输比。

$$h_{oe} = \frac{\partial i_C}{\partial v_{CE}}\bigg|_{I_{BQ}}$$ 是晶体管输入端交流开路,即 $i_b = 0$,$i_B = I_{BQ}$ 时的输出电导,或表示为晶体管输出电阻 r_{ce} 的倒数,即 $1/r_{ce}$。

事实上,式(6.15)也可以通过对晶体管输入、输出特性曲线的分析而得到。

从输入特性上看,如图 6.21 所示。v_{be} 的总增量等于仅由 i_b 变化引起的增量 $v_{be}'(=h_{ie}i_b)$ 与仅由 v_{ce} 变化引起的增量 $v_{be}''(=h_{re}v_{ce})$ 之和。其中 v_{be}'' 值很小,即输入特性曲线几乎重合,亦即 h_{re} 很小,一般忽略不计。

从输出特性上看,如图 6.22 所示。i_c 的总增量等于仅由 i_b 变化引起的增量 $i_c'(=\beta i_b)$ 与仅由 v_{ce} 变化引起的增量 $i_c''(=h_{oe}v_{ce})$ 之和。其中 i_c'' 值很小,即输出特性曲线微微上翘,亦即 r_{ce} 很大,一般忽略不计。

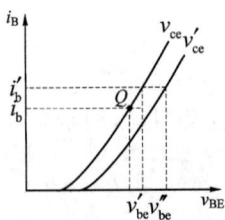

图 6.21 v_{be} 的变化情况

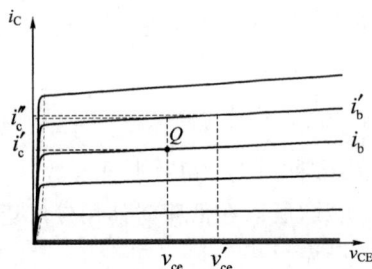

图 6.22 i_c 的变化情况

r_{ce} 的值可用厄尔利电压来估算。由图 6.6 可知,V_A 值越大,表明特性曲线的放大区部分越趋于水平。小功率管的 V_A 值一般大于 100V。不难看出,在 Q 点处有

$$r_{ce} \approx \frac{V_A}{I_{CQ}} \tag{6.16}$$

例如 $V_A = 100$V,若 $I_{CQ} = 1$mA,则 $r_{ce} = 100$kΩ。在实际电路中,r_{ce} 是否可略,要看与 r_{ce} 并联电阻 R 值的大小。若不满足 $r_{ce} \gg R$ 的条件,则在计算电路时,r_{ce} 不能忽略。

下面根据式(6.15),画出晶体管的低频小信号等效电路。

由式(6.15)的第一式可知,在晶体管的输入回路中,输入电压 v_{be} 等于两个电压之和,即基极电流 i_b 在电阻 r_{be} 上的压降与输出电压 v_{ce} 对输入回路的反馈电压 $h_{re}v_{ce}$(称为内

部反馈,表现为压控电压源的形式)之串联,如图 6.23 的左半部分;由式(6.15)的第二式可知,在晶体管的输出回路中,输出电流 i_c 等于两个电流之和,即受基极电流 i_b 控制的流控电流源 βi_b 与输出电压 v_{ce} 在输出电阻 r_{ce} 上引起的电流之并联,如图 6.23 的右半部分。

若忽略 h_{re} 和 h_{oe},则可得晶体管的简化低频小信号等效电路,如图 6.24 所示。图 6.23 和图 6.24 中的 i_b 与 βi_b 的关系反映了晶体管的输入与输出间的基本控制关系。由于 i_b 与 βi_b 为控制与被控制的关系,故在分析问题时,要特别注意电流方向。

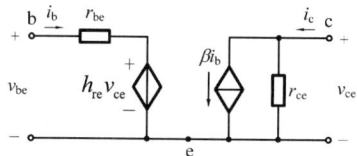

图 6.23 晶体管的低频小信号等效电路   图 6.24 晶体管的简化低频小信号等效电路

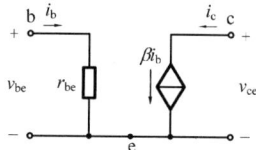

电阻 r_{be} 的值可由下式求得(参见第 13 章)

$$r_{be} = r_{bb'} + (1 + \beta) \frac{26(\text{mV})}{I_{EQ}(\text{mA})} \qquad (6.17)$$

式中,$r_{bb'}$ 为晶体管基区的体电阻,对于小功率的晶体管,其值约为几十至几百欧。

请注意,r_{be} 是交流电阻。从输入特性曲线上可以看出,其大小与 Q 点的位置有关。正如式(6.17)中所示,r_{be} 的值与静态值 I_{EQ} 的大小有关。

2) 共射放大电路的中频小信号分析

放大电路的中频小信号分析,是将耦合电容和旁路电容视为交流短路、晶体管结电容视为交流开路的条件下所进行的分析。因此分析过程大致分为三个步骤:

(1) 画出放大电路的中频小信号等效电路;

(2) 计算静态值 I_{EQ},从而求得 r_{be} 的值;

(3) 求交流参数 $\dot{A}_v$、$\dot{A}_i$、R_i 和 R_o 等。

在放大电路交流通路的基础上,将晶体管的低频小信号等效电路取代图中的晶体管,即可得到共射放大电路的中频小信号等效电路,如图 6.25 所示。

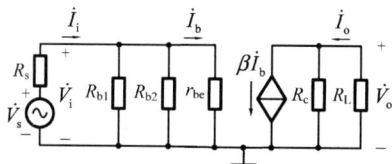

图 6.25 共射放大电路的中频小信号等效电路

特别需要指出,图中均在正弦稳态条件下讨论,故各个电压、电流量均表示为相量形式。另外静态值 I_{EQ} 已求得,r_{be} 的值为已知。下面求解 $\dot{A}_v$、$\dot{A}_i$、R_i 和 R_o。

(1) 电压增益 $\dot{A}_v$

由图 6.25 可知,

$$\dot{V}_o = -\beta \dot{I}_b (R_c // R_L) = -\beta \dot{I}_b R_L' \quad (\text{式中 } R_L' = R_c // R_L)$$

$$\dot{V}_i = \dot{I}_b r_{be}$$

根据电压增益 $\dot{A}_v$ 的定义,有

$$\dot{A}_v = \frac{\dot{V}_o}{\dot{V}_i} = -\frac{\beta R'_L}{r_{be}} \tag{6.18}$$

说明:

① 式中"一"表明共射放大电路的输出电压与输入电压反相,且 $\dot{V}_o$ 滞后 $\dot{V}_i 180°$;

② 适当选择电路参数,可使 $|\dot{V}_o| > |\dot{V}_i|$,以实现电压放大;

③ 将 r_{be} 的表达式代入式(6.18)中,得

$$\dot{A}_v = -\frac{\beta R'_L}{r_{bb'} + (1+\beta)\dfrac{26}{I_{EQ}}}$$

当 $(1+\beta)\dfrac{26}{I_{EQ}} \gg r_{bb'}$,且 $\beta \gg 1$ 时,有

$$\dot{A}_v = -\frac{R'_L}{26} I_{EQ} \tag{6.19}$$

此时 $\dot{A}_v$ 几乎与 β 无关,且适当增大静态值 I_{EQ},可提高 $\dot{A}_v$ 的值;

④ 增大 R'_L 的值,可提高 $\dot{A}_v$ 的值。但增大 R_c 的值,将会影响 Q 点。我们知道,恒流源具有既可提供一定的直流电流,同时其交流电阻又为无穷大的特点。可见若以电流源取代电阻 R_c,既保证了晶体管集电极的工作电流,又为集电极提供了一个阻值很大的交流负载。这在 R_L 足够大的情况下,将大大提高电路的 $\dot{A}_v$ 值。这种以电流源作负载的放大电路称为有源负载放大电路。关于这一点将在后文详细介绍。

(2) 电流增益 $\dot{A}_i$

由图 6.25 可知,

$$\dot{I}_o = \frac{R_c}{R_c + R_L} \beta \dot{I}_b$$

$$\dot{I}_i = \frac{R_{b1}//R_{b2} + r_{be}}{R_{b1}//R_{b2}} \dot{I}_b$$

根据电流增益的定义有

$$\dot{A}_i = \frac{\dot{I}_o}{\dot{I}_i} = \frac{R_c}{R_c + R_L} \frac{R_{b1}//R_{b2}}{R_{b1}//R_{b2} + r_{be}} \beta$$

一般情况下,有 $R_c \gg R_L$,$R_{b1}//R_{b2} \gg r_{be}$,于是,得

$$\dot{A}_i = \beta \tag{6.20}$$

表明共射放大电路既有电压放大能力,又有电流放大能力,即具有较高的功率增益。

(3) 输入电阻 R_i

根据定义有

$$R_i = \frac{\dot{V}_i}{\dot{I}_i} = R_{b1}//R_{b2}//r_{be} \tag{6.21}$$

一般情况下,有 $R_{\mathrm{b1}}//R_{\mathrm{b2}} \gg r_{\mathrm{be}}$,则

$$R_{\mathrm{i}} \approx r_{\mathrm{be}} \tag{6.22}$$

(4) 输出电阻 R_{o}

根据定义,首先将信号源置零,但保留内阻,同时去掉负载 R_{L}。在输出端"加压求流",从而求得 R_{o},如图 6.26 所示。这里为了与 6.6 节中的结果比较,特意将晶体管的 r_{ce} 画出。于是有

$$R_{\mathrm{o}} = \frac{\dot{V}}{\dot{I}}\bigg|_{\dot{V}_{\mathrm{s}}=0, R_{\mathrm{L}}=\infty} = R_{\mathrm{c}}//r_{\mathrm{ce}} \tag{6.23}$$

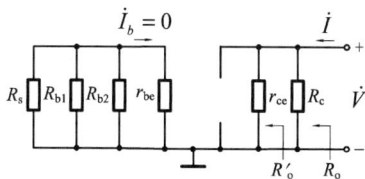

图 6.26　共射电路输出电阻 R_{o} 的求解

考虑到 $r_{\mathrm{ce}} \gg R_{\mathrm{c}}$,所以有

$$R_{\mathrm{o}} \approx R_{\mathrm{c}} \tag{6.24}$$

(5) 源电压增益 $\dot{A}_{vs}$

$\dot{A}_{vs}$ 的定义是输出电压 $\dot{V}_{\mathrm{o}}$ 与信号源电压 $\dot{V}_{\mathrm{s}}$ 的比值,即

$$\dot{A}_{vs} = \frac{\dot{V}_{\mathrm{o}}}{\dot{V}_{\mathrm{s}}} = \frac{\dot{V}_{\mathrm{i}}}{\dot{V}_{\mathrm{s}}} \frac{\dot{V}_{\mathrm{o}}}{\dot{V}_{\mathrm{i}}} = \frac{R_{\mathrm{i}}}{R_{\mathrm{s}} + R_{\mathrm{i}}} \dot{A}_v \tag{6.25}$$

显然,$|\dot{A}_{vs}| < |\dot{A}_v|$。只有提高输入电阻 R_{i},使 $R_{\mathrm{i}} \gg R_{\mathrm{s}}$ 时,则有

$$\dot{A}_{vs} \approx \dot{A}_v \tag{6.26}$$

【例 6.3】　电路如图 6.15(a)所示。其中,R_{b1}、R_{b2}、R_{e}、R_{c}、V_{CC}、β 和 V_{BEQ} 的值同例 6.2,$r'_{\mathrm{bb}} = 100\Omega$,$R_{\mathrm{L}} = 10\mathrm{k}\Omega$,$R_{\mathrm{s}} = 0.5\mathrm{k}\Omega$。对交流信号而言,所有晶体管外接电容均视为短路。求电路的交流参数 $\dot{A}_v$、$\dot{A}_{vs}$、R_{i} 和 R_{o}。

解　首先计算 I_{EQ}。根据例 6.2 的计算结果,$I_{\mathrm{EQ}} = 1.75\mathrm{mA}$。由式(6.17),有

$$r_{\mathrm{be}} = r_{\mathrm{bb'}} + (1+\beta)\frac{26}{I_{\mathrm{EQ}}} = 100 + 101 \times \frac{26}{1.75} = 1.6\mathrm{k}\Omega$$

又 $R'_{\mathrm{L}} = R_{\mathrm{c}}//R_{\mathrm{L}} = 3.6//10 = 2.65\mathrm{k}\Omega$。根据式(6.18)、式(6.21)、式(6.24)和式(6.25),得

$$\dot{A}_v = -\frac{\beta R'_{\mathrm{L}}}{r_{\mathrm{be}}} = -\frac{100 \times 2.65}{1.6} = -166$$

$$R_{\mathrm{i}} = R_{\mathrm{b1}}//R_{\mathrm{b2}}//r_{\mathrm{be}} = 39//10//1.6 = 1.33\mathrm{k}\Omega$$

$$R_{\mathrm{o}} \approx R_{\mathrm{c}} = 3.6\mathrm{k}\Omega$$

$$\dot{A}_{vs} = \frac{R_{\mathrm{i}}}{R_{\mathrm{s}} + R_{\mathrm{i}}} \dot{A}_v = \frac{1.33}{0.5 + 1.33} \times (-166) = -121$$

Multisim 仿真:在仿真界面上搭建图 6.15(a)所示电路,如图 6.27(a)所示。晶体管选用 2SC945,设置其 BF 参数,使晶体管的 β 为 100;设置其 VAF 参数,以减小晶体管输出电阻 r_{ce} 对输出电压的影响。然后用探针进行"DC 工作点"测试,测得 I_{EQ} 为 1.69mA。当信号源电压幅值为 10mV 时,探针测得输出电压有效值为 836mV,输入电压有效值为 5.20mV,故电压增益为 836/5.20 = 161,源电压增益为 836/7.07 = 118,与理论值基本吻合。

通过"瞬态分析",观察输入、输出波形,可见输出波形与输入波形反相,如图 6.27(b)所示。这里以右轴坐标表示输入波形;以左轴坐标表示输出波形。

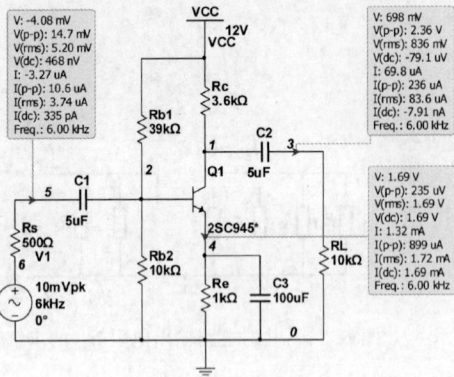

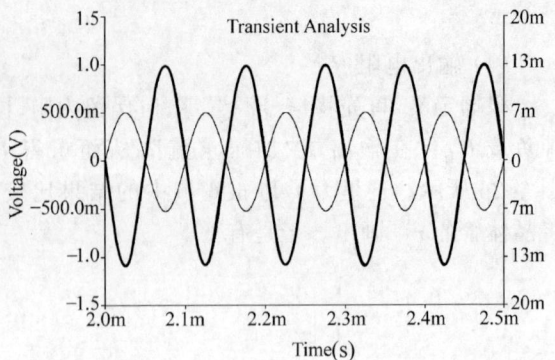

(a) 仿真图　　　　　　　　　　　(b) 输入(细线)和输出(粗线)波形

图 6.27　例 6.3 仿真分析

3) 对共射放大电路的进一步讨论

从图 6.15(a) 所示共射放大电路的直流通路图 6.13 中可以看出,R_e 的接入使电路引入了直流电流负反馈,起到了稳定静态工作点 I_{CQ} 的作用。而从它的交流通路图 6.16(a) 中可知,该共射电路无交流负反馈。那么如何使该电路具有交流负反馈呢? 引入交流负反馈后,对电路的性能又有那些影响呢?

一种较简单的方法是将图 6.15(a) 中的 C_3 去掉,此时的电原理图及其交流通路和中频小信号等效电路分别如图 6.28(a)、图 6.28(b) 和图 6.28(c) 所示。从图 6.28(b) 中可以看出,电阻 R_e 既处于输入回路中,又处于输出回路中,是联系输出与输入回路的反馈元件,所以说,图 6.28(a) 所示电路既引入了直流反馈又引入了交流反馈。还可以看出,输出回路的电流流经 R_e 时,所产生的压降即为反馈电压 $\dot{V}_f$,根据瞬时极性法,$\dot{V}_f$ 的极性为上正下负,它使晶体管基-射极间的净输入电压 $\dot{V}'_i = \dot{V}_i - \dot{V}_f$ 减小,说明该电路中引入的反馈为负反馈。由于反馈信号是以电压 $\dot{V}_f$ 的形式出现于输入回路,同时 $\dot{V}_f$ 与输出电流成正比,或者说 $\dot{V}_f$ 与输出电流有关,因此可以判断此时电路引入的是电流串联交流负反馈,并且需电压源型信号源作驱动。根据第 3 章负反馈的知识,电路引入交流负反馈,势必要对电路的交流性能指标产生影响。下面依照图 6.28(c) 分别对其各项交流参数进行讨论。

(1) 电压增益 $\dot{A}_{vf}$

由图 6.28(c) 可知,

$$\dot{V}_o = -\beta \dot{I}_b (R_c // R_L) = -\beta \dot{I}_b R'_L \quad (式中 R'_L = R_c // R_L)$$

$$\dot{V}_i = \dot{I}_b r_{be} + (1+\beta) \dot{I}_b R_e$$

根据电压增益 $\dot{A}_v$ 的定义,有

$$\dot{A}_{vf} = \frac{\dot{V}_o}{\dot{V}_i} = -\frac{\beta R'_L}{r_{be} + (1+\beta) R_e} \tag{6.27}$$

与式(6.18)比较可知,引入负反馈后的电压增益 $|\dot{A}_{vf}| < |\dot{A}_v|$,这与第 3 章的结论是一致

(a) 引入交流负反馈   (b) 交流通路

(c) 中频小信号等效电路

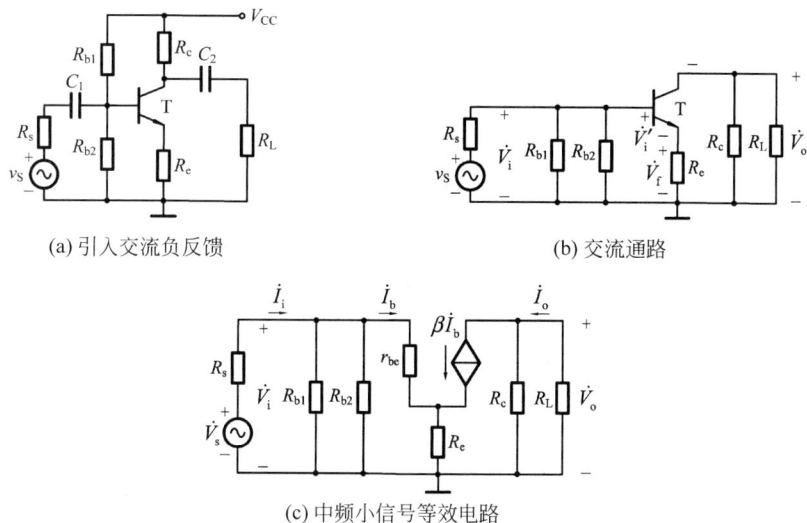

图 6.28　引入交流负反馈的共射放大电路

的。特别是在 $\beta \gg 1$,且 $(1+\beta)R_e \gg r_{be}$ 时有

$$\dot{A}_{vf} \approx -\frac{R'_L}{R_e} \tag{6.28}$$

实际上,此式是电路在引入深度负反馈后电压增益的表达式。

事实上,也可以利用第 3 章中深度负反馈电压增益的求法得到上式。

因串联负反馈,有 $\dot{V}_i = \dot{V}_f$,而 $\dot{V}_f = \beta \dot{I}_b R_e$,$\dot{V}_o = -\beta \dot{I}_b R'_L$,故有

$$\dot{A}_{vf} = \frac{\dot{V}_o}{\dot{V}_i} = \frac{\dot{V}_o}{\dot{V}_f} = -\frac{R'_L}{R_e}$$

表明电路引入负反馈后,虽然电压增益下降了很多,却比原来稳定了,特别在深度负反馈下,电压增益 $\dot{A}_{vf}$ 仅由外围电阻 R_c、R_e 和 R_L 决定,而与晶体管本身的参数无关。

(2) 输入电阻 R_{if}

根据定义,有

$$R_{if} = \frac{\dot{V}_i}{\dot{I}_i} = R_{b1}//R_{b2}//\frac{\dot{V}_i}{\dot{I}_b} = R_{b1}//R_{b2}//[r_{be} + (1+\beta)R_e] \tag{6.29}$$

与式(6.21)比较可知,$R_{if} > R_i$,说明电路引入串联负反馈后,输入电阻提高了。

特别需要指出,$r_{be} + (1+\beta)R_e$ 是电路引入串联负反馈后环内的输入电阻,较引入负反馈前的输入电阻 r_{be} 有很大提高。由于 R_{b1} 和 R_{b2} 不在反馈环内,故整个电路的输入电阻应为

$$R_{if} = R_{b1}//R_{b2}//[r_{be} + (1+\beta)R_e]$$

(3) 输出电阻 R_{of}

为了比较共射电路引入电流串联负反馈前后输出电阻的变化情况,需考虑晶体管的输出电阻 r_{ce} 的影响。求解 R_{of} 的等效电路如图 6.29 所示。

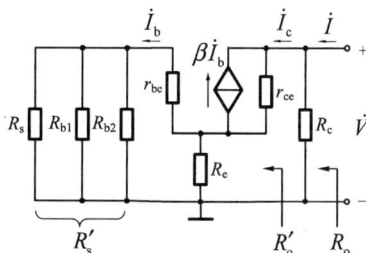

图 6.29　求解 R_{of} 的等效电路

从图中可知，

$$\dot{I}_b(r_{be}+R'_s)+(\dot{I}_b-\dot{I}_c)R_e=0 \quad (其中\ R'_s=R_s//R_{b1}//R_{b2})$$

即

$$\dot{I}_b=\frac{R_e}{r_{be}+R'_s+R_e}\dot{I}_c \tag{6.30}$$

又

$$\dot{V}=(\dot{I}_c+\beta\dot{I}_b)r_{ce}+(\dot{I}_c-\dot{I}_b)R_e \tag{6.31}$$

将式(6.30)代入式(6.31)，得

$$\dot{V}=\dot{I}_c\left[r_{ce}+R_e+\frac{R_e}{r_{be}+R'_s+R_e}(\beta r_{ce}-R_e)\right]$$

由此得

$$R'_o=\frac{\dot{V}}{\dot{I}_c}=r_{ce}+R_e+\frac{R_e}{r_{be}+R'_s+R_e}(\beta r_{ce}-R_e)$$

考虑到 $r_{ce}\gg R_e$，于是有

$$R'_o\approx r_{ce}\left(1+\frac{\beta R_e}{r_{be}+R'_s+R_e}\right) \tag{6.32}$$

一般情况下，R_e 与 $(r_{be}+R'_s+R_e)$ 为同一量级，故 R'_o 近似为 βr_{ce}，可见这里的 R'_o 的值近乎是图 6.26 中 R'_o 的 β 倍。这与第 3 章中关于电流负反馈的结论是一致的，即当电路引入电流负反馈后，能够提高输出电阻，从而使输出电流趋于恒流。值得注意的是，电路引入负反馈后，只对反馈环内的输出电阻产生影响，而 R_c 不在反馈环内，故实际的输出电阻应为

$$R_{of}=\frac{\dot{V}}{\dot{I}}=R_c//R'_o$$

而 $R'_o\gg R_c$，故有

$$R_{of}\approx R_c \tag{6.33}$$

在通常情况下，因为晶体管采用的是简化模型，忽略了 r_{ce} 的影响，所以在计算结果中也就看不到电路引入负反馈前后 R'_o 的变化。

【例 6.4】 电路如图 6.28(a)所示。其中，R_{b1}、R_{b2}、R_e、R_c、V_{CC}、β 和 V_{BEQ} 的值同例 6.2，$r_{bb'}=100\Omega$，$R_L=10\text{k}\Omega$，$R_s=0.5\text{k}\Omega$。对交流信号而言，所有电容均视为短路。求电路的交流参数 $\dot{A}_{vf}$、$\dot{A}_{vsf}$、R_{if} 和 R_{of}。

解 由例 6.3 可知，$r_{be}=1.6\text{k}\Omega$，$R'_L=2.65\text{k}\Omega$。

根据式(6.27)、式(6.29)、式(6.33)和式(6.25)，得

$$\dot{A}_{vf}=\frac{\dot{V}_o}{\dot{V}_i}=-\frac{\beta R'_L}{r_{be}+(1+\beta)R_e}=-\frac{100\times2.65}{1.6+101\times1}=-2.6$$

$$R_{if}=R_{b1}//R_{b2}//[r_{be}+(1+\beta)R_e]=39//10//(1.6+101\times1)=7.4\text{k}\Omega$$

$$R_{of}\approx R_c=3.6\text{k}\Omega$$

$$\dot{A}_{vsf} = \frac{R_{if}}{R_s + R_{if}} \dot{A}_{vf} = \frac{7.4}{0.5 + 7.4} \times (-2.6) = -2.4$$

可见,电路引入交流负反馈后, $\dot{A}_{vf}$ 减小了很多,但输入电阻增大了,致使 $\dot{A}_{vsf}$ 与 $\dot{A}_{vf}$ 的差异明显减小了。不仅如此,电路的带宽、非线性失真等性能指标也会有一定程度的改善。有关电路的频响问题将在后文介绍。

比较例6.3和例6.4可知,两个共射电路的静态工作点是一样的,但电压增益 $\dot{A}_v$ 却相差很大。那么,能否设计一种电路,在保持静态工作点不变的条件下,使电压增益可以在一定范围内调整呢?图6.30给出了这种电路的电原理图,可以看出,它是将 R_e 分成两个电阻 R_{e1} 和 R_{e2} 的串联,其中 C_3 只并联在 R_{e2} 两端,这样只要 R_e 的总阻值不变,Q点将不会受到影响。而改变 R_{e1} 的值(R_{e2} 也作相应变动),即可改变电压增益 $\dot{A}_{vf}$ 的值。

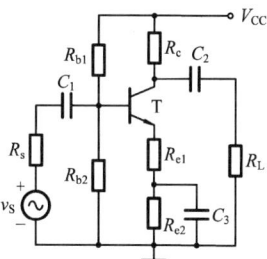

图 6.30　电压增益可调的共射放大电路

不难证明,电路的电压增益表达式为

$$\dot{A}_{vf} = \frac{\dot{V}_o}{\dot{V}_i} = -\frac{\beta R'_L}{r_{be} + (1+\beta)R_{e1}} \tag{6.34}$$

【例6.5】　设计一个共射放大电路,其电压增益 A_{vf} 为10~30。电路如图6.30所示,各元器件参数同例6.3。试确定电阻 R_{e1} 和 R_{e2} 的值。

解　由题意可知,电路的静态与例6.3中相同,故有 $r_{be} = 1.6\text{k}\Omega$,且 $R'_L = 2.65\text{k}\Omega$。现将射极电阻 R_e 分成两个电阻 R_{e1} 和 R_{e2} 的串联,先根据式(6.34),确定 R_{e1} 的值,然后再求出对应的 R_{e2} 的值。

根据式(6.34)有

$$R_{e1} = \left(\frac{\beta R'_L}{A_{vf}} - r_{be}\right)/(1+\beta)$$

据此,当 $A_{vf} = 10$ 时,求得 $R_{e1} = 247\Omega$;当 $A_{vf} = 30$ 时,求得 $R_{e1} = 72\Omega$,即 A_{vf} 为10~30时, R_{e1} 在247~72Ω变化,与之对应的 R_{e2} 的值为753~928Ω。

Multisim仿真:仿真电路图如图6.31所示。改变 R_{e1} 的值和对应的 R_{e2} 的值,即可得到不同电压增益的共射电路,且电路的Q点不变。图6.31(a)和图6.31(b)所示的电路的电压增益分别为10倍和30倍。从探针的测试结果可知,两图的电压增益分别为65.1/6.54 = 9.95和188/6.33 = 29.70, I_{EQ} 仍为1.69mA,与理论值基本吻合。

4) 晶体管的高频小信号等效电路

前面已经讨论了晶体管处于放大区的H参数低频小信号等效电路,并在此基础上,对共射放大电路的交流参数进行了分析。在整个分析过程中,耦合电容和旁路电容均被视为短路,而晶体管的极间电容和电路中的分布电容均无考虑(实际上是视为开路),所导出的电压增益与频率无关,这就是在第2章中曾提到的对放大电路中频段的研究。

欲研究放大电路的频率响应,可以利用低频段、中频段和高频段的等效电路,分别求出三个频段下的电压增益表达式,由此再得到放大电路的频率响应。下面讨论晶体管的高频小信号等效电路。

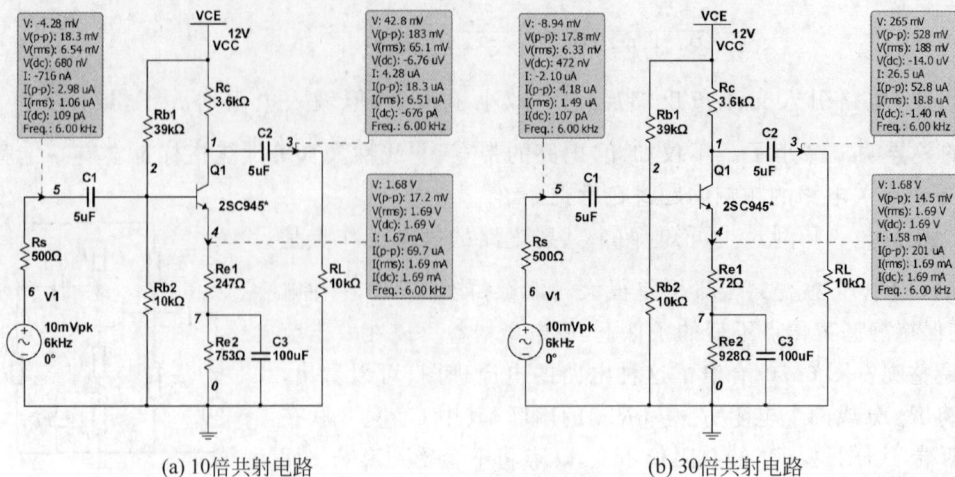

(a) 10倍共射电路　　　　　　　　　　　　(b) 30倍共射电路

图 6.31　例 6.5 仿真图

（1）高频小信号等效电路

考虑晶体管的发射结电容和集电结电容影响的高频小信号等效电路如图 6.32 所示。图中，$r_{bb'}$ 表示基区的体电阻，$r_{b'e}$ 表示发射结正偏电阻 r_e 折算到基极回路的等效电阻，可用表达式 $r_{b'e}=(1+\beta)r_e=(1+\beta)\dfrac{V_T}{I_{EQ}}$ 求得。$C_{b'e}$ 表示发射结的正偏结电容，$r_{b'c}$ 表示集电结的反偏电阻，$C_{b'c}$ 表示集电结的反偏结电容。

在高频段，这些结电容呈现的阻抗将减小，它们的分流作用不可忽略，晶体管中的受控电流源不再完全受控于基极电流 $\dot{I}_b$，而是受控于发射结上所加的电压 $\dot{V}_{b'e}$，原受控电流源 $\beta\dot{I}_b$ 应改用 $g_m\dot{V}_{b'e}$ 来表示。这里的 g_m 称为跨导，其量纲为电导，表示发射结电压对集电极电流的控制能力，即

$$g_m=\left.\frac{\partial i_c}{\partial v_{b'e}}\right|_{V_{CE}} \tag{6.35}$$

考虑到 $r_{b'c}$ 的数值很大，且在高频段 $r_{b'c}\gg 1/\omega C_{b'c}$，故忽略 $r_{b'c}$ 的影响，再者，一般有 $r_{ce}\gg R_L$，故 r_{ce} 也可忽略。于是得到晶体管的简化高频小信号等效电路，如图 6.33 所示。

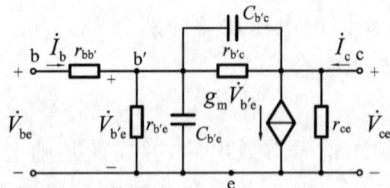　　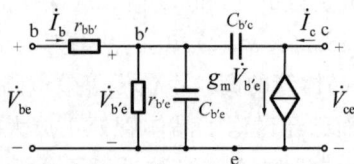

图 6.32　晶体管高频小信号等效电路　　　图 6.33　晶体管的简化高频小信号等效电路

由于等效电路的形状像字母 π，各元件参数具有不同的量纲，故又称之为混合 π 形高频小信号等效电路。

（2）g_m 参数的计算

由于在低频情况下，电容 $C_{b'e}$ 和 $C_{b'c}$ 可视为开路，于是得到图 6.34(a)，与晶体管的 H

参数低频小信号等效电路图 6.34(b) 比较,可得到如下关系

$$\dot{I}_c = g_m \dot{V}_{b'e} = \beta_0 \dot{I}_b$$

(a) 混合π形等效电路在低频时的形式   (b) H参数低频小信号等效电路

图 6.34 在低频情况下,晶体管两种等效电路的比较

为了区别起见,这里特意用 β_0 表示低频情况下的电流放大系数。将 $\dot{V}_{b'e} = \dot{I}_b r_{b'e}$,且 $\beta_0 \gg 1$,代入上式得

$$g_m = \frac{\beta_0}{r_{b'e}} = \frac{\beta_0}{(1+\beta_0)\dfrac{V_T}{I_{EQ}}} \approx \frac{I_{EQ}}{V_T} \qquad (6.36)$$

我们也可以利用 g_m 的定义式(6.35),导出式(6.36)。

$$g_m = \frac{\partial i_c}{\partial v_{b'e}}\bigg|_{V_{CE}} = \frac{\partial i_c}{\partial i_b}\frac{\partial i_b}{\partial v_{b'e}}\bigg|_{V_{CE}} = \frac{\beta_0}{r_{b'e}} \approx \frac{I_{EQ}}{V_T}$$

(3) β 的频率响应

由图 6.33 可以看出,电容 $C_{b'e}$ 和 $C_{b'c}$ 将会影响晶体管的电流放大能力,导致电流放大系数是频率的函数,以 $\dot{\beta}$ 表示。根据定义有

$$\dot{\beta} = \frac{\dot{I}_c}{\dot{I}_b}\bigg|_{\dot{V}_{CE}=0}$$

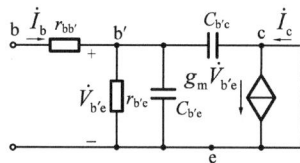

图 6.35 计算 $\dot{\beta}$ 的等效电路

将图 6.33 变为图 6.35。由图中可知

$$\dot{I}_b = \frac{\dot{V}_{b'e}}{r_{b'e}} + j\omega C_{b'e}\dot{V}_{b'e} + j\omega C_{b'c}\dot{V}_{b'e}$$

$$= \dot{V}_{b'e}\left[\frac{1}{r_{b'e}} + j\omega(C_{b'e}+C_{b'c})\right]$$

又 $\dot{I}_c = g_m\dot{V}_{b'e} - j\omega C_{b'c}\dot{V}_{b'e} = \dot{V}_{b'e}(g_m - j\omega C_{b'c})$,两式相除,有

$$\dot{\beta} = \frac{\dot{I}_c}{\dot{I}_b} = \frac{g_m - j\omega C_{b'c}}{\dfrac{1}{r_{b'e}} + j\omega(C_{b'e}+C_{b'c})}$$

考虑到,一般情况下满足 $g_m \gg \omega C_{b'c}$,于是有

$$\dot{\beta} \approx \frac{g_m r_{b'e}}{1 + j\omega r_{b'e}(C_{b'e}+C_{b'c})} = \frac{\beta_0}{1 + j\omega r_{b'e}(C_{b'e}+C_{b'c})} \qquad (6.37)$$

由此式可求得 $\dot{\beta}$ 的截止频率 f_β,即

$$f_\beta = \frac{1}{2\pi r_{b'e}(C_{b'e} + C_{b'c})} \tag{6.38}$$

于是 $\dot\beta$ 可表示为

$$\dot\beta = \frac{\beta_0}{1 + \mathrm{j}\dfrac{f}{f_\beta}} \tag{6.39}$$

表明 $\dot\beta$ 的频率特性与一阶低通电路相似。其幅频特性和相频特性分别为

$$|\dot\beta| = \frac{\beta_0}{\sqrt{1 + \left(\dfrac{f}{f_\beta}\right)^2}}$$

$$\varphi = -\arctan\frac{f}{f_\beta} \tag{6.40}$$

图 6.36 是 $\dot\beta$ 的 Bode 图。可以看出，$\dot\beta$ 随频率升高而下降的情况。当频率为 f_T (f_T 称为特征频率)时，$|\dot\beta|$ 下降到 1，即 0dB。也就是

$$1 = \frac{\beta_0}{\sqrt{1 + \left(\dfrac{f_T}{f_\beta}\right)^2}}$$

一般情况下，$\beta_0 \gg 1$，即 $f_T \gg f_\beta$，于是有

$$1 = \frac{\beta_0}{\sqrt{\left(\dfrac{f_T}{f_\beta}\right)^2}} = \frac{\beta_0 f_\beta}{f_T}$$

即

$$f_T = \beta_0 f_\beta \tag{6.41}$$

f_β 又称为晶体管的带宽，$f_T = \beta_0 f_\beta$ 则是晶体管的增益带宽积，且有

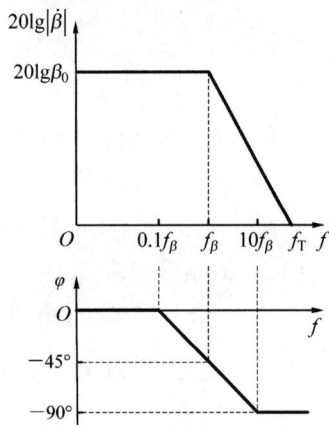

图 6.36 $\dot\beta$ 的幅频特性和相频特性

$$f_T = \beta_0 \frac{1}{2\pi r_{b'e}(C_{b'e} + C_{b'c})} = \frac{g_m}{2\pi(C_{b'e} + C_{b'c})} \tag{6.42}$$

f_T 是在评价晶体管高频性能方面用得较多的参数，f_T 越高，表明晶体管的高频性能越好。由式(6.42)可知，用于高频的晶体管的结电容必须很小。

以上我们得到了晶体管的高频小信号等效电路，在此基础上，讨论了晶体管电流放大系数的频率响应，下面讨论共射放大电路的频率响应。

5) 共射放大电路的频率响应

为了得到电路在整个频段的频率响应，应考虑所有耦合电容、旁路电容和结电容的影响。所以，在画等效电路时，耦合电容、旁路电容和结电容均不能忽略。然后根据三个频段的划分原则，分别画出各频段的等效电路，再由求出的各频段的放大倍数，得到电路的总放大倍数。电路如图 6.15(a) 所示，它在全频段的交流等效电路如图 6.37 所示。

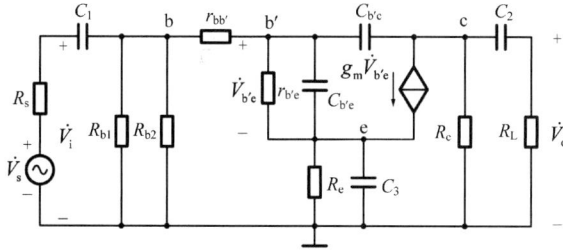

图 6.37 共射放大电路适于全频段的交流等效电路

（1）中频段

根据中频段的要求，极间电容视为开路，耦合电容、旁路电容视为短路，由此得到的中频段交流等效电路如图 6.38 所示。

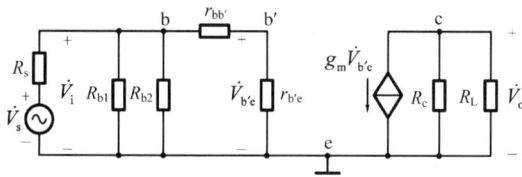

图 6.38 共射放大电路中频段交流等效电路

中频源电压放大倍数

$$\dot{A}_{vsm} = \frac{\dot{V}_o}{\dot{V}_s} = \frac{\dot{V}_i}{\dot{V}_s} \frac{\dot{V}_{b'e}}{\dot{V}_i} \frac{\dot{V}_o}{\dot{V}_{b'e}} = \frac{R_i}{R_s + R_i} \frac{r_{b'e}}{r_{be}} \frac{-g_m \dot{V}_{b'e} R'_L}{\dot{V}_{b'e}} = -\frac{R_i}{R_s + R_i} \frac{r_{b'e}}{r_{be}} g_m R'_L \quad (6.43)$$

式中 $R_i = R_{b1}//R_{b2}//r_{be}$, $R'_L = R_c//R_L$。实际上，式（6.43）与式（6.25）是相同的。

（2）高频段

根据高频段的要求，考虑极间电容的影响，耦合电容、旁路电容视为短路，由此得到的高频段交流等效电路如图 6.39 所示。

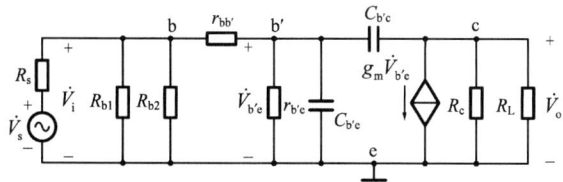

图 6.39 共射放大电路高频段交流等效电路

为简单起见，先利用密勒定理，将 $C_{b'c}$ 等效到输入回路和输出回路中，这一过程称为电路的单向化。设 $C_{b'c}$ 等效到 b'c 间的电容为 $C'_{b'c}$，等效到 ce 间的电容为 $C''_{b'c}$。$C'_{b'c}$ 和 $C''_{b'c}$ 称为 $C_{b'c}$ 的密勒等效电容。单向化后的电路如图 6.40 所示。图中

$$C'_{b'c} = (1 - \dot{K})C_{b'c}, \quad C''_{b'c} = \left(1 - \frac{1}{\dot{K}}\right)C_{b'c}$$

式中 $\dot{K} = \dfrac{\dot{V}_o}{\dot{V}_{b'e}}$。在近似计算中，$\dot{K} = -g_m R'_L$。故有

$$C'_{b'c} = (1 + g_m R'_L) C_{b'c}, \quad C''_{b'c} \approx C_{b'c} \tag{6.44}$$

显然，$C'_{b'c} \gg C_{b'c}$。

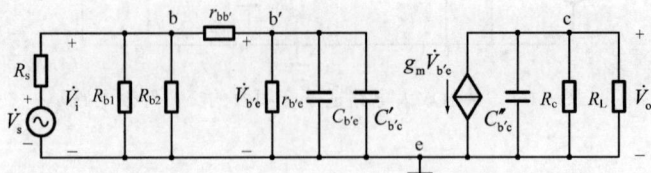

图 6.40　图 6.39 的单向化等效电路

考虑到 $(C_{b'e} + C'_{b'c})$ 所在回路的时间常数 τ_1 远远大于 $C''_{b'c}$ 所在回路的时间常数 τ_2，故忽略 $C''_{b'c}$ 的影响(若 τ_1 不是远远大于 τ_2，则需考虑 $C''_{b'c}$ 的影响)。于是图 6.40 简化为图 6.41 的形式。

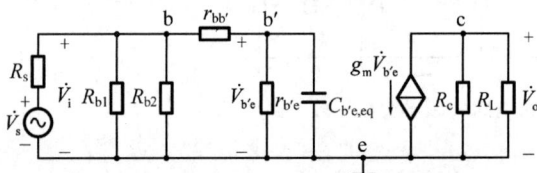

图 6.41　图 6.40 的简化等效电路　　　　图 6.42　图 6.41 的等效电路

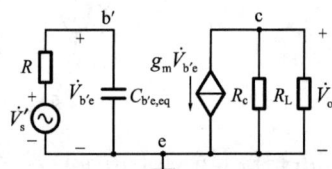

图中 $C_{b'e,eq} = C_{b'e} + C'_{b'c} = C_{b'e} + (1 + g_m R'_L) C_{b'c}$。

为了便于计算，先利用戴维南定理将图 6.41 所示电路等效变换为图 6.42 所示电路形式，图中等效电压源和等效内阻分别为

$$\dot{V}'_s = \frac{r_{b'e}}{r_{bb'} + r_{b'e}} \dot{V}_i = \frac{r_{b'e}}{r_{be}} \frac{R_{b1} /\!/ R_{b2} /\!/ r_{be}}{R_s + R_{b1} /\!/ R_{b2} /\!/ r_{be}} \dot{V}_s$$

$$R = r_{b'e} /\!/ (r_{bb'} + R_{b1} /\!/ R_{b2} /\!/ R_s)$$

于是高频源电压放大倍数为

$$\dot{A}_{vsh} = \frac{\dot{V}_o}{\dot{V}_s} = \frac{\dot{V}'_s}{\dot{V}_s} \frac{\dot{V}_{b'e}}{\dot{V}'_s} \frac{\dot{V}_o}{\dot{V}_{b'e}} = \frac{r_{b'e}}{r_{be}} \frac{R_{b1} /\!/ R_{b2} /\!/ r_{be}}{R_s + R_{b1} /\!/ R_{b2} /\!/ r_{be}} \frac{\dfrac{1}{j\omega C_{b'e,eq}}}{R + \dfrac{1}{j\omega C_{b'e,eq}}} (-g_m R'_L)$$

$$= \dot{A}_{vsm} \frac{1}{1 + j\omega R C_{b'e,eq}} = \dot{A}_{vsm} \frac{1}{1 + j\dfrac{f}{f_H}} \tag{6.45}$$

式中 $f_H = \dfrac{1}{2\pi R C_{b'e,eq}}$，即为上限频率。这样电路的幅频特性和相频特性分别为

$$20\lg|\dot{A}_{vsh}| = 20\lg|\dot{A}_{vsm}| - 20\lg\sqrt{1 + \left(\frac{f}{f_H}\right)^2}$$

$$\varphi = -180° - \arctan\frac{f}{f_H} \tag{6.46}$$

据此可画出电路的高频响应 Bode 图,如图 6.43 所示。

说明:

① 由上限频率 f_H 的表达式可知,为了提高共射电路的上限频率,必须减小 $RC_{b'e,eq}$ 的值,即要求晶体管的 $r_{bb'}$、$C_{b'e}$ 和 $C_{b'c}$ 均小。而密勒电容 $C'_{b'c}$ 是 $C_{b'c}$ 的 $(1+g_mR'_L)$ 倍,所以,$C_{b'c}$ 一定要小,而 $C_{b'e}$ 也要小,即 f_T 要高。也就是说,在选择晶体管时,要选择 $r_{bb'}$ 小、$C_{b'c}$ 小和 f_T 高的高频晶体管,同时,还要求信号源内阻 R_s 尽量小。

② 除了上述选择外,还要考虑减小 $g_mR'_L$ 的值,以减小密勒电容 $C'_{b'c}$。但减小 $g_mR'_L$,将使通带增益 $\dot{A}_{vsm}$ 减小。下面考察 f_H 与 $\dot{A}_{vsm}$ 的关系。

一般情况下,可以认为放大电路的通带宽度 $\mathrm{BW} \approx f_H$。利用上述结果,可求得共射电路的增益带宽积为

$$|\dot{A}_{vsm}f_H| = g_mR'_L \frac{r_{b'e}}{r_{be}} \frac{R_{b1}//R_{b2}//r_{be}}{R_s+R_{b1}//R_{b2}//r_{be}} \frac{1}{2\pi[r_{b'e}//(r_{bb'}+R_{b1}//R_{b2}//R_s)][C_{b'e}+(1+g_mR'_L)C_{b'c}]}$$

考虑到 $R_{b1}//R_{b2} \gg r_{be}$,$R_{b1}//R_{b2} \gg R_s$,有

$$|\dot{A}_{vsm}f_H| = \frac{g_mR'_L}{2\pi(r_{bb'}+R_s)[C_{b'e}+(1+g_mR'_L)C_{b'c}]} \tag{6.47}$$

表明在晶体管和电路参数选定后,电路的增益带宽积为一常数,即通带增益增大多少倍,其带宽将变窄多少倍。因此在选择电路参数时,需兼顾 $\dot{A}_{vsm}$ 和 f_H 的要求。

③ 在实际电路中,负载电容和分布电容也会对放大电路的频率响应产生影响。以 C_L 表示负载电容和分布电容的总和,如图 6.44 所示。

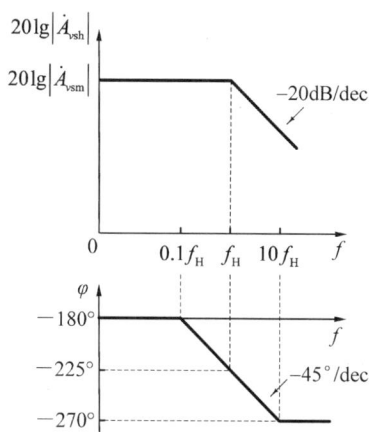

图 6.43 共射电路的高频响应

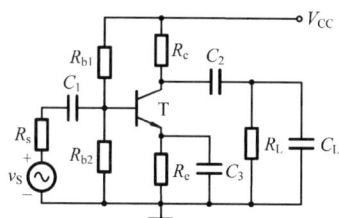

图 6.44 考虑 C_L 作用的共射电路

利用戴维南定理,求出从 C_L 两端向左看到的等效电阻 $R_{o,eq}$,从而求得与 C_L 有关的上限频率 $f_{H2} = \dfrac{1}{2\pi R_{o,eq}C_L}$。不难得出,$R_{o,eq} = r_{ce}//R_c//R_L$。将上述与 $C_{b'e,eq}$ 对应的频率 f_H 改为 f_{H1}。于是考虑 $C_{b'e,eq}$ 和 C_L 影响的高频源电压放大倍数可表示为

$$\dot{A}_{vsh} = \dot{A}_{vsm} \frac{1}{\left(1+j\dfrac{f}{f_{H1}}\right)\left(1+j\dfrac{f}{f_{H2}}\right)} \tag{6.48}$$

电路的总上限频率 f_H 可近似表示为

$$f_H = \sqrt{\dfrac{1}{\dfrac{1}{f_{H1}^2} + \dfrac{1}{f_{H2}^2}}} \qquad (6.49)$$

若 $f_{H1} \gg f_{H2}$ 或 $f_{H1} \ll f_{H2}$,则它们中的较小者对整个电路的频率响应将起决定性作用。

Multisim 仿真:以例 6.4 的电路为例,并在负载两端接入负载电容 C_L。图 6.45 是该共射电路的 AC 分析结果。仿真时设 $C_{b'e}$ 为 30pF 和 $C_{b'c}$ 为 3pF,C_L 为 10pF 或 200pF。

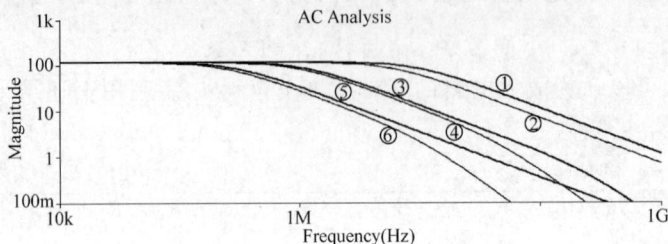

图 6.45 共射电路的 AC 分析

曲线① 只考虑 $C_{b'e}$

曲线② 只考虑 $C_L = 10pF$

曲线③ 只考虑 $C_{b'e}$ 和 $C_{b'c}$

曲线④ 只考虑 $C_{b'e}$、$C_{b'c}$ 和 $C_L = 10pF$

曲线⑤ 只考虑 $C_L = 200pF$

曲线⑥ 只考虑 $C_{b'e}$、$C_{b'c}$ 和 $C_L = 200pF$

由此可以看出:曲线①与曲线③比较,电路的带宽由于密勒电容的影响而明显减小;曲线②、曲线③与曲线④比较,当负载电容较小时,电路的上限频率主要由晶体管的结电容 $C_{b'e}$ 和 $C_{b'c}$ 决定;曲线③和曲线⑤与曲线⑥比较,当负载电容较大时,电路的上限频率主要由负载电容 C_L 决定。

(3) 低频段

根据低频段的要求,考虑耦合电容和旁路电容的影响,而极间电容视为开路,由此得到的低频段交流等效电路如图 6.46 所示。

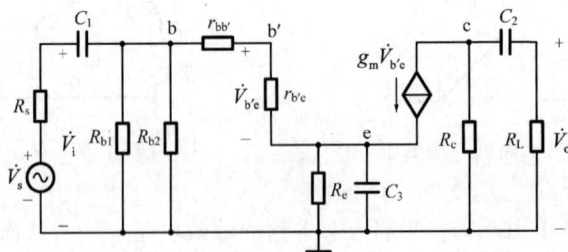

图 6.46 共射放大电路低频段交流等效电路

下面分别讨论输入耦合电容 C_1、输出耦合电容 C_2 和旁路电容 C_3 对频率响应的影响。在考虑某一电容的影响时,将其他电容的容值视为无穷大,即视为交流短路,据此得到的等效电路如图 6.47 所示。

(a) C_1 所在回路的等效电路　　(b) C_2 所在回路的等效电路

(c) C_3 所在回路的等效电路

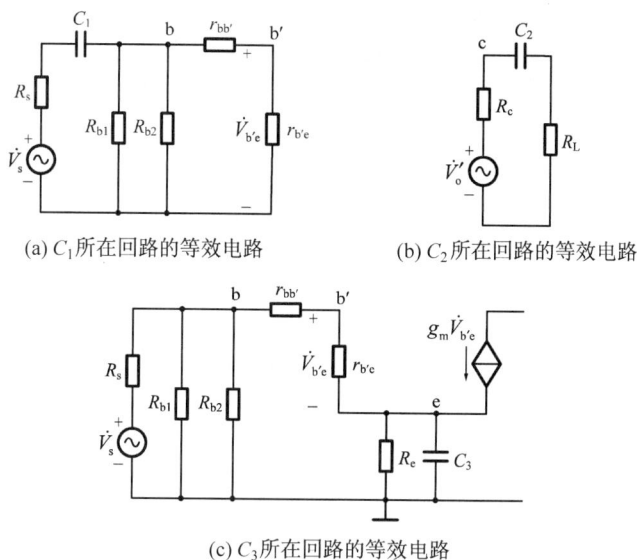

图 6.47 共射电路中 C_1、C_2 和 C_3 对低频响应影响的等效电路

根据图 6.47(a)，从 C_1 两端看到的戴维南等效电阻为 $(R_s + R_{b1}//R_{b2}//r_{be})$，故由 C_1 所确定的下限频率 f_{L1} 为

$$f_{L1} = \frac{1}{2\pi(R_s + R_{b1}//R_{b2}//r_{be})C_1} \tag{6.50}$$

根据图 6.47(b)，从 C_2 两端看到的戴维南等效电阻为 $(R_c + R_L)$，故由 C_2 所确定的下限频率 f_{L2} 为

$$f_{L2} = \frac{1}{2\pi(R_c + R_L)C_2} \tag{6.51}$$

根据图 6.47(c)，从 C_3 两端看到的戴维南等效电阻为 $\left(R_e // \dfrac{r_{be} + R_s//R_{b1}//R_{b2}}{1+\beta}\right)$，故由 C_3 所确定的下限频率 f_{L3} 为

$$f_{L3} = \frac{1}{2\pi\left(R_e // \dfrac{r_{be} + R_s//R_{b1}//R_{b2}}{1+\beta}\right)C_3} \tag{6.52}$$

由式(6.50)、式(6.51)和式(6.52)可以看出：

① 电容 C_1、C_2 和 C_3 的值越大，下限频率越低；

② 增大输入电阻 $R_{b1}//R_{b2}//r_{be}$，集电极电阻 R_c 和负载电阻 R_L，可改善低频响应；

③ 因 C_3 两端的等效电阻较小，当 C_1、C_2 和 C_3 的值相等时，必有 f_{L3} 远大于 f_{L1} 和 f_{L2}，所以，f_{L3} 即为电路的下限频率。可见，为改善电路的低频响应，C_3 的值应远大于 C_1 和 C_2 的值。

以上分析是在考虑某一电容单独作用条件下得到的结论，而当电路中含有多个电容时，要想分析所有电容对频率响应的影响是非常复杂的，此时计算机仿真给我们确定含有多个电容电路的频率响应以极大的方便。下面通过计算机仿真，研究共射放大电路的频率响应。

Multisim 仿真：以例 6.4 的电路为例，分别进行以下 AC 分析。

(1) 只考虑 C_1 的影响：仿真时，设 $C_1 = 1\mu F$，C_2 和 C_3 的值很大。根据式(6.50)求得 f_{L1} 为 86.9Hz。图 6.48(a)为此时的幅频特性和相频特性仿真图，测得 $-3dB$ 频率为 84.7Hz，与相频特性对应的相位为 $-135°$，与手动计算结果基本吻合。

(2) 只考虑 C_2 的影响：仿真时，设 $C_2 = 1\mu F$，C_1 和 C_3 的值很大。根据式(6.51)求得 f_{L2} 为 11.7Hz。图 6.48(b)为此时的幅频特性和相频特性仿真图，测得 $-3dB$ 频率为 11.7Hz，与相频特性对应的相位为 $-135°$，与手动计算结果非常吻合。

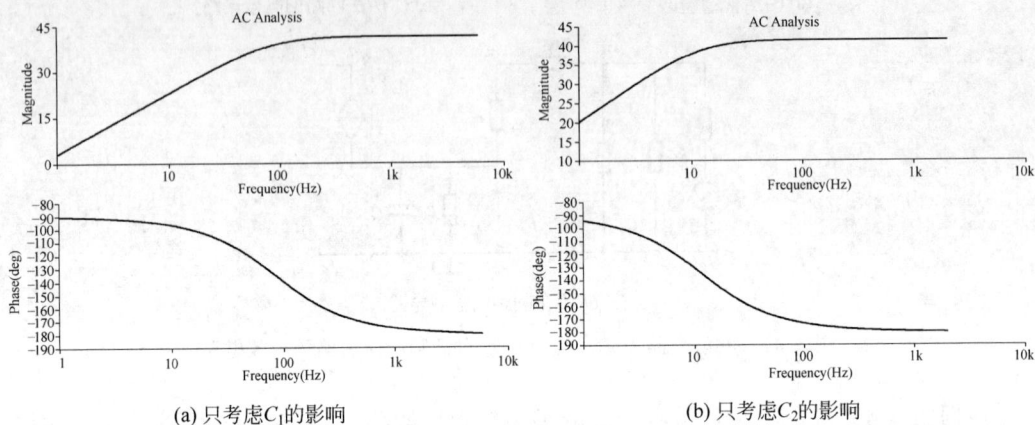

(a) 只考虑C_1的影响　　　　　　　　(b) 只考虑C_2的影响

图 6.48　单独考虑 C_1 和 C_2 对电路低频响应的影响

(3) 只考虑 C_3 的影响：为了避开直接求解图 6.47(c)，先对 C_3 的影响进行仿真。仿真时，设 $C_3 = 10\mu F$，C_1 和 C_2 的值很大。AC 分析结果如图 6.49 所示。

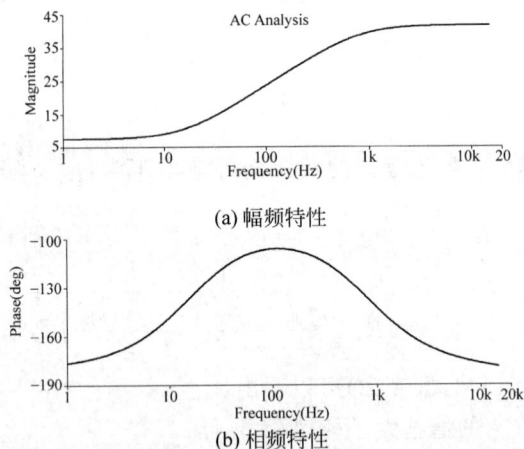

(a) 幅频特性

(b) 相频特性

图 6.49　只考虑 C_3 对电路低频响应的影响

从图 6.49(a)可以看出，该幅频特性不同于图 6.48，它有两个频率点，其中一个较高的 $-3dB$ 频率点(仿真测试约为 783Hz)是我们感兴趣的，因为它主要影响电路的下限频率。根据式(6.52)所确定的频率恰为该频率，在本例中，其理论值为 792Hz，与仿真测试结果基本吻合。

从图 6.49(b)可以看出，当频率很低或很高时，C_3 可视为开路或短路，此时相位趋于 $-180°$，符合共射电路的特点。

（4）同时考虑 C_1、C_2 和 C_3 的影响：设 $C_1=C_2=1\mu F$ 和 $C_3=10\mu F$，得到的幅频特性如图 6.50(a)所示。测得$-3dB$ 频率约为 849Hz，该值与(3)中的 783Hz 接近，说明此时 C_3 所决定的频率起主要作用，或者说，增大 C_3 的值可改善电路的低频响应。例如取 $C_1=C_2=1\mu F$ 和 $C_3=100\mu F$，得到的幅频特性如图 6.50(b)所示。测得$-3dB$ 频率约为 154Hz，可见电路的低频响应有明显变化，下限频率由 849Hz 降为 154Hz。

(a) $C_1=C_2=1\mu F$和$C_3=10\mu F$

(b) $C_1=C_2=1\mu F$和$C_3=100\mu F$

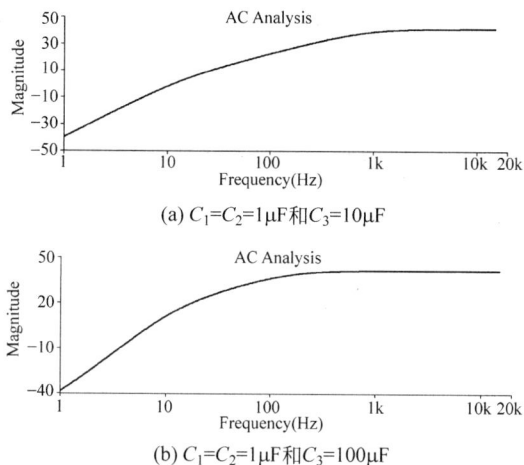

图 6.50　同时考虑 C_1、C_2 和 C_3 对电路低频响应的影响

至此，分别讨论了共射放大电路的中频段、高频段和低频段的频率特性，下面利用 Multisim 仿真，很容易得到共射放大电路完整的频率特性。仿真时，取 $C_1=C_2=1\mu F$，$C_3=100\mu F$，$C_L=10pF$，$C_{b'e}=30pF$ 和 $C_{b'c}=3pF$，仿真电路图和频率特性如图 6.51 所示。通过对频率特性的测试，可得中频增益为 41.5dB，中频相移为$-180°$；下限频率为 154Hz，对应的相移为$-128°$（理论值为$-135°$）；上限频率为 982kHz，对应的相移约为$-225°$（理论值为$-225°$）。若不考虑 C_L 的影响，上限频率约为 1.15MHz。可见负载电容较小时，对共射电路的上限频率影响不大，这其中还是密勒电容起决定性作用。

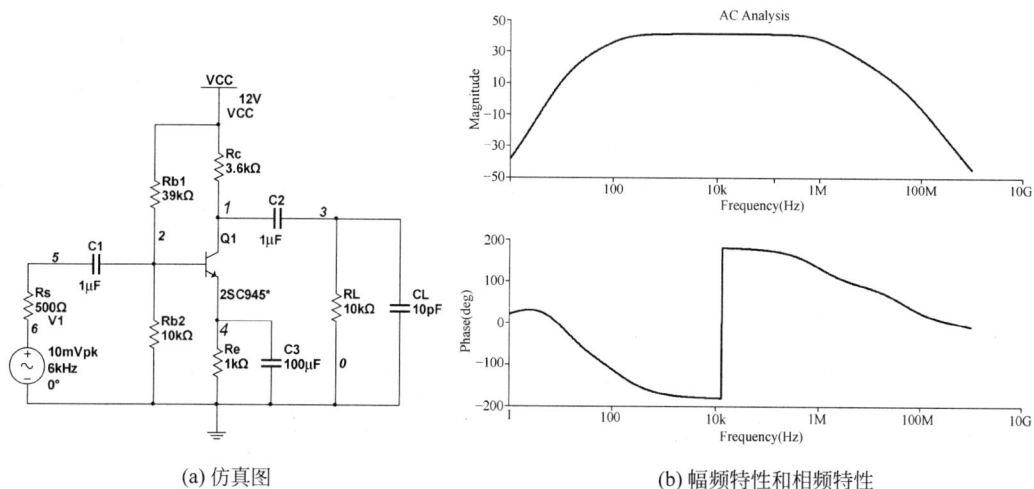

(a) 仿真图　　(b) 幅频特性和相频特性

图 6.51　共射放大电路及其完整的频率特性

6.6 共集电极放大电路和共基极放大电路

6.6.1 共集电极放大电路

6.4 节的图 6.15(b)给出了共集电极放大电路的一种电路结构,有时人们将图中的 R_c 和 C_2 去掉,集电极直接连在 V_{CC} 上,这样做既保证了晶体管的正常工作,又节省了 R_c 和 C_2 两个元件,电路如图 6.52 所示。

1. 直流分析

图 6.52 的直流通路如图 6.53 所示。在满足 $I_{R1} \gg I_B$ 的条件下可得

$$\begin{cases} V_{BQ} = \dfrac{R_{b2}}{R_{b1} + R_{b2}} V_{CC} \\[2mm] I_{EQ} = \dfrac{V_{EQ}}{R_e} = \dfrac{V_{BQ} - V_{BEQ}}{R_e} \approx I_{CQ} \quad (\text{其中 } V_{BEQ} \text{ 是已知的}) \\[2mm] I_{BQ} = \dfrac{I_{EQ}}{1 + \beta} \\[2mm] V_{CEQ} = V_{CC} - I_{EQ} R_e \end{cases} \qquad (6.53)$$

图中电阻 R_e 起到了直流电流负反馈的作用,故该直流偏置电路具有稳定静态工作点的作用。

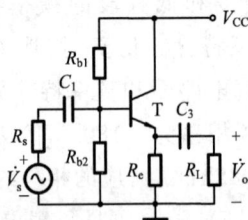

图 6.52 简化的共集放大电路   图 6.53 图 6.52 的直流通路

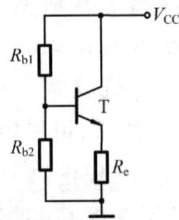

2. 交流分析

图 6.52 的交流通路如图 6.54 所示。可以看出,R_e 是处于输入、输出回路的共用元件,将两回路联系起来,所以,在电路中 R_e 引入了交流反馈。根据瞬时极性,可判断出反馈电压 $\dot{V}_f = \dot{V}_o$ 与输入电压 $\dot{V}_i$ 极性相抵,使晶体管的输入端(BE 结两端)的净输入电压 $\dot{V}_i'$ 减小,故该反馈为负反馈。又因为反馈信号以电压形式 $\dot{V}_f$ 出现在输入端,故该反馈为串联反馈;而 $\dot{V}_f = \dot{V}_o$,即反馈电压与输出电压成正比,又可判断为电压反馈,总之,共集电极放大电路为交流电压串联负反馈电路,且需电压源型信号源作驱动。

可见,共集放大电路应具有电压串联负反馈电路的特点,一是输入电阻大,即从信号源索取电流小,二是输出电阻小,即输出电压稳定,具有恒压特性,带负载能力强。由于 $\dot{V}_f = \dot{V}_o$,故共集电路的反馈系数 $\dot{F} = \dfrac{\dot{V}_f}{\dot{V}_o} = 1$。在深度负反馈下,因串联负反馈,有 $\dot{V}_i \approx \dot{V}_f$,故

$\dot{A}_{vf} = \dfrac{\dot{V}_o}{\dot{V}_i} \approx \dfrac{\dot{V}_o}{\dot{V}_f} = 1$，即共集电路的电压增益约为 1，或者说输出电压与输入电压大小相等，相位相同，因此共集电路又称为电压跟随器，或称射极跟随器，简称"射随"。

综上所述，共集电极放大电路的特点是，输出电压与输入电压大小相等、相位相同、输入电阻大、输出电阻小。单从电压跟随性上看，共集电路的实际应用意义不大，但综合输入电阻大，输出电阻小的特点，使得共集电路具有广泛的用途。例如可作为多级电压放大电路的输入级或输出级或中间缓冲级，实现阻抗变换，以有利于电压的放大和传输。

1）共集电极放大电路的中频小信号分析

以上从负反馈的角度对共集放大电路进行了分析。下面利用中频小信号等效电路来计算电路的各项交流参数。图 6.54 的中频小信号等效电路如图 6.55 所示。

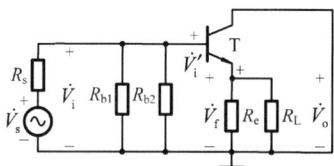

图 6.54　图 6.52 的交流通路　　　　图 6.55　共集放大电路的中频小信号等效电路

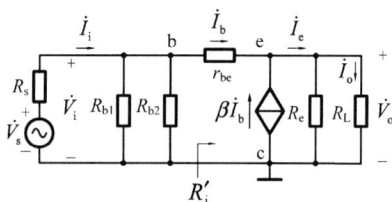

（1）电压放大倍数 $\dot{A}_v$

由图 6.55 可知，

$$\dot{V}_o = (1+\beta)\dot{I}_b(R_e // R_L)$$

$$\dot{V}_i = \dot{I}_b r_{be} + \dot{V}_o = \dot{I}_b[r_{be} + (1+\beta)(R_e // R_L)]$$

故

$$\dot{A}_v = \frac{\dot{V}_o}{\dot{V}_i} = \frac{(1+\beta)(R_e // R_L)}{r_{be} + (1+\beta)(R_e // R_L)} \tag{6.54}$$

表明 $|\dot{A}_v|$ 恒小于 1，但在 $(1+\beta)(R_e // R_L) \gg r_{be}$ 时，$|\dot{A}_v|$ 趋于 1，且 $\dot{V}_o$ 与 $\dot{V}_i$ 同相。

（2）电流放大倍数 $\dot{A}_i$

由图 6.55 可知，

$$\dot{I}_o = \frac{R_e}{R_e + R_L}\dot{I}_e = (1+\beta)\dot{I}_b\frac{R_e}{R_e + R_L}$$

又 $\dot{I}_b = \dfrac{R_{b1} // R_{b2}}{R_{b1} // R_{b2} + R'_i}\dot{I}_i$，其中 $R'_i = \dfrac{\dot{V}_i}{\dot{I}_b} = r_{be} + (1+\beta)(R_e // R_L)$，从而 $\dot{I}_i = \left(1 + \dfrac{R'_i}{R_{b1} // R_{b2}}\right)\dot{I}_b$，于是有

$$\dot{A}_i = \frac{\dot{I}_o}{\dot{I}_i} = (1+\beta)\frac{R_e}{R_e + R_L}\frac{R_{b1} // R_{b2}}{R_{b1} // R_{b2} + R'_i} \tag{6.55}$$

表明 $\dot{A}_i \gg 1$，故射极跟随器又称为电流放大器。尽管 $\dot{A}_v \leqslant 1$，但共集放大电路仍有较大的功率增益。

(3) 输入电阻 R_i

已知 $R_i' = r_{be} + (1+\beta)(R_e//R_L)$，由图 6.55 可知，

$$R_i = R_{b1}//R_{b2}//R_i' \tag{6.56}$$

由于 $R_i' \gg r_{be}$，故共集放大电路的输入电阻较共射电路大有提高。有时为了使 R_i 更大些，可将上下偏置电阻 R_{b1} 和 R_{b2} 改用一个上偏置电阻 R_b，而 $R_b \gg R_{b1}//R_{b2}$，此时电路的输入电阻变为

$$R_i = R_b//R_i' \tag{6.57}$$

电路由图 6.52 改为图 6.56。

(4) 输出电阻 R_o

根据求输出电阻 R_o 的方法，将图 6.55 变为图 6.57。由图 6.57 可知

$$\dot{V} = \dot{I}_b(r_{be} + R_{b1}//R_{b2}//R_s)$$

所以

$$R_o = \left.\frac{\dot{V}}{\dot{I}}\right|_{\dot{V}_s=0} = R_e//\frac{\dot{V}}{\dot{I}_e} = R_e//\frac{r_{be} + R_{b1}//R_{b2}//R_s}{1+\beta} \tag{6.58}$$

若 $R_s \ll R_{b1}//R_{b2}$，则

$$R_o \approx R_e//\frac{r_{be} + R_s}{1+\beta} \tag{6.59}$$

又由于 $R_e \gg \dfrac{r_{be} + R_s}{1+\beta}$，故有

$$R_o \approx \frac{r_{be} + R_s}{1+\beta} \tag{6.60}$$

表明共集放大电路的输出电阻确实很小。

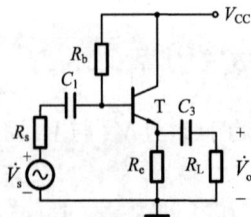

图 6.56　改进的共集放大电路　　　　图 6.57　求 R_o 的等效电路

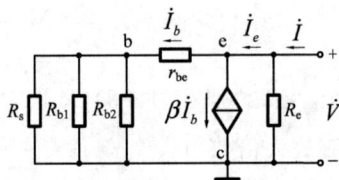

2) 共集电极放大电路的频率响应

图 6.56 的高频小信号等效电路如图 6.58 所示。由图 6.58 可以看出：

(1) 电容 $C_{b'c}$ 接在 b' 与地之间，处于输入回路中，故它没有密勒效应。由于 $C_{b'c}$ 的值很小，若源内阻 R_s 和基区电阻 $r_{bb'}$ 较小，$C_{b'c}$ 对高频响应的影响也很小。

(2) 电阻 $r_{b'e}$ 和电容 $C_{b'e}$ 跨接在 b' 与 e 之间，它们会有密勒效应。但因共集电路的电压增益是趋于 1 的正值，故使密勒电容 $(1-\dot{K})C_{b'e}$ 远小于 $C_{b'e}$，即 $C_{b'e}$ 对高频响应的影响很小。可见，共集电路的上限频率 f_H 很高。

(3) 由于共集电路的输出电阻 R_o 很小，所以，输出回路的时间常数 $R_o C_L$ 很小，即频率 $1/(2\pi R_o C_L)$ 很高。

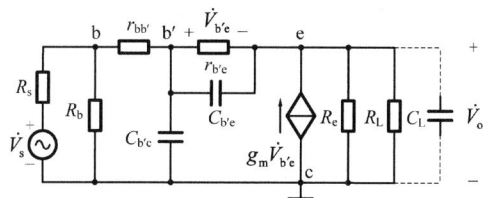

图 6.58　图 6.56 的高频小信号等效电路

共集电路频率响应的详细讨论请参考有关文献。下面利用 Multisim 仿真,对共集电路进行分析。

(1) 将图 6.51(a)共射电路改接为共集电路,即电容 C_2 改为 $100\mu\text{F}$,右端接地;电容 C_3 改为 $1\mu\text{F}$,右端接负载,如图 6.59(a)所示。通过 AC 分析,得到其幅频特性和相频特性,如图 6.59(b)所示。测试结果:电压增益为 0.92,上限频率约为 118MHz。可见在元器件参数相同的条件下,共集电路的上限频率远大于共射电路。

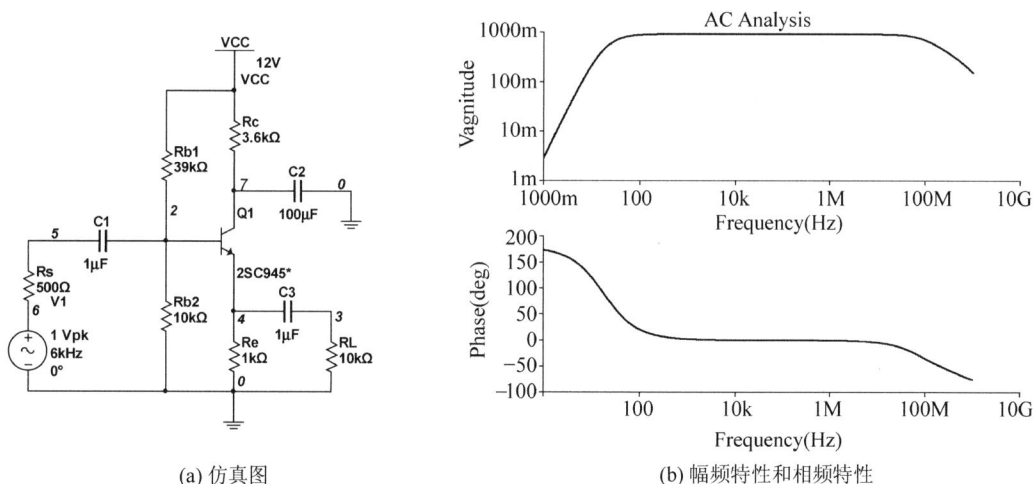

(a) 仿真图

(b) 幅频特性和相频特性

图 6.59　共集电路的仿真分析

(2) 由于共集电路属于串联负反馈电路,故适用于恒压源型信号源作驱动。源内阻 R_s 将影响电路的上限频率。图 6.60(a)给出了不同信号源内阻时的幅频特性,图中曲线由粗线到细线,源内阻分别为 10Ω、100Ω 和 500Ω,对应的上限频率分别为 7.3GHz、725MHz 和 118MHz。比较可知,内阻越小,上限频率越高。

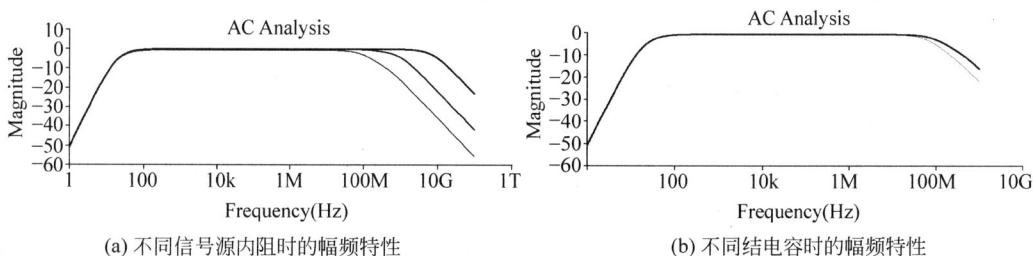

(a) 不同信号源内阻时的幅频特性

(b) 不同结电容时的幅频特性

图 6.60　源内阻和结电容对共集电路上限频率的影响

（3）只改变结电容 $C_{b'c}$，将原来的 3pF 改为 6pF，得到的幅频特性分别如图 6.60(b) 中的粗线和细线所示，对应的上限频率分别为 118MHz 和 70MHz。若只改变 $C_{b'e}$，将原来的 30pF 改为 15pF，对应的上限频率分别为 118MHz 和 141MHz。可见，结电容对电路上限频率的影响比较小。

（4）6.5 节讨论了共射电路的频率特性，如图 6.51 所示。但由于信号源内阻和负载电容的影响，使得电路的带宽较小。根据共集电路输入电阻大、输出电阻小的特点，在信号源与共射电路之间接入一个共集电路作为隔离级，以减小信号源内阻对上限频率的影响，同时，共射电路与负载之间也接入一个共集电路作为隔离级，以减小负载电容对上限频率的影响。将上述共集电路和 6.5 节中的共射电路组合起来，构成一个共集-共射-共集组态电路，仿真图和 AC 分析如图 6.61 所示。

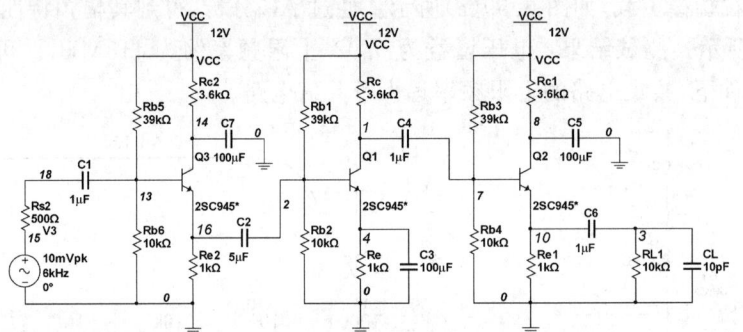

(a) 仿真图

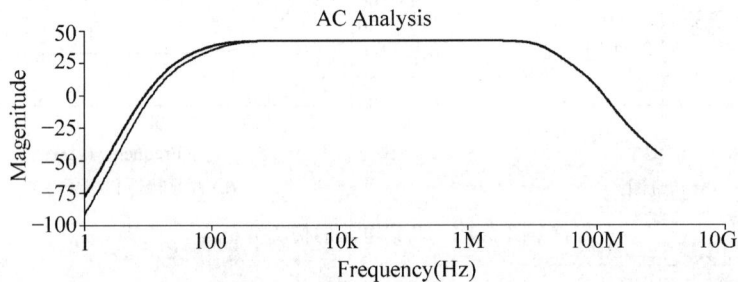

(b) 幅频特性

图 6.61　共集-共射-共集组态电路仿真

由仿真结果可知，电路的总增益为 42.4dB，较原共射电路(41.5dB)略有提高；电路的上限频率为 11MHz，较原共射电路(982kHz)有很大提高；电路的下限频率为 208Hz，较原共射电路(154Hz)变大了，如图 6.61(b) 中的细线所示，这是由于多个耦合电容和旁路电容所致。对此，需要对原电容值进行适当调整，将图中的 C_2 由 1μF 改为 5μF，如图 6.61(a) 所示，得到的幅频特性如图 6.61(b) 中的粗线所示，此时测得的下限频率为 126 Hz。可见如图 6.61(a) 所示的阻容耦合方式电路，由于受耦合电容和旁路电容的影响，其下限频率一般不会很低。正因为耦合电容的隔直作用，这种电路每一级的 Q 点均可独立调整而彼此互不影响，这也是该电路的一个优点。在实际应用中，人们为了使电路的下限频率为零，同时还考虑到便于集成，往往采用直接耦合方式，从而得到各式各样的直接耦合放大器。有关直接耦合放大器的详细介绍,可参见第 12 章。

6.6.2 共基极放大电路

共基极放大电路的习惯画法如图 6.62 所示(由图 6.15(c)改画),它的直流通路与图 6.15(a)所示的共射电路相同,故其直流分析可参照 6.5.1 节的式(6.9)。

以下进行交流分析。

图 6.62 的交流通路如图 6.16(c)所示,将其改画,如图 6.63 所示。可以看出,输入电压 $\dot{V}_i$ 作用于发射结两端,输出电流经负载后又送回基极,显然,这就是反馈。根据图中所标的正负极性,当 $\dot{V}_i$ 为上正下负时,输入电流 $\dot{I}_i$ 流入基极,集电极电流 $\dot{I}_c$ 流入集电极。因 $\dot{I}_c = \dot{I}_f$,故 $\dot{I}_f$ 流出基极节点,导致基极的净输入电流 $\dot{I}'_i$ 减小,即该反馈是负反馈;又因反馈信号为电流信号 $\dot{I}_f$,故为并联反馈,而 $\dot{I}_f = \dot{I}_c$,即反馈电流与输出电流成正比,故为电流反馈。总之,共基极放大电路为交流电流并联负反馈电路,且需电流源型信号源作驱动。

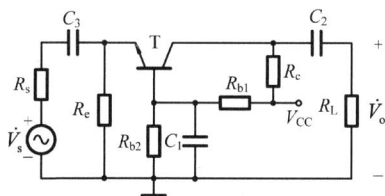

图 6.62 共基极放大电路的习惯画法

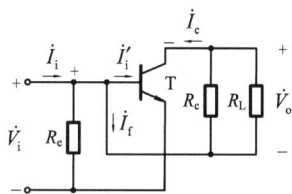

图 6.63 共基电路的交流通路

可见,共基极放大电路应具有电流并联负反馈电路的特点,一是输入电阻小,二是输出电阻大,即输出电流稳定,具有恒流特性。由于 $\dot{I}_f = \dot{I}_c$,故共基电路的反馈系数 $\dot{F} = \dfrac{\dot{I}_f}{\dot{I}_c} = 1$。

在深度负反馈下,对于并联负反馈,有 $\dot{I}_i = \dot{I}_f$(忽略射极电阻 R_e 的分流),故

$$\dot{A}_{if} = \frac{\dot{I}_c}{\dot{I}_i} = \frac{\dot{I}_c}{\dot{I}_f} = 1 \tag{6.61}$$

即共基电路的电流增益为 1,或者说,输出电流与输入电流大小相等,相位相同,因此共基电路又称为电流跟随器。

因为 $\dot{V}_o = -\dot{I}_c(R_c // R_L)$,$\dot{V}_s = -\dot{I}_i R_s$,故共基电路的源电压增益为

$$\dot{A}_{vsf} = \frac{\dot{V}_o}{\dot{V}_s} = \frac{R_c // R_L}{R_s} \tag{6.62}$$

综上所述,共基极放大电路的特点是,输出电流与输入电流大小相等、相位相同、输入电阻小、输出电阻大。在电路中,共基电路可实现阻抗变换,以有利于电流的放大和传输。

1. 共基极放大电路的中频小信号分析

以上从负反馈的角度对共基电路进行了分析。下面利用中频小信号等效电路来计算电路的各项交流参数。图 6.62 的中频小信号等效电路如图 6.64 所示。

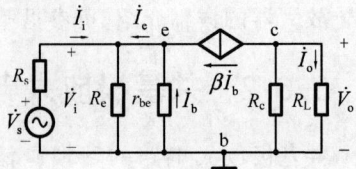

图 6.64 共基电路的中频小信号
等效电路

1) 电压放大倍数 $\dot{A}_v$

由图 6.64 可知,

$$\dot{V}_o = -\beta \dot{I}_b (R_c // R_L)$$

$$\dot{V}_i = -\dot{I}_b r_{be}$$

故

$$\dot{A}_v = \frac{\dot{V}_o}{\dot{V}_i} = \frac{\beta(R_c // R_L)}{r_{be}} \tag{6.63}$$

表明 $\dot{V}_o$ 与 $\dot{V}_i$ 同相,其 $\dot{A}_v$ 的值与共射电路(见图 6.15(a))的 $\dot{A}_v$ 值相等。

2) 电流放大倍数 $\dot{A}_i$

由图 6.64 可知,在忽略 R_e 影响的情况下,有

$$\dot{I}_i = -\dot{I}_e = -(1+\beta)\dot{I}_b$$

$$\dot{I}_o = -\frac{R_c}{R_c + R_L}\beta \dot{I}_b$$

故

$$\dot{A}_i = \frac{\dot{I}_o}{\dot{I}_i} = \frac{\beta}{1+\beta}\frac{R_c}{R_c + R_L} = \alpha\frac{R_c}{R_c + R_L} \tag{6.64}$$

式中 $\alpha = \dfrac{\beta}{1+\beta}$ 称为共基电流放大倍数,且 $\alpha < 1$,于是,可知 $|\dot{A}_i| < 1$,即共基电路没有电流放大能力,但 $|\dot{A}_v| \gg 1$,故共基电路仍有功率增益。

3) 输入电阻 R_i

从图 6.64 中可以得到

$$R_i = \frac{\dot{V}_i}{\dot{I}_i} = R_e // \frac{\dot{V}_i}{-\dot{I}_e} = R_e // \frac{-\dot{I}_b r_{be}}{-(1+\beta)\dot{I}_b} = R_e // \frac{r_{be}}{1+\beta} \tag{6.65}$$

由于 $R_e \gg \dfrac{r_{be}}{1+\beta}$,则有

$$R_i = \frac{r_{be}}{1+\beta} \tag{6.66}$$

表明共基电路的输入电阻很小。

4) 输出电阻 R_o

根据输出电阻 R_o 的定义,当 $\dot{V}_s = 0$ 时,则有 $\dot{I}_b = 0$(图 6.64 中没有考虑 r_{ce} 的影响),导致 $\beta\dot{I}_b = 0$。于是有

$$R_o \approx R_c \tag{6.67}$$

5）源电压放大倍数 $\dot{A}_{vs}$

$$\dot{A}_{vs} = \frac{R_i}{R_s + R_i}\dot{A}_v = \frac{r_{be}/(1+\beta)}{R_s + r_{be}/(1+\beta)}\frac{\beta(R_c//R_L)}{r_{be}} \tag{6.68}$$

在 $\beta \gg 1$ 和 $R_s \gg \dfrac{r_{be}}{1+\beta}$ 时，有

$$\dot{A}_{vs} = \frac{R_c//R_L}{R_s} \tag{6.69}$$

这与利用负反馈求得的结果是一致的。

2. 共基极放大电路的频率响应

图 6.62 的高频小信号等效电路如图 6.65 所示。由图 6.65 可以看出：

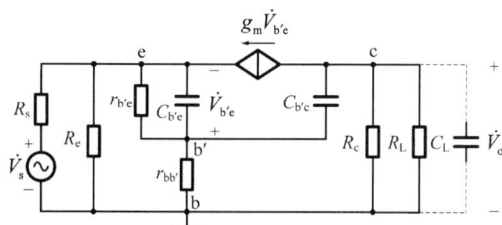

图 6.65　图 6.62 的高频小信号等效电路

（1）若忽略 $r_{bb'}$ 的影响，则 $C_{b'e}$ 直接连在 e、b 之间，此时电路的输入电容即为 $C_{b'e}$，不存在密勒效应，且输入电阻 R_i 很小，因此在这种情况下，共基电路输入回路所确定的频率 f_{H1} 很高，f_{H1} 可表示为

$$f_{H1} = \frac{1}{2\pi\left(R_s//R_e//\dfrac{r_{b'e}}{1+\beta}\right)C_{b'e}} \tag{6.70}$$

（2）若忽略 $r_{bb'}$ 的影响，则 $C_{b'c}$ 直接连在 c、b 之间，此时也不存在密勒效应。在考虑负载电容 C_L 后，输出端总电容为 $C_{b'c} + C_L$，输出回路所确定的频率 f_{H2} 可表示

$$f_{H2} = \frac{1}{2\pi(R_c//R_L)(C_{b'c} + C_L)} \tag{6.71}$$

表明虽然 $C_{b'c}$ 很小，单独由 $C_{b'c}$ 决定的频率很高，但输出端若接有大的 C_L，则 f_{H2} 会明显下降，或者说，共基电路承受容性负载的能力较差。因此在纯阻性负载的情况下，共基电路具有很好的高频特性。

下面利用 Multisim 仿真，对共基电路进行分析。

（1）将图 6.51（a）共射电路改接为共基电路，即电容 C_1 改为 $100\mu F$，左端接地；电容 C_3 改为 $1\mu F$，右端接信号源，如图 6.66（a）所示。通过 AC 分析，得到其幅频特性和相频特性，如图 6.66（b）所示。测试结果：电压增益为 14dB，上限频率约为 30MHz。可见，在元器件参数相同的条件下，共基电路的上限频率远大于共射电路。

根据式（6.67），求得源电压增益为 $5.29 = 14.5$dB，与仿真测试结果基本一致；根据式（6.68）和式（6.69），求得 $f_{H1} = 335$MHz，$f_{H2} = 20$MHz，其中 f_{H2} 为上限频率，与仿真测

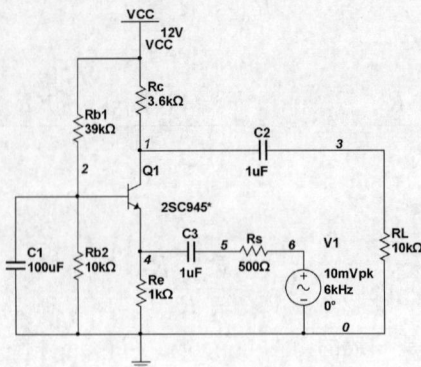

(a) 仿真图

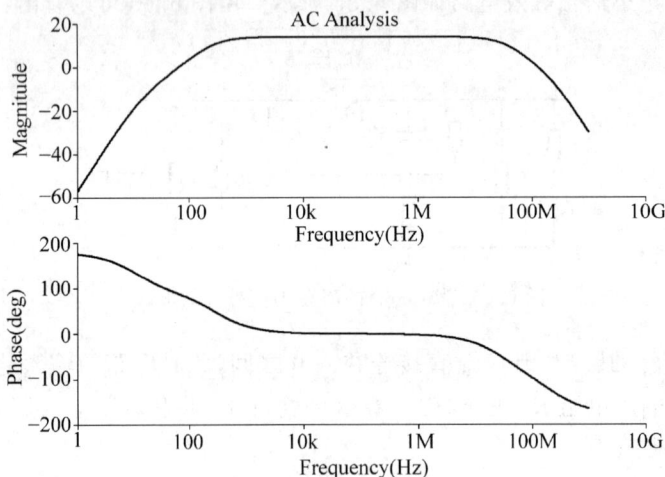

(b) 幅频特性和相频特性

图 6.66　共基电路的仿真分析

试结果(约 30MHz)相差较大,这主要是由于图 6.65 等效电路与仿真器件模型相比过于简单,而式(6.69)也是一个近似结果。若直接对图 6.65 进行仿真(忽略 $r_{bb'}$ 的影响),如图 6.67 所示,仿真测试其上限频率为 19.9MHz,与理论值基本一致。

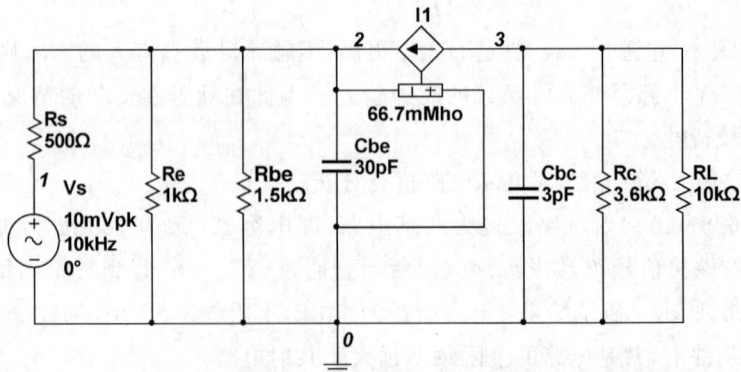

图 6.67　共基电路的高频小信号等效电路仿真

（2）由上述分析可知，f_{H2} 决定了电路的上限频率 f_H，改变 $C_{b'c}$ 的值，将会直接影响电路的 f_H。若考虑负载电容 C_L，当 C_L 远大于 $C_{b'c}$ 时，则电路的 f_H 将主要取决于 C_L。例如当 $C_{b'c}$ 由 3pF 改为 6pF 时，仿真测试电路的 f_H，由 30MHz 变为 15.2MHz；若取 C_L 为 100pF，则电路的 f_H 仅为 590.6kHz，说明 C_L 较大时，电路的 f_H 主要由 C_L 决定；若取 C_L 也为 3pF，则电路的 f_H 为 12.1MHz，说明电路的 f_H 取决于 $C_{b'c}$ 和 C_L。

（3）我们将共射电路与共基电路组合起来，构成共射-共基组态电路，它不仅具有共射电路的优点，也具有共基电路的优点，如图 6.68（a）所示。从信号的传输来看，输入信号从共射电路 Q_1 的基极输入，Q_1 集电极输出的信号输入给共基电路 Q_2 的发射极，Q_2 集电极输出的信号为组合电路的输出信号。在这个过程中，共基电路的输入电阻是共射电路的负载，且其值很小，故使得此时共射电路的电压增益很小，从而减小了共射电路中的密勒电容，提高了电路的上限频率；根据共基电路的电流跟随性，Q_1 的输出电流将通过 Q_2 集电极输出，几乎大小不变的传输给负载，进而确保了组合电路的电压增益。共射-共基电路的 AC 分析如图 6.68（b）所示。

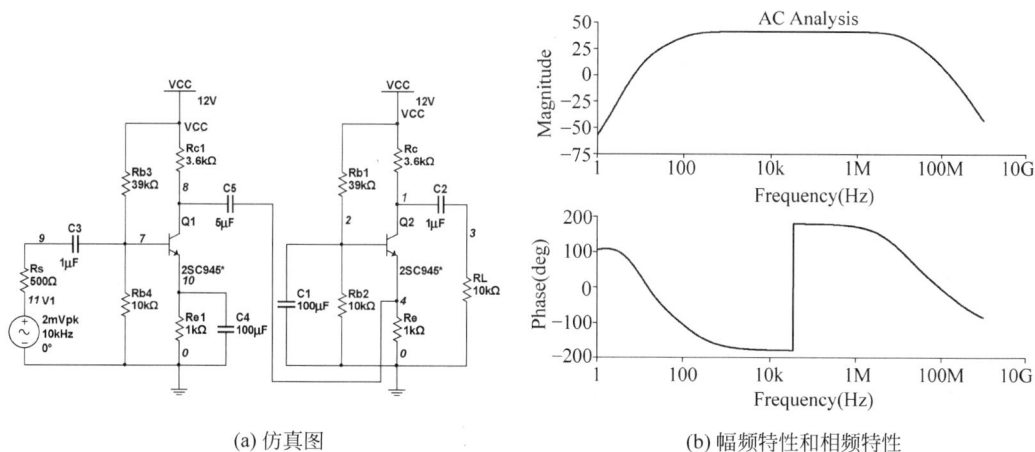

| (a) 仿真图 | (b) 幅频特性和相频特性 |

图 6.68 共射-共基组态电路的仿真

由仿真结果可知，电路的总增益为 41.3dB，与原共射电路（41.5dB）基本相同；电路的上限频率为 8.4MHz，较原共射电路（982kHz）有很大提高，可见共射-共基电路在展宽频带的同时，仍具有较高的电压增益；同样，由于多个耦合电容和旁路电容的影响，电路的下限频率会变大。对此，对原电容值进行适当调整，将图中的 C_5 由 $1\mu F$ 改为 $5\mu F$，如图 6.68（a）所示，此时测得电路的下限频率为 155.5Hz，与原共射电路（154Hz）相当，得到的幅频特性和相频特性如图 6.68（b）所示。类似地，图 6.68（a）所示的阻容耦合方式电路，由于受耦合电容、旁路电容的影响，其下限频率一般不会很低。在实际应用中，人们为了使电路的下限频率为零，同时，还考虑到便于集成，常采用直接耦合方式，从而得到了共射-共基直接耦合放大器。

（4）为了减小信号源内阻对共射电路上限频率的影响，我们在信号源与共射电路之间接入一个共集电路，参见图 6.61（a），这样便得到了共集-共射-共基组态电路，如图 6.69（a）所示。AC 分析如图 6.69（b）所示。

由仿真结果可知，电路的总增益为 43.1dB，较原共射-共基电路（41.3dB）有所提高；电

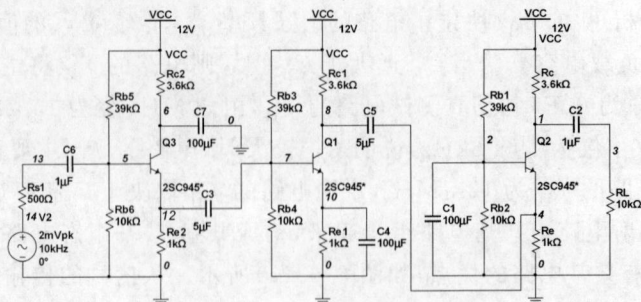

(a) 仿真图

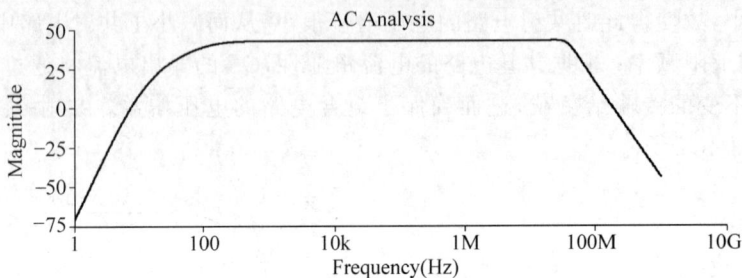

(b) 幅频特性

图 6.69　共集-共射-共基组态电路仿真

路的上限频率为 41.3MHz,较原共射-共基电路(8.4MHz)有很大提高;同样由于多个耦合电容和旁路电容的影响,电路的下限频率会变大。对此,对原电容值进行适当调整,将图中的 C_3 由 $1\mu F$ 改为 $5\mu F$,如图 6.69(a)所示,此时测得电路的下限频率为 $124.8Hz$,与原共射-共基电路(155.5Hz)基本相等,得到的幅频特性如图 6.69(b)所示。

　　在介绍了三种基本放大电路的基础上,这里对由三种基本电路所构成的组合电路进行了仿真分析,总结得出一个共同的特点,即组合电路的增益较高,带宽较大。因此组合电路已成为制作带宽放大电路的途径之一。这一点将在第 12 章的集成宽带放大器中加以介绍,除此之外,还将介绍负反馈、电流模式等技术在宽带放大电路中的应用。

　　前面几节从直流分析和交流分析——反馈类型分析、中频小信号分析、频率响应等方面,对三种基本放大电路进行了讨论,为了便于比较,现归纳于表 6-1 中。

表 6-1　三种基本放大电路的性能比较

	共发射极放大电路	共集电极放大电路	共基极放大电路
电原理图			
连接特点	信号从基极输入,集电极输出	信号从基极输入,发射极输出	信号从发射极输入,集电极输出

续表

	共发射极放大电路	共集电极放大电路	共基极放大电路
负反馈类型	电流串联	电压串联	电流并联
电压增益	$\dot{A}_v = -\dfrac{\beta(R_c//R_L)}{r_{be}+(1+\beta)R_e}$ $\dot{V}_o$ 与 $\dot{V}_i$ 反相	$\dot{A}_v = \dfrac{(1+\beta)(R_e//R_L)}{r_{be}+(1+\beta)(R_e//R_L)}$ $\dot{V}_o$ 与 $\dot{V}_i$ 同相	$\dot{A}_v = \dfrac{\beta(R_c//R_L)}{r_{be}}$ $\dot{V}_o$ 与 $\dot{V}_i$ 同相
最大电流增益	$\dot{A}_i \approx \beta$	$\dot{A}_i \approx 1+\beta$	$\dot{A}_i \approx \alpha$
输入电阻	$R_i = R_{b1}//R_{b2}//[r_{be}+(1+\beta)R_e]$	$R_i = R_b//[r_{be}+(1+\beta)(R_e//R_L)]$	$R_i = R_e//\dfrac{r_{be}}{1+\beta}$
输出电阻	$R_o \approx R_c$	$R_o \approx R_e//\dfrac{r_{be}+R_s//R_b}{1+\beta}$	$R_o \approx R_c$
电路性能	既有电压增益,又有电流增益。输入电阻居中,输出电阻较大($\approx R_c$)。频率特性差	只有电流放大作用,无电压放大,具有电压跟随作用。输入电阻大,输出电阻小。频率特性好	只有电压放大作用,无电流放大,具有电流跟随作用。输入电阻小,输出电阻较大($\approx R_c$)。频率特性好
用途	适用于低频情况,多级放大电路的中间级	适用于多级放大电路的输入级、输出级和缓冲级	适用于宽带或高频放大电路

在实际应用电路中,往往是根据实际问题中特定的增益、输入电阻、输出电阻和带宽等要求,合理选择电路进行级联,以便发挥各自的优点,从而获得更好性能的电路。因此掌握每一种电路的原理、特点和用途是很重要的。

【例 6.6】 试对图 6.70 所示电路进行直流分析和交流分析。

解 (1) 从电路的连接特点上可以看出,信号从基极输入,从集电极输出,故该电路是共射放大电路。

(2) 直流分析

直流通路如图 6.71 所示。从图中可以看出,电阻 R_b 将输出端与输入端联系起来,所以 R_b 是反馈元件,且由 R_b 引入的反馈是交、直流反馈。对于静态工作点来说,假设由于某种原因,引起集电极电压 V_{CQ} 的不稳定,电路将通过以下过程,使 V_{CQ} 趋于稳定,即

$$V_{CQ}\uparrow \rightarrow I_{BQ}\uparrow \rightarrow I_{CQ}\uparrow \rightarrow V_{RC}\uparrow$$
$$V_{CQ}(=V_{CC}-V_{RC})\downarrow \leftarrow$$

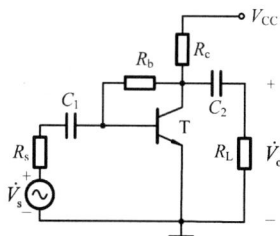

图 6.70 另一种形式的共射电路　　图 6.71 图 6.70 的直流通路

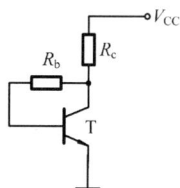

表明该电路为了稳定静态工作点 V_{CQ}，引入了直流电压负反馈。

由图 6.71 可知，

$$V_{CC} - V_{BEQ} = I_{BQ}R_b + (1+\beta)I_{BQ}R_c$$

故

$$I_{BQ} = \frac{V_{CC} - V_{BEQ}}{R_b + (1+\beta)R_c} \tag{6.72}$$

于是有

$$I_{CQ} = \beta I_{BQ}$$
$$V_{CEQ} = V_{CC} - (1+\beta)I_{BQ}R_c \tag{6.73}$$

（3）交流分析

① 交流反馈类型：该电路的交流通路如图 6.72 所示。根据图 6.72 中所标的正负极性，在 R_b 上，由输出电压 $\dot{V}_o$ 引起的电流 $\dot{I}_f$ 为反馈信号，该反馈电流 $\dot{I}_f$ 使基极的净输入电流 $\dot{I}_i'$ 减小，即 $\dot{I}_f$ 削弱了输入电流 $\dot{I}_i$ 的影响，故电路引入了交流负反馈；由于在输入回路的反馈信号以电流形式出现，故为并联反馈；又由于反馈信号与输出电压成正比，故为电压反馈。综上所述，该电路为电压并联负反馈电路，且需电流源型信号源作驱动。

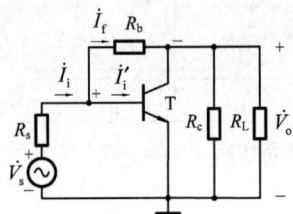

图 6.72 图 6.70 的交流通路

② 电路特点：根据反馈类型，得知该电路的特点是，输入电阻小，输出电阻也小，输出电压稳定。由图 6.72 可知，$\dot{V}_o = -\dot{I}_f R_b$，$\dot{V}_s = \dot{I}_i R_s$。在深度负反馈下，对于并联负反馈，有 $\dot{I}_i = \dot{I}_f$，故电路的源电压增益为

$$\dot{A}_{vsf} = \frac{\dot{V}_o}{\dot{V}_s} = -\frac{R_b}{R_s} \tag{6.74}$$

③ 中频小信号分析：图 6.72 的中频小信号等效电路如图 6.73 所示。根据密勒定理，将 R_b 等效到输入回路和输出回路，得到图 6.74。图中，

$$R_b' = \frac{R_b}{1 - \dot{A}_v}, \quad R_b'' = \frac{R_b}{1 - \frac{1}{\dot{A}_v}} \tag{6.75}$$

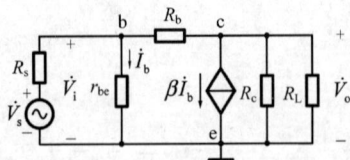

图 6.73 图 6.72 的中频小信号等效电路

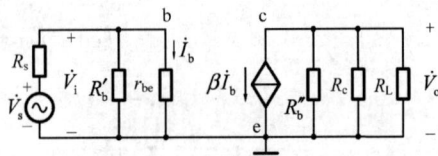

图 6.74 图 6.73 的密勒等效电路

其中，$\dot{A}_v = \frac{\dot{V}_o}{\dot{V}_i}$。由于 $|\dot{A}_v| \gg 1$，故有

$$R_b' \approx \frac{R_b}{-\dot{A}_v}, \quad R_b'' \approx R_b \tag{6.76}$$

对于电压放大倍数 $\dot{A}_v$,不难证明:

$$\dot{A}_v = \frac{\dot{V}_o}{\dot{V}_i} = -\frac{\beta(R_b//R_c//R_L)}{r_{be}} \tag{6.77}$$

对输入电阻 R_i,显然有

$$R_i = R'_b//r_{be} = \frac{R_b}{-\dot{A}_v}//r_{be} \tag{6.78}$$

当 $|\dot{A}_v|$ 很大时,将使 R_i 的值更小。

对输出电阻 R_o,易得

$$R_o = R_b//R_c \tag{6.79}$$

对源电压放大倍数 $\dot{A}_{vs}$,有

$$\dot{A}_{vs} = \frac{R_i}{R_i + R_s}\dot{A}_v \tag{6.80}$$

当 $|\dot{A}_v|$ 很大时,必有 $R_i \to \dfrac{R_b}{-\dot{A}_v}$,且 $R_s \gg \dfrac{R_b}{-\dot{A}_v}$,于是,有

$$\dot{A}_{vs} = \frac{\dfrac{R_b}{-\dot{A}_v}}{\dfrac{R_b}{-\dot{A}_v} + R_s}\dot{A}_v = -\frac{R_b}{R_s} \tag{6.81}$$

此式与深度负反馈下的结论式(6.74)是一致的。

④ 高频小信号分析:图 6.72 的高频小信号等效电路如图 6.75 所示。

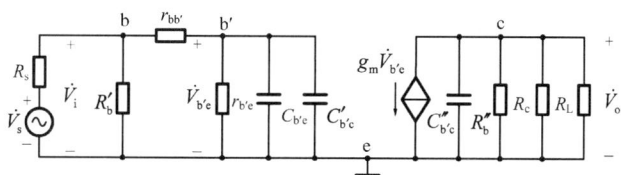

图 6.75 图 6.72 的高频小信号等效电路

图中,$C'_{b'c} = [1 + g_m(R''_b//R_c//R_L)]C_{b'c}$,$C''_{b'c} \approx C_{b'c}$。不难证明,输入回路电容和输出回路电容所决定的频率分别为

$$f_{H1} = \frac{1}{2\pi[r_{b'e}//(r_{bb'} + R_s//R'_b)](C_{b'e} + C'_{b'c})} \tag{6.82}$$

$$f_{H2} = \frac{1}{2\pi(R''_b//R_c//R_L)C''_{b'c}} \tag{6.83}$$

在进行仿真分析之前,先对图 6.70 所示的电路进行设计。要求:设计一个音频放大器,晶体管与例 6.5 中的相同;电路的电压放大倍数约为 150,频响范围 20Hz～20kHz,负载电阻为 10kΩ,电源电压为 12V,信号源内阻为 0.5kΩ。

首先估算电阻 R_b,取集电极电阻 R_c 为 3.6kΩ。根据式(6.77),并忽略 $r_{bb'}$ 的影响,有

$$|\dot{A}_v| = \frac{\beta(R_b//R_c//R_L)}{(1+\beta)\dfrac{V_T}{I_{EQ}}} = \frac{\beta(R_b//R_c//R_L)}{\dfrac{V_T}{I_{BQ}}} \tag{6.84}$$

I_{C2}，即

$$I_O = I_{C2} = I_{C1} = I_{REF} - 2I_B = I_{REF} - 2\frac{I_{C2}}{\beta} = I_{REF} - 2\frac{I_O}{\beta}$$

由此，可得

$$I_O = \frac{1}{1 + \frac{2}{\beta}} I_{REF} \tag{6.87}$$

当 $\beta \gg 2$ 时，则 $I_O \approx I_{REF}$，即 I_O 是 I_{REF} 的"复制"，亦即二者如同是物与镜中的像一样，故又称为镜像电流源。这里的基准电流 I_{REF} 为

$$I_{REF} = \frac{V_{CC} - V_{BE}}{R} \approx \frac{V_{CC}}{R} \tag{6.88}$$

显然，基本电流镜的内阻为

$$R_o = r_{ce2} \tag{6.89}$$

下面针对两个方面的问题，对基本电流镜进行改进，一是降低 I_O 对 β 的依赖性，二是提高内阻 R_o。

6.7.3 基本三晶体管电流镜

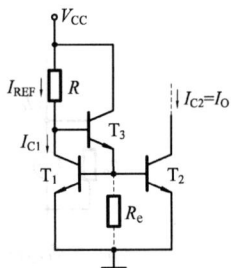

图 6.80 基本三晶体管
电流镜

电路如图 6.80 所示，与图 6.79 相比，图 6.80 中增加了晶体管 T_3 和电阻 R_e。其中，T_3 的作用是为了提高输出电流的精度。事实上，T_3 为 T_1 和 T_2 提供基极电流，利用 T_3 的电流放大作用，减小 I_{B1} 和 I_{B2} 对 I_{REF} 的分流作用，使 I_{C1} 更接近 I_{REF}，从而 $I_O = I_{C2} \approx I_{REF}$。$I_{REF}$ 由下式决定

$$I_{REF} = \frac{V_{CC} - V_{BE} - V_{BE3}}{R} \approx \frac{V_{CC} - 2V_{BE}}{R} \tag{6.90}$$

不难证明

$$I_O = \frac{1}{1 + \frac{2}{\beta(1 + \beta_3)}} I_{REF} \tag{6.91}$$

其输出电阻仍为

$$R_o = r_{ce2} \tag{6.92}$$

表明在 β 相同的条件下，式(6.91)比式(6.87)更易满足 $I_O \approx I_{REF}$。可见基本三晶体管电流镜仅降低了 I_O 对 β 的依赖性，这样 I_O 受 β 的温度影响也就小了。

在实际电路中，为了避免 T_3 的电流过小而使 β_3 下降，常在 T_3 的射极上接入电阻 R_e，如图 6.80 所示。

6.7.4 Cascode 电流镜

将两个基本电流镜级联起来，即得到 Cascode 电流镜，如图 6.81 所示。图中，

$$I_{REF} = \frac{V_{CC} - 2V_{BE}}{R} \tag{6.93}$$

可以证明

$$I_O = \frac{\beta^2}{2 + 4\beta + \beta^2} I_{REF} \tag{6.94}$$

表明 Cascode 电流镜对 β 的依赖程度与基本电流镜相当。

下面依据晶体管的低频小信号等效电路,来求得 Cascode 电流镜的内阻 R_o。注意到 T_2 和 T_4 的基极电位为常数,故它们的基极均为交流的"地",得到的等效电路如图 6.82 所示。

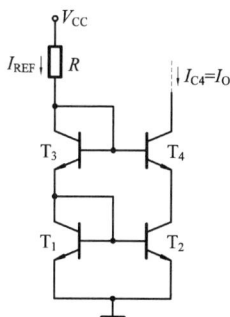

图 6.81 Cascode 电流镜

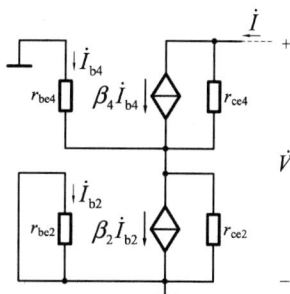

图 6.82 图 6.81 的小信号等效电路

用加压求流法,得

$$R_o = \frac{\dot{V}}{\dot{I}}$$

注意到 $\dot{I}_{b2}=0$,故 $\beta_2 \dot{I}_{b2}=0$。由图 6.82 可得

$$\dot{I} = \beta_4 \dot{I}_{b4} + \frac{\dot{V} - \dot{I}(r_{ce2}//r_{be4})}{r_{ce4}} = \beta_4 \frac{-\dot{I}(r_{ce2}//r_{be4})}{r_{be4}} + \frac{\dot{V} - \dot{I}(r_{ce2}//r_{be4})}{r_{ce4}}$$

故

$$\dot{V} = r_{ce4}\left[1 + \left(\frac{\beta_4}{r_{be4}} + \frac{1}{r_{ce4}}\right)(r_{ce2}//r_{be4})\right]\dot{I}$$

于是有

$$R_o = \frac{\dot{V}}{\dot{I}} = r_{ce4}\left[1 + \frac{\beta_4}{r_{be4}}(r_{ce2}//r_{be4})\right] + r_{ce2}//r_{be4} \tag{6.95}$$

考虑到 $r_{ce2} \gg r_{be4}$,则有

$$R_o = r_{ce4}(1+\beta_4) + r_{be4} \approx \beta_4 r_{ce4} \tag{6.96}$$

表明 Cascode 电流镜的内阻 R_o 约为基本电流镜的 β 倍,说明它更接近恒流特性。

6.7.5 Wilson 电流镜

Wilson 电流镜是对基本电流镜的另一种改进,它通过电流负反馈来改善输出性能,电路如图 6.83 所示。

假设由于某种原因导致 I_O 的变化,将通过以下过程使 I_O 稳定

$$I_O \uparrow \to I_{E3} \uparrow \to I_{C2} \uparrow \to I_{C1} \uparrow \to I_{B3}(=I_{REF}-I_{C1}) \downarrow$$
$$I_O \downarrow \longleftarrow$$

显然,Wilson 电流镜可以看成是利用 T_1、T_2 组成的基本电流镜作为反馈网络,T_3 作为放大电路,所构成的电流并联负反馈电

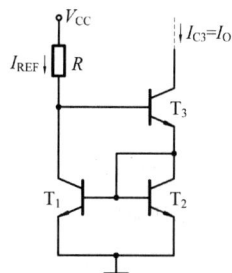

图 6.83 Wilson 电流镜

路,因此 Wilson 电流镜应有较好的电流稳定性。图中的基准电流为

$$I_{REF} = \frac{V_{CC} - 2V_{BE}}{R} \tag{6.97}$$

假设所用晶体管的参数均相同,可以证明

$$I_O = \frac{\beta^2 + 2\beta}{\beta^2 + 2\beta + 2} I_{REF} = \frac{I_{REF}}{1 + \dfrac{2}{\beta^2 + 2\beta}} \tag{6.98}$$

还可以利用小信号等效电路求得 Wilson 电流镜的内阻 R_o

$$R_o \approx \frac{\beta}{2} r_{ce3} \tag{6.99}$$

表明 Wilson 电流镜不仅在 β 相同的条件下,较基本电流镜更易满足 $I_O \approx I_{REF}$,而且它的内阻约为基本电流镜的 $\beta/2$ 倍,其恒流特性也得以改善。

6.7.6　Widlar 电流镜

实验视频 8

以上讨论的几个电流镜电路均满足 $I_O \approx I_{REF}$,但在集成电路中,除了用到较大(几百微安至毫安量级)电流外,还需要较小(几到几十微安)的电流,Widlar 电流镜则是一种适合产生小电流的电源,如图 6.84 所示。可以看出,它是在基本电流镜的基础上,在 T_2 的射极上增加了电阻 R_e。

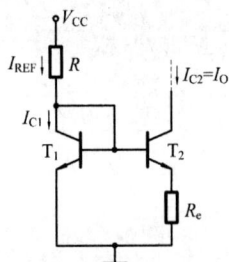

图 6.84　Widlar 电流镜

电路的基准电流仍为

$$I_{REF} = \frac{V_{CC} - V_{BE}}{R} \tag{6.100}$$

考虑到 T_1、T_2 完全相同,则有

$$V_{BE1} = V_T \ln\left(\frac{I_{REF}}{I_s}\right)$$

$$V_{BE2} = V_T \ln\left(\frac{I_O}{I_s}\right)$$

即

$$V_{BE1} - V_{BE2} = V_T \ln\left(\frac{I_{REF}}{I_O}\right)$$

又

$$V_{BE1} - V_{BE2} = I_{E2} R_e \approx I_O R_e$$

于是有

$$I_O R_e = V_T \ln\left(\frac{I_{REF}}{I_O}\right) \tag{6.101}$$

显然,若要从此式中解得 I_O 是较繁的,但往往是已知 I_{REF} 和 I_O 的值,来确定 R_e 的值。

利用小信号等效电路可以求出 Widlar 电流镜的内阻 R_o

$$R_o = r_{ce2}\left[1 + \frac{\beta}{r_{be2}}(r_{be2}//R_e)\right] \tag{6.102}$$

表明 Widlar 电流镜的内阻是基本电流镜的 $\left[1+\dfrac{\beta}{r_{be2}}(r_{be2}//R_e)\right]$ 倍,其恒流特性得到明显改善。

在 Widlar 电流镜的基础上,T_1 射极上串入电阻 R_{e1},如图 6.85 所示。可以看出:

$$V_{BE1}+I_{REF}R_{e1}=V_{BE2}+I_O R_{e2}$$

若使 $I_{REF}R_{e1}\gg V_{BE1}-V_{BE2}$,则有

$$I_O=\frac{R_{e1}}{R_{e2}}I_{REF} \tag{6.103}$$

表明 I_O 与 I_{REF} 的关系取决于 R_{e1} 与 R_{e2} 之比,故该电路称为比例电流镜。

不难证明,比例电流镜的内阻

$$R_o=r_{ce2}\left[1+\frac{\beta}{r'_{be2}}(r'_{be2}//R_{e2})\right] \tag{6.104}$$

式中 $r'_{be2}=r_{be2}+R//\left(\dfrac{r_{be1}}{1+\beta+\dfrac{r_{be1}}{r_{ce1}}}+R_{e1}\right)$。

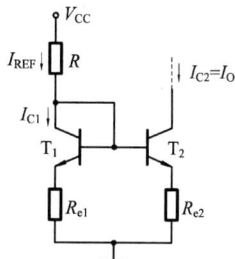

图 6.85　比例电流镜

6.7.7　多路电流镜

以上介绍的电流镜是由一个基准电流 I_{REF} 以不同的方式"复制"出一路电流,而在实际的集成电路中,往往需要多路电流来保证每一级电路的工作,这样就产生了"多路电流镜",它是对一个 I_{REF} 的多路"复制",其基本电路如图 6.86 所示。

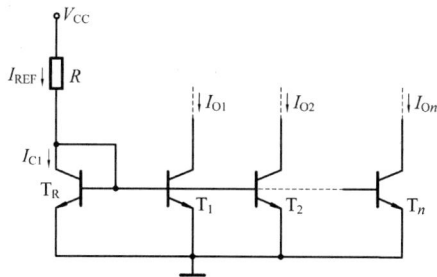

图 6.86　多路电流镜 1

若所用晶体管均是相同的,则每路电流与基准电流的关系为

$$I_{O1}=I_{O2}=\cdots=I_{On}=\frac{I_{REF}}{1+\dfrac{1+n}{\beta}} \tag{6.105}$$

仿 Widlar 电流镜,还可以得到其他形式的多路电流镜,如图 6.87 所示。可以看出,每一路电流可以是不同的值,以确保集成电路中各级所需的不同值电流。有关多路电流镜的应用可参见第 12 章。

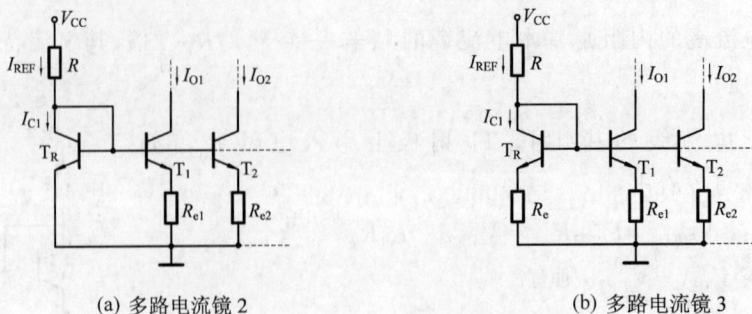

(a) 多路电流镜2   (b) 多路电流镜3

图 6.87 多路电流镜的其他形式

6.8 偏置电路

在前面几节中,介绍了晶体管放大电路的三种基本形式。我们注意到,不论哪种放大电路,它们均含有两个源,一是信号源,提供需放大的信号;二是直流电源,其作用有二,一为放大电路提供能量,即信号电压或电流通过放大电路中的可控元件(例如晶体管等),将直流电源的能量转换为随信号作线性变化的负载上所需的能量;二为实现这样的线性"放大",必须使晶体管处于线性放大状态,即通过在晶体管外围所设置的偏置电路,利用直流电源,为晶体管提供一个合适的稳定的 Q 点。正如在前面几节中所介绍过的"电流负反馈式直流偏置电路"和"电压负反馈式直流偏置电路",如图 6.15 和图 6.70 所示。本节将进一步分析直流偏置电路,以适应各种不同的应用。

6.8.1 直流电源的供电模式

直流偏置电路的设置是为了使晶体管处于线性放大状态,同时还应考虑到信号源该如何接入电路中。一般来说,信号源的接入应满足两个条件,一是信号源有一端接地,二是直流电流不能流入信号源。以曾经学过的共射电路为例,如图 6.15(a)所示,电路采用的是一个电源 V_{CC} 供电,即单电源供电模式。此时,输入端(基极)和输出端(集电极)对"地"均有较大的直流电压,此时若接入信号源,则需串入"隔直"电容 C_1,必要时,负载端也需串入"隔直"电容 C_2。由前面的分析可知,C_1、C_2 和 C_3 必将对电路的下限频率 f_L 产生影响。因此在要求 $f_L = 0$ 的条件下,放大电路需采用直接耦合方式。注意,图 6.88 所示的直接耦合放大电路是不尽合理的。

对于直接耦合放大电路,其要求之一是"当输入为零时,其输出也为零",为此电路可考虑采用双电源供电模式,图 6.89 给出了一直接耦合电路的部分电路,图中为其偏置电路,双电源 $+V_{CC}$ 和 $-V_{EE}$ 可以不相等,但一般情况下,取 $V_{CC} = V_{EE}$。此时输入端(基极)的直流电位设计为零电位,信号源接入如图 6.89 中虚线所示。静态时,基-射回路满足(考虑到信号源内阻较小)

$$0 - (-V_{EE}) = I_{BQ}R_s + V_{BEQ} + I_{EQ}R_e \approx V_{BEQ} + I_{EQ}R_e$$

即

$$I_{EQ} = \frac{V_{EE} - V_{BEQ}}{R_e + \dfrac{R_s}{1+\beta}} \approx \frac{V_{EE} - V_{BEQ}}{R_e} \tag{6.106}$$

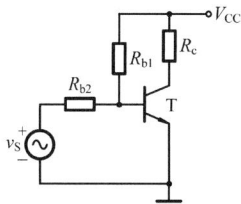

图 6.88　不尽合理的直接耦合电路　　　图 6.89　双电源供电的共射电路

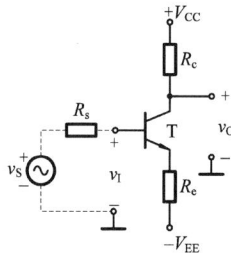

射极直流电位为

$$V_{EQ} = -V_{BEQ} - I_{BQ}R_s \approx -V_{BEQ} \tag{6.107}$$

集-射回路满足

$$V_{CQ} = V_{CC} - I_{CQ}R_c$$

即

$$V_{CEQ} = V_{CQ} - V_{EQ} = V_{CC} - I_{CQ}R_c + V_{BEQ} \tag{6.108}$$

可见,双电源供电的电路有几个明显的特点:

(1) 可以保证输入端为直流零电位,这样,信号源可以与放大电路直接耦合,这一点在集成运算放大电路的设计中尤为重要,它可以保证在输入为零时,输出也为零。

(2) 由式(6.106)可知,负电源$-V_{EE}$和射极电阻R_e决定了I_{EQ}(或I_{CQ})的值;又由式(6.108)可知,当I_{CQ}和集电极电阻R_c确定后,改变正电源$+V_{CC}$,可改变V_{CEQ}。这样调整静态电流I_{CQ}和动态范围V_{CEQ}可以相对独立,给设计电路带来方便。而图 6.15 所示电路则不然。

(3) 由于采用双电源供电,对电源的设计要求较高。有关电源设计可参见有关章节。

下面考察一个由图 6.89 所构成的共射电路(仿真图)。

【例 6.7】　如图 6.90 所示,是信号源可直接耦合输入的共射放大电路,试仿真分析。

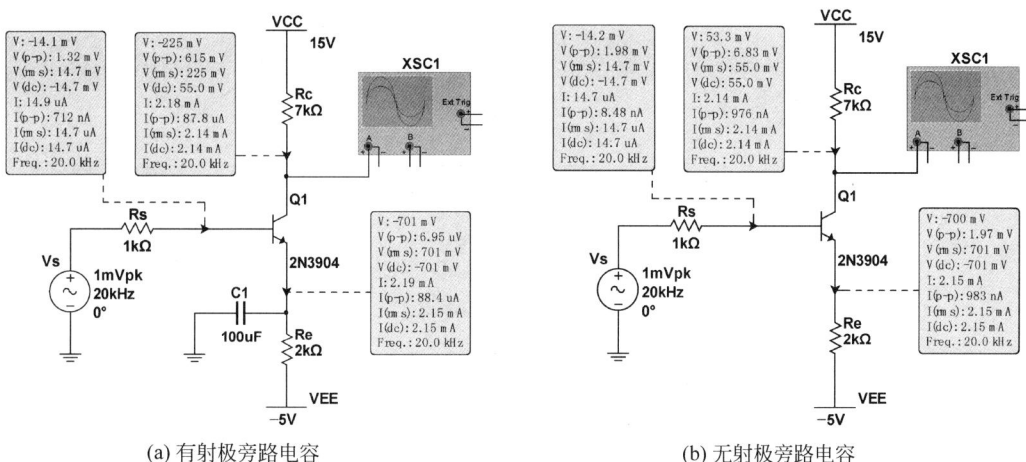

(a) 有射极旁路电容　　　　　　　　　　(b) 无射极旁路电容

图 6.90　信号源可直接耦合输入的共射电路

解　(1) 直流分析

根据探针测试,得知晶体管的 β 大约为120,于是由式(6.106)有

$$I_{EQ} \approx \frac{V_{EE} - V_{BEQ}}{R_e + \dfrac{R_s}{1+\beta}} = \frac{5 - 0.7}{2 + \dfrac{1}{1+120}} = 2.14\text{mA}$$

由式(6.108),有

$$V_{CEQ} = V_{CC} - I_{CQ}R_c + V_{BEQ} = 15 - 2.14 \times 7 + 0.7 = 0.72\text{V}$$

仿真测试:射极电流 $I_{EQ} = 2.15\text{mA}$,射极电位 $V_{EQ} = -701\text{mV} = -0.7\text{V}$,集-射电压 $V_{CEQ} = 55 - (-701) = 756\text{mV}$,与理论值基本吻合。

还可以看到,流过信号源的直流电流仅为 $14.7\mu\text{A}$。

(2) 交流分析

先求得 $r_{be} = 300 + (1+\beta)\dfrac{26}{I_{EQ}} = 300 + (1+120) \times \dfrac{26}{2.14} = 1.77\text{k}\Omega$。若接入射极旁路电容为 C_1,如图 6.90(a)所示,则有

$$\dot{A}_{vf} = -\frac{\beta R_c}{r_{be}} = -\frac{120 \times 7}{1.77} \approx -475$$

仿真测试为 $615/1.32 = 466$,与理论值基本吻合。

若不接射极旁路电容 C_1,如图 6.90(b)所示,则有

$$\dot{A}_{vf} = -\frac{\beta R_c}{r_{be} + (1+\beta)R_e} = -\frac{120 \times 7}{1.77 + (1+120) \times 2} \approx -3.446$$

仿真测试为 $6.83/1.98 = 3.449$,与理论值基本吻合。

通过 AC 分析,得到图 6.90 所示电路的幅频特性曲线,分别如图 6.91(a)和图 6.91(b)所示。可以看出,图 6.91(a)的低频段受射极旁路电容的影响,电路的下限频率不为零;而图 6.91(b)因无射极旁路电容,使电路的下限频率为零,同时由于射极电阻的负反馈作用,使电路的电压增益较图 6.91(a)小了很多,但频带被展宽了。

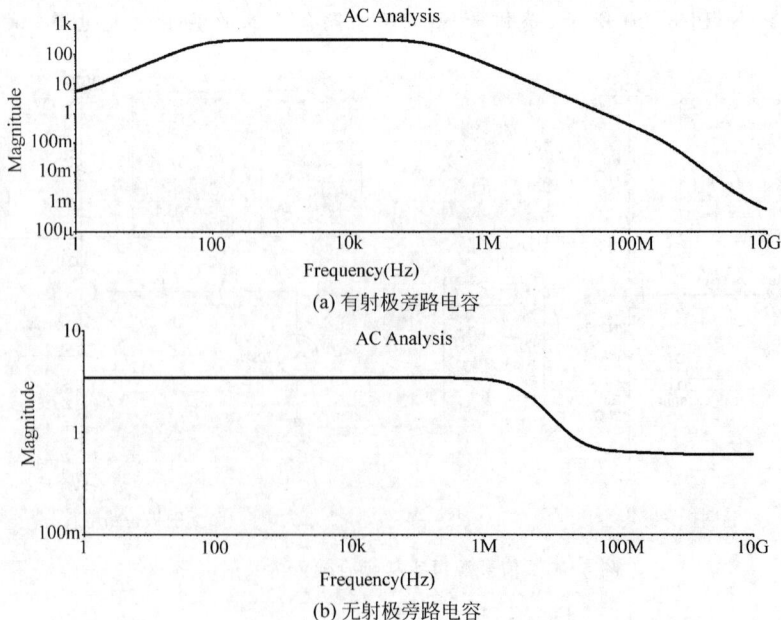

(a) 有射极旁路电容

(b) 无射极旁路电容

图 6.91　信号源可直接耦合输入的共射电路的幅频特性

前面介绍了单电源供电下的三种基本放大电路,那么在双电源供电下其电路结构如何?它们的偏置电路又怎样设计呢?下面通过实例加以说明。

【例6.8】 如图6.92所示,为双电源供电的偏置电路。图中射极电阻R_e起直流电流负反馈作用,用于稳定电路的静态工作点;基极电阻R_b的作用有三,在信号源采用电容耦合时,一是为基-射极、负电源和地构成回路;二是确保信号源不被"地"短路;三是R_b是电路输入电阻的一部分。

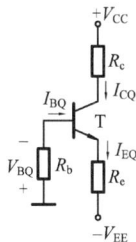

图6.92 双电源供电的
偏置电路

设计要求:已知I_{CQ}、V_{BEQ}、V_{CC}、V_{EE}和β的值,试确定电阻R_b、R_e和R_c的值。

解 (1)确定R_b的值

先选择V_{BQ}的值。一般取V_{BQ}的值仅占负电源V_{EE}的很小一部分,例如取$V_{BQ}=V_{EE}/20$。这是因为,当V_{BQ}的值较大时,将会由于β的变化,而导致偏置的不稳定;当V_{BQ}的值较小时,将导致R_b的值小,对于共射电路和共集电路来说,将影响电路的输入电阻。注意,对于共基电路来说,R_b的值为零。

根据已知的I_{CQ},求得$I_{BQ}=I_{CQ}/\beta$,故

$$R_b = \frac{V_{BQ}}{I_{BQ}} = \frac{\beta V_{BQ}}{I_{CQ}} \tag{6.109}$$

(2)确定R_e的值

根据基-射回路,有$0-(-V_{EE})=V_{BQ}+V_{BEQ}+I_{EQ}R_e$,则

$$R_e = \frac{V_{EE}-V_{BEQ}-V_{BQ}}{I_{EQ}} \tag{6.110}$$

(3)确定R_c的值

先选定V_{CEQ}的值。对于共射或共基电路来说,一般选择$V_{CEQ}=V_{CC}/2$。但在进行这个选择时,应考虑它对电路交流参数的影响。例如,较小的V_{CEQ}将导致较大的R_c值,而R_c的值将影响电压增益和输出电阻等交流参数。

根据集-射回路,有$V_{CC}-0=I_{CQ}R_c+V_{CEQ}-V_{BEQ}-V_{BQ}$,则

$$R_c = \frac{V_{CC}-V_{CEQ}+V_{BEQ}+V_{BQ}}{I_{CQ}} \tag{6.111}$$

Multisim仿真:取$I_{CQ}=1\text{mA}$、$V_{BEQ}=0.7\text{V}$、$V_{CC}=V_{EE}=12\text{V}$和$\beta=120$,利用式(6.109)、式(6.110)和式(6.111),其中V_{CEQ}为$12/2=6\text{V}$,V_{BQ}为$12/20=0.6\text{V}$,求得$R_b=72\text{k}\Omega$、$R_e=10.7\text{k}\Omega$和$R_c=7.3\text{k}\Omega$。仿真图如图6.93所示。

仿真探针测试结果:I_{CQ}为$998\mu\text{A}$,V_{CEQ}为$4.71-(-1.24)=5.95\text{V}$,$V_{BQ}$为$-573\text{mV}$,与理论值基本吻合。

【例6.9】 如图6.94所示,给出了另一种双电源供电的偏置电路。由于其中晶体管的射极接地,故称为射极接地的偏置电路。不难发现,该偏置电路与图6.70所示电路是类似的,电阻R_1起电压负反馈作用,用于稳定电路的静态工作点。当然,由于射极直接接地,这种偏置电路不适于共基和共集电路。

设计要求:已知I_{CQ}、V_{BEQ}、V_{CC}、V_{EE}和β的值,试确定电阻R_1、R_2和R_c的值。

解 选择$V_{CEQ}=V_{CC}/2$和$I_2=10I_{BQ}$。

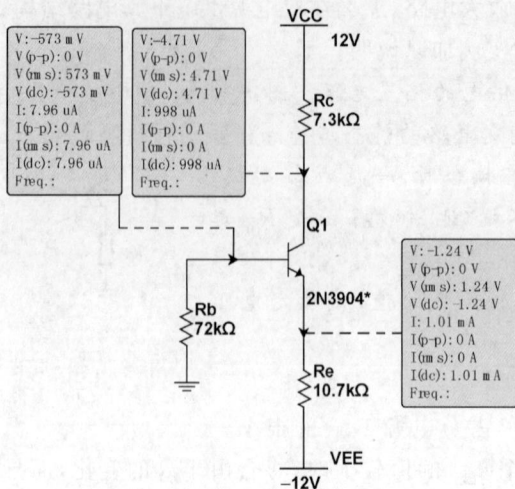

图 6.93　图 6.92 的仿真图　　　　　　　图 6.94　射极接地的偏置电路

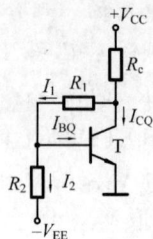

(1) 确定 R_2 的值

根据基-射回路,有 $V_{BEQ} = I_2 R_2 + (-V_{EE})$,则

$$R_2 = \frac{V_{EE} + V_{BEQ}}{I_2} = \frac{V_{EE} + V_{BEQ}}{10\dfrac{I_{CQ}}{\beta}} \tag{6.112}$$

(2) 确定 R_1 的值

因为 $I_1 R_1 = V_{CEQ} - V_{BEQ}$,故

$$R_1 = \frac{V_{CEQ} - V_{BEQ}}{I_1} = \frac{V_{CEQ} - V_{BEQ}}{I_2 + I_{BQ}} = \frac{V_{CEQ} - V_{BEQ}}{11\dfrac{I_{CQ}}{\beta}} \tag{6.113}$$

(3) 确定 R_c 的值

由图 6.94 可以看出,

$$R_c = \frac{V_{CC} - V_{CEQ}}{I_1 + I_{CQ}} = \frac{V_{CC} - V_{CEQ}}{\left(1 + \dfrac{11}{\beta}\right) I_{CQ}} \tag{6.114}$$

Multisim 仿真:取 $I_{CQ} = 1\text{mA}$、$V_{BEQ} = 0.7\text{V}$、$V_{CC} = V_{EE} = 12\text{V}$ 和 $\beta = 120$,利用式(6.112)、式(6.113)和式(6.114),其中 V_{CEQ} 为 12/2=6V,求得 $R_2 = 152\text{k}\Omega$、$R_1 = 57.8\text{k}\Omega$ 和 $R_c = 5.5\text{k}\Omega$。仿真图如图 6.95 所示。

仿真探针测试结果:I_{CQ} 为 1.01mA,V_{CEQ} 为 5.94V,与理论值基本吻合。

在前面讲过的放大电路中,射极往往是通过旁路电容实现交流接地的,但在实际电路中,与旁路电容相串联的寄生电感不能忽略,它势必影响电路的高频特性。所以这种射极接地的偏置电路,更适于宽带共射电路的制作。一般来说,宽带放大电路的输入特性阻抗是很小的,其典型值为 50Ω。显然该电路中的电阻 R_1 形成了电压并联负反馈网络,而并联负反馈可以减小电路的输入阻抗,可见该电路的低输入阻抗是一大优势,另外负反馈也展宽了该电路的频带。

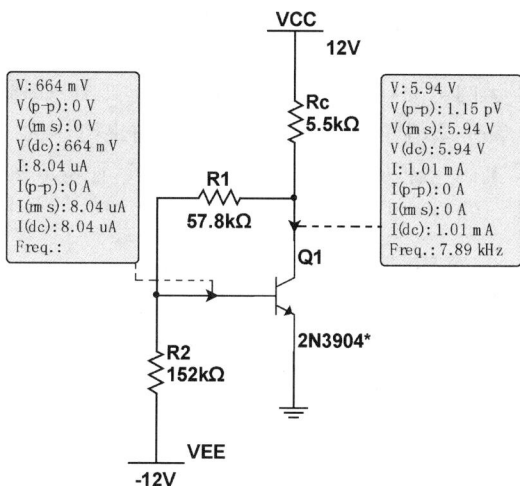

图 6.95　图 6.94 的仿真图

6.8.2　电流源偏置

前面所讨论的放大电路,均属于分立元件放大电路,它们的偏置电路是由电阻网络所组成的。若分立元件放大电路的级间为阻容耦合方式时,各级的偏置电路则是无关的,当然,这也给每一级的调试带来了方便。然而,在集成电路中,一是大容量的耦合电容是不可用的,二是要尽可能不用电阻,这主要是因为电阻比晶体管占用的表面积大得多,也就是说,希望利用大量的晶体管取代电阻。可见对于直接耦合的集成放大电路来说,其整体设计更多的是其偏置的设计。下面我们将看到电流源在放大电路的偏置电路中的应用。

将图 6.92 改用恒流源 I 提供偏置,如图 6.96 所示。该电路的优点是射极电流独立于 β 和 R_b,并且 R_b 的值可以取得大些,这样可以增大输入电阻,又不会影响偏置的稳定性。

将 6.7 节中的基本电流镜取代图 6.96 中的恒流源 I,则得到图 6.97 所示电路。

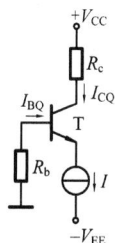

图 6.96　晶体管 T 的恒流源偏置

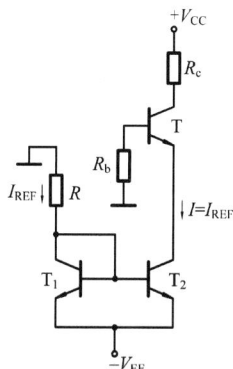

图 6.97　晶体管 T 的基本电流镜偏置

【例 6.10】 利用电流源偏置,构成一个直接耦合式射极输出器,并且要求输入为零时,输出也为零。

解 采用图 6.96 所示的电路,得到的射极输出器(仿真图)如图 6.98 所示。可以看出,当输入电压为零时,由于晶体管 T 的 V_{BE} 的影响,使得输出电压为 $-V_{BE}$(大约为 $-0.7V$),也就是说,该电路存在较大的直流偏移。为此可将由 PNP 管构成的射极输出器与原电路级联,以减小输出偏移电压,仿真图如图 6.99 所示。

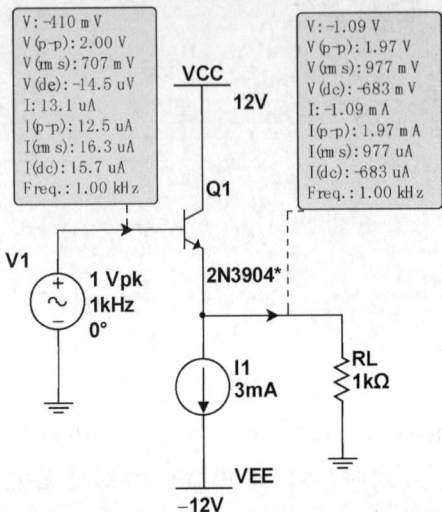

图 6.98 电流源偏置的射极输出器   图 6.99 NPN 与 PNP 射极输出器级联

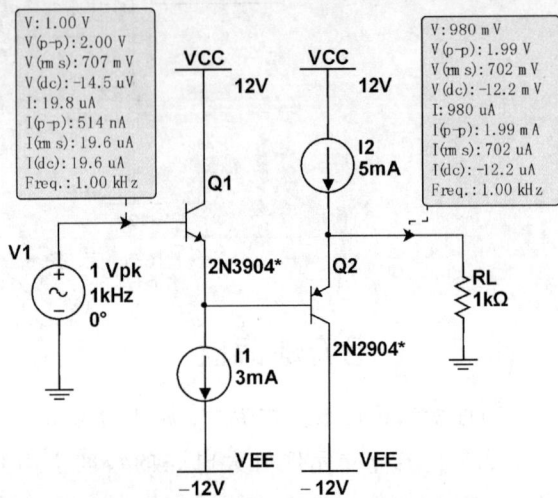

从图 6.98 所示的探针测试可知,输出电压的直流分量为 $-683mV$,说明输出偏移电压较大,电路的电压增益为 $1.97/2=0.985$;从图 6.99 所示的探针测试可知,输出电压的直流分量仅为 $-12.2mV$,说明由于 PNP 管射极输出器的级联,使得输出偏移电压减小了很多,电路的电压增益提高到 $1.99/2=0.995$;令输入电压为零,测得输出电压为 $-11.9mV$,基本符合设计要求。

有关电流源偏置在集成放大电路中的应用,可参见第 12 章。

6.9 有源负载放大电路

在 6.8 节介绍了电流源偏置的射极输出器,参见图 6.98,不难求出该电路的压增益为

$$\dot{A}_v = \frac{(1+\beta)(R_o//R_L)}{r_{be} + (1+\beta)(R_o//R_L)}$$

式中 R_o 为电流源的输出电阻(即内阻)。由于 R_o 的值很大,所以 $\dot{A}_v$ 的值也较采用射极电阻 R_e 时大。同理,对于共射电路来说,如图 6.15(a)所示,该电路的电压增益为

$$\dot{A}_v = -\frac{\beta(R_c//R_L)}{r_{be}}$$

若将集电极电阻 R_c 用一电流源取代,则电路 $\dot{A}_v$ 的值也会明显的增大,电路如图 6.100 所示。

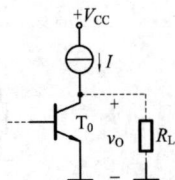

图 6.100 电流源作负载的共射电路

那么,能否采用增大电阻 R_e(或 R_c)的方法,来提高射极输出器(或共射电路)的电压增益呢?我们知道,在保持集电极电流和集-射电压不变的条件下,增大电阻 R_e(或 R_c),就必须提高电源电压 V_{CC} 的值。当 V_{CC} 增大到一定程度时,电路设计的一些指标,如晶体管的耐压、电路的功耗和电源电压的提供等,就变得不合理了。

采用电流源取代 R_e(或 R_c)作为负载有明显的优点,即在电源电压不变的情况下,可以为电路提供合适的静态电流,且比 R_e(或 R_c)更能防止电流的变化;对于交流信号而言,电流源又可等效为一个阻值很大的交流电阻,从而使 $\dot{A}_v$ 的值增大。特别是在集成电路中,电流源是用晶体管来构成的,这样还可以节省硅片面积。由于晶体管是有源元件,故由晶体管构成的电流源作负载,称之为有源负载。

下面将重点讨论含有源负载的共射放大电路。

将图 6.100 所示电路中的电流源 I 用基本电流镜取代,即可得到含有源负载的共射放大电路,如图 6.101 所示。图中,T_0 为放大管,T_1、T_2 和 R 为由 PNP 型晶体管构成的基本电流镜,它们组成有源负载电路,T_2 是 T_0 的有源负载,并为 T_0 提供集电极电流。

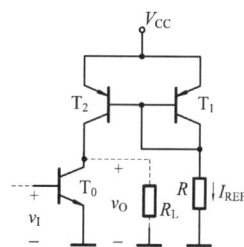

1. 直流分析

设 T_1 和 T_2 管特性完全相同,在 $\beta \gg 2$,且在 T_0 空载情况下,必有

$$I_{CQ0} = I_{C2} = I_{REF}$$

式中 $I_{REF} = (V_{CC} - V_{EB1})/R$。由此可知,只要 V_{CC} 与 R 相配合,即可设置合适的 I_{CQ0},而 V_{CC} 并不一定很高。可见,采用有源负载,电路的电源电压 V_{CC} 可以适当取值小些,这样更有利于设计低电源电压工作的放大电路。

显然,输入端的静态输入电压 V_{IQ},或者输入信号中所含有的直流分量为 T_0 提供了静态基极电流 I_{BQ0},且 I_{BQ0} 应等于 I_{CQ0}/β,而 $I_{CQ0} = I_{C2} = I_{REF}$,故要求它们之间不应有冲突。

2. 交流分析

图 6.101 所示电路的完整小信号等效电路如图 6.102(a)所示。由于 T_1 的等效电路部分不含独立交流源,故 $\dot{I}_{b1} = \dot{I}_{b2} = 0$,即受控源 $\beta \dot{I}_{b1} = \beta \dot{I}_{b2} = 0$。于是将图 6.102(a)变为图 6.102(b)。根据图 6.102(b),得到电路的小信号电压增益为

$$\dot{A}_v = -\frac{\beta(r_{ce0} /\!/ r_{ce2} /\!/ R_L)}{r_{be0}} \tag{6.115}$$

考虑到 $r_{be0} \approx \beta \dfrac{V_T}{I_{c0}}$,$r_{ce0} = \dfrac{V_{A0}}{I_{c0}}$,$r_{ce2} = \dfrac{V_{A2}}{I_{c0}}$,这里的 V_{A0} 和 V_{A2} 分别为 T_0 和 T_2 管的 Early 电压,于是式(6.115)变为

$$\dot{A}_v = -\frac{\dfrac{I_{c0}}{V_T}}{\dfrac{I_{c0}}{V_{A0}} + \dfrac{1}{R_L} + \dfrac{I_{c0}}{V_{A2}}} \tag{6.116}$$

在空载情况下,即 $R_L \to \infty$,则式(6.116)变为

$$\dot{A}_v = -\frac{\dfrac{1}{V_T}}{\dfrac{1}{V_{A0}} + \dfrac{1}{V_{A2}}} \tag{6.117}$$

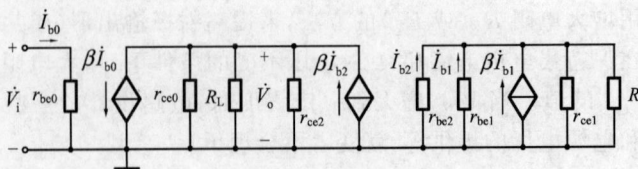

(a) 完整的小信号等效电路

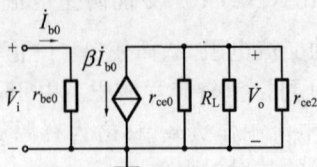

(b) 简化的小信号等效电路

图 6.102 含有源负载共射放大电路的小信号等效电路

表明此时电路的小信号电压增益仅为 Early 电压和热电压的函数。显然,若输出端接有负载,则电压增益的幅值将减小。

【例 6.11】 电路如图 6.101 所示。选择 NPN 管的 V_{A0} 为 100V,PNP 管的 V_{A2} 为 80V,放大管的 I_{CQ0} 为 1mA,V_{CC} 为 5V。试确定电阻 R 的值,并讨论 R_L 分别为 ∞、$100k\Omega$ 和 $10k\Omega$ 时电路的电压增益。

解 (1) 确定 R 的值

$$R = \frac{V_{CC} - V_{EB2}}{I_{C2}} = \frac{5 - 0.7}{1} = 4.3k\Omega$$

(2) R_L 为 ∞ 时,由式(6.117)得

$$\dot{A}_v = -\frac{\dfrac{1}{V_T}}{\dfrac{1}{V_{A0}} + \dfrac{1}{V_{A2}}} = -\frac{\dfrac{1}{0.026}}{\dfrac{1}{100} + \dfrac{1}{80}} = -1709$$

(3) R_L 为 $100k\Omega$ 时,由式(6.116)得

$$\dot{A}_v = -\frac{\dfrac{I_{c0}}{V_T}}{\dfrac{I_{c0}}{V_{A0}} + \dfrac{1}{R_L} + \dfrac{I_{c0}}{V_{A2}}} = -\frac{\dfrac{1}{0.026}}{\dfrac{1}{100} + \dfrac{1}{100} + \dfrac{1}{80}} = -1183$$

(4) R_L 为 $10k\Omega$ 时,由式(6.116)得

$$\dot{A}_v = -\frac{\dfrac{I_{c0}}{V_T}}{\dfrac{I_{c0}}{V_{A0}} + \dfrac{1}{R_L} + \dfrac{I_{c0}}{V_{A2}}} = -\frac{\dfrac{1}{0.026}}{\dfrac{1}{100} + \dfrac{1}{10} + \dfrac{1}{80}} = -314$$

表明负载 R_L 是会对小信号电压增益产生影响的,特别是在 R_L 减小时,负载效应将相当明显。因此对于一个含有源负载的放大电路来说,为了减小后级电路的负载效应,则要求后级为高输入电阻电路。若后级的输入电阻较小,则需在前后级之间增加一级电压跟随器作隔离,使前级仍可获得较高的电压增益。

3. 电压传输特性

利用 Multisim 软件,对图 6.101 所示电路进行 DC 扫描分析。仿真时,在信号源上串

联一直流源 V1,给 T_0 提供直流偏置;元器件参数与例 6.11 相同,如图 6.103(a)所示,然后对 V1 进行 DC 扫描,便可得到电路的电压传输特性,该特性分为线性区和饱和区,如图 6.103(b)所示。

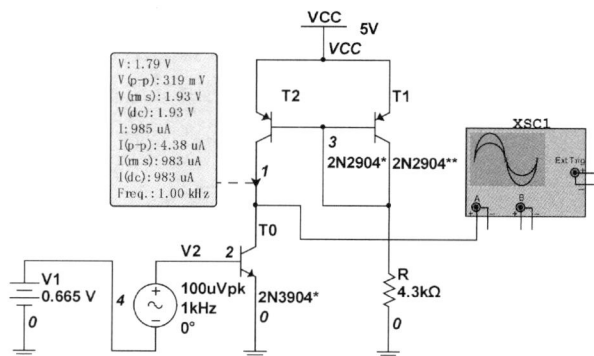

(a) 仿真图

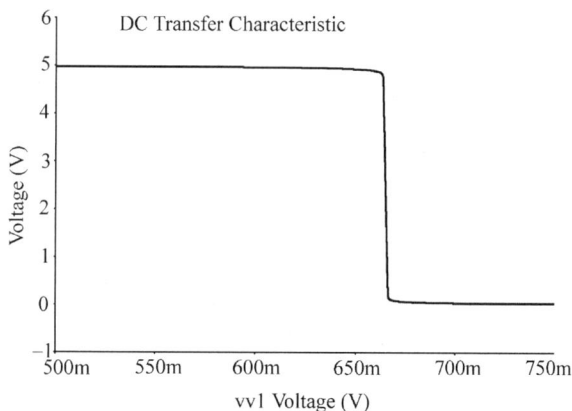

(b) 电压传输特性

图 6.103 含有源负载共射放大电路的 DC 扫描分析

说明:

(1) 当电路工作在线性区的中点时,输入端对应的直流偏压约为 0.665V。

(2) 放大管 T_0 的静态电流为 $983\mu A$,基本符合设计要求(1mA)。

(3) 为使电路输出最大对称幅值的电压,静态工作点 Q 需设置在图中线性区的中点。实际上,为使 T_0 和 T_2 管工作在线性区,输入电压的范围非常小,仿真测试值约为 3mV。而线性区的斜率即为电压增益,这就意味着电路的空载电压增益很高,仿真测试为 $319mV/200\mu V=1595$,与理论值(1709)基本吻合。可见采用有源负载放大电路,有利于提高单级放大器的电压增益,这在多级电路的电压增益一定的情况下,可以减少放大器的级数。

(4) 随着输入信号 v_I 的变化,Q 点将沿线性区上下移动,从而产生变化的输出电压。当 v_I 变化到输入电压的最大值 V_{IH} 时,导致 T_0 进入饱和区,输出电压为 $V_{CE0(sat)}$;当 v_I 变化到输入电压的最小值 V_{IL} 时,导致有源负载 T_2 进入饱和区,输出电压为 $(V_{CC}-V_{CE2(sat)})$,也就是说,输出电压的范围为

$$V_{\text{CE0(sat)}} < v_{\text{O}} < (V_{\text{CC}} - V_{\text{CE2(sat)}})$$

仿真测试值约为 $160\text{mV} < v_{\text{O}} < 4.8\text{V}$。

4. 频率响应

通过 AC 分析，可得到电路的频率特性，如图 6.104 所示。仿真测试：电路的电压增益约为 1.59k，电路的上限频率约为 131kHz。可见含有源负载的共射电路的电压增益很大，但带宽较窄，因此在高速或宽带放大电路中，一般不采用有源负载放大电路。

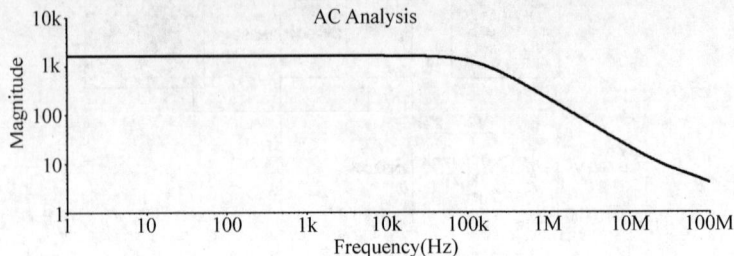

图 6.104　图 6.103 电路的 AC 分析——幅频特性

有关含有源负载的放大电路，将在集成放大电路中得到广泛应用，可参见第 12 章。

6.10　差分放大电路

在第 1 章中介绍了放大电路的两种基本类型，即单端输入放大电路和差分放大电路，但没有考虑它们的内部结构。在前面几节中，利用具有"放大"功能的晶体管，构成了共射、共集和共基三种基本放大电路组态，并在此基础上，构成了共射-共基、共集-共基和共集-共射-共集等级联放大电路，这些放大电路均属于晶体管单端输入放大电路。那么，又如何利用晶体管构成差分放大电路呢？

6.10.1　晶体管差分放大电路的构成

1. 简单的晶体管差分放大电路

根据差分放大电路的基本关系 $v_{\text{O}} = A_{\text{d}}(v_{\text{I2}} - v_{\text{I1}})$，我们将差分放大电路视为两个相同的单端输入放大电路组合而成，如图 6.105 所示。其中的单端输入放大电路可选用上述晶体管基本放大电路组态或级联放大电路。例如以共射放大电路取代图 6.105 中的单端输入放大电路，可得到一种简单的差分放大电路，如图 6.106 所示。

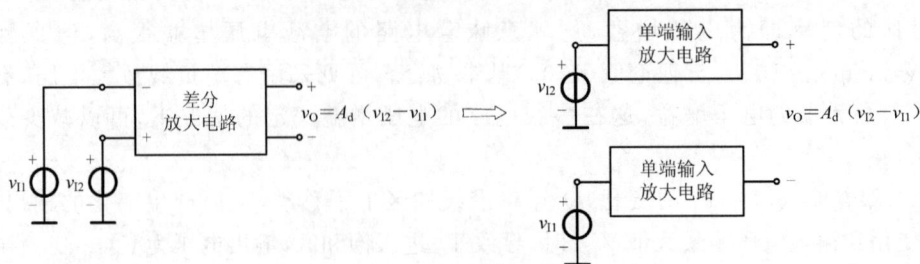

图 6.105　差分放大电路的构成框图

若 T_1 和 T_2 特性相同,它们构成的共射电路的电压增益均为 A_d,则有 $v_{O2} = A_d v_{I2}$ 和 $v_{O1} = A_d v_{I1}$,于是有 $v_O = v_{O2} - v_{O1} = A_d(v_{I2} - v_{I1})$,即实现了差分放大。

2. 晶体管差分放大电路的改进

图 6.106 所示电路,虽然符合差分放大电路的基本要求,但不实用,这主要从以下几方面来考虑:

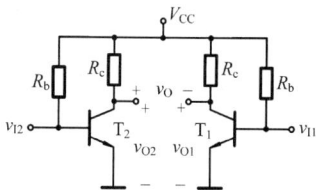

图 6.106　简单的差分放大电路

(1) 在直接耦合放大电路中,任何元器件参数的变化都将导致放大电路在输入电压为零时,输出电压不为零,这就是零点漂移现象。而温度变化所引起的半导体器件参数的变化,是产生零点漂移的主要原因,故零点漂移又称为温度漂移。从某种意义上讲,零点漂移就是静态工作点的漂移。因此在直接耦合放大电路中,抑制温漂就是至关重要的。通常利用直流负反馈来稳定静态工作点。

(2) 在图 6.106 中,当 T_1 和 T_2 特性相同时,由于温漂而引起 T_1 和 T_2 的 Q 点的变化也相同,而这个 Q 点的变化又可等效为大小相等、相位相同的共模信号,故在输出电压 v_O 中 Q 点的变化为零,也就是说,在抑制温漂方面,差分放大电路具有明显的优势。而在实际电路中,差分放大电路往往采用单端输出方式,即输出电压是对地的,而不像图 6.105 所示的那样"浮地"输出。这样,就必须在电路中引入深度交流负反馈,且该负反馈只对共模信号起作用,从而使差分放大电路仍然保持它原有的优势,即"放大差模信号,抑制共模信号"。

(3) 由于直接耦合放大电路,更多的是应用于集成电路中,对此,在电路中应尽量少用电阻元件,取而代之的是晶体管,同时还要考虑静态工作点的稳定和提高整体电路的放大倍数,故采用电流源偏置和有源负载。

(4) 在集成放大电路中,由于直接耦合方式的要求,从电路的供电模式上,双电源供电居多。

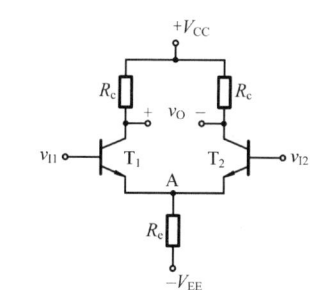

图 6.107　分立元件差分电路

综合(1)、(2)和(4)三点,结合图 6.92 和图 6.105,可得到分立元件的差分放大电路,如图 6.107 所示。注意,图 6.107 电路中,R_e 变为 T_1 和 T_2 射极上的共用电阻,使得该电路不同于由两个独立的共射电路所构成的图 6.106。正是由于这个共用电阻 R_e 的作用,当电路加入差模信号时,由于 v_{I1} 和 v_{I2} 相位相反,使得 R_e 上的差模信号电流方向互反,即 R_e 上的差模信号压降为零,亦即 A 点为差模信号的"地"。换句话说,R_e 不影响差模放大倍数;当电路加入共模信号时,由于 v_{I1} 和 v_{I2} 相位相同,R_e 上的共模信号电流方向相同,即 R_e 上的共模信号压降较大,亦即 R_e 对共模信号有很强的负反馈作用。换句话说,R_e 大大减小了共模放大倍数,且 R_e 的值越大,对共模信号的抑制能力越强。当然,在一定的直流供电电压下,R_e 的取值是有限制的。

可见,图 6.107 所示差分电路,不论是双端输出还是单端输出,均具有差分电路的优势。

若考虑到电流源偏置,图 6.107 变为图 6.108,其中图 6.108(a) 和图 6.108(b) 分别为 NPN 和 PNP 晶体管构成的差分电路。

(a) NPN差分电路 (b) PNP差分电路

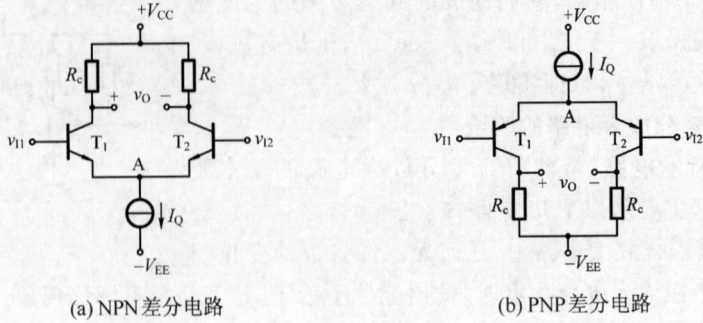

图 6.108 电流源偏置的差分放大电路

再考虑到有源负载,将图 6.107 中的 R_c 以电流源取代,变为有源负载,R_e 以电流源取代,变为电流源偏置,如图 6.109 所示。图中,T_3 和 T_4 构成基本电流镜,作为 T_1 和 T_2 差分电路的有源负载,且电路采用单端输出;T_5 和 T_6 也构成基本电流镜,T_5 为 T_1 和 T_2 差分电路提供工作电流,同时,由于电流源 T_5 具有极高的交流电阻,故对共模信号有极强的负反馈作用,从而较好地抑制了共模信号,而对差模信号无影响。因此在单端输出时,图 6.109 较图 6.107 具有更高的共模抑制比。

以上介绍了晶体管差分电路的基本形式。下面结合已学过的电路,构成共集-共基差分电路,如图 6.110 所示。图中,T_1、T_3 和 T_2、T_4 分别为共集-共基电路,然后再将它们构成差分电路,故 T_1、T_2、T_3 和 T_4 构成共集-共基差分放大电路,具有高输入电阻、宽频带的特点;T_8 和 T_9 为基本电流镜,为差分电路提供工作电流,同时还具有稳定差分电路电流的作用。例如由于某种原因引起差分电路电流增大,从而导致 I_{C9} 增大,于是经过以下过程,使得差分电路电流稳定,即

I_{C1}、I_{C2}、I_{C3}、I_{C4} ↑ → I_{C9} ↑ → I_{B3}、I_{B4} ↓ (因 $I = I_{B3} + I_{B4} + I_{C9}$,而 I 恒定) → I_{C1}、I_{C2}、I_{C3}、I_{C4} ↓

T_5、T_6 和 T_7 构成三晶体管电流镜,作为差分电路的有源负载,以提高电路的电压增益。

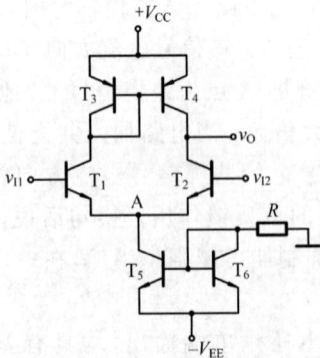

图 6.109 带有源负载的差分放大电路

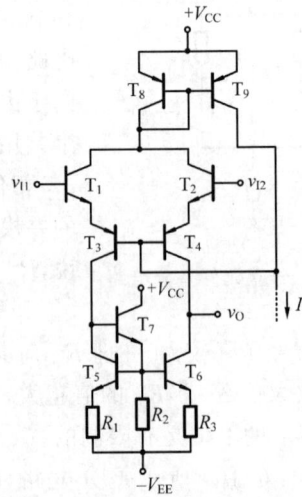

图 6.110 共集-共基差分放大电路

6.10.2 晶体管差分放大电路的分析

下面以图 6.108(a)电流源偏置的差分放大电路为例进行分析。

1. 基本原理

输入电压 v_{I1} 和 v_{I2} 分别作用于图 6.108(a)所示电路的两个输入端,如图 6.111 所示。可以看出,T_1、T_2 的输出电压分别为

$$v_{O1} = V_{CC} - R_c i_{C1} \qquad (6.118)$$

$$v_{O2} = V_{CC} - R_c i_{C2} \qquad (6.119)$$

双端输出电压为

$$v_O = v_{O1} - v_{O2} = R_c(i_{C2} - i_{C1}) \qquad (6.120)$$

注意,当 v_{I1} 和 v_{I2} 均为 0 时,由于偏置电流 I_Q 的作用,T_1 和 T_2 仍应处于放大区,它们的射极电位 v_E 应为 -0.7V 左右。

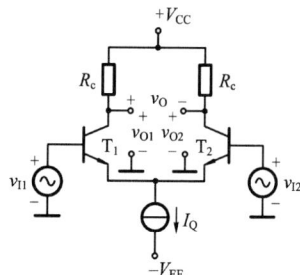

1) 共模信号输入

假设输入电压 $v_{I1} = v_{I2} = v_{cm}$,则差模输入电压 v_{id} 为 0,等效电路如图 6.112(a)所示。I_Q 确保 T_1 和 T_2 偏置于放大区,则两射极电位为 $v_E = v_{cm} - V_{BE(on)}$。由于 T_1 和 T_2 的特性是相同的,故 I_Q 应均分于 T_1 和 T_2,即

$$i_{E1} = i_{E2} = I_Q/2 \qquad (6.121)$$

若忽略基极电流,则 $i_{E1} \approx i_{C1}$,$i_{E2} \approx i_{C2}$,代入式(6.118)、式(6.119)和式(6.120),有

$$v_{O1} = v_{O2} = V_{CC} - R_c I_Q/2$$

$$v_O = 0$$

图 6.111 输入电压 v_{I1} 和 v_{I2} 分别作用于差分电路

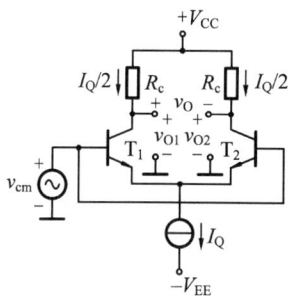

(a) 共模输入的情形 (b) 差模输入的情形

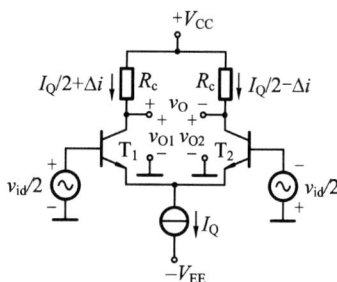

图 6.112 差分电路基本原理分析

可见,在纯共模输入情况下,集电极电流和输出电压是与输入电压无关的,即电路抑制了输入的共模分量。共模电压的变化虽然不影响 I_Q 在 T_1 和 T_2 上的均分,但影响了集-射电压。因为

$$v_{CE} = v_C - v_E = V_{CC} - \frac{I_Q}{2} R_c - v_{cm} + V_{BE(on)}$$

若 $v_{cm} > V_{CC} - \dfrac{I_Q}{2} R_c$,则 $v_{CE} < V_{BE(on)}$,T_1 和 T_2 将进入饱和区。因此共模电压应满足

$$v_{cm} \leqslant V_{CC} - \frac{I_Q}{2} R_c$$

以确保 T_1、T_2 处于放大区。

2) 差模信号输入

如图 6.112(b)所示,设 v_{I1} 增加了 Δv,v_{I2} 减小了 Δv,即电路输入的差模信号为 $v_{id}=2\Delta v$,亦即 T_1 和 T_2 的基极电位不再相等。由于射极为公共端,故 T_1 和 T_2 的基-射电压不相等,且 $v_{BE1} > v_{BE2}$,即 i_{C1} 增加了 Δi,i_{C2} 减小了 Δi,因此,电路的差分输出电压为

$$v_O = v_{O1} - v_{O2} = \left[V_{CC} - \left(\frac{I_Q}{2} + \Delta i\right)R_c\right] - \left[V_{CC} - \left(\frac{I_Q}{2} - \Delta i\right)R_c\right] = -2\Delta i R_c$$

总之,图 6.108 所示电路抑制输入信号中的共模分量,放大差模分量。

2. 波形分析

以上讨论是认为偏置电流 I_Q 为理想电流源,而在实际应用中,I_Q 可选择曾经学过的电流源中的任何一种。假设实际电流源的内阻为 R_Q,于是图 6.108 应转化为图 6.113 所示。下面针对只有差模信号或共模信号作用时的情况,对电路进行仿真分析。

(1) 差模信号作用于图 6.113 的仿真电路和输入输出波形如图 6.114 所示。可以看出,两个输入信号电压幅值相等,相位差为 180°,如图 6.114(b)所示,其中细线和粗线分别为 V1 和 V2 的波形,因此该差分电路只存在差模输入信号。T_1 和 T_2 集电极输出的电压波形如图 6.114(c)所示,其中的细线和粗线

图 6.113 实际电流源偏置的差分电路

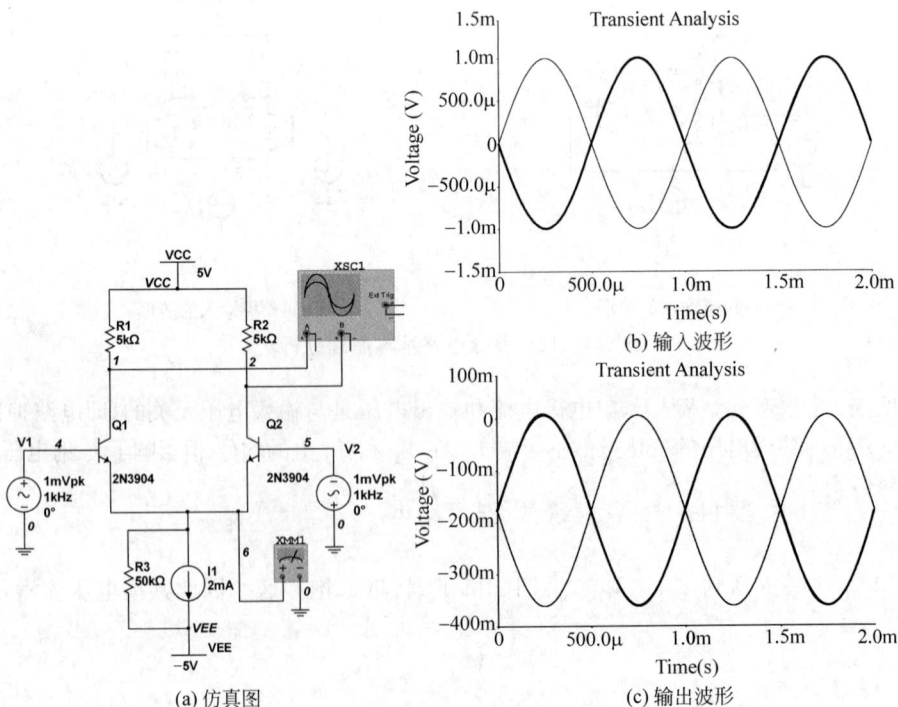

分别与图 6.114(b)中的波形相对应。可见,对于差模信号来说,该差分电路的每一半都是一个共射电路,它们的输出信号为放大了的正弦波,其相位与相应的基极信号相反,且输出信号中含有直流分量,其值为 -177.7628mV。T_1 和 T_2 射极的交流电位约为 0(仿真测试 $5.665\mu\text{V}$)。

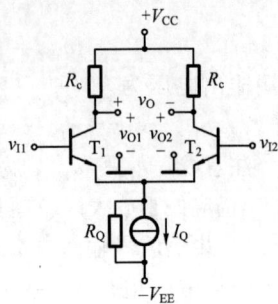

(a) 仿真图

(b) 输入波形

(c) 输出波形

图 6.114 差模信号作用于差分电路

差分输出电压的幅值为每个晶体管输出的两倍。当输入差模电压增大一倍时,输出差模电压也增大一倍。可以测出,单端输出峰-峰值为 $5.8495-(-361.3173)=367.1668\text{mV}$,故双端输出的差模增益为 $2\times367.1668/(2\times2)=183.5834$,单端输出的差模增益为 91.7917。

(2) 共模信号作用于图6.113的仿真电路和输入、输出波形如图6.115所示。可以看出,两个输入信号电压幅值相等,相位相同,如图6.115(b)所示。因此该差分电路只存在共模输入信号。T_1 和 T_2 集电极输出的电压波形如图6.115(c)所示,可见,对于共模信号来说,该差分电路的每一半都是一个共射电路,它们的输出信号为缩小了的正弦波,其相位与相应的基极信号相反,且输出信号中含有直流分量,其值为 -177.7628mV。

可以测得 T_1 和 T_2 射极电位的幅值约为 1mV,即二输入电压之和的一半,说明 T_1 和 T_2 的射极不再是交流的"地",将在偏置电流源的内阻上出现交流电流 i_q,且当两个输入的共模信号增加时,射极电位增大,电流 i_q 也增大,从而导致输出电压下降;反之,当两个输入的共模信号减小时,射极电位减小,电流 i_q 也减小,从而导致输出电压上升。如果以正弦共模信号输入,将产生相应的正弦输出电压,也就是说,此时差分电路有非零的共模电压增益。

当输入共模电压增大一倍时,输出共模电压也增大一倍。可以测出,单端输出峰-峰值为 $(-177.7136)-(-177.8119)=0.0983\text{mV}$,故单端输出的共模增益为 $0.0983/2\approx0.049$。显然,双端输出的共模增益为0。

仿真可知,对于给定的共模输入电压来说,增大 R_Q(即图6.115中的R3)的值,输出电压将减小,故共模增益也减小。例如,R_Q 为 $50\text{k}\Omega$ 时,单端输出的共模增益约为 0.049;R_Q 为 $100\text{k}\Omega$ 时,单端输出的共模增益则约为 0.024。

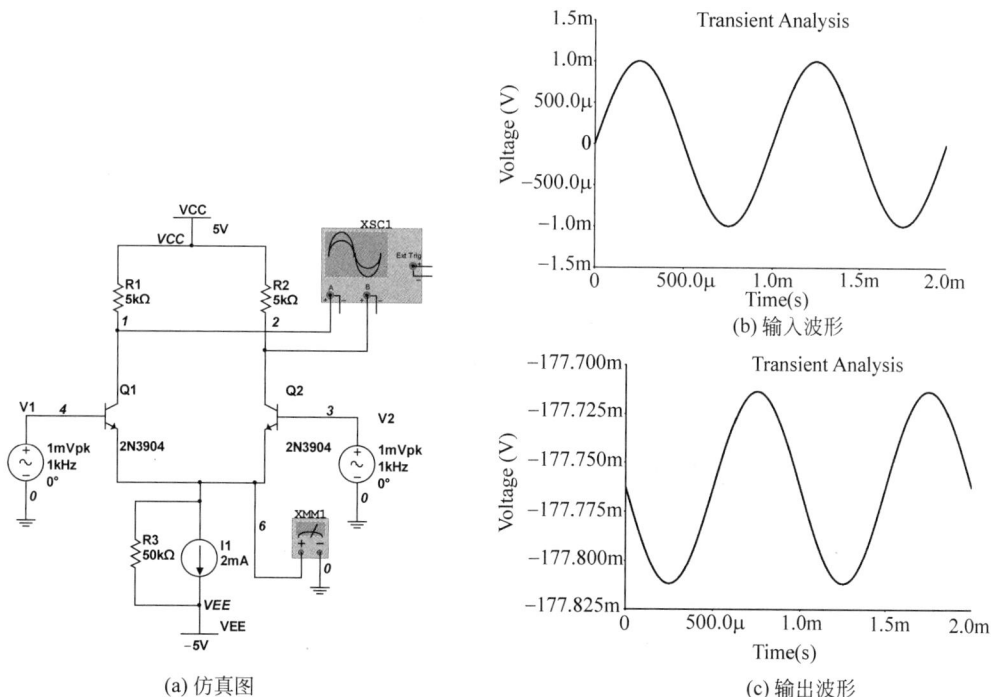

(a) 仿真图   (b) 输入波形   (c) 输出波形

图6.115 共模信号作用于差分电路

(3) 在任意输入信号 v_{I1} 和 v_{I2} 作用于图 6.113 所示的电路的情况下,考虑正弦波输入信号,对应的差模、共模分量和输出电压(仿真值)的幅值如表 6-2 所示。

表 6-2 v_{I1} 和 v_{I2} 的响应

输 入 信 号	差模、共模分量	输出电压(Q1 和 Q2 集电极)
$v_{I1}=101\text{mV}, v_{I2}=99\text{mV}$	$v_d=2\text{mV}, v_{cm}=100\text{mV}$	186.4mV 和 178.0mV
$v_{I1}=100.5\text{mV}, v_{I2}=99.5\text{mV}$	$v_d=1\text{mV}, v_{cm}=100\text{mV}$	96.7mV 和 86.9mV

根据式 $v_O=A_d v_d+A_c v_c$,考虑到差模分量与共模分量的相位,可求得两种情况下 Q1 和 Q2 集电极输出电压分别为 188.5mV 和 178.7mV 以及 96.7mV 和 86.9mV,与仿真结果基本一致,说明了实际差分放大电路的输出是放大了的差模分量与共模分量的"和",且当其中的差模分量增大一倍时,其输出信号并非增大一倍,即共模输入信号的存在,将使得输出信号与差模输入分量不再成正比。

图 6.116 给出了输入信号为 $v_{I1}=101\text{mV}, v_{I2}=99\text{mV}$ 时,Q1 和 Q2 集电极输出电压的仿真波形。注意,二波形的直流分量仍为 -177.7628mV。

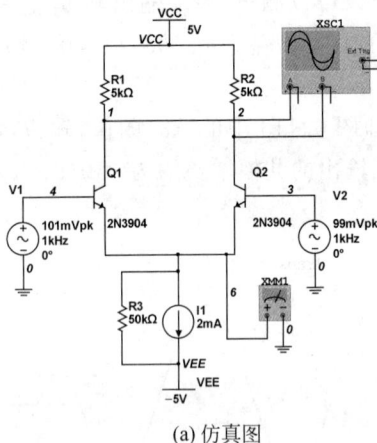

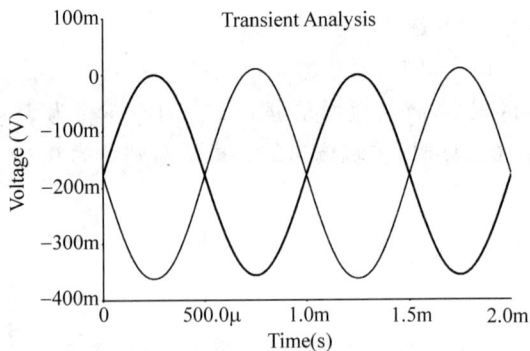

(a) 仿真图   (b) Q1(细线)Q2(粗线)集电极电压波形

图 6.116   任意输入信号作用于差分电路

第 1 章介绍了衡量差分电路质量的一个重要指标——共模抑制比(CMRR),在这里,可以求得该差分电路单端输出的 CMRR=91.8/0.049=1873 或 65.5dB。

从上述分析中可知,增大偏置电流源输出电阻 R_Q 的值,可以降低共模增益,即提高 CMRR 的值。对于好的差分放大电路,CMRR 的典型值为 80～100dB,为此可选用高输出电阻的电流源来满足设计要求(参见 6.7 节)。

3. 直流传输特性

利用晶体管集电极电流与 B-E 电压的关系,在大信号输入的情况下,对差分放大电路输出电压与输入电压的关系进行分析。因为

$$i_{C1}=I_{S1}\text{e}^{v_{BE1}/V_T} \tag{6.122}$$

$$i_{C2}=I_{S2}\text{e}^{v_{BE2}/V_T} \tag{6.123}$$

假设 T_1、T_2 是相同的,故有 $I_{S1}=I_{S2}=I_S$。式(6.122)与式(6.123)相除可得

$$\frac{i_{C1}}{i_{C2}} = e^{(v_{BE1}-v_{BE2})/V_T}$$

对于输入回路,有 $v_{BE1}-v_{BE2}=v_{I1}-v_{I2}$,而 $v_{I1}-v_{I2}=v_{Id}$,故有

$$\frac{i_{C1}}{i_{C2}} = e^{v_{Id}/V_T}$$

考虑到 I_Q 为理想电流源,并忽略基极电流,故有 $I_Q=i_{C1}+i_{C2}$,从而解得

$$i_{C1} = \frac{I_Q}{1+e^{-v_{Id}/V_T}} \tag{6.124}$$

$$i_{C2} = \frac{I_Q}{1+e^{v_{Id}/V_T}} \tag{6.125}$$

式(6.124)和式(6.125)为差分放大电路的基本电流-电压特性。不难看出,当差模输入电压 $v_{Id}=0$ 时,则 $i_{C1}+i_{C2}=I_Q/2$,即 i_{C1} 与 i_{C2} 均分 I_Q;当输入差模电压 v_{Id} 时,则 i_{C1} 与 i_{C2} 不再相等,从而产生非零的差分输出电压。

利用 Multisim 仿真,可以画出式(6.124)和式(6.125)所描述的曲线,如图 6.117 所示。其中,细线和粗线分别为 i_{C2} 和 i_{C1} 的曲线。可以看出:

(1) $v_{Id}=0$ 时,$i_{C1}=i_{C2}=I_Q/2$;

(2) 当 $v_{Id}>5V_T$ 时,T_1 几乎流过全部的电流 I_Q,而 $i_{C2}=0$;当 $v_{Id}<-5V_T$ 时,T_2 几乎流过全部的电流 I_Q,而 $i_{C1}=0$;

(3) 当 $|v_{Id}|\ll V_T$ 时,v_{Id} 与集电极电流成正比。也就是说,当差模输入信号的幅值很小时,曲线近似于直线。

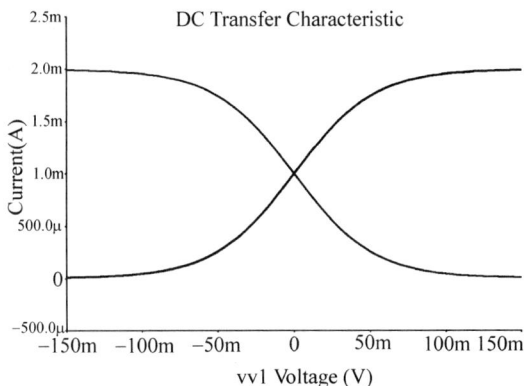

图 6.117 集电极电流-差模输入电压的关系

将式(6.124)和式(6.125)代入式(6.120)得

$$v_O = R_c(i_{C2}-i_{C1}) = I_Q R_c\left(\frac{1}{1+e^{v_{Id}/V_T}} - \frac{1}{1+e^{-v_{Id}/V_T}}\right) = I_Q R_c \tanh\left(\frac{-v_{Id}}{2V_T}\right) \tag{6.126}$$

式(6.126)为差分放大电路的电压传输特性。利用 Multisim 仿真得到的电压传输特性曲线如图 6.118 所示。

可以看出,当输入信号的幅值较大时,电路将工作在特性曲线的弯曲部分,导致输出信号的失真;当输入信号较小($|v_{Id}|<V_T$)时,特性曲线近似于直线,信号的失真是不明显的。

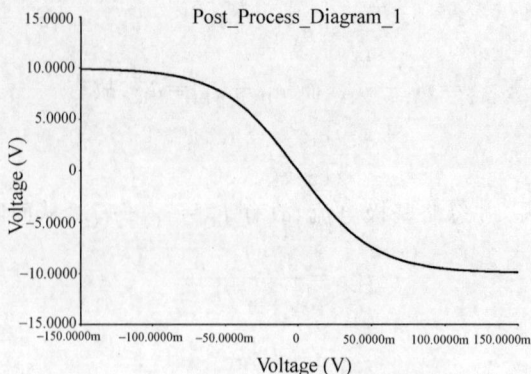

图 6.118 差分电路的电压传输特性

不过我们可以利用特性曲线的弯曲部分,例如使输入信号的幅值超过 $4V_T$,实现输出信号的双向限幅。

不难发现,图 6.118 所示的电压传输特性的线性范围是很小的,那么如何展宽其线性范围呢?我们知道,负反馈可以减小非线性失真,所以在 T_1 和 T_2 的射极上分别接入一个电阻 R_e,即图中的 R3 和 R4,仿真电路及其传输特性如图 6.119 所示。

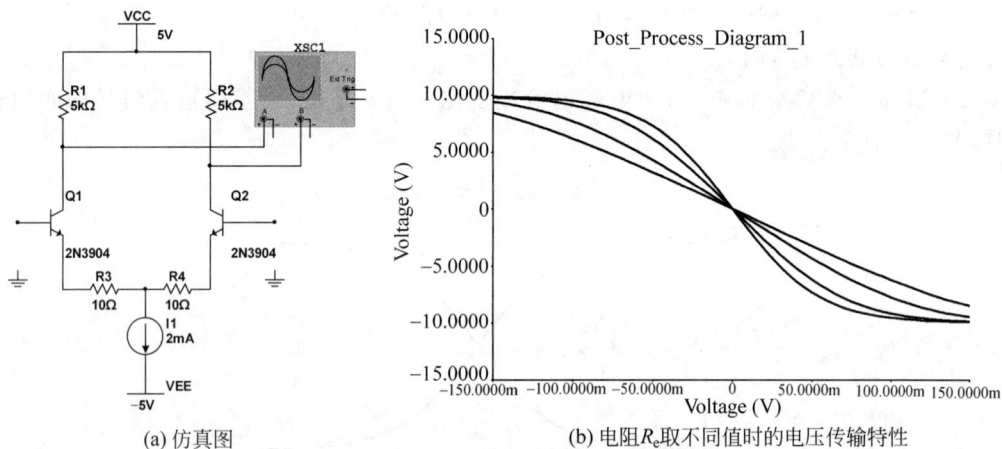

(a) 仿真图   (b) 电阻 R_e 取不同值时的电压传输特性

图 6.119 带射极反馈电阻的差分电路

比较图 6.119(b) 和图 6.118 可知,前者在输入电压较宽的范围内近似于直线。图 6.119(b) 所示曲线,从上到下依次是 R_e 取值为 1Ω、10Ω、30Ω 和 50Ω 所对应的曲线,可见,随着 R_e 值的增大,输入电压的线性范围也在增大。

4. 输入、输出方式

由图 6.108 可以看出,差分放大电路有两个输入端和两个输出端。从信号的输入来看,若信号源是"浮地"的,则这种接入方式称为双端输入,此时输入的差模分量即为信号源两端的电压,输入的共模分量为信号源两端电位之和的一半;若电路的一个输入端接地,另一输入端接信号源对地,则这种接入方式称为单端输入,此时输入的差模分量仍为信号源两端的电压,输入的共模分量为信号源电压的一半。

从信号的输出来看,信号可以从两个输出端"浮地"取出,则称为双端输出(或称为平衡输出）；也可以从一个输出端对地输出，则称为单端输出。

总之，差分电路的输入、输出方式有四种接法，即双入双出、双入单出、单入双出和单入单出。在实际应用中，是根据需要来选择的，例如，双出可连接到下一级差分放大电路的两个输入端（即双入）。注意，在单端输出时，非输出端上的集电极电阻是可以省略的，如图 6.120 所示。

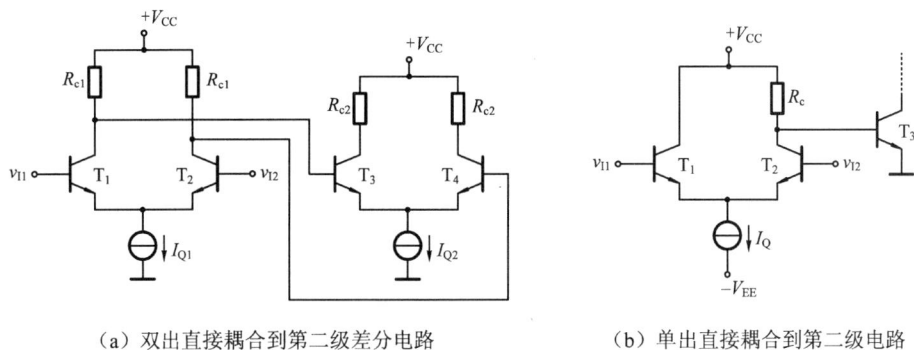

（a）双出直接耦合到第二级差分电路　　　　　　　　（b）单出直接耦合到第二级电路

图 6.120　差分电路的双出和单出

6.10.3　小信号等效电路分析

6.10.2 节从晶体管差分电路的构成、基本工作原理、输入输出波形、电压传输特性和输入输出方式等几个方面进行了分析。本节将以工作于放大状态的差分放大电路为基础，用小信号等效电路，推导出电压增益，输入电阻和输出电阻等交流参数。

为了使得到的结果具有普遍性，考虑图 6.121 所示的差分电路。图中 R_e 为射极负反馈电阻，R_Q 为非理想偏置电流源的输出电阻，R_b 为信号源的内阻。

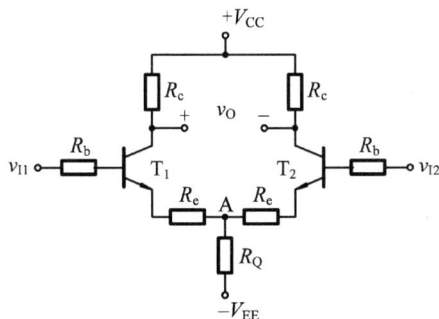

图 6.121　考虑射极负反馈电阻、偏置电流源输出电阻
和信号源内阻的差分电路

1. 差模输入信号分析

现在图 6.121 所示电路的两个输入端接入大小相等、相位相反的差模信号，即双端输入，此时由 T_1、T_2 管流过 R_Q 的电流也是大小相等、相位相反的，即 R_Q 上的差模信号压降为零，故图中的 A 点可视为差模信号的"地"，若考虑双端输出，则负载 R_L 的中点也可视为差模信号的"地"。

据此,可得到图 6.121 所示电路的差模信号等效电路,如图 6.122(a)所示,其小信号等效电路如图 6.122(b)所示。

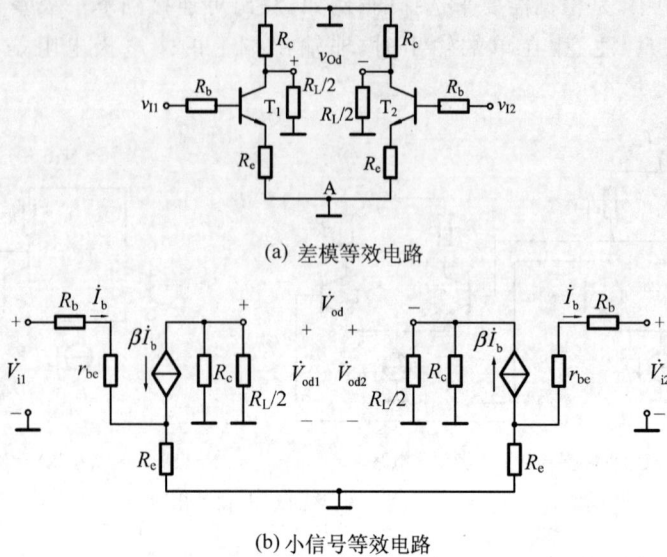

(a) 差模等效电路

(b) 小信号等效电路

图 6.122 差分电路的差模等效电路及其小信号等效电路

1) 差模电压增益

由图 6.122(b),可得

$$\dot{V}_{od1} = -\beta \dot{I}_b \left(R_c /\!/ \frac{R_L}{2} \right)$$

$$\dot{V}_{i1} = \dot{I}_b (R_b + r_{be}) + (1+\beta) \dot{I}_b R_e$$

同理,有

$$\dot{V}_{od2} = +\beta \dot{I}_b \left(R_c /\!/ \frac{R_L}{2} \right)$$

$$\dot{V}_{i2} = - \left[\dot{I}_b (R_b + r_{be}) + (1+\beta) \dot{I}_b R_e \right]$$

(1) 在双端输出时,差模输出电压为

$$\dot{V}_{od} = \dot{V}_{od1} - \dot{V}_{od2} = 2\dot{V}_{od1} = -2\dot{V}_{od2} = -2\beta \dot{I}_b \left(R_c /\!/ \frac{R_L}{2} \right) \tag{6.127}$$

差模输入电压为($\dot{V}_{i1} = -\dot{V}_{i2}$)

$$\dot{V}_{id} = \dot{V}_{i1} - \dot{V}_{i2} = 2\dot{V}_{i1} = -2\dot{V}_{i2} = 2 \left[\dot{I}_b (R_b + r_{be}) + (1+\beta) \dot{I}_b R_e \right] \tag{6.128}$$

双出差模电压增益为

$$\dot{A}_{vd} = \frac{\dot{V}_{od}}{\dot{V}_{id}} = - \frac{\beta \left(R_c /\!/ \dfrac{R_L}{2} \right)}{R_b + r_{be} + (1+\beta) R_e} \tag{6.129}$$

(2) 在单端输出时,若负载 R_L 接在 T_1 集电极与地之间,输出电压为

$$\dot{V}_{od1} = -\beta \dot{I}_b (R_c /\!/ R_L)$$

则单出差模电压增益为

$$\dot{A}_{vd(左单)} = \frac{\dot{V}_{od1}}{\dot{V}_{id}} = -\frac{\beta(R_c//R_L)}{2[R_b + r_{be} + (1+\beta)R_e]} \tag{6.130}$$

若负载 R_L 接在 T_2 集电极与地之间，输出电压为

$$\dot{V}_{od2} = \beta\dot{I}_b(R_c//R_L)$$

则单出差模电压增益为

$$\dot{A}_{vd(右单)} = \frac{\dot{V}_{od2}}{\dot{V}_{id}} = \frac{\beta(R_c//R_L)}{2[R_b + r_{be} + (1+\beta)R_e]} \tag{6.131}$$

【例 6.12】 试对图 6.114(a)仿真电路进行计算。

解 （1）静态分析

图中晶体管的 β 约为 135。令 V1＝V2＝0，设流过 R3 的电流为 I'_Q，则有

$$0 - (-V_{EE}) = V_{BEQ} + I'_Q R_3$$

$$2I_{EQ} = I'_Q + I_Q$$

代入数据，得

$$I'_Q = \frac{V_{EE} - V_{BEQ}}{R_3} = \frac{5 - 0.7}{50} = 0.086\text{mA}$$

$$I_{EQ} = \frac{I'_Q + I_Q}{2} = \frac{0.086 + 2}{2} = 1.043\text{mA}$$

$$I_{CQ} = \frac{\beta}{1+\beta}I_{EQ} = 1.035\text{mA}$$

集电极直流电位 $V_{CQ} = V_{CC} - I_{CQ}R_1 = 5 - 1.035 \times 5 = -0.175\text{V} = -175\text{mV}$。

（2）动态分析

根据式(6.129)，估算双出电压增益，其数值为

$$A_{vd} = \frac{\beta R_1}{r_{be}} = \frac{\beta R_1}{300 + (1+\beta)V_T/I_{EQ}} = \frac{135 \times 5000}{300 + (1+135) \times 26/1.043} = 183$$

根据式(6.130)，估算单出电压增益，其数值为

$$A_{vd(左单)} = \frac{\beta R_1}{2r_{be}} = \frac{183}{2} = 91.5$$

以上计算结果均与仿真测试值基本吻合。

2）差模输入电阻

差模输入电阻 R_{id} 定义为差模输入电压 $\dot{V}_{id}$ 与差模输入电流 $\dot{I}_b$ 的比值。根据式(6.128)可得

$$R_{id} = \frac{\dot{V}_{id}}{\dot{I}_b} = 2[R_b + r_{be} + (1+\beta)R_e] \tag{6.132}$$

3）差模输出电阻

不难求出，双端输出时，输出电阻为

$$R_{od} = 2R_c \tag{6.133}$$

单端输出时，输出电阻为

$$R_{od(单)} = R_c \tag{6.134}$$

2. 共模输入信号分析

现在图 6.121 所示电路的两个输入端接入大小相等、相位相同的共模信号，此时由 T_1

和 T_2 管流过 R_Q 的电流 i_{e1} 和 i_{e2} 也是大小相等、相位相同的,即 R_Q 上的共模信号压降为 $2i_{e1}R_Q = 2i_{e2}R_Q$,也就是说,对于 T_1、T_2 管来说,相当于它们的射极上各接有 $2R_Q$ 的电阻。

据此,可得到图 6.121 所示电路的共模信号等效电路,如图 6.123(a)所示,其小信号等效电路如图 6.123(b)所示。

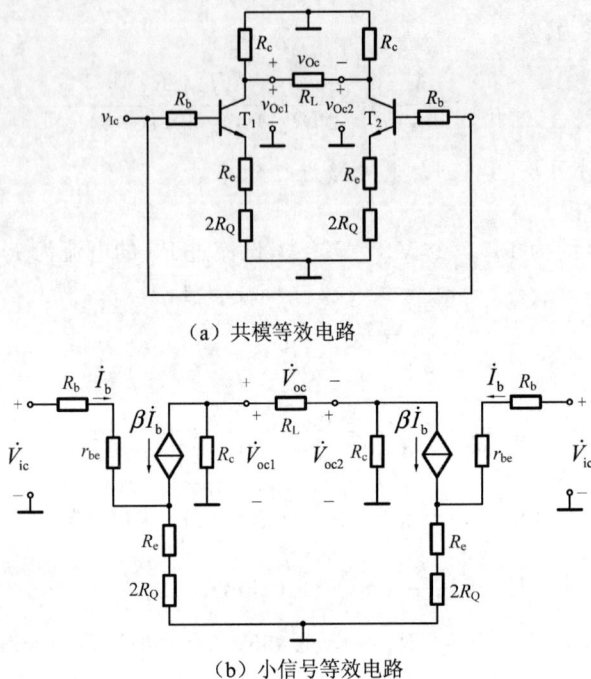

(a) 共模等效电路

(b) 小信号等效电路

图 6.123 差分电路的共模等效电路及其小信号等效电路

1) 共模电压增益

由于输入信号为共模信号,故 T_1、T_2 管的输出信号电压应为大小相等,相位相同的,即 v_{Oc} 为零,也就是说,双出的电压增益 $\dot{A}_{vc}$ 为零。

单出的电压增益 $\dot{A}_{vc(单)}$ 为

$$\dot{A}_{vc(单)} = \frac{\dot{V}_{oc1}}{\dot{V}_{ic}} = \frac{\dot{V}_{oc2}}{\dot{V}_{ic}} = -\frac{\beta(R_c // R_L)}{R_b + r_{be} + (1+\beta)(R_e + 2R_Q)} \tag{6.135}$$

注意,单出时,负载 R_L 是以 T_1 或 T_2 管的集电极对地接入的。

说明:

(1) 将式(6.135)与单出的差模电压增益式(6.130)、式(6.131)比较可知,射极电阻 $2R_Q$ 使得 $\dot{A}_{vc(单)}$ 将远小于 $\dot{A}_{vd(单)}$。正如我们前面分析的那样,$2R_Q$ 对共模信号有极强的负反馈作用,从而保证了在单端输出时,差分电路仍有较大的共模抑制比,且 R_Q 值越大,共模抑制比也越大。

(2) 估算一下单出时 $\dot{A}_{vc(单)}$ 的数量级。在实际电路中,由于

$$(1+\beta)2R_Q \gg R_b + r_{be} + (1+\beta)R_e$$

且 $\beta \gg 1$,故式(6.135)可近似写为

$$\dot{A}_{vc(单)} \approx -\frac{R_c // R_L}{2R_Q}$$

而 $R_Q > R_c // R_L$，故 $|\dot{A}_{vc(单)}| < 0.5$，也就是说，差分电路对共模信号确实起到了抑制作用。因此采用差分电路，可以有效地抑制零点漂移。

【例 6.13】 试对图 6.115(a)仿真电路进行计算。

解 由例 6.12 可知，集电极直流电位 $V_{CQ} = -175\text{mV}$。

根据式(6.135)，单出共模电压增益的数值近似为

$$A_{vc(单)} \approx \frac{R_1}{2R_3}$$

代入数据得

$$A_{vc(单)} \approx \frac{R_1}{2R_3} = \frac{5}{2 \times 50} = 0.05$$

计算结果均与仿真测试值基本吻合。

2) 共模输入电阻

共模输入电阻 R_{ic} 定义为共模输入电压 $\dot{V}_{ic}$ 与共模输入电流 $\dot{I}_{ic}$ 的比值。由图 6.123(b)可得

$$R_{ic} = \frac{\dot{V}_{ic}}{\dot{I}_{ic}} = \frac{\dot{V}_{ic}}{2\dot{I}_{ic1}} = \frac{1}{2}[R_b + r_{be} + (1+\beta)(R_e + 2R_Q)] \tag{6.136}$$

3) 共模输出电阻

双端输出时，输出电阻为

$$R_{oc} = 2R_c \tag{6.137}$$

单端输出时，输出电阻为

$$R_{oc(单)} = R_c \tag{6.138}$$

3. 任意输入信号分析

以上对仅有差模信号输入和仅有共模信号输入两种情况分别进行了分析，但在实际电路中，差分电路的两个输入端分别接入的是任意信号 $\dot{V}_{i1}$ 和 $\dot{V}_{i2}$，此时差分电路输入的差模分量为

$$\dot{V}_{id} = \dot{V}_{i1} - \dot{V}_{i2}$$

输入的共模分量为

$$\dot{V}_{ic} = \frac{\dot{V}_{i1} + \dot{V}_{i2}}{2}$$

最后的输出电压应为

$$\dot{V}_o = \dot{A}_{vd}\dot{V}_{id} + \dot{A}_{vc}\dot{V}_{ic}$$

对于双出，因 $\dot{A}_{vc} = 0$，故

$$\dot{V}_o = \dot{A}_{vd}\dot{V}_{id} = \dot{A}_{vd}(\dot{V}_{i1} - \dot{V}_{i2})$$

对于单出有

$$\dot{V}_{o(单)} = \dot{A}_{vd(单)}\dot{V}_{id} + \dot{A}_{vc(单)}\dot{V}_{ic}$$

实际电路中,由于采用了电流源偏置,使得 $\dot{A}_{vd(单)} \gg \dot{A}_{vc(单)}$,故上式可表示为

$$\dot{V}_{o(单)} \approx \dot{A}_{vd(单)}\dot{V}_{id}$$

特殊地,差分电路的一个输入端接信号源对地,另一个输入端直接接地,即单端输入。比如,$\dot{V}_{i1}=\dot{V}_i$,$\dot{V}_{i2}=0$,此时,$\dot{V}_{id}=\dot{V}_i$,$\dot{V}_{ic}=\dot{V}_i/2$。

若双出,有 $\dot{V}_o=\dot{A}_{vd}\dot{V}_i$;

若单出,有 $\dot{V}_{o(单)}=\dot{A}_{vd(单)}\dot{V}_i+\dot{A}_{vc(单)}\dot{V}_i/2$。

【例 6.14】 试对差分电路的单端输入进行仿真分析。

解 将图 6.114(a)电路实施单端输入,仿真电路如图 6.124(a)所示。

仿真测试:单端输出时,Q1、Q2 集电极波形如图 6.124(b)所示,所含直流分量仍为 -177.7628mV;集电极输出波形的幅值分别为 $[5.8984-(-361.3644)]/2=183.6314\text{mV}$ 和 $[5.8006-(-361.2702)]/2=183.5354\text{mV}$;双端输出波形如图 6.124(c)所示,其幅值为 $[367.1685-(-367.1649)]/2=367.1667\text{mV}$;射极电位的幅值约为 1mV。

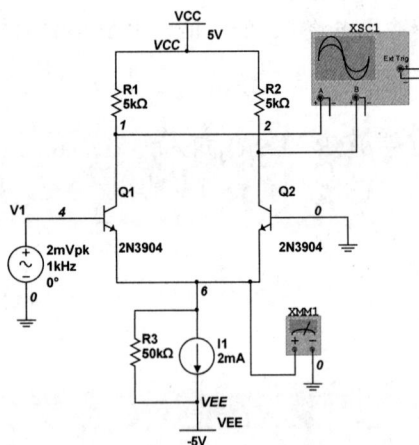

(a) 单端输入仿真图

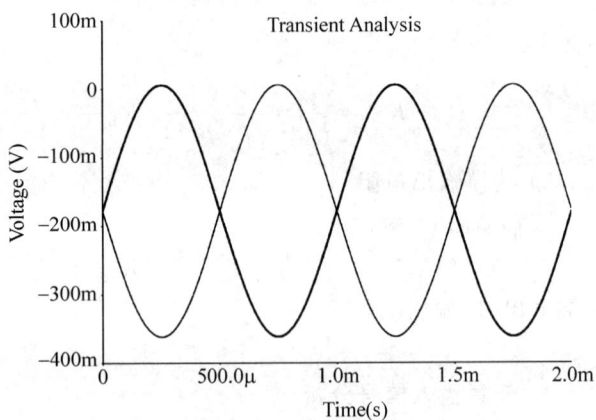

(b) 单出波形(细线—Q1,粗线—Q2)

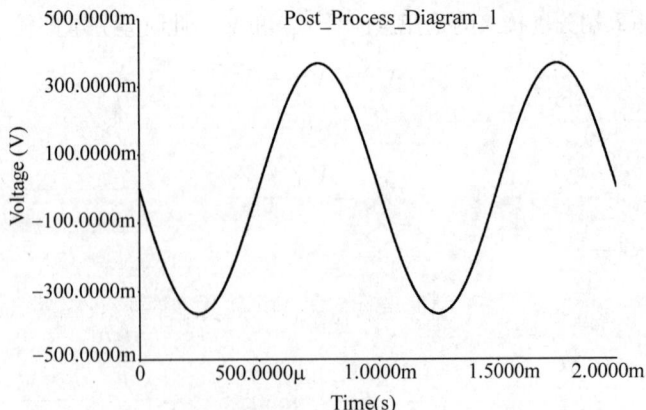

(c) 双出波形

图 6.124 差分电路的单端输入

说明：

（1）由图 6.124(a)可知,差分电路等效输入的差模分量为 2mV,共模分量为 1mV,与 6.10.2 节波形分析中的情形是一致的。在本例中,差模分量和共模分量同时作用,故单出的二输出电压幅值应分别为 $91.7917 \times 2 + 0.049 \times 1 = 183.6324$mV 和 $91.7917 \times 2 - 0.049 \times 1 = 183.5344$mV;双出电压幅值为 $183.5834 \times 2 = 367.1668$mV,它们均与仿真直接测试结果基本吻合。

（2）当射极电阻 R_Q 足够大时,其负反馈作用将射极电位自动调整到二输入电压之和的一半,即共模分量,在本例中,即为 1mV,从而使 T1、T2 输入端,即基-射极两端得到大小相等、相位相反的差模信号,而得到的共模信号为零。

4. 差分电路的频率响应

分析差分电路的频率响应与分析共射、共集、共基等电路不尽相同。由于差分电路对差模信号和共模信号有着不同的放大能力,而衡量差分电路的一个重要性能指标就是 CMRR,所以我们可以先分别求得差分电路对差模信号和共模信号的频率响应,然后再求得 CMRR 的频率响应。

1）差模增益的频率响应

以图 6.125(a)所示电路为例,在差模信号作用下,其交流通路如图 6.125(b)所示。

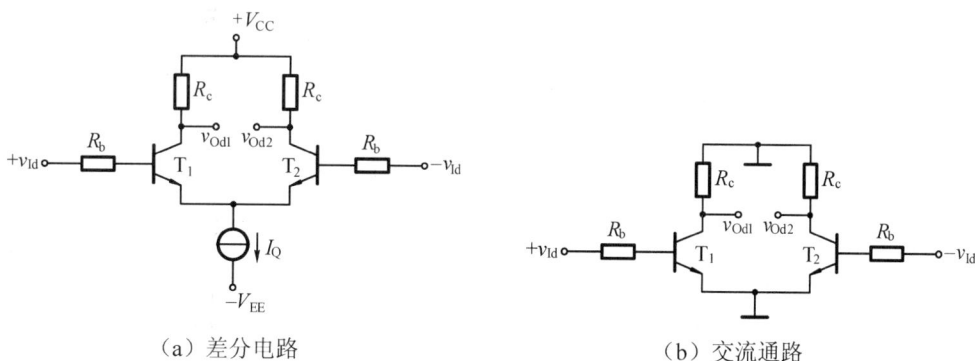

（a）差分电路　　　　　　　　（b）交流通路

图 6.125　差模信号作用于差分电路

考虑双入单出（T1 集电极输出）的情形,电路的中频增益为

$$\dot{A}_{vd1} = \frac{\dot{V}_{od1}}{2\dot{V}_{id}} = -\frac{1}{2} \frac{\beta R_c}{R_b + r_{be}} \tag{6.139}$$

由两个结电容 $C_{b'e}$ 和 $C_{b'c}$ 所决定的上限频率可近似表示为

$$f_H = \frac{1}{2\pi \left[r_{b'e} // (r_{bb'} + R_b) \right] \left[C_{b'e} + (1 + g_m R_c) C_{b'c} \right]} \tag{6.140}$$

可见若集电极电阻 R_c 的值很大,则差分电路的带宽将会明显变窄。

2）共模增益的频率响应

在共模信号作用下,电路如图 6.126(a)所示。考虑到偏置电流源 I_Q 的输出电阻 R_Q 和输出电容 C_Q,其交流通路如图 6.126(b)所示。图中 R_Q、C_Q 可视为射极电阻和射极旁路电容,这与我们前面讨论共射电路时的情形类似。由 C_Q 所决定的频率点有两个,一个零点

频率 f_z 和一个极点频率 f_p。不过,在这里要特别注意的是,R_Q 的值往往是非常大的,即便是 C_Q 的值很小,由 R_Q、C_Q 决定的零点频率也会很低,该频率是我们所关注的,因为它将影响共模增益的最低频率,从而影响 CMRR 的上限频率。而 T_1、T_2 管的结电容所决定的频率和 C_Q 决定的极点频率均远大于该零点频率。

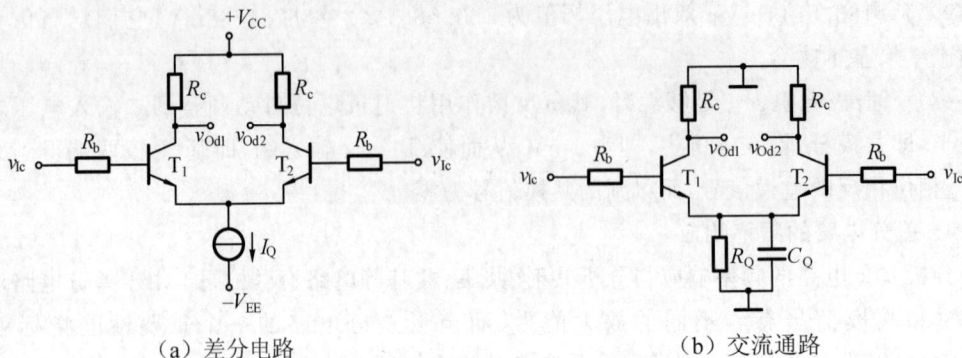

（a）差分电路　　　　　　　　　　　　（b）交流通路

图 6.126　共模信号作用于差分电路

3）共模抑制比的频率响应

以差分电路的单入单出为例,来分析其共模抑制比的频率响应。我们直接利用差分电路的小信号等效电路,分别在差模信号和共模信号作用下,通过 AC 分析,得到电路的单入单出差模增益和单出共模增益的频率响应,然后利用 Multisim 的后处理,再得到电路的单出 CMRR 频率响应,仿真电路及其频率响应如图 6.127 所示。

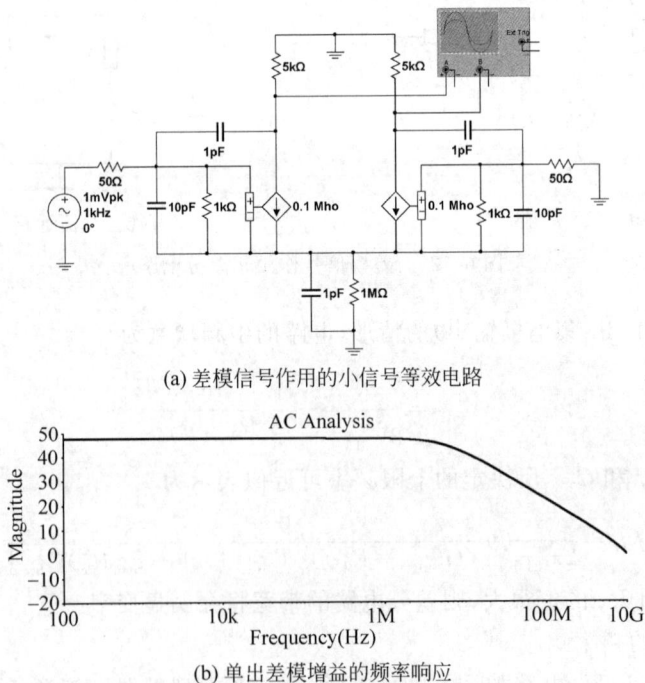

(a) 差模信号作用的小信号等效电路

(b) 单出差模增益的频率响应

图 6.127　差分电路的频率响应

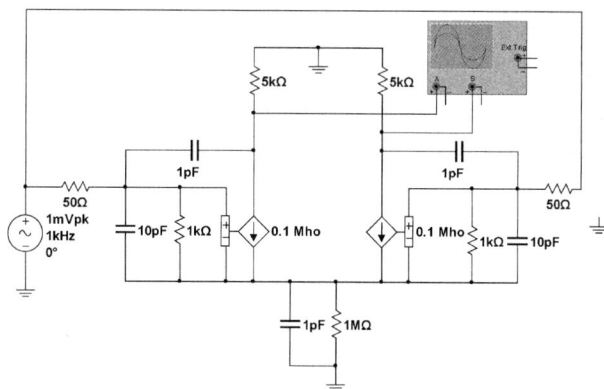

(c) 共模信号作用的小信号等效电路

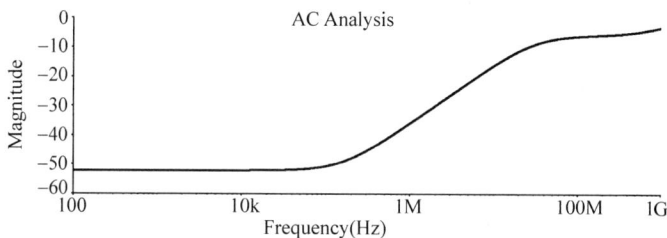

(d) 单出共模增益的频率响应

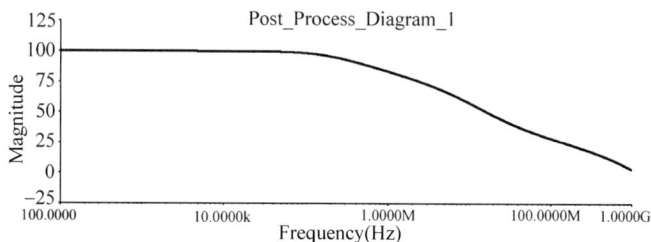

(e) 单出共模抑制比的频率响应

图 6.127　（续）

说明：

（1）根据图 6.127(a)中数据，可求得电路的右单出差模增益为

$$\dot{A}_{vd1} = \frac{\dot{V}_{od1}}{2\dot{V}_{id}} = \frac{1}{2} \frac{r_{b'e}}{r_{be}} g_m R_c = \frac{1}{2} \times \frac{1}{1.05} \times 0.1 \times 5000 = 238.0952$$

根据式(6.140)，可估算差模增益的上限频率

$$f_H = \frac{1}{2\pi \left[r_{b'e} // (r_{bb'} + R_b) \right] \left[C_{b'e} + (1 + g_m R_c) C_{b'c} \right]} = 6.5406\text{MHz}$$

仿真测试：差模增益为 238.0940，−3dB 频率为 5.4262MHz，与理论值基本吻合。

（2）根据图 6.127(c)中数据，可求得电路的右单出共模增益为

$$\dot{A}_{vc(右单)} \approx \frac{R_c}{2R_Q} = \frac{5 \times 10^3}{2 \times 1 \times 10^6} = 2.5 \times 10^{-3}$$

根据 R_Q、C_Q 的值，可估算共模增益的零点频率

$$f_z = \frac{1}{2\pi R_Q C_Q} = 159.1549\text{kHz}$$

仿真测试:共模增益为 2.4752×10^{-3},零点频率为 155.6339kHz,与理论值基本吻合。

(3) 由图 6.127(e)可以测出,该差分电路的 -3dB 频率为 155.5078kHz,与共模增益的零点频率基本吻合,可见共模增益的零点频率确实很低,它决定了 CMRR 的上限频率,这与我们上述分析是一致的。同时还可以测出电路的 CMRR 为 99.6626dB。

6.10.4 差分放大电路仿真分析

以上我们所讨论的差分电路可以说是它的基本结构,本小节将介绍的差分电路,采用不同方法,从不同角度改善了电路的性能指标,例如,提高电压增益或展宽频带等。显然,分析差分电路这样的多电容系统,单以手动计算是非常烦琐的。下面我们就集成电路中常见的几种形式,利用计算机仿真,进一步讨论差分电路。

1. 带射极反馈电阻的差分电路

图 6.119(a)给出了带射极反馈电阻的差分电路,根据负反馈理论,射极电阻不仅可以增大输入电压的线性范围,还可以展宽频带。

图 6.128 给出的是带射极反馈电阻差分电路的仿真图及其单入单出差模增益的频率响应,四条曲线对应不同的射极电阻值,自上而下依次对应射极电阻值为 100Ω、200Ω、400Ω 和 800Ω。可以看出,当射极电阻值增大时,差模电压增益减小了,但带宽增加了。仿真可知,当射极电阻为零时,差模增益的上限频率为 6.8296MHz;当射极电阻为 800Ω 时,差模增益的上限频率为 8.7276MHz。可见射极电阻对展宽频带起到了一定的作用。

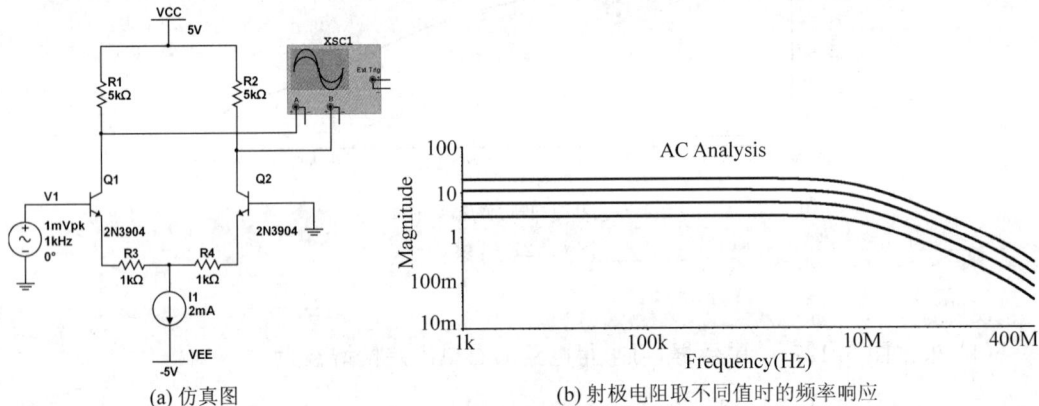

(a) 仿真图   (b) 射极电阻取不同值时的频率响应

图 6.128 带射极反馈电阻的差分电路

2. 带有源负载的差分电路

将图 6.108 所示电路中的集电极电阻用基本电流镜取代,即得到带有源负载的差分电路,其仿真图和频率响应如图 6.129 所示。仿真测试:差模增益为 55.2327dB,其上限频率为 442.9152kHz。可见带有源负载的差分电路的差模电压增益较大,但它的上限频率较低。

带有源负载的差分电路在差模信号和共模信号作用下,其表现如何呢?

(1) 对差模信号 Δv_{Id} 而言,Q1 和 Q2 集电极电流必有 $\Delta i_{C1}=-\Delta i_{C2}$,而 $\Delta i_{C3}\approx\Delta i_{C1}$;对于电流镜 Q3 和 Q4 来说,有 $\Delta i_{C3}=\Delta i_{C4}$,所以输出电流的变化量为

$$\Delta i_{O}=\Delta i_{C4}-\Delta i_{C2}\approx\Delta i_{C1}-(-\Delta i_{C1})=2\Delta i_{C1}$$

即单端输出的电流是单管输出电流的两倍。

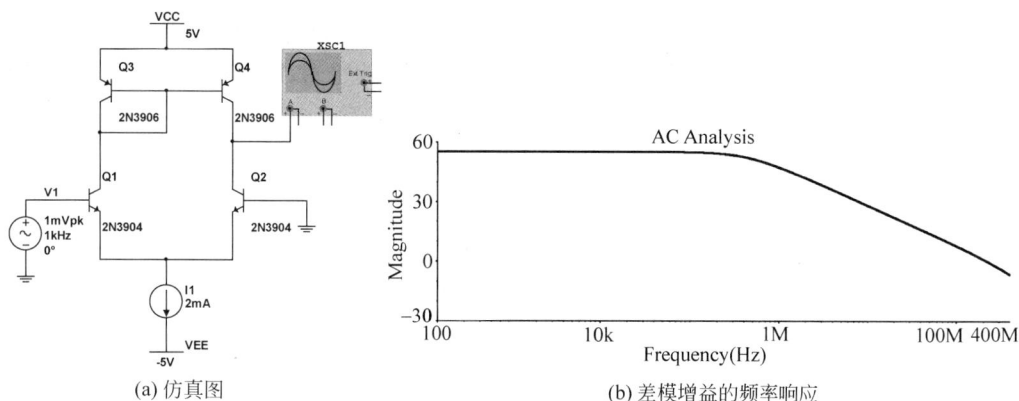

(a)仿真图　　　　　　　　　　(b)差模增益的频率响应

图 6.129　带有源负载的差分电路

（2）对共模信号而言，由于 $\Delta i_{C1} = \Delta i_{C2}$，故输出电流为零。

可见，带有源负载的差分电路虽然采用的是单端输出方式，但却能得到和双端输出时相同的效果。这一点在集成运算放大电路设计中得到广泛的应用（参见第 12 章）。

根据晶体管小信号等效电路，我们可以求得带有源负载的差分电路的差模电压增益

$$\dot{A}_{vd} = g_m (r_{ce2} // r_{ce4} // R_L)$$

式中，$g_m = I_Q / 2V_T$，$r_{ce2} = V_{A2} / I_2$，$r_{ce4} = V_{A4} / I_4$，而 $I_2 = I_4 = I_Q / 2$，于是，有

$$\dot{A}_{vd} = \frac{\dfrac{I_Q}{2V_{T.}}}{\dfrac{I_Q}{2V_{A2}} + \dfrac{I_Q}{2V_{A4}} + \dfrac{1}{R_L}} \tag{6.141}$$

由图中的数据，$I_Q = 2\text{mA}$，$R_L = \infty$，Q2 和 Q4 的 Early 电压分别为 $V_{A2} = 74.03\text{V}$，$V_{A4} = 18.7\text{V}$，可求得 $A_{vd} = 574.1902$，与仿真测试值基本吻合。

式（6.141）表明，晶体管的 Early 电压和负载电阻将影响差模增益的大小，特别是有限的负载电阻，会产生严重的负载效应，使差模增益明显下降。

3. 共集-共射差分电路

信号源内阻对放大电路的源电压增益及其上限频率均有一定的影响，图 6.130 给出了图 6.129(a)考虑信号源内阻后的仿真图及其频率响应。仿真测试：差模增益为 53.3884dB，其上限频率为 120.2353kHz，均比图 6.129 的对应值小。

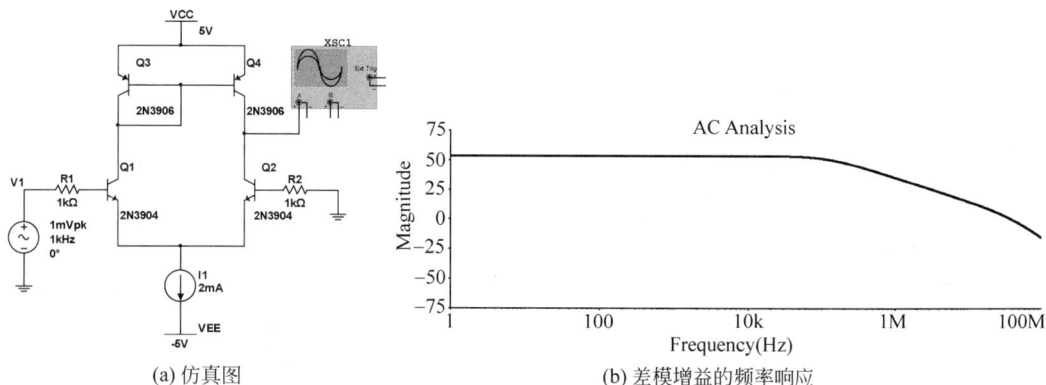

(a)仿真图　　　　　　　　　　(b)差模增益的频率响应

图 6.130　考虑信号源内阻的影响

为了减小这个影响,可以在电路的输入端引入共集电路,例如曾经学过的共集-共射电路。下面利用共集-共射电路构成共集-共射差分电路,当然也可以理解为在原差分电路的输入端上分别接入了共集电路而构成的,仿真图及其频率响应如图 6.131 所示。图中 R1 和 R2 的设置,是为了确保 Q5 和 Q6 具有较大的电流放大系数。

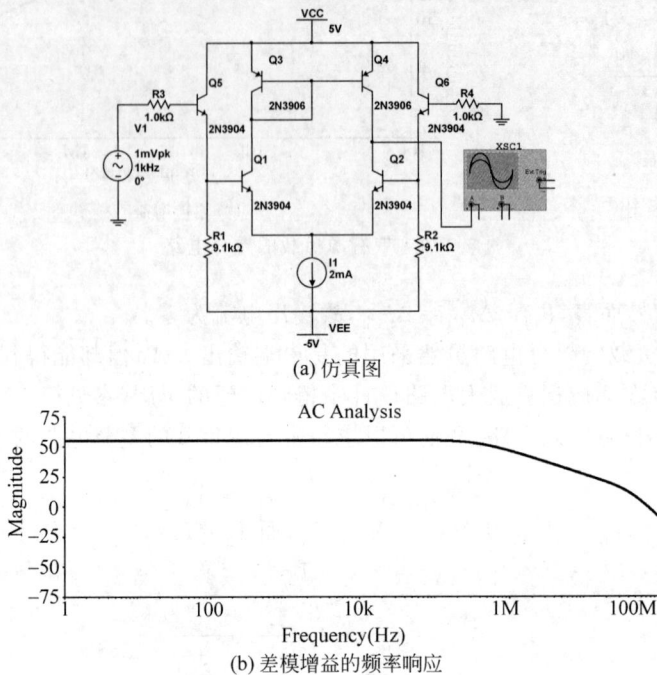

(a) 仿真图

(b) 差模增益的频率响应

图 6.131 共集-共射差分电路

仿真测试:差模增益为 55.0654dB,其上限频率为 375.199kHz,均比图 6.130 的对应值有明显的提高。适当改变 R1、R2 的值,对上述二值均有一定的影响。

4. 共集-电流镜差分电路

利用共集电路和电流镜可以构成共集-电流镜差分电路,其仿真图及其频率响应如图 6.132 所示。图中,Q5、Q6 均为共集组态,Q1、Q7 和 Q2、Q8 分别组成基本电流镜,这样,Q5、Q1、Q7 和 Q6、Q2、Q8 均构成共集-电流镜组合电路,它们再构成共集-电流镜差分电路,而 Q3、Q4 组成基本电流镜,作为共集-电流镜差分电路的有源负载。

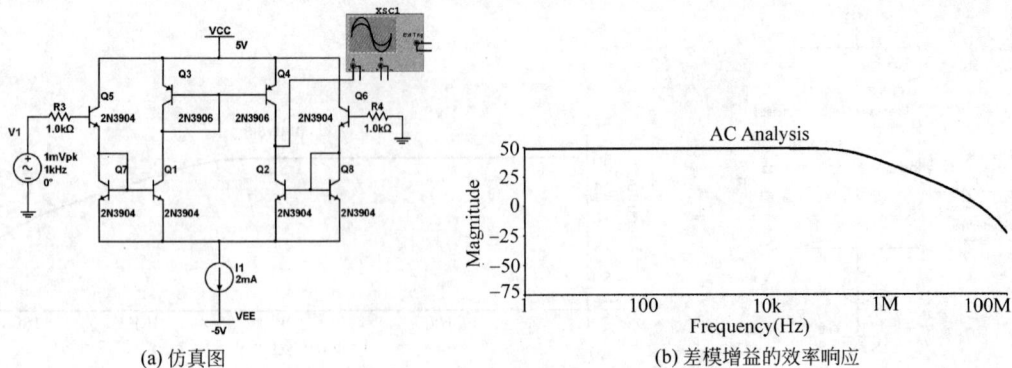

(a) 仿真图

(b) 差模增益的效率响应

图 6.132 共集-电流镜差分电路

仿真测试：差模增益为 48.77dB,其上限频率为 237.5699kHz,与图 6.130 的对应值相比,差模增益略小些,但上限频率有明显提高。

6.10.5 差分放大电路的设计

前面重点对差分放大电路进行了分析,得到了一些公式、结论和电路结构等,这些对于设计电路都是有用的。一个实际的放大电路涉及很多参数,例如增益、速度、线性度、电源电压、输入输出阻抗、功耗、噪声和动态范围等,而这些参数中的大多数是互相牵制的,这就需要找到一个较佳的折中方案,来选择器件参数。

本节简单介绍差分放大电路的设计。

一般来说,差分电路的设计常遇到的问题有：高输入阻抗、高 CMRR、宽频带和低失真等,解决方案的一般性建议有：采用深度负反馈、高 β 晶体管、低偏置电流、高输出电阻的偏置电流源、改进型差分电路和差分电路的级联等。

下面通过简单的例子,来说明差分电路的设计及其仿真验证。

【例 6.15】 设计一个差分放大电路,使它的 CMRR=95dB。

解 首先,选择电路结构。所选电路如图 6.113 所示。电路的单出差模增益为

$$|\dot{A}_{vd(单)}| = \frac{1}{2}\frac{\beta R_c}{r_{be}}$$

单出共模增益为

$$|\dot{A}_{vc(单)}| = \frac{\beta R_c}{r_{be} + (1+\beta)2R_Q}$$

据此,电路的 CMRR 可表示为

$$\text{CMRR} = \left|\frac{\dot{A}_{vd(单)}}{\dot{A}_{vc(单)}}\right| = \frac{r_{be} + (1+\beta)2R_Q}{2r_{be}} \approx \frac{1}{2}\left(1 + \frac{I_Q R_Q}{V_T}\right)$$

已知 CMRR=95dB,即 CMRR=5.62×10^4；取 $I_Q=1\text{mA}$,代入上式,可求得 $R_Q=2.92\text{M}\Omega$。

现在需要设计一个电流镜,只要它的输出电阻不小于 2.92MΩ,即可使差分电路的 CMRR 不小于 95dB。我们知道,基本电流镜的输出电阻为 r_{ce},若所用晶体管的 Early 电压约为 70V,而集电极电流为 1mA,则电流镜的输出电阻仅为 70kΩ,是远小于设计值的。因此考虑采用 Wilson 电流镜,其输出电阻约为 $\beta r_{ce}/2$,若取 $\beta=120$,则输出电阻为 4.2MΩ,可满足设计要求。

Multisim 仿真：仿真电路图如图 6.133 所示。图中 Q1、Q2 构成差分电路,Q3、Q4、Q5 构成 Wilson 电流镜,为差分电路提供偏置电流。集电极电阻 R1、R2 取 10kΩ,电路为 ±15V 双电源供电模式。晶体管选用 2N3904,重新设置其电流放大系数为 120。

根据偏置电流的要求,确定电阻 R3 的值。R3=(15−2×0.7)/1=13.6kΩ。

仿真测试：静态测试如图 6.133 所示,Q3 集电极电流为 1mA；通过 AC 分析,得到电路的差模增益为 39.0228dB,共模增益为 −63.5571dB,由此得到电路的 CMRR 为

$$39.0228 - (-63.5571) = 102.5799\text{dB}$$

均符合设计要求。

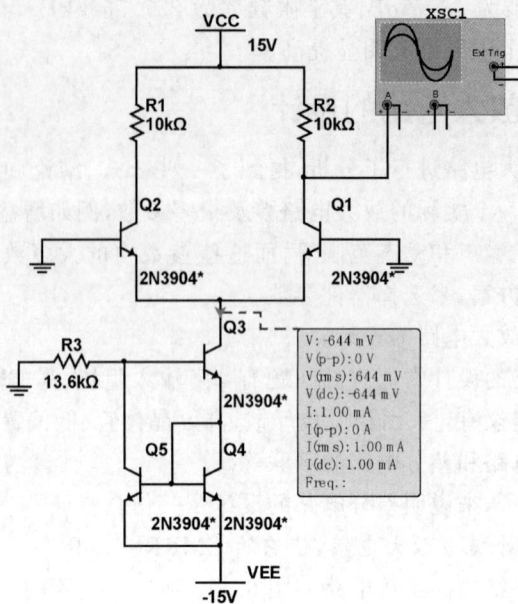

图 6.133　例 6.15 的仿真图

【例 6.16】　利用差分放大电路,设计一个传感器放大器。

传感器输出电压的范围是 $-5\text{mV} \leqslant v_G \leqslant +5\text{mV}$;其内阻为 $1.2\text{k}\Omega$;传感器两条输出线上均感应了幅值约为 100mV 的 50Hz 交流信号,同时还均有 3V 的直流电压。

具体要求:传感器放大器输出电压的范围为 $-0.5\text{V} \leqslant v_O \leqslant +0.5\text{V}$,而 50Hz 交流信号的幅值不大于 5mV。

解　首先,我们选择电路结构。所选电路如图 6.113 所示,其中晶体管的 $\beta = 120$,电路的供电为 $\pm12\text{V}$,偏置电流为 0.5mA。

(1) 由已知条件,差模增益应为

$$A_{vd} = \frac{v_{Od}}{v_G} = \frac{0.5}{0.005} = 100$$

若电路采用单端输出,则有

$$|\dot{A}_{vd(\text{单})}| = \frac{1}{2}\frac{\beta R_c}{r_{be} + R_b}$$

而 $r_{be} = 300 + (1+\beta)\dfrac{V_T}{I_E} = 300 + \dfrac{2(1+\beta)V_T}{I_Q} = 300 + \dfrac{2\times(1+120)\times 26}{0.5} = 12.9\text{k}\Omega$,$R_b = \dfrac{1.2}{2} = 0.6\text{k}\Omega$,代入数据,求得

$$R_c = \frac{2|\dot{A}_{vd(\text{单})}|(r_{be} + R_b)}{\beta} = \frac{2\times 100\times(12.9 + 0.6)}{120} = 22.5\text{k}\Omega$$

另外,由于传感器两条输出线上均有 3V 直流电压,故需计算一下该电压能否保证晶体管处在线性放大区。静态时,差分晶体管的集电极电位为 $12 - 22.5\times 0.25 = 6.375\text{V}$,射极电位为 $-0.7 + 3 = 2.3\text{V}$,故差分晶体管的集-射电压为 $6.375 - 2.3 \approx 4.08\text{V}$,说明晶体管是处于放大区的。

（2）由已知条件，共模增益应为

$$A_{vc} = \frac{v_{Oc}}{v_c} = \frac{5}{100} = 0.05$$

若电路采用单端输出，则有

$$|\dot{A}_{vc(单)}| = \frac{\beta R_c}{r_{be} + R_b + (1+\beta)2R_Q}$$

代入数据，求得

$$R_Q = \frac{\frac{\beta R_c}{|\dot{A}_{vc(单)}|} - (r_{be} + R_b)}{2(1+\beta)} = \frac{\frac{120 \times 22.5}{0.05} - (12.9 + 0.6)}{2 \times (1 + 120)} \approx 223\text{k}\Omega$$

若采用基本电流镜，则输出电阻为 r_{ce}，这就意味着偏置电流为 0.5mA 时，晶体管的 Early 电压为 112V。

Multisim 仿真：仿真电路图如图 6.134 所示。图中 Q1、Q2 选用 2N3904，构成差分电路；Q3、Q4 选用 BC337，构成基本电流镜，Q3 为差分电路提供偏置电流，其中电阻 R3＝(12－0.7)/0.5＝22.6kΩ。

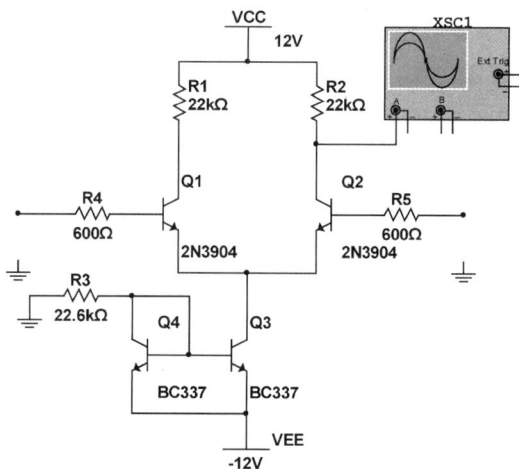

图 6.134　例 6.16 的仿真图

静态测试：将两个输入端接地，测得偏置电流（Q3 集电极电流）为 0.529mA。

差模输入测试：将两个输入端分别接入 2.5mV 的差模信号和 3V 的直流电压，测得单端输出的差模电压为 0.51V。

共模输入测试：将两个输入端分别接入 3V 的共模信号，测得 Q1、Q2 的集电极电位为 6.01V，射极电位为 2.37V，故集-射电压为 3.64V；将两个输入端接入 100mV 的共模信号，测得单端输出的共模电压为 2.835mV。

测试表明，以上设计符合要求。

6.11　互补输出电路

前面主要分析了小信号工作情况下的放大电路，例如，差分放大电路主要用于一个放大电路的第一级即输入级，这是利用了差分电路"放大差模信号，抑制共模信号"的特点，第二级即放大级,通常采用共射电路,这是利用了共射电路高增益的特点,但是当信号经过多级放大电路后,就需要一个能向负载提供足够大的信号电压和电流的输出级,也就是说,输出级属于大信号工作情况下的放大电路。那么,对输出级有哪些要求,何种电路可以作为输出级呢?

负载的变化是会对放大电路的电压(电流)增益产生影响的,作为输出级首先应能消除这个影响,即输出级有很好的隔离作用,同时能适应负载的变化,即应具有极强的带负载能力,为此输出级通常采用射极跟随器。除此之外,还应保证最大不失真输出电压尽可能大,有时还要求当输入电压为零时输出电压也为零。下面介绍的双向射极跟随器——互补输出电路,就是能够满足上述要求的一种电路形式。因此它适于作直接耦合多级放大电路的输出级(参见第 12 章)和功率放大电路(参见第 10 章)。

视频 34

6.11.1　电路结构

实际上,在小幅度电压输出的情况下,采用射极跟随器作为简单输出级是可行的,但是若输入电压的幅度较大,由于受晶体管放大区的限制,这种简单的射极跟随器的输出就会失真。于是,人们通过两个射极跟随器,一个只放大信号波形的正半周,另一个只放大信号波形的负半周,然后利用信号波形合成的方法,最终在负载上合成为一个完整的输出信号波形,从而实现了双向射极跟随。由于一个晶体管的放大区只放大信号波形的一半,所以,输入电压的幅度就可以很大,而合成的波形也就很大了,其原理框图如图 6.135 所示。

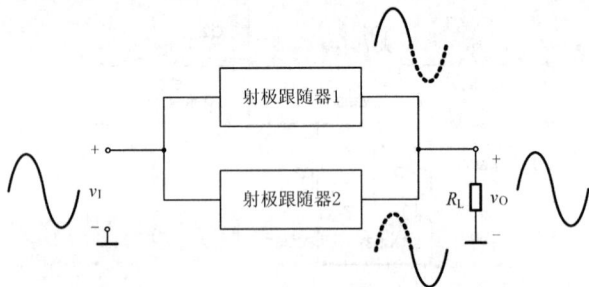

图 6.135　双向射极跟随器原理框图

利用两个参数相同、特性对称的异型管,构成的互补对称型双向射极跟随器——互补输出电路如图 6.136 所示。图中 T_1 为 NPN 型管,T_2 为 PNP 型管,它们分别与负载 R_L 构成射极跟随器。

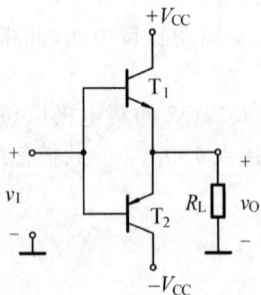

图 6.136　互补对称型双向
射极跟随器

在理想情况下,当输入电压 $v_I = 0$ 时,输出电压 $v_O = 0$。以正弦波输入电压为例,当 v_I 为正半周时,T_1 导通,T_2 截止,T_1 射极输出正半周信号给 R_L;当 v_I 为负半周时,T_1 截止,T_2 导通,T_2 射极输出负半周信号给 R_L。这样,T_1、T_2 交替工作,实现双向跟随,在 R_L 上得到一个完整的正弦波信号,并且在输入电压足够大时,R_L 上的电压也可以足够大,最大电压幅值为电源电压 V_{CC}。实际上,由于晶体管饱和压降 V_{CES} 的影响,R_L 上得到的最大电压幅值应为 $(V_{CC} - |V_{CES}|)$。

晶体管的$|V_{BE(on)}|$约为零点几伏,当输入电压小于这个值时,晶体管处于截止状态。也就是说,当$|v_I|<|V_{BE(on)}|$时,输出几乎为零;当$|v_I|>|V_{BE(on)}|$时,输出才会跟随输入。这样R_L上的波形在两管轮流工作的衔接处出现失真,我们把这种失真称为交越失真。

Multisim仿真:仿真图如图6.137(a)所示。通过DC扫描,可以得到互补输出电路的电压传输特性,如图6.137(b)所示。可以看出,当Q1或Q2导通时,曲线的斜率近似为1,仿真测试约为0.989,这等同于射极跟随器,而当输入电压在0附近(零点几伏的范围内)时,Q1或Q2输出电压为零,由此产生交越失真。在输入正弦波时,出现了交越失真的输出波形如图6.137(c)所示。其中输入电压的幅值为3V,输出电压的幅值约为2.3V,相比之下,不仅后者的幅值比前者小了约0.7V,而且正负半周的衔接处还有交越失真。

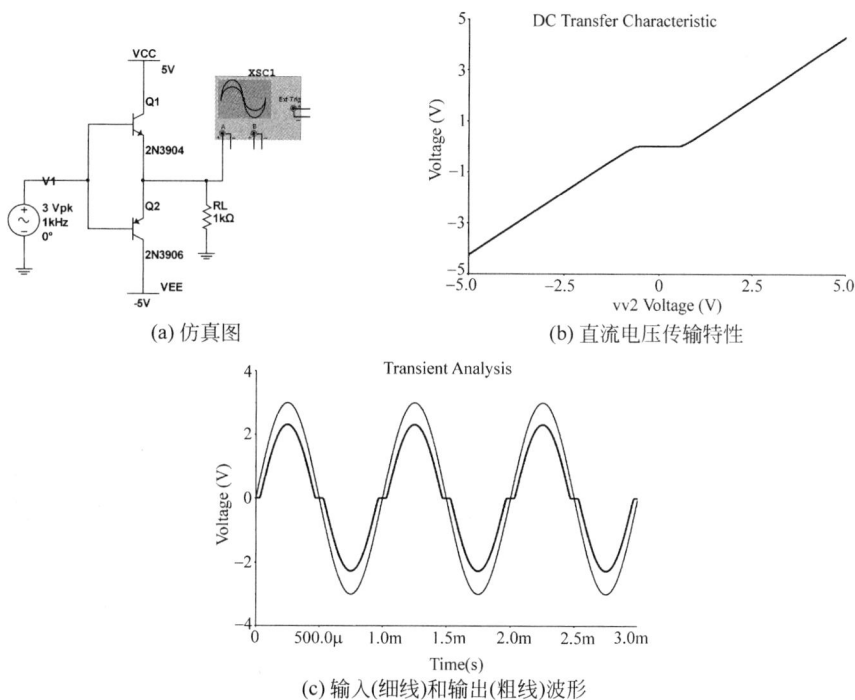

(a) 仿真图　　　　　　　　　　(b) 直流电压传输特性

(c) 输入(细线)和输出(粗线)波形

图 6.137　互补输出电路的仿真

6.11.2　电路改进

本节主要讨论消除交越失真的方法。根据互补输出电路的电压传输特性,只要设法分别给T_1、T_2的发射结加一正向电压,其值等于或稍大于晶体管的导通电压,即使管子工作在传输特性线性部分的起始处,这样只要有信号输入,T_1、T_2即可轮流导通,从而消除交越失真。

特别指出,给T_1、T_2设置一个合适的静态工作点,只是为了消除交越失真,考虑到电路的效率问题,T_1、T_2应处于微导通状态。有关放大电路的效率问题可参见第10章。

1. 电阻偏置的互补输出电路

图6.138给出了电阻偏置的互补输出电路。显然,通过调整电阻R_2上的压降,可以保证T_1、T_2基极电压V_{B1B2}的大小,以便使T_1、T_2处于微导通状态。但R_2不具有温度补偿作用,另外R_2上的交流压降会使T_1、T_2基极的正负半周输入电压不相等,从而导致R_L上

正负半周电压不相等。为了防止这一情况的发生,有时在 R_2 上并联一个电容 C,使 T_1、T_2 基极是交流等电位的。

2. 二极管偏置的互补输出电路

二极管偏置的互补输出电路如图 6.139 所示。可以看出,T_1、T_2 基极电压 V_{B1B2} 等于二极管 D_1、D_2(也可以使用晶体管连接成的二极管)上的压降,该压降使 T_1、T_2 处于微导通状态。由于二极管的动态电阻很小,可以认为 T_1、T_2 基极的交流电位近似相等。

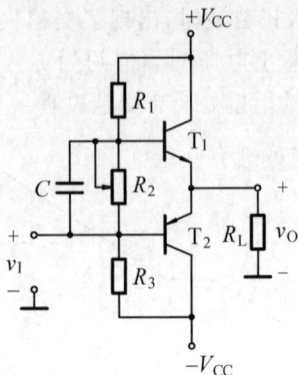

图 6.138 电阻偏置的互补输出电路

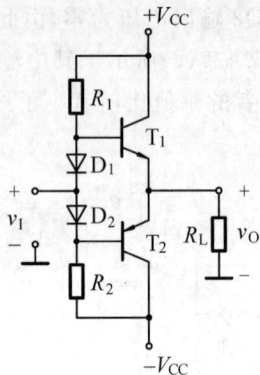

图 6.139 二极管偏置的互补输出电路

3. V_{BE} 倍增器偏置的互补输出电路

图 6.140 给出了 V_{BE} 倍增器偏置的互补输出电路,其中 R_2、R_3 和 T_3 组成 V_{BE} 倍增器,为使 T_1、T_2 处于微导通状态提供一定的 V_{B1B2} 值。

由 R_2、R_3 和 T_3 组成的 V_{BE} 倍增器如图 6.141 所示,这就是晶体管模拟电压源,也是在集成电路设计中常见的一种电路形式。当流过 R_2、R_3 上的电流远大于 T_3 基极电流时,则有

$$V_{B1B2} = V_{CE3} = \left(1 + \frac{R_2}{R_3}\right) V_{BE3}$$

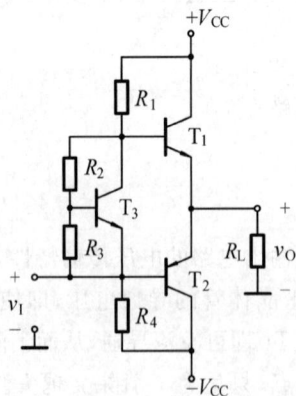

图 6.140 V_{BE} 倍增器偏置的互补输出电路

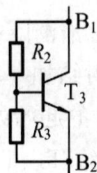

图 6.141 V_{BE} 倍增器

这表明 V_{B1B2} 为 V_{BE3} 的 $(1 + R_2/R_3)$ 倍,故称为 V_{BE} 倍增器。合理选择 R_2、R_3 的值,可使 T_1、T_2 处于微导通状态。

从图 6.140 中可以看出,对于 T_3 来说,R_2 引入了电压负反馈,所以对 T_3 的集-射电压

有稳定作用,使 T_3 的输出电阻很小,即 T_1、T_2 基极可视为交流等电位。

二极管偏置和 V_{BE} 倍增器偏置均具有一定的温度补偿作用,而后者可为互补输出电路提供更为灵活的偏置电压,例如根据对 V_{B1B2} 的要求来设计 $(1+R_2/R_3)$ 的值。

4. 采用复合管的互补输出电路

互补输出电路需要使用 NPN 和 PNP 晶体管,且参数相同,而在集成电路设计中,NPN 管为纵向结构,其 β 值为 200 左右,PNP 管为横向结构,β 值的范围为 5~10,就是说 NPN 和 PNP 管不匹配。下面通过考虑两个或两个以上晶体管的复合结构,来寻找一种匹配方法。

1) 复合管

由 NPN 和 PNP 晶体管所构成的复合管(又称为 Darlington 管)的基本形式如图 6.142 所示。以图 6.142(a) 所示的复合管为例。设 PNP 和 NPN 管的电流放大系数分别为 β_1 和 β_2 于是有

$$i_C = (1+\beta_2)i_{B2} = (1+\beta_2)i_{C1} = (1+\beta_2)\beta_1 i_B \approx \beta_2\beta_1 i_B$$

即

$$\beta = \frac{i_C}{i_B} \approx \beta_1\beta_2$$

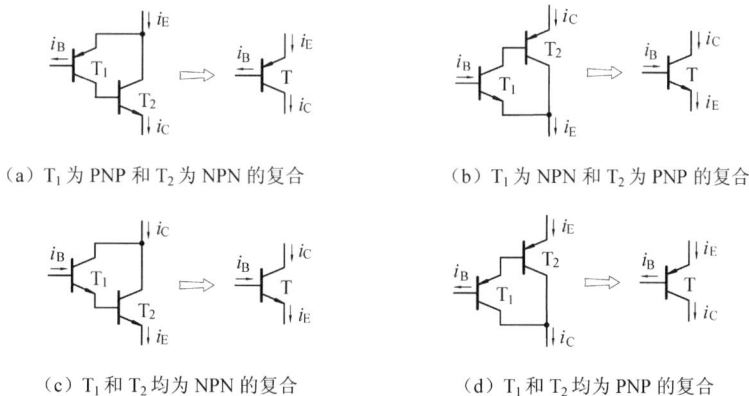

(a) T_1 为 PNP 和 T_2 为 NPN 的复合   (b) T_1 为 NPN 和 T_2 为 PNP 的复合

(c) T_1 和 T_2 均为 NPN 的复合   (d) T_1 和 T_2 均为 PNP 的复合

图 6.142 复合管的四种基本形式

且 T_1、T_2 复合后的外部电流方向为"一个流进,两个流出",可等效为一个 PNP 管,其电流放大系数 β 约为 $\beta_1\beta_2$。

同理,可以分析其他形式的复合管,它们的电流放大系数 β 均约为 $\beta_1\beta_2$。

不难看出,图 6.142 所示复合管的复合规律是:

(1) 等效复合管的类型与第一个管的类型相同;

(2) 将第一个管的集电极或射极电流作为第二个管的基极电流,以实现电流放大;

(3) 每个管的各极电流均有合理的通路。

可见,复合管为我们匹配 NPN 和 PNP 管的参数提供了一种可能,即通过选择两管电流放大系数的值,使复合管的电流放大系数相等,这在集成电路和分立元件电路的设计中均有应用。另外由于复合管有很高的电流放大系数,故只需很小的输入电流,便可获得很大的集电极(或射极)电流,这也是人们在实际电路中,为了改善放大电路的某些性能,采用复合管的原因。例如复合管共射放大电路的输入电阻和电流放大倍数明显增大;复合管共集放大电路的输入电阻进一步增大,而输出电阻进一步减小;等等。

2) 采用复合管的互补输出电路

采用复合管的准互补输出电路如图 6.143 所示。其中 T_1、T_2 复合管为 NPN 型，T_4、T_5 复合管为 PNP 型，T_2、T_5 一般采用同类型的大功率晶体管，这样较易做到两种复合管特性的一致性。这种复合管结构组成的电路称为准互补电路。

该电路采用复合管，可以减小前级驱动电流，同时提高电流输出能力。它在功率放大电路方面的应用，可参见第 10 章。

Multisim 仿真：准互补输出电路仿真图如图 6.144(a)所示。先不接信号源，即静态调整。调整 R2 为 $0.85\mathrm{k}\Omega$，测得输出管的集电极电流约为 4.23mA，即使之处于微导通状态。再接入幅值为 2V，频率为 1kHz 的正弦波信号，输出信号波形如图 6.144(b)所示。比较输入与输出波形，后者已无明显的交越失真，测得失真度为 1.488%。

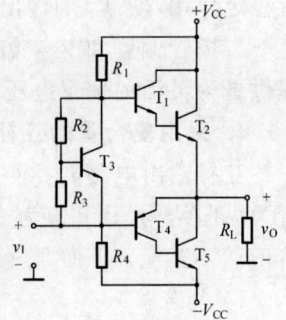

图 6.143 采用复合管的准互补输出电路

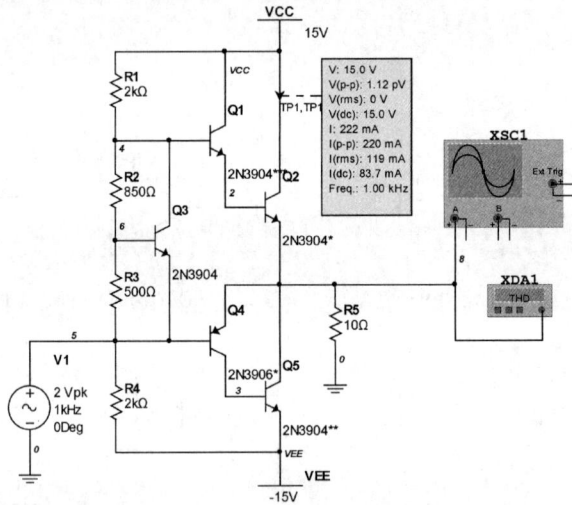

(a) 仿真图

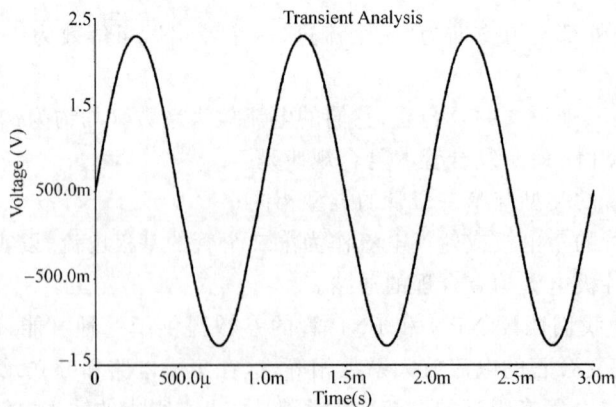

(b) 输出波形

图 6.144 准互补输出电路仿真

*6.12　基本共射电路的非线性分析

在 1.6 节我们对非线性放大电路作了简单分析,并介绍了总谐波失真系数 THD。为了对这个问题有一个进一步的理解,本节将对基本共射电路的 THD 进行分析。

电路如图 6.12 所示。设 v_1 为加在三极管 T 发射结上的交流电压,$v_1 = V_1 \cos \omega t$;V_{BE} 为 T 的直流偏置,于是加载在发射结上的交直流电压为 $v_{BE} = V_{BE} + v_1$。

因为晶体管发射极电流 i_E 和发射结电压 v_{BE} 的关系为

$$i_E \gg I_{ES} e^{v_{BE}/V_T} \tag{6.142}$$

其中 I_{ES} 为反向饱和电流。将 v_{BE} 代入式(6.142),可得

$$i_E \approx I_{ES} e^{v_{BE}/V_T} = I_{ES} e^{V_{BE}/V_T} e^{V_1/V_T \cos \omega t} = I_{ES} e^{V_{BE}/V_T} e^{x \cos \omega t} \tag{6.143}$$

式中 $x = \dfrac{V_1}{V_T}$。又根据傅里叶级数展开有

$$e^{x \cos \omega t} = I_0(x) + 2 \sum_{n=1}^{\infty} I_n(x) \cos n\omega t \tag{6.144}$$

式中 $I_n(x)$ 是 n 阶、自变量为 x 的第一类修正 Bessel 函数。i_E 可表示为

$$i_E \approx I_{E0} \left[1 + \sum_{n=1}^{\infty} \frac{2 I_n(x)}{I_0(x)} \cos n\omega t \right] \tag{6.145}$$

式中 $I_{E0} \gg I_{ES} e^{V_{BE}/V_T} I_0(x)$。由此可求出各次谐波幅度。

对于很小的 x,例如我们取 $V_1 \leqslant 2.6\,\mathrm{mV}$,由修正 Bessel 函数的小宗量近似,有

$$\frac{2 I_1(x)}{I_0(x)} \approx x = \frac{V_1}{V_T}$$

因而指数率器件也可实现近似线性放大。而对于较大的 x,需求出各次谐波幅度后(一般求二次即可),可代入总谐波失真定义式

$$\mathrm{THD} = \frac{1}{V_1} \sqrt{\sum_{n=2}^{\infty} V_n^2} \tag{6.146}$$

当负载为纯阻性负载时,谐波电压与相应的谐波电流成正比,故有

$$\mathrm{THD} = \frac{1}{I_1(x)} \sqrt{\sum_{n=2}^{\infty} I_n^2(x)} \tag{6.147}$$

Multisim 仿真:为了简化过程,取 $V_1 = V_T = 26\,\mathrm{mV}$,即 $x = 1$。通过查表可知

$$I_1(1) = 0.565, \quad I_2(1) = 0.135, \quad I_3(1) = 0.022$$

代入式(6.147),可得 THD 为 24.2%。

仿真图如图 6.145(a)所示。仿真时先令信号源电压小于 2.6mV,即 $x < 0.1$,然后调节偏置电阻 R_b,使输出正弦波形无截止饱和失真,此时的失真度小于 2.5%。这是因为,在 x 足够小时,$\mathrm{THD} \approx I_2(x)/I_1(x)$。在这个小动态范围内,$I_0(x) \to 1$,$V_{BE} \to V_{BEQ}$,

$I_{E0} \rightarrow I_{EQ}$，$i_E(t) = I_{EQ}(1 + x\cos\omega t)$，即在小信号激励下，可视为线性放大器。之后将信号源电压调至 26mV，可观察到此时的输出波形及其失真度，如图 6.145(b)所示，与理论值基本吻合。

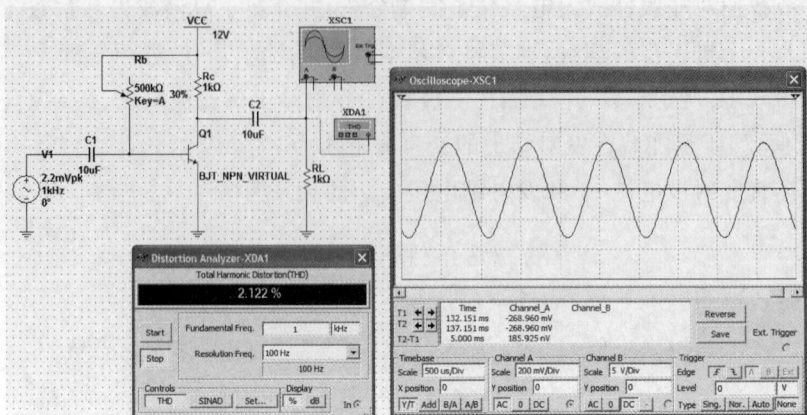

(a) 输入信号峰值为2.2mV时，输出波形及其失真度

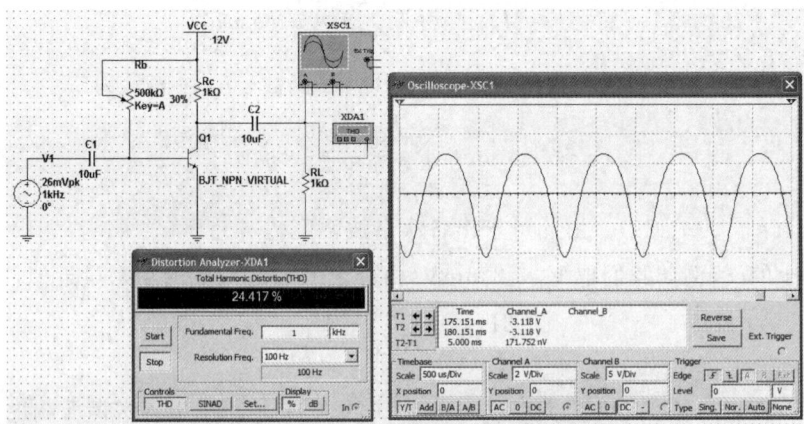

(b) 输入信号峰值为26mV时，输出波形及其失真度

图 6.145 基本共射电路的非线性分析

可以看出，图 6.145(b)已经是非常明显的失真了。说明基本共射电路的输入线性范围是很小的。如果要改善这个输入线性范围，可以在基极上串入适当大小的电阻，例如 1kΩ。也可以在电路中引入负反馈，具体分析不再赘述。

知识拓展

视频 36

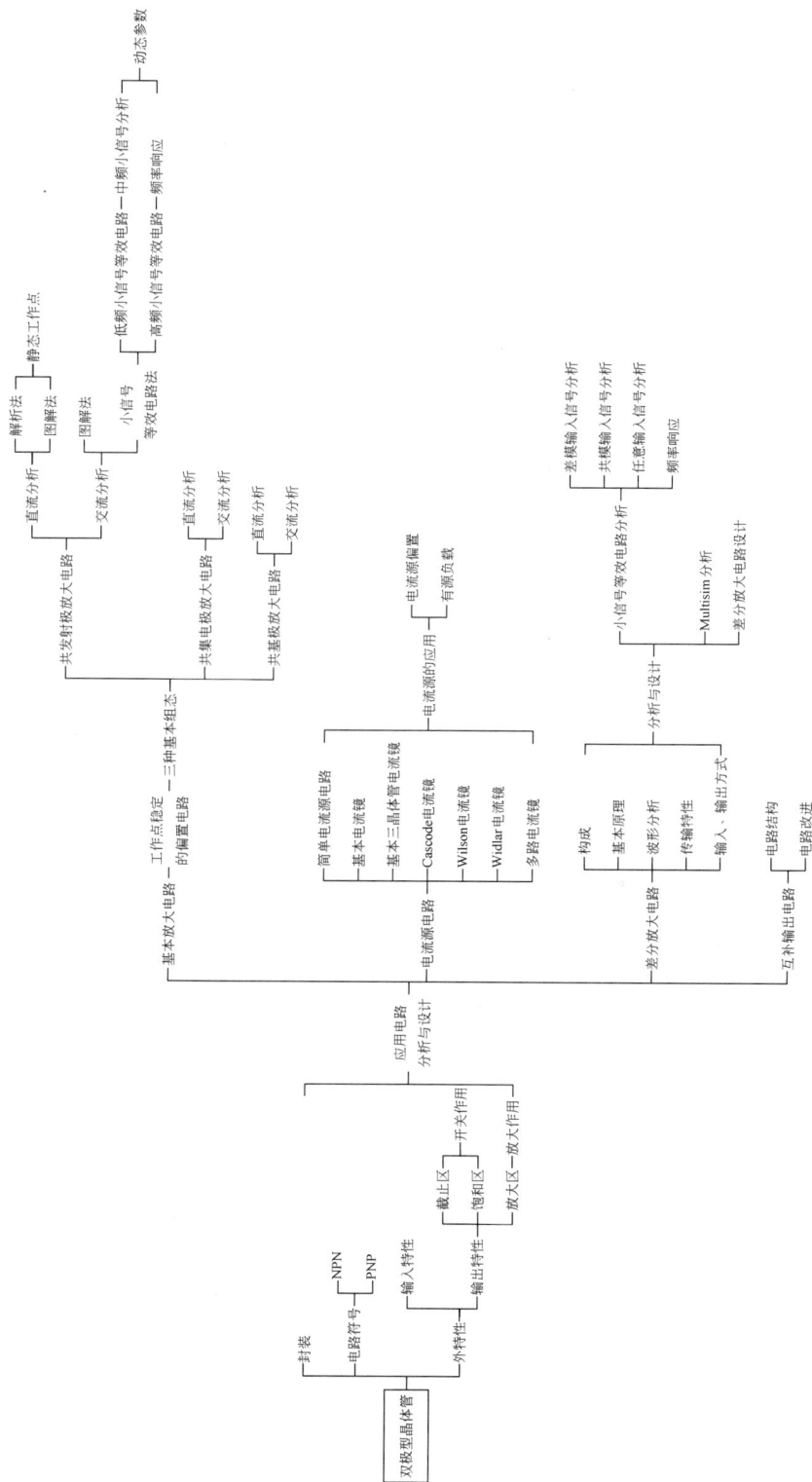

本章知识结构图和小结

知识结构图

- 双极型晶体管
  - 封装
  - 电路符号
    - NPN
    - PNP
  - 外特性
    - 输入特性
    - 输出特性
      - 截止区 — 开关作用
      - 饱和区
      - 放大区 — 放大作用
  - 应用电路分析与设计
    - 基本放大电路
      - 工作点稳定的偏置电路 — 三种基本组态
      - 共发射极放大电路
        - 直流分析
          - 解析法 — 静态工作点
          - 图解法
        - 交流分析
          - 图解法
          - 小信号等效电路法
            - 低频小信号等效电路 — 中频小信号分析
            - 高频小信号等效电路 — 频率响应 — 动态参数
      - 共集电极放大电路
        - 直流分析
        - 交流分析
      - 共基极放大电路
        - 直流分析
        - 交流分析
    - 电流源电路
      - 简单电流源电路
      - 基本电流镜
      - 基本三晶体管电流镜
      - Cascode电流镜
      - Wilson电流镜
      - Widlar电流镜
      - 多路电流镜
      - 电流源的应用
        - 电流源偏置
        - 有源负载
    - 差分放大电路
      - 构成
      - 基本原理
      - 波形分析
      - 传输特性
      - 输入、输出方式
      - 分析与设计
        - 小信号等效电路分析
          - 差模输入信号分析
          - 共模输入信号分析
          - 任意输入信号分析
          - 频率响应
        - Multisim分析
        - 差分放大电路设计
    - 互补输出电路
      - 电路结构
      - 电路改进

小结

1. 本章学习了晶体管 6 种电路结构,即共射、共集、共基、电流镜、差分和互补电路。双极型晶体管分为 NPN 型和 PNP 型。

将晶体管视为一个"节点",发射极电流 I_E 等于基极电流 I_B 与集电极电流 I_C 之和,即

$$I_E = I_B + I_C。$$

2. 晶体管的外部特性分为以基极为公共端的共基极特性和以发射极为公共端的共发射极特性。以共发射极特性为例,有输入特性和输出特性之分。

输出特性曲线可分为截止区、放大区和饱和区三个工作区域:

晶体管处于截止区的条件是:发射结电压小于导通电压,且集电结反偏。

晶体管处于放大区的条件是:发射结正偏,集电结反偏。

晶体管处于饱和区的条件是:发射结和集电结均处于正偏。

3. 当晶体管工作在截止区和饱和区时,晶体管相当于一个开关;当晶体管工作在放大区时,晶体管相当于一个流控电流源,集电极电流"放大"了基极电流 β 倍。因此,晶体管具有"开关"和"放大"两个作用。

4. 在构成放大电路时,既要保证直流偏置电路正常工作,又要保证交流信号可以作用于电路的输入回路和负载。

5. 在电路中引入直流电流或直流电压负反馈,可以实现工作点稳定的偏置电路。

6. 一个放大电路中含有直流源和交流源,因此对它的分析分为直流分析(静态分析)和交流分析(动态分析)。直流分析是计算电路的直流参数,例如 I_{BQ}、I_{CQ}、V_{BEQ} 和 V_{CEQ} 等,即 Q 点分析;交流分析是分析电路的交流参数,例如 $\dot{A}_v$、$\dot{A}_i$、R_i 和 R_o,以及波形、频率特性等。但要注意"先静态、后动态"。

7. 直流分析的方法分为图解法和解析法。

交流分析的方法分为图解法和小信号等效电路法。前者是分析最大不失真输出电压和波形失真情况等;后者则有低频和高频小信号等效电路之分。

8. 利用放大电路的中频小信号分析,可求得交流参数 $\dot{A}_v$、$\dot{A}_i$、R_i 和 R_o 等。

利用晶体管的高频小信号等效电路,构建低频段、中频段和高频段的等效电路,分别求出三个频段下的电压增益表达式,可得到放大电路的频率响应。

9. 晶体管放大电路的三种基本组态即共射、共集和共基放大电路。

共射放大电路的特点是:既能放大电压又能放大电流,输出电压与输入电压反相,输入电阻居三种电路之中,输出电阻较大。

共集放大电路的特点是:只放大电流不放大电压,可实现电压跟随,输入电阻大,输出电阻小。

共基放大电路的特点是:只放大电压不放大电流,可实现电流跟随,输入电阻小,输出电阻较大。

10. 电流源电路是利用处于放大状态的晶体管,所构成的另一种应用极为广泛的电路。利用它可以为各级电路提供稳定的直流偏置和作为单级放大电路的有源负载。

常见的电流源有基本电流镜、基本三晶体管电流镜、Cascode 电流镜、Wilson 电流镜、Widlar 电流镜和多路电流镜。

11. 在实际电路中,注意采用不同的直流偏置电路,以适应各种应用电路的需要。

12. 有源负载放大电路的明显优点:在电源电压不变的情况下,可以为电路提供合适的静态电流;具有很高的 $\dot{A}_v$ 值;便于集成和有利于设计低电源电压工作的放大电路。

13. 利用晶体管可以构成各种组态的差分放大电路,它们不仅具有"放大差模信号,抑制共模信号"的优势,而且还具有各种组态电路的优点。

14. 差分电路的交流分析要分清以下问题:

连接方式:双入双出、双入单出、单入双出和单入单出。

信号类型:差模信号和共模信号。

差模放大倍数描述电路放大差模信号的能力;共模放大倍数描述电路抑制共模信号的能力。共模抑制比是衡量差分放大电路的重要指标。

15. 互补输出电路有很好的隔离作用;具有极强的带负载能力;能保证最大不失真输出电压尽可能大;且当输入电压为零时输出电压也为零。

注意采用互补输出电路的改进形式。

习题

分析题

视频 37a

6.1　在放大电路中,测得两只 BJT 两个电极的电流分别如图 6.146 所示。试分别求另一电极的电流,标出其实际方向,并在圆圈中画出晶体管的电路符号。

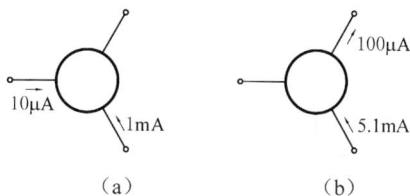

图 6.146　题 6.1 的图

6.2　放大电路中各 BJT 的直流电位如图 6.147 所示。在圆圈中画出晶体管的电路符号,并说明它们是硅管还是锗管。

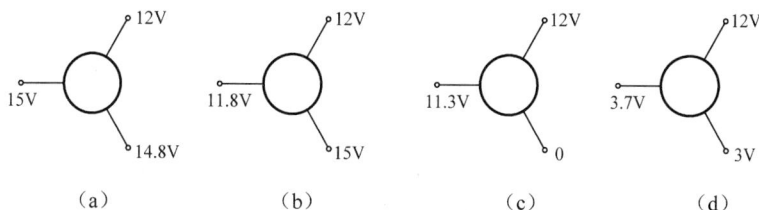

图 6.147　题 6.2 的图

6.3 判断图 6.148 所示的各晶体管是否有可能工作在放大状态。

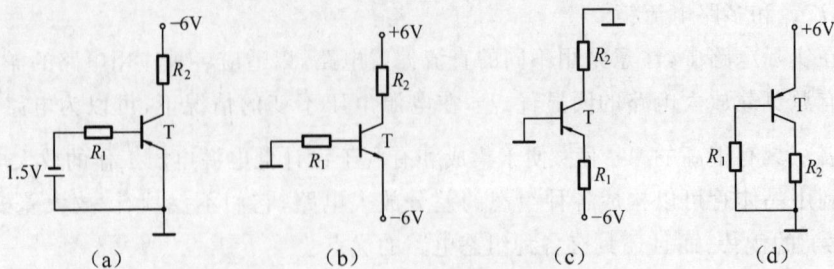

图 6.148 题 6.3 的图

6.4 试判断图 6.149 所示的各电路是否能够放大正弦信号,设图中所有电容对交流信号均可视为短路。

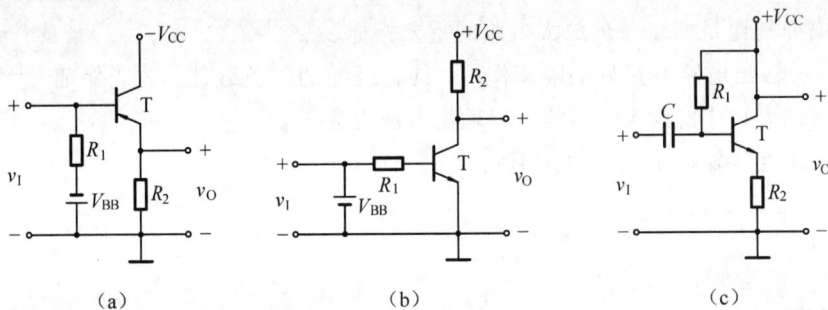

图 6.149 题 6.4 的图

6.5 电路如图 6.150 所示,画出各电路的直流通路和交流通路,设所有电容对交流信号均可视为短路。

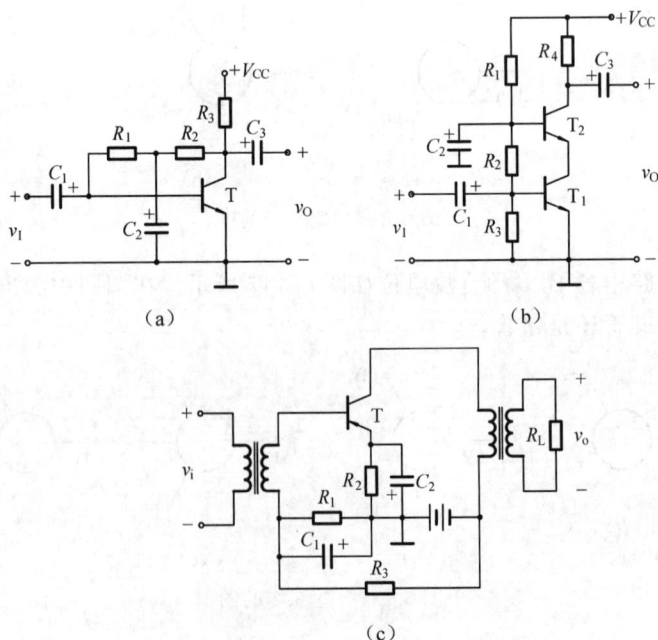

图 6.150 题 6.5 的图

6.6 当电源电压 $V_{CC}=12\text{V}$ 时,其他参数不变,重新计算例 6.1。

6.7 当电源电压 $V_{CC}=15\text{V}$ 时,其他参数不变,重新计算例 6.2。

6.8 当电源电压 $V_{CC}=15\text{V}$ 时,其他参数不变,重新计算例 6.3。

6.9 电路如图 6.151 所示。晶体管的 $\beta=100$,$r_{bb'}=100\Omega$。

(1) 已测得静态管压降 $V_{CEQ}=6\text{V}$,估算 R_b 约为多少千欧?

(2) 若 $\dot{A}_v=-100$,试确定 R_L 的值;

(3) 调整 R_b 的值,仿真分析输出波形的失真情况;

(4) 调整 R_c 的值,仿真分析输出波形的失真情况。

6.10 当电源电压 $V_{CC}=15\text{V}$ 时,其他参数不变,重新计算例 6.4。

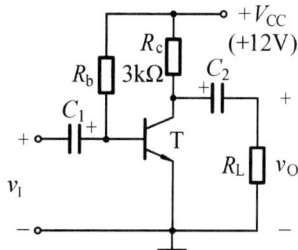

图 6.151 题 6.9 的图

6.11 若电压增益为 20,其他参数不变,重新计算例 6.5。

6.12 电路如图 6.152 所示。

(1) 对于两个输出端来说,电路分别引入了何种反馈?

(2) 分别写出两个输出端的电压增益表达式;

(3) 在深度负反馈下,分别求得两个输出端的电压增益;

(4) 说明该电路的功能。

6.13 电路如图 6.153 所示,晶体管的 $\beta=80$,$r_{bb'}=200\Omega$。

(1) 求出 Q 点;

(2) 若 $R_L=3\text{k}\Omega$,分别求出电路的 $\dot{A}_v$、R_i 和 R_o。

视频 37b

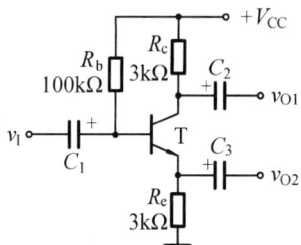

图 6.152 题 6.12 的图

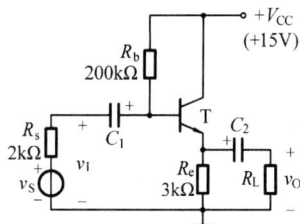

图 6.153 题 6.13 的图

6.14 电路如图 6.154 所示。已知:晶体管的 $C_{b'c}=4\text{pF}$,$f_T=50\text{MHz}$,$r_{bb'}=100\Omega$,$V_{CC}=12\text{V}$。试求:

(1) 中频电压放大倍数 $\dot{A}_{vsm}$;

(2) f_H 和 f_L;

(3) 画出 Bode 图,并仿真验证。

6.15 试导出图 6.155 所示电路的输出电压与输入电压的关系,说出电路的功能。将图 6.155 中的电阻和晶体管互换,又可得到何种功能的电路?请画出电原理图。

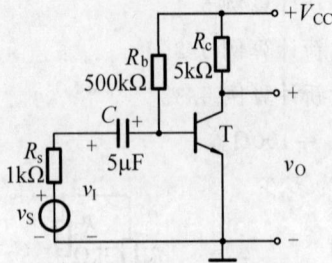

图 6.154 题 6.14 的图

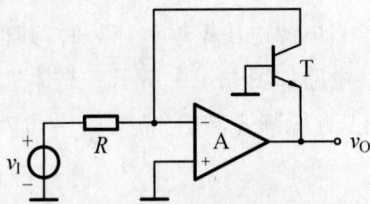

图 6.155 题 6.15 的图

6.16 有一个多级放大器,其中采用了 0.75mA 和 0.5mA 两个电流源。现使用 0.25mA 的基准电流,设计所需要的电流源。忽略基极电流的影响。

6.17 电流源电路如图 6.156 所示。试计算电流 I_{COPY} 的值。

6.18 试导出 Cascode 电流镜的内阻表达式(见式 6.96)。

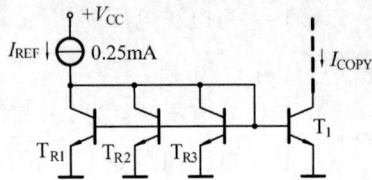

图 6.156 题 6.17 的图

6.19 试导出 Wilson 电流镜的内阻表达式(见式 6.99)。

6.20 试导出 Wilson 电流镜的电流表达式(见式 6.98)。

6.21 仿真分析图 6.94。

6.22 仿真分析图 6.101。

6.23 分析图 6.110 所示共集-共基差分放大电路的特点。

6.24 差分电路如图 6.157 所示,其中 T_1、T_2 的 β 均为 $50, r_{bb'} = 100\Omega, V_{BEQ} \approx 0.7V$。试计算 R_W 滑动端在中点时 T_1 和 T_2 的发射极电流 I_{EQ} 以及 A_d 和 R_i。

6.25 电路如图 6.158 所示,T_1 和 T_2 的 β 均为 $40, r_{be} = 3k\Omega$。若输入信号 $v_{I1} = 10mV, v_{I2} = 20mV$,则电路的共模输入电压 v_{IC} 为多少?差模输入电压 v_{Id} 为多少?输出电压 Δv_O 为多少?

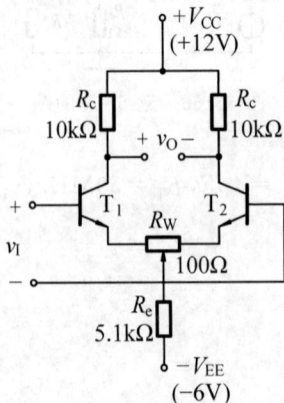

图 6.157 题 6.24 的图

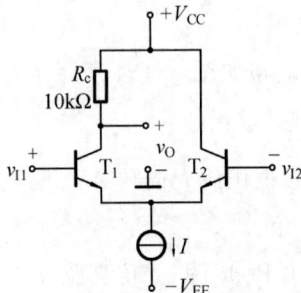

图 6.158 题 6.25 的图

6.26 试对差分电路的频率特性进行仿真分析。

6.27 仿真分析带射极反馈电阻的差分电路的频率特性。

6.28 在 6.10.4 中,介绍了四种差分电路结构,仿真分析这四种电路的特点。

6.29 试分析图 6.159 中各复合结构的合理性。对于可以构成复合管的,标出复合管类型。

6.30 测量晶体管电流放大系数 β 的电路如图 6.160 所示。设电路中的电阻和电源电压是已知的,求 β 和输出电压 V_O 之间的关系式。

视频 38a

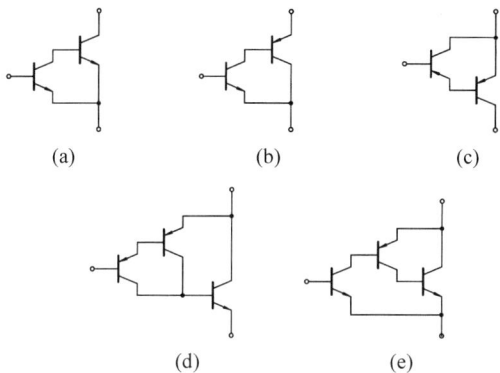

图 6.159 题 6.29 的图

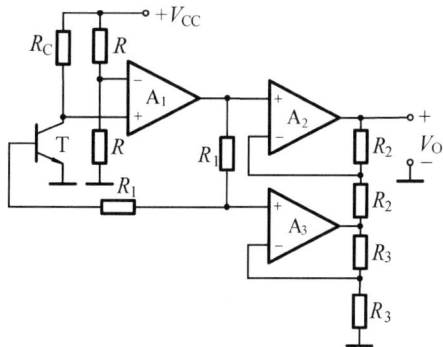

图 6.160 题 6.30 的图

6.31 电路如图 6.161 所示,指出 T_1 和 T_2 分别组成哪种组态的放大电路。设图中所有电容对于交流信号均可视为短路。

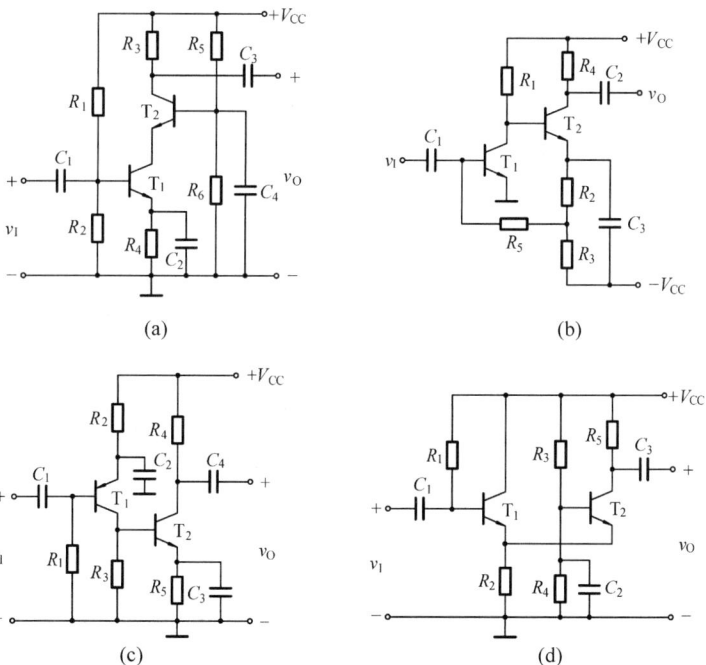

图 6.161 题 6.31 的图

6.32　写出图 6.161 各电路的 $\dot{A}_v$、R_i 和 R_o 的表达式。

6.33　负反馈放大电路如图 6.162 所示。

(1) 试判断电路中引入了何种反馈? 估算满足深度负反馈条件下的电压增益。

(2) 为降低输入电阻和输出电阻,应采用何种类型的负反馈? 电路应如何改接?

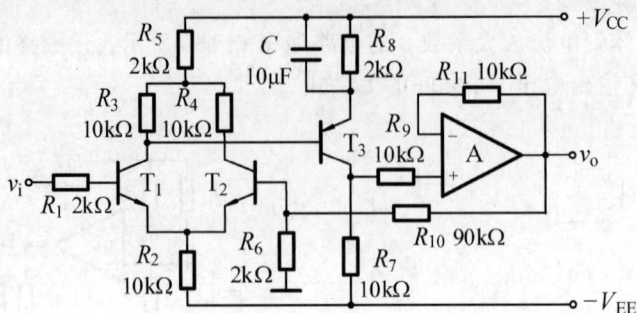

图 6.162　题 6.33 的图

6.34　电路如图 6.163 所示,试回答以下问题:

(1) 图中引入了何种类型的负反馈?

(2) 在深度负反馈下,计算电路的电压放大倍数。

(3) 请适当增减元件(电阻和电容)和改变图中电阻元件的连接,以满足稳定输出电压,并减小输入电阻的要求(画出电路)。

6.35　电路如图 6.164 所示。判断反馈类型,计算深度负反馈条件下的电压放大倍数。

视频 38b

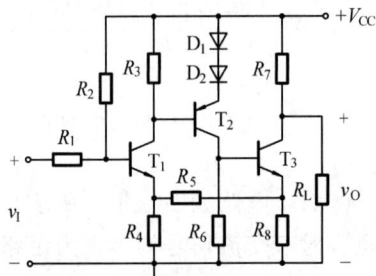

图 6.163　题 6.34 的图

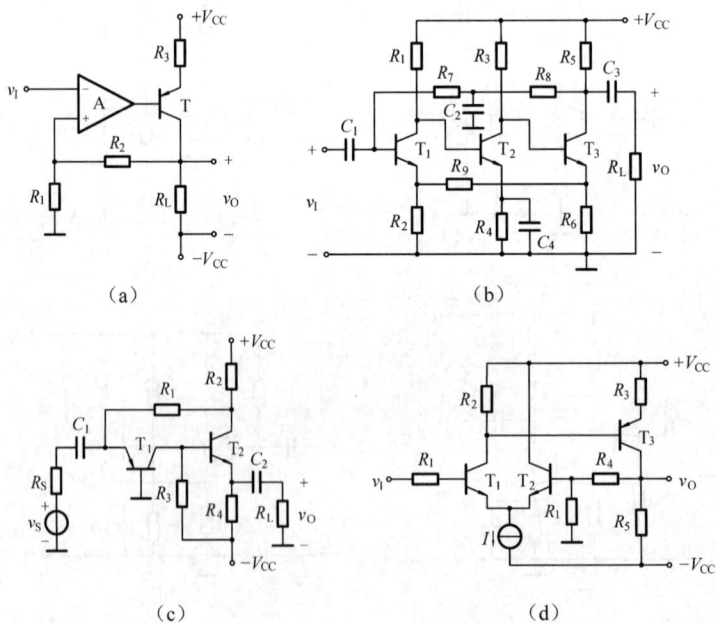

(a)

(b)

(c)

(d)

图 6.164　题 6.35 的图

设计题

6.1 麦克风输出电压的峰值为 1mV,输出电阻为 10kΩ。设计一个放大器,使其能够驱动 8Ω 的扬声器,并产生 2W 的交流功率。

6.2 设计一个共射电路,其负载电阻为 5kΩ 时,小信号电压增益为 30。信号源的峰值电压为 20mV,源内阻为 1kΩ;直流供电电源为 ±5V;BJT 的 I_{CM} 为 10mA,β 的范围为 80~150。

6.3 设计一个差分放大电路,使它的 CMRR=90dB。

6.4 设计一个带有源负载的差分放大电路,要求:开路差模电压增益为 2000,共模抑制比为 80dB。需要说明偏置电流、最小 Early 电压和电流源的最小输出电阻等。

第 7 章

CHAPTER 7

场 效 应 管

第 6 章介绍了双极型晶体管,它实质上是一种电流控制型的电流源,这就意味着晶体管放大电路的输入电阻是比较小的。但在很多情况下,信号源(传感器)又不能提供较大的电流,所以,用晶体管放大电路作信号源(传感器)放大器的输入级是不大合适的。为了提高电路的输入电阻,尽管可以采用射极跟随器作输入级,但它的输入电阻(10^5 数量级)有时还是显得小了。为此人们研究了一种具有"电压控制型的电流源"性质的半导体器件,这就是本章将要讨论的场效应晶体管(Field Effect Transistor,FET),简称场效应管。

仿照第 6 章的研究方法,本章分别从外部特性、等效电路、应用电路和计算机仿真分析与设计等方面,对 FET 展开讨论。

7.1 场效应管的外部特性

场效应管的外形与晶体管的一样,也有各种封装形式,几种常见外形如图 6.1 所示。

场效应管从内部结构上分为结型(Junction Field-Effect Transistor,JFET)和绝缘栅型(Metal-Oxide-Semiconductor Field-Effect Transistor,MOSFET)两大类。一般来说,它们也有三个引脚(MOS 管还有一个衬底引脚 B),分别为漏极 D、栅极 G 和源极 S,其中栅极为控制极,漏极与源极之间为导电沟道。按导电沟道的不同,又可分为 N 和 P 两种导电沟道;按导电沟道事先有和无来分,又可分为耗尽型和增强型(详见第 13 章)。归纳一下,可得到 FET 的六种类型,它们的特性曲线及其电路符号如表 7-1 所示。

说明:

(1) 从外部引脚上看,JFET 有三个引脚,分别为漏极、栅极和源极;MOSFET 有四个引脚,分别为漏极、栅极、源极和衬底,一般情况下,衬底与源极相连。与晶体管相比,它们的三个引脚间有对应关系,即

$$漏极 \Longleftrightarrow 集电极$$
$$栅极 \Longleftrightarrow 基极$$
$$源极 \Longleftrightarrow 发射极$$

表 7-1 场效应管特性曲线和电路符号

	导电沟道	电路符号	转移特性	输出特性
结型	N	G—D S	i_D, I_{DSS}, V_{GSoff}, O, v_{GS}	i_D, $V_{GS/V}$: 0, −1, −2, −3, O, v_{DS}
	P	G—D S	i_D, O, V_{GSoff}, v_{GS}, I_{DSS}	i_D, O, v_{DS}: 3, 2, 1, 0, $V_{GS/V}$
绝缘栅型	增强型 N	G—B—D S / G—D S	i_D, O, V_{GSth}, v_{GS}	i_D, $V_{GS/V}$: 6, 5, 4, 3, O, v_{DS}
	增强型 P	G—B—D S / G—D S	V_{GSth}, i_D, O, v_{GS}	i_D, O, v_{DS}: −3, −4, −5, −6, $V_{GS/V}$
	耗尽型 N	G—B—D S / G—D S	i_D, I_{D0}, O, v_{GS}	i_D, $V_{GS/V}$: 2, 1, 0, −1, O, v_{DS}
	耗尽型 P	G—B—D S / G—D S	i_D, O, v_{GS}, I_{D0}	i_D, O, v_{DS}: 1, 0, −1, −2, $V_{GS/V}$

根据工作原理可知,JFET 的漏极和源极是可以互换的。

(2) 从控制关系上看,晶体管的基极为电流控制端,控制集电极电流;场效应管的栅极为电压控制端,控制漏极电流。

(3) 从外部特性上看,由于 FET 没有栅极电流,是用栅-源电压 v_{GS} 控制漏极电流 i_D 的,故 FET 没有输入特性,而是用转移特性来描述这种控制关系;输出特性描述的是漏极电流 i_D 与漏-源电压 v_{DS} 的关系。

(4) 从电路符号上看,MOSFET 的电路符号有常规符号和简化符号之分,其中常规符号以虚线或实线表示导电沟道,其中虚线表示事先无导电沟道,即器件是增强型的;实线表示事先有导电沟道,即器件是耗尽型的。以实线表示栅极。由于栅极与沟道之间是氧化物,故栅极与沟道之间是隔开的。衬底与沟道之间的 PN 结的极性由符号上的箭头,即衬底上的箭头来表示。箭头指向沟道,说明为 N 沟道;箭头背向沟道,说明为 P 沟道。

在有些应用中,我们假设源极和衬底是连接在一起的,此时没有必要画出每个场效应管的衬底,因此可采用 MOSFET 的简化符号。在简化符号中,箭头画在源极上,以表示该场效应管源极的电流方向;以粗实线表示耗尽型的导电沟道。

下面分别以 N 沟道 JFET 和 N 沟道增强型 MOSFET 为例来分析它们的外部特性。

7.1.1　N 沟道 JFET 的外部特性

1. 转移特性

从图 7.1(a)中可以看出,N 沟道 JFET 的转移特性处于伏安特性的第二象限,当 $v_{GS}=0$ 时,i_D 为最大值 I_{DSS}(饱和电流),说明此时管内存在导电沟道,属于耗尽型;当 $v_{GS}=V_{GSoff}<0$ 时,$i_D=0$,说明此时导电沟道被"夹断",故称 V_{GSoff} 为夹断电压。由此可见,N 沟道 JFET 在使用时,需使 v_{GS} 为负值,即 $v_{GS}<0$。因为 v_{GS} 使栅-源 PN 结反偏,栅极电流几乎为零,故其输入电阻很大,这就是 JFET 的输入电阻比晶体管大的原因。

转移特性曲线是在 v_{DS} 一定时,研究栅源电压 v_{GS} 对漏极电流 i_D 的控制作用,即

$$i_D = f(v_{GS}) \mid_{v_{DS}=常数} \tag{7.1}$$

理论分析表明,i_D 与 v_{GS} 符合平方律关系,即

$$i_D = I_{DSS} \left(1 - \frac{v_{GS}}{V_{GSoff}}\right)^2 \tag{7.2}$$

2. 输出特性

N 沟道 JFET 的输出特性分为可变电阻区、恒流区和夹断区三个工作区,如图 7.1(b)所示。

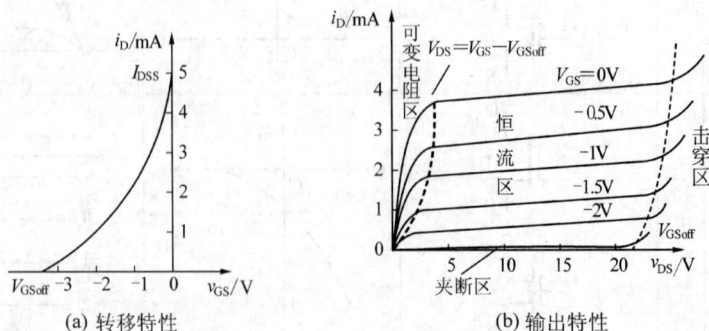

(a) 转移特性　　　　　　　　　　(b) 输出特性

图 7.1　N 沟道 JFET 的外部特性

1）可变电阻区

当 v_{DS} 很小，$|v_{DS}-v_{GS}|<|V_{GSoff}|$ 时，即导电沟道预夹断前，随着 v_{DS} 的增大，i_D 增大很快。此时 JFET 等效为一个电阻，故 JFET 可作为有源电阻。

2）恒流区

JFET 的恒流区相当于双极型晶体管的放大区，主要表现如下：

（1）当 V_{GS} 固定时，v_{DS} 增大，i_D 增大极小。说明在恒流区，v_{DS} 对 i_D 的控制能力很弱。

（2）当 $V_{GSoff}<v_{GS}<0$ 时，v_{GS} 变化，曲线平移，表现为 v_{GS} 对 i_D 的控制能力很强。引入参数 g_m，称为跨导，即

$$g_m=\frac{\Delta i_D}{\Delta v_{GS}} \tag{7.3}$$

其值的大小表明 v_{GS} 对 i_D 的控制能力，单位是 mA/V。

根据式（7.2）和式（7.3），可以求得对应 Q 点的 g_m 表达式，即

$$g_m=\frac{\Delta i_D}{\Delta v_{GS}}\bigg|_Q=-\frac{2I_{DSS}}{V_{GSoff}}\sqrt{\frac{I_{DQ}}{I_{DSS}}} \tag{7.4}$$

式中 I_{DQ} 为直流工作点电流。式（7.4）表明 I_{DQ} 增大，g_m 也将增大。

3）夹断区

当 $|v_{GS}|>|V_{GSoff}|$ 时，导电沟道被全部夹断，$i_D=0$，故此区又为截止区。若利用 JFET 工作在截止区，可作为开关，即相当于断开的开关。

7.1.2 N 沟道增强型 MOSFET 的外部特性

1. 转移特性

从图 7.2(a)中可以看出，N 沟道增强型 MOSFET 的转移特性处于伏安特性的第一象限。当 $v_{GS}<V_{GSth}$ 时，$i_D=0$，说明此时管内没有导电沟道，属于增强型；当 $v_{GS}>V_{GSth}$ 时，$i_D>0$，且 v_{GS} 越大，i_D 也随之增大，说明此时场效应管被"开启"，故称 V_{GSth} 为开启电压。由此可见，N 沟道增强型 MOSFET 在使用时，需使栅-源电压为正值，且 $v_{GS}\geqslant V_{GSth}$。

理论分析表明，i_D 与 v_{GS} 符合平方律关系，即

$$i_D=\frac{\mu_n C_{ox}}{2}\frac{W}{L}(v_{GS}-V_{GSth})^2 \tag{7.5a}$$

式中 V_{GSth} 为开启电压；μ_n 为沟道电子运动的迁移率；C_{ox} 为单位面积栅极电容；W 为沟道宽度；L 为沟道长度；W/L 为 MOS 管的宽长比（参见第 13 章）。

或者

$$i_D=K_n(v_{GS}-V_{GSth})^2 \tag{7.5b}$$

式中 $K_n=\frac{\mu_n C_{ox}}{2}\frac{W}{L}$，称为 N 沟道器件的电导参数。

在 MOS 集成电路设计中，宽长比是一个极为重要的参数。

由于 MOSFET 的栅极是绝缘的，故 MOSFET 的输入电阻较 JFET 的更大。对于 JFET，输入电阻为 $10^8\sim10^{12}\Omega$；对于 MOS 管，则为 $10^{10}\sim10^{15}\Omega$。通常认为 FET 的输入电阻趋于无穷大。

2. 输出特性

N 沟道增强型 MOSFET 的输出特性如图 7.2(b)所示。与 JFET 的输出特性相似，也

分为可变电阻区、恒流区、截止区三个工作区。

(1) 截止区: $v_{GS} < V_{GSth}$,导电沟道未形成,$i_D = 0$。

(2) 恒流区:曲线平坦,说明 v_{DS} 对 i_D 的控制能力弱;曲线间隔均匀,说明 v_{GS} 对 i_D 的控制能力很强,同理引入 g_m 来描述 v_{GS} 对 i_D 的控制能力。

进入恒流区的条件,即预夹断条件为

$$V_{GS} > V_{GSth} \quad 和 \quad V_{DS} \geqslant V_{GS} - V_{GSth}$$

同理,根据式(7.5)和式(7.3),求得对应 Q 点的 g_m 表达式为

$$g_m = \sqrt{2\mu_n C_{ox} \frac{W}{L} I_{DQ}} \tag{7.6}$$

表明增大 FET 的宽长比和 I_{DQ},可以增大 g_m 的值。

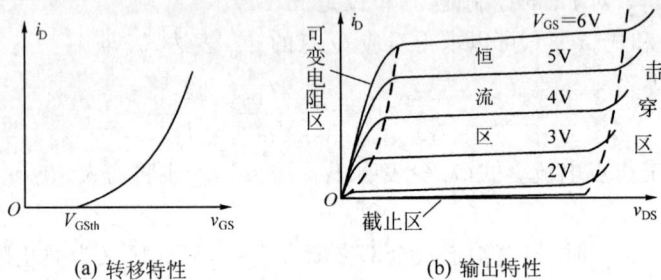

(a) 转移特性　　　　　　(b) 输出特性

图 7.2　N 沟道增强型 MOSFET 的外部特性

可以发现,不同 v_{GS} 对应的恒流区输出特性曲线向左延长会交于一点,如图 7.3 所示。该点电压称为厄尔利电压 V_A。现引入沟道调制系数 λ,即

$$\lambda = \frac{1}{V_A} \ll 1 \tag{7.7}$$

来描述 v_{DS} 对沟道及电流 i_D 的影响。显然,曲线越平坦,$|V_A|$ 越大,λ 越小。

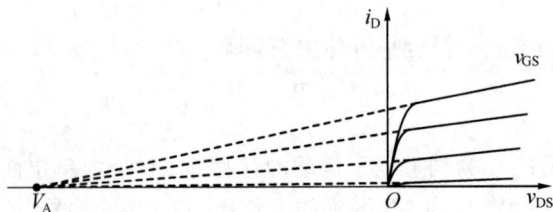

图 7.3　厄尔利电压

考虑 v_{DS} 对 i_D 微弱影响后的恒流区电流方程为

$$i_D = \frac{\mu_n C_{ox}}{2} \frac{W}{L} (v_{GS} - V_{GSth})^2 (1 + \lambda v_{DS}) \tag{7.8}$$

(3) 可变电阻区:可变电阻区的电流方程为

$$i_D = \frac{\mu_n C_{ox}}{2} \frac{W}{L} [2(v_{GS} - V_{GSth})v_{DS} - v_{DS}^2] \tag{7.9}$$

可见,当 $v_{DS} \ll 2(v_{GS} - V_{GSth})$ 时(即预夹断前),有

$$i_D \approx \mu_n C_{ox} \frac{W}{L} (v_{GS} - V_{GSth}) v_{DS}$$

于是,可变电阻区的输出电阻 r_{DS} 为

$$r_{DS} = \frac{\mathrm{d}v_{DS}}{\mathrm{d}i_D} = \frac{1}{\mu_n C_{ox} \dfrac{W}{L}(v_{GS} - V_{GSth})} \tag{7.10}$$

表明 r_{DS} 随 v_{GS} 的变化而变化,且 v_{GS} 越大,r_{DS} 越小,即为可变电阻。

7.2 FET 放大电路的工作原理及其组成

由上述对 FET 的转移特性和输出特性的分析可知,欲使 FET 放大电路不失真地放大信号,首先应通过设置直流偏置电压,使 FET 处于恒流区。具体地说,在输入回路,通过设置直流偏压,使 FET 工作在转移特性的线性区;在输出回路,通过设置直流偏压,使其工作在输出特性曲线的恒流区,即使 $\Delta i_D = g_m \Delta v_{GS}$。当在输入端加入一个适当大小的正弦电压 v_i 时,通过 FET,控制输出回路产生一个 $g_m v_{gs}$ 的正弦电流,从而实现信号的"放大"。

7.2.1 FET 的偏置电路

由于 FET 有六种类型,每一种的外部特性又不一样,所以使 FET 处于放大状态的偏压也不同。下面介绍两种常见的偏置电路结构——自给偏压式和分压式偏置电路。

1. 自给偏压式偏置电路

以 N 沟道 JFET 为例,自给偏压式偏置电路如图 7.4 所示。该管的工作偏压是

$$V_{GS} < 0 \quad \text{和} \quad V_{DS} > V_{GS} - V_{GSoff} \tag{7.11}$$

由于 JFET 属于耗尽型,所以当场效应管加有一定的 V_{DD} 以后,必在 R_s 上形成压降 V_S,其方向为上"+"下"−"。将 V_S 通过栅极电阻 R_g 作用于场效应管的栅极,从而使场效应管的栅-源极间得到一个负压"$-V_S$"。注意栅-源极间为负压,使得栅-源 PN 结反偏,栅极电流几乎为零,故 R_g 上无压降。这样,便可以满足场效应管的偏压条件,即 $V_{GS} = -V_S$ 和 $V_{DS} > V_{GS} - V_{GSoff}$。

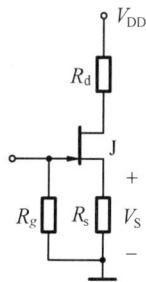

图 7.4 JFET 自给偏压式

由于 V_{GS} 是场效应管自身的电流流过 R_s 后而产生的,故称之为自给偏压。

那么,R_g 上既然无压降,为什么还要设置这样一个电阻呢?由图 7.4 可以看出,当在场效应管的栅极上加入交流信号时,若 $R_g = 0$,虽然从直流通路来看,场效应管是正常工作的,但从交流通路来看,信号源就被 R_g 短路了。所以,R_g 非但不能为零,而且其值还应取得更大些,因为 R_g 就是电路的输入电阻。这在下面的讨论中就可以证明这一点。

不难看出,自给偏压式偏置电路中的源极电阻 R_s,使电路中引入了直流电流串联负反馈,因此该偏置电路具有稳定漏极电流 I_D 的作用。

值得注意的是只有耗尽型管可以采用自给偏压式偏置电路。为什么增强型管不能采用呢?

2. 分压式偏置电路

FET 的分压式偏置电路与晶体管的相比,基本结构是类似的。但有一点值得注意,前

者更注意偏置电路对电路输入电阻的影响。所以在 FET 的分压式偏置电路中,一般需增加电阻 R_{g3},如图 7.5 所示。图中 R_{g3} 上仍然无压降,场效应管的栅极电位即 V_{DD} 在 R_{g2} 上的分压值。为保证 $V_{GS} < 0$,在设计电路时,需使

$$\frac{R_{g2}}{R_{g1} + R_{g2}} V_{DD} < V_S$$

于是有

$$V_{GS} = \frac{R_{g2}}{R_{g1} + R_{g2}} V_{DD} - V_S < 0$$

关于电路的输入电阻将在后续内容中再做讨论。

类似地,N 沟道增强型 MOSFET 的分压式偏置电路如图 7.6 所示。同样 FET 的分压式偏置电路也是一个电流串联负反馈电路,具有稳定漏极电流 I_D 的作用。

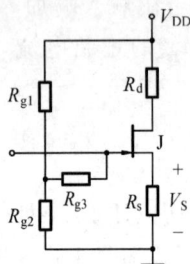

图 7.5   JFET 分压式

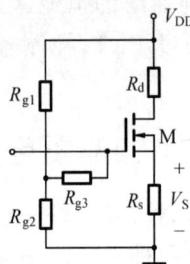

图 7.6   MOSFET 分压式

7.2.2   FET 放大电路的三种基本组态

设置了合理的偏置电路,便可以构成 FET 放大电路的三种基本组态,以 N 沟道增强型 MOSFET 为例,三种基本组态如图 7.7 所示。

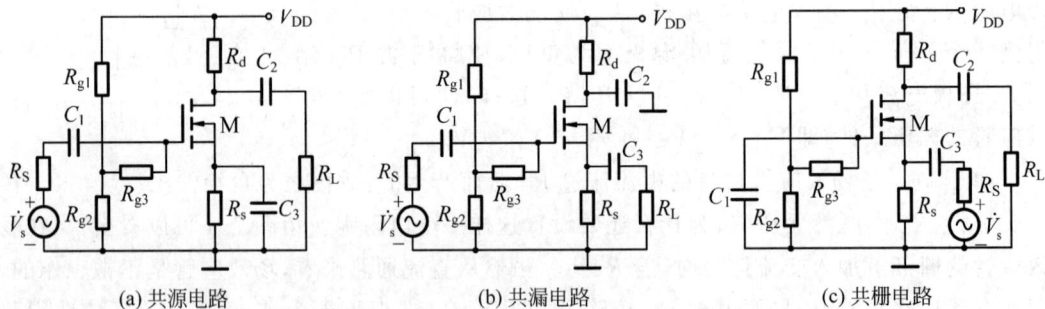

(a) 共源电路

(b) 共漏电路

(c) 共栅电路

图 7.7   FET 放大电路的三种基本组态

它们的交流通路如图 7.8 所示。注意画交流通路时,C_1、C_2 和 C_3 均视为交流短路。这三种基本组态分别称为共源、共漏和共栅放大电路,分别与晶体管的共射、共集和共基放大电路相对应。

下面分别对这三种组态进行分析(以解析法为主)。

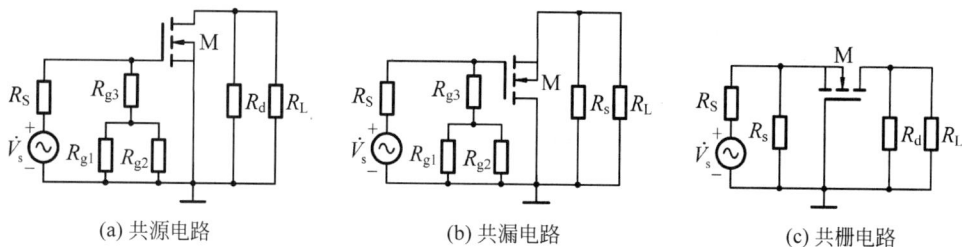

(a) 共源电路　　　　　　(b) 共漏电路　　　　　　(c) 共栅电路

图 7.8　FET 放大电路三种基本组态的交流通路

7.3　共源放大电路

与晶体管电路类似,FET 放大电路的分析也分为直流分析和交流分析。直流分析是计算电路的直流参数,即 V_{GSQ}、I_{DQ} 和 V_{DSQ};交流分析包含计算 $\dot{A}_v$、R_i 和 R_o 以及频率特性的分析等。下面以图 7.7(a)的共源电路为例进行分析。

7.3.1　直流分析

图 7.6 所示电路是图 7.7(a)的直流通路,据此可求得

$$V_{GQ} = \frac{R_{g2}}{R_{g1} + R_{g2}} V_{DD}$$

$$V_{SQ} = I_{DQ} R_s$$

故有

$$V_{GSQ} = V_{GQ} - V_{SQ} = \frac{R_{g2}}{R_{g1} + R_{g2}} V_{DD} - I_{DQ} R_s \tag{7.12}$$

再联立 N 沟道增强型 MOSFET 的电流-电压关系

$$i_D = \frac{\mu_n C_{ox}}{2} \frac{W}{L} (v_{GS} - V_{GSth})^2 \tag{7.13}$$

求解关于 V_{GSQ}、I_{DQ} 的二元二次方程,舍去不合理的一组根,余下的一组根即为所求。

具体地说,将式(7.13)代入式(7.12),得

$$\left(\frac{R_{g2}}{R_{g1} + R_{g2}} V_{DD} - V_{GSQ} \right) \frac{1}{R_s} = \frac{1}{2} \mu_n C_{ox} \frac{W}{L} (V_{GSQ} - V_{GSth})^2$$

解之,取正根得

$$V_{GSQ} = -(V_n - V_{GSth}) + \sqrt{V_n^2 + 2V_n \left(\frac{R_{g2}}{R_{g1} + R_{g2}} V_{DD} - V_{GSth} \right)} \tag{7.14}$$

式中

$$V_n = \frac{1}{\mu_n C_{ox} \dfrac{W}{L} R_s} \tag{7.15}$$

将式(7.14)代入式(7.12),即可求得 I_{DQ}。最后由式

$$V_{DSQ} = V_{DD} - I_{DQ} (R_s + R_d) \tag{7.16}$$

确定 V_{DSQ} 的值。

7.3.2 交流分析

1. FET 的低频小信号等效电路

仿照晶体管低频小信号等效电路的分析方法,将 FET 视为图 7.9 所示的二端口网络。

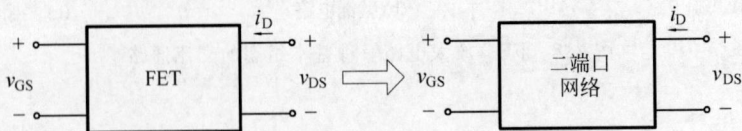

图 7.9 FET 等效为二端口网络

且有

$$\begin{cases} i_G = 0 \\ i_D = f(v_{GS}, v_{DS}) \end{cases}$$

求全微分得

$$\begin{cases} \mathrm{d}i_G = 0 \\ \mathrm{d}i_D = \dfrac{\partial i_D}{\partial v_{GS}} \bigg|_{V_{DSQ}} \mathrm{d}v_{GS} + \dfrac{\partial i_D}{\partial v_{DS}} \bigg|_{V_{GSQ}} \mathrm{d}v_{DS} \end{cases}$$

以瞬时量取代微分量有

$$\begin{cases} i_g = 0 \\ i_d = g_m v_{gs} + g_{ds} v_{ds} \end{cases} \tag{7.17}$$

其中 $g_m = \dfrac{\partial i_D}{\partial v_{GS}} \bigg|_{V_{DSQ}}$ 为跨导,反映栅源电压 v_{GS} 对漏极电流 i_D 的控制能力;$g_{ds} = \dfrac{1}{r_{ds}} = \dfrac{\partial i_D}{\partial v_{DS}} \bigg|_{V_{GSQ}}$,其中 r_{ds} 定义为输出电阻。由图 7.3 可知,$r_{ds} = \dfrac{V_A}{I_{DQ}} = \dfrac{1}{\lambda I_{DQ}}$ 。

据此可得到 FET 的低频小信号等效电路如图 7.10 所示。忽略 r_{ds} 的影响,其简化的低频小信号等效电路如图 7.11 所示。

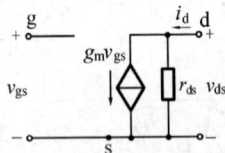

图 7.10 FET 低频小信号
等效电路

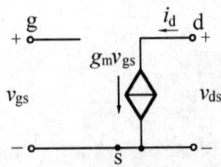

图 7.11 简化的 FET 低频小
信号等效电路

由此看来,FET 的低频小信号等效电路比晶体管的还要简单。

2. 共源放大电路的中频小信号分析

将 FET 的低频小信号等效电路取代图 7.8(a)中的 FET,即得到共源放大电路的中频小信号等效电路,如图 7.12 所示。

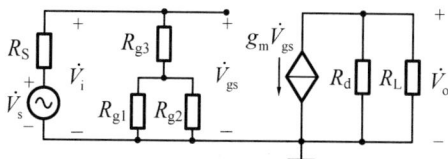

图 7.12 共源放大电路的中频小信号等效电路

1）电压增益

由图 7.12 可知

$$\dot{A}_v = \frac{\dot{V}_o}{\dot{V}_i} = \frac{-g_m \dot{V}_{gs}(R_d // R_L)}{\dot{V}_{gs}} = -g_m(R_d // R_L) \tag{7.18}$$

"—"表明共源放大电路的输出电压与输入电压反相，且$\dot{V}_o$滞后$\dot{V}_i$180°。

2）输入电阻

不难求得 $\qquad\qquad R_i = R_{g3} + R_{g1} // R_{g2} \tag{7.19}$

表明 FET 共源电路的输入电阻是由偏置电路所决定的，且改变 R_{g3} 可以方便地调整 R_i 的值，同时不影响 R_{g1} 和 R_{g2} 的分压值，这在实际应用中是非常重要的。例如在既要得到合适的分压值，又要获得很大的输入电阻的情况下，如果采用原来的分压式电路结构而不接入 R_{g3}，势必是要选择两个阻值很大的电阻进行分压，这是很不合理的。因为阻值很大的电阻的稳定性较差，所以其分压值也不稳定。比较合理的做法是选择较小阻值的 R_{g1} 和 R_{g2} 进行分压，选择 R_{g3} 的值来满足 R_i 的要求。

3）输出电阻

可以得到 $\qquad\qquad R_o = R_d \tag{7.20}$

若考虑到 FET 的 r_{ds}，则有

$$R_o = r_{ds} // R_d \tag{7.21}$$

4）源电压增益

若考虑到 $(R_{g3} + R_{g1} // R_{g2}) \gg R_S$，则有$\dot{V}_s \approx \dot{V}_i$，于是有

$$\dot{A}_{vs} \approx \dot{A}_v$$

可以看出，在输入电阻方面，FET 共源电路较晶体管共射电路具有明显的优势。

【例 7.1】 电路如图 7.7(a)所示，已知 $R_{g1} = 15\text{k}\Omega$、$R_{g2} = 5\text{k}\Omega$、$R_{g3} = 1\text{M}\Omega$、$R_d = R_L = 10\text{k}\Omega$、$R_s = 2.7\text{k}\Omega$，$V_{DD} = 20\text{V}$，FET 的 $\mu_n C_{ox} = 20.85 \times 10^{-6}\text{A/V}^2$，$V_{GSth} = 0.95\text{V}$，$W = 540\mu m$，$L = 2\mu m$，$\lambda = 0$。试确定电路的静态值，并计算$\dot{A}_v$、$R_i$ 和 R_o。

解 确定静态值

由式(7.15)，求得 $V_n = \dfrac{1}{\mu_n C_{ox} \dfrac{W}{L} R_s} = \dfrac{1}{20.85 \times 10^{-6} \times \dfrac{540}{2} \times 2.7 \times 10^3} = 0.066\text{V}$

代入式(7.14)得

$$V_{GSQ} = -(V_n - V_{GSth}) + \sqrt{V_n^2 + 2V_n\left(\frac{R_{g2}}{R_{g1} + R_{g2}}V_{DD} - V_{GSth}\right)}$$

$$= -(0.066 - 0.95) + \sqrt{0.066^2 + 2 \times 0.066 \times \left(\frac{5}{15+5} \times 20 - 0.95\right)}$$

$$= 1.618\text{V}$$

再由式(7.12),求得 I_{DQ} 即

$$I_{DQ} = \frac{1}{R_s}\left(\frac{R_{g2}}{R_{g1}+R_{g2}}V_{DD} - V_{GSQ}\right) = \frac{1}{2.7\times10^3}\times\left(\frac{5}{15+5}\times20 - 1.618\right)$$

$$= 0.00125\text{A} = 1.25\text{mA}$$

最后由式(7.16)得

$$V_{DSQ} = V_{DD} - I_{DQ}(R_s + R_d) = 20 - 1.25\times(2.7+10) = 4.125\text{V}$$

确定动态值

先根据式(7.6)求得

$$g_m = \sqrt{2\mu_n C_{ox}\frac{W}{L}I_{DQ}} = \sqrt{2\times20.85\times10^{-6}\times\frac{540}{2}\times1.25\times10^{-3}} = 0.00375\text{S} = 3.75\text{mS}$$

由式(7.18),电压放大倍数为

$$\dot{A}_v = -g_m(R_d//R_L) = -3.75\times(10//10) = -3.75\times5 = -18.8$$

由式(7.19),输入电阻为

$$R_i = R_{g3} + R_{g1}//R_{g2} = 1\times10^3 + 5//15 \approx 1\times10^3\text{k}\Omega = 1\text{M}\Omega$$

由式(7.20),输出电阻为

$$R_o = R_d = 10\text{k}\Omega$$

Multisim 仿真:根据题目要求,选择 FET 为 N 沟道增强型 MOSFET,型号为 BSD215,仿真电路如图 7.13 所示。仿真探针测试结果:$V_{GSQ} = 5 - 3.38 = 1.62\text{V}$;$V_{DSQ} = 7.48 - 3.38 = 4.1\text{V}$;$I_{DQ} = 1.25\text{mA}$;电压放大倍数为(37.4/2)/1 = 18.7,均与理论值基本吻合。

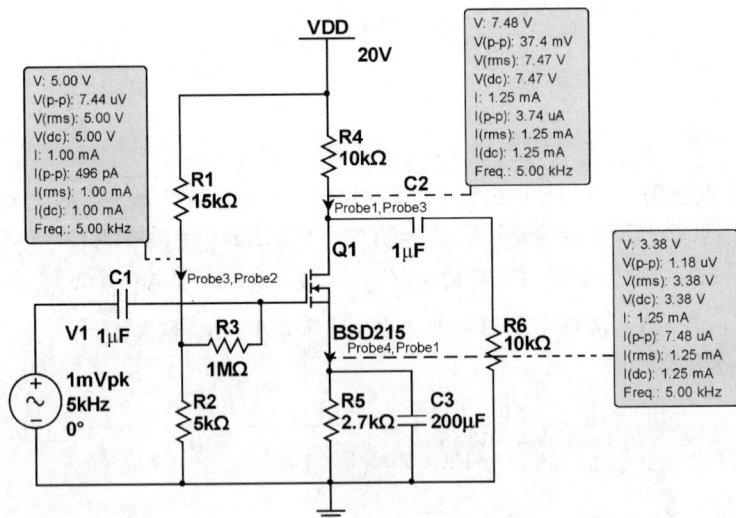

图 7.13 例 7.1 仿真图

【例 7.2】 设计一个共源放大电路,如图 7.7(a)所示,要求:电压放大倍数为 10,输入电阻为 1MΩ,FET 采用 BSD215,其参数为 $\mu_n C_{ox} = 20.85\times10^{-6}\text{A/V}^2$,$V_{GSth} = 0.95\text{V}$,$W = 540\mu\text{m}$,$L = 2\mu\text{m}$,$\lambda = 0$;负载电阻为 10kΩ。试确定电源电压和各电阻值(信号源和耦

合电容与图 7.13 相同）。

解 由式(7.18)，有 $g_m(R_d//R_L)=10$。取 $R_d=10\text{k}\Omega$，则 $g_m=10/5=2\text{mS}$。

由式(7.6)，有 $I_{DQ}=\dfrac{g_m^2}{2\mu_n C_{ox}\dfrac{W}{L}}=\dfrac{(2\times10^{-3})^2}{2\times20.85\times10^{-6}\times\dfrac{540}{2}}=0.355\text{mA}$

于是，可知 R_d 上的压降为 3.55V。取源极电阻 $R_s=1\text{k}\Omega$，则 R_s 上的压降为 0.355V。为保证 FET 有一定的动态范围，取 V_{DS} 为 4V 左右，这样，电源电压取为 9V。

由式(7.13)，有 $V_{GSQ}=\sqrt{\dfrac{I_{DQ}}{\dfrac{\mu_n C_{ox}}{2}\dfrac{W}{L}}}+V_{GSth}=\sqrt{\dfrac{0.355\times10^{-3}}{\dfrac{20.85\times10^{-6}}{2}\times\dfrac{540}{2}}}+0.95=1.305\text{V}$

由此可知 $V_{GQ}=V_{GSQ}+V_{SQ}=1.305+0.355=1.66\text{V}$，据此确定分压电阻。现取 $R_{g2}=15\text{k}\Omega$，利用分压关系，则求得 $R_{g1}=66.3\text{k}\Omega$；考虑到输入电阻为 $1\text{M}\Omega$，故取 $R_{g3}=1\text{M}\Omega$。

根据以上计算结果，得到的仿真电路如图 7.14 所示。探针测试显示静态值与上述计算结果吻合，电压放大倍数为(19.9/2)/1=9.95，基本符合设计要求(为满足设计要求可适当调整分压电阻的值)。

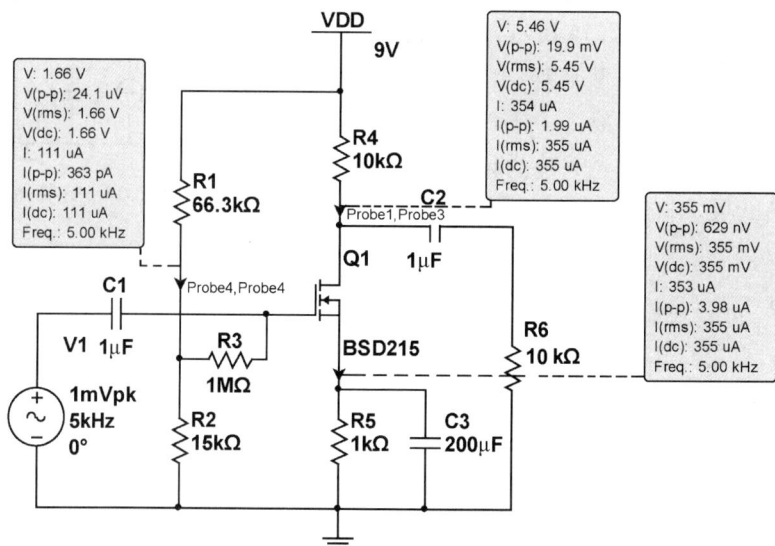

图 7.14 例 7.2 仿真图

3. MOSFET 的高频小信号等效电路

在 FET 低频小信号等效电路图 7.10 的基础上，当考虑 FET 内部结电容的影响时，便可构成 FET 的高频小信号等效电路，如图 7.15(a)所示，其中包括：

(1) 栅-源极间的电容 C_{gs}；

(2) 栅-漏极间的电容 C_{gd}；

(3) 源极-基体间的结电容 C_{sb} 和漏极-基体间的结电容 C_{db}。

显然，图 7.15(a)所示的模型对于手工计算来说是比较复杂的，但可以利用计算机仿真来完成这样一个多电容系统的频率特性分析。有时，为了便于 FET 高频小信号等效电路的画图，可以将 FET 的内部电容表示在电路符号上，如图 7.15(b)所示。在一些特殊情况下，可以采用简化模型,例如,当源极接在基体上时,图 7.15(a)可简化为图 7.15(c),若在 C_{db} 可忽略的情况下,还可进一步简化为图 7.15(d)。

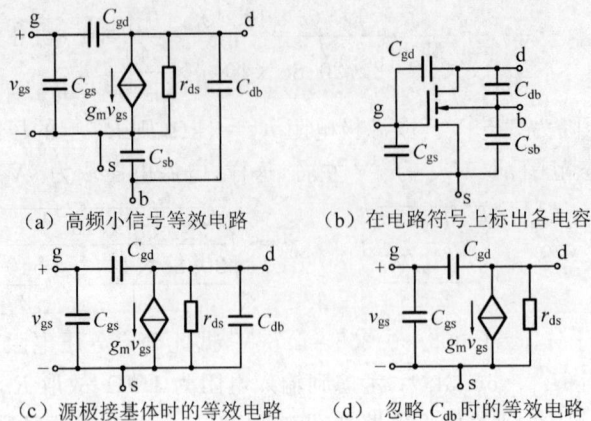

(a) 高频小信号等效电路　　(b) 在电路符号上标出各电容

(c) 源极接基体时的等效电路　　(d) 忽略 C_{db} 时的等效电路

图 7.15　MOSFET 高频小信号等效电路

下面利用图 7.15(d)计算 FET 的特征频率 f_T。与 BJT 类似,在输入端作用于电流源 $\dot{I}_i$,并将输出端短路,如图 7.16 所示。

从图中可以看出,短路电流为

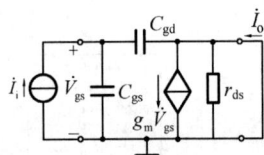

图 7.16　计算短路电流增益

$$\dot{I}_o = g_m \dot{V}_{gs} - j\omega C_{gd} \dot{V}_{gs}$$

考虑到 C_{gd} 很小,对于我们感兴趣的频率,有 $g_m \gg \omega C_{gd}$,故忽略上式中的第 2 项,则有

$$\dot{I}_o \approx g_m \dot{V}_{gs} \tag{7.22}$$

而输入电流 $\dot{I}_i$ 可表示为

$$\dot{I}_i = j\omega (C_{gs} + C_{gd}) \dot{V}_{gs} \tag{7.23}$$

于是短路电流增益为

$$\frac{\dot{I}_o}{\dot{I}_i} = \frac{g_m \dot{V}_{gs}}{j\omega (C_{gs} + C_{gd}) \dot{V}_{gs}} = \frac{g_m}{j\omega (C_{gs} + C_{gd})} \tag{7.24}$$

令式(7.24)的模等于 1,可求得单位增益频率 f_T,即

$$f_T = \frac{g_m}{2\pi (C_{gs} + C_{gd})} \tag{7.25}$$

此式与第 6 章中的式(6.42)形式相同。有关 f_T 的进一步分析可参考相关资料。

4. 共源极放大电路的频率响应

用 FET 简化的高频小信号等效电路图 7.15(d)替换图 7.7(a)中的 FET 后,得到的共源电路在全频段的交流等效电路如图 7.17 所示。不难看出,该图与共射电路的图 6.37 所示电路类似,所以完全可以仿照共射电路频率响应的分析方法,对图 7.17 进行分析和仿真(见本章习题),在这里就不重复了。

下面给出例 7.2 设计的共源电路的频率特性。仿真电路图如图 7.14 所示,通过 AC 分析,即可得到其频率特性,如图 7.18 所示。

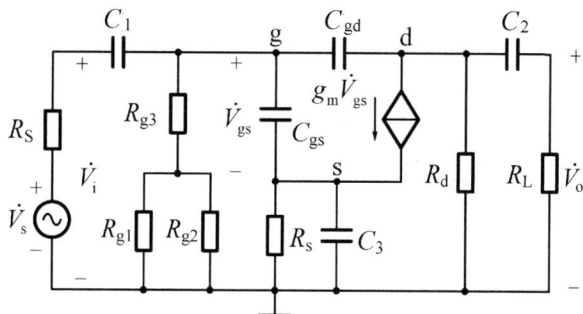

图 7.17 共源电路的全频段交流等效电路

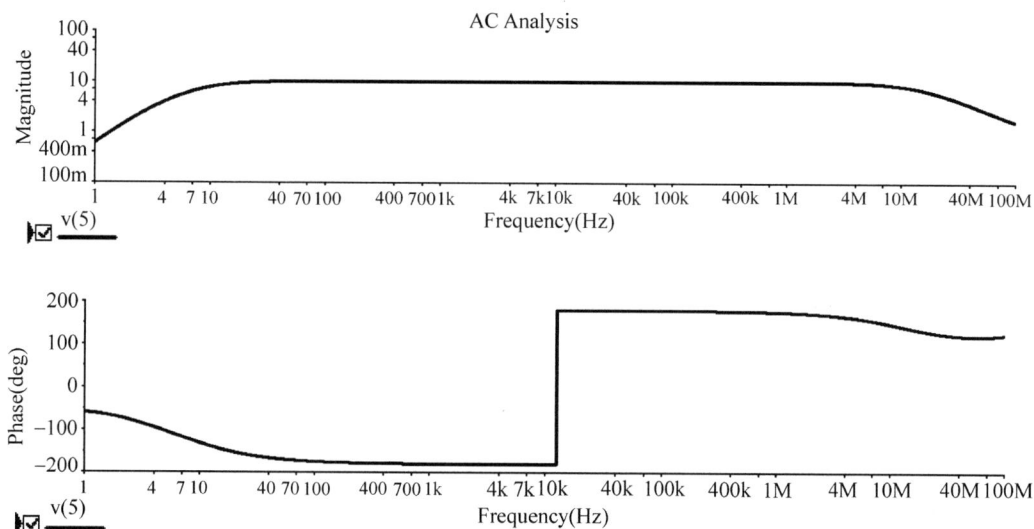

图 7.18 例 7.2 共源电路的频率响应

*7.3.3 共源放大电路与共射放大电路传输特性分析

以上在认为 BJT 和 FET 已处于线性工作状态的前提下,通过建立小信号模型,对它们构成的电路进行了分析。本节将以共源电路和共射电路为例,通过理论计算和仿真,分析这两个组态放大电路的传输特性,如图 7.19 所示。

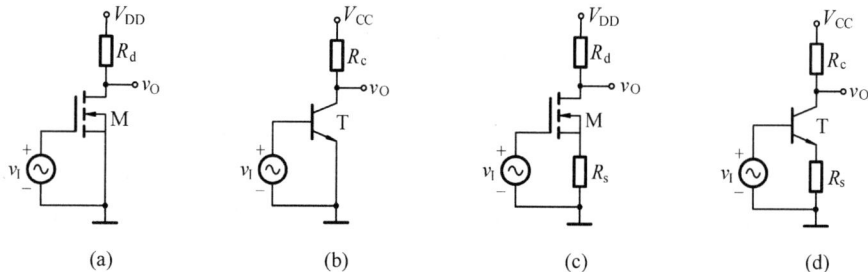

图 7.19 共源和共射电路传输特性分析

在图 7.19(a)中,当 M 处于饱和状态时,$v_I = v_{GS} > V_{GSth}$ 和 $v_{DS} > v_I - V_{GSth}$,且有

$$\begin{cases} i_D = K_n (v_{GS} - V_{GSth})^2 = K_n (v_I - V_{GSth})^2 \\ v_O = V_{DD} - i_D R_d = V_{DD} - K_n R_d (v_I - V_{GSth})^2 \end{cases} \tag{7.26}$$

式(7.26)第 2 式表明 FET 在饱和状态时,其输出电压 v_O 与输入电压 v_I 之间为平方关系。图 7.20(a)给出了图 7.19(a)的仿真图,并通过 DC 扫描,得到其电压传输特性,如图 7.20(b)所示。

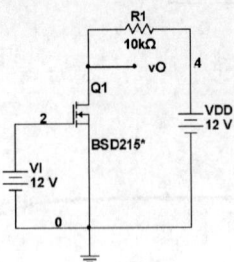 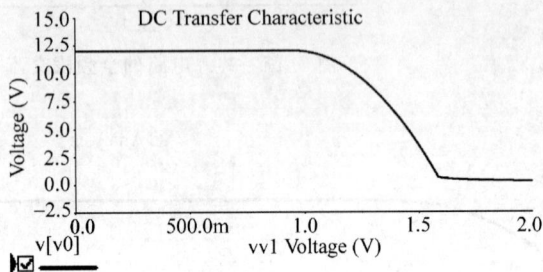

(a) 仿真图 　　　　　　　　(b) 传输特性

图 7.20　FET 共源电路传输特性分析

由(7.26)第 2 式,还可得到电路的电压增益

$$A_v = \frac{dv_O}{dv_I} = -2K_n R_d (v_I - V_{GSth}) \tag{7.27}$$

表明电路的 A_v 随 v_I 作线性变化,换言之,A_v 不再是常数,这与小信号模型下的结论不同。

下面通过一个实例来理解在大信号下,FET 共源电路传输特性的非线性。

首先确定输入信号电压 v_I 的范围。为保证 FET 处于饱和状态,v_I 的限制为

$$\begin{cases} v_I > V_{GSth} \\ V_{DD} - K_n R_d (v_I - V_{GSth})^2 > v_I - V_{GSth} \end{cases} \tag{7.28}$$

解式(7.28)第 2 式,得

$$v_I < \frac{-1 + \sqrt{1 + 4K_n R_d V_{DD}}}{2K_n R_d} + V_{GSth}$$

即 FET 处于饱和状态时,v_I 的条件是

$$\begin{cases} v_I > V_{GSth} \\ v_I < \dfrac{-1 + \sqrt{1 + 4K_n R_d V_{DD}}}{2K_n R_d} + V_{GSth} \end{cases} \tag{7.29}$$

具体而言,假设 $v_I = V_{GSQ} + 0.1\sin\omega t$,$K_n = 1\text{mA/V}^2$,$V_{GSth} = 1\text{V}$,$V_{DD} = 10\text{V}$,$R_d = 10\text{k}\Omega$。若 $V_{GSQ} = 1.3\text{V}$,则 v_I 的变化范围是 1.2~1.4V。而按照式(7.29)计算,v_I 的范围是 $1\text{V} < v_I < 1.95\text{V}$。显然 v_I 没有超出此范围,说明 FET 仍处于饱和状态。于是输出电压 v_O 为

$$v_O = V_{DD} - i_D R_d = 10 - 10(v_I - 1)^2$$

即 $v_I = 1.2\text{V}$、1.3V 和 1.4V 时,$v_O = 9.6\text{V}$,9.1V 和 8.4V。可见交流输出电压正半周的幅值 (9.1−8.4=0.7V)大于负半周的幅值(9.6−9.1=0.5V),即 v_O 是一个失真的"正弦波"。

类似地,在图7.19(b)中,当 T 处于放大状态时有

$$\begin{cases} i_C \approx i_E = I_S(e^{v_{BE}/V_T} - 1) \\ v_O = V_{CC} - i_C R_c = V_{CC} - R_c I_S(e^{v_{BE}/V_T} - 1) = V_{CC} - R_c I_S(e^{v_I/V_T} - 1) \end{cases} \tag{7.30}$$

式(7.30)第2式表明 BJT 在放大状态时,其输出电压 v_O 与输入电压 v_I 之间为指数关系。图7.21(a)给出了图7.19(b)的仿真图,并通过 DC 扫描,得到其电压传输特性,如图7.21(b)所示。

由(7.30)第2式,还可得到电路的电压增益

$$A_v = \frac{\mathrm{d}v_O}{\mathrm{d}v_I} = -\frac{I_S R_c}{V_T} e^{v_I/V_T} \tag{7.31}$$

表明电路的 A_v 随 v_I 作指数变化,同样,A_v 与小信号模型下的结论也不同。

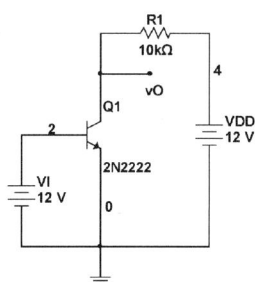

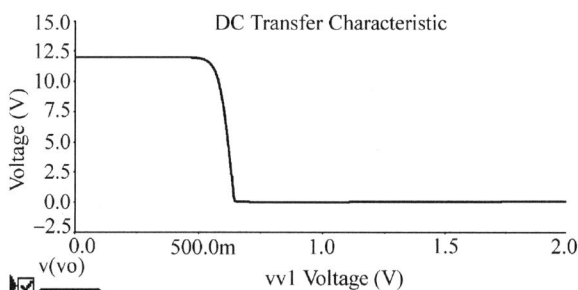

(a) 仿真图　　　　　　　　　　　　(b) 传输特性

图7.21　BJT 共射电路传输特性分析

为了改善 A_v 与 v_I 的非线性关系,可在电路中引入负反馈,如图7.19(c)和图7.19(d)所示电路中的 R_s 和 R_e,二电路均为电流串联负反馈。

由图7.19(c)所示电路可得

$$\begin{cases} v_O = V_{DD} - i_D R_d = V_{DD} - K_n R_d (v_{GS} - V_{GSth})^2 \\ v_I = v_{GS} + i_D R_s = v_{GS} + K_n R_s (v_{GS} - V_{GSth})^2 \end{cases} \tag{7.32}$$

式(7.32)中的二式分别对 v_{GS} 求导,得

$$\begin{cases} \dfrac{\mathrm{d}v_O}{\mathrm{d}v_{GS}} = -2K_n R_d (v_{GS} - V_{GSth}) \\ \dfrac{\mathrm{d}v_I}{\mathrm{d}v_{GS}} = 1 + 2K_n R_s (v_{GS} - V_{GSth}) \end{cases} \tag{7.33}$$

式(7.33)中的二式左右两边分别相除,得

$$A_v = \frac{\mathrm{d}v_O}{\mathrm{d}v_I} = -\frac{2K_n R_d (v_{GS} - V_{GSth})}{1 + 2K_n R_s (v_{GS} - V_{GSth})} \tag{7.34}$$

当 FET 的 K_n 值很大,即 $2K_n R_s (v_{GS} - V_{GSth}) \gg 1$ 时,则有

$$A_v = \frac{\mathrm{d}v_O}{\mathrm{d}v_I} = -\frac{R_d}{R_s} \tag{7.35}$$

此时 A_v 仅与 R_d 和 R_s 有关。当 R_d 和 R_s 二电阻确定后,A_v 为定值而与输入信号无关,这与在深度负反馈条件下,图7.19(c)所示电路的电压增益是一致的。

图 7.22(a)给出了图 7.19(c)的仿真图,并通过 DC 扫描,得到其电压传输特性,如图 7.22(b)所示。不难看出,图 7.22(b)与图 7.20(b)相比,在饱和状态时的非线性程度有明显的改善。

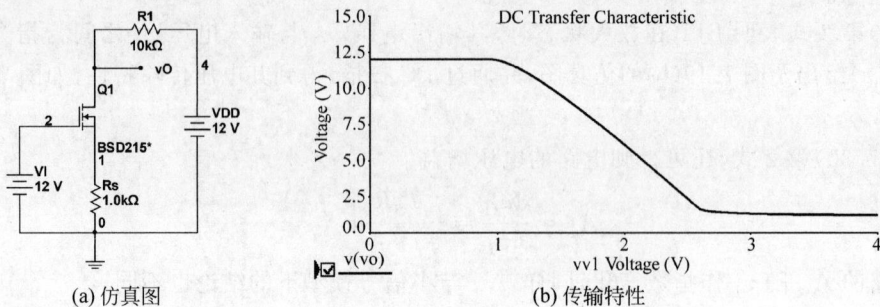

(a) 仿真图   (b) 传输特性

图 7.22 带负反馈的 FET 共源电路传输特性分析

同理,由图 7.19(d)所示电路可得

$$\begin{cases} v_O = V_{CC} - R_c I_S (e^{v_{BE}/V_T} - 1) \\ v_I = v_{BE} + R_e I_S (e^{v_{BE}/V_T} - 1) \end{cases} \tag{7.36}$$

式(7.36)中的二式分别对 v_{BE} 求导,得

$$\begin{cases} \dfrac{dv_O}{dv_{BE}} = -\dfrac{R_c I_S}{V_T} e^{v_{BE}/V_T} \\ \dfrac{dv_I}{dv_{BE}} = 1 + \dfrac{R_e I_S}{V_T} e^{v_{BE}/V_T} \end{cases} \tag{7.37}$$

式(7.37)中的二式左右两边分别相除,得

$$A_v = \frac{dv_O}{dv_I} = -\frac{\dfrac{R_c I_S}{V_T} e^{v_{BE}/V_T}}{1 + \dfrac{R_e I_S}{V_T} e^{v_{BE}/V_T}} \tag{7.38}$$

由于 $e^{v_{BE}/V_T} \gg 1$,故有

$$A_v = \frac{dv_O}{dv_I} = -\frac{R_c}{R_e} \tag{7.39}$$

此时 A_v 仅与 R_c 和 R_e 有关。当 R_c 和 R_e 二电阻确定后,A_v 为定值而与输入信号无关,这与在深度负反馈条件下,图 7.19(d)所示电路的电压增益是一致的(参见式(6.28))。

同样,图 7.23(a)给出了图 7.19(d)的仿真图,并通过 DC 扫描,得到其电压传输特性,如图 7.23(b)所示。不难看出,图 7.23(b)与图 7.20(d)相比,在放大状态时的非线性程度也有明显的改善。

综上所述,不论是 FET 还是 BJT 放大电路,在小信号条件下,可以近似认为其输出电压与输入电压之间为线性关系,正如之前所讨论的那样。由于 FET 为平方律器件,BJT 为指数律器件,所以在大信号条件下,其"放大"状态的传输特性表现出明显的非线性,从而导致输出信号的失真。通过采用负反馈技术,可以使其"放大"状态的传输特性趋于线性,从而减小了输出信号的非线性失真。

(a) 仿真图   (b) 传输特性

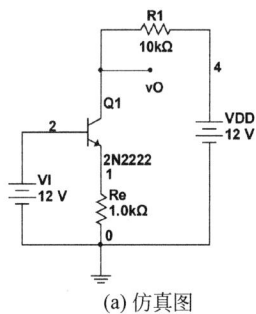

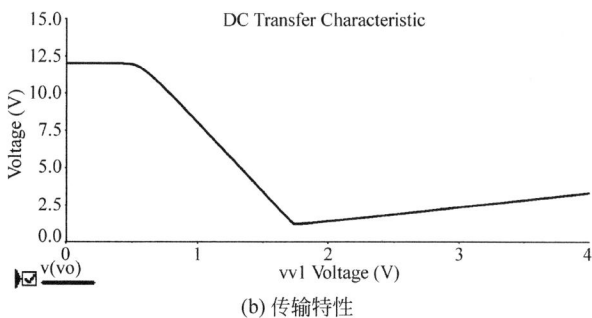

图 7.23 带负反馈的 BJT 共射电路传输特性分析

7.4 共漏极放大电路和共栅极放大电路

本节将侧重对共漏电路和共栅电路直流参数以及交流参数进行分析,至于它们的频率响应分析,可参考 6.6 节。

7.4.1 共漏极放大电路

将图 7.7(b)中的 R_d 和 C_2 去掉,可得到简化的共漏极放大电路,如图 7.24 所示。

1. 直流分析

仿照 7.3.1 的分析方法,可得到

$$V_{GSQ} = V_{GQ} - V_{SQ} = \frac{R_{g2}}{R_{g1} + R_{g2}} V_{DD} - I_{DQ} R_s \qquad (7.40)$$

再联立 N 沟道增强型 MOSFET 的电流-电压关系

$$i_D = \frac{\mu_n C_{ox}}{2} \frac{W}{L} (v_{GS} - V_{GSth})^2 \qquad (7.41)$$

得到 V_{GSQ} 和 I_{DQ}。最后由式

$$V_{DSQ} = V_{DD} - I_{DQ} R_s \qquad (7.42)$$

确定 V_{DSQ} 的值。

2. 交流分析

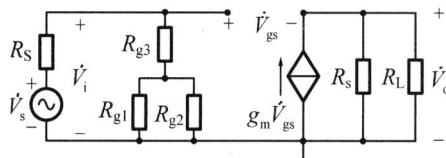

图 7.24 所示电路的中频小信号等效电路如图 7.25 所示。

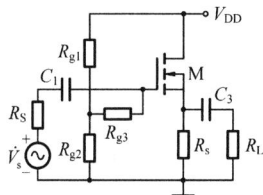

图 7.24 简化的共漏极放大电路   图 7.25 共漏电路的中频小信号等效电路

1）电压放大倍数

$$\dot{A}_v = \frac{\dot{V}_o}{\dot{V}_i} = \frac{g_m \dot{V}_{gs}(R_s // R_L)}{\dot{V}_{gs} + g_m \dot{V}_{gs}(R_s // R_L)} = \frac{g_m(R_s // R_L)}{1 + g_m(R_s // R_L)} \qquad (7.43)$$

表明$|\dot{A}_v|$恒小于1,但趋于1,且$\dot{V}_o$与$\dot{V}_i$同相。

2) 输入电阻

$$R_i = R_{g3} + R_{g1}//R_{g2} \tag{7.44}$$

由此可见,共漏电路与共源电路的输入电阻相当,均主要决定于R_{g3}。

3) 输出电阻

去掉R_L,且令$\dot{V}_s = 0$,然后在输出端"加压求流"即可求得R_o,如图7.26所示。

$$R_o = \frac{\dot{V}}{\dot{I}}\Bigg|_{R_L \to \infty, \dot{v}_s = 0} = \frac{\dot{V}}{\dfrac{\dot{V}}{R_s} + g_m \dot{V}_{gs}} = \frac{\dot{V}_{gs}}{\dfrac{\dot{V}_{gs}}{R_s} + g_m \dot{V}_{gs}} = \frac{1}{\dfrac{1}{R_s} + g_m} \tag{7.45}$$

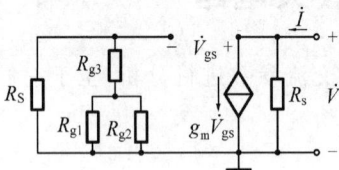

图 7.26 求解共漏电路的输出电阻

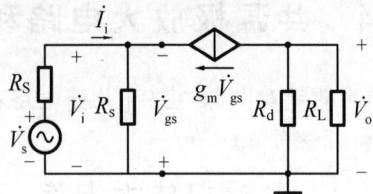

图 7.27 共栅电路的中频小信号等效电路

7.4.2 共栅极放大电路

共栅极放大电路如图7.7(c)所示,其直流分析可参照7.3.1节。

下面进行中频小信号分析,图7.8(c)的中频小信号等效电路如图7.27所示。

1. 电压放大倍数

$$\dot{A}_v = \frac{\dot{V}_o}{\dot{V}_i} = \frac{-g_m \dot{V}_{gs}(R_d//R_L)}{-\dot{V}_{gs}} = g_m(R_d//R_L) \tag{7.46}$$

表明$\dot{V}_o$与$\dot{V}_i$同相,且与共源电路$|\dot{A}_v|$的值相当。

2. 输入电阻

$$R_i = \frac{\dot{V}_i}{\dot{I}_i} = \frac{-\dot{V}_{gs}}{-\left(\dfrac{\dot{V}_{gs}}{R_s} + g_m \dot{V}_{gs}\right)} = \frac{1}{\dfrac{1}{R_s} + g_m} \tag{7.47}$$

3. 输出电阻

$$R_o = R_d \tag{7.48}$$

至此,已讨论了FET和BJT三个组态电路,并在第6章对BJT三个组态电路进行了小结,本章对FET三个组态电路的小结将留给读者自己来做(参见本章习题),这将有助于更好地学习后续章节的内容。有关这三个组态电路进一步的应用,将在后续章节中介绍,特别是在第12章中,可以看到集成电路内部电路中三个组态电路的各种应用形式。

第6章较详细地讨论了BJT的电流源电路、有源负载放大电路和差分放大电路,并对它们的电路结构、工作原理及其参数等进行了分析,将类似的思想应用于MOSFET即可得到由MOSFET构成的这三种电路,下面一一加以介绍。

7.5　电流源电路

7.5.1　基本 MOS 电流镜

仿照基本 BJT 电流镜电路,可得到基本 MOSFET 电流镜电路,如图 7.28 所示。

根据 MOSFET 的电流-电压关系,可得

$$I_{\text{REF}} = \frac{1}{2}\mu_n C_{\text{ox}}\left(\frac{W}{L}\right)_0 (V_{\text{GS}} - V_{\text{GSth0}})^2 \tag{7.49}$$

$$I_{\text{O}} = \frac{1}{2}\mu_n C_{\text{ox}}\left(\frac{W}{L}\right)_1 (V_{\text{GS}} - V_{\text{GSth1}})^2$$

这里忽略了沟道长度调制系数。假设 M_0、M_1 的开启电压相等,于是有

图 7.28　基本 MOSFET 电流镜

$$I_{\text{O}} = \frac{(W/L)_1}{(W/L)_0} I_{\text{REF}} \tag{7.50}$$

如果两个场效应管是相同的,则有 $I_{\text{O}} = I_{\text{REF}}$。

式(7.50)也可以表示为电流增益或电流传输比的形式,即

$$\frac{I_{\text{O}}}{I_{\text{REF}}} = \frac{(W/L)_1}{(W/L)_0} \tag{7.51}$$

亦即基本 MOSFET 电流镜电路的输入电流为 I_{REF},输出电流为 I_{O}。

基本 MOSFET 电流镜的输出电阻:$R_{\text{o}} = r_{\text{ds1}}$。

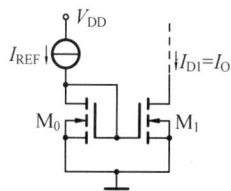

7.5.2　几种常见的 MOS 电流镜

1. MOS 多路比例电流镜

在基本 MOS 电流镜的基础上,对 I_{REF} 进行多路"复制",构成 MOS 多路比例电流镜,可同时为各级放大电路提供电流,这是在集成电路的内部电路中常采用的方法。例如在一个集成电路中,有一级共源放大电路和一级源极跟随器,它们的工作电流分别为 0.5mA 和 0.3mA,如图 7.29(a)所示。可以利用 0.2mA 的参考电流设计一个多路比例电流镜,输出 0.5mA 和 0.3mA,分别为这两级电路提供工作电流,如图 7.29(b)所示。图中选择 M_0 的宽长比为 $2(W/L)$,则 M_{I1} 的宽长比为 $5(W/L)$,M_{I2} 的宽长比为 $3(W/L)$,即可满足设计要求。

MOS 多路比例电流镜还可以结合 NMOS 和 PMOS 两种类型的场效应管来实现,图 7.30 给出了一个实例。图中 NMOS M_0、M_{01}、M_{I1} 和 M_{I2} 组成三输出电流镜,其中 M_0 与电阻 R 共同确定参考电流 I_{REF},M_{I1} 和 M_{I2} 分别为 M_1 和 M_2 提供工作电流;PMOS M_{02}、M_{I3} 和 M_{I4} 组成二输出电流镜,M_{01} 的漏极电流输入到该电流镜的输入端(M_{02} 的漏极),即 $I_{\text{D01}} = I_{\text{D02}}$,$M_{\text{I3}}$ 和 M_{I4} 分别为 M_3 和 M_4 提供工作电流。注意,这里所有的 MOSFET 均应工作在饱和区。

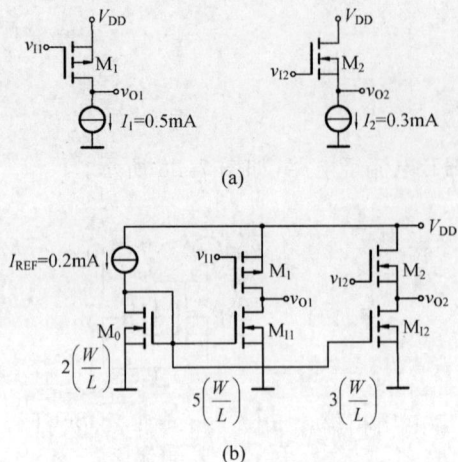

图 7.29　MOS 多路比例电流镜应用 1

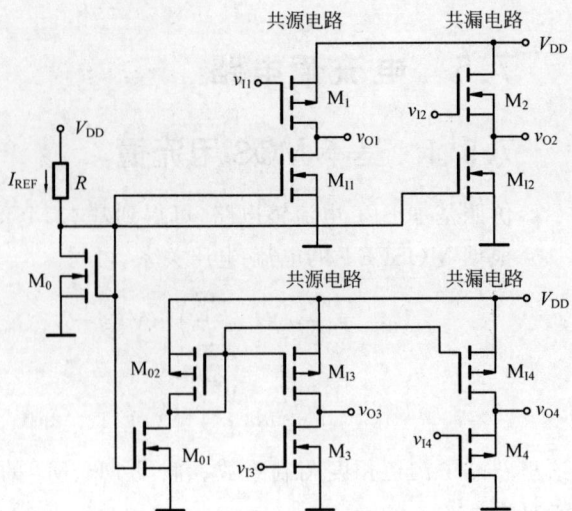

图 7.30　MOS 多路比例电流镜应用 2

与图 7.30 电路有关的公式：

$$I_{\text{REF}} = I_{\text{D0}} = \frac{V_{\text{DD}} - V_{\text{GS0}}}{R}$$

$$I_{\text{DI1}} = \frac{(W/L)_{\text{I1}}}{(W/L)_0} I_{\text{REF}}, \quad I_{\text{DI2}} = \frac{(W/L)_{\text{I2}}}{(W/L)_0} I_{\text{REF}}, \quad I_{\text{D01}} = \frac{(W/L)_{01}}{(W/L)_0} I_{\text{REF}} \tag{7.52}$$

$$I_{\text{D01}} = I_{\text{D02}}, \quad I_{\text{DI3}} = \frac{(W/L)_{\text{I3}}}{(W/L)_{02}} I_{\text{D02}}, \quad I_{\text{DI4}} = \frac{(W/L)_{\text{I4}}}{(W/L)_{02}} I_{\text{D02}}$$

以上讨论的电流镜属于简单电流镜,有两个方面的参数需要改进:一是电流镜电流传输比的精确度;二是电流镜的输出电阻。下面介绍两种增大输出电阻的改进型电流镜。

2. Wilson MOS 电流镜

Wilson MOS 电流镜如图 7.31 所示。图 7.31(a)中,M_0 和 M_1 组成基本电流镜,M_2 的源极电流送入 M_1 的漏极,M_0 的漏极与 M_2 的栅极相连,形成电流负反馈。根据电流负反馈的特点可知,M_2 的输出电流 I_O 稳定,且输出电阻 R_o 增大。

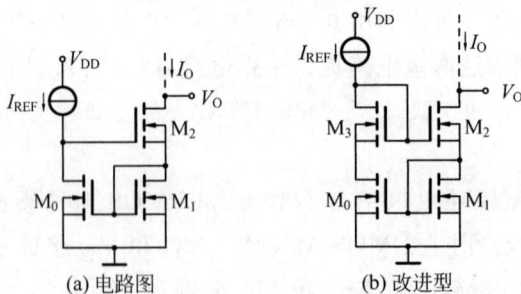

(a) 电路图　　　　(b) 改进型

图 7.31　Wilson MOS 电流镜

可以证明 Wilson MOS 电流镜的输出电阻为

$$R_o = (g_{\text{m2}} r_{\text{ds2}}) r_{\text{ds0}} \tag{7.53}$$

表明 Wilson MOS 电流镜的输出电阻是简单电流镜的($g_{m2}r_{ds2}$)倍。

考虑到 Wilson MOS 电流镜左右结构的平衡以及避免因 M_0、M_1 的 V_{DS} 差别引起电路中的电流误差，Wilson MOS 电流镜的改进型如图 7.31(b)所示。

3. Cascode MOS 电流镜

Cascode MOS 电流镜如图 7.32 所示。

类似地，可以求得 Cascode MOS 电流镜的输出电阻为

$$R_o = (g_{m2}r_{ds2})r_{ds1} \qquad (7.54)$$

表明 Cascode MOS 电流镜的输出电阻是简单电流镜的($g_{m2}r_{ds2}$)倍。

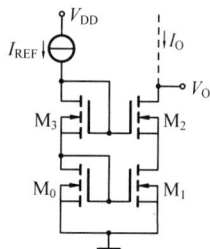
图 7.32 Cascode MOS 电流镜

7.6 FET 有源负载放大电路

在第 6 章中已介绍了 BJT 有源负载放大电路，FET 也可以构成有源负载放大电路。下面以共源放大电路为例，介绍有源负载共源放大电路。

7.6.1 以 PMOSFET 作负载的 NMOSFET 共源放大电路

首先来看简单电流源是如何实现的。运行于饱和状态的 MOSFET 都可以作为电流源，如图 7.33 所示。

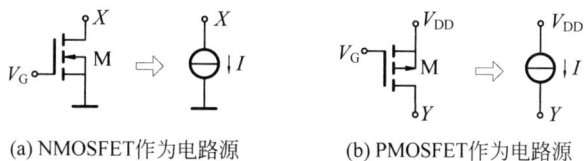

(a) NMOSFET作为电路源　　　(b) PMOSFET作为电路源

图 7.33 简单电流源的实现

以图 7.33(b)所示的 PMOSFET 电流源取代共源放大电路中的漏极电阻，即可得到带有 PMOS 负载的 NMOS 共源电路，如图 7.34(a)所示。图 7.34(b)给出了一个具体实施电路，其中 PMOS 有源负载 M_2 由 M_3 和偏置电流 I 提供偏置。可以看出 M_2 和 M_3 实际上构成了一个基本电流镜。由于在同一个电路中包含 NMOS 和 PMOS 两种晶体管，故这种电路称为 CMOS 电路。

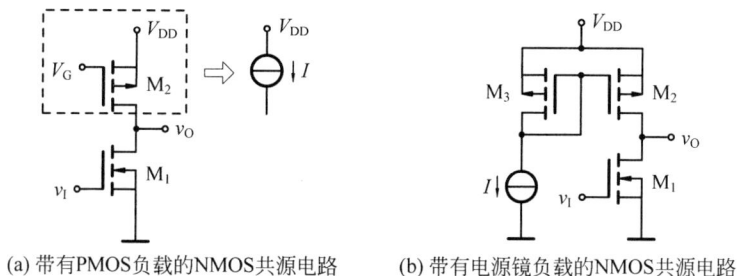

(a) 带有PMOS负载的NMOS共源电路　　　(b) 带有电源镜负载的NMOS共源电路

图 7.34 CMOS 共源放大电路

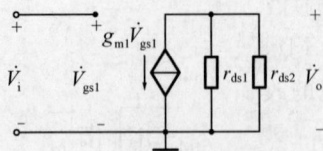

图 7.35　图 7.34 所示电路的小
信号等效电路

利用小信号等效电路可以求解小信号电压增益，图 7.34 所示电路的小信号等效电路如图 7.35 所示。

从图中可以直接写出小信号电压增益为

$$\dot{A}_v = \frac{\dot{V}_o}{\dot{V}_i} = -g_{m1}(r_{ds1}//r_{ds2}) \tag{7.55}$$

由于 M_1 的衬底和源极接地，M_2 的衬底和源极接 V_{DD}，故 CMOS 放大电路不受体效应的影响。

7.6.2　以栅-漏极短接的 NMOSFET 作负载的 NMOSFET 共源放大电路

在一些应用中，可以使用栅-漏极短接的 NMOSFET 作为漏极负载，电路如图 7.36 所示。图中 M_1 为驱动管，M_2 为负载管，其中 M_2 的栅极与漏极短接。

下面分析图 7.36 所示电路的电压传输特性。从图中可以直接列出

$$v_O = V_{DD} - v_{GS2} \tag{7.56}$$

由于 $i_{D1} = i_{D2}$，而 M_1 和 M_2 处于饱和区时，有 $i_D = K_n(v_{GS} - V_{GSth})^2$，故

$$K_{n1}(v_{GS1} - V_{GSth1})^2 = K_{n2}(v_{GS2} - V_{GSth2})^2 \tag{7.57}$$

其中 $K_{n1} = \frac{1}{2}\mu_n C_{ox}(W/L)_1$，$K_{n2} = \frac{1}{2}\mu_n C_{ox}(W/L)_2$。这里忽略了沟道长度调制系数。

图 7.36　以栅-漏极短接的 NMOSFET 作负载的 NMOSFET 共源放大电路

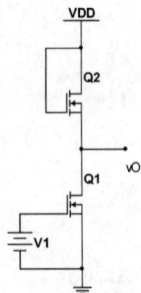

据此可得

$$v_{GS2} = \sqrt{\frac{K_{n1}}{K_{n2}}}(v_{GS1} - V_{GSth1}) + V_{GSth2} \tag{7.58}$$

代入式(7.56)，得到电路的电压传输特性方程：

$$v_O = V_{DD} - \sqrt{\frac{K_{n1}}{K_{n2}}}(v_{GS1} - V_{GSth1}) + V_{GSth2}$$

$$\tag{7.59}$$

$$= V_{DD} - \sqrt{\frac{K_{n1}}{K_{n2}}}(v_I - V_{GSth1}) + V_{GSth2}$$

上式表明该电路的输出电压 v_O 与输入电压 v_I 之间为线性关系。图 7.37 给出了图 7.36 的仿真图及其电压传输特性曲线，可与图 7.20 作一比较。

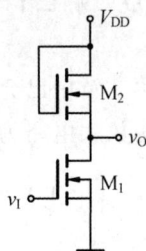

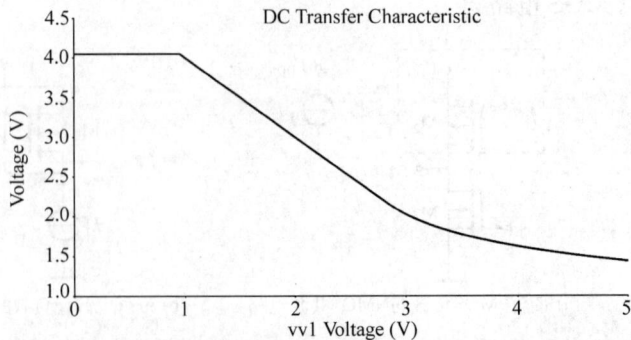

(a) 仿真图　　　　　(b) 电压传输特性

图 7.37　图 7.36 的仿真

根据式(7.59)，求得电路的电压增益：

$$A_v = \frac{\mathrm{d}v_O}{\mathrm{d}v_I} = -\sqrt{\frac{K_{n1}}{K_{n2}}} = -\sqrt{\frac{(W/L)_1}{(W/L)_2}} \tag{7.60}$$

上式表明电压增益与两个 FET 的大小有关。当两个 FET 确定后，电路的电压增益即为定值。

当两个 FET 相同时，则电压增益为 −1，如图 7.37(b)所示，饱和区直线的斜率为 −1。

还可以利用小信号等效电路来求电压增益。图 7.36 所示的小信号等效电路如图 7.38 所示，据此小信号电压增益为

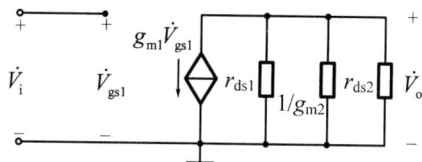

图 7.38 图 7.36 所示电路的小信号等效电路

$$\dot{A}_v = \frac{\dot{V}_o}{\dot{V}_i} = -g_{m1}\left(r_{ds1} // \frac{1}{g_{m2}} // r_{ds2}\right) \tag{7.61}$$

一般情况下有 $\dfrac{1}{g_{m2}} \ll r_{ds1}$ 和 $\dfrac{1}{g_{m2}} \ll r_{ds2}$，故电压增益为

$$\dot{A}_v = -\frac{g_{m1}}{g_{m2}} = -\sqrt{\frac{K_{n1}}{K_{n2}}} = -\sqrt{\frac{(W/L)_1}{(W/L)_2}} \tag{7.62}$$

与式(7.60)相同。

7.7 FET 差分放大电路

第 6 章介绍了 BJT 差分放大电路，本节将侧重讨论带有源负载的 MOSFET 差分放大

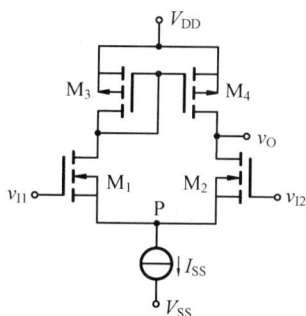

图 7.39 带有源负载的 MOSFET 差分放大电路

电路。类似于 BJT 有源负载差分放大电路，将一个 PMOS 电流镜作为有源负载连接到 NMOSFET 差分对中，即可构成带有源负载的 MOSFET 差分放大电路，如图 7.39 所示。图中，M_1 和 M_2 为 NMOSFET，它们构成偏置于 I_{SS} 的差分对；M_3 和 M_4 为 PMOSFET，它们构成基本电流镜，作为差分对的有源负载；M_2 和 M_4 的公共漏极处为电路的单端输出端。

为了求得电路的差模电压增益，要画出图 7.39 的差模小信号等效电路，如图 7.40 所示。注意，对于差模信号来说，P 点为差模信号的"地"。

从图中可以列出

$$\dot{V}_o = -(g_{mN}\dot{V}_{gs2} + g_{mP}\dot{V}_{gs4})(r_{ds2} // r_{ds4}) \tag{7.63}$$

而 $\dot{V}_{gs4} = -g_{mN}\dot{V}_{gs1}\left(r_{ds1} // r_{ds3} // \dfrac{1}{g_{mP}}\right)$，代入式(7.63)得

$$\dot{V}_o = -[g_{mN}\dot{V}_{gs2} - g_{mP}g_{mN}\dot{V}_{gs1}(r_{ds1} // r_{ds3} // 1/g_{mP})](r_{ds2} // r_{ds4}) \tag{7.64}$$

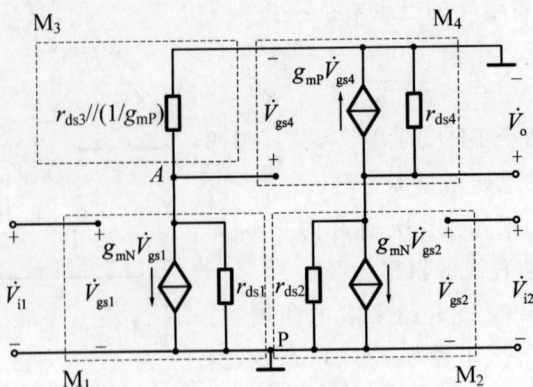

图 7.40　图 7.39 的差模小信号等效电路

考虑到 $\dfrac{1}{g_{mP}} \ll r_{ds3}$ 和 $\dfrac{1}{g_{mP}} \ll r_{ds1}$，式(7.64)变为

$$\dot{V}_o = g_{mN}(\dot{V}_{gs1} - \dot{V}_{gs2})(r_{ds2}//r_{ds4}) = g_{mN}(\dot{V}_{i1} - \dot{V}_{i2})(r_{ds2}//r_{ds4}) \tag{7.65}$$

由此小信号差模电压增益为

$$\dot{A}_{vd} = \frac{\dot{V}_o}{\dot{V}_{i1} - \dot{V}_{i2}} = g_{mN}(r_{ds2}//r_{ds4}) \tag{7.66}$$

已知 $g_{mN} = 2\sqrt{K_n I_D} = \sqrt{2K_n I_{SS}}$，$r_{ds2} = \dfrac{1}{\lambda_2 I_{DQ2}} = \dfrac{2}{\lambda_2 I_{SS}}$，$r_{ds4} = \dfrac{1}{\lambda_4 I_{DQ4}} = \dfrac{2}{\lambda_4 I_{SS}}$，代入式(7.66)，可得

$$\dot{A}_{vd} = \frac{2\sqrt{2K_n I_{SS}}}{I_{SS}(\lambda_2 + \lambda_4)} = 2\sqrt{\frac{2K_n}{I_{SS}}}\,\frac{1}{\lambda_2 + \lambda_4} \tag{7.67}$$

即带有源负载的 MOSFET 差分放大电路，在 FET 确定后，其差模电压增益与 $\sqrt{I_{SS}}$ 成反比。

以上仅介绍了 FET 的几种基本的电路结构，FET 由于具有输入阻抗高、噪声低、热稳定性好和制造工艺简单等特点被大量应用于大规模和超大规模集成电路中，其内部电路的各种拓扑结构是我们学习 FET 电路的最佳范例，读者可通过查阅相关资料作进一步的研究。

知识拓展

视频 41

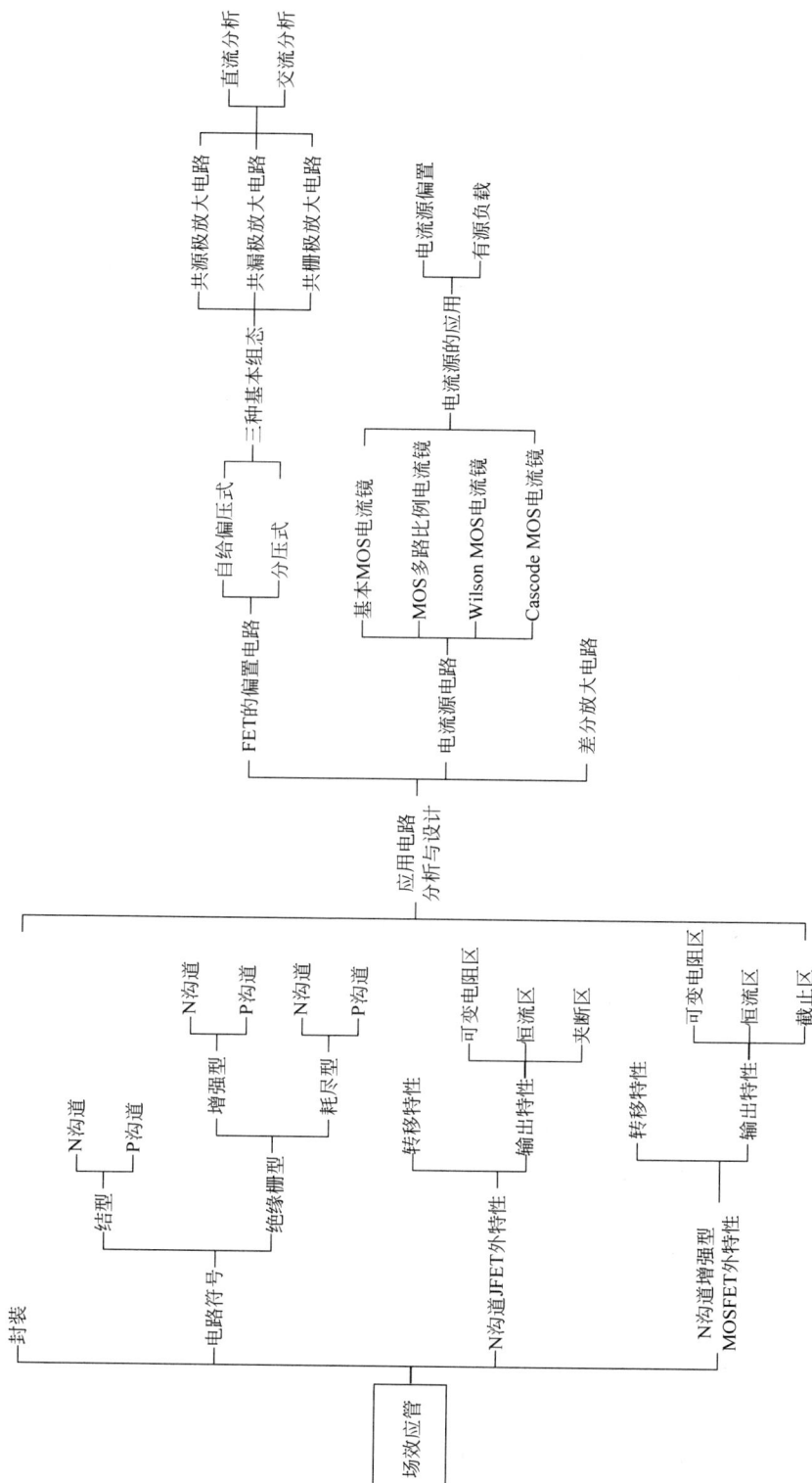

本章知识结构图和小结

知识结构图

```
场效应管
├─ 封装
├─ 电路符号
│   ├─ 结型
│   │   ├─ N沟道
│   │   └─ P沟道
│   └─ 绝缘栅型
│       ├─ 增强型
│       │   ├─ N沟道
│       │   └─ P沟道
│       └─ 耗尽型
│           ├─ N沟道
│           └─ P沟道
├─ N沟道JFET外特性
│   ├─ 转移特性
│   └─ 输出特性
│       ├─ 可变电阻区
│       ├─ 恒流区
│       └─ 夹断区
├─ N沟道增强型MOSFET外特性
│   ├─ 转移特性
│   └─ 输出特性
│       ├─ 可变电阻区
│       ├─ 恒流区
│       └─ 截止区
└─ 应用电路分析与设计
    ├─ FET的偏置电路
    │   ├─ 自给偏压式
    │   ├─ 分压式
    │   └─ 三种基本组态
    │       ├─ 共源极放大电路
    │       │   ├─ 直流分析
    │       │   └─ 交流分析
    │       ├─ 共漏极放大电路
    │       └─ 共栅极放大电路
    ├─ 电流源电路
    │   ├─ 基本MOS电流镜
    │   ├─ MOS多路比例电流镜
    │   ├─ Wilson MOS电流镜
    │   ├─ Cascode MOS电流镜
    │   └─ 电流源的应用
    │       ├─ 电流源偏置
    │       └─ 有源负载
    └─ 差分放大电路
```

小结

1. 场效应管分为结型和绝缘栅型两大类,按导电沟道的不同,又可分为 N 和 P 两种导电沟道;按导电沟道事先有和无来分,又可分为耗尽型和增强型。总之 FET 有六种类型。

2. 从控制关系上看,晶体管的基极为电流控制端,控制集电极电流;场效应管的栅极为电压控制端,控制漏极电流。

3. 从外部特性上看,FET 有转移特性和输出特性。六种类型的 FET 可参见表 7-1。
FET 的输出特性分为可变电阻区、恒流区和夹断区(截止区)三个工作区。

4. 欲使 FET 放大电路不失真地放大信号,首先应通过设置直流偏置电压,使 FET 处于恒流区。

两种常见的偏置电路结构——自给偏压式和分压式偏置电路。

5. FET 的三种基本组态分别称为共源、共漏和共栅放大电路,分别与晶体管的共射、共集和共基放大电路相对应。

6. FET 放大电路的分析也分为直流分析和交流分析。直流分析是计算电路的直流参数,即 V_{GSQ}、I_{DQ} 和 V_{DSQ};交流分析包括计算 $\dot{A}_v$、R_i 和 R_o 以及频率特性的分析等。

7. 利用 FET 的低频小信号等效电路,可以得到 FET 放大电路的中频小信号等效电路;用 FET 的高频小信号等效电路,可以分析放大电路的频率响应。用类似的方法,可以对共漏电路和共栅电路直流参数以及交流参数进行分析。

8. 利用 MOS 管也可以构成电流源电路,例如基本 MOS 电流镜、MOS 多路比例电流镜、Wilson MOS 电流镜和 Cascode MOS 电流镜。

9. FET 也可以构成有源负载放大电路,例如有源负载共源放大电路和带有源负载的 MOSFET 差分放大电路。

10. 与 BJT 相比,FET 具有以下特点:

(1) FET 是电压控制器件,它通过 v_{GS} 来控制 i_D;

(2) FET 的输入电阻很大,故它的输入端电流极小;

(3) FET 是利用多数载流子导电,故它的温度稳定性较好;

(4) FET 放大电路的电压放大系数要小于 BJT 放大电路的电压放大系数;

(5) FET 的抗辐射能力强,噪声低。

11. FET 的应用:

(1) FET 可应用于放大。由于 FET 放大器的输入阻抗很高,故信号源额定电流可以很小,耦合电容的容量可以较小。

(2) FET 可作阻抗变换。由于 FET 很高的输入阻抗,常用于多级放大器的输入级作阻抗变换。

(3) FET 可用作可变电阻。

(4) FET 可用作恒流源。

(5) FET 可用作电子开关。由于 FET 导通电阻小,只有几百毫欧姆,用 FET 做开关,其效率比较高。

习题

分析题

7.1 判断图 7.41 所示各电路中的 FET 是否有可能工作在恒流区。

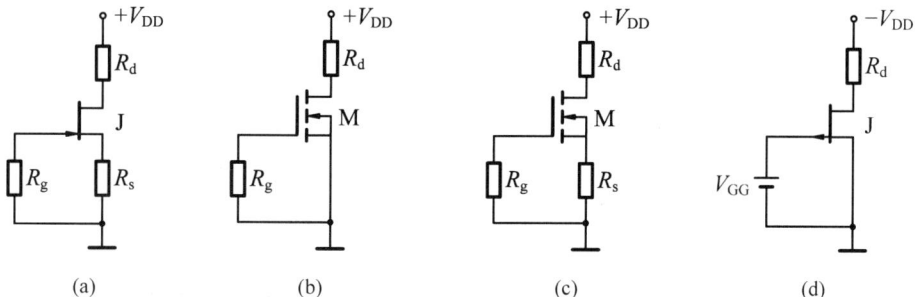

图 7.41 题 7.1 的图

7.2 电路如图 7.42(a)所示，FET 的输出特性如图 7.42(b)所示，试问当 $v_I = 4V$、$8V$ 和 $12V$ 时，FET 分别工作在什么区域？

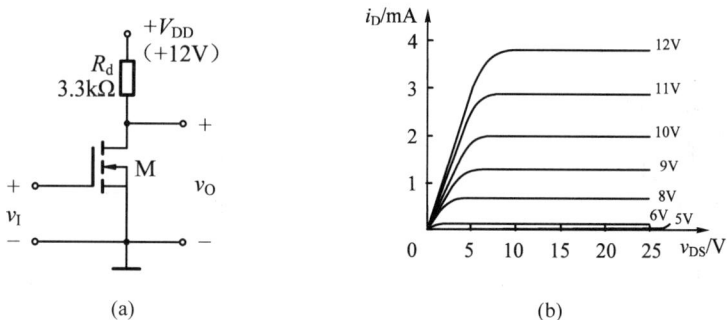

图 7.42 题 7.2,7.3 的图

7.3 已知 FET 的输出特性如图 7.42(b)所示，据此画出它的转移特性曲线。

7.4 改正图 7.43 所示各电路中的错误，使它们有可能放大正弦波信号。要求不改变电路的组态。

7.5 电路如图 7.7(a)所示，已知场效应管的低频跨导为 g_m，试写出 $\dot{A}_v$、R_i 和 R_o 的表达式。

7.6 电路如图 7.44(a)所示，FET 的转移特性和输出特性分别如图 7.44(b)、图 7.44(c)所示。

（1）图解法求解 Q 点；

（2）等效电路法求解 $\dot{A}_v$、R_i 和 R_o。

7.7 若 $V_{DD} = 24V$，重新计算例 7.1。

7.8 对图 7.17 进行分析和仿真。

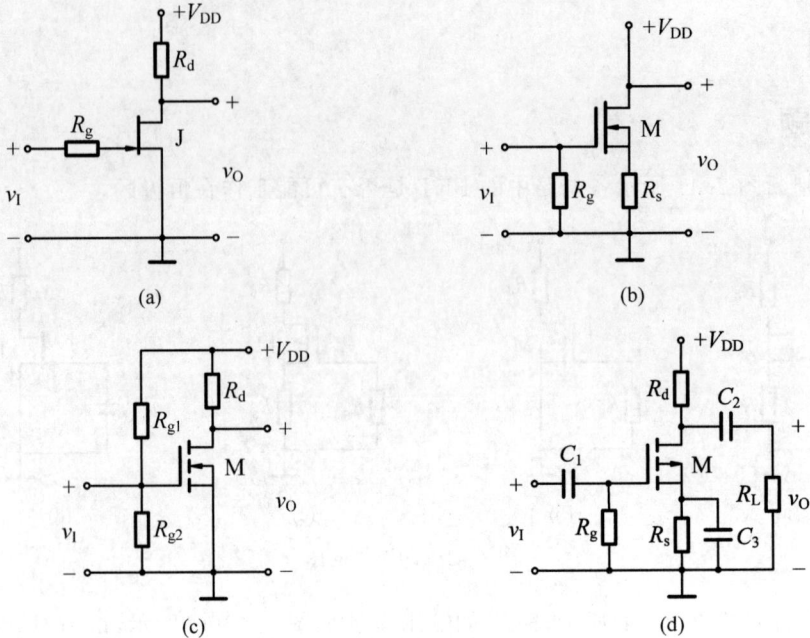

图 7.43 题 7.4 的图

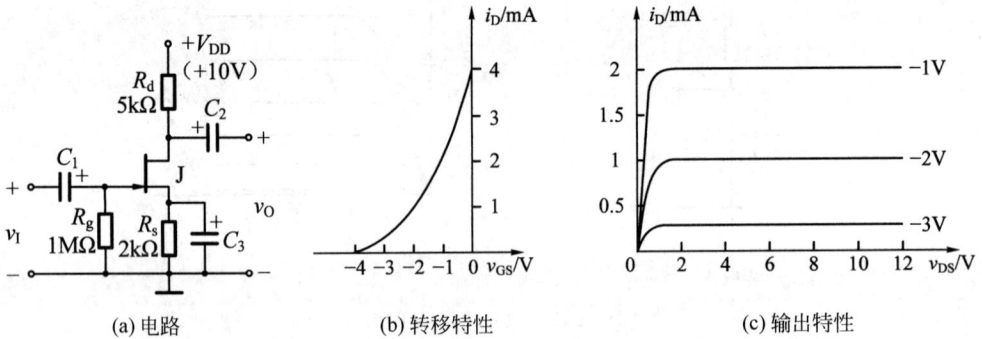

图 7.44 题 7.6 的图

7.9   对共栅和共漏电路的频率特性进行仿真分析。

7.10   归纳总结 FET 三个组态电路。

7.11   证明式(7.53)。

7.12   证明式(7.54)。

7.13   双重 Cascode 电流镜如图 7.45 所示,计算其输出电阻。

7.14   电流导引电路如图 7.46 所示,求 I_O 与 I_{REF} 的关系和宽长比 W/L。

7.15   电路如图 7.47 所示,试证明这是一个平方根放大器。

7.16   假设 $\lambda = 0$,计算图 7.48 所示电路的电压增益。

7.17   假设 $\lambda \neq 0$,计算图 7.49 所示电路的电压增益。

7.18   CMOS 套筒式 Cascode 放大器如图 7.50 所示,计算其电压增益。

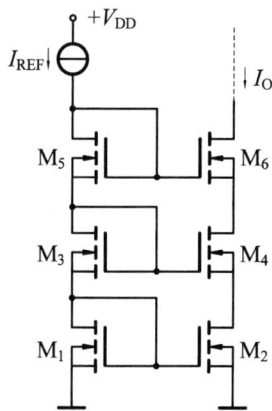

图 7.45 题 7.13 的图

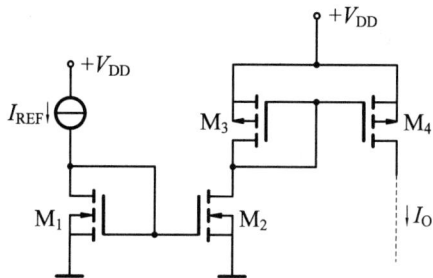

图 7.46 题 7.14 的图

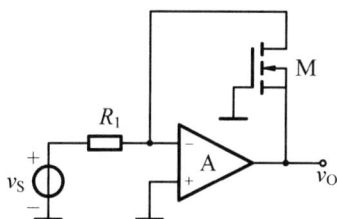

图 7.47 题 7.15 的图

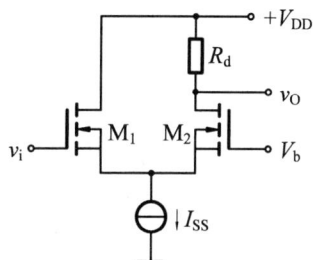

图 7.48 题 7.16 的图

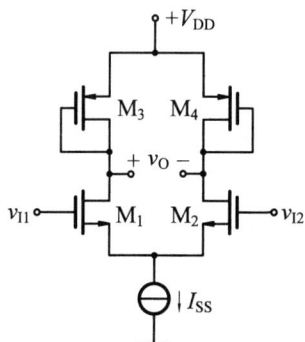

图 7.49 题 7.17 的图

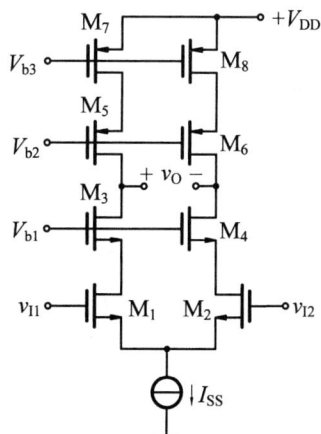

图 7.50 题 7.18 的图

7.19 电路如图 7.51 所示。指出 T_1 和 T_2 分别组成哪种基本组态的放大电路。并写出 $\dot{A}_v$、R_i 和 R_o 的表达式,设图中所有电容对于交流信号均可视为短路。

7.20 电路如图 7.52 所示,判断反馈类型。

7.21 电路如图 7.53 所示,是由 BJT、NMOS 和集成运放组成的电路,试回答:

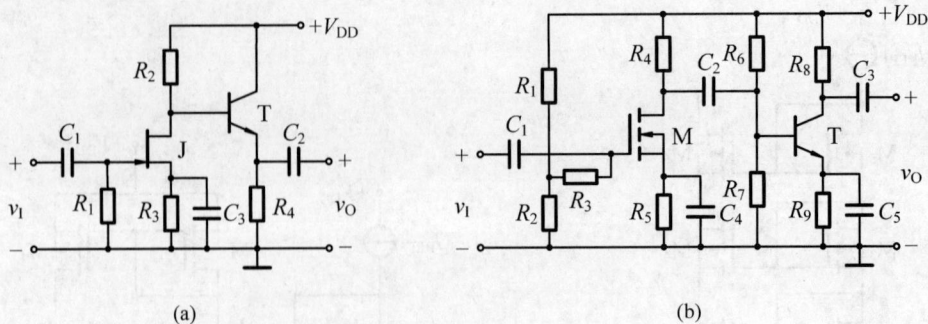

图 7.51 题 7.19 的图

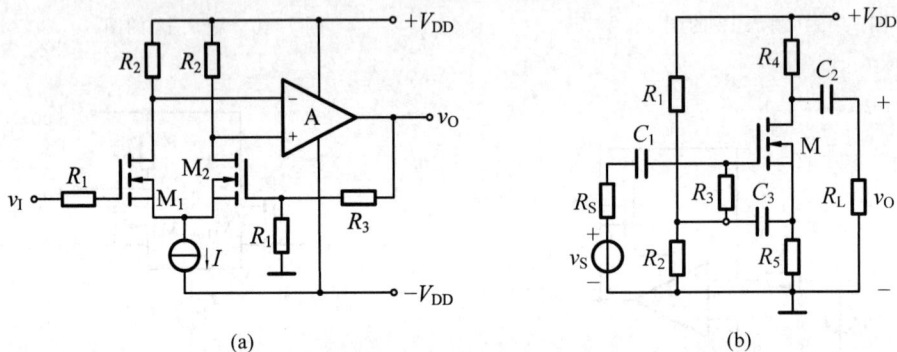

图 7.52 题 7.20 的图

(1) 电路由几部分组成,各是何种类型的电路? 这种电路组合优势何在?

(2) 在电路中引入何种类型的负反馈,可使电流表中的电流正比于输入电压?

(3) 当 $v_I = 0 \sim 5V$ 时,使 $i_L = 0 \sim 10mA$,则反馈电阻 R_F 应取多大?

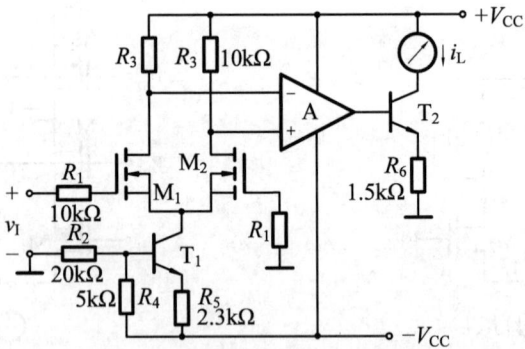

图 7.53 题 7.21 的图

设计题

7.1 设计一个共源放大电路,如图 7.7(a)所示,要求:电压放大倍数为 20,输入电阻为 1MΩ,FET 采用 BSD215,其参数为 $\mu_n C_{ox} = 20.85 \times 10^{-6} A/V^2$,$V_{GSth} = 0.95V$,$W = 540\mu m$,$L = 2\mu m$,$\lambda = 0$;负载电阻为 10kΩ。试确定电源电压和各电阻值(信号源和耦合电

容与图 7.13 相同）。

7.2 设计一个源极跟随器，如图 7.54 所示，要求：漏极电流为 1mA，电压增益为 0.8。已知：$\mu_n C_{ox} = 100\mu A/V^2$，$V_{GSth} = 0.5V, \lambda = 0, V_{DD} = 1.8V$ 和 $R_g = 50k\Omega$。

7.3 设计一个带有源负载的 CMOSFET 差分放大电路，要求：开路差模增益为 200，共模抑制比为 70dB。确定偏置电流、电流源最小输出阻抗和 FET 的有关参数。

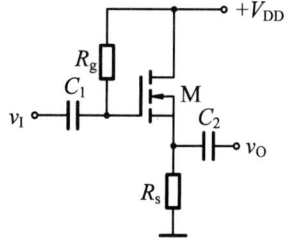

图 7.54 设计题 7.2 的图

第 8 章

CHAPTER 8

有源滤波器

前面章节主要讨论的是放大电路,如集成运算放大电路、晶体管放大电路和场效应管放大电路等,它们都是模拟电子电路的核心电路,是构成各种功能电路的基本单元电路。本章重点讨论由集成运算放大电路所构成的有源滤波器。

8.1 基本概念

信号的频率范围在零到无穷大之间,但在实际电路中,往往仅需要对某一特定频率范围的信号加以利用,并同时滤掉其余频率范围的信号,以避免它们对电路造成干扰。滤波电路实质上就是一种具有频率选择功能的电路,它允许某些频率成分的信号顺利通过,同时阻止其他频率成分的信号通过。

由于构成滤波器元器件性质的不同,滤波器可分为无源和有源滤波器。无源滤波器是由电感、电容和电阻等无源器件构成的;有源滤波器则是利用有源器件和电阻电容网络构成的一类滤波器,它不含电感器,却可实现 LC 滤波器所具有的高选频特性,有源器件可以是运算放大器、电流传输器和跨导放大器等。

与无源滤波器相比,有源滤波器除了具有不用电感、体积小和重量轻等优点外,还有可批量生产、成本低、可靠性高、可提供信号增益和可实现的滤波函数类型广泛等优点。但也存在一些不足,即有源器件的有限带宽限制了有源滤波器应用的频率范围、有源滤波器对器件参数的灵敏度较高及其工作需要电源等。

本节将主要讨论由运算放大器并结合电阻电容所构成的有源 RC 滤波器。

8.1.1 滤波器的特性

本节所讨论的滤波器是一个线性时不变网络,可用二端口网络来表示,如图 8.1 所示。滤波器的传递函数可表示为

$$T(s) = \frac{V_o(s)}{V_i(s)} \tag{8.1}$$

在正弦稳态条件下,滤波器的特性可用传递函数

$$T(j\omega) = \frac{V_o(j\omega)}{V_i(j\omega)} = |T(j\omega)| \, e^{j\varphi(\omega)} \tag{8.2}$$

图 8.1 以二端口网络表示滤波电路

来描述。$|T(j\omega)|$ 反映了传输幅度的频率特性即幅频特性;$T(j\omega)$ 的幅角 $\varphi(\omega)$ 反映了相角

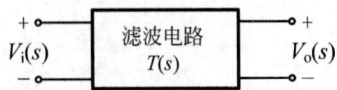

的频率特性即相频特性。

假设一正弦波信号 $v_i = V_m \sin\omega t$,当它通过理想滤波器后,希望得到的输出信号为 $v_o = KV_m \sin\omega(t - \tau_0)$,即理想滤波器的特性可表示为

$$T(j\omega) = \frac{V_o(j\omega)}{V_i(j\omega)} = |T(j\omega)| e^{j\varphi(\omega)} = K e^{-j\omega\tau_0} \tag{8.3}$$

式中 K 为常数,表明滤波器具有平坦的幅频特性; τ_0(表示信号通过滤波器的延时)也为常数,即 $\varphi(\omega) = -\omega\tau_0$ 表明滤波器具有线性的相频特性。这里引入群时延(group delay)的概念,其定义为

$$\tau_g(\omega) = -\frac{\mathrm{d}\varphi(\omega)}{\mathrm{d}\omega} \tag{8.4}$$

以表示相频特性的线性程度。对于理想滤波器来说,其群时延 $\tau_g(\omega) = \tau_0$,表明不同频率的信号通过滤波器后产生相同的时间延迟。

8.1.2 滤波器的分类

根据电路的工作频带来分类,滤波电路可分为低通滤波器、高通滤波器、带通滤波器、带阻滤波器和全通滤波器等,图 8.2 给出了这几种滤波器理想的幅率特性。通常将允许信号通过的频段称为通带,将信号衰减到零的频段称为阻带。通带和阻带交界处的频率称为截止频率。

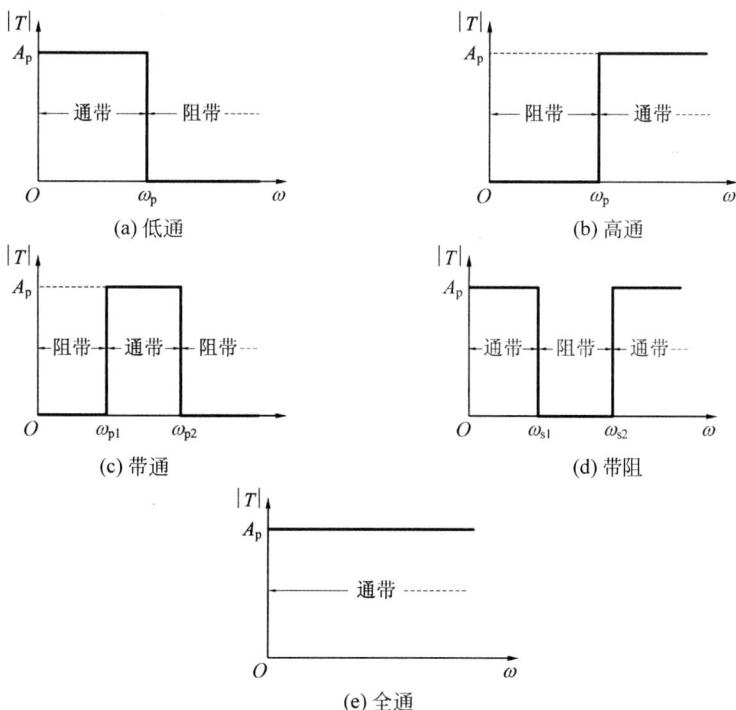

图 8.2 各种滤波电路的理想幅频特性

低通滤波器(Low Pass Filter,LPF)是指角频率低于 ω_p 的信号能够通过,高于 ω_p 的信号被衰减的滤波电路,如图 8.2(a)所示。

高通滤波器(High Pass Filter,HPF)是指角频率高于 ω_p 的信号能够通过,低于 ω_p 的信号被衰减的滤波电路,如图 8.2(b)所示。

带通滤波器(Band Pass Filter,BPF)是指在低频段截止角频率 ω_{p1} 到高频段截止角频率 ω_{p2} 之间的信号能够通过,低于 ω_{p1} 和高于 ω_{p2} 的信号被衰减的滤波电路,如图 8.2(c)所示。

带阻滤波器(Band Stop Filter ,BSF)是指角频率低于 ω_{s1} 和高于 ω_{s2} 的信号能够通过,角频率在 ω_{s1} 到 ω_{s2} 之间的信号被衰减的滤波电路,如图 8.2(d)所示。

全通滤波器是指对于频率从零到无穷大的信号具有相同的比例系数,但对于不同频率的信号产生不同的相移的滤波电路,如图 8.2(e)所示。

对滤波电路的讨论有两类问题:一是滤波电路分析,即给定滤波电路的结构和参数,求出电路的传递函数;二是滤波电路综合,即给定滤波电路的输入输出特性,确定滤波电路的结构和参数。一般来说,滤波电路分析具有唯一的解,而滤波电路综合则较为复杂,对于同一个滤波电路综合问题,通常有各种不同的方法和步骤,可得到多个满足给定条件的解。

8.2　滤波电路分析

8.2.1　有源低通滤波器

1. 一阶有源 *RC* 低通滤波电路

在第 2 章中介绍的 RC 低通电路是无源低通滤波器,将其与集成运放结合即可构成简单的一阶有源 RC 低通滤波电路,如图 8.3 所示。其传递函数为

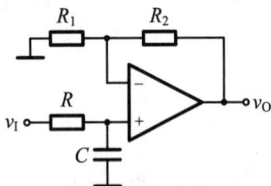

图 8.3　一阶有源 RC 低通滤波电路

$$T(s) = \frac{V_o(s)}{V_i(s)} = \left(1 + \frac{R_2}{R_1}\right)\frac{V_+(s)}{V_i(s)}$$

$$= \left(1 + \frac{R_2}{R_1}\right)\frac{1}{1 + sRC} \tag{8.5}$$

令 $\omega_n = \dfrac{1}{RC}$,$A_{Lp} = 1 + \dfrac{R_2}{R_1}$,则式(8.5)变为

$$T(s) = \frac{A_{Lp}\omega_n}{s + \omega_n} \tag{8.6}$$

这是一阶有源 RC 低通滤波电路传递函数的标准形式,式中分母为 s 的一次幂,分子为常数,故它所描述的滤波电路称为一阶有源低通滤波电路。其中 ω_n 称为特征角频率(对应的 f_n 称为特征频率);A_{LP} 称为低通滤波电路的通带电压增益,它是 $\omega = 0$ 时输出电压与输入电压的比值。

事实上以 $j\omega$ 取代 s,由式(8.5)可得

$$T(j\omega) = \frac{V_o(j\omega)}{V_i(j\omega)} = A_{Lp}\frac{V_+(j\omega)}{V_i(j\omega)} = A_{Lp}\frac{1}{1 + j\omega/\omega_n} \tag{8.7}$$

由此可得电路的幅频特性

$$|T(j\omega)| = A_{Lp}\frac{1}{\sqrt{1 + (\omega/\omega_n)^2}} \tag{8.8}$$

和相频特性

$$\varphi(\omega) = -\arctan(\omega/\omega_n) \tag{8.9}$$

可以看出,当 $\omega=0$ 时,$|T(j\omega)|=A_{Lp}$ 即通带电压增益;当 $\omega=\omega_n$ 时,$|T(j\omega)|=\dfrac{A_{Lp}}{\sqrt{2}}$,故电路的 $-3dB$ 截止角频率 $\omega_p=\omega_n$。当 $\omega \gg \omega_n$ 时,曲线按 $-20dB$/十倍频下降。据此可以画出一阶低通滤波器的频响曲线,这里我们给出了在 Multisim 中的仿真结果,仿真图、幅频特性和相频特性如图 8.4 所示。

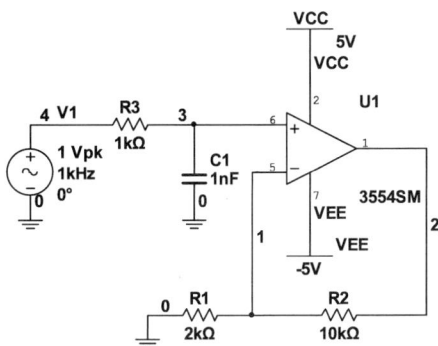

(a) 仿真图

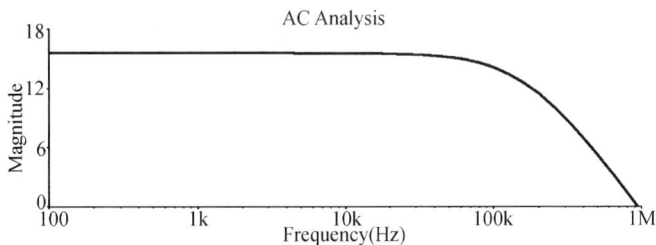

（b）幅频特性

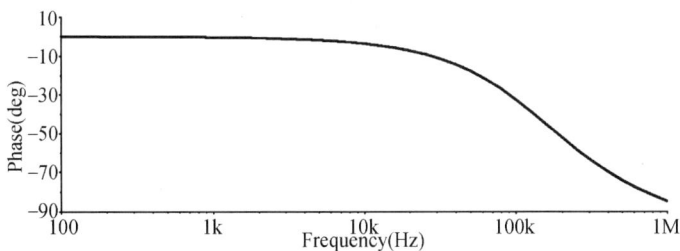

（c）相频特性

图 8.4　一阶有源低通滤波器的频响曲线

　　从图中可以看出,实际的滤波器不可能具备图 8.2 所示的频率特性,其幅频特性的通带和阻带之间存在过渡带。显然过渡带愈窄,则幅频特性越趋于理想,电路的选择性越好。分析表明,滤波器的频响曲线愈趋于理想滤波器,实际滤波器的阶数愈高,而高于二阶的滤波电路都可以由一阶和二阶有源滤波电路的级联来构成。因此有必要对二阶有源滤波电路加以讨论。

2. 二阶有源 *RC* 低通滤波电路

图 8.5 给出了二阶有源低通滤波电路的一种电路结构,这就是著名的赛伦-凯电路。由图可见,它是在图 8.3 的基础上增加了一级 *RC* 滤波电路,并将 C_1 的一端与输出端相连,构成一定的正反馈,以改善滤波电路的频率特性。

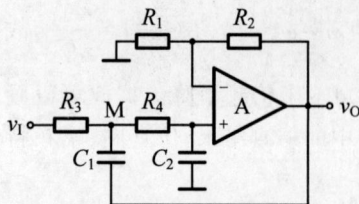

图 8.5 二阶有源低通滤波电路的一种电路结构

根据式(8.5)可得

$$V_o(s) = A_{Lp} \frac{1}{1 + sR_4C_2} V_M(s) \tag{8.10}$$

考虑到集成运放构成同相放大电路有

$$V_o(s) = A_{Lp} V_+(s) \tag{8.11}$$

对于节点 M 可得

$$\frac{V_i(s) - V_M(s)}{R_3} = \frac{V_M(s) - V_o(s)}{\dfrac{1}{sC_1}} + \frac{V_M(s) - V_+(s)}{R_4} \tag{8.12}$$

将式(8.10)~式(8.12)联立求解,可得电路的传递函数

$$T(s) = \frac{V_o(s)}{V_i(s)} = \frac{A_{Lp}}{1 + s[(R_3 + R_4)C_2 + (1 - A_{Lp})R_3C_1] + s^2 R_3 R_4 C_1 C_2} \tag{8.13}$$

令

$$\omega_n = \frac{1}{\sqrt{R_3 R_4 C_1 C_2}} \tag{8.14}$$

$$Q = \frac{\sqrt{R_3 R_4 C_1 C_2}}{(R_3 + R_4)C_2 + (1 - A_{Lp})R_3 C_1} \tag{8.15}$$

式(8.13)变为

$$T(s) = \frac{A_{Lp} \omega_n^2}{s^2 + \dfrac{\omega_n}{Q} s + \omega_n^2} \tag{8.16}$$

这是二阶有源 *RC* 低通滤波电路传递函数的标准形式,式中分母为 s 的二次幂,分子为常数,故它所描述的滤波电路称为二阶有源低通滤波电路。其中,ω_n 为特征角频率,Q 称为电路的品质因数。

特殊地,令 $R = R_3 = R_4$,$C = C_1 = C_2$,则式(8.13)~式(8.15)分别为

$$T(s) = \frac{A_{Lp}}{1 + (3 - A_{Lp})sRC + (sRC)^2} \tag{8.17}$$

且

$$\omega_n = \frac{1}{RC} \tag{8.18}$$

$$Q = \frac{1}{3 - A_{Lp}} \tag{8.19}$$

式(8.17)表明,当 $A_{Lp} < 3$ 时,电路才能稳定工作。

以 $j\omega$ 取代 s,由式(8.16)可得

$$T(j\omega) = \frac{A_{Lp}}{1 - \left(\dfrac{\omega}{\omega_n}\right)^2 + j\dfrac{\omega}{Q\omega_n}} \tag{8.20}$$

由此可得电路的幅频特性为

$$| T(\mathrm{j}\omega) | = \frac{A_{\mathrm{Lp}}}{\sqrt{\left[1 - \left(\dfrac{\omega}{\omega_{\mathrm{n}}}\right)^2\right]^2 + \left(\dfrac{\omega}{Q\omega_{\mathrm{n}}}\right)^2}} \tag{8.21}$$

和相频特性为

$$\varphi(\omega) = -\arctan \frac{\dfrac{\omega}{Q\omega_{\mathrm{n}}}}{1 - \left(\dfrac{\omega}{\omega_{\mathrm{n}}}\right)^2} \tag{8.22}$$

可以看出,当 $\omega = 0$ 时,$| T(\mathrm{j}\omega) | = A_{\mathrm{Lp}}$ 即通带电压增益;当 $\omega = \omega_{\mathrm{n}}$ 时,$| T(\mathrm{j}\omega) | = Q | A_{\mathrm{Lp}} |$,即

$$Q = \frac{| T(\mathrm{j}\omega) | |_{\omega = \omega_{\mathrm{n}}}}{| A_{\mathrm{Lp}} |} \tag{8.23}$$

表明 Q 是 $\omega = \omega_{\mathrm{n}}$ 时的电压增益与通带电压增益的数值之比。取 $Q = \dfrac{\sqrt{2}}{2}$,则 $| T(\mathrm{j}\omega) | = \dfrac{A_{\mathrm{Lp}}}{\sqrt{2}}$,故电路的 $-3\mathrm{dB}$ 截止角频率 $\omega_{\mathrm{p}} = \omega_{\mathrm{n}}$。当 $\omega \gg \omega_{\mathrm{n}}$ 时,曲线按 $-40\mathrm{dB}/$十倍频下降。当 $\omega \to \infty$ 时,$| T(\mathrm{j}\omega) | \to 0$。

利用 Multisim 软件对图 8.5 所示的二阶有源低通滤波器进行仿真,可得到不同 Q 值时的电路的幅频特性,如图 8.6 所示。图中曲线从上到下依次对应 $Q = 10$、5、2、1、0.707 和 0.5。

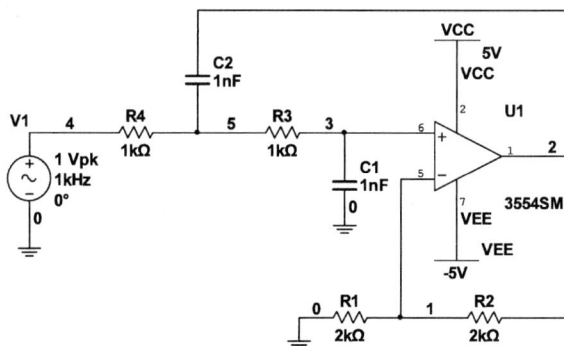

R2=0, Q=0.5; R2=1.17kΩ, Q=0.707; R2=2kΩ, Q=1;
R2=3kΩ, Q=2; R2=3.6kΩ, Q=5; R2=3.8kΩ, Q=10

(a) 二阶有源滤波器仿真图

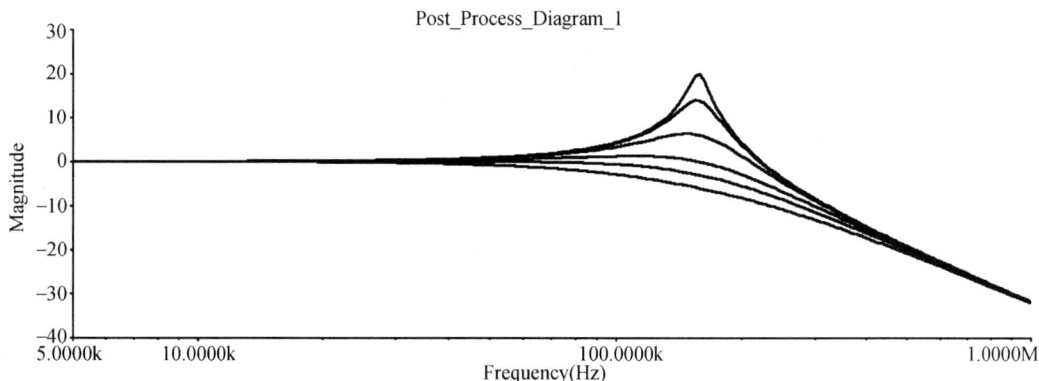

（b）不同 Q 值时的幅频特性比较

图 8.6 不同 Q 值时二阶有源低通滤波器的幅频特性比较

将一阶(右曲线)、二阶(左曲线)有源低通滤波器的幅频特性进行比较,如图 8.7 所示。可以看出,后者比前者更接近理想曲线,其滤波效果要好得多。

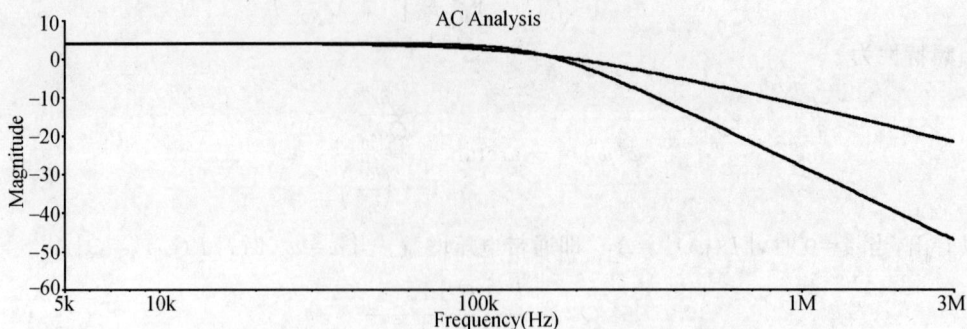

图 8.7　一阶、二阶有源低通滤波器的幅频特性比较

除了图 8.5 所示的电路外,二阶有源低通滤波器还有其他的电路结构,这里就不一一介绍了,可参见本章习题。

8.2.2　有源高通滤波器

将图 8.5 所示的二阶有源低通滤波电路中的 R 和 C 的位置互换,可得到二阶有源高通滤波电路,如图 8.8 所示。

在 $R=R_3=R_4$,$C=C_1=C_2$ 条件下,对式(8.17)作如下替换:

$$R \rightarrow \frac{1}{sC}, \quad sC \rightarrow \frac{1}{R}$$

可得二阶有源高通滤波电路的传递函数

$$T(s) = \frac{A_{Hp}(sRC)^2}{1+(3-A_{Hp})sRC+(sRC)^2} \tag{8.24}$$

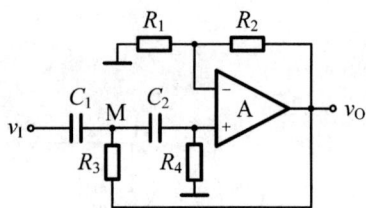

图 8.8　二阶有源高通滤波电路
的一种电路结构

式中,$A_{Hp}=1+\dfrac{R_2}{R_1}$。且 $\omega_n=\dfrac{1}{RC}$ 和 $Q=\dfrac{1}{3-A_{Hp}}$,于是有

$$T(s) = \frac{A_{Hp}s^2}{s^2+\dfrac{\omega_n}{Q}s+\omega_n^2} \tag{8.25}$$

这是二阶有源 RC 高通滤波电路传递函数的标准形式,式中分母为 s 的二次幂,分子仅有 s 的二次幂,故它所描述的滤波电路称为二阶有源高通滤波电路。

以 $j\omega$ 取代 s,由式(8.25)可得

$$T(j\omega) = \frac{A_{Hp}}{1-\left(\dfrac{\omega_n}{\omega}\right)^2 - j\dfrac{\omega_n}{Q\omega}} \tag{8.26}$$

由此可得电路的幅频特性

$$|T(j\omega)| = \frac{A_{Hp}}{\sqrt{\left[1-\left(\dfrac{\omega_n}{\omega}\right)^2\right]^2 + \left(\dfrac{\omega_n}{Q\omega}\right)^2}} \tag{8.27}$$

和相频特性

$$\varphi(\omega) = \arctan \frac{\dfrac{\omega_n}{Q\omega}}{1 - \left(\dfrac{\omega_n}{\omega}\right)^2} \tag{8.28}$$

可以看出,当 $\omega \to \infty$ 时,$|T(j\omega)| = A_{Hp}$ 即通带电压增益;当 $\omega = \omega_n$ 时,$|T(j\omega)| = Q|A_{Hp}|$,即

$$Q = \frac{|T(j\omega)||_{\omega=\omega_n}}{|A_{Hp}|} \tag{8.29}$$

表明 Q 是 $\omega = \omega_n$ 时的电压增益与通带电压增益的数值之比。取 $Q = \dfrac{\sqrt{2}}{2}$,则 $|T(j\omega)| = \dfrac{A_{Hp}}{\sqrt{2}}$,故电路的 $-3\mathrm{dB}$ 截止角频率 $\omega_p = \omega_n$。当 $\omega \ll \omega_n$ 时,曲线按 40dB/十倍频下降。当 $\omega \to 0$ 时,$|T(j\omega)| \to 0$。

如图 8.9 所示,给出了利用 Multisim 软件对图 8.8 所示的二阶有源高通滤波器的仿真图,及其在 $Q = 0.707$ 时的幅频特性。

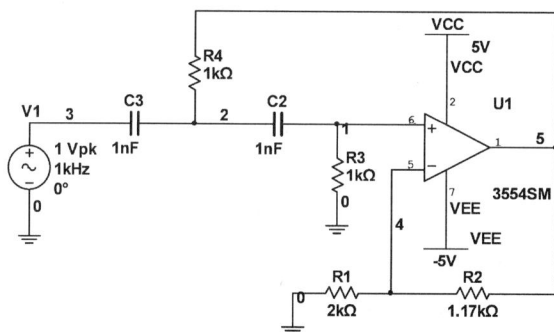

(a) 仿真图

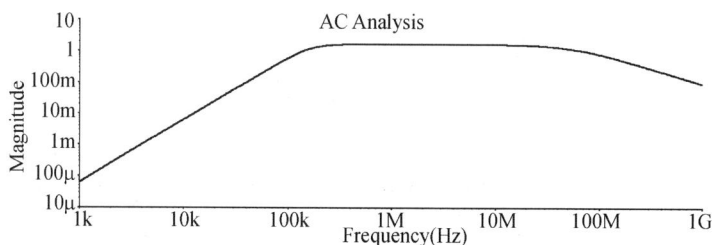

(b) $Q = 0.0707$ 时的幅频特性

图 8.9 二阶有源高通滤波器的仿真图及其在 $Q = 0.707$ 时的幅频特性

由图 8.9(b) 可见,电路具有高通滤波特性,符合上述对电路的理论分析。但由于受所用运放增益带宽积的限制,其幅频特性曲线将会随频率的升高而下降,从而限制了高通滤波器的上限频率。

除了图 8.8 所示的电路外,二阶有源高通滤波器还有其他的电路结构,这里就不一一介绍了,可参见本章习题。

8.2.3 有源带通滤波器

如果低通滤波电路的截止角频率 ω_{p2} 大于高通滤波电路的截止角频率 ω_{p1},将二者串联起来,则它们可构成带通滤波电路,据此给出带通滤波器的一种电路结构,如图 8.10 所示。

实验视频 9

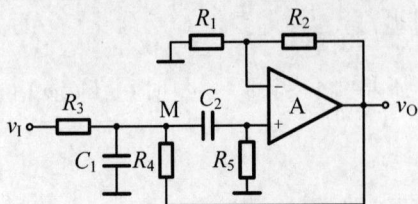

图 8.10 二阶有源带通滤波电路

图中 R_3 和 C_1 组成低通电路,R_5 和 C_2 组成高通电路。为了使电路分析简单,不妨设 $R_3 = R_4 = R$,$R_5 = 2R$,$C_1 = C_2 = C$。类似于有源低通滤波电路的分析方法,可得到带通滤波电路的传递函数:

$$T(s) = \frac{A_{\text{Bp}} sRC}{1 + (3 - A_{\text{Bp}}) sRC + (sRC)^2} \tag{8.30}$$

式中 $A_{\text{Bp}} = 1 + \dfrac{R_2}{R_1}$。令 $\omega_{\text{n}} = \dfrac{1}{RC}$ 和 $Q = \dfrac{1}{3 - A_{\text{Bp}}}$,于是有

$$T(s) = \frac{A_{\text{Bp}} \omega_{\text{n}} s}{s^2 + \dfrac{\omega_{\text{n}}}{Q} s + \omega_{\text{n}}^2} \tag{8.31}$$

这是二阶有源 RC 带通滤波电路传递函数的标准形式。

先将式(8.31)变为

$$T(s) = \frac{QA_{\text{Bp}}}{1 + Q\left(\dfrac{s}{\omega_{\text{n}}} + \dfrac{\omega_{\text{n}}}{s}\right)}$$

再以 $j\omega$ 取代 s,可得

$$T(j\omega) = \frac{QA_{\text{Bp}}}{1 + jQ\left(\dfrac{\omega}{\omega_{\text{n}}} - \dfrac{\omega_{\text{n}}}{\omega}\right)} \tag{8.32}$$

由此可得电路的幅频特性

$$|T(j\omega)| = \frac{QA_{\text{Bp}}}{\sqrt{1 + Q^2\left(\dfrac{\omega}{\omega_{\text{n}}} - \dfrac{\omega_{\text{n}}}{\omega}\right)^2}} \tag{8.33}$$

可以看出,当 $\omega \to 0$ 和 $\omega \to \infty$ 时,均有 $|T(j\omega)| \to 0$;当 $\omega = \omega_{\text{n}}$ 时,$|T(j\omega)| = Q|A_{\text{Bp}}|$ 是电路具有的最大电压增益,故 ω_{n} 为带通滤波电路的中心角频率 ω_0,$Q|A_{\text{Bp}}|$ 为带通滤波电路的中心频率增益。

为了确定带通滤波电路的带宽,令式(8.33)的分母等于 $\sqrt{2}$,即

$$\left|Q\left(\frac{\omega}{\omega_0} - \frac{\omega_0}{\omega}\right)\right| = 1$$

解方程并取正根,可得到带通滤波电路的两个截止角频率分别为

$$\begin{cases} \omega_{p1} = \dfrac{\omega_0}{2Q}\sqrt{1 + 4Q^2} - \dfrac{\omega_0}{2Q} \\[3mm] \omega_{p2} = \dfrac{\omega_0}{2Q}\sqrt{1 + 4Q^2} + \dfrac{\omega_0}{2Q} \end{cases} \tag{8.34}$$

由此带通滤波电路的带宽为

$$\mathrm{BW} = \frac{\omega_{\mathrm{p2}} - \omega_{\mathrm{p1}}}{2\pi} = \frac{\omega_0}{2\pi Q} = \frac{f_0}{Q} \qquad (8.35)$$

表明电路的 Q 值愈大,中心频率增益愈大,通频带越窄,电路的选择性越好。

如图 8.11 所示,给出了利用 Multisim 软件对图 8.10 所示的二阶有源带通滤波器的仿真图及其不同 Q 值时的幅频特性。对应 Q 值大的曲线(上曲线),$R_2 = 3.8\mathrm{k}\Omega$,$Q = 10$;对应 Q 值小的曲线(下曲线),$R_2 = 2\mathrm{k}\Omega$,$Q = 1$。在本例中改变 R_2 的值,也就是改变电路 A_{Bp} 的值,从而改变电路的带宽。

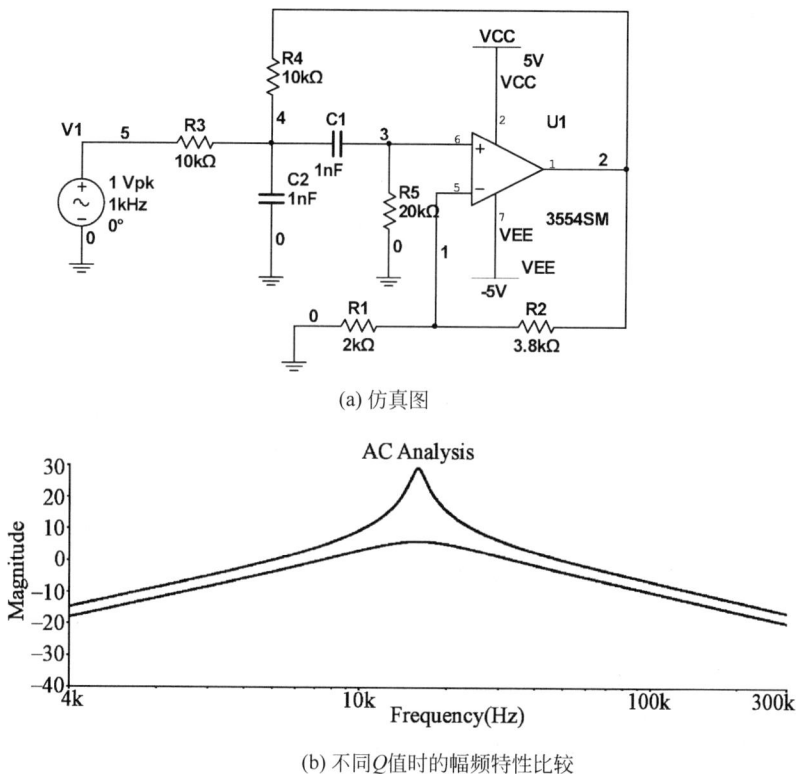

(a) 仿真图

(b) 不同Q值时的幅频特性比较

图 8.11 二阶有源带通滤波器的仿真图及其不同 Q 值时的幅频特性比较

8.2.4 有源带阻滤波器

如果低通滤波电路的截止角频率 ω_{s1} 小于高通滤波电路的截止角频率 ω_{s2},将二者并联起来,则它们可构成带阻滤波电路,据此给出带阻滤波器的一种电路结构,如图 8.12 所示。

图中 R_3、R_4 和 C_1 组成低通电路,R_5、C_2 和 C_3 组成高通电路。由于它们的结构为 T 字形,故称为双 T 带阻滤波电路。为了使电路分析简单,不妨设 $R_3 = R_4 = R$,$R_5 = R/2$,$C_2 = C_3 = C$,$C_1 = 2C$。类似于有源低通滤波电路的分析方法,可得带阻滤波电路的传递函数

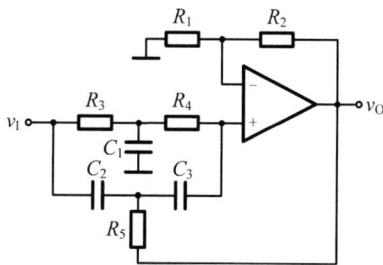

图 8.12 二阶有源带阻滤波电路

$$T(s) = \frac{A_{BS}[1 + (sRC)^2]}{1 + 2(2 - A_{BS})sRC + (sRC)^2} \tag{8.36}$$

式中 $A_{BS} = 1 + \dfrac{R_2}{R_1}$。令 $\omega_n = \dfrac{1}{RC}$ 和 $Q = \dfrac{1}{2(2 - A_{BS})}$，于是有

$$T(s) = \frac{A_{BS}(s^2 + \omega_n^2)}{s^2 + \dfrac{\omega_n}{Q}s + \omega_n^2} \tag{8.37}$$

这是二阶有源 RC 带阻滤波电路传递函数的标准形式。

先将式(8.37)变为

$$T(s) = \frac{A_{BS}}{1 + \left[Q\left(\dfrac{s}{\omega_n} + \dfrac{\omega_n}{s}\right)\right]^{-1}}$$

再以 $j\omega$ 取代 s，可得

$$T(j\omega) = \frac{A_{BS}}{1 + \left[jQ\left(\dfrac{\omega}{\omega_n} - \dfrac{\omega_n}{\omega}\right)\right]^{-1}} \tag{8.38}$$

由此可得电路的幅频特性

$$|T(j\omega)| = \frac{A_{BS}}{\sqrt{1 + \left[Q\left(\dfrac{\omega}{\omega_n} - \dfrac{\omega_n}{\omega}\right)\right]^{-2}}} \tag{8.39}$$

可以看出，当 $\omega \to 0$ 和 $\omega \to \infty$ 时，均有 $|T(j\omega)| \to A_{BS}$；当 $\omega = \omega_n$ 时，$|T(j\omega)| = 0$ 是电路具有的最小电压增益，故 ω_n 为带阻滤波电路的中心角频率 ω_0。

为了确定带阻滤波电路的阻带宽度，令式(8.39)的分母等于 $\sqrt{2}$，即

$$\left|Q\left(\dfrac{\omega}{\omega_0} - \dfrac{\omega_0}{\omega}\right)\right| = 1$$

解方程并取正根，可得到带阻滤波电路的两个截止角频率分别为

$$\begin{cases} \omega_{s1} = \dfrac{\omega_0}{2Q}\sqrt{1 + 4Q^2} - \dfrac{\omega_0}{2Q} \\ \omega_{s2} = \dfrac{\omega_0}{2Q}\sqrt{1 + 4Q^2} + \dfrac{\omega_0}{2Q} \end{cases} \tag{8.40}$$

由此带阻滤波电路的阻带宽度

$$BW = \frac{\omega_{s2} - \omega_{s1}}{2\pi} = \frac{\omega_0}{2\pi Q} = \frac{f_0}{Q} \tag{8.41}$$

表明电路的 Q 值愈大，带阻滤波电路的阻带宽度越窄，电路的选择性越好。

如图 8.13 示出了利用 Multisim 软件对图 8.12 所示的二阶有源带阻滤波器的仿真图及其不同 Q 值时的幅频特性。对应 Q 值大的曲线(上曲线)，$R_2 = 1.8\text{k}\Omega$，$Q = 5$；对应 Q 值小的曲线(下曲线)，$R_2 = 1\text{k}\Omega$，$Q = 1$。在本例中，改变 R_2 的值也就是改变电路 A_{BS} 的值，从而改变电路的阻带宽度。

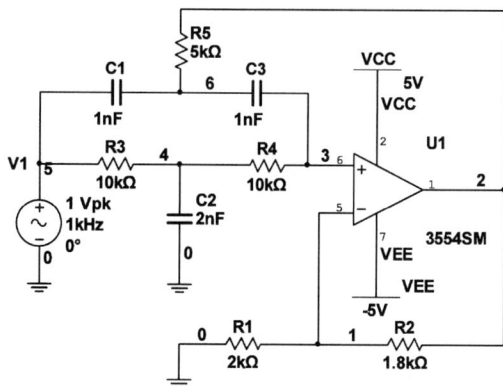

(a) 仿真图

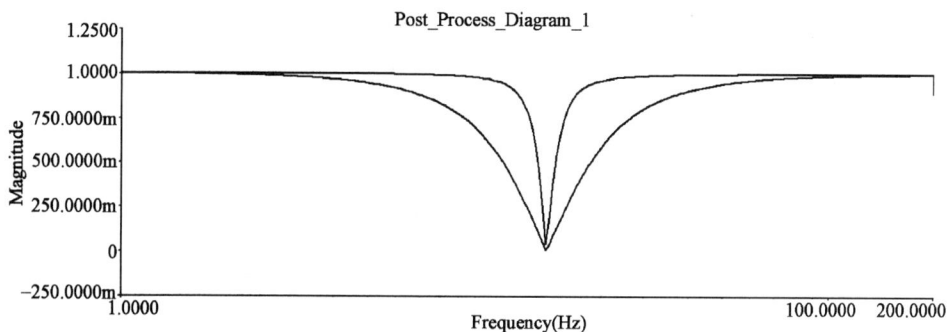

(b) 不同Q值时的幅频特性比较

图 8.13 二阶有源带阻滤波器的仿真图及其不同 Q 值时的幅频特性比较

8.2.5 一阶有源全通滤波器

图 8.14 示出了一阶有源全通滤波器的两种电路结构。

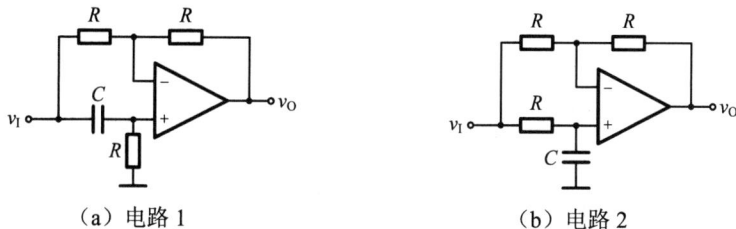

（a）电路 1   （b）电路 2

图 8.14 一阶有源全通滤波器的两种电路结构

对于电路 1 来说，根据叠加原理有

$$V_o(s) = -\frac{R}{R}V_i(s) + \left(1 + \frac{R}{R}\right)\frac{R}{R + \dfrac{1}{sC}}V_i(s) = -\frac{1 - sRC}{1 + sRC}V_i(s)$$

故电路的传递函数为

$$T(s) = \frac{V_o(s)}{V_i(s)} = -\frac{1 - sRC}{1 + sRC} \tag{8.42}$$

令 $\omega_n = \dfrac{1}{RC}$，则

$$T(s) = \frac{V_o(s)}{V_i(s)} = -\frac{\omega_n - s}{\omega_n + s} \tag{8.43}$$

以 $j\omega$ 取代 s 可得

$$T(j\omega) = \frac{V_o(j\omega)}{V_i(j\omega)} = -\frac{\omega_n - j\omega}{\omega_n + j\omega} \tag{8.44}$$

由此可得电路的幅频特性和相频特性

$$|T(j\omega)| = 1 \tag{8.45a}$$

$$\varphi = 180° - 2\arctan\frac{\omega}{\omega_n} \tag{8.45b}$$

可以看出，$|T(j\omega)|$ 与频率无关，即信号频率从零到无穷大，输出电压与输入电压在数值上始终相等；当 $\omega = \omega_n$ 时，$\varphi = 90°$；当 $\omega \to 0$ 时，$\varphi \to 180°$；当 $\omega \to \infty$ 时，$\varphi \to 0°$。电路 1 在 Multisim 软件中的仿真图及其频率特性如图 8.15 所示。

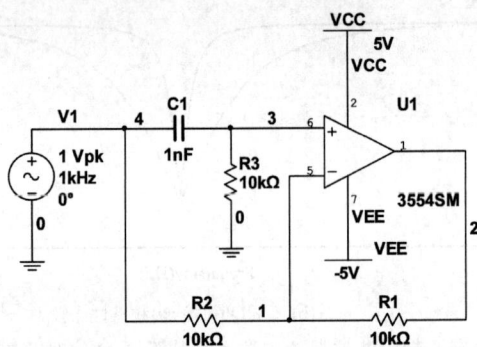

(a) 仿真图

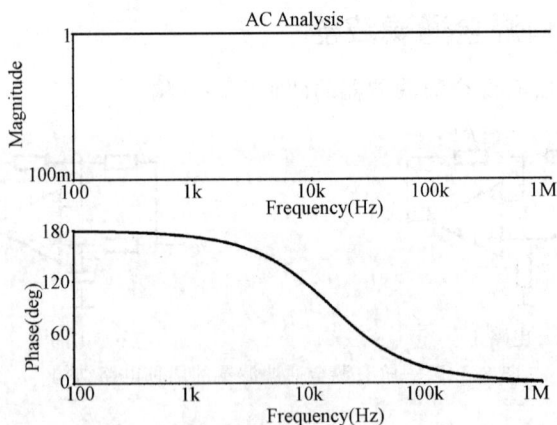

(b) 频率特性

图 8.15　电路 1 的仿真图及其频率特性

同理，对于电路 2 来说，根据叠加原理有

$$V_o(s) = -\frac{R}{R}V_i(s) + \left(1 + \frac{R}{R}\right)\frac{\dfrac{1}{sC}}{R + \dfrac{1}{sC}}V_i(s) = \frac{1 - sRC}{1 + sRC}V_i(s)$$

故电路的传递函数

$$T(s) = \frac{V_o(s)}{V_i(s)} = \frac{1 - sRC}{1 + sRC} \tag{8.46}$$

令 $\omega_n = \dfrac{1}{RC}$，则

$$T(s) = \frac{V_o(s)}{V_i(s)} = \frac{\omega_n - s}{\omega_n + s} \tag{8.47}$$

以 $j\omega$ 取代 s 可得

$$T(j\omega) = \frac{V_o(j\omega)}{V_i(j\omega)} = \frac{\omega_n - j\omega}{\omega_n + j\omega} \tag{8.48}$$

由此可得电路的幅频特性和相频特性

$$|T(j\omega)| = 1 \tag{8.49a}$$

$$\varphi = -2\arctan\frac{\omega}{\omega_n} \tag{8.49b}$$

可以看出，$|T(j\omega)|$ 与频率无关，即信号频率从零到无穷大，输出电压与输入电压在数值上始终相等；当 $\omega = \omega_n$ 时，$\varphi = -90°$；当 $\omega \to 0$ 时，$\varphi \to 0°$；当 $\omega \to \infty$ 时，$\varphi \to -180°$。电路 2 在 Multisim 软件中的仿真图及其频率特性如图 8.16 所示。

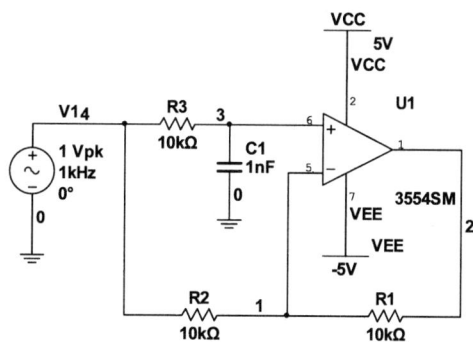

(a) 仿真图

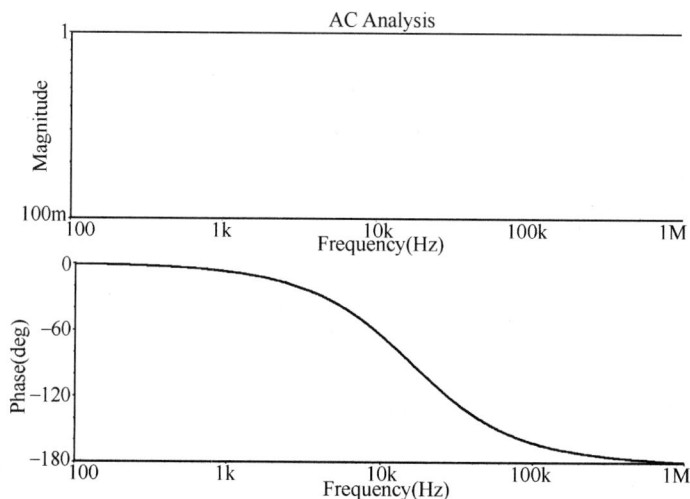

(b) 频率特性

图 8.16 电路 2 的仿真图及其频率特性

下面将在以上对几种类型滤波电路分析的基础上,简单介绍滤波电路的综合。

*8.3 滤波电路综合

滤波电路综合一般分为两步进行,即逼近和实现。逼近是根据给定的技术条件,找出能满足该条件的且为可实现的传递函数。实现是确定适当的电路,其传递函数等于由逼近所得到的函数。

下面以低通滤波电路综合为例来进行讨论。

根据图 8.2(a)可知,理想的低通滤波器要求从 $0\sim\omega_p$ 通带内的信号具有相同的传输能力,而对 $\omega>\omega_p$ 阻带内的信号完全阻止。其幅频特性的技术要求可表示为

$$|T(j\omega)|=\begin{cases} A_{LP} & (0\leqslant\omega\leqslant\omega_p) \\ 0 & (\omega>\omega_p) \end{cases} \tag{8.50}$$

现在的问题是寻求一个可实现的传递函数以满足上述技术要求。

由于任何集总的线性的时不变电路的传递函数都是频率的有理函数,这样的函数均不可能具有式(8.50)的形式,也就是说,只能用可实现的传递函数来逼近式(8.50)。考虑到滤波器的频率特性包括幅频和相频特性,若要在这两方面同时满足要求是很困难的。所以人们往往根据不同的实际需要,或注重考虑幅频特性或注重考虑相频特性等,来寻求不同的可实现的传递函数来逼近理想特性。下面介绍几种经典的逼近方法。

8.3.1 巴特沃思滤波器

巴特沃思(Butterworth)滤波器具有最大平坦的通带,但从通带到阻带衰减较慢。N 阶低通巴特沃思滤波器的幅频特性为

$$|T(j\omega)|=\frac{A_{LP}}{\sqrt{1+(\omega/\omega_p)^{2N}}} \tag{8.51}$$

式中,N 为滤波器的阶数;ω_p 为 -3dB 截止角频率;A_{LP} 为通带电压增益。根据式(8.51)可画出归一化的幅频响应曲线,如图 8.17 所示。由图可见,随着滤波器阶数 N 的增加,其幅频特性将趋于理想特性。

可以证明,巴特沃思滤波器幅频特性最大平坦于 $\omega=0$ 处。

利用一阶、二阶低通滤波器的级联,可以得到高阶低通滤波器。下面重点讨论二阶低通滤波器。根据式(8.51),二阶低通巴特沃思滤波器的幅频特性为

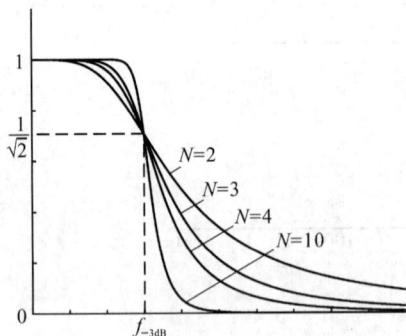

图 8.17 巴特沃思归一化的幅频响应曲线

$$|T(j\omega)|=\frac{A_{LP}}{\sqrt{1+(\omega/\omega_p)^4}} \tag{8.52}$$

如果采用图 8.18 所示电路来实现,则需要确定电路的相关参数。

图 8.18 所示电路的传递函数为

$$T(s) = \frac{A_{\mathrm{Lp}}\omega_{\mathrm{n}}^2}{s^2 + \dfrac{\omega_{\mathrm{n}}}{Q}s + \omega_{\mathrm{n}}^2} \tag{8.53}$$

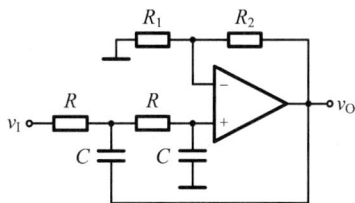

图 8.18 有源 RC 低通滤波电路

传递函数的幅值为

$$|T(\mathrm{j}\omega)| = \frac{A_{\mathrm{LP}}}{\sqrt{\left[\left(\dfrac{\omega}{\omega_{\mathrm{n}}}\right)^2 - 1\right]^2 + \left(\dfrac{\omega}{Q\omega_{\mathrm{n}}}\right)^2}} \tag{8.54}$$

将式(8.52)与式(8.54)比较,可得

$$\left(\frac{\omega}{\omega_{\mathrm{p}}}\right)^4 = \left(\frac{\omega}{\omega_{\mathrm{n}}}\right)^4 \quad 和 \quad \left(\frac{\omega}{Q\omega_{\mathrm{n}}}\right)^2 = 2\left(\frac{\omega}{\omega_{\mathrm{n}}}\right)^2$$

即 $\omega_{\mathrm{p}} = \omega_{\mathrm{n}}$,$Q^2 = \dfrac{1}{2}$,或 $Q = \dfrac{\sqrt{2}}{2} = 0.707$,也就是说,图 8.18 所示有源 RC 低通滤波电路在 $Q = 0.707$ 时为二阶低通巴特沃思滤波器,$-3\mathrm{dB}$ 截止角频率 ω_{p} 为 $\dfrac{1}{RC}$。

由此可进一步求得此时的二阶低通巴特沃思滤波器的通带增益为

$$A_{\mathrm{LP}} = 3 - \frac{1}{Q} = 1.586 \tag{8.55}$$

下面的设计实例是利用两个二阶低通滤波器的级联,得到四阶低通巴特沃思滤波器。

【例 8.1】 设计一个截止频率 $f_{\mathrm{p}} = 1\mathrm{kHz}$ 的四阶低通巴特沃思滤波器。

解 如图 8.19 所示,电路由两个图 8.18 所示的电路的级联构成。

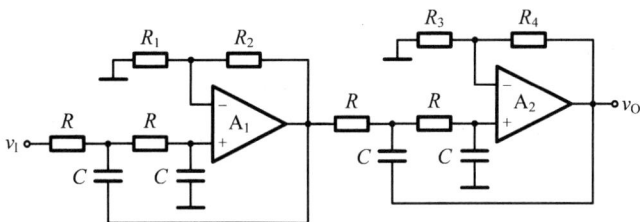

图 8.19 两个二阶低通电路的级联

为设计方便起见,选择每一级二阶低通的截止频率相同,均为 $f_{\mathrm{p}} = 1\mathrm{kHz}$,即 $f_{\mathrm{p}} = \dfrac{1}{2\pi RC} = 1\mathrm{kHz}$。为了使电路总的幅频特性符合巴特沃思滤波器的要求,则每一级二阶低通电路的品质因数不同,设分别为 Q_1 和 Q_2。根据式(8.54)有

第一级二阶低通的幅频特性为

$$|T_1(\mathrm{j}\omega)| = \frac{A_{\mathrm{LP1}}}{\sqrt{\left[\left(\dfrac{\omega}{\omega_{\mathrm{p}}}\right)^2 - 1\right]^2 + \left(\dfrac{\omega}{Q_1\omega_{\mathrm{p}}}\right)^2}}$$

第二级二阶低通的幅频特性为

$$| T_2(j\omega) | = \frac{A_{LP2}}{\sqrt{\left[\left(\dfrac{\omega}{\omega_p}\right)^2 - 1\right]^2 + \left(\dfrac{\omega}{Q_2\omega_p}\right)^2}}$$

则电路的总幅频特性为

$$| T(j\omega) | = | T_1(j\omega) | | T_2(j\omega) |$$

$$= \frac{A_{LP1}A_{LP2}}{\sqrt{\left[\left(\dfrac{\omega}{\omega_p}\right)^2 - 1\right]^2 + \left(\dfrac{\omega}{Q_1\omega_p}\right)^2}\sqrt{\left[\left(\dfrac{\omega}{\omega_p}\right)^2 - 1\right]^2 + \left(\dfrac{\omega}{Q_2\omega_p}\right)^2}}$$

对于四阶低通巴特沃思滤波器来说,有

$$| T(j\omega) | = \frac{A_{LP}}{\sqrt{1 + (\omega/\omega_p)^8}}$$

比较可得

$$\begin{cases} \dfrac{1}{Q_1^2 Q_2^2} = 2 \\ \dfrac{1}{Q_1^2} + \dfrac{1}{Q_2^2} = 4 \end{cases}$$

联立求解,得

$$Q_1^2 \quad 或 \quad Q_2^2 = 1 \pm \frac{\sqrt{2}}{2}$$

即 Q_1 或 $Q_2 = 1.30656$ 或 0.54120,注意到 $Q_1 = \dfrac{1}{3 - A_{LP1}}$,$Q_2 = \dfrac{1}{3 - A_{LP2}}$,则有

$$A_{LP1} \quad 或 \quad A_{LP2} = 2.23463 \quad 或 \quad 1.15225$$

选择电容 $C = 0.033\mu F$,则

$$R = \frac{1}{2\pi f_p C} = \frac{1}{2\pi \times 10^3 \times 0.033 \times 10^{-6}}\Omega \approx 4.82288 k\Omega$$

选择 $A_{LP1} = 1.15225$,$A_{LP2} = 2.23463$,确定 R_1、R_2、R_3 和 R_4 的值。

因 $A_{LP1} = 1 + \dfrac{R_2}{R_1} = 1.15225$,故 $\dfrac{R_2}{R_1} = 0.15225$。考虑到运放同相端对地直流电阻应等于其反相端对地直流电阻,即 $R_1 // R_2 = 2R = 9.64576 k\Omega$。从而解得

$$R_1 = 73.00 k\Omega, \quad R_2 = 11.11 k\Omega$$

同理,因 $A_{LP2} = 1 + \dfrac{R_4}{R_3} = 2.23463$,故 $\dfrac{R_4}{R_3} = 1.23463$ 和 $R_3 // R_4 = 2R = 9.64576 k\Omega$,从而解得

$$R_3 = 17.46 k\Omega, \quad R_4 = 21.55 k\Omega$$

在实际的滤波器设计问题中,除了以上的参数计算外,还需考虑运放参数的选择,如输入阻抗、单位增益带宽积和压摆率等,这里就不一一讨论了。

在 Multisim 仿真软件中的仿真图及其幅频特性如图 8.20 所示。从图中可以测出,$-3dB$ 处的频率为 999.0831Hz,通带增益为 2.5742,与理论值: $-3dB$ 处的频率 1000Hz,通带增益 $1.15225 \times 2.23463 = 2.5749$ 基本吻合,符合设计要求。

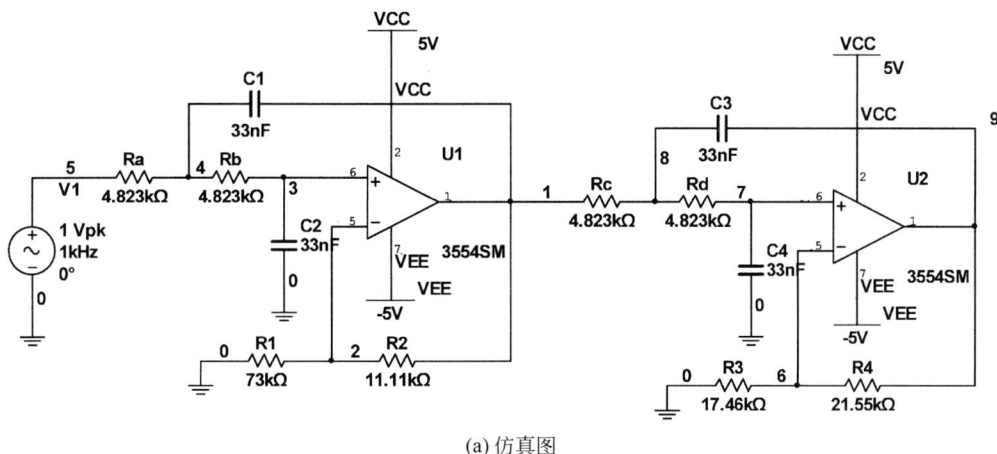

(a) 仿真图

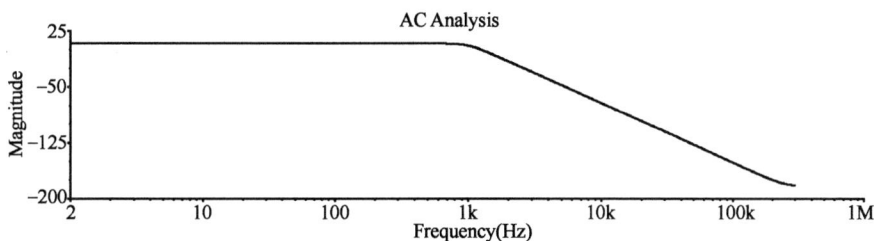

(b) 幅频特性

图 8.20 例 8.1 的仿真图及其幅频特性

8.3.2 切比雪夫滤波器

切比雪夫(Chebyshev)滤波器具有等波纹通带,但可得到更大的阻带衰减。N 阶低通切比雪夫滤波器的幅频特性为

$$| T(\mathrm{j}\omega) | = \frac{1}{\sqrt{1 + \varepsilon^2 C_N^2\left(\dfrac{\omega}{\omega_\mathrm{p}}\right)}} \tag{8.56}$$

式中 $C_N\left(\dfrac{\omega}{\omega_\mathrm{p}}\right) = \cos\left(N \cos^{-1}\dfrac{\omega}{\omega_\mathrm{p}}\right)$ 为切比雪夫多项式,可利用下列递推公式

$$C_{N+1}\left(\frac{\omega}{\omega_\mathrm{p}}\right) = 2\,\frac{\omega}{\omega_\mathrm{p}}C_N\left(\frac{\omega}{\omega_\mathrm{p}}\right) - C_{N-1}\left(\frac{\omega}{\omega_\mathrm{p}}\right)$$

来确定。N 为滤波器的阶数,ε 为通带纹波系数,它与通带最大衰减 $A_{\max}$ 的关系为

$$\varepsilon = \sqrt{10^{A_{\max}/10} - 1} \quad \text{或} \quad A_{\max} = 10\lg(1 + \varepsilon^2) \tag{8.57}$$

利用递推公式,可得到 2~5 阶切比雪夫多项式$\left(\text{注意 } C_0\left(\dfrac{\omega}{\omega_\mathrm{p}}\right) = 1, C_1\left(\dfrac{\omega}{\omega_\mathrm{p}}\right) = \dfrac{\omega}{\omega_\mathrm{p}}\right)$

$$C_2\left(\frac{\omega}{\omega_\mathrm{p}}\right) = 2\left(\frac{\omega}{\omega_\mathrm{p}}\right)^2 - 1$$

$$C_3\left(\frac{\omega}{\omega_\mathrm{p}}\right) = 4\left(\frac{\omega}{\omega_\mathrm{p}}\right)^3 - 3\,\frac{\omega}{\omega_\mathrm{p}}$$

$$C_4\left(\frac{\omega}{\omega_p}\right) = 8\left(\frac{\omega}{\omega_p}\right)^4 - 8\left(\frac{\omega}{\omega_p}\right)^2 + 1$$

$$C_5\left(\frac{\omega}{\omega_p}\right) = 16\left(\frac{\omega}{\omega_p}\right)^5 - 20\left(\frac{\omega}{\omega_p}\right)^3 + 5\frac{\omega}{\omega_p}$$

【例 8.2】 设计一个截止频率 $f_p = 1\mathrm{kHz}$ 的二阶低通切比雪夫滤波器,通带最大衰减为 0.5dB。

解 选用图 8.18 所示的有源 RC 低通滤波电路来实现。

为了电路设计上的方便,引入频率系数 f_n,根据式(8.54),该电路的幅频特性可表示为

$$|T(\mathrm{j}\omega)| = \frac{A_{\mathrm{LP}}}{\sqrt{\left(\frac{\omega}{f_n\omega_p}\right)^4 - \left(2 - \frac{1}{Q^2}\right)\left(\frac{\omega}{f_n\omega_p}\right)^2 + 1}} \tag{8.58}$$

根据式(8.56),二阶低通切比雪夫滤波器的幅频特性为

$$\begin{aligned}
|T(\mathrm{j}\omega)| &= \frac{1}{\sqrt{1 + \varepsilon^2 C_2^2\left(\frac{\omega}{\omega_p}\right)}} \\
&= \frac{1}{\sqrt{1 + \varepsilon^2\left[2\left(\frac{\omega}{\omega_p}\right)^2 - 1\right]^2}} \\
&= \frac{1}{\sqrt{4\varepsilon^2\left(\frac{\omega}{\omega_p}\right)^4 - 4\varepsilon^2\left(\frac{\omega}{\omega_p}\right)^2 + 1 + \varepsilon^2}}
\end{aligned} \tag{8.59}$$

将式(8.59)变换后写成

$$|T(\mathrm{j}\omega)| = \frac{A_{\mathrm{LP}}}{\sqrt{\frac{4\varepsilon^2}{1+\varepsilon^2}\left(\frac{\omega}{\omega_p}\right)^4 - \frac{4\varepsilon^2}{1+\varepsilon^2}\left(\frac{\omega}{\omega_p}\right)^2 + 1}} \tag{8.60}$$

比较式(8.58)和式(8.60),得

$$\frac{1}{f_n^4} = \frac{4\varepsilon^2}{1+\varepsilon^2} \quad \text{和} \quad \left(2 - \frac{1}{Q^2}\right)\frac{1}{f_n^2} = \frac{4\varepsilon^2}{1+\varepsilon^2}$$

从而有

$$f_n = \left(\frac{1+\varepsilon^2}{4\varepsilon^2}\right)^{\frac{1}{4}}$$

$$Q = \frac{1}{\sqrt{2 - \sqrt{\frac{4\varepsilon^2}{1+\varepsilon^2}}}}$$

由此求得

$$A_{\mathrm{LP}} = 3 - \frac{1}{Q} = 3 - \sqrt{2 - \sqrt{\frac{4\varepsilon^2}{1+\varepsilon^2}}} \tag{8.61}$$

可见,根据给定的滤波器的通带最大衰减 $A_{\max}$,求出通带纹波系数 ε,即可利用式(8.61)确定通带增益 A_{LP},进而求得电路的其他参数。

由已知条件,根据式(8.57),得 $\varepsilon = 0.349\,311\,4$,从而有 $f_n = 1.231\,341\,8$。

选择电容的容值均为 $0.01\mu F$,则电阻 R 的阻值为

$$R = \frac{1}{2\pi f_n f_p C} = \frac{1}{2\pi \times 1.231\ 341\ 8 \times 10^3 \times 0.01 \times 10^{-6}}\Omega = 12.925k\Omega$$

由式(8.60)可知,截止频率处的增益为 A_{LP},即电路的通带增益。

由式(8.61),得电路的通带增益

$$A_{LP} = 3 - \sqrt{2 - \sqrt{\frac{4\varepsilon^2}{1+\varepsilon^2}}} = 1.842\ 218\ 7$$

因 $A_{LP} = 1 + \dfrac{R_2}{R_1} = 1.842\ 218\ 7$,故 $\dfrac{R_2}{R_1} = 0.842\ 218\ 7$。同时有 $R_1 // R_2 = 2R = 25.8k\Omega$,解得

$$R_1 = 56.4k\Omega, \quad R_2 = 47.5k\Omega$$

在 Multisim 仿真软件中的仿真图及其幅频特性如图 8.21 所示。可以看出,过渡带比较陡峭,比巴特沃思滤波器的衰减快,但幅频特性不如后者平坦。同时可以测出通带增益为 1.8422,其最大值与最小值之差即通带最大衰减 $A_{max} = 5.8065 - 5.3066 = 0.4999dB$,截止频率处的增益为 1.8421,与理论值基本吻合,符合设计要求。

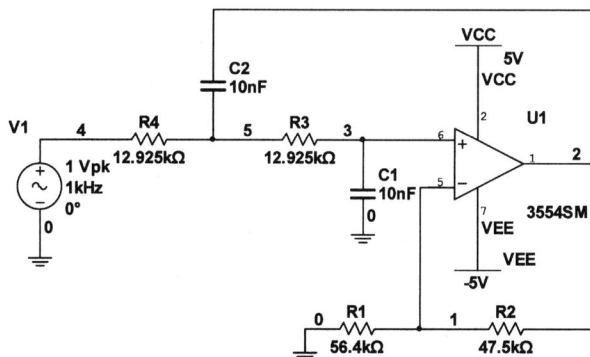

(a) 仿真图

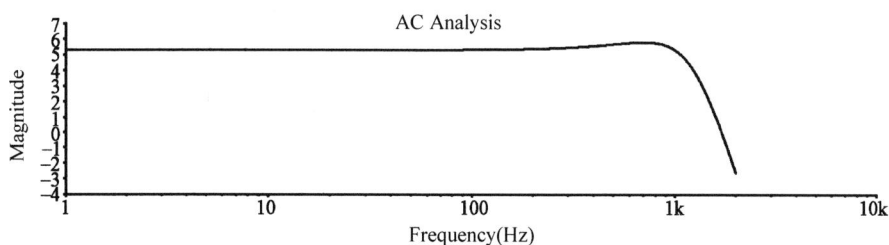

(b) 幅频特性

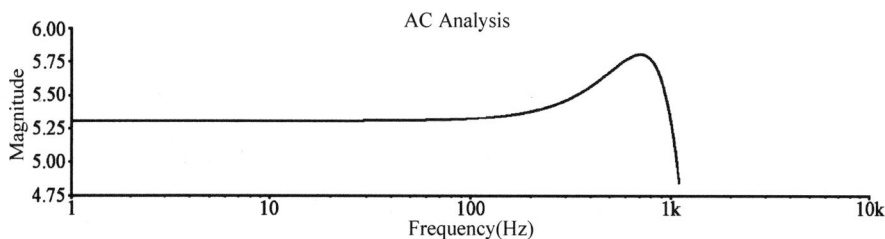

(c) 1kHz附近的幅频特性

图 8.21　例 8.2 的仿真图及其幅频特性

【例 8.3】 设计一个截止频率 $f_p = 1\text{kHz}$ 的四阶低通切比雪夫滤波器,通带最大衰减为 2dB。

解 如图 8.22 所示,电路是由两个二阶低通电路的级联所构成的。

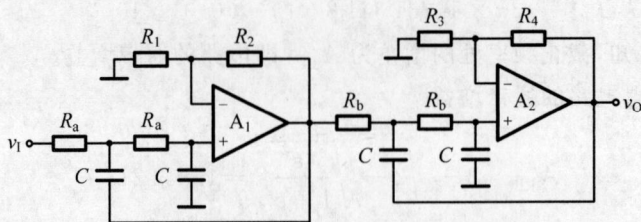

图 8.22 两个二阶低通电路的级联

电路的总幅频特性为

$$|T(j\omega)| = \frac{A_{LP1}A_{LP2}}{\sqrt{\left[\left(\frac{\omega}{\omega_{p1}}\right)^2 - 1\right]^2 + \left(\frac{\omega}{Q_1\omega_{p1}}\right)^2}\sqrt{\left[\left(\frac{\omega}{\omega_{p2}}\right)^2 - 1\right]^2 + \left(\frac{\omega}{Q_2\omega_{p2}}\right)^2}}$$

对于四阶低通切比雪夫滤波器来说有

$$|T(j\omega)| = \frac{1}{\sqrt{1 + \varepsilon^2\left[8\left(\frac{\omega}{\omega_p}\right)^4 - 8\left(\frac{\omega}{\omega_p}\right)^2 + 1\right]^2}}$$

类似于例 8.2 的方法,可得方程组

$$\begin{cases} \left(\dfrac{1}{\omega_{p1}}\right)^4 \left(\dfrac{1}{\omega_{p2}}\right)^4 = \dfrac{64\varepsilon^2}{1+\varepsilon^2}\left(\dfrac{1}{\omega_p}\right)^8 \\[2mm] \left(2 - \dfrac{1}{Q_1^2}\right)\left(\dfrac{1}{\omega_{p1}}\right)^2\left(\dfrac{1}{\omega_{p2}}\right)^4 + \left(2 - \dfrac{1}{Q_2^2}\right)\left(\dfrac{1}{\omega_{p1}}\right)^4\left(\dfrac{1}{\omega_{p2}}\right)^2 = \dfrac{128\varepsilon^2}{1+\varepsilon^2}\left(\dfrac{1}{\omega_p}\right)^6 \\[2mm] \left(\dfrac{1}{\omega_{p1}}\right)^4 + \left(\dfrac{1}{\omega_{p2}}\right)^4 + \left(2 - \dfrac{1}{Q_1^2}\right)\left(2 - \dfrac{1}{Q_2^2}\right)\left(\dfrac{1}{\omega_{p1}}\right)^2\left(\dfrac{1}{\omega_{p2}}\right)^2 = \dfrac{80\varepsilon^2}{1+\varepsilon^2}\left(\dfrac{1}{\omega_p}\right)^4 \\[2mm] \left(2 - \dfrac{1}{Q_1^2}\right)\left(\dfrac{1}{\omega_{p1}}\right)^2 + \left(2 - \dfrac{1}{Q_2^2}\right)\left(\dfrac{1}{\omega_{p2}}\right)^2 = \dfrac{16\varepsilon^2}{1+\varepsilon^2}\left(\dfrac{1}{\omega_p}\right)^2 \end{cases}$$

令 $\omega_{p1} = f_{n1}\omega_p$,$\omega_{p2} = f_{n2}\omega_p$,其中 f_{n1}、f_{n2} 为频率系数。并设

$$x_1 = 2 - \frac{1}{Q_1^2}, \quad x_2 = 2 - \frac{1}{Q_2^2}, \quad x_3 = \left(\frac{1}{f_{n1}}\right)^2, \quad x_4 = \left(\frac{1}{f_{n2}}\right)^2, \quad B = \sqrt{\frac{\varepsilon^2}{1+\varepsilon^2}}$$

于是得到方程组

$$\begin{cases} x_3 x_4 = 8B \\ x_1 x_4 + x_2 x_3 = 16B \\ x_3^2 + x_4^2 + x_1 x_2 x_3 x_4 = 80B^2 \\ x_1 x_3 + x_2 x_4 = 16B^2 \end{cases}$$

因 $A_{max} = 2\text{dB}$,故 $\varepsilon^2 = 0.584\,893\,2$,从而 $B = 0.607\,488\,8$。将 B 的值代入方程组,利用计算机进行数值求解,并注意到 $A_{LP1} = 3 - \dfrac{1}{Q_1}$,$A_{LP2} = 3 - \dfrac{1}{Q_2}$,可得到如下结果:

$$f_{n1} = 0.471 \quad A_{LP1} = 1.924$$
$$f_{n2} = 0.964 \quad A_{LP2} = 2.782$$

类似地,截止频率处的增益为 A_{LP},即电路的通带增益,其值为 $1.924 \times 2.782 = 5.3526 =$

14.5712dB。

选择电容的容值均为 $0.01\mu F$，则电阻 R_a 和 R_b 的阻值分别为

$$R_a = \frac{1}{2\pi f_{n1} f_p C} = \frac{1}{2\pi \times 0.471 \times 10^3 \times 0.01 \times 10^{-6}} = 33.791 k\Omega$$

$$R_b = \frac{1}{2\pi f_{n2} f_p C} = \frac{1}{2\pi \times 0.964 \times 10^3 \times 0.01 \times 10^{-6}} = 16.510 k\Omega$$

因 $A_{LP1} = 1 + \dfrac{R_2}{R_1} = 1.924$，$A_{LP2} = 1 + \dfrac{R_4}{R_3} = 2.782$，故 $\dfrac{R_2}{R_1} = 0.924$，$\dfrac{R_4}{R_3} = 1.782$。同时有 $R_1//R_2 = 2R_a$，$R_3//R_4 = 2R_b$。从而解得

$$R_1 = 140.723 k\Omega, \quad R_2 = 130.028 k\Omega$$
$$R_3 = 51.550 k\Omega, \quad R_4 = 91.862 k\Omega$$

在 Multisim 仿真软件中的仿真图及其幅频特性如图 8.23 所示。从图中可以看到等纹波的通带，且过渡带曲线陡峭。仿真实测通带增益为 14.5709dB，其最大值与最小值之差即通带最大衰减 $A_{max} = 16.5708 - 14.5709 \approx 2$dB，截止频率处的增益为 14.5769dB，与理论值基本吻合，符合设计要求。

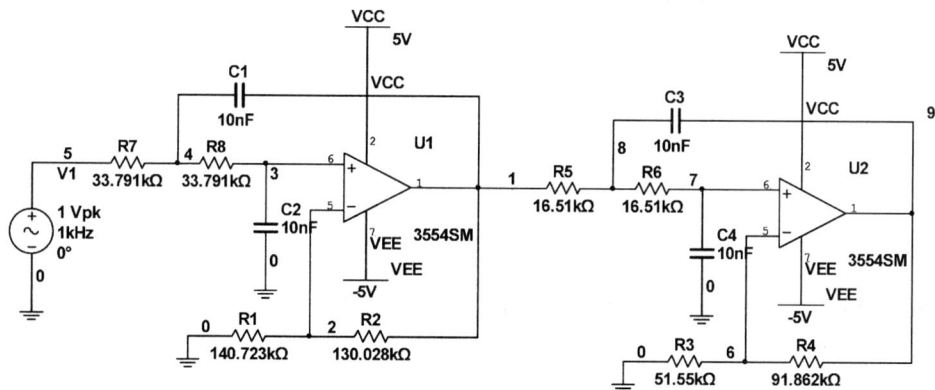

(a) 仿真图

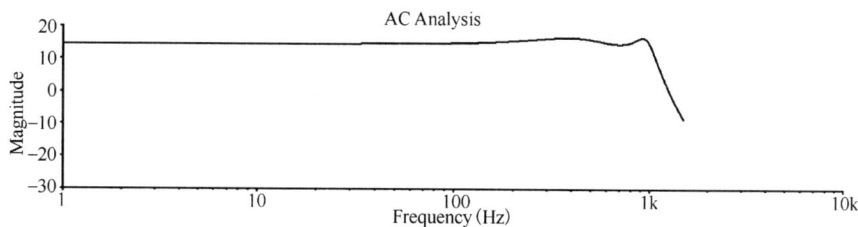

（b）幅频特性

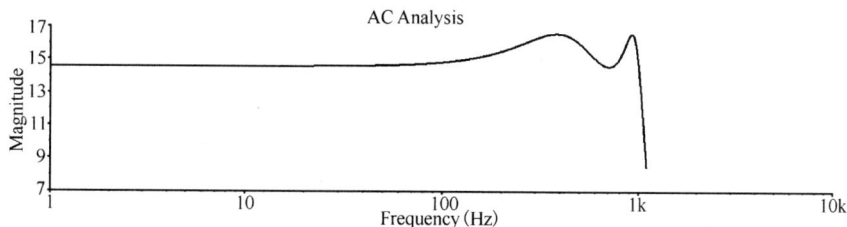

（c）1kHz 附近的幅频特性

图 8.23　例 8.3 的仿真图及其幅频特性

8.3.3 贝塞尔滤波器

以上介绍的巴特沃思滤波器和切比雪夫滤波器都是对滤波器传递函数的幅频特性的逼近,前者具有最大平坦通带,后者具有等纹波通带,而不考虑其相频特性。但在某些情况下,滤波器的相频特性是很重要的。例如要求信号波形不失真地传输,这就不仅要求滤波器在通带内有平直的幅频特性,而且还要求有理想的相频特性,即有恒定的群时延。贝塞尔(Bessel)逼近就是使通带内具有最大平坦群时延特性的一种逼近。其传递函数为

$$T(s) = \frac{B_N(0)}{B_N(s)} \tag{8.62}$$

式中 $B_N(s)$ 是 N 阶贝塞尔多项式,

$$B_N(s) = \sum_{k=0}^{N} b_k s^k$$

其中系数 $b_k = \dfrac{(2N-k)!}{2^{N-k}k!\ (N-k)!}$,$B_N(0) = b_0$ 为常数。

对于 $N \geqslant 2$ 来说,有以下递推公式

$$B_N(s) = (2N-1)B_{N-1}(s) + s^2 B_{N-2}(s)$$

且有 $B_0(s) = 1$,$B_1(s) = s+1$。利用递推公式,得到 2～5 阶贝塞尔多项式如下:

$$B_2(s) = s^2 + 3s + 3$$
$$B_3(s) = s^3 + 6s^2 + 15s + 15$$
$$B_4(s) = s^4 + 10s^3 + 45s^2 + 105s + 105$$
$$B_5(s) = s^5 + 15s^4 + 105s^3 + 420s^2 + 945s + 945$$

【例 8.4】 设计一个二阶低通贝塞尔滤波器,-3dB 截止频率 $f_p = 1\text{kHz}$,并分析电路的群时延。

解 采用如图 8.18 所示电路,其传递函数为

$$T(s) = \frac{A_{\text{Lp}}}{\left(\dfrac{s}{\omega_n}\right)^2 + \dfrac{1}{Q\omega_n}s + 1} \tag{8.63}$$

根据式(8.62),二阶低通贝塞尔滤波器传递函数为(注意以 $\dfrac{s}{\omega_0}$ 取代 s)

$$T(s) = \frac{3A_{\text{LP}}}{\left(\dfrac{s}{\omega_0}\right)^2 + \dfrac{3}{\omega_0}s + 3} = \frac{A_{\text{LP}}}{\dfrac{1}{3}\left(\dfrac{s}{\omega_0}\right)^2 + \dfrac{1}{\omega_0}s + 1} \tag{8.64}$$

其幅频特性为

$$\left| T\left(j\frac{\omega}{\omega_0}\right) \right| = \frac{A_{\text{LP}}}{\sqrt{\left[1 - \dfrac{1}{3}\left(\dfrac{\omega}{\omega_0}\right)^2\right]^2 + \left(\dfrac{\omega}{\omega_0}\right)^2}} \tag{8.65}$$

根据式(8.65)可知,当 $\omega = \omega_0$ 时,$\left| T\left(j\dfrac{\omega}{\omega_0}\right) \right| = 0.8321 A_{\text{LP}}$,说明 ω_0 不是 -3dB 处的角频率。为了用 -3dB 截止角频率 ω_p 表示,引入比例系数 f_m 即 $\omega_0 = f_m \omega_p$。代入式(8.64)和式(8.65),有

$$T(s) = \cfrac{A_{\mathrm{LP}}}{\cfrac{1}{3}\left(\cfrac{s}{f_{\mathrm{m}}\omega_{\mathrm{p}}}\right)^2 + \cfrac{1}{f_{\mathrm{m}}\omega_{\mathrm{p}}}s + 1} \tag{8.66}$$

$$\left| T\left(\mathrm{j}\cfrac{\omega}{\omega_{\mathrm{p}}}\right) \right| = \cfrac{A_{\mathrm{LP}}}{\sqrt{\left[1 - \cfrac{1}{3}\left(\cfrac{\omega}{f_{\mathrm{m}}\omega_{\mathrm{p}}}\right)^2\right]^2 + \left(\cfrac{\omega}{f_{\mathrm{m}}\omega_{\mathrm{p}}}\right)^2}} \tag{8.67}$$

当 $\omega = \omega_{\mathrm{p}}$ 时,令式(8.67)的分母等于 $\sqrt{2}$,即

$$\left[1 - \frac{1}{3}\left(\frac{1}{f_{\mathrm{m}}}\right)^2\right]^2 + \left(\frac{1}{f_{\mathrm{m}}}\right)^2 = 2$$

即

$$\left[\left(\frac{1}{f_{\mathrm{m}}}\right)^2\right]^2 + 3\left(\frac{1}{f_{\mathrm{m}}}\right)^2 - 9 = 0$$

解之取正值,得 $f_{\mathrm{m}} = 0.7344$。

在式(8.63)中引入系数 f_{n},有

$$T(s) = \cfrac{A_{\mathrm{Lp}}}{\left(\cfrac{s}{f_{\mathrm{n}}\omega_{\mathrm{p}}}\right)^2 + \cfrac{1}{Qf_{\mathrm{n}}\omega_{\mathrm{p}}}s + 1} \tag{8.68}$$

比较式(8.66)和式(8.68),得

$$\begin{cases} f_{\mathrm{n}}^2 = 3f_{\mathrm{m}}^2 \\ Qf_{\mathrm{n}} = f_{\mathrm{m}} \end{cases}$$

解之得

$$f_{\mathrm{n}} = \sqrt{3}\, f_{\mathrm{m}} = 1.2720, \quad Q = \frac{f_{\mathrm{m}}}{f_{\mathrm{n}}} = 0.5774$$

从而电路的通带增益 $A_{\mathrm{LP}} = 3 - \dfrac{1}{Q} = 1.2681$。

选择电容的容值均为 $0.01\mu\mathrm{F}$,则电阻 R 的阻值为

$$R = \frac{1}{2\pi f_{\mathrm{n}}f_{\mathrm{p}}C} = \frac{1}{2\pi \times 1.2720 \times 10^3 \times 0.01 \times 10^{-6}} = 12.5122\mathrm{k\Omega}$$

因 $A_{\mathrm{LP}} = 1 + \dfrac{R_2}{R_1} = 1.2681$,故 $\dfrac{R_2}{R_1} = 0.2681$。同时有 $R_1 // R_2 = 2R = 25.0244\mathrm{k\Omega}$,解得

$$R_1 = 118.364\mathrm{k\Omega}, \quad R_2 = 31.733\mathrm{k\Omega}$$

在 Multisim 仿真软件中的仿真图及其幅频特性、相频特性、群时延曲线如图 8.24 所示。从幅频特性中可以测出,通带增益为 1.2681 相当于 2.0629dB,$-3\mathrm{dB}$ 处的频率为 998.3823Hz,与理论值基本吻合。

根据式(8.66),得到电路的相频特性为

$$\varphi = -\arctan \cfrac{\cfrac{\omega}{f_{\mathrm{m}}\omega_{\mathrm{p}}}}{1 - \cfrac{1}{3}\left(\cfrac{\omega}{f_{\mathrm{m}}\omega_{\mathrm{p}}}\right)^2} \tag{8.69}$$

群时延为

$$\tau_{\mathrm{g}}(\omega) = -\frac{\mathrm{d}\varphi}{\mathrm{d}\omega} = \frac{1}{f_{\mathrm{m}}\omega_{\mathrm{p}}} \cdot \frac{1 + \frac{1}{3}\left(\frac{\omega}{f_{\mathrm{m}}\omega_{\mathrm{p}}}\right)^2}{1 + \frac{1}{3}\left(\frac{\omega}{f_{\mathrm{m}}\omega_{\mathrm{p}}}\right)^2 + \frac{1}{9}\left(\frac{\omega}{f_{\mathrm{m}}\omega_{\mathrm{p}}}\right)^4} \tag{8.70}$$

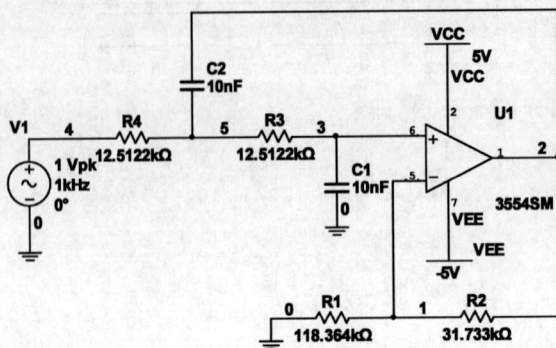

（a）仿真图

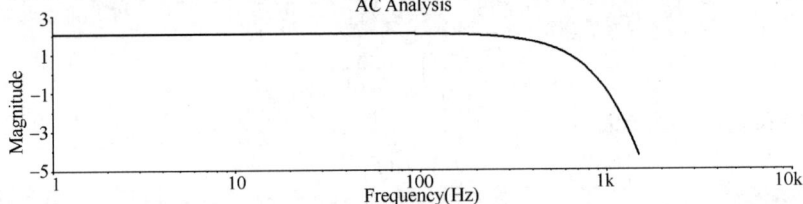

（b）幅频特性

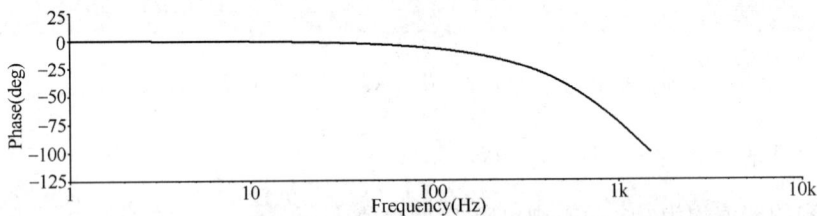

（c）相频特性

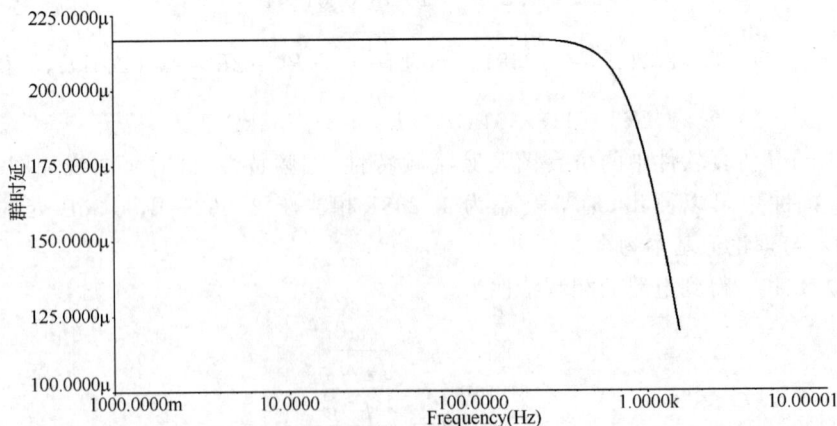

（d）群时延

图 8.24　例 8.4 的仿真图及其幅频特性、相频特性和群时延

由式(8.69)可知,相移从频率0Hz时的0°开始几乎线性地变化到$f_m f_p = 734.4$Hz时的$-\arctan(3/2) = -56.3°$,仿真测试为$-56.3097°$,仿真与理论值基本吻合。

由式(8.70)可知,群时延在0Hz时为$1/f_m \omega_p = 159.15/f_m f_p = 0.2167$ms,在频率为$f_m f_p = 734.4$Hz时为0Hz时群时延的92.3%,即0.2000ms。利用Multisim软件中的后处理功能,求得群时延曲线,可测得0Hz时的群时延为216.7035μs,734.4Hz时的群时延为200.0569μs,仿真与理论值基本吻合。

从以上对滤波器设计的例子中可以看出,元器件的参数对滤波器的特性是很敏感的。在进行计算机仿真时,可以按照理论值设置元器件参数,以得到与理论设计基本吻合的仿真结果。但在实际设计中,一般应选择尽可能接近理论值的标称系列电阻来构成电路,这样为满足设计要求,往往需要进行一定的微调,例如可用一个电位器来改变某一电阻,以调节对应的电路参数。

显然,利用手工计算进行滤波器的设计是比较烦琐的,而采用查表的办法进行设计,可以使整个设计过程简单。目前利用计算机仿真软件,可以进行专业的滤波器设计,例如Filter Solutions滤波器设计软件,可以方便、快捷地设计各种滤波器,如图8.25所示给出了利用Filter Solutions软件,设计仿真的三阶巴特沃思、切比雪夫和贝塞尔低通滤波器的幅频特性。

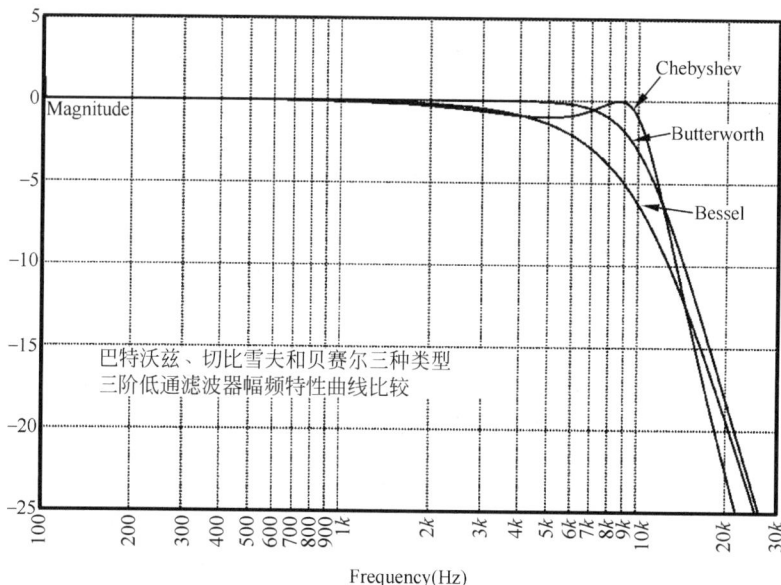

图8.25 三阶巴特沃思、切比雪夫和贝塞尔低通滤波器的幅频特性比较

8.4 基于积分器的二阶有源滤波器——状态变量型滤波器

利用比例、积分、求和等模拟运算来构成滤波器的传递函数,实现各种滤波功能,这种电路称为状态变量型有源滤波器。由于这种滤波器可以同时实现高通、低通、带通和带阻滤波功能,故又称为多功能有源滤波器。

8.4.1 二阶传递函数的实现

二阶有源滤波器的传递函数可概括为

$$T(s) = \frac{a_2 s^2 + a_1 s + a_0}{s^2 + \dfrac{\omega_n}{Q} s + \omega_n^2} \tag{8.71}$$

合理选择 a_2、a_1 和 a_0 的数值,即可实现各种滤波功能的传递函数。例如:当 $a_2 = a_1 = 0$ 时,式(8.71)变为式(8.16),即实现二阶低通滤波器;当 $a_1 = a_0 = 0$ 时,式(8.71)变为式(8.25),即实现二阶高通滤波器,等等。可见通过积分的方法实现式(8.71),并适当改变电路参数,即可实现各种滤波功能。

考虑高通滤波器的情形。式(8.71)变为

$$\frac{V_o(s)}{V_i(s)} = \frac{a_2 s^2}{s^2 + \dfrac{\omega_n}{Q} s + \omega_n^2} \tag{8.72}$$

交叉相乘并移项可得

$$V_o(s) = a_2 V_i(s) - \frac{\omega_n}{Q} \frac{1}{s} V_o(s) - \omega_n^2 \frac{1}{s^2} V_o(s) \tag{8.73}$$

表明 $V_o(s)$ 为三项之和,即第一项为输入信号的 a_2 倍,第二项为输出信号的一次积分,第三项为输出信号的二次积分。这样通过两个积分器和一个加法器就可以得到 $V_o(s)$,如图 8.26(a)所示。图 8.26(b)是图 8.26(a)的电路实现。

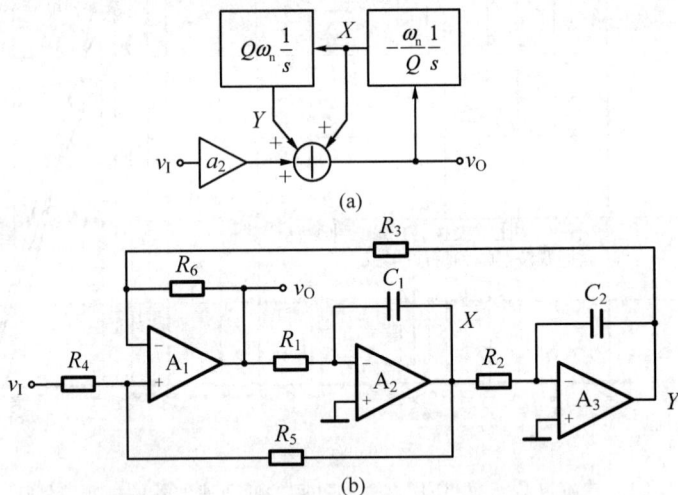

(a)

(b)

图 8.26　状态变量型二阶有源滤波器的电路实现

不难发现,图 8.26(a)的 $V_o(s)$ 实现了高通滤波功能,同时 $V_o(s)$ 的一次积分输出端 X,即

$$\frac{V_x(s)}{V_i(s)} = \frac{V_x(s) V_o(s)}{V_o(s) V_i(s)} = \left(-\frac{\omega_n}{Q} \frac{1}{s} \right) \frac{a_2 s^2}{s^2 + \dfrac{\omega_n}{Q} s + \omega_n^2} = \frac{a_1 s}{s^2 + \dfrac{\omega_n}{Q} s + \omega_n^2} \tag{8.74}$$

式中 $a_1 = -\dfrac{\omega_n}{Q} a_2$。实现了带通滤波器的传递函数。

类似地，$V_o(s)$ 的二次积分输出端 Y，即

$$\frac{V_y(s)}{V_i(s)} = \frac{V_y(s)}{V_x(s)}\frac{V_x(s)}{V_i(s)} = \frac{Q\omega_n}{s}\frac{a_1 s}{s^2 + \dfrac{\omega_n}{Q}s + \omega_n^2} = \frac{a_0}{s^2 + \dfrac{\omega_n}{Q}s + \omega_n^2} \tag{8.75}$$

式中 $a_0 = Q\omega_n a_1$。实现了低通滤波器的传递函数。

由此可见，图 8.26 所示电路的三个不同输出端分别实现了高通、带通和低通。

8.4.2 状态变量滤波器实例

以上对状态变量滤波器的实现原理进行了分析，下面介绍 UAF42 集成电路，以加深对这种滤波器的理解。

UAF42 集成电路是一种集成状态变量型有源滤波器，它可以接成同相或反相输入型。其内部框图如图 8.27 所示。

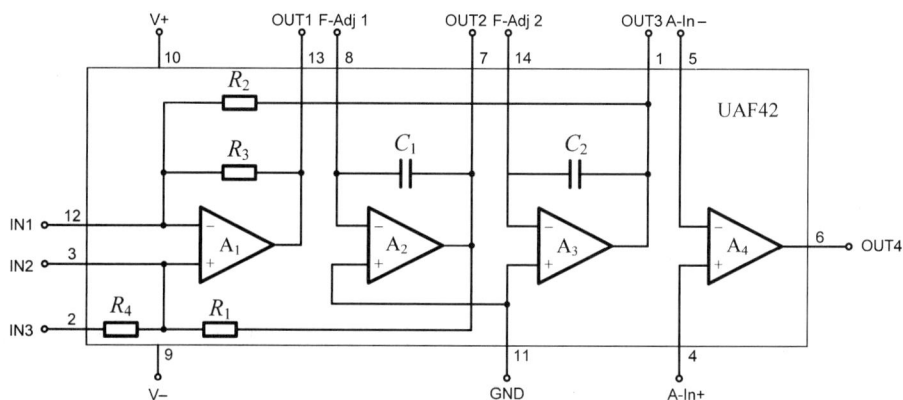

图 8.27 UAF42 的内部框图

一种典型的应用电路如图 8.28 所示。在频率调整端处接入电阻，组成反相输入型有源滤波电路，其中电阻 $R_4 \sim R_{10}$ 均为外接电阻，四个集成运放的输出 V_{o1}、V_{o2}、V_{o3} 和 V_{o4} 分别实现高通、带通、低通和带阻滤波功能。它们的传递函数、通带放大倍数、特征频率和品质因数的详细分析以及 UAF42 集成电路的应用可参考文献[5]。

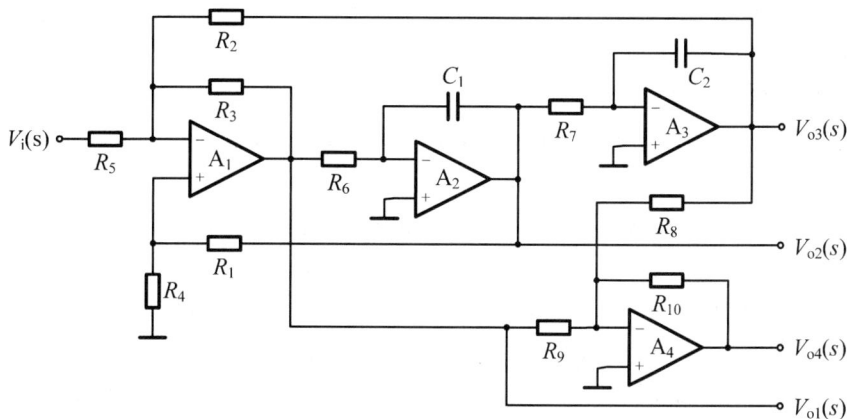

图 8.28 UAF42 的典型应用

本章知识结构图和小结

知识结构图

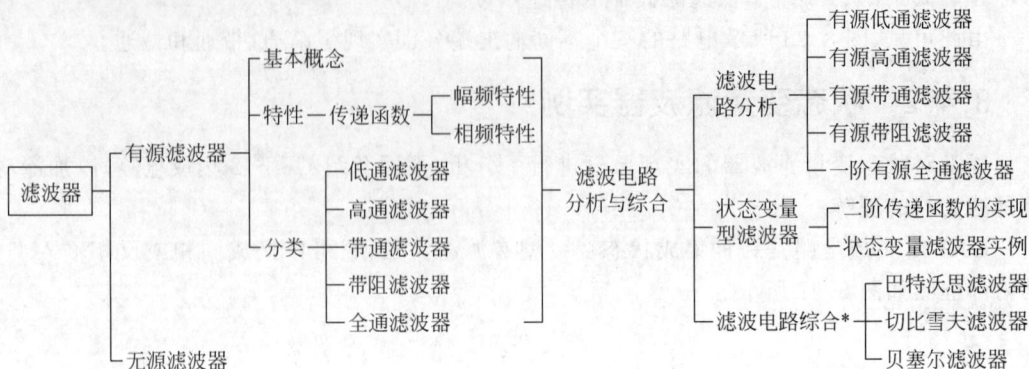

小结

1. 滤波电路实质上是一种具有频率选择功能的电路,它允许某些频率成分的信号顺利通过,同时阻止其他频率成分的信号通过。

2. 有源滤波器是利用有源器件和电阻电容网络构成的一类滤波器,它不含电感器,却可实现 LC 滤波器所具有的高选频特性。

3. 理想滤波器具有平坦的幅频特性且不同频率信号通过滤波器后产生相同的时间延迟。

4. 有源滤波电路分为低通滤波器、高通滤波器、带通滤波器、带阻滤波器和全通滤波器。

5. 有源滤波电路分析是在给定滤波电路的结构和参数的基础上,求出电路的传递函数,从而进一步确定一些性能指标,例如通带电压增益、通带截止频率、特征频率、带宽和品质因数。

6. 赛伦-凯电路是二阶有源低通滤波电路的一种电路结构,电路中引入了电压负反馈,使运放工作在线性区,同时也引入了正反馈,以改善滤波电路的频率特性。

7. 滤波器的频响曲线愈趋于理想滤波器,实际滤波器的阶数愈高,而高于二阶的滤波电路都可以由一阶和二阶有源滤波电路的级联来构成。

8. 注意掌握二阶有源 RC 滤波电路传递函数的标准形式。

9. 滤波电路综合一般分为两步进行,即逼近和实现。几种经典的逼近方法如下:

(1) 巴特沃思滤波器具有最大平坦的通带,但从通带到阻带衰减较慢;

(2) 切比雪夫滤波器具有等波纹通带,但可得到更大的阻带衰减;

(3) 贝塞尔逼近是使通带内具有最大平坦群时延特性的一种逼近。

10. 利用计算机仿真软件,可以进行专业的滤波器设计。

11. 利用比例、积分、求和等模拟运算来构成滤波器的传递函数,实现各种滤波功能,这种电路称为状态变量型有源滤波器。由于这种滤波器可以同时实现高通、低通、带通和带阻滤波功能,故又称为多功能有源滤波器。

习题

分析题

8.1 根据以下要求,选择合适的滤波器:

(1) 为了避免 50Hz 电网电压的干扰进入放大器;

(2) 为了防止干扰信号混入频率为 10~15kHz 的已知输入信号中;

(3) 为了获得输入信号中的低频成分;

(4) 为了从输入信号中取出高于 10kHz 的信号;

(5) 为了使滤波电路的输出电阻足够小,保证负载电阻变化时滤波特性不变。

8.2 导出图 8.29 所示电路的传递函数,说明它们属于哪种类型的滤波器,并进行仿真验证。

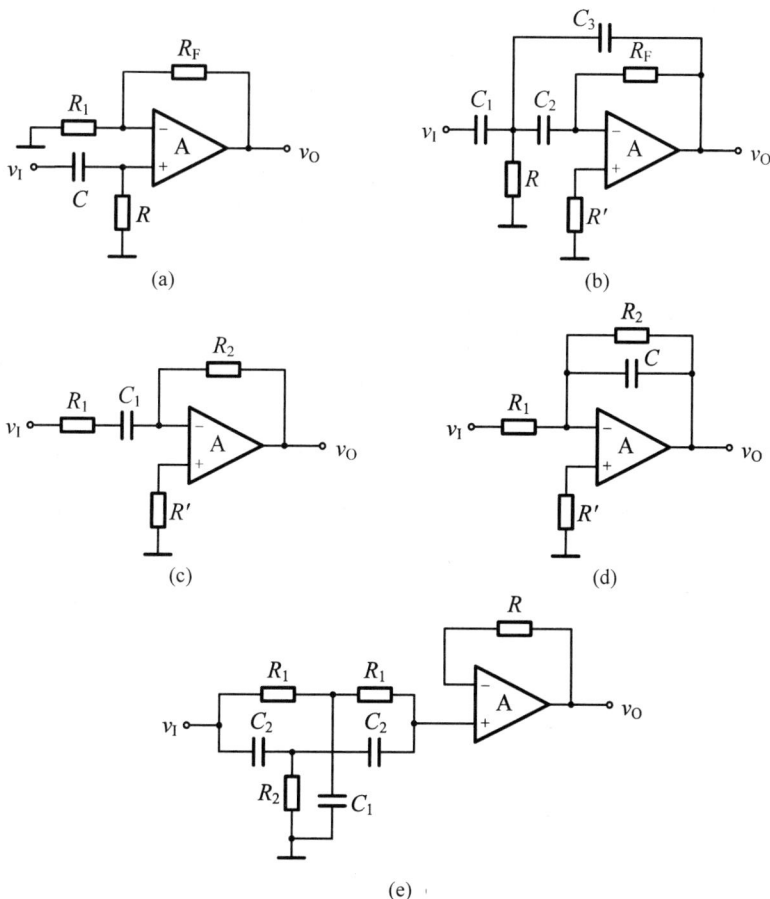

图 8.29 题 8.2 的图

8.3 由理想运放组成的电路如图 8.30 所示。

(1) 导出电路的传递函数;

(2) 说明电路完成的功能。

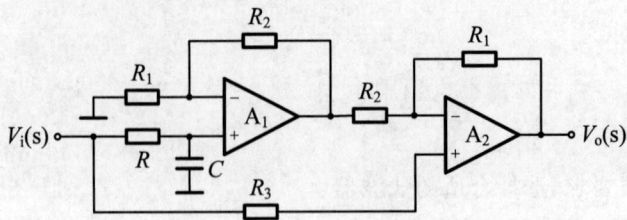

图 8.30 题 8.3 的图

8.4 将图 8.29(b)中的 C_1、C_2 和 C_3 分别用 R_1、R_2 和 R_3 替代；R 和 R_F 分别用 C 和 C_F 替代。导出电路的传递函数，说明它属于哪种类型的滤波器，并进行仿真验证。

8.5 一阶 LPF 和二阶 HPF 的通带放大倍数分别为 2 和 5，通带截止频率分别为 $10\,kHz$ 和 $100\,Hz$，试求用它们构成的带通滤波电路的通带放大倍数，并画出幅频特性。

8.6 电路如图 8.31 所示，请导出电路的传递函数，说明 v_{O1}、v_{O2} 和 v_{O3} 分别具有哪种滤波特性，并加以仿真验证。

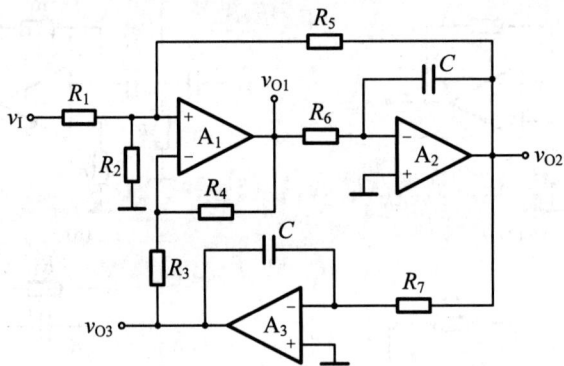

图 8.31 题 8.6 的图

8.7 如图 8.32(a)所示是由运放、电阻和电容组成的"模拟电感"，试证明等效电感为

$$L_{eq} = R_X R_Y C$$

将"模拟电感"替代图 8.32(b)中的电感 L_1，可实现高通滤波器功能，试仿真验证。

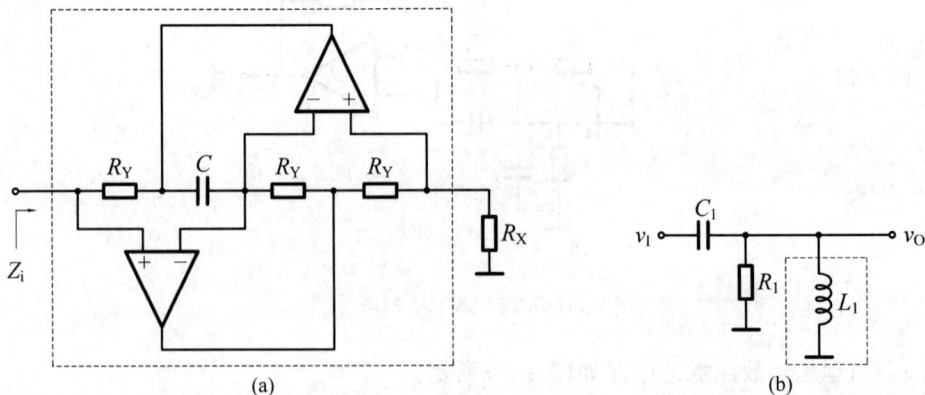

(a)   (b)

图 8.32 题 8.7 的图

设计题

8.1 设计一个一阶有源低通滤波器,电路如图 8.29(d)所示。要求:截止频率为 10kHz,通带增益为 10dB。

8.2 设计一个二阶有源低通滤波器,电路如图 8.5 所示。要求:截止频率为 1kHz,Q 值为 1。

8.3 设计一个二阶有源带通滤波器,电路如图 8.10 所示。要求:中心频率为 5kHz,Q 值为 10。

8.4 设计一个截止频率 $f_p = 5kHz$ 的四阶低通巴特沃思滤波器。

8.5 设计一个截止频率 $f_p = 2kHz$ 的二阶低通切比雪夫滤波器,通带最大衰减为 0.5dB。

8.6 设计一个二阶低通贝塞尔滤波器,$-3dB$ 截止频率 $f_p = 2kHz$,并分析电路的群时延。

第 9 章
CHAPTER 9

信号产生电路

本章将介绍模拟电路的另一种应用电路——振荡器,它与放大电路的区别在于,无须外加激励信号,就能产生具有一定频率、一定波形和一定振幅的交变信号,因此振荡器又称信号产生电路。事实上振荡器是一种能自动地将直流电源能量转换为一定波形的交变信号能量的电路。

根据所产生波形的不同,可将振荡器分成正弦波振荡器和非正弦波振荡器两大类。前者可产生正弦波,后者可产生方波、三角波和矩形脉冲波等。下面先介绍正弦波振荡器。

9.1 正弦波振荡器

在第 3 章介绍了放大电路中的反馈,已经知道负反馈可以起到稳定电路性能参数的作用,而正反馈则可以使电路产生自激振荡。据此可以在放大电路的基础上,设计一个具有频率选择功能的反馈网络,将输出信号的一部分送回放大电路的输入端,这样在适当的条件下,当反馈的信号具有合适的幅值和相位时,便可以产生持续的正弦波输出。这个实现方法的框图如图 9.1 所示。

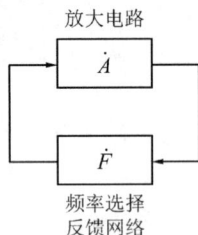

图 9.1 实现正弦波振荡器的一种方法

9.1.1 正弦波振荡器的组成和分类

根据上述分析可知,常用正弦波振荡器须由以下四部分组成。

(1) 放大电路:实现信号电压的放大,提供振荡器的能量。

(2) 正反馈网络:在振荡器中形成正反馈。

(3) 选频网络:使振荡器在多种频率的信号中,选择所需的振荡频率的信号,使振荡器输出单一频率的正弦信号。

(4) 稳幅环节:保证振荡器输出幅值稳定且基本不失真的正弦波形。

总之,正弦波振荡器主要由决定振荡频率的选频网络和维持振荡的正反馈放大器组成,故这种振荡器即为反馈振荡器。从分析方法上来说,可以用反馈理论对正弦波振荡器进行分析,也可以用正弦波振荡器的负阻模型进行讨论。

在实际电路中,正弦波振荡器并不是由这独立的四部分组合而成的。为了使电路简化,往往这四部分中的两个部分甚至三个部分由一个电路来完成,例如将放大电路做成带选频功能的选频放大电路,即将放大电路和选频网络合二为一;若采用晶体管选频放大电路,则利用晶体管本身的限幅功能,又可以实现稳幅,即是放大、选频和稳幅三位一体,等等。具体电路可见下面对实际振荡器的讨论。

正弦波振荡器常用选频网络所采用的元件来命名,可分为 RC 正弦波振荡器、LC 正弦波振荡器和石英晶体正弦波振荡器等类型。其中 RC 振荡器用于产生低频正弦波,一般频率在 1MHz 以下;LC 振荡器和石英晶体振荡器用于产生高频正弦波,频率在 1MHz 以上。而石英晶体振荡器具有振荡频率非常稳定的特点。振荡器中的放大电路既可以由双极型晶体管、场效应管等分立元器件组成,也可以由集成运放组成,前者的性能可以比后者做得好些,且工作频率也可以做得较高。本章介绍的低频振荡器将以集成运放为主,高频振荡器将以分立元器件为主。

9.1.2 产生正弦波振荡的条件

按照上述四部分所构成的电路,需要在适当的条件下,才能产生正弦波振荡,从而输出正弦波信号。下面分析正弦波振荡器(反馈振荡器)必须满足的两个条件:

(1)起振条件——保证电路接通电源后,能逐步建立起振荡。

(2)平衡条件——保证电路维持等幅持续振荡。

1. 起振条件

利用正反馈方法来实现等幅正弦振荡的基本框图如图 9.1 所示。这里为了分析方便,在图 9.1 所示框图中引入了一个假想的输入信号 $\dot{X}_i$,如图 9.2 所示。

对图 9.2 所示的闭合环路来说,在刚接通电源时,电路中存在各种电扰动,相当于在输入端出现了一个输入信号 $\dot{X}_i$,如接通电源瞬间引起的电流突变、电路中的热噪声,等等,这些扰动均具有很宽的频谱。通过电路中的选频网络(可以是 RC 选频网络,也可以是 LC 选频网络),则其中只有角频率为 ω_0 的谐振角频率分量,才能通过反馈产生反馈量 $\dot{X}_f$。如果在 ω_0 处,$\dot{X}_f$ 与原输入电压 $\dot{X}_i'$ 同相,并且具有更大的振幅,则经过线性放大和反馈的不断循环,振荡输出振幅就会不断增大,即

$$|\dot{X}_f| > |\dot{X}_i'|$$

图 9.2 正弦波振荡器框图

将此式两边除以 $|\dot{X}_o|$ 有

$$\frac{|\dot{X}_f|}{|\dot{X}_o|} > \frac{|\dot{X}_i'|}{|\dot{X}_o|} \quad \text{或} \quad \frac{|\dot{X}_o|}{|\dot{X}_i'|} \frac{|\dot{X}_f|}{|\dot{X}_o|} > 1$$

式中,$\dfrac{\dot{X}_o}{\dot{X}_i'} = \dot{A}$、$\dfrac{\dot{X}_f}{\dot{X}_o} = \dot{F}$ 分别是放大电路增益和反馈网络的反馈系数。因此要使振幅不断增长的条件是电路的环路增益大于 1,即

$$|\dot{A}\dot{F}| > 1 \tag{9.1}$$

同时由 $\dot{X}_f$ 与 $\dot{X}_i'$ 同相,有

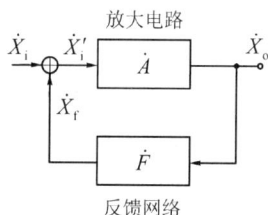

$$\varphi_A(\omega_0) + \varphi_F(\omega_0) = \pm 2n\pi \quad (n=0,1,2,\cdots) \tag{9.2}$$

式中 $\varphi_A(\omega_0)$、$\varphi_F(\omega_0)$ 分别为放大电路、反馈网络的输出量与输入量的相位差。$\varphi_A(\omega_0)+\varphi_F(\omega_0)$ 为环路增益的相角。

式(9.1)和式(9.2)分别称为振幅起振条件和相位起振条件。在起振过程中,直流电源补充的能量应大于整个环路消耗的能量。

2. 平衡条件

因为放大电路的线性范围是有限的,所以振荡器输出幅值的增长过程不可能无止境地延续下去。随着振幅的增大,放大电路逐渐由放大区进入饱和区或截止区,工作于非线性状态,其增益将会下降。当放大电路增益下降而导致环路增益下降到 1 时,振幅的增长过程将停止,振荡器达到平衡,进入等幅振荡状态。此时振荡器直流电源补充的能量刚好抵消整个环路消耗的能量。可见反馈振荡器的平衡条件为

$$|\dot{A}\dot{F}| = 1 \tag{9.3}$$

$$\varphi_A(\omega_0) + \varphi_F(\omega_0) = \pm 2n\pi \quad (n=0,1,2,\cdots) \tag{9.4}$$

式(9.3)和式(9.4)分别称为振幅平衡条件和相位平衡条件。

根据振幅的起振条件和平衡条件,环路增益的模应具有随振幅增大而下降的特性。由于一般放大电路的增益特性曲线均很容易满足这一条件,只要保证起振时环路增益的模大于 1 即可。而环路增益的相角 $\varphi_A(\omega_0)+\varphi_F(\omega_0)$ 则必须维持在 $2n\pi$ 上,以保证为正反馈。

9.1.3 正弦波振荡电路的判断

根据正弦波振荡电路的组成和满足的两个条件,判断其能否正常工作,需考虑以下几点:

(1) 观察电路是否包含放大电路、反馈网络、选频网络和稳幅环节四个组成部分。

(2) 可变增益放大器件(晶体管、场效应管或集成电路)应有正确的直流偏置,且能够输入、输出和放大交流信号。

(3) 环路增益相位在振荡频率 f_0 上应为 2π 的整数倍,即环路应是正反馈。具体做法:设想在放大电路的输入端加入频率为 f_0 的交流信号 v_i,利用"瞬时极性法",判断反馈信号 v_f 的极性,若 v_f 与 v_i 极性相同,则说明满足相位条件,电路有可能产生振荡,否则电路不可能产生振荡。

(4) 在电路满足相位条件的情况下,判断电路是否满足幅值条件。具体做法:判断开始起振时,环路增益幅值 $AF(\omega_0)$ 是否大于 1。由于反馈网络通常由无源器件组成,反馈系数 F 一般是小于 1 的,故 $A(\omega_0)$ 必须大于 1。注意为了增大 $A(\omega_0)$,负载电阻不能选择太小。

其中第二点有关放大电路的直流偏置,可根据直流通路进行判断,其余几点可根据交流通路进行判断。

以上仅从理论上对正弦波振荡器进行了讨论,包括它的组成与分类、产生振荡的条件以及振荡电路的判断等,下面针对具体的正弦波振荡器进行分析。

9.1.4 *RC* 正弦波振荡电路

在第 8 章中已讲过的带通滤波电路(见图 8.10),已经包含了 *RC* 正弦波振荡电路的三个组成部分,其中运放 A、电阻 R_1 和 R_2 构成同相放大电路;电阻 $R_3 \sim R_5$ 和电容 C_1、C_2 构成正反馈网络并具有选频功能,其中心频率为

$$f_0 = \frac{1}{2\pi RC}$$

据此,只要按照 RC 正弦波振荡电路的组成要求,对该电路稍加变动,即可将一个有源带通滤波电路变为一个 RC 正弦波振荡电路。

具体做法:将输入端接地,即令输入信号为零。按照图中数值,可以求得电路的正反馈系数 F 为 1/3。若负反馈电阻 R_2 等于 $2R_1$,则同相放大电路的电压放大倍数 A 等于 3,可以求得此时电路的环路增益 AF 等于 1,也就是说,尽管电路已经由放大电路和兼选频功能的正反馈网络组成,但由于电路不具备起振条件,故不能输出正弦波。为使 $AF>1$,可以适当增大 R_2 或减小 R_1 的值,也可以适当减小正反馈电阻 R_4 的值,除此之外,在负反馈电阻 R_2 上并联二极管电路,构成稳幅环节。当输出电压达到一定值时,流过二极管电流增大,则其动态电阻减小,从而使输出电压减小;反之,流过二极管电流减小,则其动态电阻增大,从而使输出电压增大,所以二极管稳幅环节是利用其非线性起到稳幅作用的。当然也可以利用其他元器件实现稳幅环节,例如热敏电阻等,以实现输出电压的稳定。

由有源带通滤波电路改为 RC 正弦波振荡电路的仿真图如图 9.3(a) 所示,仿真时,将 R1 适当减小(R1 = 1.9kΩ),使 $AF>1$。通过瞬态分析,得到的输出波形图如图 9.3(b) 所示。这里可以清楚地看到电路从起振到波形稳定的全过程,并可测得振荡频率为 1.587kHz,与理论值 1.59 kHz 基本吻合。

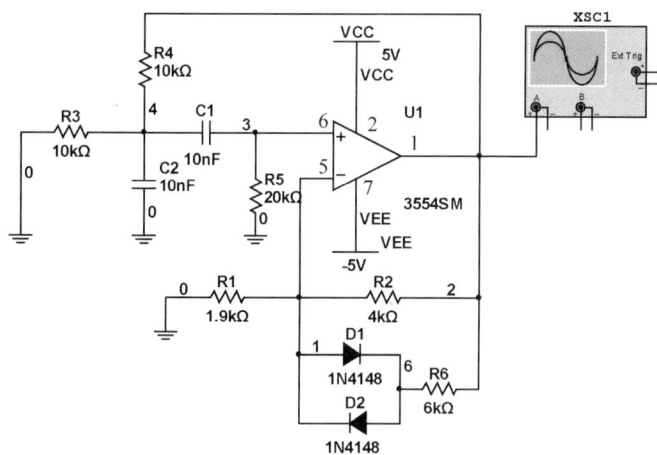

(a) 仿真图

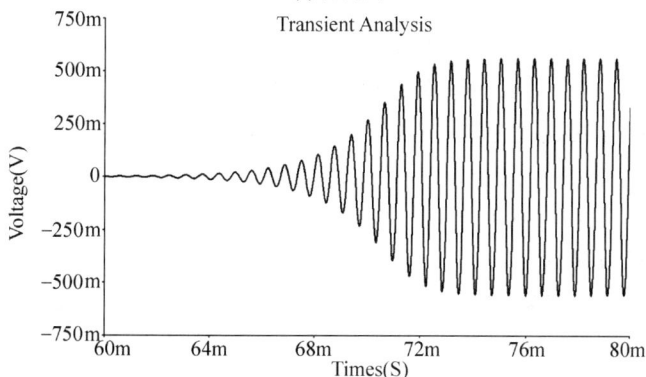

(b) 输出波形

图 9.3 有源带通滤波器改为 RC 正弦波振荡电路

事实上,实用的 RC 正弦波振荡电路是多种多样的,其中一种典型结构是 RC 桥式正弦波振荡电路,又称文氏桥振荡电路。它与图 9.3 所示振荡电路相比,具有结构简单、成本低和频率调整方便等特点。

1. RC 串并联选频网络

RC 桥式正弦波振荡电路中的选频网络是由 RC 构成的串并联电路,如图 9.4(a)所示。

其中 $\dot{V}_1$ 作用于该网络的 RC 串并联两端,作为输入电压;$\dot{V}_2$ 取自于该网络的 RC 并联两端,作为输出电压。在应用中,RC 串并联选频网络还作为反馈网络,而 $\dot{V}_1$ 实际上是放大电路的输出电压 $\dot{V}_o$,$\dot{V}_2$ 即为该网络的反馈电压 $\dot{V}_f$。下面讨论该网络传递函数的频率特性,即其反馈系数的频率特性。

根据图 9.4(a)可得

$$\dot{F} = \frac{\dot{V}_f}{\dot{V}_o} = \frac{R // \dfrac{1}{j\omega C}}{R + \dfrac{1}{j\omega C} + R // \dfrac{1}{j\omega C}} = \frac{1}{3 + j\left(\omega RC - \dfrac{1}{\omega RC}\right)}$$

令 $\omega_0 = \dfrac{1}{RC}$ 即

$$f_0 = \frac{1}{2\pi RC} \tag{9.5}$$

代入上式有

$$\dot{F} = \frac{1}{3 + j\left(\dfrac{f}{f_0} - \dfrac{f_0}{f}\right)} \tag{9.6}$$

于是可得到 RC 串并联网络的反馈系数的幅频特性和相频特性分别为

$$|\dot{F}| = \frac{1}{\sqrt{3^2 + \left(\dfrac{f}{f_0} - \dfrac{f_0}{f}\right)^2}} \tag{9.7}$$

和

$$\varphi = -\arctan \frac{1}{3}\left(\frac{f}{f_0} - \frac{f_0}{f}\right) \tag{9.8}$$

由式(9.7)和式(9.8)可知,当 $f = f_0$ 时,$|\dot{F}|$ 取最大值 $1/3$,且 $\varphi = 0$。利用 Multisim 对 RC 串并联选频网络进行仿真,得到的频率特性如图 9.4(b)所示。由以上分析可知,RC 串并联选频网络实际上是一个带通滤波器,其中心频率可由式(9.5)得到,即对频率为 f_0 的信号有选择作用,亦即 f_0 的信号经过此电路所引起的相移为零且输出最大。不难证明,RC 串并联选频网络与图 9.3(a)中的 RC 选频网络具有相同的频率特性。

2. RC 桥式正弦波振荡电路

将 RC 串并联选频网络取代图 9.3(a)中的 RC 选频网络,即可得到 RC 桥式正弦波振荡电路,其仿真图与输出波形如图 9.5 所示,振荡频率的仿真测试值与理论值基本吻合。

说明:

(1) 从图 9.5(a)中,不难看出 RC 桥式正弦波振荡电路中的四个组成部分,即运放、电

(a) RC串并联选频网络　　　　　　(b) 频率特性

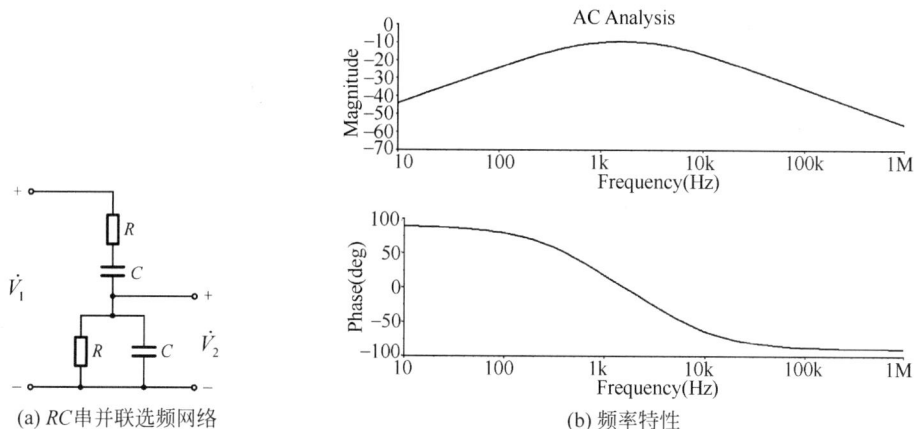

图 9.4　RC 串并联选频网络及其频率特性

阻 R1、R2、R6 和二极管 D1、D2 构成可变增益同相放大电路,即放大、稳幅二合一;RC 串并联选频网络构成正反馈电路,即选频、正反馈二合一。还可以看到负反馈网络中的 R1、R2(包括 D1、D2 和 R6)、正反馈网络中的串联 RC 和并联 RC 各可视为一臂而构成桥路,集成运放的两个输入端分别接在这个桥路的两个顶点上,作为集成运放的净输入电压;集成运放的输出端和"地"分别接在该桥路的另外两个顶点(其中一个顶点为"地")上,作为电路的输出,故此得 RC"桥式"正弦波振荡电路。

(2) 从图 9.5(a)中还可以看出,集成运放所构成的放大电路为电压串联负反馈电路,那么其他反馈类型的放大电路可行吗? 这主要从两个方面来考虑,一是选频网络作为正反馈接入放大电路,应该接在放大电路的同相输入端或者说放大电路应该是同相放大电路;二是选频网络接入后,放大电路的输入电阻将与 RC 并联支路相并联,而放大电路的输出电阻将与 RC 串联支路相串联,这势必影响选频网络的频率特性,对此采用电压串联负反馈电路,将使放大电路具有较大的输入电阻和较小的输出电阻,以减小放大电路对选频网络的影响,从而使振荡频率近乎取决于选频网络。

(3) 由于 RC 串并联选频网络的反馈系数为 1/3,根据正弦波振荡电路的起振条件和幅值平衡条件,同相放大电路的电压增益 A 应满足 $AF \geqslant 1$,即 $A \geqslant 3$,亦即 $1+R2/R1 \geqslant 3$,或者 $R2 \geqslant 2R1$。可见欲使电路能够起振,应使 R2 的值略大于 2R1,随着电路输出电压幅度的增大,R2 的值将趋于 2R1,直到满足幅值平衡条件。在实际电路中,若放大电路采用集成运放,由于输出电压与反馈电压具有良好的线性关系,所以应在电路中接入非线性环节,使放大电路成为 $A \geqslant 3$ 的可变增益放大电路,例如前述电路中的正反并联二极管的接入。还可以选用热敏电阻,来实现放大电路的增益可变。例如 R1 采用正温度系数热敏电阻,当输出电压变大时,流过 R1 和 R2 的电流增大,R1 因温度升高而阻值增大,从而使 A 减小,输出电压也减小。或者 R2 采用负温度系数热敏电阻,当输出电压变大时,流过 R1 和 R2 的电流增大,R2 因温度升高而阻值减小,从而使 A 减小,输出电压也减小。这个自动稳幅过程可概括如下。

假定由于某种原因使振荡器的振幅偏离所需值时,将有以下过程发生,从而使振荡器的振幅维持稳定:

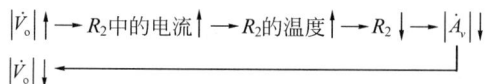

$$|\dot{V}_o|\uparrow \rightarrow R_2中的电流\uparrow \rightarrow R_2的温度\uparrow \rightarrow R_2\downarrow \rightarrow |\dot{A}_v|\downarrow$$
$$|\dot{V}_o|\downarrow \longleftarrow$$

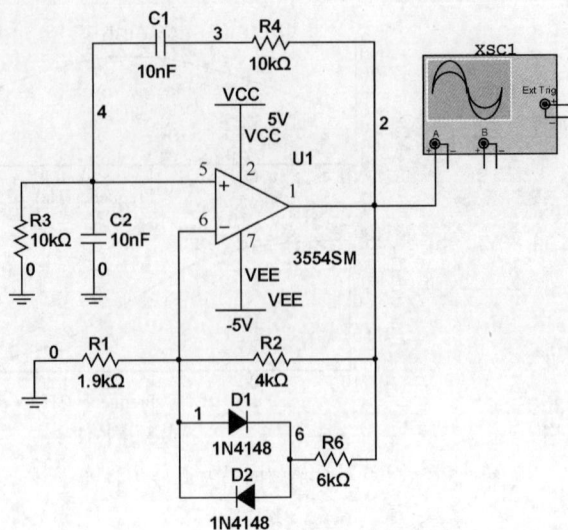

(a) 仿真图

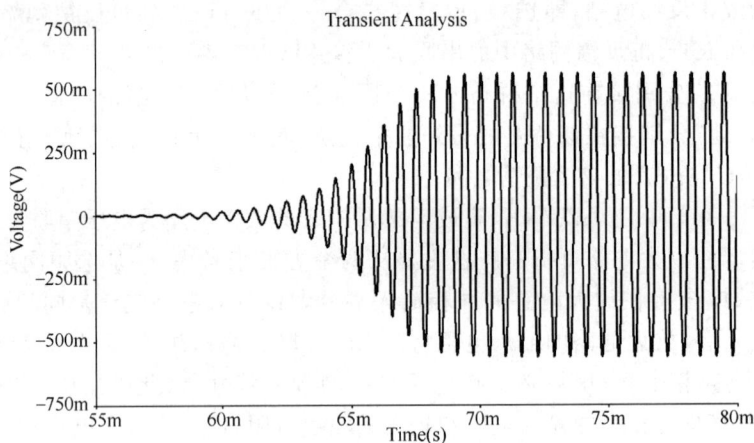

(b) 输出波形

图 9.5 RC 桥式正弦波振荡电路

采用场效应管等元器件实现稳幅的电路可参见习题部分。若放大电路采用分立元件放大电路,则可不必加稳幅环节,依靠晶体管特性的非线性,便可起到稳幅作用。

综上所述,可将 RC 桥式正弦波振荡电路概括为如图 9.6 所示的形式,其中以 RC 串并联网络实现选频和正反馈,以电压串联负反馈放大电路实现放大和稳幅。

在实用电路中,RC 桥式正弦波振荡电路的振荡频率是连续可调的,这可通过分别对电容和电阻的调节来实现。振荡频率连续可调的 RC 串并联选频网络如图 9.7 所示。图中采用双层波段开关来控制上下两组电容,实现振荡频率的粗调;采用同轴电位器来调整上下两组电阻,实现振荡频率的细调。

应注意,当振荡频率高到一定值时,选频网络中 R 和 C 的值相对较小,此时选频网络的特性将受到多方面因素的影响。例如当 R 较小时,同相放大电路的输出电阻将影响选频特性;当 C 较小时,晶体管的极间电容和电路的分布电容将影响选频特性。可见元器件和电路等参数都将影响 RC 桥式正弦波振荡电路振荡频率的提高。下面介绍的 LC 振荡器,主要用来产生高频正弦波信号。

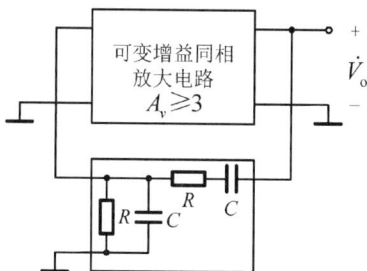

图 9.6 RC 桥式正弦波振荡电路框图

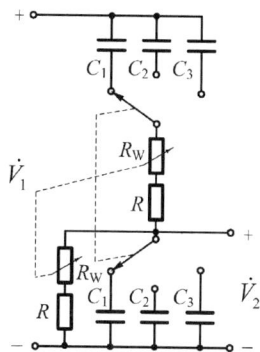

图 9.7 振荡频率连续可调的 RC 串并联选频网络

9.1.5 LC 正弦波振荡电路

LC 正弦波振荡电路产生正弦波的原理和 RC 正弦波振荡电路基本相同,主要区别在于选频网络。正如 9.1.4 节所介绍的那样,RC 正弦波振荡电路的选频网络由电阻和电容组成,而 LC 正弦波振荡电路的选频网络则由电感和电容组成。一般来说,LC 正弦波振荡电路由分立元件组成,当然也可以由高速运放构成,常见的 LC 正弦波振荡电路有变压器耦合反馈振荡电路和三点式振荡电路(包括电感三点式振荡电路和电容三点式振荡电路)。下面首先介绍这些振荡电路中的选频网络——LC 并联谐振电路的基本特性,然后再对这两种 LC 正弦波振荡电路分别进行讨论。

1. LC 并联谐振电路的频率特性

LC 并联谐振电路如图 9.8(a) 所示,图中的电阻 R 和电感 L 串联表示电感线圈,其中 R 为电感线圈的损耗电阻。该电路的导纳为

$$Y = \mathrm{j}\omega C + \frac{1}{R + \mathrm{j}\omega L} = \frac{R}{R^2 + (\omega L)^2} + \mathrm{j}\left[\omega C - \frac{\omega L}{R^2 + (\omega L)^2}\right] \tag{9.9}$$

在实际的并联谐振电路中,电感线圈的损耗电阻 R 是很小的,一般满足 $R \ll \omega L$,故上式变为

$$Y = \frac{R}{(\omega L)^2} + \mathrm{j}\left(\omega C - \frac{1}{\omega L}\right) \tag{9.10}$$

据此图 9.8(a) 等效为图 9.8(b)。当电路谐振时,Y 的虚部为零,即

$$\omega C - \frac{1}{\omega L} = 0$$

由此解得谐振角频率 ω_0 和谐振频率 f_0 分别为

$$\omega_0 = \frac{1}{\sqrt{LC}} \tag{9.11}$$

和

$$f_0 = \frac{1}{2\pi\sqrt{LC}} \tag{9.12}$$

电路谐振时的等效导纳

$$Y(\omega_0) = \frac{R}{(\omega_0 L)^2} = \frac{CR}{L} \tag{9.13}$$

为最小值,谐振阻抗

$$Z(\omega_0) = R_0 = \frac{(\omega_0 L)^2}{R} = \frac{L}{CR} \tag{9.14}$$

为最大值,且为纯电阻。电路的品质因数为

$$Q = \frac{\omega_0 L}{R} = \frac{1}{\omega_0 CR} = \frac{1}{R}\sqrt{\frac{L}{C}} \tag{9.15}$$

于是 LC 并联谐振电路的谐振阻抗又可表示为

$$Z(\omega_0) = R_0 = Q^2 R \tag{9.16}$$

表明 LC 并联谐振电路谐振时的阻抗是谐振电路损耗电阻的 Q^2 倍,所以 LC 并联谐振电路可作为高阻抗负载,当信号源为恒流源时,可在谐振电路两端获得较高的电压。

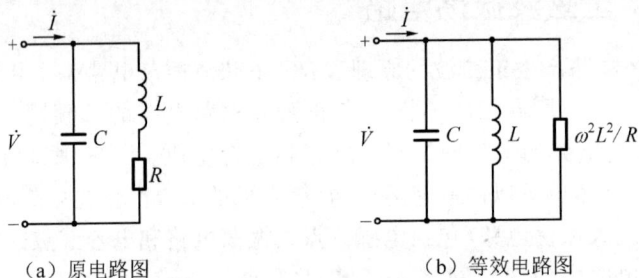

（a）原电路图　　　　　（b）等效电路图

图 9.8　实际的 LC 并联谐振电路

下面在谐振频率附近,讨论 LC 并联谐振电路阻抗的频率特性。由式(9.10)可求得电路的阻抗表达式为

$$Z = \frac{\dfrac{L}{CR}}{1 + jQ\left(\dfrac{\omega}{\omega_0} - \dfrac{\omega_0}{\omega}\right)} \tag{9.17}$$

阻抗的幅频特性和相频特性分别为

$$|Z| = \frac{R_0}{\sqrt{1 + Q^2\left(\dfrac{\omega}{\omega_0} - \dfrac{\omega_0}{\omega}\right)^2}} \tag{9.18}$$

$$\varphi_z = -\arctan\left[Q\left(\frac{\omega}{\omega_0} - \frac{\omega_0}{\omega}\right)\right] \tag{9.19}$$

利用 Multisim 仿真,得到 LC 并联谐振电路阻抗的频率特性如图 9.9 所示。可以看出:

(1) 由幅频特性可知,当外加信号频率 $f_0 = \dfrac{1}{2\pi\sqrt{LC}}$ 时(这里 $L = 1\mathrm{mH}, C = 1\mu\mathrm{F}$, f_0 的理论值为 5.032kHz,仿真测试值为 5.0364kHz,二者基本吻合),电路产生谐振,此时电路等效阻抗达到最大 $Z = R_0 = \dfrac{L}{CR}$ (当 $R1 = 1\Omega$ 时, R_0 的理论值为 1kΩ,仿真测试值为 999.5386Ω,如图中的细线所示;当 $R1 = 2\Omega$ 时, R_0 的理论值为 500Ω,仿真测试值为

500.8772Ω,如图中的粗线所示,且理论值与仿真测试值均基本吻合)。当频率偏离 f_0 时, Z 将减小,且偏离值Δf 越大,Z 将越小。

(2) 由相频特性可知,当 $f > f_0$ 时,电路处于失谐状态,等效阻抗为容性,电路的端电压滞后总电流;当 $f < f_0$ 时,电路也处于失谐状态,等效阻抗为感性,电路的端电压超前总电流。

(3) 谐振曲线的形状与电路的 Q 值有关。Q 值越大,谐振曲线越尖锐,此时电路的选择性越好。

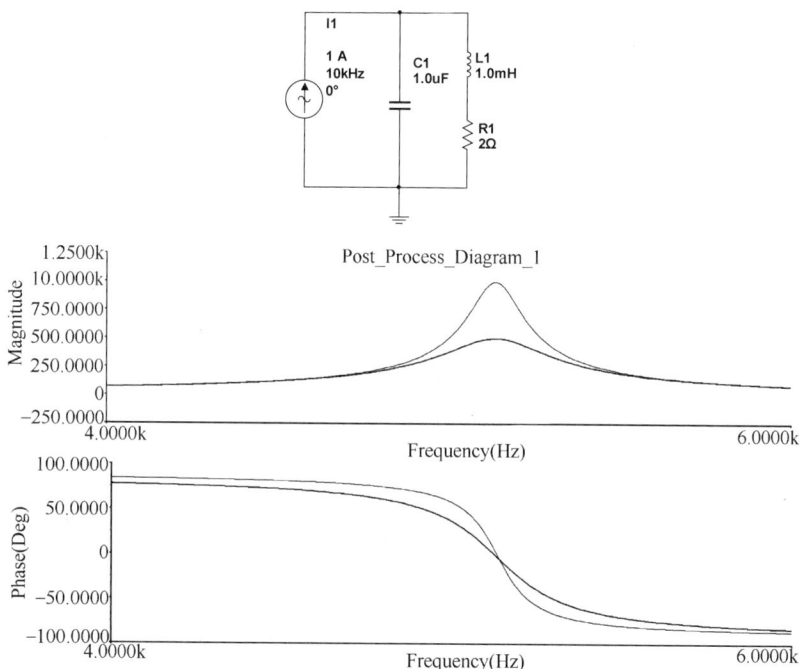

图 9.9 LC 并联谐振电路阻抗的频率特性

在上述对 LC 并联谐振电路讨论的基础上,将 LC 并联谐振电路作为最基本的选频网络,用于反馈振荡器中,从而构成各种形式的 LC 正弦波振荡器。

2. 变压器耦合反馈振荡电路

变压器耦合反馈振荡电路又称为互感耦合反馈振荡电路。从电路结构上看,由单管放大电路、LC 并联谐振电路和正反馈网络组成。根据 LC 并联谐振电路所接位置的不同,可分为调集型、调基型和调射型三种电路,如图 9.10 所示。

由图 9.10(a)可以看出,LC 选频电路接在晶体管 T 的集电极,T 接成共射电路,故该电路又称共射调集变压器反馈振荡电路。电路的反馈电压取自 L_1 两端,一端接基极,另一端通过耦合电容 C_1 和 C_2 作用于发射极。这里注意耦合电容 C_1 的作用:若将 C_1 短路,则基极将通过 L_1 直流接地,振荡电路不能起振;若将 C_1 开路,则反馈信号通过偏置电阻 R_2 作用于发射极,振荡电路不易起振。根据图中所示变压器的同名端,利用"瞬时极性法",可以判断电路符合正反馈要求,满足振荡电路的相位平衡条件。正因为互感耦合振荡器是依靠线圈之间的互感耦合实现正反馈的,所以应注意耦合线圈同名端的正确位置,同时要合理选择耦合系数和晶体管的电流放大系数,使之满足振幅起振条件。

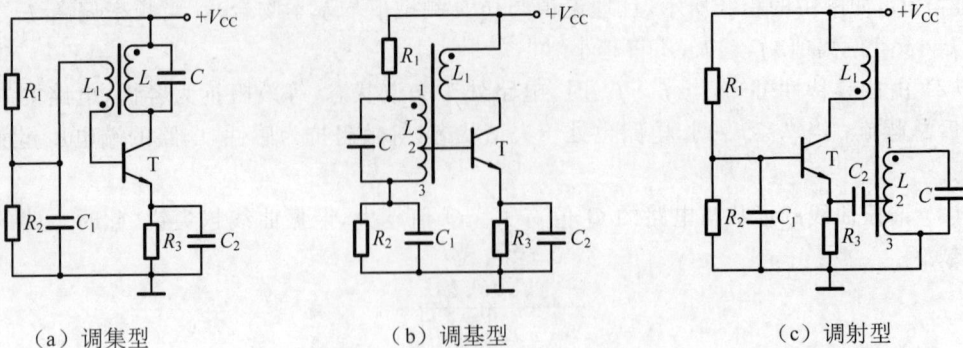

（a）调集型　　　　　　　（b）调基型　　　　　　　（c）调射型

图 9.10　变压器耦合反馈振荡电路

由于 LC 选频电路的作用,故放大电路只对谐振频率 f_0 的信号具有很高的放大倍数。对 f_0 信号来说,当电路有足够的反馈量时,则满足振幅平衡条件,且此时谐振电路呈现电阻性,也满足相位平衡条件。因此电路的振荡频率等于或近似等于 LC 回路的固有频率,即

$$f_0 = \frac{1}{2\pi\sqrt{LC}} \qquad (9.20)$$

互感耦合振荡器是通过互感实现耦合和反馈的,其特点是易起振,易实现阻抗匹配,振荡的幅度较大,还可以通过调节回路中的电容来调整振荡频率,且频率调整范围较宽。但随着 f_0 的提高,变压器的漏感和分布电容的影响将越明显,故 f_0 的稳定度不高且限制了 f_0 的提高,因此只适用于较低频段,通常在几兆赫(MHz)以下。另外因高次谐波的感抗大,故取自变压器次级的反馈电压中高次谐波振幅较大,导致输出振荡信号中高次谐波分量较大,波形失真较大。

图 9.11 给出了调集型互感耦合振荡器在 Multisim 中的仿真图,并通过瞬态分析,可以看到它的输出波形,图 9.11(b)显示了输出波形从起振到稳定的全过程。图中变压器 T1 的初级电感设为 1mH,据此振荡频率的理论值为 11253.954Hz,仿真测试值约为 11245.166Hz,二者基本吻合。

变压器耦合反馈振荡器另两种形式的工作原理基本相似。由图 9.10(b)可以看出,LC 选频电路接在晶体管 T 的基极上,T 接成共射电路。特别注意的是,电路的反馈电压应取自 L 的 2、3 两端,这是因为 T 接成共射电路,其输入电阻 R_i 较低,若反馈电压取自 L 的 1、3 两端,R_i 将会直接并联在谐振电路两端,致使 LC 回路的有载 Q 值很低,导致电路不能起振。一般选取 2、3 之间的匝数约为 L 总匝数的 $1/10 \sim 1/5$。图 9.10(c)所示电路的 LC 选频电路,通过电容 C_2 接在晶体管 T 的发射极上,T 接成共基电路。同理,由于 T 接成共基电路,具有很低的输入电阻 R_i,电路的反馈电压必须取自 L 的 2、3 两端,一般选取 2、3 之间的匝数约为 L 总匝数的 $1/20 \sim 1/8$。因共基电路具有较好的高频特性,故在相同的晶体管条件下,调射型振荡电路可以获得较高的振荡频率。根据图 9.10(b)和图 9.10(c)所示电路中变压器的同名端,利用"瞬时极性法",可以判断电路符合正反馈要求,满足振荡电路的相位平衡条件。它们的振荡频率均可用式(9.20)来计算。

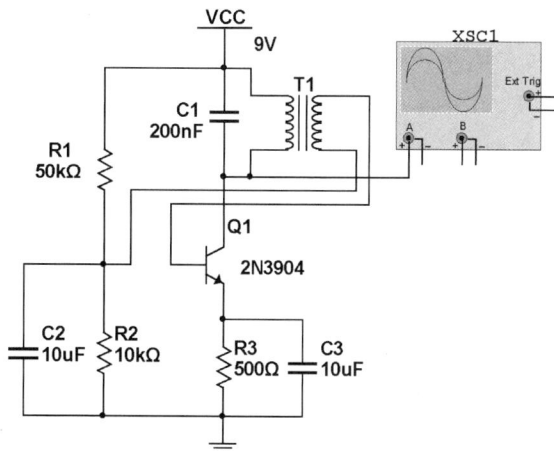

(a) 仿真图

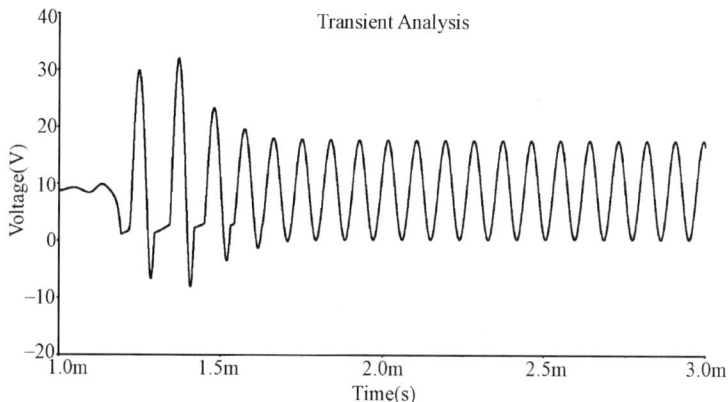

(b) 输出波形

图 9.11 调集型互感耦合振荡器仿真

3. 三点式振荡电路

1) 电路组成

三点式振荡电路是指 LC 回路的三个端点分别与晶体管的三个极相连而组成的一种振荡电路。由于三点式振荡电路以电容耦合或自耦变压器耦合代替互感耦合,故可以克服互感耦合振荡电路振荡频率低的缺点,是一种广泛应用的振荡电路,其振荡频率可达几百兆赫。

三点式振荡电路的原理图如图 9.12 所示。下面分析在满足正反馈相位条件时,LC 回路中三个电抗元件应具有的性质。

由于晶体管(或场效应管)的倒相作用,经放大后的 $\dot{V}_{ce}$ 与 $\dot{V}_{be}$ 的相位差为 π。为了保证正反馈,谐振回路的电抗性质必须使反馈的 $\dot{V}_{be}$ 与 $\dot{V}_{ce}$ 的相位差也为 π。假设 LC 回路由纯电抗元件组成,其电抗值分别为 X_{be}、X_{ce} 和 X_{cb}。而 $\dot{V}_{ce} = \dot{I} X_{ce}$,$-\dot{V}_{be} = \dot{I} X_{be}$,即只要 X_{be} 和 X_{ce} 是同性质的,反馈的 $\dot{V}_{be}$ 与 $\dot{V}_{ce}$ 的相位差即为 π。若不考虑晶体管的电抗效应,则当回路谐振($f = f_0$)时,回路

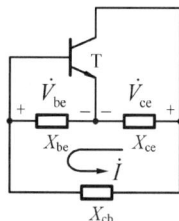

图 9.12 三点式振荡电路的原理图

呈电阻性,即 $X_{be}+X_{ce}+X_{cb}=0$。因此 $X_{cb}=-(X_{be}+X_{ce})$,因 X_{be} 与 X_{ce} 必须是同性质电抗,故 X_{cb} 必须是异性质电抗。可见,在三点式电路中,LC 回路中与发射极相连接的两个电抗元件必须为同性质,另外一个电抗元件必须为异性质。这就是三点式振荡电路组成的相位判据。据此可得到两种三点式振荡电路,即

若与发射极相连接的两个电抗元件同为电感,另外一个电抗元件为电容,则称为电感三点式振荡电路,又称哈特莱振荡电路。

若与发射极相连接的两个电抗元件同为电容,另外一个电抗元件为电感,则称为电容三点式振荡电路,又称为考毕兹振荡电路。

由图 9.12 可以看出,电路中包含放大电路、选频网络、反馈网络和非线性元件(即晶体管)四个组成部分,是符合正弦波振荡电路组成要求的。

2) 电感三点式振荡电路

电感三点式振荡电路又称电感分压反馈式振荡电路,如图 9.13 所示。其特点是电感线圈有个抽头,相当于自耦变压器,电感的三个端点分别与晶体管的三个极相连(对交流通路而言),反馈电压取自 L_1 两端。

为了构成实际的电感三点式振荡电路,需要给晶体管接入合适的偏置电路,以保证晶体管处于放大状态,同时还要注意使用耦合电容和旁路电容,以保证电路的静态工作点不受 LC 回路的影响,如图 9.14 所示。图中的耦合电容 C_1 和高频旁路电容 C_2,将 L_1 两端的反馈电压送至晶体管的基-射极,同时还起到隔直作用,使电路的 Q 点不受 L_1 的影响。一般来说,旁路电容和耦合电容的电容值至少要比 LC 回路电容值大一个数量级以上。对于高频振荡信号来说,旁路电容和耦合电容可近似为短路,高频扼流圈可近似为开路。

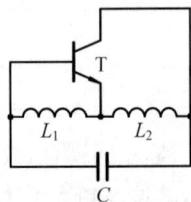

图 9.13 电感三点式振荡
电路的原理图

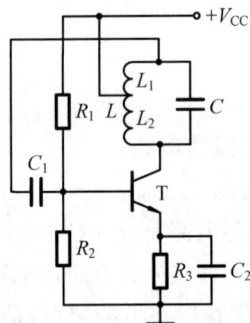

图 9.14 电感三点式振荡电路

可以证明电路的起振条件为

$$\beta > \frac{L_2+M}{L_1+M} \tag{9.21}$$

式中,β 为晶体管共射电流放大系数;M 为 L_1 与 L_2 之间的互感。即使在 L_1 与 L_2 为两个独立的无互感的线圈情况下,即 $M=0$ 时,只要 $\beta > L_2/L_1$,电路便可自激振荡。一般 L_1 约为 L_2 的 1/8~1/3,故取 $\beta > 8$ 即可满足振幅起振条件,表明电感三点式电路易起振。

电路的振荡频率由回路的谐振频率所决定,即

$$f_0 = \frac{1}{2\pi\sqrt{(L_1 + L_2 + 2M)C}} \tag{9.22}$$

由于电感三点式电路中 L_1 和 L_2 通常是一个线圈的两部分,耦合紧密,故它比变压器耦合反馈振荡电路更易起振,且振幅较大;C 采用可变电容器,频率调节方便,调节范围较宽。由于反馈电压取自 L_1,同样存在高次谐波反馈较强,振荡输出正弦波形较差的缺点。

图 9.15 是四种电感三点式振荡电路仿真图,可以看出,它们采用了不同的馈电模式,其中图 9.15(a)即图 9.14,为串联馈电振荡电路,图 9.15(b)～图 9.15(d)均为并联馈电振荡电路。

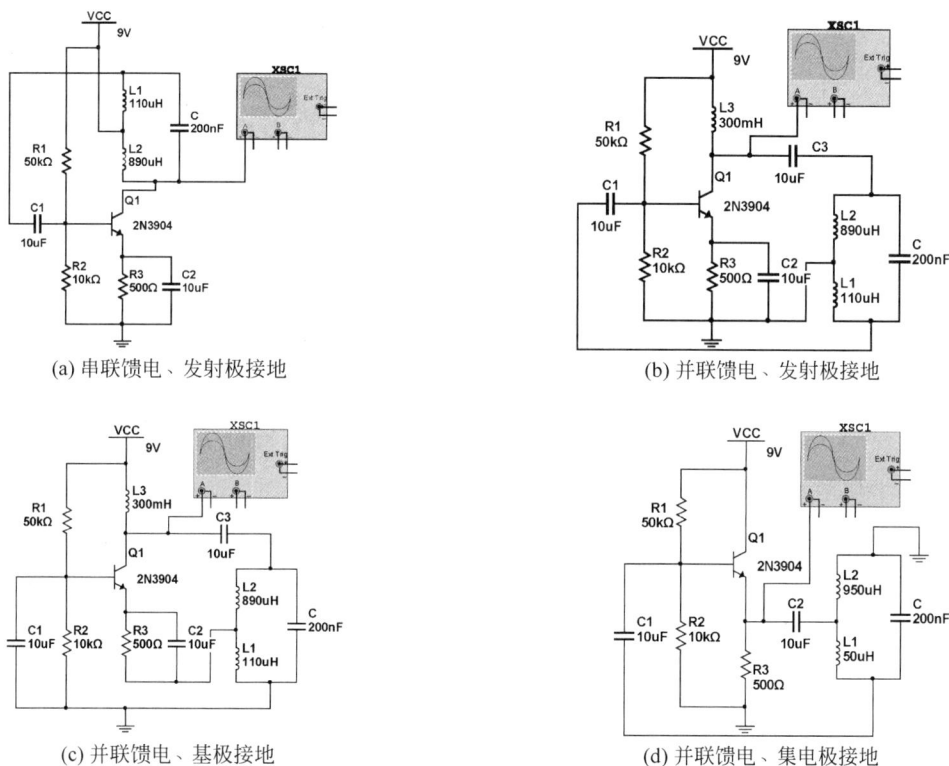

(a) 串联馈电、发射极接地　　　　　　　　　(b) 并联馈电、发射极接地

(c) 并联馈电、基极接地　　　　　　　　　(d) 并联馈电、集电极接地

图 9.15　四种电感三点式振荡电路仿真图

在图 9.15(b)、图 9.15(c)中,集电极直流电流流过高频扼流圈 L_3,而交流电流通过耦合电容 C_3 流入 LC 回路,这里的 L_3 的值应远大于$(L_1 + L_2)$。在小功率振荡电路中,也可以用电阻代替扼流圈。另外因图 9.15(a)、图 9.15(b)所示电路 LC 回路中的 C 两端均不能接地,故不适合用于频率连续可调的电路;而图 9.15(c)、图 9.15(d)所示电路就可以实现可变电容器 C 的动态接地。在不改变元器件参数的情况下,电路的形式不同,输出的波形也不尽相同。通过对上述四种电路的 Multisim 仿真,可以看出,图 9.15(d)所示电路的输出波形较好,其次是图 9.15(c)电路,图 9.15(a)、图 9.15(b)二电路的输出波形较差。

3) 电容三点式振荡电路

电容三点式振荡电路又称为电容分压反馈式振荡电路,如图 9.16 所示。其特点是 LC 回路中的 C 由两个电容 C_a 和 C_b 构成,这样 C 的三个端点分别与晶体管的三个极相连(对交流通路而言),反馈电压由电容分压取自 C_a 两端。

为了构成实际的电容三点式振荡电路,需要给晶体管接入合适的偏置电路,以保证晶体管处于放大状态,同时还需注意使用耦合电容和旁路电容,以保证电路的静态工作点不受 LC 回路的影响,如图 9.17 所示。图中的耦合电容 C_1 和旁路电容 C_2,将 C_a 两端的反馈电压送至晶体管的基-射极,同时还起到隔直作用,使电路的 Q 点不受 L 的影响。图中 R_4 可用高频扼流圈取代,其作用是为直流提供通路而又不影响谐振回路工作特性。

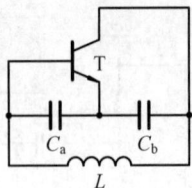

图 9.16　电容三点式振荡电路的原理图

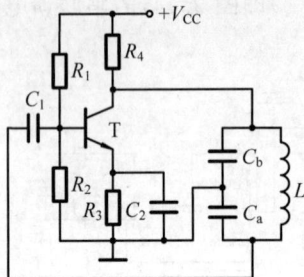

图 9.17　电容三点式振荡电路

可以证明电路的起振条件为

$$\beta > \frac{C_a}{C_b} \tag{9.23}$$

在实际电路中,C_a 一般取 C_b 的 2~8 倍,说明电容三点式电路易起振。

电路的振荡频率由回路的谐振频率所决定,即

$$f_0 = \frac{1}{2\pi \sqrt{L \dfrac{C_a C_b}{C_a + C_b}}} \tag{9.24}$$

由于电路的反馈电压取自 C_a 两端,而电容对振荡电压中的高次谐波呈现低阻抗,故对高次谐波分量反馈较小,使得振荡波形更接近于正弦波。若要调节频率,由于采用了两个电容 C_a 和 C_b,须在保持反馈系数不变的条件下,同时改变 C_a 和 C_b,这就不方便了。

当振荡频率很高时,电感线圈的电感量很小,射极抽头比较困难,电容三点式较电感三点式的 LC 回路更易制作,故前者更适于制作高频振荡器。为此,其放大电路应选择高频特性好的电路,例如共集和共基组态。在构成振荡器时,首先组成共集或共基放大电路,然后再将 LC 回路按照"三点式"的要求接入放大电路,这样便可构成共集电容三点式振荡电路和共基电容三点式振荡电路。图 9.18 给出了三种电容三点式振荡电路仿真图。可以看出,电路中的晶体管工作在不同组态,其中图 9.18(a)即图 9.17 为共射振荡电路,图 9.18(b)、图 9.18(c)分别为共基振荡电路和共集振荡电路。图 9.18(d)所示为共集振荡电路的输出波形。

4) 电容三点式振荡电路的改进

在实际电路中,振荡频率的稳定是至关重要的,而造成振荡频率不稳定的原因之一是晶体管结电容的变化所引起的。仔细观察图 9.16 可知,LC 回路的电容 C_a 和 C_b 分别与晶体管的输入电容 C_{be} 和输出电容 C_{ce} 相并联,即晶体管的极间电容实际上包含在 LC 谐振回

(a) 共射振荡电路

(b) 共基振荡电路

(c) 共集振荡电路

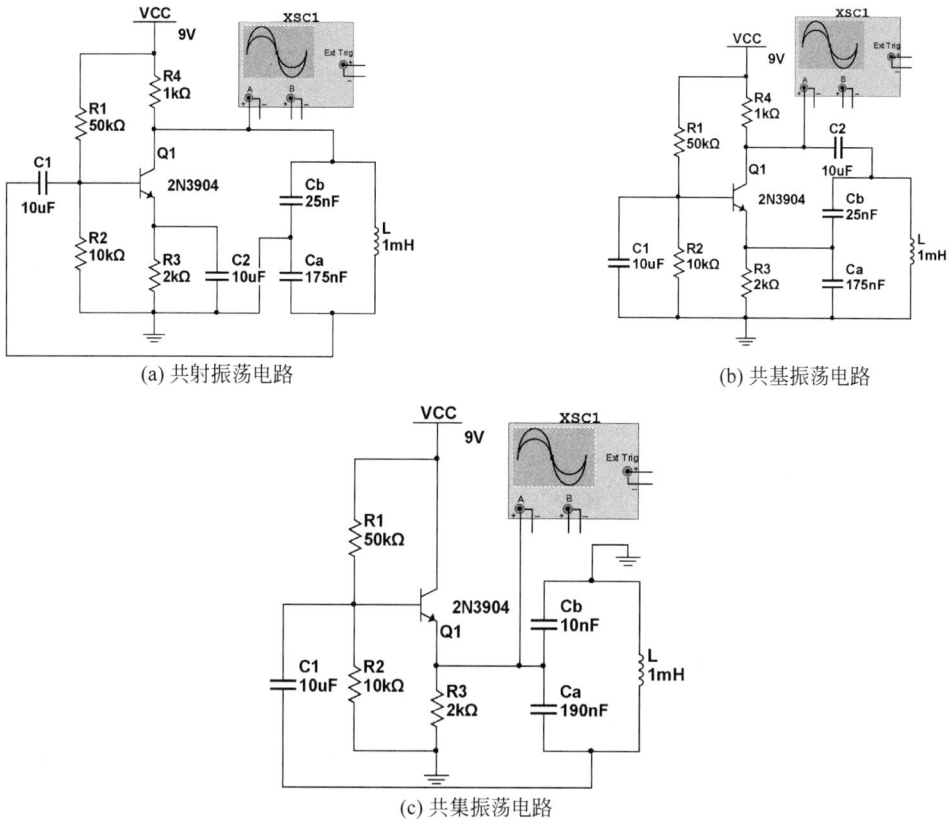

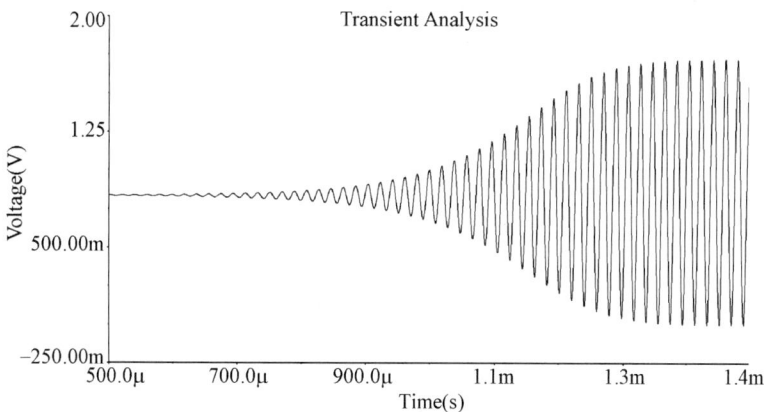

(d) 共集振荡电路输出波形

图 9.18　三种电容三点式振荡电路仿真图

路内。因此当由于某种原因使晶体管的 Q 点改变时，其极间电容也将发生变化，从而导致振荡频率发生变化。下面来分析，LC 谐振回路的电容 C_0 $(C_0 = C_a C_b/(C_a + C_b))$ 的微小变化，究竟对振荡频率 f_0 有多大影响。

假设 C_0 的变化量为 $-\Delta C$，则引起 f_0 的变化量为 $+\Delta f$，则有

$$f_0 = \frac{1}{2\pi\sqrt{LC_0}} \quad 和 \quad f_0 + \Delta f = \frac{1}{2\pi\sqrt{L(C_0 - \Delta C)}}$$

于是可得

$$\frac{f_0 + \Delta f}{f_0} = \sqrt{\frac{C_0}{C_0 - \Delta C}}$$

即

$$\left(\frac{f_0 + \Delta f}{f_0}\right)^2 = \frac{C_0}{C_0 - \Delta C}$$

考虑到 $f_0 \gg \Delta f$, $C_0 \gg \Delta C$, 并略去高次项, 上式变为

$$1 + \frac{2\Delta f}{f_0} \approx 1 + \frac{\Delta C}{C_0}$$

即

$$\Delta f \approx \frac{1}{2} \frac{\Delta C}{C_0} f_0 \tag{9.25}$$

此式反映了回路电容 C_0 的微小变化 ΔC 与其引起振荡频率 f_0 漂移 Δf 的基本关系, 表明在 C_0 和 ΔC 相同的情况下, f_0 越高, Δf 越大。

(1) 克拉帕振荡器

在实际电路中, 为了减小 ΔC 对 Δf 的影响, 将 L 与一小容量电容 C_s 串联取代原电感 L, 从而提高了 f_0 的稳定性, 如图 9.19 所示, 这就是电容三点式的改进型——克拉帕振荡器。

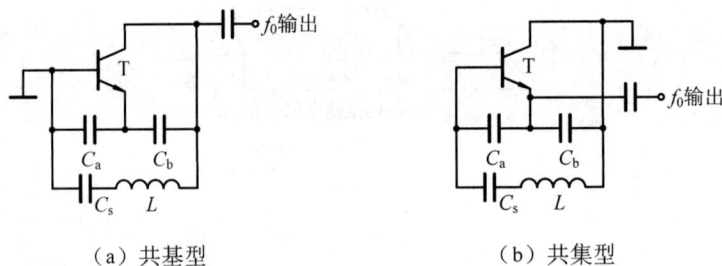

(a) 共基型　　　　　　　　(b) 共集型

图 9.19　电容三点式的改进型

不难证明, 谐振回路的 f_0 由 L、C_s 和 C_0 决定, 即

$$f_0 = \frac{1}{2\pi \sqrt{L \dfrac{C_0 C_s}{C_0 + C_s}}} \tag{9.26}$$

考虑到 $C_0 \gg C_s$, 式(9.26)变为

$$f_0 \approx \frac{1}{2\pi \sqrt{L C_s}} \tag{9.27}$$

表明 f_0 主要由 $L C_s$ 决定, 而与 C_0 几乎无关。

类似地, 可以导出克拉帕振荡器中 C_0 变化 ΔC 时所引起 f_0 的变化 Δf, 即

$$\Delta f \approx \frac{1}{2} \frac{C_s}{C_0 + C_s} \frac{\Delta C}{C_0} f_0 \tag{9.28}$$

式(9.28)与式(9.25)比较可知, 在 C_0 和 ΔC 相同的情况下, Δf 的值减小到原来的 $\dfrac{C_s}{C_0 + C_s}$ 倍, 即 f_0 的稳定性提高了, 且 C_s 越小, f_0 的稳定性越好。在实际电路中, C_s 的值要适当选

取,一方面其值必须远小于 C_a 和 C_b,才能对频率稳定性有改善作用;另一方面,若 C_s 的值过小,则电路不易起振。

由式(9.27)可知,若要调节振荡频率,只需单独调整 C_s 的电容量即可,所以克拉帕振荡器调节频率比较方便。在图9.18(c)所示电路中增加电容 C_s,即可得到克拉帕振荡器(共集型),其仿真图及其输出波形如图9.20所示。振荡频率的理论值为 225.079kHz,仿真测试值为 229.484 kHz,二者基本吻合。

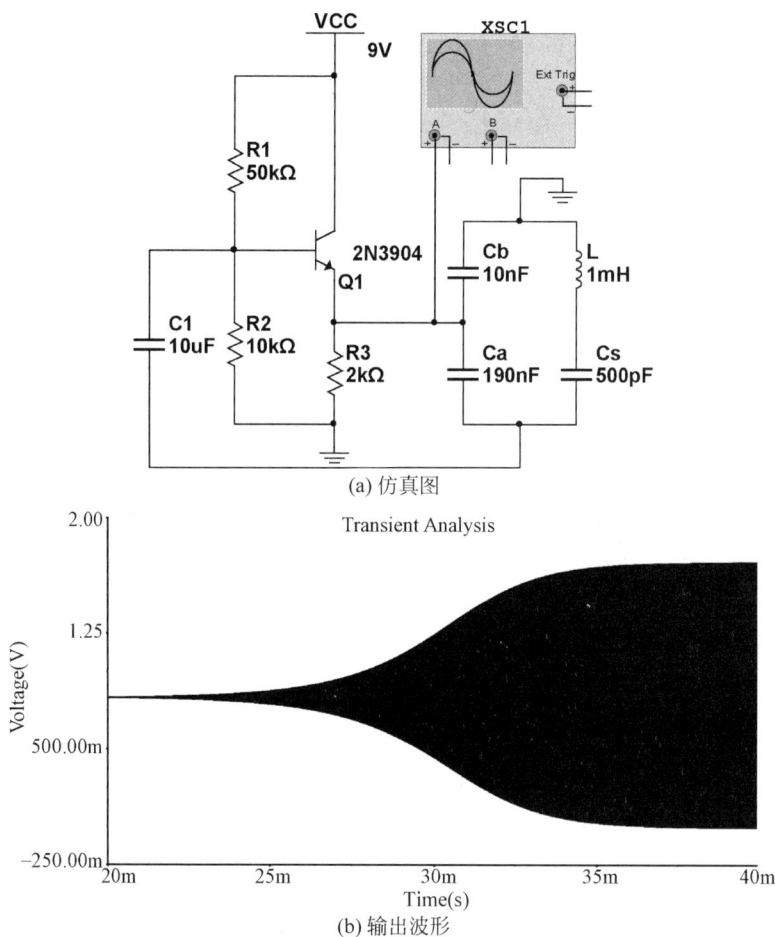

(a) 仿真图

(b) 输出波形

图9.20 克拉帕振荡器的仿真图

(2) 西勒振荡器

克拉帕振荡器是通过调整电容 C_s 来调节频率的,但由于改变 C_s 的同时,回路谐振阻抗也将发生变化,特别是振荡频率升高时,谐振阻抗明显减小,放大电路的增益将随之减小,故振荡幅度也会下降,甚至不能满足振幅平衡条件,导致振荡电路停振,所以克拉帕振荡器的频率调节范围不大。一般其最高振荡频率与最低振荡频率之比——频率覆盖系数为1.2～1.3。为此可在电感 L 两端并联一电容 C,以调节振荡频率,这种电路称为西勒振荡器。在图9.20(a)所示电路中增加电容 C,即可得到西勒振荡器(共集型),其仿真图如图9.21所示。

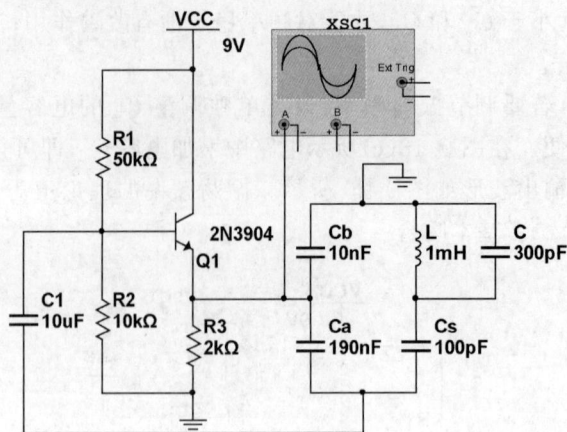

图 9.21　西勒振荡器仿真图

西勒振荡器的振荡频率可表示为

$$f_0 \approx \frac{1}{2\pi\sqrt{L(C_s + C)}} \tag{9.29}$$

在调节 C 来改变频率时,频段范围内的振荡幅度变化较小,频率覆盖系数可达 1.6～1.8。另外 C_s 的值不能选择太大,否则振荡频率将主要依赖 C_s,势必限制了频率的调节范围。由于西勒振荡器频率稳定性好,振荡频率较高,所以在高频通信设备中得到广泛应用。

5) 变容二极管压控振荡器

在第 5 章中介绍了变容二极管,它是一种用电压来改变二极管电容的器件。下面通过

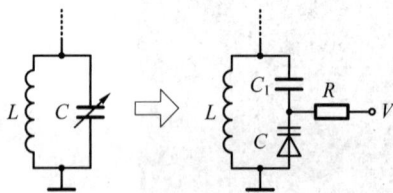

图 9.22　变容二极管的基本应用

一个压控振荡器(VCO)的实例,来了解变容二极管的应用。

首先,对变容二极管的基本应用作一介绍。变容二极管应用于 LC 回路中,可取代可变电容 C 如图 9.22 所示。通过改变偏压 V,可改变变容二极管的电容 C,从而改变回路的谐振频率。为了使变容二极管能正常工作,应特别注意:

(1) 必须给变容二极管提供直流负偏压。

(2) 电路中必须串入电容 C_1,起到隔直作用,否则偏压会被 L 短路。C_1 的容量要远远大于 C 的容量。

(3) 电路中必须接入隔离电阻 R,其作用是既抑制高频振荡信号对直流偏压的干扰,又避免直流偏压将 LC 回路交流短路。因此在电路设计时,要注意适当采用高频扼流圈、旁路电容、隔离电阻和隔直电容等元件。

利用上述介绍的三点式振荡电路,将变容二极管作为压控电容接入 LC 振荡中,就构成了 LC 压控振荡器。

图 9.23 给出了变容二极管压控振荡器的仿真图。图中由于 C_1 将 Q_1 基极交流接地,故 Q_1 构成共基放大电路;谐振回路包括 C_2、C_3、C_4、C_5、D_1、L 和 Q_1 的发射结、集电结电容(当 C_2 和 C_3 的容量较大时,可忽略两个结电容的影响),其中 C_2 和 C_3 是电容三点式中的电容;C_4 为稳定振荡频率的电容;D_1、C_5 支路与 L 并联,其中 C_5 为隔直电容,R_5 为隔

离电阻,振荡频率的改变靠调节变容二极管上的电压 $V1$ 来实现,振荡信号从电感线圈上输出。因此该电路为共基型西勒振荡器。

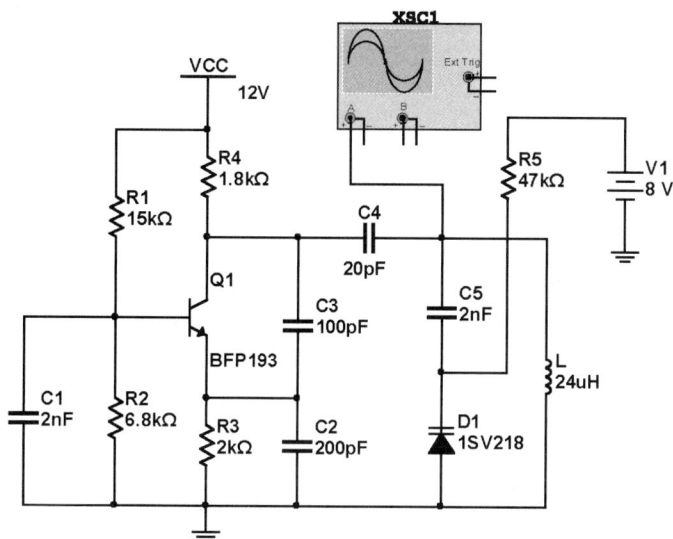

图 9.23 变容二极管压控振荡器仿真图

*9.1.6 正弦波振荡器的负电阻模型

以上对振荡器的讨论都是基于反馈理论的。在本小节,将引入"负电阻"的概念,进而建立正弦波振荡器的负电阻模型,可从另一角度来理解振荡器的工作原理。

一个理想的 LC 回路,一旦被激励,由于其 Q 值为无穷大,即没有电阻元件消耗能量,故它将永远振荡下去。若考虑一电流脉冲源激励实际的 LC 回路,由于有电阻 R_s 消耗了能量,故其响应是一衰减振荡,如图 9.24 所示。

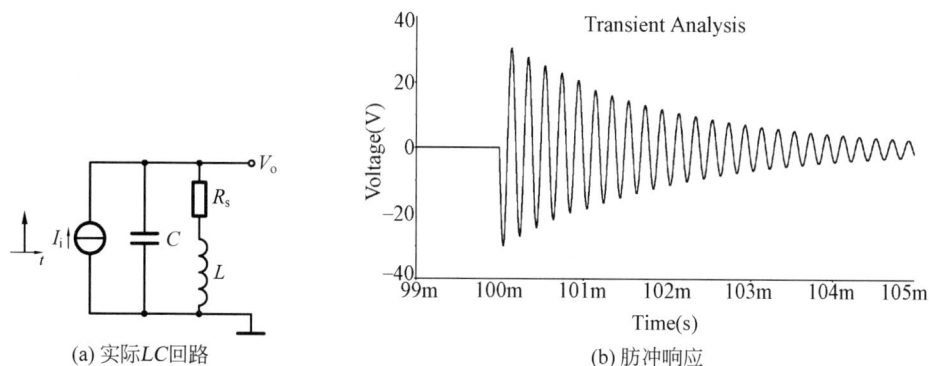

(a) 实际LC回路   (b) 肪冲响应

图 9.24 实际 LC 回路及其脉冲响应

现假设有一"负电阻",其值为 $-R_s$,与 R_s 串联。由于 $(-R_s)+R_s=0$,故实际 LC 回路将与理想的 LC 回路一样,永远振荡下去,如图 9.25 所示。可见若在实际的 LC 回路中串入一负电阻,电路就有可能振荡。事实上,是利用有源电路来提供这个负电阻的。当回路的总电阻为正值时,则振荡将会渐渐停止;当回路的总电阻为负值时,则振荡幅度将会越来越大。为了维持振荡,正负电阻的绝对值必须相等。如图 9.26(a)示出了正弦波振荡器的串联型负电阻模型,电路的起振条件为 $R>R_s$,维持振荡的条件为 $R=R_s$。类似地,也可以给出正弦波振荡器的并联型负电阻模型,如图 9.26(b)所示,电路的起振条件为 $R<R_p$,维持振荡的条件为 $R=R_p$,这里的 R_p 为 LC 回路两端等效的并联电阻。

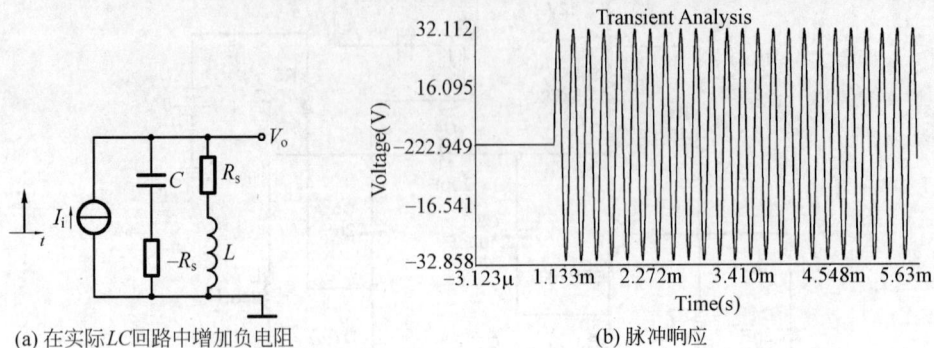

(a) 在实际LC回路中增加负电阻　　　　　　　(b) 脉冲响应

图 9.25　在实际 LC 回路中增加负电阻及其脉冲响应

本节将利用正弦波振荡器的负电阻模型来讨论场效应管正弦波振荡电路。

1. 电容三点式振荡器

根据电路的反馈理论可知,反馈放大电路的输入电阻和输出电阻等于基本放大电路的输入电阻和输出电阻乘以或除以反馈深度,而在正反馈深度足够大时,反馈深度为负值,这样就可以得到负电阻了。下面先讨论图 9.27(a)的输入阻抗。

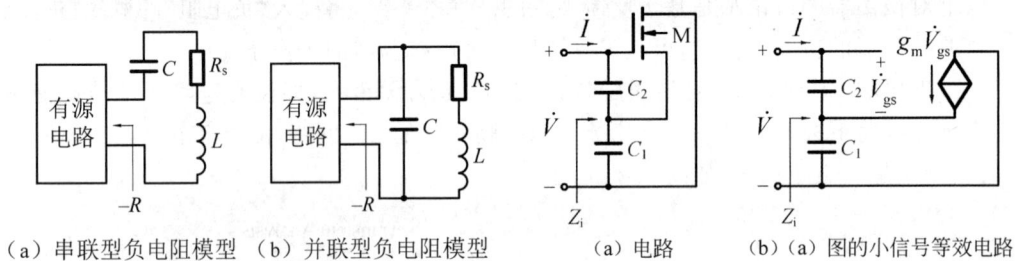

（a）串联型负电阻模型　（b）并联型负电阻模型　　　　（a）电路　（b）(a) 图的小信号等效电路

图 9.26　正弦波振荡器的负电阻模型　　　　　　图 9.27　负电阻产生电路

可以看出,图 9.27(a)即为电容三点式的基本结构,其中 C_2 为正反馈电容。根据图 9.27(a)的小信号等效电路图 9.27(b),可列出稳态电路方程为

$$\dot{V} = \dot{I}X_{C2} + (\dot{I} + g_m\dot{V}_{gs})X_{C1}$$

而 $\dot{I}X_{C2} = \dot{V}_{gs}$,故有

$$\dot{V} = \dot{I}X_{C2} + (\dot{I} + g_m\dot{I}X_{C2})X_{C1} = \dot{I}[X_{C2} + (1 + g_mX_{C2})X_{C1}]$$

即

$$Z = \frac{\dot{V}}{\dot{I}} = X_{C2} + (1 + g_mX_{C2})X_{C1}$$

$$\tag{9.30}$$

$$= -\frac{g_m}{\omega^2 C_1 C_2} + \frac{1}{j\omega\dfrac{C_1 C_2}{C_1 + C_2}}$$

表明图 9.27(a)所示电路的输入阻抗为一个负电阻 $-\dfrac{g_m}{\omega^2 C_1 C_2}$ 与电容 $\dfrac{C_1 C_2}{C_1+C_2}$ 的串联。现将电感 L 跨接在图 9.27(a)所示电路的输入端,即 M 的栅-漏之间,便可构成场效应管电容三点式正弦波振荡器。考虑到 M 的源、栅和漏三个极中任一个均可以是交流的地,于是有共源、共栅和共漏三种电路形式,如图 9.28 所示。显然维持振荡的条件为电感的电阻:

$$R_s = \frac{g_m}{\omega^2 C_1 C_2} \tag{9.31}$$

电路的振荡频率为

$$f_0 = \left(2\pi \sqrt{L \frac{C_1 C_2}{C_1+C_2}} \right)^{-1} \tag{9.32}$$

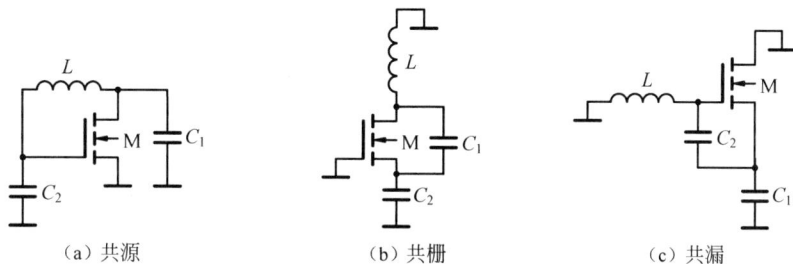

(a) 共源 (b) 共栅 (c) 共漏

图 9.28 场效应管电容三点式振荡器交流等效电路的三种形式

设置合适的直流偏置电路,可构成场效应管电容三点式正弦波振荡器,如图 9.29 所示。

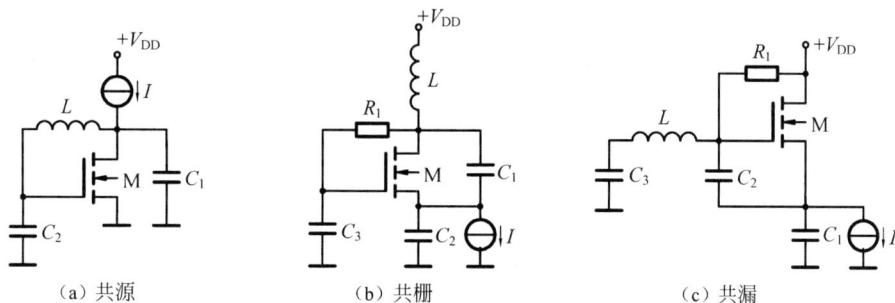

(a) 共源 (b) 共栅 (c) 共漏

图 9.29 场效应管电容三点式振荡器的三种形式

【例 9.1】 设计一个场效应管电容三点式振荡器,振荡频率为 1.5MHz。选用增强型 N 沟道场效应管 BS170,直流偏置使 $g_m = 2 \times 10^{-3}$ S;电感线圈的电阻 $R_s = 2\Omega$。

解 选用图 9.29(a)所示电路。因 $g_m = 2\sqrt{K_n I_D}$,而 $K_n = \dfrac{1}{2} k_n = \dfrac{1}{2} \times 0.1233 = 0.06165$

(查得仿真库中数据 $k_n = 0.1233$),故 $I_D = \left(\dfrac{g_m}{2} \right)^2 \dfrac{1}{K_n} = 1.622 \times 10^{-5}$ A $= 16.22\mu$A。

为了使 r_{ds} 对负载的影响可略,故令 $1/\omega C_1$ 远远小于 r_{ds},取 $1/\omega C_1 = 1$kΩ。由起振条件 $\dfrac{g_m}{\omega^2 C_1 C_2} > R_s$,故有

$$\frac{1}{\omega C_2} > \frac{R_s}{g_m \dfrac{1}{\omega C_1}} = \frac{2}{2 \times 10^{-3} \times 1 \times 10^3} \Omega = 1\Omega$$

取 $1/\omega C_2 = 200$, 则

$$C_2 = \frac{1}{2\pi \times 1.5 \times 10^6 \times 200} = 5.305 \times 10^{-10} \text{F} = 530.5 \text{pF}$$

$$C_1 = \frac{1}{2\pi \times 1.5 \times 10^6 \times 1 \times 10^3} = 1.061 \times 10^{-10} \text{F} = 106.1 \text{pF}$$

因谐振时有 $\omega L = \dfrac{1}{\omega C_1} + \dfrac{1}{\omega C_2} = 1000 + 200 = 1200$, 故

$$L = \frac{1200}{2\pi \times 1.5 \times 10^6} = 1.273 \times 10^{-4} \text{H} = 127.3 \mu\text{H}$$

考虑到 BS170 的结电容: $C_{gs} = 28\text{pF}, C_{gd} = 3\text{pF}, C_{bd} = 35\text{pF}$, 故有

外接电容 C_2 变为 $C_2' = C_2 - C_{gs} = 530.5 - 28 = 502.5 \text{pF}$

外接电容 C_1 变为 $C_1' = C_1 - C_{bd} = 106.1 - 35 = 71.1 \text{pF}$

又考虑到 $C_{gd}(=3\text{pF})$ 的影响, 应从 C_1、C_2 串联的总电容中减去 3pF。在保持 C_2 不变的条件下, C_1 变为 101.8pF, 从而有 $C_1' = C_1 - C_{bd} = 101.8 - 35 = 66.8 \text{pF}$。

根据以上计算数据, 得到的仿真图及其振荡波形如图 9.30 所示。注意为了使输出波形失真小, 仿真过程中需对电路的偏置电流进行适当的调整, 图中调整为 $1.8 \mu\text{A}$。对输出波形进行测试, 测得振荡频率为 1.6144MHz, 与设计值基本吻合。

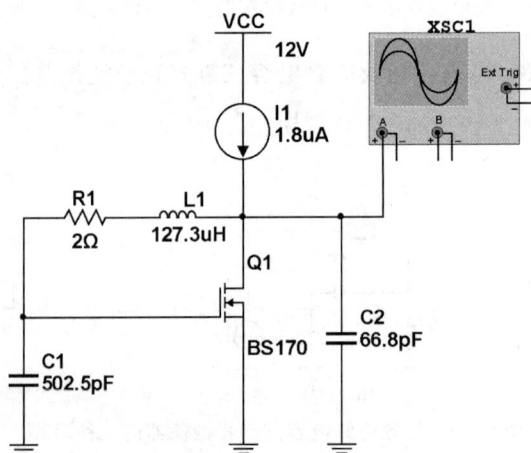

(a) 仿真图

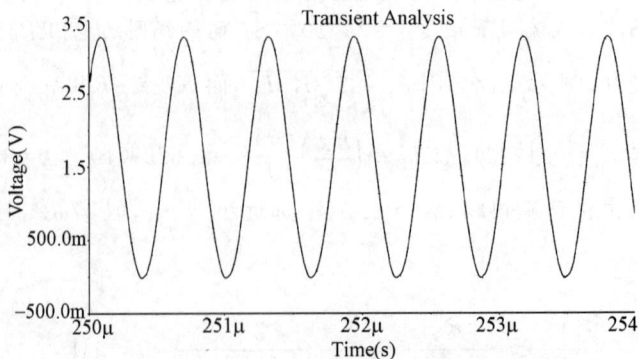

(b) 输出波形

图 9.30 例 9.1 仿真图及其输出波形

2. 交叉耦合差分振荡器

下面介绍另一种产生负电阻的方法。考虑一个差分电路,将它们的输出端与输入端交叉耦合起来,实际上是构成了一个正反馈系统,如图9.31(a)所示。其小信号等效电路如图9.31(b)所示。

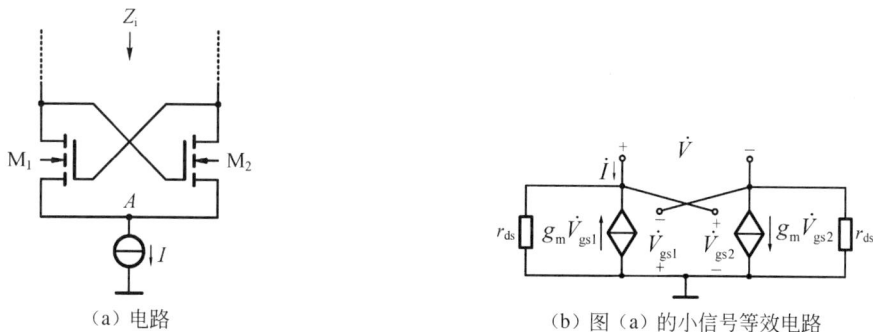

（a）电路　　　　　　　　（b）图（a）的小信号等效电路

图9.31　差分电路的交叉耦合

利用"加压求流法",求解从两个MOS管的漏极看进去的等效阻抗。由图9.31(b)可知

$$\dot{V} = \dot{V}_{gs1} + \dot{V}_{gs2}$$

$$\dot{I} = -g_m \dot{V}_{gs1} + \frac{\dot{V}_{gs2}}{r_{ds}}$$

又 $\dot{V}_{gs1} = \dot{V}_{gs2}$,故从两个MOS管的漏极看进去的等效阻抗为

$$R = Z_i = \frac{2}{-g_m + \dfrac{1}{r_{ds}}} \tag{9.33}$$

考虑到 r_{ds} 远远大于1,则有

$$R = Z_i = -\frac{2}{g_m} \tag{9.34}$$

表明差分电路的交叉耦合可以得到负电阻 $-2/g_m$。现将 LC 振荡回路并联在两个MOS管的漏极上,这种电路结构即为交叉耦合差分振荡器,如图9.32所示。图中将电感 L 等分为 L_1、L_2 两部分,电源供电从 L_1 和 L_2 的连接处引入,电感 L 的电阻 R_s 图中未画出。

为了分析方便,可用一个与 LC 回路并联的等效电阻 R_p 来表示该回路的消耗。因此交叉耦合差分振荡器的起振条件为 $R_p > 2/g_m$,维持振荡的条件为 $R_p = 2/g_m$。电路的振荡频率

$$f_0 = \frac{1}{2\pi \sqrt{(L_1 + L_2)C}} \tag{9.35}$$

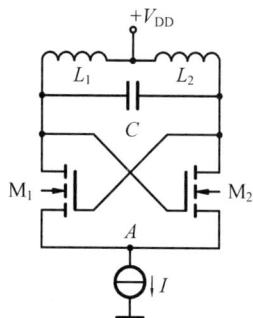

图9.32　交叉耦合差分振荡器

【例9.2】 设计一个场效应管交叉耦合差分振荡器,振荡频率为1.5MHz。选用增强型N沟道场效应管BS170,直流偏置使 $g_m = 2 \times 10^{-3}$ S;电感线圈的电阻 $R_s = 2\Omega$。

解 选用图9.32所示电路。因 $g_m = 2\sqrt{K_n I_D}$,而 $K_n = \dfrac{1}{2}k_n = \dfrac{1}{2} \times 0.1233 = 0.06165$

（查得仿真库中数据 $k_n = 0.1233$），故 $I_D = \left(\dfrac{g_m}{2}\right)^2 \dfrac{1}{K_n} = 1.622 \times 10^{-5} \mathrm{A} = 16.22\mu\mathrm{A}$。

根据起振条件 $R_p > 2/g_m$，可知 $R_p > 1000\Omega$。而 $R_p = \dfrac{(\omega_0 L)^2}{R_s}$，故

$$L > \frac{\sqrt{1000 R_s}}{\omega_0} = \frac{\sqrt{2 \times 1000}}{2\pi \times 1.5 \times 10^6} = 4.745 \times 10^{-6}\mathrm{H} = 4.745\mu\mathrm{H}$$

取 $L = 20\mu\mathrm{H}$，并将 L 分为 L_1 与 L_2 两部分，且 $L_1 = L_2 = 10\mu\mathrm{H}$。又根据式(9.35)求得 $C = 5.629 \times 10^{-10}\mathrm{F} = 562.9\mathrm{pF}$。考虑到 BS170 的结电容：$C_{gs} = 28\mathrm{pF}$，$C_{gd} = 3\mathrm{pF}$，$C_{bd} = 35\mathrm{pF}$，故与 LC 回路并联的结电容等效为 $2C_{gd} + (C_{gs} + C_{bd})/2 = 37.5\mathrm{pF}$，这样与 L 并联的外接电容为 $(562.9 - 37.5)\mathrm{pF} = 525.4\mathrm{pF}$。

根据以上数据，得到的仿真图如图 9.33(a)所示，Q1、Q2 漏极输出波形分别为图 9.33(b)的细线和粗线所示。交叉耦合差分振荡器可以很容易地得到大小相等、相位相反的正弦波信号。对振荡波形进行测试，测得振荡频率为 1.5419MHz，与设计值基本吻合。

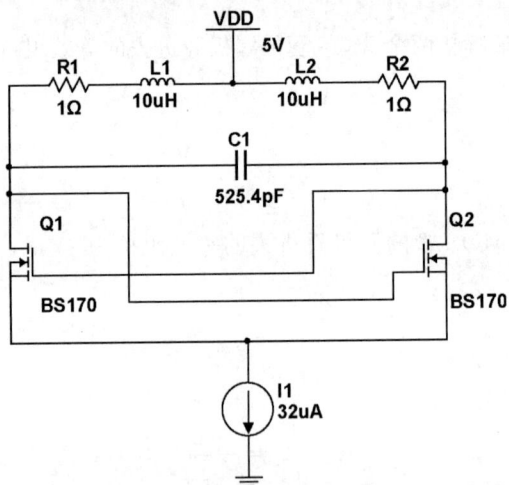

(a) 仿真图

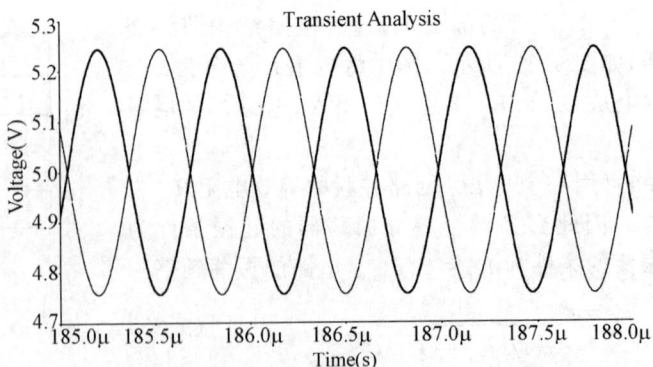

(b) 输出波形

图 9.33　例 9.2 仿真图及其输出波形

从以上分析可知，利用正反馈可以产生负电阻，因此正弦波振荡器的负阻分析法和正反馈分析法是等效的，但负阻分析法比较简单，便于分析。

9.1.7　石英晶体振荡器

衡量振荡器质量的技术指标有：输出电压振幅及其稳定度、波形失真度、频率及其可调范围和稳定度，等等。其中振荡频率的稳定度是指在一定的时间间隔和温度下，振荡频率的相对值 $\Delta f/f$。在实际应用电路中，有时对振荡器频率稳定度的要求是很高的，例如无线电发送机的频率稳定度要求优于 10^{-5}；精密信号发生器等设备，其频率稳定度的要求则可达到 $10^{-6} \sim 10^{-8}$，这对于一般的 LC 振荡器来说是不可能达到的。

采用晶体谐振器作为振荡回路的元件，频率稳定度可以在 10^{-6} 以上。因此在要求频率稳定度高的设备中，石英晶体振荡器得到了广泛的应用。

1. 石英晶体谐振器的电抗-频率特性

石英晶体的化学成分是 SiO_2，利用石英晶体的压电谐振效应可构成谐振器，它的电路符号和等效电路分别如图 9.34(a) 和图 9.34(b) 所示。图中 C_p 代表晶体谐振器的静态电容，其值一般为几至几十皮法；L_s、C_s 和 R_s 构成串联谐振电路，代表晶体谐振器的谐振特性，其中 L_s 的值很大（$10^{-3} \sim 10^2$H），C_s 的值很小

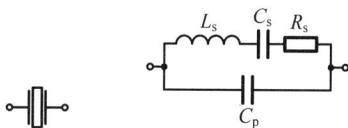

（a）电路符号　　（b）等效电路

图 9.34　石英晶体谐振器

（$10^{-3} \sim 10^{-1}$pF），R_s 的值也很小（几十至几百欧），所以晶体的 Q 值很高，可达 $10^4 \sim 10^6$，并且晶体的谐振频率很稳定。因此利用石英晶体代替 LC 回路构成振荡器，将具有很好的选频特性和很高的频率稳定度。

根据石英晶体的等效电路，可以得到两个谐振频率。一个是由 L_s、C_s 和 R_s 串联支路，得到串联谐振频率

$$f_s = \frac{1}{2\pi\sqrt{L_s C_s}} \tag{9.36}$$

另一个是由 L_s、C_s 和 C_p 并联回路，得到并联谐振频率 f_p

$$f_p = \frac{1}{2\pi\sqrt{L_s \dfrac{C_s C_p}{C_s + C_p}}} = f_s\sqrt{1 + \frac{C_s}{C_p}} \tag{9.37}$$

由于 $C_s \ll C_p$，故 f_s 略小于 f_p，而且二者很接近，它们之间的关系可近似表示为

$$f_p \approx \left(1 + \frac{C_s}{2C_p}\right)f_s \tag{9.38}$$

例如，一个 11MHz 石英晶体的典型参数为 $L_s = 0.010\,467$H、$C_s = 2 \times 10^{-14}$F、$R_s = 12\Omega$ 和 $C_p = 5 \times 10^{-12}$F，由此可得 $f_s = 11.0000$MHz，$f_p = 11.0220$MHz，$Q = 602\,86$。可见晶体谐振器的 Q 值非常高，而两谐振频率的间隔只有 22kHz。

可以利用图 9.34(b)，分析石英晶体的电抗-频率特性，进而讨论它在电路中的作用。先考虑 $R_s = 0$ 的情况，并注意到式(9.36)和式(9.37)，得到晶体的等效阻抗为

$$Z(j\omega) = \frac{(j\omega C_p)^{-1}\left[j\omega L_s + (j\omega C_s)^{-1}\right]}{j\omega L_s + (j\omega C_s)^{-1} + (j\omega C_p)^{-1}}$$

$$= \frac{1}{j\omega(C_p + C_s)}\frac{1 - \omega^2/\omega_s^2}{1 - \omega^2/\omega_p^2} \tag{9.39}$$

式中,$\omega_s=2\pi f_s$,$\omega_p=2\pi f_p$。根据式(9.39)可画出石英晶体的电抗-频率特性,如图 9.35 所示。可见当 $\omega=\omega_s$ 时,$Z=0$,此时 L_s、C_s 支路产生串联谐振;当 $\omega=\omega_p$ 时,$Z\to\infty$,此时晶体产生并联谐振;当 $\omega<\omega_s$ 或 $\omega>\omega_p$ 时,Z 呈现电容性;当 $\omega_s<\omega<\omega_p$ 时,Z 呈现电感性。

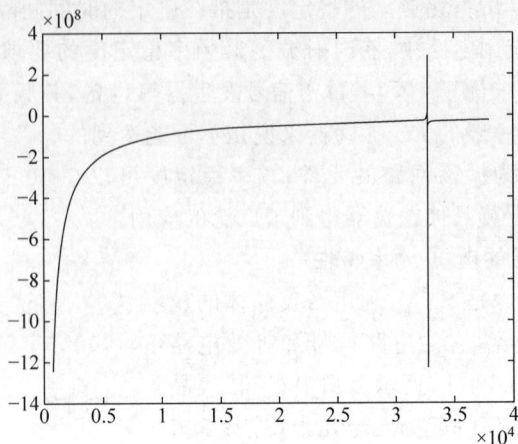

图 9.35 石英晶体的电抗-频率特性

还可以通过 Multisim 仿真,得到石英晶体的电抗-频率特性。图 9.36 示出了 11MHz 石英晶体的电抗-频率特性仿真结果。可以看出,在 $f_s\sim f_p$ 这个狭窄的频率范围内,晶体的电抗为正值,即呈电感性,而对其他频率范围,晶体的电抗为负值,即呈电容性。

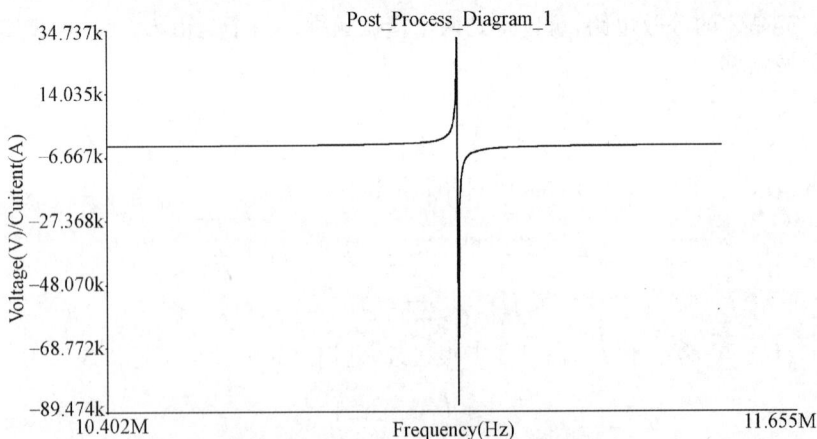

图 9.36 11MHz 石英晶体的电抗-频率特性

正因为晶体的电感性区域非常狭窄,电抗曲线随频率变化很剧烈,所以即使晶体的外接电容有变化,对谐振频率的影响也很小。事实上,石英晶体在晶体振荡器中,大多数情况下是作为电感性元件来使用的,这样谐振频率将被限定在 $f_s\sim f_p$ 这个狭窄的频率范围内,亦即十分有利于提高频率的稳定性。

通常石英晶体产品所给出的标称频率既不是 f_s 也不是 f_p,而是外接一个电容 C_L 时的校正振荡频率,厂家将 C_L 称为负载电容,一般 C_L 的值为 30pF。

2. 石英晶体正弦波振荡器

利用石英晶体可构成正弦波振荡器,根据它在振荡器中起并联或串联谐振电路的作用,可分为两类:一类为并联型石英晶体正弦波振荡器,此时晶体起到一个电感的作用;一类为串联型石英晶体正弦波振荡器,此时把晶体用作串联谐振电路,晶体的阻抗最小,即晶体在振荡频率上相当于短路。

判断石英晶体正弦波振荡器是并联型还是串联型的简单方法,是设想将晶体短路。若晶体短路时,电路不振荡,则为并联型振荡器;反之,则为串联型振荡器。

1) 并联型石英晶体正弦波振荡器

图 9.37(a) 示出了一并联型石英晶体正弦波振荡电路,图中石英晶体 CR 呈电感性,与电容 C_a、C_b 组成谐振回路。不难看出,该电路为电容三点式的振荡电路。图 9.37(b) 是它的交流等效电路(图中晶体管的偏置电阻未画出),由此可得电路的振荡频率为

$$f_0 = \frac{1}{2\pi\sqrt{L_s\dfrac{C_s(C_p + C')}{C_s + C_p + C'}}} \tag{9.40}$$

式中 $C' = \dfrac{C_a C_b}{C_a + C_b}$。考虑到实际电路中有 $(C_p + C') \gg C_s$,故有

$$f_0 = \frac{1}{2\pi\sqrt{L_s C_s}} = f_s \tag{9.41}$$

这表明并联型石英晶体正弦波振荡器的振荡频率基本由 f_s 决定,这样因电容 C_a、C_b 和晶体管结电容对振荡频率的影响将减小,因此振荡器的频率稳定度就会很高。

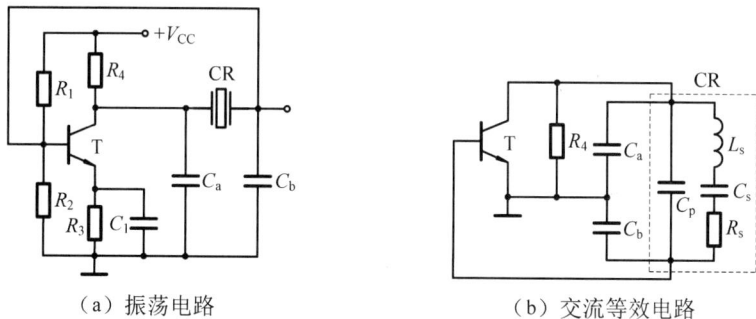

(a) 振荡电路   (b) 交流等效电路

图 9.37 并联型石英晶体正弦波振荡器

【例 9.3】 设计一个 1.5MHz 并联型石英晶体正弦波振荡器。

解 采用图 9.37(a) 所示电路。若晶体的负载电容为 30pF,则 C_a、C_b 的串联等效电容即为 30pF,取 C_a、C_b 的容值均为 60pF。

根据起振条件,有 $\dfrac{g_m}{\omega^2 C_a C_b} > R_s$。已知 1.5MHz 晶体的 $R_s = 500\Omega$,于是可求得晶体管的跨导 $g_m > 1.6 \times 10^{-4}$S。又因为 $g_m = I_{EQ}/V_T$,故晶体管的偏置电流 $I_{EQ} > 1.6 \times 10^{-4} \times 26$mA $= 4.16 \times 10^{-3}$mA。

取 $I_{EQ} = 0.4$mA。完整的振荡电路仿真图及其输出波形分别如图 9.38(a)、图 9.38(b) 所示。对输出波形进行测试,可得其频率为 1.4980MHz,与设计值基本吻合。

2) 串联型石英晶体正弦波振荡器

从例 9.3 中可知,并联型晶体振荡器中的有源器件必须满足以下关系:

$$g_m > \omega^2 C_a C_b R_s$$

(a) 仿真图

(b) 输出波形

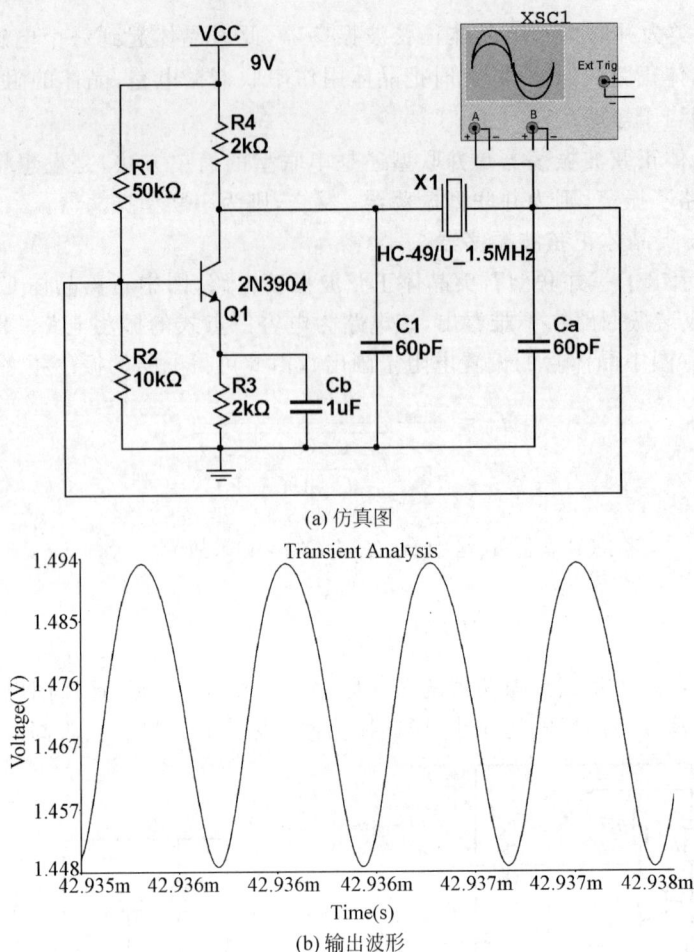

图 9.38 例 9.3 仿真图及其输出波形

当频率升高时,为了使该关系式成立,C_a、C_b 的容值须减小。但若二电容值小到与晶体管的极间电容可比拟时,振荡器的稳定性将会受到影响。因此高频振荡器常采用串联型石英晶体振荡器。

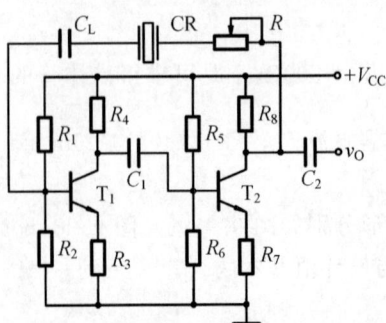

图 9.39 给出了串联型石英晶体正弦波振荡器的一种电路形式,图中 T_1、T_2 构成两级共射放大电路,其输出电压与输入电压同相。不难判断,输出信号经石英晶体 CR、负载电容 C_L 和电阻 R 反馈到输入端,形成正反馈。当信号频率等于石英晶体和负载电容所决定的谐振频率 f_0 时,反馈支路的阻抗最小,正反馈最强,可见电路的振荡频率即为 f_0。适当调节电阻 R 的值,可以调整正反馈量,以保证电路输出良好的正弦波。

图 9.39 串联型石英晶体正弦波振荡器

【例 9.4】 设计一个 11MHz 石英晶体正弦波振荡器。

解 对于图 9.39 所示电路,其仿真图如图 9.40(a) 所示。

设计仿真时,可通过以下几步完成:

(1) 设计一个两级共射放大电路。通过 AC 分析,

观察其幅频特性,保证其在振荡频率处有一定的放大倍数,本例放大倍数的测试值为2.8;

（2）将反馈支路接入电路中,构成正反馈网络;

（3）适当调节电阻 R9,保证在示波器里能观察到正弦波。通过对 R9 的调节,可以发现,若 R9 值过大,则正反馈量太小,使电路停振;若 R9 值过小,则正反馈量太大,使电路输出波形失真,如图 9.40(b)所示;当 R9 值合适时,电路输出为正弦波,如图 9.40(c)所示;

（4）调节负载电容 C2 的值,使振荡频率等于设计值。频率的仿真测试值为 11.0027MHz。

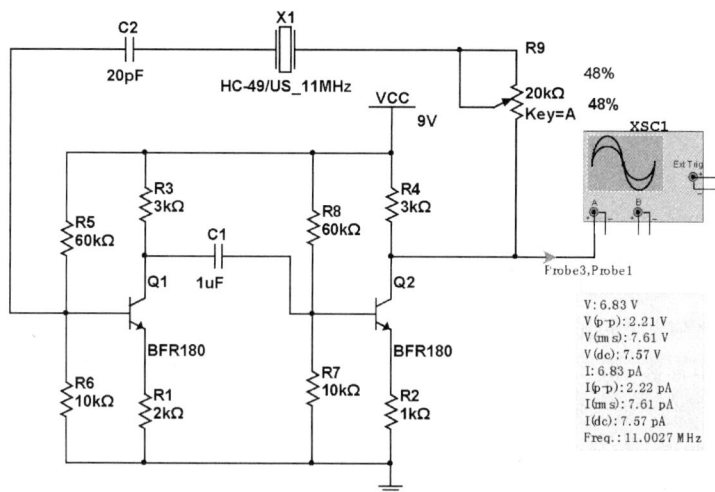

(a) 仿真图

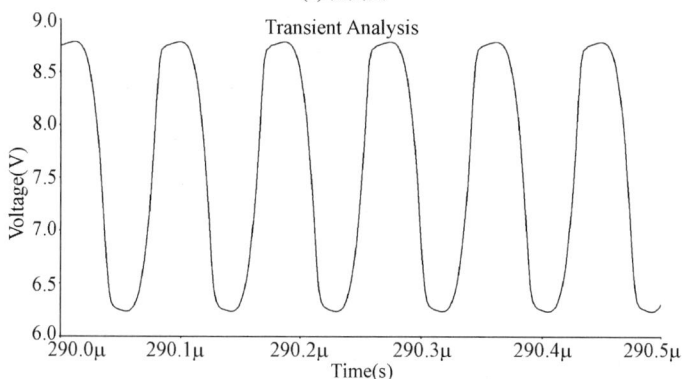

(b) R值过小,输出波形失真

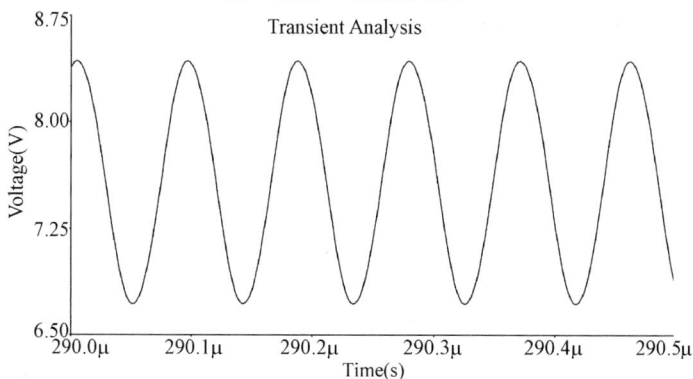

(c) R值合适,输出为正弦波

图 9.40　图 9.39 所示电路的仿真图及其输出波形

由本例可知,若将 C2 以变容二极管所取代,则可以实现压控晶体振荡器的设计。

9.2 非正弦波发生器

常见的非正弦波有矩形波、三角波、锯齿波等,如图 9.41 所示,那么采用什么样的电路能够产生这样的波形呢? 当然能够产生非正弦波的电路有多种形式。下面首先讨论作为其他非正弦波发生器基础的矩形波发生器。

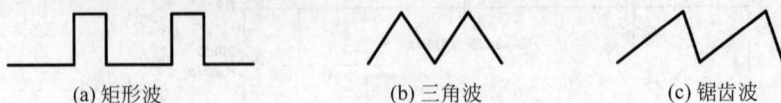

(a) 矩形波　　　　　　(b) 三角波　　　　　　(c) 锯齿波

图 9.41　几种常见的非正弦波

9.2.1 矩形波发生器

可以利用已经讨论的正弦波振荡器产生正弦波,然后再利用第 4 章中学过的电压比较器,就可以产生矩形波,但实际上没有必要这样复杂。注意到矩形波电压只有两个值,即高电平和低电平,故电压比较器应是矩形波发生器的首选电路; 其次,通过反馈,可实现电路输出状态的自动转换,而这种状态是按照一定的时间间隔交替转换的,即产生周期性变化,故电路中须有定时电路例如 RC 充放电电路,来确定两种状态维持的时间; 再者,要使得输出状态能够维持,即输出状态有"记忆",电压比较器需选用滞回比较器,据此矩形波发生器的组成框图如图 9.42 所示。

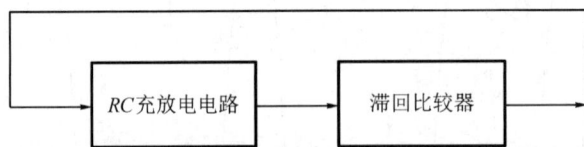

图 9.42　矩形波发生器的组成框图

1. 双电源矩形波发生器

根据第 4 章中介绍的滞回比较器,结合 RC 充放电电路,利用集成运放构成的矩形波发生器如图 9.43 所示。图中集成运放 A、电阻 R_1、R_2、R_3 和背靠背稳压管 D_Z 组成带双向限幅的滞回比较器,使得输出电压限制在稳压管的稳压值 $\pm V_Z$; 电阻 R 和电容 C 构成充放电电路,并将 C 上的电压作用于运放的反相端,形成负反馈,在 RC 充放电的过程中,实现输出状态的自动转换。

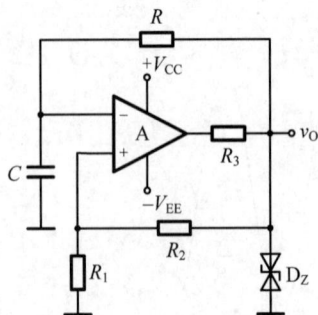

图 9.43　由集成运放构成的
矩形波发生器

从反馈的角度来看,该电路是在运放上同时引入了正、负两种反馈,恰恰是由于这两种反馈的相互作用,才使得电路具有一个稳定的输出。

假设电容电压的初始值 $v_C(0_+) = 0$,且比较器的输出为高电平,即 $v_{OH} = +V_Z$。此时运放同相端电位 v_P,即比较器的上门限电压为

$$V_{\text{TH}} = v_{\text{P}} = \frac{R_1}{R_1 + R_2} V_{\text{Z}}$$

且$+V_{\text{Z}}$通过R对C充电（正向充电），使C两端的电压v_{C}升高。当v_{C}上升至V_{TH}值时，即$v_{\text{C}} = v_{\text{N}} = V_{\text{TH}}$时，比较器的输出状态将发生翻转，即由$v_{\text{OH}}$转换为低电平$v_{\text{OL}} = -V_{\text{Z}}$，于是运放同相端的电位随即变为

$$V_{\text{TL}} = v_{\text{P}} = -\frac{R_1}{R_1 + R_2} V_{\text{Z}}$$

这就是比较器的下门限电压。随后C将通过R放电（反向充电），使v_{C}下降。当v_{C}下降至V_{TL}值时，即$v_{\text{C}} = v_{\text{N}} = V_{\text{TL}}$时，比较器的输出状态将再次发生翻转，即由$v_{\text{OL}}$转换为$v_{\text{OH}} = +V_{\text{Z}}$。就这样，电容反复地充电和放电，比较器的输出反复地在高、低电平之间转换，于是便产生了正负值交替变化的矩形波。图9.44给出了9.43的仿真图及其v_{C}（细线）和v_{O}（粗线）的波形。

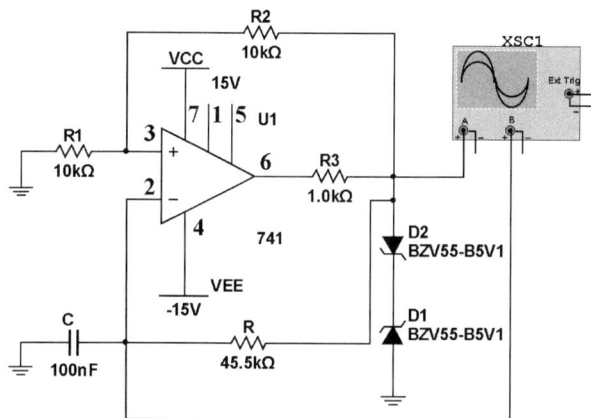

(a) 仿真图

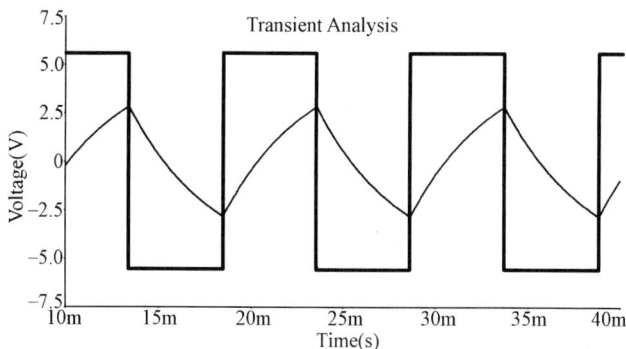

(b) v_{C}和v_{O}的波形

图9.44 图9.43的仿真图及其v_{C}和v_{O}的波形

下面讨论该电路的有关参数。

（1）输出矩形波的峰-峰值：由于比较器输出电压为$+V_{\text{Z}}$或$-V_{\text{Z}}$，故矩形波的峰-峰值为

$$V_{\text{Opp}} = 2V_{\text{Z}} \tag{9.42}$$

（2）电容电压v_{C}的峰-峰值：当电路发生翻转时，电容充电和放电的电压值分别为V_{TH}和V_{TL}，故v_{C}的峰-峰值为

$$V_{\text{Cpp}} = V_{\text{TH}} - V_{\text{TL}} = 2\frac{R_1}{R_1 + R_2} V_{\text{Z}} \tag{9.43}$$

(3) 振荡周期 T：首先计算高电平时间 T_1。根据三要素法，$v_C(t)$ 表示为

$$v_C(t) = v_C(\infty) + [v_C(0_+) - v_C(\infty)]e^{-\frac{t}{\tau}} \qquad (9.44)$$

在本电路中有

$$初始值 \quad v_C(0_+) = -\frac{R_1}{R_1 + R_2}V_Z$$

$$终态值 \quad v_C(\infty) = V_Z$$

$$时间常数 \quad \tau = RC$$

当 $t = T_1$ 时，$v_C(T_1) = +\frac{R_1}{R_1 + R_2}V_Z$，代入式(9.44)有

$$\frac{R_1}{R_1 + R_2}V_Z = V_Z + \left(-\frac{R_1}{R_1 + R_2}V_Z - V_Z\right)e^{-\frac{T_1}{RC}}$$

整理并化简，可得

$$\frac{T_1}{RC} = \ln\left(1 + \frac{2R_1}{R_2}\right)$$

于是有

$$T_1 = RC\ln\left(1 + \frac{2R_1}{R_2}\right)$$

分析可知，电路输出低电平时间 $T_2 = T_1$，故矩形波的振荡周期为

$$T = 2T_1 = 2RC\ln\left(1 + \frac{2R_1}{R_2}\right) \qquad (9.45)$$

由此可见，改变时间常数 RC 和 R_1/R_2 的值，可改变矩形波的振荡周期，而振荡周期与比较器的输出电压无关。

（4）占空比 D

矩形波的占空比定义为

$$D = \frac{T_1}{T} \qquad (9.46)$$

可见本电路输出波形的占空比为 50%，即 v_O 是正负半周对称的矩形波，即为方波，图 9.43 所示电路也称为方波发生器。

回到图 9.44(b)，对输出波形进行仿真测试得到：输出方波的高电平为 $5.5675V$，低电平为 $-5.5675V$；电容电压在 $-2.8190 \sim +2.8200V$ 变化；输出高电平时间为 $5.0648ms$，低电平时间为 $5.1144ms$，周期为 $10.1792ms$。理论值：电容电压在 $-2.7838 \sim +2.7838V$ 变化；输出高电平时间和低电平时间均为 $4.9987ms$，周期为 $9.9974ms$。二者基本吻合。

2. 占空比可调的矩形波发生器

图 9.43 所示电路只能产生方波，欲使输出电压的占空比改变，可以通过改变电容正向和反向充电的时间常数来实现。利用二极管的单向导电性，可以设计两个充电回路的参数不同，从而实现输出电压的不同的占空比，电路如图 9.45 所示。

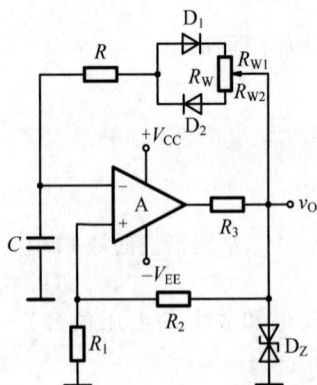

图 9.45 占空比可调的矩形波发生器

可以看出，二极管 D_1 和 D_2 将电容充电和放电的回路分开，电位器 R_W 可以调节充电和放电的时间常数的比例。

当 $v_O = +V_Z$ 时，v_O 通过 R_{W2}、D_2 和 R 对 C 正向充电；当 $v_O = -V_Z$ 时，v_O 通过 R_{W1}、D_1 和 R 对 C 反向充电。若忽略二极管的正向导通电阻，则两种充电情况下的时间分别为

$$\begin{cases} T_1 = (R + R_{W2})C\ln\left(1 + \dfrac{2R_1}{R_2}\right) \\ T_2 = (R + R_{W1})C\ln\left(1 + \dfrac{2R_1}{R_2}\right) \end{cases} \tag{9.47}$$

输出矩形波的周期为

$$T = T_1 + T_2 = (2R + R_W)C\ln\left(1 + \frac{2R_1}{R_2}\right) \tag{9.48}$$

占空比为

$$D = \frac{T_1}{T} = \frac{R + R_{W2}}{2R + R_W} \tag{9.49}$$

表明改变电位器滑动端可以调节矩形波的占空比，但振荡周期不变。

图 9.46 给出了图 9.45 的 Multisim 仿真图及其输出波形。仿真时可通过调整可调电阻，看到输出波形的占空比随之变化的过程。

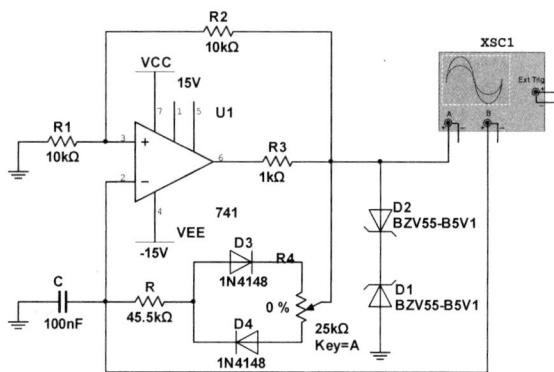

（a）仿真图

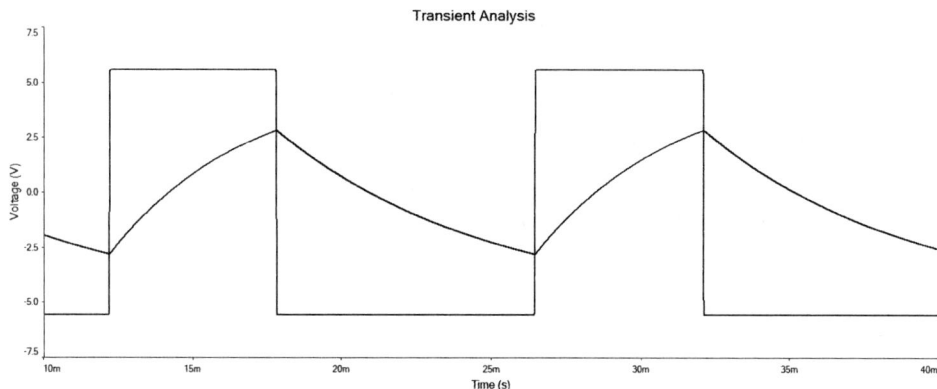

（b）v_C 和 v_O 的波形

图 9.46 图 9.45 的仿真图及其 v_C 和 v_O 的波形

3. 单电源矩形波发生器

根据第 4 章中介绍的单电源滞回比较器电路,结合 RC 充放电电路,利用集成电压比较器构成的单电源矩形波发生器及其输出波形如图 9.47 所示。图中集成电压比较器 TLC393CD、电阻 R_1、R_2、R_3 和上拉电阻 R_L 组成单电源反向输入滞回比较器,R、C 组成充放电电路。

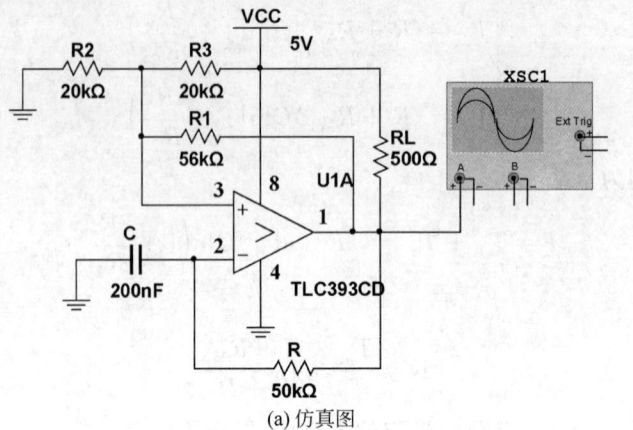

(a) 仿真图

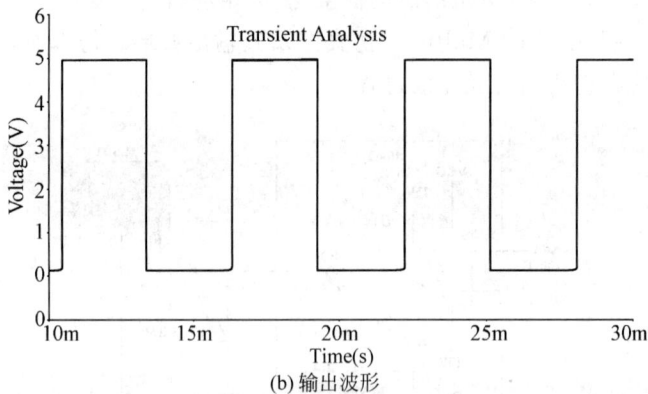

(b) 输出波形

图 9.47 单电源矩形波发生器仿真图及其输出波形

根据图 9.47(a),若输出高电平为 $+V_{CC}$,低电平为 0,则振荡周期可近似表示为

$$T = 2RC\ln\left(1 + \frac{R_2}{R_1}\right) \tag{9.50}$$

代入图中数据,求得 $T = 6.1076\mathrm{ms}$,仿真测试值 $T = 5.8744\mathrm{ms}$,二者基本吻合。

9.2.2 三角波发生器

由图 9.44 电路及其输出波形可知,方波发生器可以同时产生一个方波和一个近似的三角波,但是这个三角波线性度较差。为了得到线性度好的三角波,可以利用第 4 章中学过的积分电路,将方波变为三角波,于是得到如图 9.48 所示的电路。这种将具有不同功能的电路简单地组合起来,实现最终目标,也不失为一种方法。而用这种方法构成的电路,可能导致电路的成本不是最低,性能不是最佳,因此有必要对电路进行优化。

通过观察图 9.48 所示电路,可以发现,当电路工作时,例如 v_{O1} 为高电平时,v_a 在上升,而 v_O 在下降;反之,v_{O1} 为低电平时,v_a 在下降,而 v_O 在上升。看来 v_a 和 v_O 均为随时间线性变化的电压,不过 v_a 随时间变化的线性度不如 v_O 好。能否利用 v_O 变化来取代

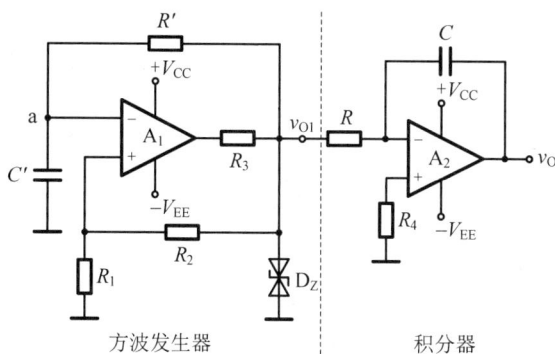

图 9.48 采用波形变换法产生三角波

v_a 变化呢？这样即可省去一个 RC 电路。注意，只要将方波发生器中的滞回比较器改为同相输入滞回比较器，然后将 v_O 与比较器的输入连起来，v_O 的波形恰好是比较器所需要的输入波形，这样便构成了整体闭环电路，其中同时引入了正负两种反馈，电路不仅可以自行振荡输出波形，而且工作稳定。由双运放构成的三角波发生器如图 9.49 所示。

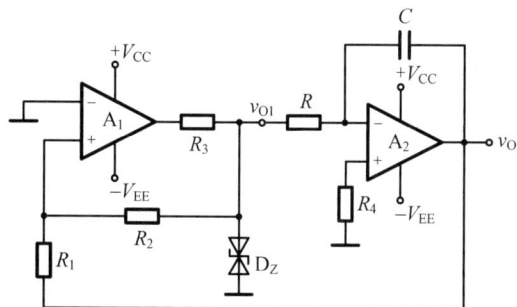

图 9.49 三角波发生器

比较图 9.48 和图 9.49 两个电路，前者电路中的两部分电路相互独立，不能相互制约，工作的稳定性差。而后者则不然，假设由于某种原因导致 v_{O1} 高电平时间变长，则会使 v_O 的积分时间变长，即 v_O 更低，从而使 A_1 同相端变低，v_{O1} 翻转变为低电平，即 v_{O1} 高电平时间不可能变长，最终制约了 v_{O1} 的变化。

图 9.49 所示电路的工作过程如下：

假设电容电压的初始值 $v_C(0_+)=0$，且比较器的输出为高电平，即 $v_{O1}=+V_Z$。此时运放 A_1 同相端电位 v_P 同时受到 v_{O1} 和 v_O 的作用，根据叠加原理有

$$v_P = \frac{R_1}{R_1+R_2}V_Z + \frac{R_2}{R_1+R_2}v_O \tag{9.51}$$

且为高电平。同时运放 A_2 的输出电压 v_O 将随时间负向线性增长，又使 v_P 随之减小，当减至 $v_P=v_N=0$ 时，比较器的输出状态翻转，使 $v_{O1}=-V_Z$，v_P 也同时变为

$$v_P = -\frac{R_1}{R_1+R_2}V_Z + \frac{R_2}{R_1+R_2}v_O \tag{9.52}$$

之后，v_O 将随时间正向线性增长，又使 v_P 随之增大，当增至 $v_P=v_N=0$ 时，比较器的输出状态再次翻转，使 $v_{O1}=+V_Z$，v_P 同时又变为式(9.51)。以后电路重复上述过程，产生自激振荡。图 9.50 示出了图 9.49 的仿真图及其输出波形。

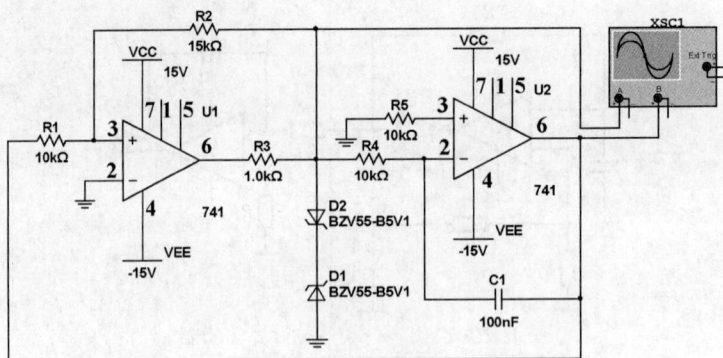

(a) 仿真图

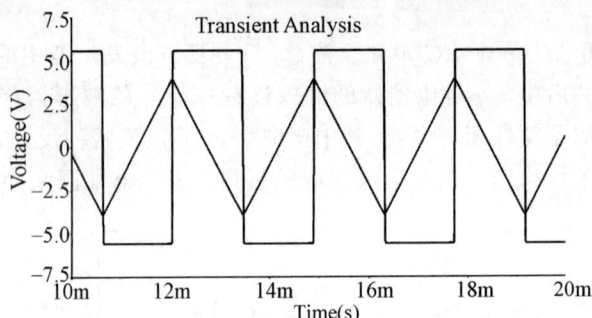

(b) 输出波形

图 9.50　图 9.49 的仿真图及其输出波形

下面讨论该电路的有关参数。

(1) 输出矩形波的幅值：由于比较器输出电压为 $+V_Z$ 或 $-V_Z$，故矩形波的幅值为

$$V_{o1m} = V_Z \tag{9.53}$$

(2) 输出三角波的幅值：由以上分析可知，当 v_{O1} 翻转时，v_O 达到最大值 V_{om}。根据 v_{O1} 的翻转条件 $v_P = v_N = 0$，且 $v_{O1} = -V_Z$，利用式(9.52)可得

$$0 = -\frac{R_1}{R_1 + R_2}V_Z + \frac{R_2}{R_1 + R_2}V_{om}$$

于是得到三角波的幅值为

$$V_{om} = \frac{R_1}{R_2}V_Z \tag{9.54}$$

(3) 振荡周期：根据输出波形图 9.50(b)可知，在半个周期内，积分电路对 $-V_Z$ 进行积分，其输出从 $-V_{om}$ 上升到 V_{om}，据此可得

$$2V_{om} = -\frac{1}{RC}\int_0^{\frac{T}{2}}(-V_Z)\mathrm{d}t$$

即

$$2V_{om} = \frac{V_Z}{RC}\frac{T}{2}$$

于是振荡周期为

$$T = \frac{4RCV_{om}}{V_Z} = 4RC\frac{R_1}{R_2} \tag{9.55}$$

可见，v_{O1} 的输出为方波，v_O 的输出为三角波，故该电路又称方波-三角波发生器。

以上分析表明，三角波的幅值与 R_1/R_2 和 V_Z 有关；而振荡周期与 R_1/R_2 和积分时间常数 RC 有关。因此在实际电路的调整中，应先调整 R_1/R_2 和 V_Z，使输出幅值满足要求，然后再调整 RC，使振荡周期也满足要求。

9.2.3 锯齿波发生器

在方波-三角波发生器的基础上，只要设法使积分电路充电和放电的时间常数相差悬殊，就可以得到锯齿波信号了。类似地，利用二极管的单向导电性，使积分电路充电和放电的路线不同，仿照图 9.45 所示电路，得到的锯齿波发生器电路如图 9.51 所示。

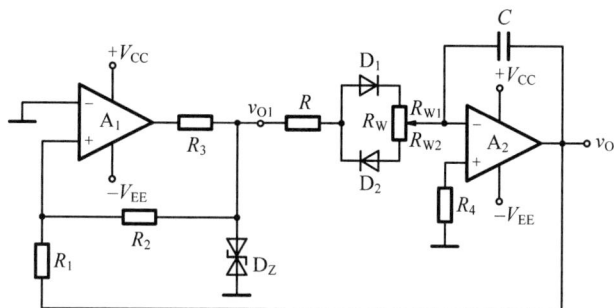

图 9.51 锯齿波发生器

通过调节电位器 R_W 滑动端的位置，可使 $R_{W1} \gg R_{W2}$ 或 $R_{W1} \ll R_{W2}$，则积分电路充电的时间常数远大于放电的时间常数，或者放电的时间常数远大于充电的时间常数，此时积分电路的输出即为锯齿波。图 9.51 为仿真图，其输出波形如图 9.52 所示。

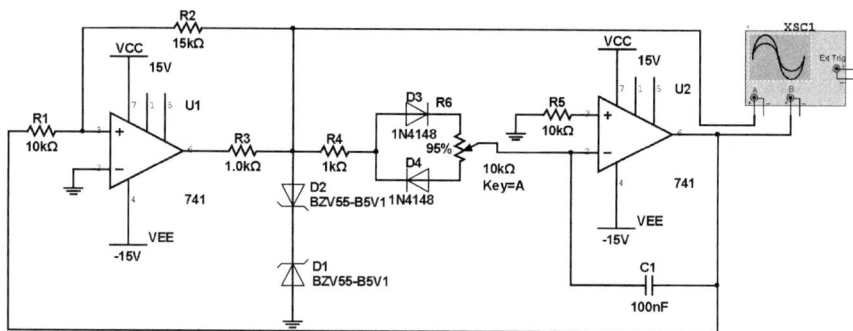

(a) 仿真图

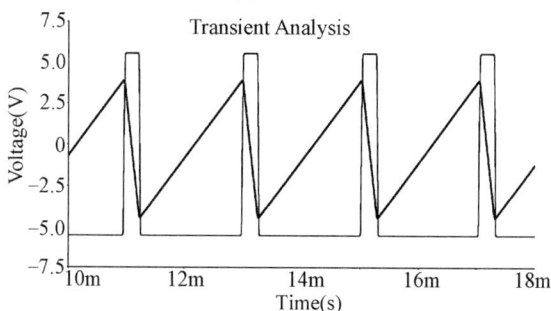

(b) 输出波形

图 9.52 图 9.51 的仿真图及其输出波形

类似地,不难得出该电路的以下有关参数。

(1) 锯齿波的幅值为

$$V_{om} = \frac{R_1}{R_2} V_Z \tag{9.56}$$

(2) 振荡周期:在忽略 D_1、D_2 正向导通电阻的条件下,得到锯齿波下降(v_{O1} 为高电平)和上升(v_{O1} 为低电平)的时间 T_1 和 T_2 分别为

$$T_1 = 2(R + R_{W1})C\frac{R_1}{R_2} \quad 和 \quad T_2 = 2(R + R_{W2})C\frac{R_1}{R_2} \tag{9.57}$$

所以振荡周期为

$$T = T_1 + T_2 = 2(2R + R_W)C\frac{R_1}{R_2} \tag{9.58}$$

以上分析表明,调整 R_1/R_2 和 V_Z 的值可以改变锯齿波的幅值;调整 R_1/R_2 和积分时间常数 $(2R + R_W)C$,可以改变振荡周期;调整电位器滑动端的位置,可以改变锯齿波上升和下降的时间,但不影响锯齿波的周期。

9.2.4 电压-频率转换电路

在 9.1 节中讨论了正弦波振荡器,利用变容二极管实现其振荡频率的电压控制,即压控正弦波振荡器。本节将介绍电压控制的方波发生器,也是一种压控振荡器,或者称为电压-频率(V-F)转换电路。

电压-频率转换电路如图 9.53 所示。图中 A_1、R_1 和 C 等组成积分电路,A_2、R_5 和 R_6 等组成滞回比较器。滞回比较器的输出电压 v_O 只有两个状态,即高电平 V_{om} 和低电平 $-V_{om}$,并经反馈电路控制晶体管 T 的导通和截止,从而控制电容 C 的充放电时间;输入电压 E 的大小决定了 A_1 同相输入端的电位 V_{P1},由此控制了积分电路的积分时间,以达到通过输入电压变化控制输出电压频率的目的。

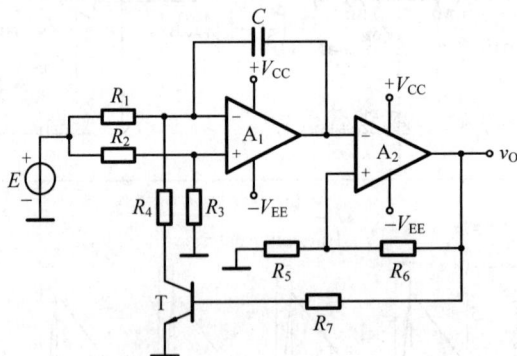

图 9.53 电压-频率转换器

下面推导 v_O 的频率与 E 的关系。

首先来看由集成运放 A_2 组成的滞回比较器。根据叠加原理,可知 A_2 同相输入端电位为

$$v_{P2} = \frac{R_5}{R_5 + R_6} v_O$$

由此可以得到比较器翻转的门限电压:

当 $v_O=+V_{om}$ 时,得到上门限电压

$$V_{TH}=\frac{R_5}{R_5+R_6}V_{om} \tag{9.59}$$

当 $v_O=-V_{om}$ 时,得到下门限电压

$$V_{TL}=-\frac{R_5}{R_5+R_6}V_{om} \tag{9.60}$$

为计算方便,取 $R_5=100\text{k}\Omega$,$R_6=200\text{k}\Omega$,代入式(9.59)和式(9.60)得

$$V_{TH}=+\frac{1}{3}V_{om} \tag{9.61a}$$

$$V_{TL}=-\frac{1}{3}V_{om} \tag{9.61b}$$

当 $v_O=+V_{om}$ 时,T 饱和,忽略晶体管的饱和压降,有

$$\frac{E-V_{P1}}{R_1}+C\frac{\mathrm{d}(v_{O1}-V_{P1})}{\mathrm{d}t}=\frac{V_{P1}}{R_4}$$

其中 $V_{P1}=\dfrac{R_3}{R_2+R_3}E$,整理可得

$$C\frac{\mathrm{d}v_{O1}}{\mathrm{d}t}=\left(\frac{1}{R_4}+\frac{1}{R_1}\right)V_{P1}-\frac{E}{R_1}$$

取 $R_1=100\text{k}\Omega$,$R_2=R_3=R_4=50\text{k}\Omega$。此时 v_{O1} 从 V_{TL} 开始升高,故有

$$v_{O1}=\frac{1}{2\times10^5}\frac{E}{C}\int_{t_0}^{t_1}\mathrm{d}t+V_{TL} \tag{9.62}$$

同理,当 $v_O=-V_{om}$ 时,T 截止,故有

$$\frac{E-V_{P1}}{R_1}=-C\frac{\mathrm{d}(v_{O1}-V_{P1})}{\mathrm{d}t}=-C\frac{\mathrm{d}v_{O1}}{\mathrm{d}t}$$

此时 v_{O1} 从 V_{TH} 开始下降,故有

$$v_{O1}=-\frac{1}{2\times10^5}\frac{E}{C}\int_{t_1}^{t_2}\mathrm{d}t+V_{TH} \tag{9.63}$$

联立式(9.61)式(9.62)有

$$+\frac{1}{3}V_{om}=\frac{1}{2\times10^5}\frac{E}{C}\int_{t_0}^{t_1}\mathrm{d}t-\frac{1}{3}V_{om}$$

故 v_O 处于高电平的时间 $T_H(=t_1-t_0)$

$$T_H=\frac{4\times10^5}{3}\frac{V_{om}C}{E} \tag{9.64}$$

类似地,联立式(9.61)和式(9.63),有

$$-\frac{1}{3}V_{om}=-\frac{1}{2\times10^5}\frac{E}{C}\int_{t_1}^{t_2}\mathrm{d}t+\frac{1}{3}V_{om}$$

故 v_O 处于低电平的时间 $T_L(=t_2-t_1)$

$$T_L=\frac{4\times10^5}{3}\frac{V_{om}C}{E} \tag{9.65}$$

于是振荡频率为

$$f = \frac{1}{T_H + T_L} = \frac{3E}{8 \times 10^5 V_{om} C} \tag{9.66}$$

表明振荡频率 f 随输入控制电压 E 线性变化,且振荡输出为方波。

Multisim仿真:为了理解图9.53所示电路,将电源 E 设置为锯齿波,这样随着 E 的线性增长,输出电压的频率也将随之线性增大,即实现了扫频。

将控制电压源设置为三角波,占空比设为98%,频率为20Hz,幅值6V,偏置6V,这样即为电压在0～12V变化的锯齿波,如图9.54(a)所示。通过瞬态分析,可以清楚地看到输出电压的频率随着控制电压的增大而增大的全过程,得到的控制电压(锯齿波波形)和输出电压(扫频波形)的对应关系如图9.54(b)所示。

实验视频 12

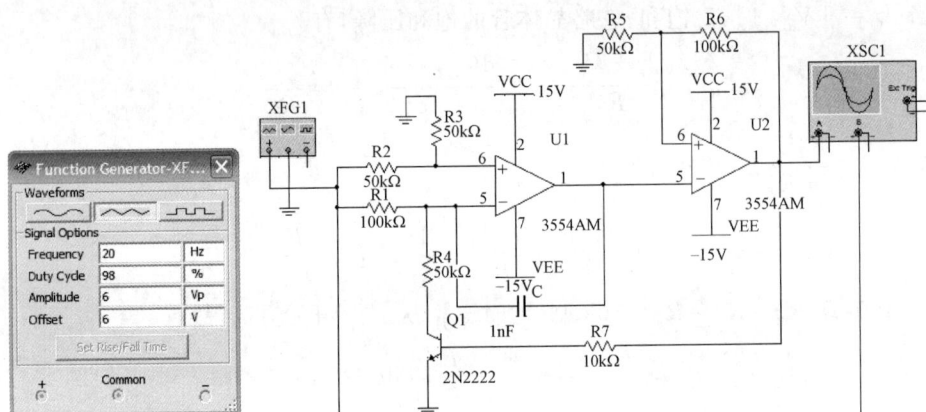

(a) 仿真图

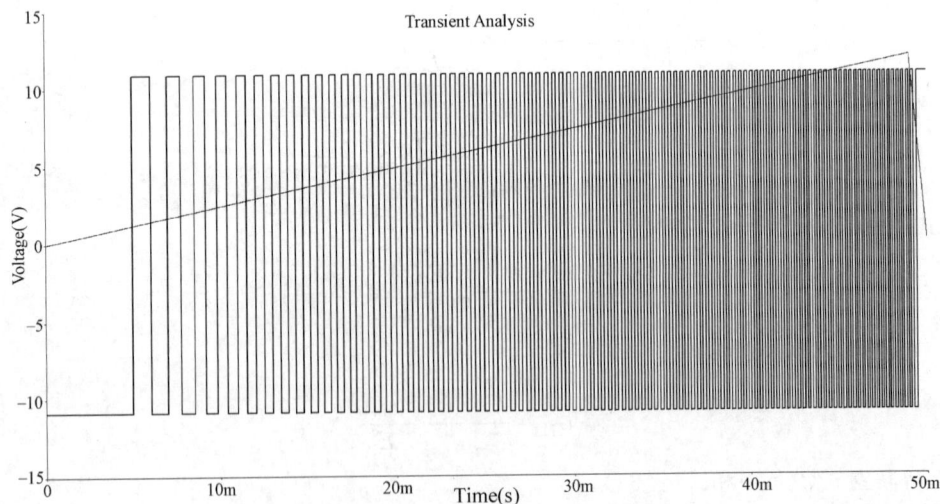

(b) 控制电压(锯齿波波形)和输出电压(扫频波形)

图9.54　V-F转换电路仿真

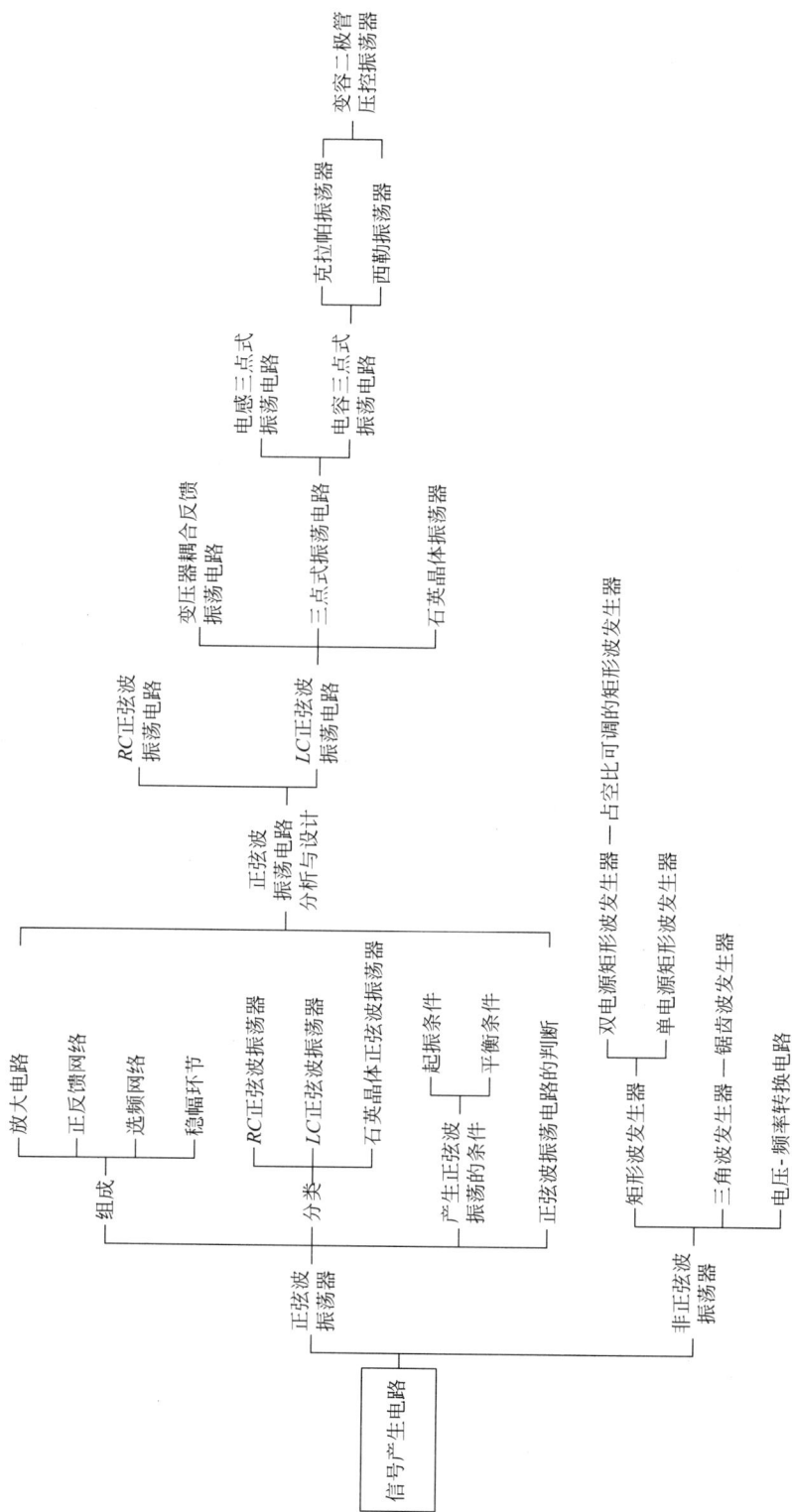

本章知识结构图和小结

知识结构图

```
信号产生电路 ─┬─ 正弦波振荡器 ─┬─ 组成 ─┬─ 放大电路
              │                │        ├─ 正反馈网络
              │                │        ├─ 选频网络
              │                │        └─ 稳幅环节
              │                │
              │                ├─ 分类 ─┬─ RC正弦波振荡器
              │                │        ├─ LC正弦波振荡器
              │                │        └─ 石英晶体正弦波振荡器
              │                │
              │                ├─ 产生正弦波振荡的条件 ─┬─ 起振条件
              │                │                        └─ 平衡条件
              │                │
              │                ├─ 正弦波振荡电路的判断
              │                │
              │                └─ 正弦波振荡电路分析与设计 ─┬─ RC正弦波振荡电路
              │                                            │
              │                                            └─ LC正弦波振荡电路 ─┬─ 变压器耦合反馈振荡电路
              │                                                                 │
              │                                                                 ├─ 三点式振荡电路 ─┬─ 电感三点式振荡电路
              │                                                                 │                   │
              │                                                                 │                   └─ 电容三点式振荡电路 ─┬─ 克拉帕振荡器
              │                                                                 │                                          │
              │                                                                 │                                          └─ 西勒振荡器 ── 变容二极管压控振荡器
              │                                                                 │
              │                                                                 └─ 石英晶体振荡器
              │
              └─ 非正弦波振荡器 ─┬─ 矩形波发生器 ─┬─ 双电源矩形波发生器 ── 占空比可调的矩形波发生器
                                 │                └─ 单电源矩形波发生器
                                 │
                                 ├─ 三角波发生器 ── 锯齿波发生器
                                 │
                                 └─ 电压-频率转换电路
```

小结

1. 振荡器(信号产生电路)是一种无须外加激励信号就能产生具有一定频率、一定波形和一定振幅的交变信号的电路,它分为正弦波振荡器和非正弦波振荡器两大类。

2. 正弦波振荡器由四部分组成,即放大电路、正反馈网络、选频网络和稳幅环节。

3. 正弦波振荡器常用选频网络所采用的元件来命名,可分为 RC 正弦波振荡器、LC 正弦波振荡器和石英晶体正弦波振荡器等类型。

4. 正弦波振荡器(反馈振荡器)必须满足的两个条件:

(1) 起振条件——振幅起振条件和相位起振条件;

(2) 平衡条件——振幅平衡条件和相位平衡条件。

5. 正弦波振荡电路的判断:观察电路是否包含四个组成部分,利用"瞬时极性法"判断电路是否满足相位条件,然后判断电路是否满足幅值条件。

6. RC 桥式正弦波振荡电路由 RC 串并联选频网络和同相放大电路组成。其中以 RC 串并联网络实现选频和正反馈,以电压串联负反馈同相放大电路实现放大和稳幅。

7. 常见的 LC 正弦波振荡电路有变压器耦合反馈振荡电路和三点式振荡电路。

(1) 变压器耦合反馈振荡电路又称为互感耦合反馈振荡电路。从电路结构上看,由单管放大电路、LC 并联谐振电路和正反馈网络组成。

(2) 三点式振荡电路是指 LC 回路的三个端点分别与晶体管的三个极相连而组成的一种振荡电路,包括电感三点式振荡电路和电容三点式振荡电路。

8. 电容三点式更适于制作高频振荡器,例如共集电容三点式振荡电路和共基电容三点式振荡电路。

电容三点式振荡电路的改进:克拉帕振荡器和西勒振荡器。

9. 利用变容二极管实现压控振荡器。

10. 场效应管正弦波振荡电路:电容三点式振荡器、交叉耦合差分振荡器。

11. 石英晶体正弦波振荡器:

(1) 并联型石英晶体正弦波振荡器,此时晶体起到一个电感的作用;

(2) 串联型石英晶体正弦波振荡器,此时把晶体用作串联谐振电路。

12. 常见的非正弦波有矩形波、三角波、锯齿波等。

13. 作为其他非正弦波发生器基础的矩形波发生器,由滞回比较器和 RC 充放电电路组成。

(1) 矩形波发生器如图 9.43 所示;

(2) 三角波发生器如图 9.49 所示;

(3) 锯齿波发生器电路如图 9.51 所示。

非正弦波发生器的有关参数:输出波形的峰值、振荡周期 T 和占空比 D。

习题

分析题

9.1 分析如图 9.55 所示的正弦波振荡器电路,回答以下问题:

(1) 电路中的正、负反馈网络分别由哪些元件组成?

(2) 同相输入端到输出端的电压传输系数;

(3) 输出端到同相输入端的反馈系数;

(4) 振荡器振荡频率的表达式;

(5) 为了使振幅稳定,输出波形不失真并满足起振的幅值条件,对 R_1 有什么要求?

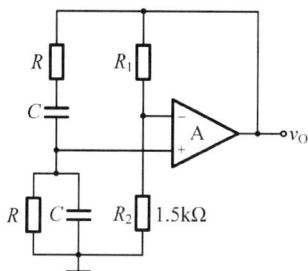

图 9.55 题 9.1 的图

9.2 电路如图 9.56 所示,其中的放大电路是由 FET 差分电路和 BJT 共射电路组成的两级放大电路,适当增减元件,合理连线使之组成 RC 桥式正弦波振荡电路。

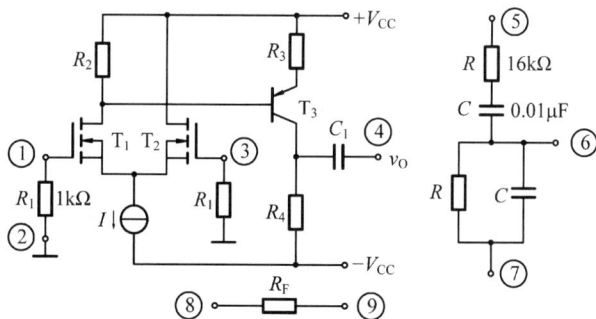

图 9.56 题 9.2 的图

9.3 电路如图 9.57 所示,欲使电路正常工作,试确定:

(1) R_W' 的下限值;

(2) 振荡频率的调节范围。

9.4 电路如图 9.58 所示。为使电路产生正弦波振荡,首先标出集成运放的十和一。然后针对以下四种情况进行仿真分析,说出电路输出何种波形。

(1) R_1 短路;

(2) R_1 断路;

(3) R_F 短路;

(4) R_F 断路。

9.5 电路如图 9.59 所示。试回答:

(1) 电路的名称和组成;

(2) 电路输出信号的频率;

(3) Q1 的作用及其相关电路的工作原理;

(4) 电阻 R5 的取值;

(5) 电阻 R7 的作用;

(6) 二极管 D1 的作用。

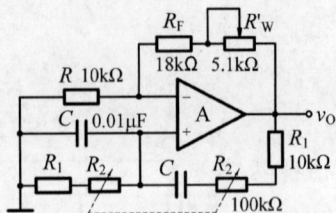

图 9.57　题 9.3 的图

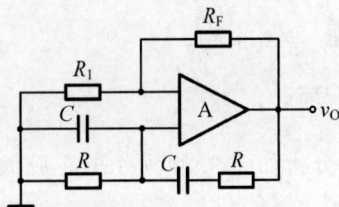

图 9.58　题 9.4 的图

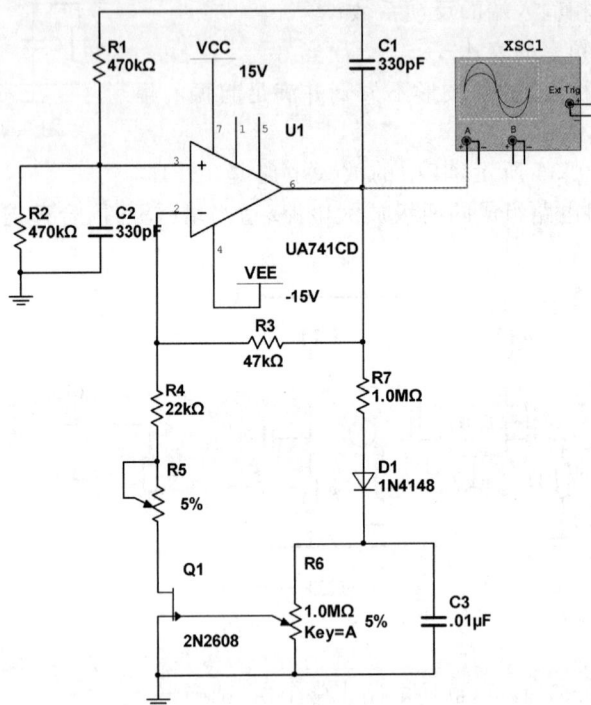

图 9.59　题 9.5 的图

9.6　电路如图 9.60 所示,为使各电路满足正弦波振荡的相位条件,试标出电路中变压器的同名端。

9.7　电路如图 9.61 所示。仅从产生正弦波振荡的相位条件,判断各电路能否产生正弦波振荡? 若不能,如何改正才可产生正弦波振荡?

9.8　电路如图 9.62 所示,这是一个矩形波发生器,其中 $R_1 = 10\text{k}\Omega, R_2 = 20\text{k}\Omega, C = 0.01\mu\text{F}$,集成运放的最大输出电压幅值为 $\pm12\text{V}$,二极管的动态电阻忽略不计。

(1) 求电路的振荡周期;

(2) 画出 v_O 和 v_C 的波形;

(3) 仿真验证你的结论。

9.9　电路如图 9.63 所示。设置合适的元件参数,使之产生波形。在电路中某一参数变化,其他参数不变的条件下,对输出信号的频率、占空比和幅值的变化情况进行仿真分析。

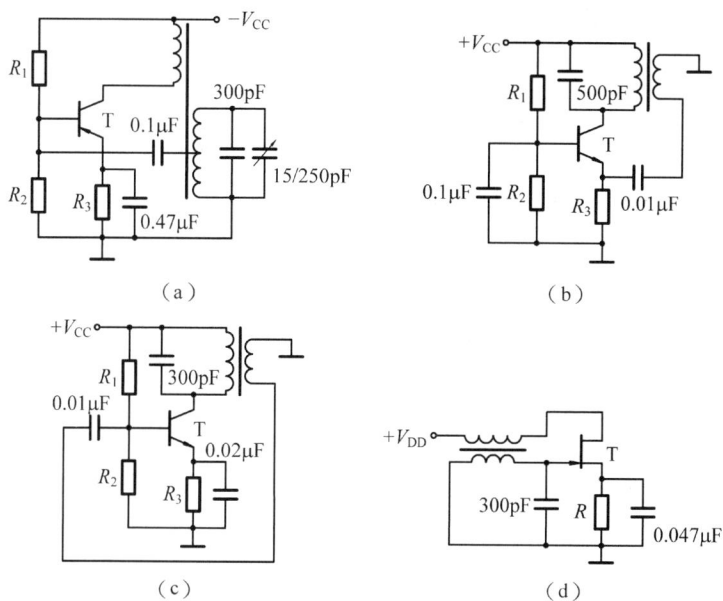

（a）　（b）

（c）　（d）

图 9.60　题 9.6 的图

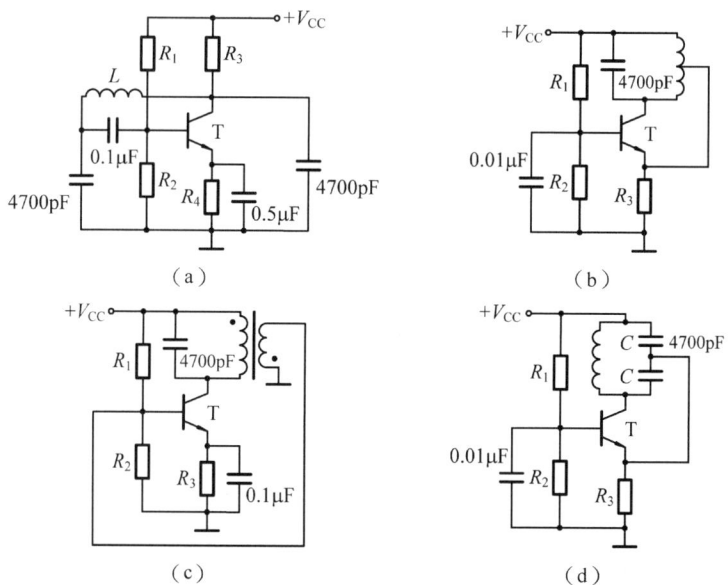

（a）　（b）

（c）　（d）

图 9.61　题 9.7 的图

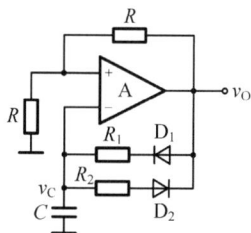

图 9.62　题 9.8 的图

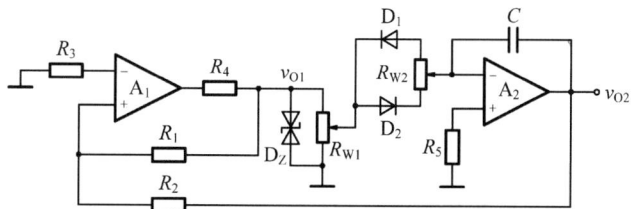

图 9.63　题 9.9 的图

设计题

9.1　设计一个 RC 桥式正弦波振荡器。要求：

(1) 正弦波频率为 1kHz，幅值为 10V，运放采用 741。画出电路图，确定元件参数。

(2) 若将振荡频率提高到 10kHz，甚至上百 kHz，幅值仍为 10V，如何设计？

9.2　设计一个 BJT 电容三点式振荡器。要求：$V_{CC}=12V$，集电极静态电流为 1mA，振荡频率为 800kHz。

9.3　设计一个场效应管电容三点式振荡器，振荡频率为 1.2MHz。选用增强型 N 沟道场效应管 BS170，直流偏置使 $g_m=2\times10^{-3}$；电感线圈的电阻 $R_s=2\Omega$。

9.4　设计一个场效应管交叉耦合差分振荡器，振荡频率为 1.2MHz。选用增强型 N 沟道场效应管 BS170，直流偏置使 $g_m=2\times10^{-3}$；电感线圈的电阻 $R_s=2\Omega$。

9.5　设计一个 1.0MHz 并联型石英晶体正弦波振荡器。

9.6　设计一个方波发生器。要求：输出频率为 10kHz，输出电压峰值为 $\pm5V$。

9.7　函数发生器是实验室中常用的电子设备，可以方便地输出正弦波、方波和三角波。根据所学知识，给出函数发生器的一种设计方案，画出原理框图和电路原理图，并加以说明。

第 10 章

CHAPTER 10

功率放大电路

前面讨论的放大电路,如共射(共源)、共集(共漏)、共基(共栅)和差分电路等,均属于小信号放大电路,也称电压放大电路,其主要特点是在输入信号整个周期内,放大管始终工作在线性区,采用的分析方法是等效电路法,主要的有源器件(放大管)一般选择小功率管。在实际电路中,往往要求放大电路的输出级能够驱动一定的负载,例如驱动扬声器使之发声;驱动继电器使之动作等,这就要求放大电路能够输出足够大的功率。通常把能够给负载提供足够大的信号功率的放大电路称为功率放大电路。下面将围绕功率放大电路具有什么特点,用什么方法分析功率放大电路,什么样的电路可以作为功率放大电路,用哪些指标来衡量功率放大电路,功率放大电路中的有源器件如何选择等问题展开讨论。

10.1 功率放大电路的主要特点

功率放大电路的主要任务是给负载提供足够大的信号功率,它与电压放大电路相比,本质上都是能量的一种转换电路,但由于功率放大电路是在电源电压确定的条件下,输出尽可能大的功率,所以在电路的构成、分析方法以及器件的选择等方面,与电压放大电路有明显的不同,主要有以下四个特点。

1. 根据负载要求,提供尽可能大的输出功率

功率放大电路提供给负载的信号功率称为输出功率。以输入正弦信号为例,在输出波形不超过规定的非线性失真范围的情况下,放大电路最大输出电压 V_{om} 和最大输出电流 I_{om} 有效值的乘积定义为最大输出功率 P_{om},即

$$P_{om} = I_o V_o = \frac{1}{2} I_{om} V_{om} \tag{10.1}$$

式中 V_o、I_o 分别是 V_{om} 和 I_{om} 的有效值。

2. 具有较高的效率

所有的放大电路实质上都可视为能量转换电路。负载上所得到的信号功率实际上是由直流电源通过有源器件转换而来的。而电路输出功率的量级,在不同的应用范围内,有很大的不同。例如一个小的便携式收音机对扬声器的输出功率仅几百毫瓦,而一个强劲的音响设备可以产生几百甚至上千瓦的输出功率,但是无论哪一种情况,我们设计的一个重要目标是将电源提供的功率转换为更多有用的信号功率。当供给功率放大电路的直流电源功率一定时,为了向负载提供尽可能大的功率,就必须减小损耗,因此提高功率放大电路的能量转

换效率是一个非常重要的问题。

功率放大电路的转换效率是最大输出功率 P_{om} 与直流电源所提供的功率 P_V 之比,用 η 表示,即

$$\eta = \frac{P_{om}}{P_V} \times 100\% \tag{10.2}$$

3. 尽量减小非线性失真

在功率放大电路中,为了使输出功率尽可能大,电路需在大信号下工作,晶体管一般都工作在极限状态,瞬时工作点将会移到接近于晶体管的饱和区和截止区,输出信号不可避免地会有非线性失真,而且输出功率越大,非线性失真越严重。因此在实际的功率放大电路中,应根据负载的要求来选择允许的失真度范围。

4. 功率器件的安全运行

通常,在功率放大器中,有相当大的功率以热能的形式消耗在有源器件上,如何选择器件和散热器,使器件不发生过热,避免设备的损坏就成为一个重要问题。因此必须注意放大管的正确选择,要保证放大管的最大耗散功率 P_{CM}、最大集电极电流 I_{CM}、最大管压降 $V_{(BR)CEO}$ 不超过限定范围,使放大管工作在安全工作区。

由于功率放大电路中的放大管通常都工作在大信号状态,放大管的非线性不可忽略,因此在进行分析时,一般不能采用小信号等效电路法,而是采用图解法对功放电路的静态和动态进行分析。

10.2 功率放大电路提高效率的主要途径

第 6、7 章讨论了共射(共源)、共集(共漏)、共基(共栅)和差分等电路,它们的工作特点是放大管在信号的整个周期内始终导通(即导通角为 360°),这种工作方式称为甲类(A 类)放大;互补输出电路(见图 6.136)的工作特点是放大管仅在信号的正半周期或负半周期导通(即导通角为 180°),即电路中的两个放大管,一个放大信号的正半周,另一个放大信号的负半周,这种工作方式称为乙类(B 类)放大;互补输出电路的改进型(参见图 6.138~图 6.140)的工作特点是放大管的导通时间大于半个周期且小于整周期(即导通角为 180°~360°),这种工作方式称为甲乙类(AB 类)放大;还有一种工作方式称为丙类(C 类)放大,它用于高频功率放大电路,其工作特点是放大管的导通时间小于半个周期(即导通角小于 180°)。可见这四种工作状态的差异主要在于偏置情况的不同。图 10.1 显示了一个理想传输特性的放大管工作在不同偏置下的情况。

可以看出,甲类放大电路的失真最小,那么为什么不在所有的功率放大电路中采用呢? 原因在于除了要考虑放大电路的失真外,更需要考虑放大电路的效率,以及如何才能使负载上获得最大的输出功率。

下面介绍放大器的效率如何计算。图 10.2 给出了一个甲乙类放大器中电源供出电流的情况。设交流信号幅度为 I_0,直流工作点处电流为 I_Q。这样电源的供出电流表示为

$$i_S = I_Q + I_0 \cos\theta$$

由图 10.2 可以看出,当 $\theta = \frac{1}{2}\theta_c$ 时,电流下降到零。于是有

（a）甲类放大器　　　　　　　　　　（b）甲乙类放大器

（c）乙类放大器　　　　　　　　　　（d）丙类放大器

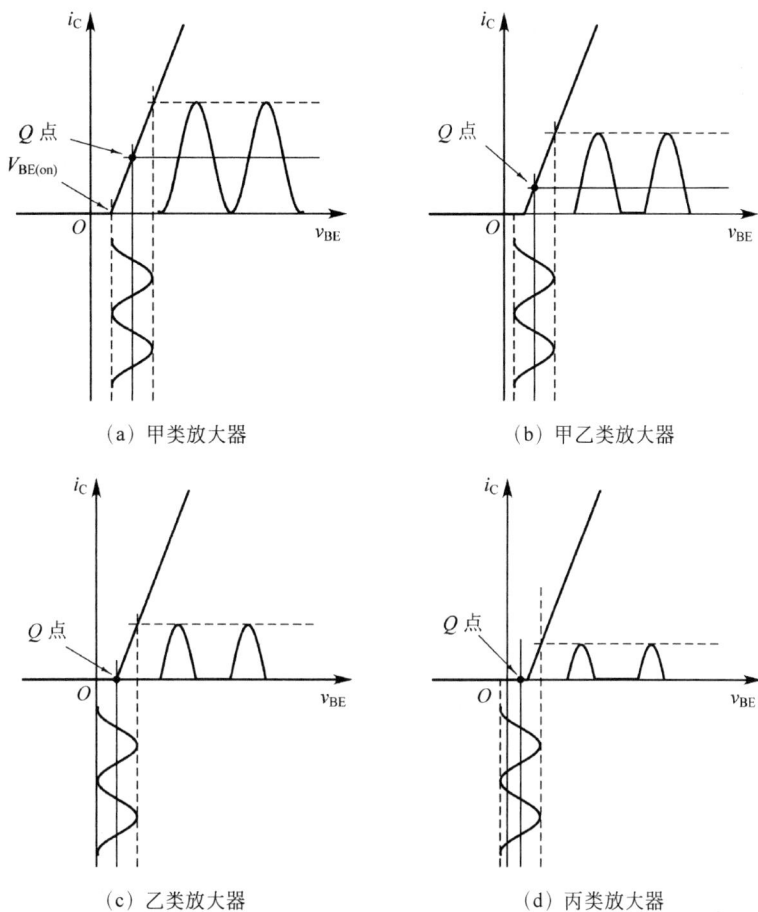

图 10.1　不同类型的放大电路

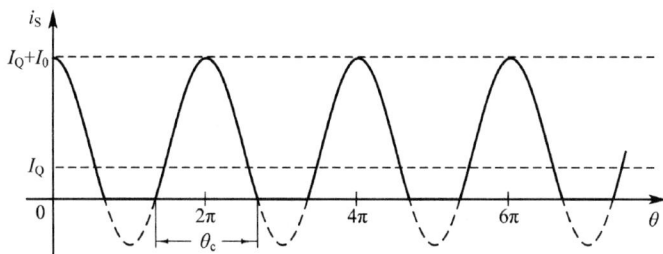

图 10.2　甲乙类放大器中电源供出的电流

$$I_{\mathrm{Q}} + I_0 \cos \frac{\theta_{\mathrm{c}}}{2} = 0, \quad 即 \quad I_{\mathrm{Q}} = -I_0 \cos \frac{\theta_{\mathrm{c}}}{2}$$

所以电源在一个周期内的平均电流为

$$\bar{i}_{\mathrm{S}} = \frac{1}{2\pi} \int_{-\theta_c/2}^{\theta_c/2} i_{\mathrm{S}} \mathrm{d}\theta = -\frac{I_0}{2\pi} \left(\theta_{\mathrm{c}} \cos \frac{\theta_{\mathrm{c}}}{2} - 2\sin \frac{\theta_{\mathrm{c}}}{2} \right)$$

负载上获得的平均功率为

$$P_{\mathrm{o}} = \frac{1}{2\pi} \int_{-\theta_c/2}^{\theta_c/2} I_0 V_{\mathrm{CC}} \cos^2 \theta \mathrm{d}\theta = \frac{I_0 V_{\mathrm{CC}}}{4\pi} (\theta_{\mathrm{c}} - \sin\theta_{\mathrm{c}})$$

最后得到放大电路的效率为

$$\eta = \frac{P_o}{V_{CC}\bar{i}_s} = -\frac{\theta_c - \sin\theta_c}{2\left(\theta_c \cos\dfrac{\theta_c}{2} - 2\sin\dfrac{\theta_c}{2}\right)} \tag{10.3}$$

将式(10.3)作成图,如图 10.3 所示。由图可知,甲类放大电路的效率最高为 50%,乙类放大电路的效率理论值为 78.5%,而丙类放大电路理论效率可以达到 100%。

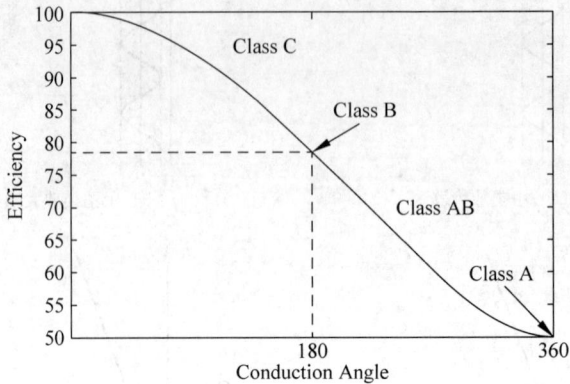

图 10.3　理想放大电路最大理论效率和导通角的关系

正因为在甲类放大电路中,直流电源所提供的功率在没有信号输入时,全部消耗在放大管和电阻上;当有信号输入时,一部分转化为有用的输出功率,另一部分消耗在器件上,所以甲类放大电路的效率最低。可见静态电流是造成管耗的主要因素,换言之,提高功率放大电路效率的根本途径是减小管耗。

比较以上四种电路工作状态,丙类工作状态效率是最高的,但它的集电极电流严重失真,须采取措施消除失真,如采用谐振电路,故它较适于高频功率放大电路。而对于低频功率放大电路来说,考虑到交越失真的问题,甲乙类工作状态是最常采用的电路形式。

10.3　互补对称功率放大电路

本节重点讨论目前使用最广泛的 OTL 功率放大电路和 OCL 功率放大电路,并对其电路指标进行分析计算,然后介绍 BTL 功率放大电路。

10.3.1　OTL 功率放大电路

OTL(Output Transformerless)功率放大电路是为了克服变压器耦合功率放大电路(可参考有关资料)的诸多缺点,省去输出变压器后演变而来的,故称为无输出变压器的功率放大电路,其电路结构如图 10.4 所示,它实际上是图 6.139 所示电路在单电源供电下的应用形式。图中电阻 R_1、R_2、D_1 和 D_2 使静态时两管的射极电位为 $V_{CC}/2$,同时 D_1 和 D_2 为两管设置合适的偏置,使其处于微导通状态,从而减小交越失真;通过大容量电容 C 接负载 R_L,省去了变压器。C 的作用有二:一是由于静态时 T_1、T_2 的射极电位为 $V_{CC}/2$,故电容 C 上的电压也为 $V_{CC}/2$,若 C 的容量足够大,输入的交流信号对其端电压基本无影响,故 C

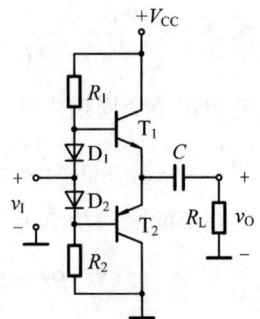

图 10.4　OTL 功率放大电路

相当于一个电源，为 T_2 管提供工作电压；二是通交隔直作用，为保证电路的低频响应，C 的容值应满足（忽略电路的输出电阻）

$$C \geqslant \frac{1}{2\pi f_L R_L} \tag{10.4}$$

式中 f_L 为功放电路所要求的下限频率。

以正弦波信号为例，当输入电压 v_I 为正半周时，T_1 导通，T_2 截止，信号通过 T_1 射极输出至负载，T_1 的直流供电电压为电源电压与电容压降的差，即 $V_{CC} - V_{CC}/2 = V_{CC}/2$；当输入电压 v_I 为负半周时，T_1 截止，T_2 导通，信号通过 T_2 射极输出至负载，T_2 的直流供电电压为电容上的电压，对于 T_2 集电极来说为 $-V_{CC}/2$。

为了比较直观地理解两个放大管的工作情况，下面利用图解法对电路进行分析。为此不妨先假设图 10.4 电路工作于乙类状态，相当于将 D_1 和 D_2 短接，此时 T_1 和 T_2 静态集电极电流为零。不过通常甲乙类电路的静态电流很小，与乙类状态相近，因此以下由乙类电路导出的公式，也可近似应用于甲乙类电路。

图 10.5 示出了 T_1 和 T_2 的合成输出特性曲线，并给出了输出电流和电压波形。静态时，两放大管的集电极电流为零，两管的集电极电压分别为 $v_{CE1} = V_{CC}/2$，$v_{CE2} = -V_{CC}/2$，故两管的 Q 点重合，负载线的斜率取决于 R_L。

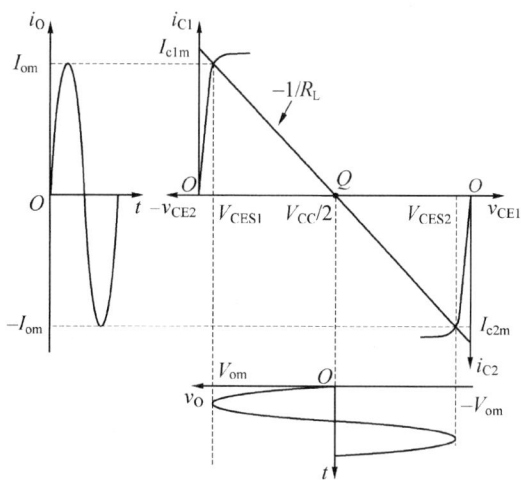

图 10.5 OTL 电路的图解分析

由图可知，当 v_I 为正半周时，T_1 导通，Q 点沿负载线向左上方移动，T_1 集电极的最大电流为 I_{c1m}，输出的最大电压为 V_{ce1m}；当 v_I 为负半周时，T_2 导通，Q 点沿负载线向右下方移动，T_2 集电极的最大电流为 I_{c2m}，输出的最大电压为 $|V_{ce2m}|$。若放大管 T_1 和 T_2 的特性曲线对称，则有 $I_{c1m} = I_{c2m} = I_{om}$，$V_{ce1m} = |V_{ce2m}| = V_{om}$，且有

$$V_{om} = \frac{V_{CC}}{2} - |V_{CES}| \tag{10.5}$$

式中 $|V_{CES}|$ 为放大管的饱和压降。下面分析几个重要指标。

1. 最大输出功率

以输入正弦波信号为例，最大输出功率

$$P_{om} = \frac{1}{2} I_{om} V_{om} = \frac{1}{2} \frac{V_{om}^2}{R_L} = \frac{1}{2} \frac{\left(\dfrac{V_{CC}}{2} - V_{CES}\right)^2}{R_L} \tag{10.6}$$

当 $\dfrac{V_{CC}}{2} \gg V_{CES}$ 时,最大输出功率可近似表示为

$$P_{om} \approx \frac{1}{8} \frac{V_{CC}^2}{R_L} \tag{10.7}$$

2. 直流电源提供的功率

直流电源 V_{CC} 提供的功率 P_V 等于 $V_{CC}/2$ 与电源在半个周期内的平均电流的乘积,即

$$P_V = \frac{V_{CC}}{2} \frac{1}{\pi} \int_0^\pi I_{om} \sin\omega t \, \mathrm{d}(\omega t) = \frac{V_{CC} I_{om}}{\pi} = \frac{V_{CC} V_{om}}{\pi R_L} \tag{10.8}$$

当 $\dfrac{V_{CC}}{2} \gg V_{CES}$ 时,直流电源提供的功率可近似表示为

$$P_V \approx \frac{V_{CC}^2}{2\pi R_L} \tag{10.9}$$

3. 效率

根据效率的定义,利用式(10.6)和式(10.8),得到电路最大输出功率时的效率

$$\eta = \frac{P_{om}}{P_V} = \frac{\pi V_{om}}{2 V_{CC}} \tag{10.10}$$

忽略饱和压降 V_{CES} 时,可得理想情况下的效率

$$\eta = \frac{P_{om}}{P_V} = \frac{\pi}{4} = 78.5\% \tag{10.11}$$

由此不难知道,当考虑放大管的饱和压降 V_{CES} 时,实际电路的效率将低于此值。

4. 最大管耗

直流电源提供了电路所需的总功率,除了一部分转换成输出功率外,其余部分主要消耗在放大管上,故总管耗 $2P_T = P_V - P_o$,式中 P_T 为单个放大管的管耗。

由图 10.5 可知,当输入电压为零时,T_1 和 T_2 截止,放大管的静态功耗也为零;当输入电压为最大时,输出功率也为最大,但管压降很小,故管耗也很小。可见管耗可能存在极值。根据式(10.6)和式(10.8),总管耗可表示为

$$2P_T = P_V - P_o = \frac{V_{CC} V_{op}}{\pi R_L} - \frac{V_{op}^2}{2 R_L}$$

式中 V_{op} 为任意状态下输出电压的幅值。此式表明总管耗 $2P_T$ 存在最大值。令 $\dfrac{\mathrm{d}(2P_T)}{\mathrm{d}V_{op}} = 0$,可求得当 $V_{op} = \dfrac{V_{CC}}{\pi}$ 时,$2P_T$ 为最大,即总管耗的最大值为

$$2P_{Tm} = \frac{V_{CC}^2}{2\pi^2 R_L} \tag{10.12}$$

当 $\dfrac{V_{CC}}{2} \gg V_{CES}$ 时,根据式(10.7),式(10.12)变为

$$2P_{Tm} = \frac{4}{\pi^2} P_{om} \approx 0.4 P_{om} \tag{10.13}$$

即每个放大管的最大管耗为

$$P_{Tm} \approx 0.2 P_{om} \tag{10.14}$$

5. 最大管压降

由电路的工作原理可知,当一管趋于饱和,另一管趋于截止时,截止管将承受的最大反压为电源电压 V_{CC}。所以放大管承受的最大管压降为

$$|V_{CEmax}| = V_{CC} \tag{10.15}$$

6. 最大集电极电流

根据电路的原理图可知,放大管的射极电流等于负载电流,负载上的最大电压约为 $V_{CC}/2$,故集电极电流的最大值为

$$I_{Cmax} = \frac{V_{CC}}{2R_L} \tag{10.16}$$

10.3.2　OCL 功率放大电路

考虑到输出电容 C 也存在许多不足,如电容直接影响电路的低频响应;大容量电容通常具有电感效应,故在高频时将产生相移;大容量电容无法集成等。对此省去电容 C,实现直接耦合,于是得到无输出电容的功率放大电路,即 OCL(Output Capacitor Less)功率放大电路,即第 6 章中讨论过的互补输出电路,其甲乙类电路结构如图 6.139 所示,在此重画为图 10.6,它的工作原理可参考第 6 章有关内容。

采用与 OTL 电路相同的方法,即可得出 OCL 电路的所有指标。事实上由于在 OCL 电路中,静态时 $v_{CE1} = V_{CC}$,$v_{CE2} = -V_{CC}$,因此只需在上述公式中以 V_{CC} 代替原公式中的 $V_{CC}/2$ 即可。

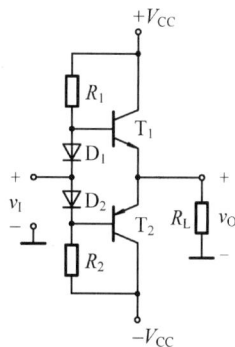

图 10.6　OCL 功率放大电路

1. 最大输出功率

以输入正弦波信号为例,最大输出功率

$$P_{om} = \frac{1}{2} I_{om} V_{om} = \frac{1}{2} \frac{V_{om}^2}{R_L} = \frac{1}{2} \frac{(V_{CC} - V_{CES})^2}{R_L} \tag{10.17}$$

当 $V_{CC} \gg V_{CES}$ 时,最大输出功率可近似表示为

$$P_{om} \approx \frac{1}{2} \frac{V_{CC}^2}{R_L} \tag{10.18}$$

2. 直流电源提供的功率

直流电源 V_{CC} 提供的功率 P_V 等于 V_{CC} 与电源在半个周期内的平均电流的乘积,即

$$P_V = V_{CC} \frac{1}{\pi} \int_0^\pi I_{om} \sin\omega t \, d(\omega t) = \frac{2V_{CC} I_{om}}{\pi} = \frac{2V_{CC} V_{om}}{\pi R_L} \tag{10.19}$$

当 $V_{CC} \gg V_{CES}$ 时,直流电源提供的功率可近似表示为

$$P_V \approx \frac{2V_{CC}^2}{\pi R_L} \tag{10.20}$$

3. 效率

根据效率的定义,利用式(10.17)和式(10.19),得到电路最大输出功率时的效率

$$\eta = \frac{P_{om}}{P_V} = \frac{\pi V_{om}}{4V_{CC}} \tag{10.21}$$

忽略饱和压降 V_{CES} 时,可得理想情况下的效率

$$\eta = \frac{P_{om}}{P_V} = \frac{\pi}{4} = 78.5\% \tag{10.22}$$

4. 最大管耗

当 $V_{CC} \gg V_{CES}$ 时,总管耗的最大值为

$$2P_{Tm} \approx 0.4 P_{om} \tag{10.23}$$

即每个放大管的最大管耗为

$$P_{Tm} \approx 0.2 P_{om} \tag{10.24}$$

5. 最大管压降

由电路的工作原理可知,当一管趋于饱和,另一管趋于截止时,截止管将承受的最大反压为 $2V_{CC}$。所以放大管承受的最大管压降为

$$|V_{CEmax}| = 2V_{CC} \tag{10.25}$$

6. 最大集电极电流

根据电路的原理图可知,放大管的射极电流等于负载电流,负载上的最大电压约为 V_{CC},故集电极电流的最大值为

$$I_{Cmax} = \frac{V_{CC}}{R_L} \tag{10.26}$$

10.3.3　BTL 功率放大电路

BTL(Balanced Transformer Less)电路是一种平衡无输出变压器功放电路,其输出级与负载之间以电桥方式直接耦合,因而又称桥式推挽功放电路。

由上述讨论可知,OCL 电路的负载一端接地,输入信号为正、负半周时,分别由正、负电源通过对应的上、下晶体管向负载提供能量。若电源电压为 $\pm V_{CC}$,则负载上信号电压的峰值为 $(V_{CC} - |V_{CES}|)$,这样不仅电源利用率低,而且对上、下晶体管的对称性要求较高。

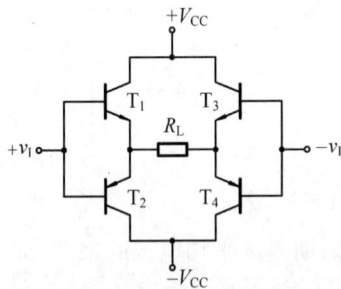

图 10.7　BTL 放大电路的基本原理图

图 10.7 为 BTL 放大电路的基本原理图,它是将负载接在两个相同的 OCL 电路的输出端,故负载是浮地的。其中四只晶体管构成一桥式结构,依据电桥平衡原理,只要 T_1 和 T_3、T_2 和 T_4 分别配对,即可实现桥路的对称。这对于同极性、同型号间晶体管的配对来说,显然比互补对管的配对要容易得多。

根据图 10.7 可知,在静态时,由于两个 OCL 电路的输出端电位相等(正常时应为零),故负载两端的直流电压为零,此时电桥处于平衡状态。在动态时,以正弦波为例,当输入信号为正半周时,由于两个输入端信号的相位相反,故 T_1 与 T_4 导通,T_2 与 T_3 截止,负载上得到输出信号的正半周;而当输入信号为负半周时,T_2 与 T_3 导通,T_1 与 T_4 截止,负载上得到输出信号的负半周。所以在负载上可得到一个完整的正弦波。

1. 最大输出功率

若电源电压为 $\pm V_{CC}$,则负载上信号电压的峰值为 $2(V_{CC} - |V_{CES}|)$,故负载上的最大

输出功率为

$$P_{om} = \frac{1}{2} \frac{[2(V_{CC} - |V_{CES}|)]^2}{R_L} = 4 \frac{(V_{CC} - |V_{CES}|)^2}{2R_L} \tag{10.27}$$

2. 直流电源提供的功率

电源提供的电流为

$$i = \frac{2(V_{CC} - |V_{CES}|)}{R_L} \sin\omega t$$

电源在负载获得最大交流功率时所消耗的平均功率等于其平均电流与电源电压之积,即

$$P_V = 2V_{CC} \frac{1}{\pi} \int_0^\pi \frac{2(V_{CC} - |V_{CES}|)}{R_L} \sin\omega t \, d(\omega t)$$

$$= \frac{2}{\pi} \frac{4V_{CC}(V_{CC} - |V_{CES}|)}{R_L} \tag{10.28}$$

3. 效率

$$\eta = \frac{\pi}{4} \frac{V_{CC} - |V_{CES}|}{V_{CC}} \tag{10.29}$$

可见在信号的正、负半周,BTL 电路均能充分利用双电源电压进行工作。在电源电压和负载相同的条件下,其输出功率是 OCL 电路的 4 倍,效率与 OCL 电路相当。

由于 BTL 电路是电路形式和工作状态都对称平衡的一种电路形式,特别是人们采用集成电路组成 BTL 功率放大电路,不仅可以获得较大的输出功率,而且使输出电路的对称性更好,从而可以减小电路的开环失真,因此 BTL 电路得到了较广泛的应用。

10.3.4 互补对称功率放大电路的应用

综上所述,不论是 OTL 电路(单电源供电模式)还是 OCL 电路(双电源供电模式),均采用了一种比较合理的电路结构——甲乙类互补对称电路。由于这种功放电路在具有较高效率的同时,又兼顾交越失真小,输出波形好,所以在实际电路中得到了广泛的应用。下面将对互补对称功率放大电路的应用问题作简单介绍。

1. OTL 电路与 OCL 电路的比较

首先,比较 OTL 电路和 OCL 电路的最大输出功率公式——式(10.7)和式(10.18)可知,在两种电路的直流电源电压 V_{CC} 和负载 R_L 均相同的情况下,前者的最大输出功率仅约为后者的 1/4。其次,从供电模式上看,前者为单电源,而后者需用双电源供电,故后者的电源制作较复杂、成本较高。再者,OTL 电路由于存在输出电容,一方面使电路的低频响应较差,另一方面由于电容的隔直作用,负载上无直流通过,所以负载(例如扬声器)的接入比较安全;OCL 电路直接与负载相连,一方面改善了电路的低频特性,又有利于实现集成化,故有着广泛的应用;另一方面,若电路静态工作点失常,将造成较大电流流过负载而导致损坏,所以为了保证负载的安全,在实际电路中,常常需设置负载保护电路(例如扬声器保护电路),最简单的作法是在负载回路中接入熔断丝以起到保护作用。

2. 推动级的设置

对于负载来说,OTL 电路和 OCL 电路都是射极跟随器,且为双向跟随,它们利用射极跟随器的优点——低输出阻抗,提高了功放电路的带负载能力,这也正是输出级所必需的。由于射极跟随器的电压增益接近且小于 1,所以在 OTL 电路和 OCL 电路的输入端必须设

有推动级,且为甲类工作状态,要求其能够送出完整的输出电压;又因为射极跟随器的电流增益$(1+\beta)$很大,所以它的功率增益也很大,这就同时要求推动级能够送出一定的电流。推动级可以采用晶体管共射电路,也可以采用集成运算放大电路,如图 10.8 所示。

在图 10.8(a)中,T_3 和电流源 I 组成共射电路,作为 T_1 和 T_2 互补输出级的推动级,且 T_3 集电极电位等于输出端电位,其中电流源 I 的作用,一是为 T_1 的基极和 T_3 的集电极提供静态工作电流,二是作为 T_3 的有源负载,可提高推动级的电压增益。为了使静态时 T_1 和 T_2 的射极电位为 $V_{CC}/2$ 和输出信号电压稳定,电路中通过 R_1 引入了交直流电压并联负反馈。电路调整时,调节电阻 R_1,使 T_1 和 T_2 射极电位为 $V_{CC}/2$ 即可。在深度负反馈下,电路的电压增益为

$$\dot{A}_v = -\frac{R_1}{R_s}$$

式中 R_s 为信号源内阻。

在图 10.8(b)中,集成运放 A 构成 T_1 和 T_2 互补输出级的前置放大级和推动级,为使电路输入电阻大、输出电压稳定,电路中通过电阻 R_f 引入了电压串联负反馈。在深度负反馈下,电路的电压增益为

$$\dot{A}_v = 1 + \frac{R_f}{R_1}$$

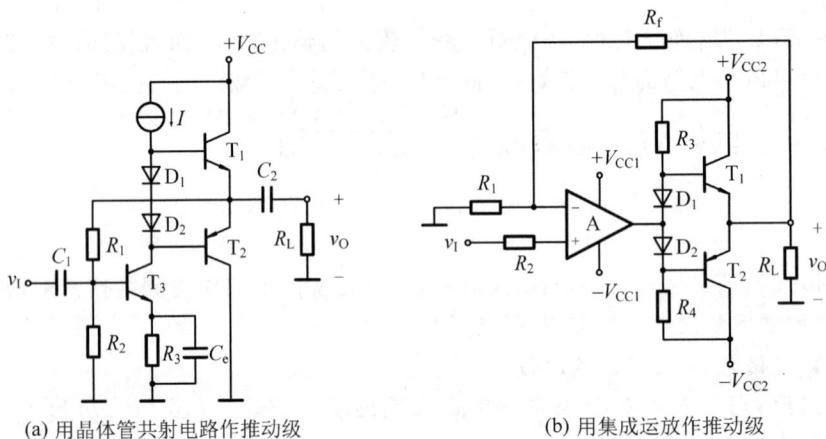

(a) 用晶体管共射电路作推动级   (b) 用集成运放作推动级

图 10.8   带推动级的功率放大电路

3. 输出级的功率扩展

1) 达林顿连接

在实际电路中,输出功率可以从几十毫瓦至几百瓦甚至更大,例如要求最大输出功率为 20W,负载为 8Ω,则功率管的电流幅值约为 1.58A,这样输出级就必须选择大功率管,于是将面临两个问题:一是特性相同的功率管很难配对;二是功率管的电流放大系数 β 较小,则导致其基极驱动电流较大,例如 $\beta=30$,则驱动电流为 52.7mA。如此大的驱动电流,一般可以采用复合管的形式来解决。由于小功率管较易配对,用它与同型的 NPN 功率管组成复合管,然后由它们构成准互补输出电路,就像第 6 章中图 6.143 所示的电路那样,这样既可以减小前级驱动电流的大小,又提高了电流输出能力。

图 10.9 给出了一个以运放作前置级、以达林顿管作输出级的 OCL 功率放大电路的原

理图。图中的二极管 D_1、D_2 和电阻 R_3 用于克服输出级的交越失真,调整 R_3 可使输出级处于甲乙类工作状态;晶体管 $T_1 \sim T_4$ 构成准互补输出级,实现了以较小的基极电流控制大的输出电流;复合管 T_1 和 T_2 中,T_1 的射极与 T_2 的基极相连;复合管 T_3 和 T_4 中,T3 的集电极与 T_4 的基极相连,由于基极电流很小,故 T_1 和 T_3 的工作电流也很小,导致 T_1 和 T_3 管的 β 变小。电阻 R_5 和 R_6 的接入分别增大了 T_1 和 T_3 的工作电流,从而提高了 T_1 和 T_3 管的 β 值,使之处于较好的工作状态;T_2 和 T_4 的射极电阻 R_7 和 R_8 可以起到限制两管射极电流的作用,例如基极电位一定,当 T_2 射极电流增加时,由于 R_7 的存在,使得 T_2 射极电位升高,导致 T_2 基-射电压减小,从而限制了 T_2 射极电流增加,即起到了电流负反馈的作用。由于 R_7 和 R_8 上的压降,直接影响输出电压的大小,故其值不宜太大,应远远小于 R_L。

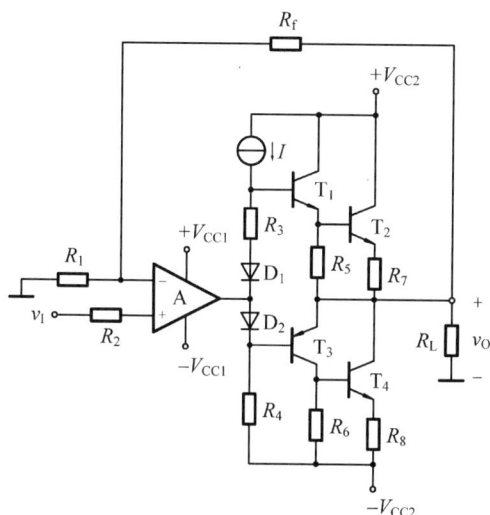

图 10.9 准互补输出级 OCL 功率放大电路

2) 并联连接

功率管的输出电流都是有限的。一般来说,晶体管集电极最大电流的 1/3 作为它的工作电流是比较合适的。当要求输出功率更大时,采用单个较大功率的功率管输出大的电流,不如考虑采用若干个较小功率的功率管并联运行,来输出所需的大电流,这样集电极的损耗是由多个功率管来承担的,每个功率管的发热就减小了,电路的工作也会变得稳定。

图 10.10 是一采用并联功率管的 OCL 功率放大电路的电原理图。图中电路由两部分组成,即集成运放 A 构成电压串联负反馈放大电路,作为推动级;晶体管 T_2、T_4、T_6 和 T_3、T_5、T_7 分别组成 NPN 型和 PNP 型达林顿管,然后再构成 OCL 功率放大电路,作为输出级,其中 T_4、T_6 和 T_5、T_7 分别为并联结构。输入信号 v_1 经 A 放大后,通过电容 C_1 和 C_2 耦合给输出级,再经输出级无反馈电流放大后,送至负载 R_L。

在输出级部分:

(1)晶体管 T_1 和电阻 R_5、R_6 组成 V_{BE} 倍增电路,为输出功率管提供基极偏压,以消除交越失真;

(2)增加基极和射极电阻 $R_8 \sim R_{15}$,以解决功率管并联连接时电流的平衡问题,其中射

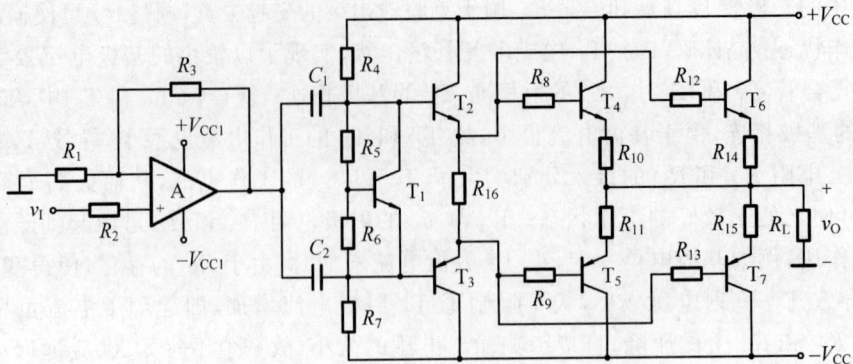

图 10.10　采用并联功率管的功率放大电路

极电阻 R_{10}、R_{11} 和 R_{14}、R_{15} 起到电流负反馈作用,使输出功率管的工作电流受到限制,可以有效防止电流失衡,但射极电阻的值又不能太大。

另外,还可以设置限制基极电流的电阻 R_b,即 R_8、R_9 和 R_{12}、R_{13},其作用过程是:例如功率管的基极电流有一增量 Δi,则基极电阻 R_b 上将产生压降 ΔiR_b,由于功率管的基极偏压为一定值,使压降 ΔiR_b 与该管基射电压的减小量 Δv_{BE} 相等,从而限制了集电极电流的增加。

4. 功率管的选取

在要求一定的输出功率条件下,为确保功率管的工作安全,如何选择电源电压和功率管的参数? 以 OCL 电路为例,已知最大输出功率 P_{om} 和负载 R_L。

1) 确定电源电压 V_{CC}

根据式(10.18),有 $V_{CC} \geqslant \sqrt{2R_L P_{om}}$。

2) 确定最大管耗 P_{CM}

根据式(10.24),每只功放管最大允许管耗 $P_{CM} \geqslant P_{Tm} = 0.2P_{om}$。

3) 确定功率管的最大耐压 $V_{(BR)CEO}$

根据式(10.25),功率管的最大耐压为 $V_{(BR)CEO} \geqslant 2V_{CC}$。

4) 确定功率管的最大集电极电流 I_{CM}

根据式(10.26),$I_{CM} \geqslant I_{Cm} = V_{CC}/R_L$。

可见,为确保功率管的工作安全,必须保证功率管的管耗、最大电压和电流不能超过其极限参数 P_{CM}、$V_{(BR)CEO}$ 和 I_{CM}。

5. 功率管的安全运行

在功率放大电路中,欲保证功率管的安全运行,除了选择器件时必须保证功率管的管耗、最大电压和电流不超过它的三个极限参数 P_{CM}、$V_{(BR)CEO}$ 和 I_{CM} 以外,还须考虑二次击穿(参见第 13 章)的因素,因此功率管安全工作的范围是被 P_{CM}、$V_{(BR)CEO}$、I_{CM} 和二次击穿所限制的区域。在实用电路中,往往还要加保护措施,例如过压保护、过流保护、安全区保护和过热保护等电路,以及散热器以防止功率管的损坏(有关保护电路的介绍,可参考第 12 章)。

当功率管内部温度高于周围温度时,其耗散功率增大,若温度太高,可造成永久性的损坏;若功率管上不加散热器,只依靠它本身的外壳向外散热,由于管壳小,故散热效果差。因此功率管上必须装上散热器,以便功率管主要通过散热器向外散热,这将有利于提高功率管的允许功耗。图 10.11(a)、图 10.11(b)给出了两种常见的功率管封装形式,图 10.11(c)

所示为典型的散热器。实践表明,当散热器水平或垂直放置时,有利于通风,散热效果较好。必要时可加大散热器,采用风冷、水冷和油冷等散热方法,以获得更大的耗散功率。

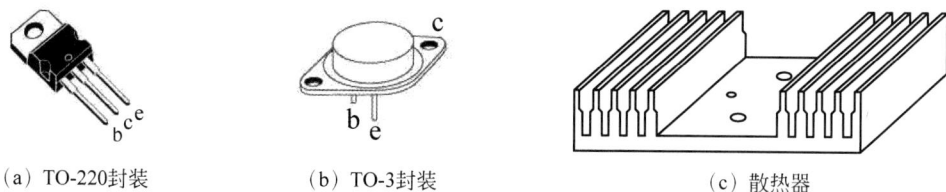

(a) TO-220封装　　　　(b) TO-3封装　　　　　　(c) 散热器

图 10.11　功率管的封装形式及散热器

【例 10.1】　对 OCL 功率放大电路的电压传输特性进行仿真分析。

解　以图 10.12 所示 OCL 功率放大电路为例,对其特性进行分析。

仿真时,先适当调整 R_5(兼顾输出波形的交越失真与功放电路的效率,例如 $R_5 = 143\Omega$,此时输出管集电极电流为 1.25mA,同时在 Q_4 的发射极上串入 10Ω 的平衡电阻),在输入端加入电压幅值为 0.42V,频率为 1kHz 的正弦信号,测得输出信号电压幅值为 8.8V,波形失真度为 0.220%,说明电路工作正常。

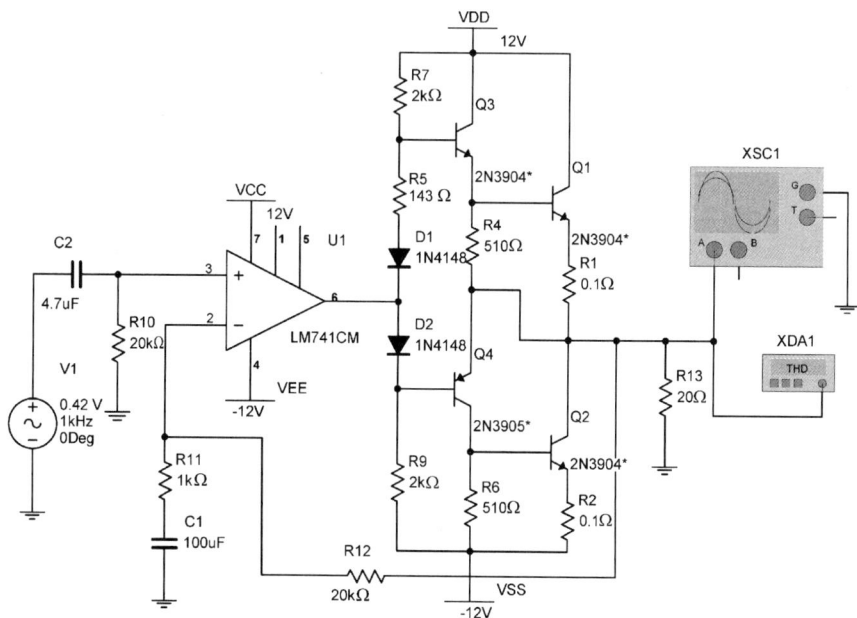

图 10.12　以集成运放作推动级的 OCL 功率放大电路仿真图

通过 DC 扫描,可得到该电路的电压传输特性,如图 10.13 所示。可以看出正向摆幅小于负向摆幅,这是因为当输入信号 v_i 处于正半周时,Q1 和 Q3 导通,输出信号也处于正半周;当 $|v_i|$ 增大时,$|v_o|$ 也随之增大,这就要求 Q1 接近饱和状态,即 Q3 的基极需要注入更大的电流。但此时 Q3 的基极电流受到了 R7 和 V_{BE} 的限制,于是导致输出电压幅度不够大。而当输入信号 v_i 处于负半周时,Q4 的基极电流可以由运放内部晶体管提供,于是就造成了输入信号较大时,输出信号正负半周不对称。为了解决这一问题,可以采取两种方法:一是加入自举电路;二是加入有源负载。

DC Sweep Analysis

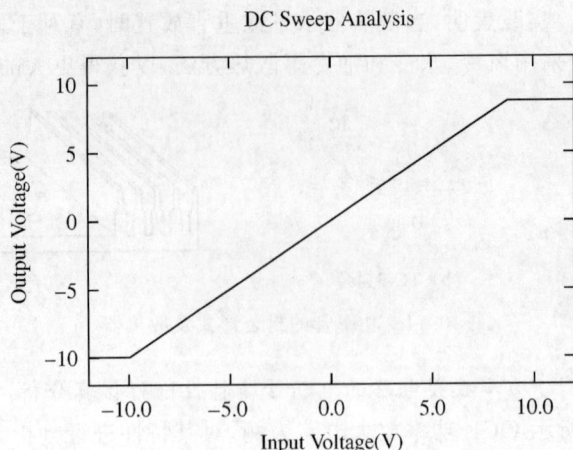

图 10.13 图 10.12 所示电路的仿真传输特性

(1) 采用自举电路的 OCL 功率放大电路如图 10.14 所示。图中 C3 称为自举电容,和 R3 共同组成自举电路。其原理是,接上 C3 和 R3 以后,C3 被充电,两端电压可以接近 V_{DD}。当 C3 的值很大时,其两端电压基本保持恒定。这样当 v_i 处于正半周,输出信号电压抬高时,C3 的上端电位也随之被抬高。这样便可以为 Q3 基极提供更大的电流,使输出信号获得更大的幅度。这种工作方式称为自举,R3 是配合自举电容 C3 工作的隔离电阻。

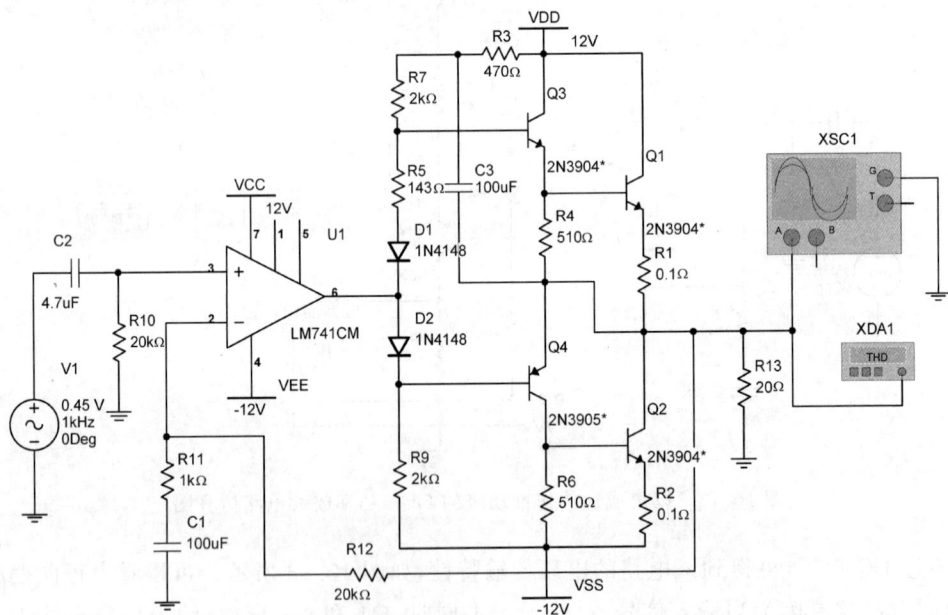

图 10.14 带自举电路的 OCL 功率放大电路仿真图

输入幅度为 0.5V,频率为 1kHz 的正弦波信号,输出波形如图 10.15(a)所示。从图 10.15(a)中可以看出有自举电路时正负半周波形基本对称。输入幅值 0.45V、频率 1kHz 的正弦波时,图 10.15(b)显示了有自举(实线)和无自举(虚线)时输出波形的对比。

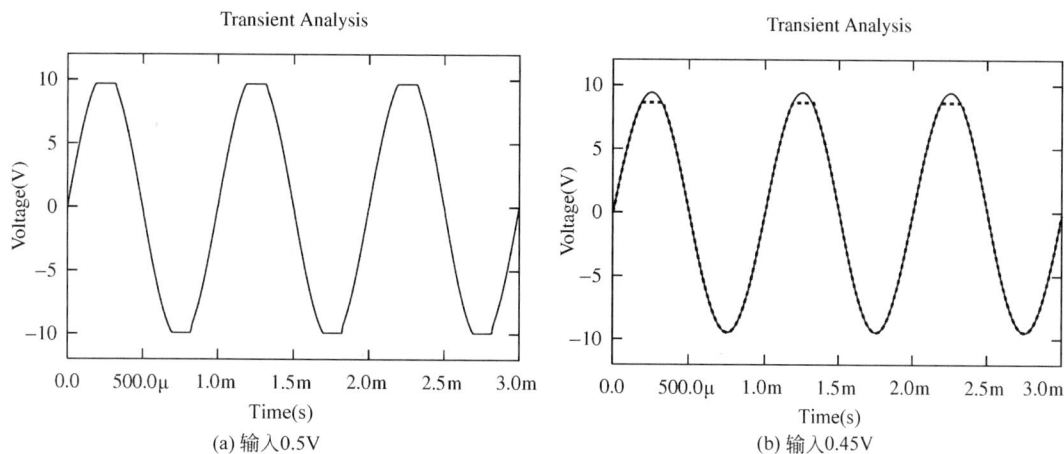

图 10.15 带自举电路的 OCL 功率放大电路的仿真输出波形

（2）采用恒流源电路的 OCL 功率放大电路如图 10.16 所示。其中恒流源电流为 5mA，传输特性如图 10.17(a) 所示。可以看出，输出电压的正向动态范围为 9.9473V，负向动态范围为 −9.9612V，基本相等。输出波形如图 10.17(b) 所示，正负半周波形基本对称。

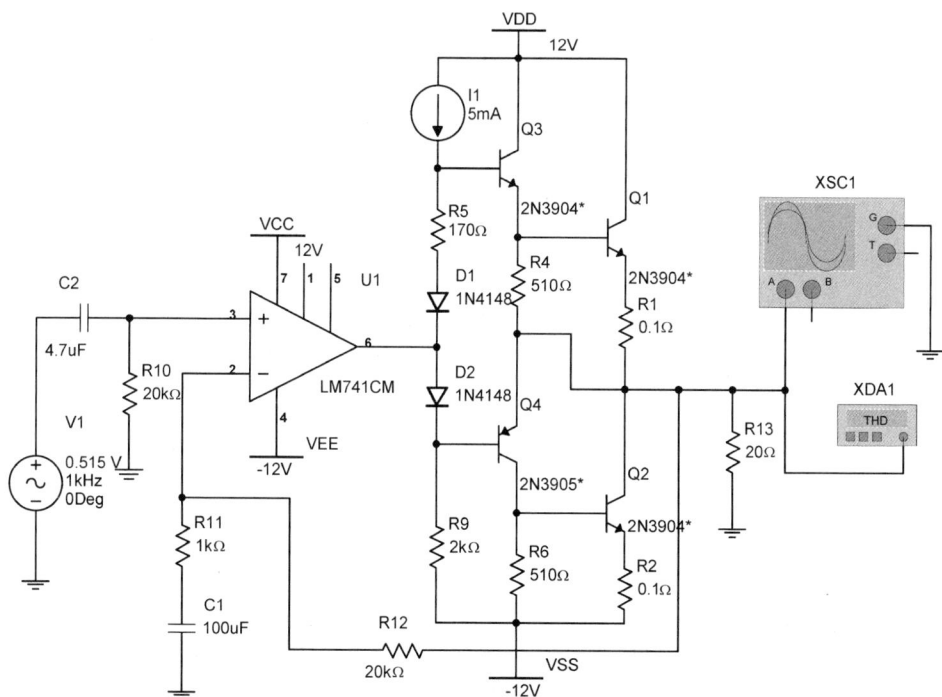

图 10.16 采用恒流源的 OCL 功率放大电路仿真图

另外，还可以研究恒流源电流值和互补输出管电流放大系数的对称性对电路传输特性的影响。一是减小恒流源电流值，例如取 0.5mA，此时电路的传输特性如图 10.18(a) 所示，说明 NPN 管基极电流将影响电路的正向传输特性；二是改变 NPN 或 PNP 管的电流放大倍数，使它们的值不相等，例如取 Q4 的电流放大倍数为 100（原来四只晶体管的电流放大倍

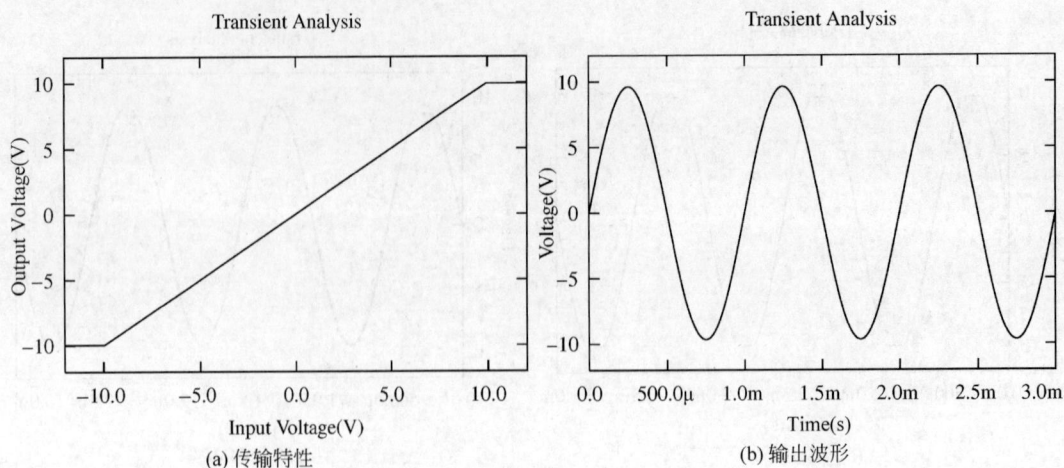

(a) 传输特性   (b) 输出波形

图 10.17   采用恒流源的 OCL 功率放大电路特性及其输出波形

数均为 400),此时电路的传输特性如图 10.18(b)所示,说明 NPN 和 PNP 管电流放大系数的对称性将影响电路的传输特性。

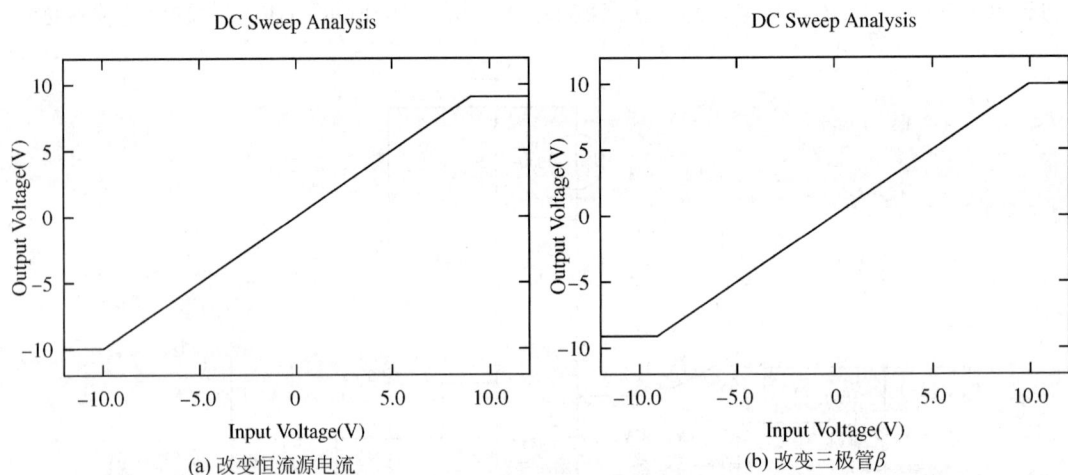

(a) 改变恒流源电流   (b) 改变三极管 β

图 10.18   恒流源电流值和互补输出管 β 对称性对传输特性的影响

【**例 10.2**】 设计一个 OCL 功率放大电路。要求:电压放大倍数为 20dB,频响范围为 20Hz~20kHz,输出功率为 10W,负载电阻为 8Ω。

解 (1)电路结构

采用类似图 10.10 所示电路的形式,电压放大及推动级使用集成运放,这样可以简化电路的设计;电流放大级即输出级采用达林顿连接,输出功率管为并联形式;从运放的输出到输入,通过 R_3 引入深度电压串联负反馈,实现电路 20dB 的电压放大倍数,同时在 R_3 上并联 C_3,加大对高频信号的负反馈,这样电路的高频特性主要由 R_3 和 C_3 决定;电路的下限频率将由 C_1、C_2 和从 C_1、C_2 向右看到的等效电阻 R_{eq} 所决定;考虑到输出级的电源电压有可能高于运放的供电电压,故利用 D_1、R_{17}、C_4 和 D_2、R_{18}、C_5 分别产生运放所需的电源电压 $+15V$ 和 $-15V$,这里的 C_4 和 C_5 起降低电源阻抗的作用。完整电路如图 10.19 所示。

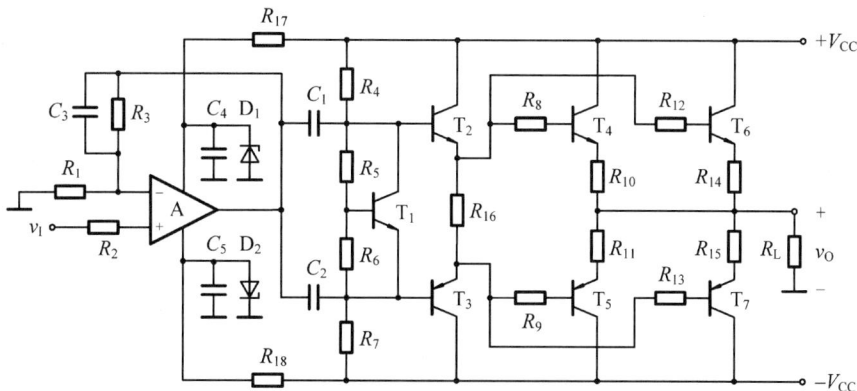

图 10.19 例 10.2 电路

（2）电源电压

① 输出级电源电压：根据图 10.19 可知，$P_{om} = \dfrac{(V_{CC} - V_{CES} - V_R)^2}{2R_L}$，式中 V_R 是功率管射极电阻上的压降，V_{CES} 是功率管的饱和压降，故有

$$V_{CC} = \sqrt{2R_L P_{om}} + V_{CES} + V_R$$

代入数据可得 $V_{CC} > 12.65\text{V}$。考虑到 V_R 和 V_{CES} 的值，增加 5V 的余量，取 V_{CC} 为 18V。

② 运放电源电压：根据运放的供电电压，取 D_1、D_2 为 15V 的稳压管。考虑到 D_1、D_2 和运放的工作电流，取流过 R_{17} 和 R_{18} 的电流为 40mA，估算二电阻的值。据此有

$$R_{17}, R_{18} = \frac{18 - 15}{40}\text{k}\Omega = 0.075\text{k}\Omega$$

C_4 和 C_5 取 47μF。

（3）确定电阻 R_1、R_3 和电容 C_3 的值。电路由两部分组成，即运放前置放大级和功率输出级，而电路的总放大倍数为 10，考虑到输出级的放大倍数小于 1，例如等于 0.85，因此在深度负反馈条件下，前置放大级的电压放大倍数应为

$$A_v = 1 + \frac{R_3}{R_1} = 12$$

取 $R_1 = 1\text{k}\Omega$，则 $R_3 = 11\text{k}\Omega$。因为电路的上限频率 f_H 为 20kHz，故有

$$C_3 = \frac{1}{2\pi R_3 f_H} = \frac{1}{2\pi \times 11 \times 10^3 \times 20 \times 10^3}\text{F} \approx 723\text{pF}$$

C_3 取 720pF。另外由 $R_1 // R_3$ 和 C_3 所决定的频率为

$$f'_H = \frac{1}{2\pi(R_1 // R_3)C_3} = \frac{1}{2\pi \times [(1 \times 10^3) // (11 \times 10^3)] \times 720 \times 10^{-12}}\text{Hz} \approx 241\text{kHz}$$

也会对电路的上限频率产生一点影响，导致 f_H 小于 20kHz，这就需要适当减小 C_3 的值。

（4）输出级功率管的电流分配

在输出 10W 时，负载上的峰值电压为 12.65V，故负载电流的峰值为 1.58A。由于功率输出管为并联连接，故每个功率管流过的电流峰值约为 800mA。

设功率管 T_4、T_5、T_6 和 T_7 在大电流下的 β 为 50，则每个功率管的基极电流为 16mA，两个功率管并联的总基极电流为 32mA。又设 T_2 和 T_3 的 β 为 100，则运放提供给 T_2 和

T_3 的基极电流为 0.32mA。可见,运放不会因输出电流过大而导致输出波形失真。

T_2 和 T_3 的功率:因输出电流的最大值为 32mA,电源电压为 18V,则功率约为 0.58W。例如选择 $P_{CM}=1W$ 以上的功率管,其他参数视功率管的具体型号再作选择。

T_4、T_5、T_6 和 T_7 流过的电流最大值为 800mA,考虑到余量和它们的并联连接,流过它们的电流为最大电流的 1.5 倍以上即可。在本例中取 $I_{CM}=1.5A$ 以上的功率管,其他参数视功率管的具体型号再作选择。

(5) 确定偏置电路参数和 C_1、C_2 的值

由于提供给 T_2 和 T_3 的基极电流峰值为 0.32mA,设 T_1 上的电流为该值的 10 倍,故电阻 R_4 上的电流为 3mA。又设流过 R_5 和 R_6 的电流约为 R_4 上电流的 1/10 即 0.3mA,则 T_1 集电极电流为 2.7mA。

设功率管的 $V_{BE}=0.6V$,则 $R_6=0.6/0.3=2k\Omega$。由于输出级为达林顿结构,故它们的偏置电压为 $0.6 \times 4 = 2.4V$。

据此可求得 $R_5=(2.4-0.6)/0.3=6k\Omega$;$R_4+R_7$ 的值为 $(18 \times 2-2.4)/3=11.2k\Omega$,故 $R_4=R_7=5.6k\Omega$。

从 C_1、C_2 向右看到的等效电阻约为 $R_4//R_7$,故电路的下限频率 f_L 可近似表示为

$$f_L = \frac{1}{2\pi(R_4//R_7)(C_1+C_2)}$$

由此求得 $C_1=C_2=1.42\mu F$,取 1.5μF。

(6) 确定电阻 $R_8 \sim R_{16}$ 的值

考虑到交越失真和效率问题,功率管 T_4、T_5、T_6 和 T_7 的静态电流取 10mA,其总的基极电流约取 $0.1mA \times 2$,而 T_2 和 T_3 的集电极电流取该电流的 10 倍以上,例如取 3mA。由此可以确定电阻 R_{16} 的值,即 $R_{16}=(0.6 \times 2)/3=0.4k\Omega$。

功率管的基极电阻是为了防止并联功率管电流不平衡而设置的,其值过小则不起作用;过大则会在最大输出时影响 V_{BE} 的值,导致波形失真。一般取几十欧,这里取 20Ω。

功率管的射极电阻一般小于 1/10 的 R_L,取值大了会导致功率损耗增大,这里取 0.2Ω。考虑到射极电阻上的最大电流为 2A,则该电阻的功率为 $2^2 \times 0.2=0.8W$,故取 1W 的电阻。

Multisim 仿真:仿真电路如图 10.20 所示。图中前置放大级采用运放 741,输出级采用小功率互补对管 2SC1815 和 2SA733 以及大功率互补对管 TIP41C 和 TIP42C,并按照设计要求修改功率管参数,电阻电容参数按照设计值输入图中,其中 C_3 的值调整为 560pF,R_5 的值调整为 5.9kΩ。下面就电路的静态、输入输出波形、失真度和频率特性进行仿真。

(1) 静态测试:将输入端接地,利用探针测得,运放供电电压为 $+15V$ 和 $-15V$;T_2 和 T_3 的集电极电流分别为 2.97mA 和 2.87mA;T_4、T_6 和 T_5、T_7 的集电极电流分别为 8.89mA 和 9.50mA;负载电阻的静态电位为 $-8.71mV$,与设计值基本吻合。

(2) 输入输出波形及其失真度:图 10.20 中示出了满功率(10W)时的仿真结果,输入信号为频率 1kHz、电压峰值 1.14V 的正弦波,输出电压的峰-峰值为 25.4V,即达到满功率时的峰值 12.7V,此时输出波形的失真度为 0.312%,输入输出波形如图 10.21 所示。

(3) 频率特性:通过 AC 分析,可以得到电路的频率特性,如图 10.22 所示。测得电路的电压放大倍数为 20.4825dB,下限频率为 19.5020Hz,上限频率为 20.0212kHz,基本符合设计要求。

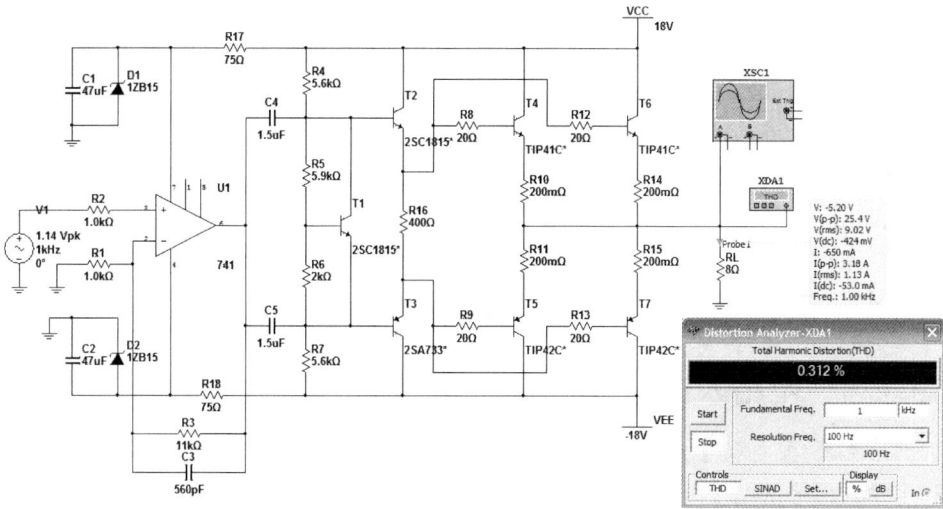

图 10.20 图 10.19 的仿真图

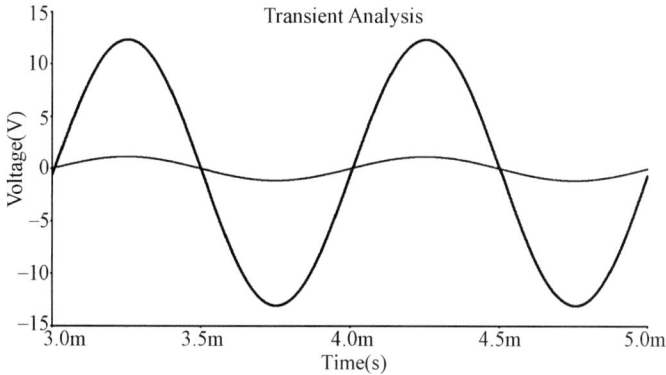

图 10.21 输入（细线）、输出（粗线）波形

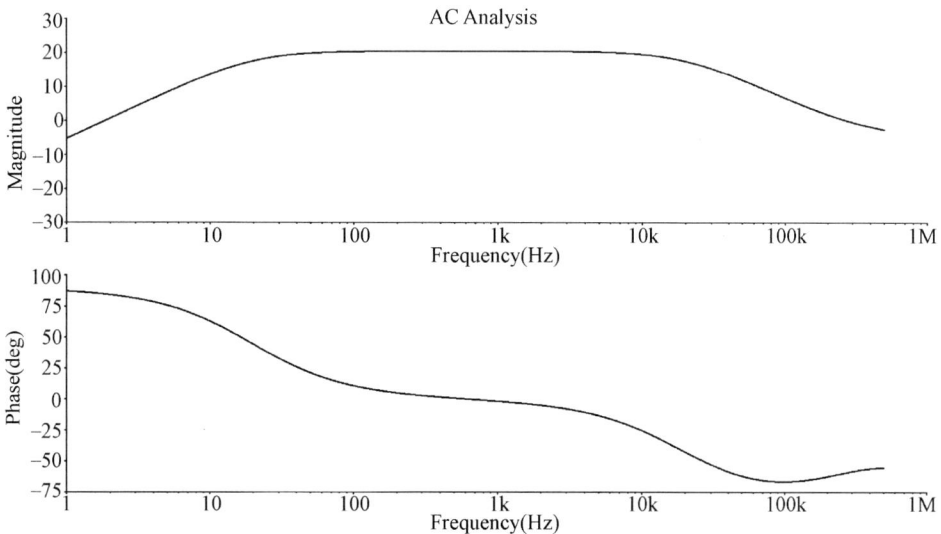

图 10.22 频率特性

　　功率放大器的一个设计要点就是如何提高它的输出功率和效率。甲、乙、丙类放大器是通过不断减小电流导通角来提高放大器的效率的,而导通角并不能无限度地减小。因为当导通角太小的时候,效率虽然高,但是工作电流太小,输出功率反而下降。要想提高工作电流,就要提高激励电压,这又导致了工作不稳定,器件也容易损坏。可见为了进一步提高效率,需要寻求新的解决方案,下面将介绍的丁类放大器较之甲、乙类在效率上具有明显的优势,目前已得到广泛的应用。

10.4　丁类(D类)功率放大电路

10.4.1　电路原理

　　丁类放大器(又称数字放大器)是一种利用开关技术放大音频信号的功率放大器,其原理是利用输入信号的幅度线性调整高频脉冲的宽度,得到脉冲宽度调制信号(Pulse Width Modulation,PWM),用以驱动工作在开关状态的功率输出管,最后经滤波电路在负载上得到还原的信号。由于功率输出管工作在开关状态,所以电路可以达到极高的效率。如果忽略饱和压降,则瞬时管耗下降到零,这样集电极效率理论上可以达到100%,实际的应用也可达到80%～95%。电路原理框图如图10.23所示。

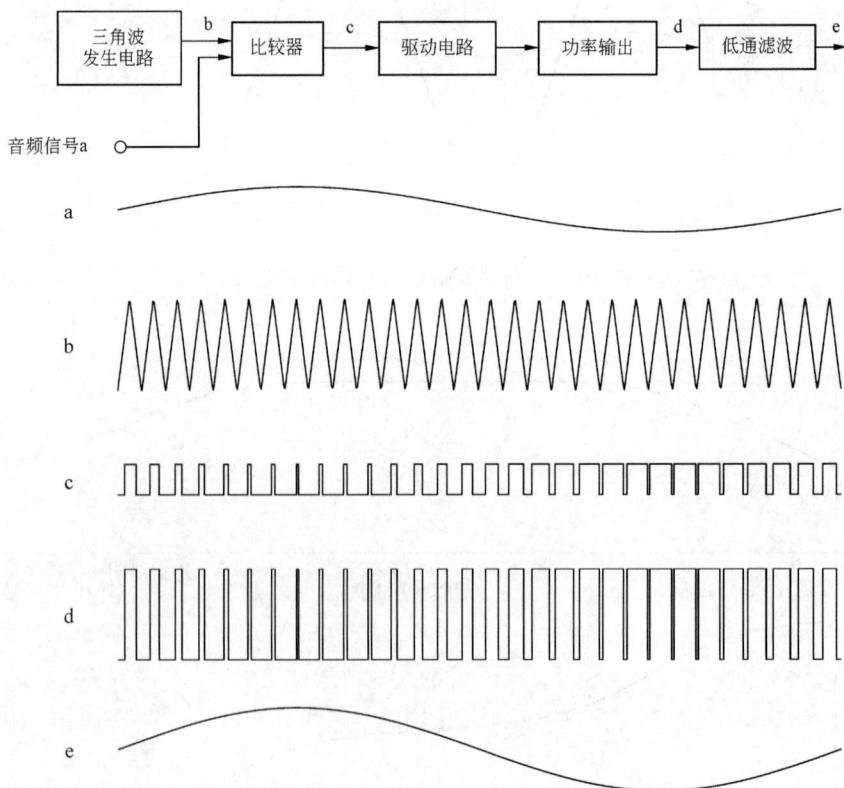

图 10.23　丁类放大器原理框图

从图中可以看出,将一定幅度的音频信号如信号波形 a 和三角波形 b(例如 250kHz)同时输入比较器,两种信号比较后得到 PWM 信号如信号波形 c,此时每个脉冲的宽度实时体现了输入信号的幅度。然后送入驱动电路,驱动电路的输出信号再送入由功率输出管组成的功率放大电路,进行脉冲功率放大如信号波形 d,最后再经输出滤波网络进行解调,得到音频信号如信号波形 e,用以驱动扬声器发声。

下面给出了一个音频丁类放大器的电原理图,以便对其原理有进一步的理解。

10.4.2　电路实现

利用比较器、反相器、BJT 管互补电路、MOS 管互补电路和滤波电路实现的音频丁类放大器如图 10.24 所示。

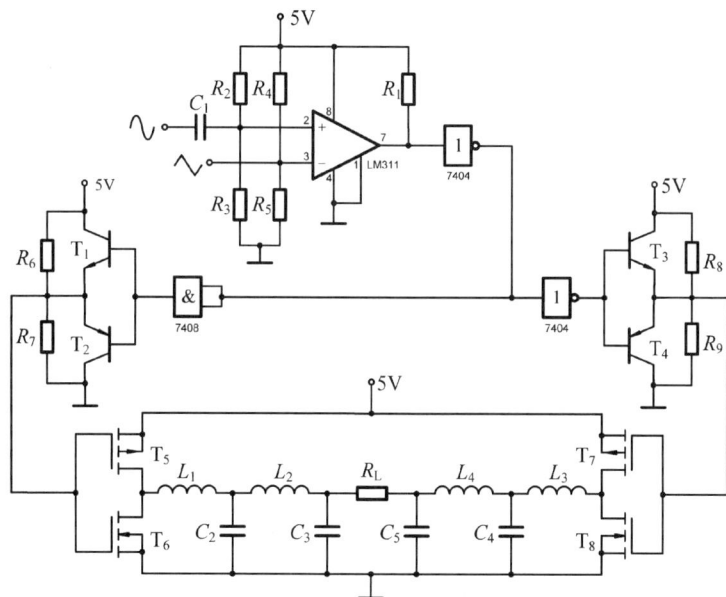

图 10.24　音频丁类放大器

可以看出,将音频信号和三角波同时输入比较器 LM311。LM311 是单集成比较器芯片,集电极开路输出。这里采用单电源供电的形式,R_1 是输出端上拉电阻,$R_2 \sim R_5$ 提供输入端偏置。三角波和音频信号比较后得到 PWM 信号,经反相器 7404 整形,再分别经与门7408 同相延迟和 7404 反相后,送入驱动电路。驱动电路由 BJT 管互补电路 T_1、T_2 和 T_3、T_4 组成。$R_6 \sim R_9$ 为驱动电路和输出管设置偏置。MOS 管 T_5、T_6 和 T_7、T_8 分别是两组反相的功率输出管。$L_1 \sim L_4$ 和 $C_2 \sim C_5$ 构成了两组四阶巴特沃思输出滤波网络。这种全桥对称的放大器结构倍增了负载上的电压,大大提高了输出功率,而且无须调整直流漂移。

丁类放大器的优势在于效率高。由于电路中的功率器件工作于开关状态,故器件的耗散功率小,产生热量少,散热器的面积也小。但随着工作频率升高,开关瞬间的功耗增加,会导致效率下降,优势就不那么明显了。开关模式的功率放大器只有在频率明显低于 f_T 时才能很好地工作。如果应用 BJT,一个晶体管导通之前另一个不能完全关断,效率下降就更为严重。此外丁类放大器输出幅度直接受电源电压影响,其电源抑制比很差,而甲类、乙类放大器在这一点上就相对好一些。

10.5 集成功率放大电路

随着集成电路技术的发展和人们的实际需求,各种型号的集成功率放大器应运而生,根据其用途有通用型和专用型之分,根据其电路构成有单通道和双通道之分,根据其输出功率有小功率和大功率之分等,因此集成功放在各种不同的场合得到了广泛的应用,如音响、收录机、电视机、计算机、仪器仪表等设备的功率输出电路。

集成功率放大器和分立元件功率放大器相比,具有明显的优点:

(1) 集成功放电路成熟,低频性能好,非线性失真小;

(2) 电源利用率高,功耗较低,温度稳定性好;

(3) 电路内部设计有多种保护电路,增加其工作的可靠性,使用更加安全;

(4) 轻便小巧,成本低,电路元器件少、安装与调试方便等。

而对于分立元件组成的功放,需要考虑电路设计、参数选择、元器件性能和电路调试等多方面的问题,以保证其性能优良。另外为了不致过载、过流、过热等损坏元器件,还需要加入复杂的保护电路。在分立元件组成的功放中,由于其核心电路是由晶体管、场效应管、二极管、电阻、电容等元器件组成的,所以给设计者提供了自由发挥的余地,许多优质功放均是分立元件组成的功放。

从集成功率放大器的内部电路结构(可参见第 12 章)来看,大多数集成功放是由一个高放大倍数的小信号放大器与一个甲乙类输出级所构成的,其放大倍数调整有的是由外围阻容元件来实现的,有的是由内部含负反馈的电路与外部电路共同完成的,等等。另外集成功放有的要求较高的供电电压;大功率的集成功放还要求加装散热器;有的需要外接元件以保证电路的某些技术指标。本节仅介绍几个集成功放的应用实例。

10.5.1 低电压音频功率放大器 LM386

LM386 是美国国家半导体公司生产的音频功率放大器,具有静态功耗低、工作电压范围宽、电压增益可调、低失真度和外围元件少等特点,主要应用于低电压消费类产品中。LM386 的封装形式有塑封 8 引线双列直插式和贴片式。

1. LM386 外形及引脚图

LM386 外形及引脚排列如图 10.25 所示。图中引脚 2、3 和 5 分别为反相输入端、同相输入端和输出端;引脚 6 和 4 分别为正电源和地;引脚 1 和 8 均为电压增益设定端;引脚 7 对地接入旁路电容,通常取 $10\mu F$。

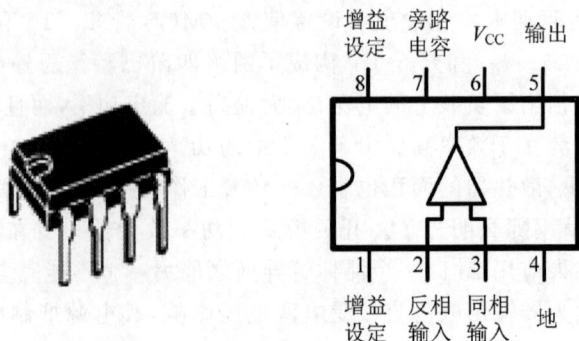

图 10.25 LM386 外形及引脚排列

2．特性

（1）静态电流小，约为 4mA，可用于电池供电。

（2）工作电压范围宽：4～12V 或 5～18V。

（3）电压增益可调：20～200 倍。

（4）低失真度：0.2%（条件：$A_v = 20$，$V_{CC} = 6V$，$R_L = 8\Omega$，$P_o = 125mW$，$f = 1kHz$）。

3．典型应用

1）放大器

LM386 最基本的应用是构成放大器，利用引脚 1 和 8 可设定电压增益在 20～200 倍。当引脚 1 和 8 悬空时，由于其电压增益内置为 20 倍，故可得到电压增益为 20 倍的放大器，此时外围元件最少；当在 1 脚和 8 脚之间串联一个外接电阻和电容时，改变外接电阻值，可将电压增益调为 20～200 倍的任意值；当引脚 1 和 8 之间只接入电容时，电压增益为 200 倍。

信号输入以地为参考；注意，由于 LM386 为单电源供电，静态时输出端自动偏置到电源电压的一半，故需要一个容量较大的输出电容，属于 OTL 放大器。图 10.26 显示了由 LM386 构成的电压增益为 50 倍的放大器电路图。

2）方波发生器

将 LM386 视为一个运算放大器，可以构成具有一定功率输出能力的正弦波振荡器或方波发生器等。图 10.27 所示是一款方波发生器的电路，图中将 LM386 的引脚 1 和 8 之间只接入电容，构成电压增益为 200 倍的放大器，然后按照方波发生器的构成原理，由 1kΩ、10kΩ 两电阻和 LM386 组成滞回比较器，再接入 RC 充放电电路（图中 30kΩ 和 0.1μF）即可。

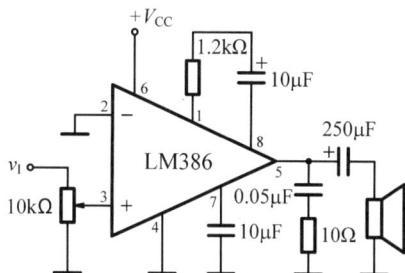

图 10.26 电压增益为 50 倍的放大器

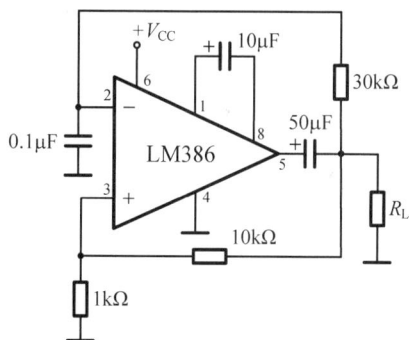

图 10.27 方波发生器

10.5.2 高保真音频功率放大器 TDA2030

TDA2030 是一块性能十分优良的集成功率放大电路，其主要特点是上升速率高、瞬态互调失真小；输出功率大，优良的短路和过热保护电路；外围电路简单，使用方便，广泛应用于各种款式的收录机和高保真立体声设备中。

1．TDA2030 外形及引脚图

TDA2030 外形及引脚排列如图 10.28 所示。图中引脚 1、2 和 4 分别为同相输入端、反相输入端和输出端；引脚 5 和 3 分别为正电源和地或者正电源和负

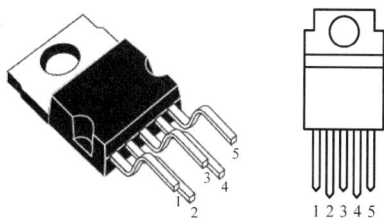

图 10.28 TDA2030 外形及引脚图

电源。

在现有的各种集成功率电路中,TDA2030 的引脚属于最少的一类,总共才 5 个端,其外形如同塑封大功率管,这给使用带来很大方便。

2. 特性

在电源电压±14V 或 28V,负载电阻为 4Ω 时,输出功率为 14W(失真度≤0.5%)。有关 TDA2030 特性的更多内容可参考芯片资料。

3. 典型应用

可将 TDA2030 视为一个大功率运算放大器,根据第 4 章集成运放的应用电路,再考虑到在大功率输出时的情况,便可构成 TDA2030 的应用电路。

1) 单电源供电的 OTL 功率放大器

图 10.29 是由 TDA2030 构成的 OTL 功率放大器,图中电阻 R_3、R_4 和 R_5 将 TDA2030 同相端的直流电位偏置在电源电压的一半;电阻 R_1、R_2 和 C_2 构成交流电压串联负反馈,根据图中数据,放大器的电压增益约为 33 倍;但由于 C_2 的接入,使得电路的直流反馈系数等于 1,即直流电压增益等于 1,这样输出端的直流电位严格等于电源电压的一半;电位器 R_W 用以调节 TDA2030 输入信号的大小,从而调节扬声器的音量;二极管 D1 和 D2 可以防止输出电压尖峰,起到保护 TDA2030 输出端的作用,即为输出端过压保护电路。

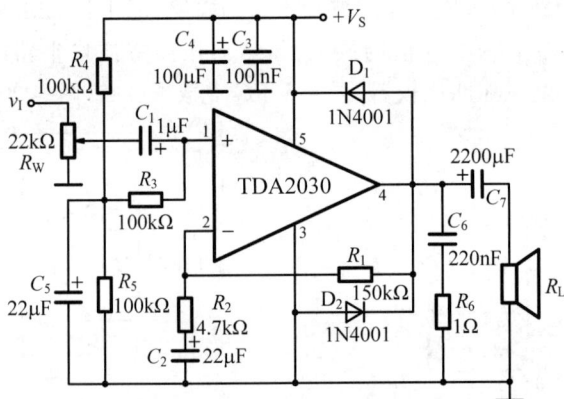

图 10.29 由 TDA2030 构成的 OTL 功率放大器

2) 双电源供电的 OCL 功率放大器

图 10.30 是由 TDA2030 构成的 OCL 功率放大器。类似地,电阻 R_1、R_2 和 C_2 构成交流电压串联负反馈,根据图中数据,放大器的电压增益约为 33 倍;但由于 C_2 的接入,使得电路的直流反馈系数等于 1,即直流电压增益等于 1,这样输出端将以最小的直流电压作用于负载。

3) 双电源供电的 BTL 功率放大器

利用两块 TDA2030 可组成 BTL 功率放大器,如图 10.31 所示。图中 TDA2030(1)为同相放大器,输入信号 v_I 通过交流耦合电容 C_1 送入其同相输入端引脚,其交流闭环增益可表示为

$$A_{v1} = 1 + R_3/R_2$$

R_3 同时又使电路构成直流负反馈,确保电路直流工作点稳定;TAD2030(2)为反相放大器,

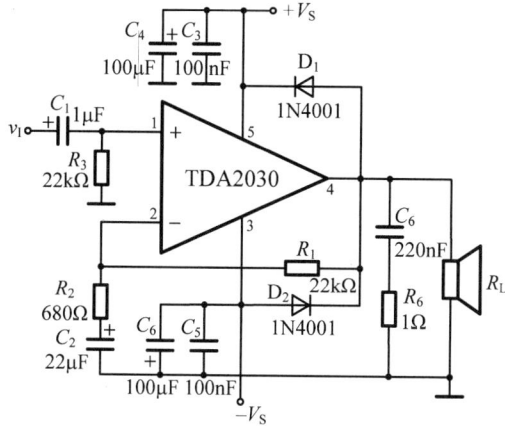

图 10.30　由 TDA2030 构成的 OCL 功率放大器

它的输入信号是 TDA2030(1)输出端的 v_{O1}，它的交流闭环增益为

$$A_{v2} = -R_7/R_9$$

由于 $R_7 = R_9$，所以 TDA2030(1)与 TDA2030(2)的两个输出信号 v_{O1} 与 v_{O2} 应是幅度相等，相位相反的，即 $v_{O1} = -v_{O2}$，因此在扬声器上得到的交流电压为

$$v_L = v_{O1} - v_{O2} = 2v_{O1} = -2v_{O2}$$

扬声器得到的功率 P_Y 为

$$P_Y = P_{BTL} = 4P_{OCL}$$

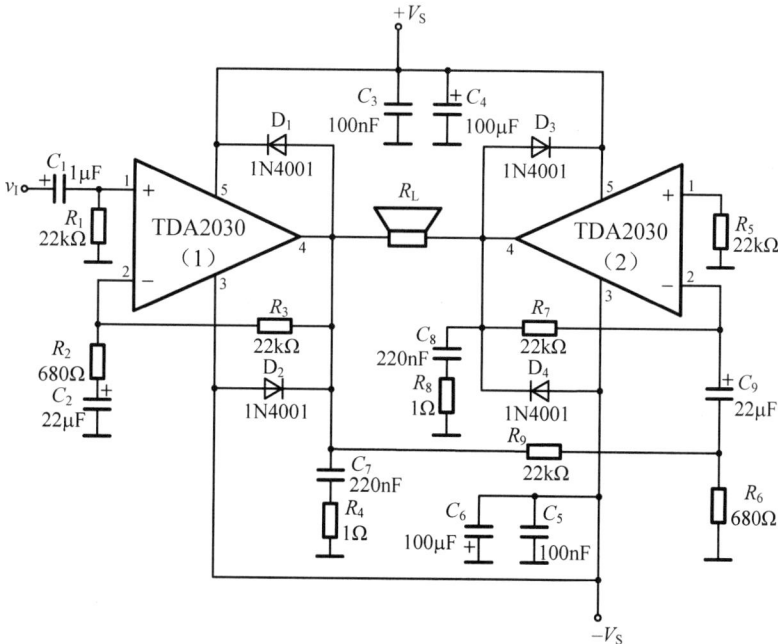

图 10.31　利用两块 TDA2030 组成 BTL 功率放大器

以上仅对 LM386 和 TDA2030 单通道集成功率放大器作了简单的介绍，事实上，各种型号的集成功率放大器很多，例如利用双通道集成功放 TDA1521，可以实现立体声信号的

功率放大；利用双通道 BTL 集成功放 TDA1556,可以实现立体声信号的 BTL 功率放大,等等,这里就不一一介绍了,读者可以通过查阅集成功放的资料,了解它们的特性及其典型应用。

【例 10.3】 以 TDA2030 集成功放为例,对恒压功放和恒流功放进行分析。

解 图 10.29 和图 10.30 实际上就是恒压功放,从负反馈的角度来看,它实质上是一个电压串联负反馈放大电路,即以恒定电压方式驱动负载。类似地,恒流功放实质上是电流串联负反馈放大电路,即以恒定电流方式驱动负载。以 TDA2030 集成功放为主要器件,分别构成一个电压增益为 20 倍的电压负反馈功放和电流负反馈功放,负载阻抗均为 8Ω,它们在 Multisim 中的仿真图如图 10.32 和图 10.33 所示。

视频 50

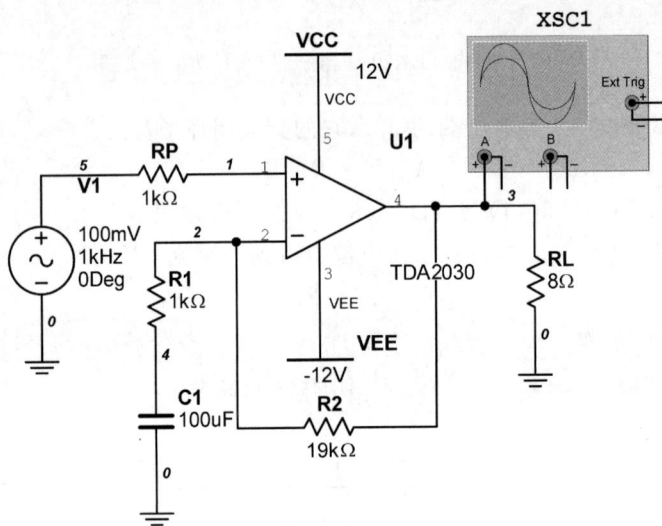

图 10.32 恒压功放仿真图

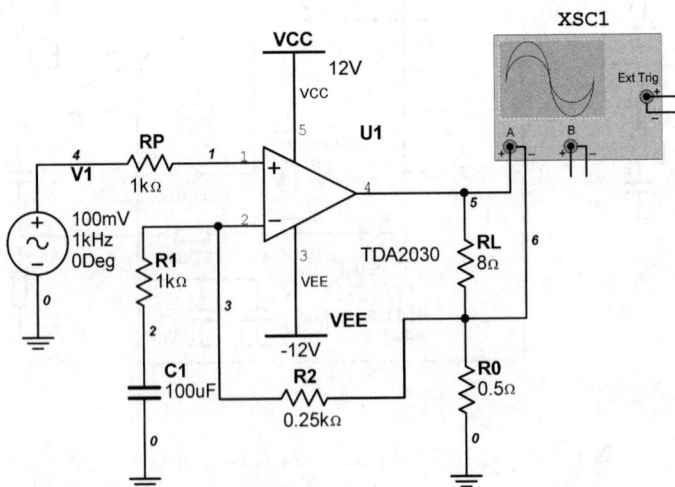

图 10.33 恒流功放仿真图

根据负反馈电路的计算方法,可求得它们的电压增益分别为

恒压功放 $A_v = 1 + \dfrac{R_2}{R_1}$

恒流功放 $A_v = \dfrac{R_1 + R_2 + R_0}{R_1 R_0} R_L \approx \dfrac{R_1 + R_2}{R_1 R_0} R_L$

通过 AC 分析,得到它们的频响特性曲线如图 10.34 所示,其中实线代表恒压功放,虚线代表恒流功放(以下同)。

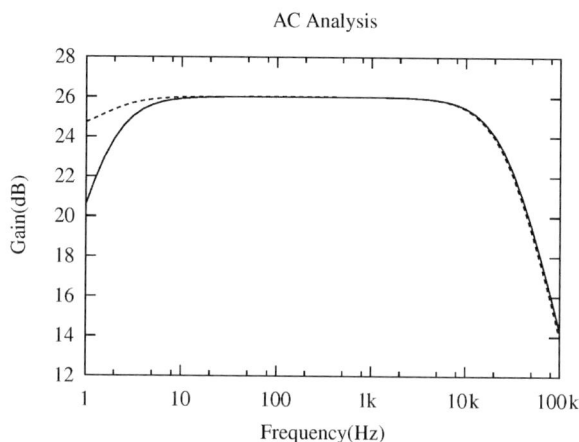

(a) 幅频特性

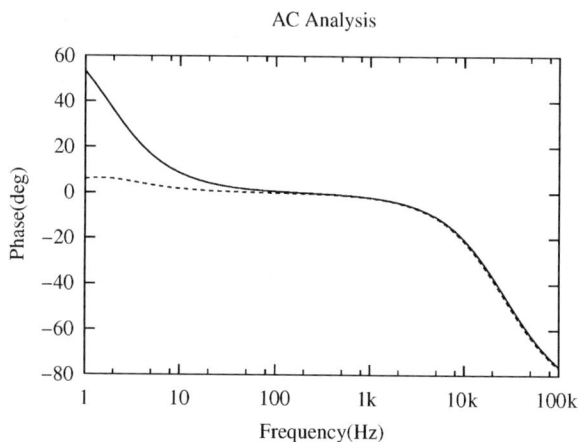

(b) 相频特性

图 10.34 带 8Ω 负载时,恒压与恒流功放的频率响应

可见,当负载均为纯电阻时,除恒流功放低频特性略好于恒压功放外,它们的频响特性曲线基本相同。

事实上,作为音频功放,其负载是扬声器——感性负载,此时两种功放的频响特性将有较大差别,如图 10.35 所示。注意,仿真时用 8Ω 电阻与 $100\mu H$ 电感串联来等效扬声器。可以看出,恒流功放在高频段有较明显的增益提升,故这种功放的音质丰满厚实又清晰明快。

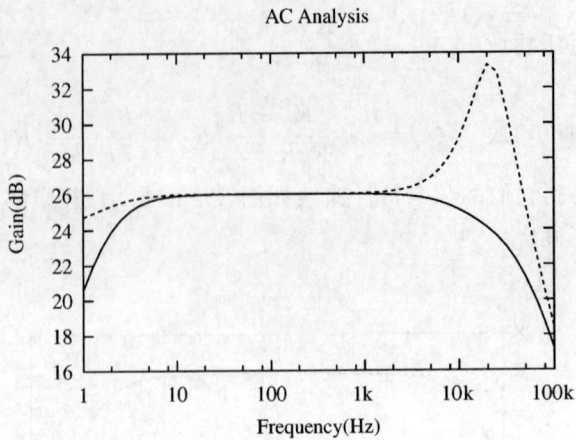

(a) 幅频特性

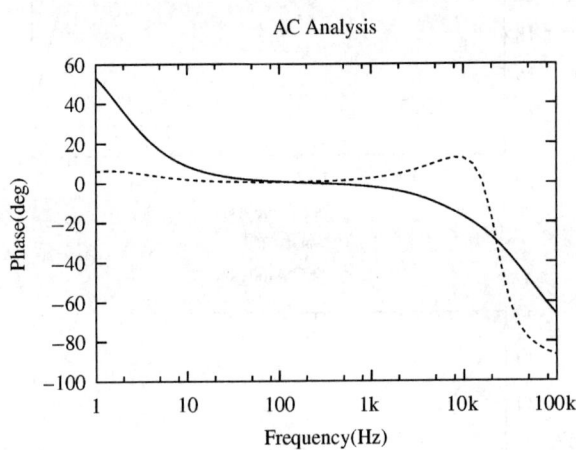

(b) 相频特性

图 10.35　带 $8\Omega+100\mu H$ 负载时,恒压与恒流功放的
频率响应

知识拓展

视频 51

视频 52

视频 53

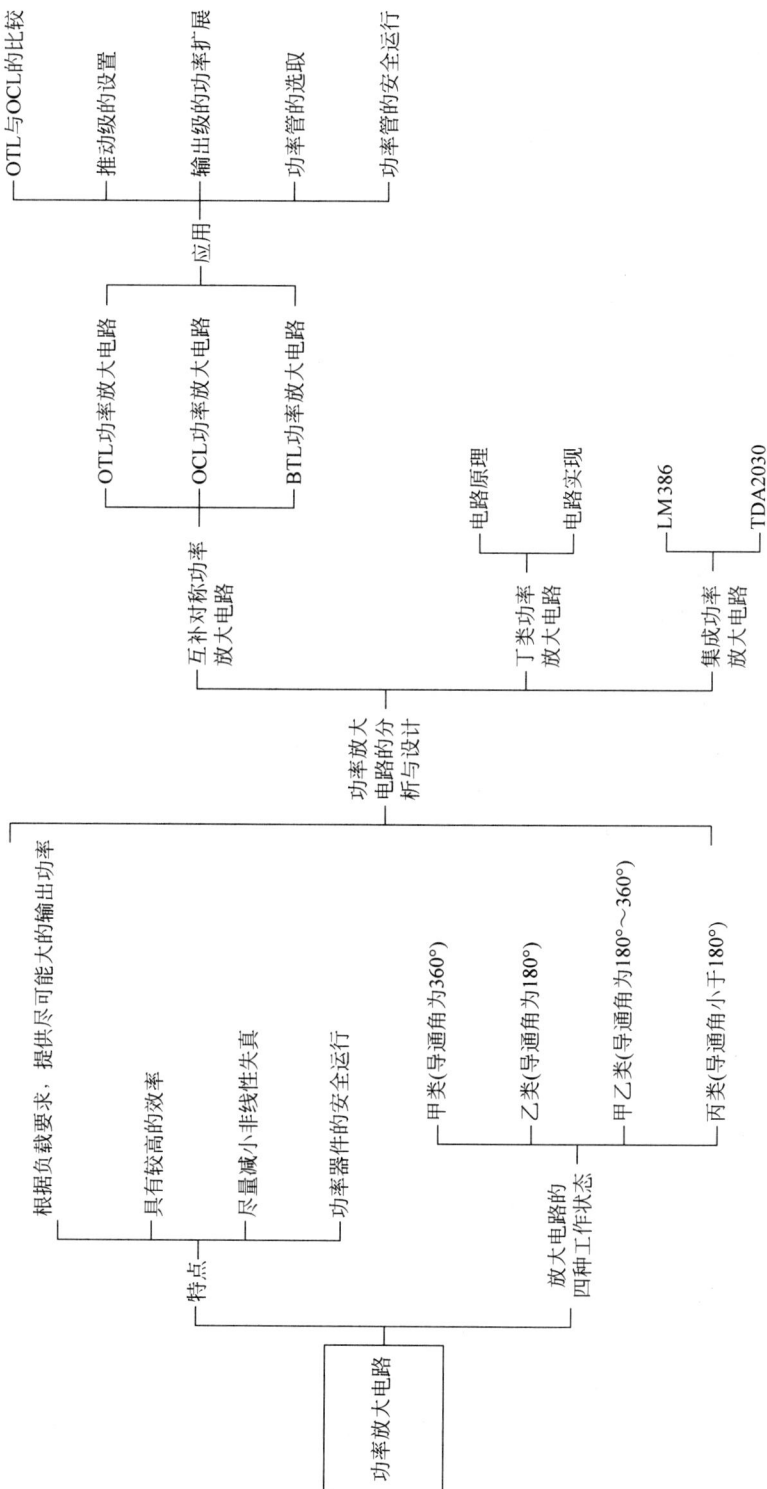

本章知识结构图和小结

知识结构图

功率放大电路

- 特点
  - 根据负载要求，提供尽可能大的输出功率
  - 具有较高的效率
  - 尽量减小非线性失真
  - 功率器件的安全运行
- 放大电路的四种工作状态
  - 甲类(导通角为360°)
  - 乙类(导通角为180°)
  - 甲乙类(导通角为180°~360°)
  - 丙类(导通角小于180°)
- 功率放大电路的分析与设计
  - 互补对称功率放大电路
    - OTL功率放大电路
    - OCL功率放大电路
    - BTL功率放大电路
    - 应用
      - OTL与OCL的比较
      - 推动级的设置
      - 输出级的功率扩展
      - 功率管的选取
      - 功率管的安全运行
  - 丁类功率放大电路
    - 电路原理
    - 电路实现
  - 集成功率放大电路
    - LM386
    - TDA2030

小结

1. 功率放大电路的主要任务是给负载提供足够大的信号功率,它与电压放大电路相比,主要有以下四个特点:

(1) 根据负载要求,提供尽可能大的输出功率;

(2) 具有较高的效率;

(3) 尽量减小非线性失真;

(4) 功率器件的安全运行。

2. 功率放大电路一般不能采用小信号等效电路法,而是采用图解法。

3. 放大电路的四种工作状态:甲类(A类)、乙类(B类)、甲乙类(AB类)和丙类(C类)。其中丙类工作状态效率是最高的,但它的集电极电流严重失真,须采取措施消除失真,如采用谐振电路,故它较适于高频功率放大电路。而对于低频功率放大电路来说,考虑到交越失真的问题,甲乙类工作状态是最常采用的电路形式。

4. 常见的功率放大电路:OTL、OCL 和 BTL。

5. 几个重要指标:最大输出功率、直流电源提供的功率、效率、最大管耗、最大管压降和最大集电极电流。

6. 注意互补对称功率放大电路的各种应用电路。

7. 注意功率管的安全运行。

8. 丁类放大器(数字放大器)是一种利用开关技术放大音频信号的功率放大器,它利用输入信号的幅度线性调整高频脉冲的宽度,得到 PWM 信号,用以驱动工作在开关状态的功率输出管,最后经滤波电路在负载上得到还原的信号,电路可以达到极高的效率。

9. 集成功率放大器与分立元件功率放大器相比,具有明显的优点,学会应用集成功率放大电路构成各种实用电路。

习题

分析题

10.1　电路如图 10.36 所示,T_1 和 T_2 的饱和管压降 $|V_{CES}| = 2V$,$V_{CC} = 15V$,$R_L = 8\Omega$。试问:

(1) 静态时,T_1 和 T_2 的射极电位是多少?

(2) 电路中 D_1 和 D_2 的作用是什么?

(3) 最大输出功率是多大?

(4) 将电路改为 OTL 结构,请画出电路图,此时 T_1 和 T_2 射极的静态电位又是多少?电路的最大输出功率又是多大?

10.2　电路如图 10.37 所示,已知 T_1 和 T_2 的饱和管压降 $|V_{CES}|＝2V$,其他参数如图中所示。回答下列问题:

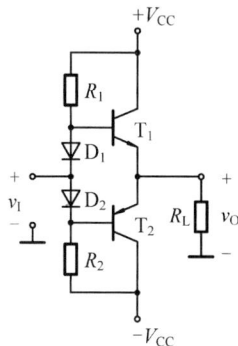

图 10.36　题 10.1 的图　　　　　图 10.37　题 10.2 的图

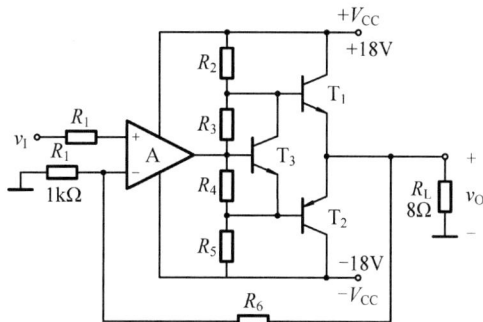

(1) 指出图中连接错误并改正;

(2) 分析电路结构,说出电路由哪几部分组成,各部分的作用是什么?

(3) 电路中引入了何种负反馈?

(4) 负载上可能获得的最大输出功率 P_{om} 和电路的转换效率 η 各为多少?

(5) 当输入电压的有效值为 1V 时,要求电路的最大不失真输出电压的峰值为 14V,电阻 R_6 至少应多大?

10.3　在图 10.38 所示电路中,已知二极管的导通电压 $V_D＝0.7V$,晶体管导通时的 $|V_{BE}|＝0.7V$, T_2 和 T_3 管发射极静态电位 $V_{EQ}＝0V$。试回答:

(1) T_1、T_3 和 T_5 基极的静态电位各为多少?

(2) 取 $R_2＝10k\Omega$。若 T_1 和 T_3 管基极的静态电流可忽略不计,则 T_5 管集电极静态电流为多少? 静态时 $v_1＝$?

(3) 若静态时 $i_{B1}＞i_{B3}$,则应调节哪个参数可使 $i_{B1}＝i_{B3}$? 如何调节?

(4) 你认为电路中消除交越失真的方法是最合适的吗? 为什么?

(5) 你认为电路中引入何种负反馈是合理的? 请画出并计算深度负反馈下的电压增益。

(6) 计算 T_2 和 T_4 的最大集电极电流、最大管压降和集电极最大功耗。据此,如何选择功率管?

10.4　电路如图 10.39 所示。已知 $V_{CC}＝15V$, T_1 和 T_2 的饱和管压降 $|V_{CES}|＝2V$,输入电压足够大。试回答:

(1) R_4 和 R_5 的作用是什么?

(2) 最大不失真输出电压的有效值;

(3) 负载电阻 R_L 上电流的最大值;

(4) 最大输出功率 P_{om} 和效率 η。

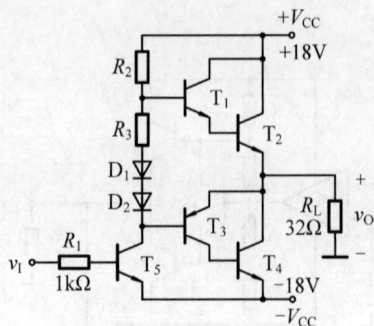

图 10.38 题 10.3 的图

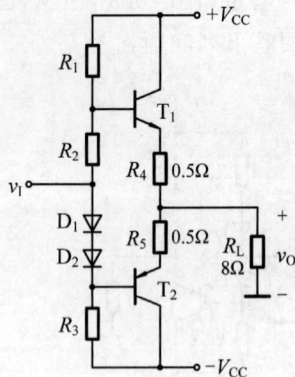

图 10.39 题 10.4 的图

10.5 图 10.40 给出了两个带自举功能的功放电路,试分析电路的自举原理。

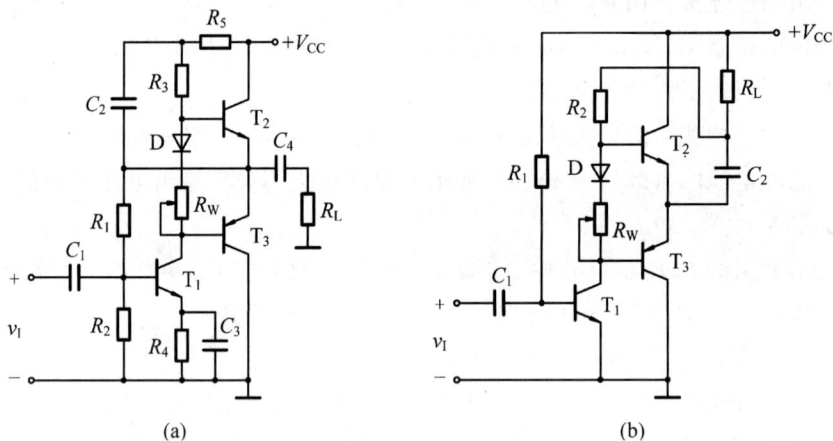

(a)

(b)

图 10.40 题 10.5 的图

10.6 利用图 10.12 所示电路,对 OCL 电路的电压传输特性进行仿真分析。

10.7 如图 10.41 所示是功率放大电路。试回答以下问题:

(1) 电路由哪几部分组成? 各是什么电路组态?

(2) 整体电路引入了什么类型的负反馈?

(3) 若有交越失真,需调整哪个元件?

(4) 静态时,若输出电压不为零,调整哪个元件?

(5) 估算电路的电压放大倍数。

(6) 若需在 8Ω 负载上得到 25W 的功率,在理想情况下,电源电压至少多大?

10.8 试对图 10.24 所示的丁类放大器进行仿真分析。

10.9 选择仿真库中的集成功放 TDA2030,仿真分析由它组成的 OTL、OCL 和 BTL 三种电路结构,并对这三种电路进行归纳总结。

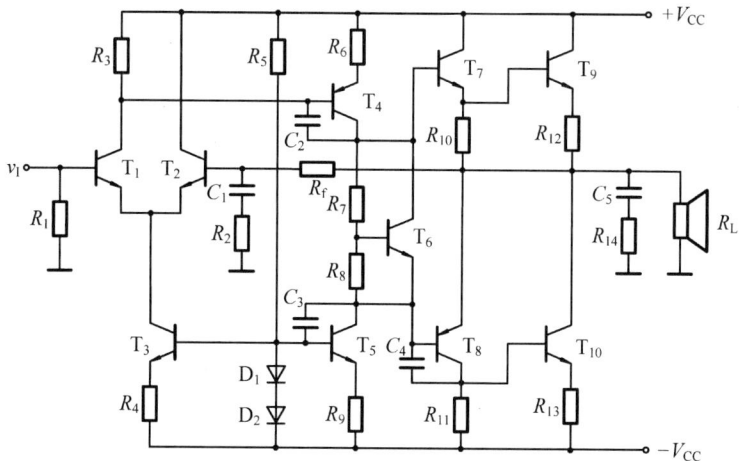

图 10.41 题 10.7 的图

设计题

10.1 设计一个 OCL 功率放大电路。要求：电压放大倍数为 30dB,频响范围为 20Hz～20kHz,输出功率为 10W,负载电阻为 8Ω。

10.2 选择集成运放 LM358 和集成功放 TDA2030,设计一个对讲机。要求：TDA2030 单电源 12V 供电,电压放大倍数为 30；LM358 单电源 9V 供电,电压放大倍数为 3～25 可调；负载为 8Ω 的扬声器。

10.3 利用 LM1875 设计一个电压放大倍数为 20 倍的恒流功放,其负载为 8Ω 的扬声器。

10.4 合理选择集成功放,设计一个 BTL 音频功率放大器。要求：当输入电压的有效值为 1V 时,电路能为 8Ω 的负载提供 30W 的音频功率。

第 11 章

CHAPTER 11

直流电源电路

各种电子电路都需要用直流电源来供电,例如干电池等,但比较经济实用的办法是利用由交流电源经过变换而得到的直流电源,这就是通常电子设备中所用的直流电源。对这种电源的主要要求包括直流输出电压平滑,脉动成分小;当电网电压或负载电流波动时,输出电压能够基本保持不变;交流电变换成直流电的转换效率高等。

本章首先介绍小功率直流电源的组成以及各部分的作用,然后介绍线性稳压电源、开关型稳压电源和稳流电源等。

11.1 概述

11.1.1 小功率稳压电源的组成

由交流电源经过变换而得到的小功率直流电源一般包括四个组成部分,即电源变压器、整流、滤波和稳压电路,如图 11.1 所示。

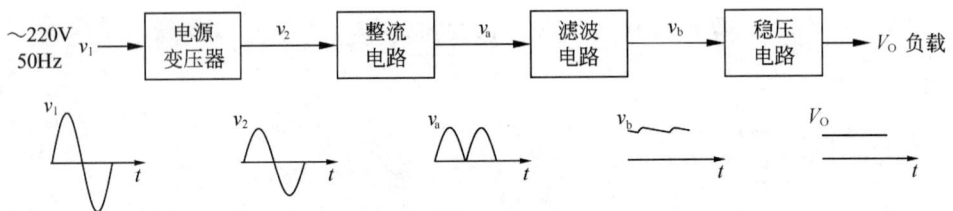

图 11.1 直流稳压电源结构框图及各输出波形

1. 电源变压器

交流电源提供的交流电压有效值一般为 220V,而各种电子设备所需的直流电压值却各不相同,这就需要利用电源变压器先将 220V 的电压变为所需的电压值,即图中的波形 v_2。

2. 整流电路

整流电路是利用具有单向导电性的元件(例如二极管),将交流电压变为单方向的脉动直流电压,即图中的波形 v_a。当然,这种脉动直流电压仍然含有较大的纹波,还不是理想的直流电压。

3. 滤波电路

直流电源中的滤波电路一般由电容、电感等无源元件组成,其作用是将脉动直流电压中的脉动成分滤掉,使其输出的直流电压比较平滑,即图中的波形 v_b。

4. 稳压电路

滤波电路输出直流电压的幅值会随着电网电压波动、负载电流和温度的变化而变化,这就需要接入稳压电路,之后再接负载。稳压电路是利用电子电路的控制作用,在电网电压波动、负载电流和温度变化时,维持输出直流电压的稳定。

11.1.2 整流滤波电路

在第 5 章中,已经利用二极管的单向导电性组成了各种整流电路,均可将交流电压变换为单向脉动直流电压,例如,在小功率直流电源中常用的单相半波、单相全波和单相桥式整流电路,可参见第 5 章有关内容。下面将主要讨论滤波电路。

根据第 5 章中对整流电路的分析可知,无论哪种整流电路,它们的输出电压中均含有较大的交流成分。一般情况下,在整流电路的输出端都接有滤波电路,以减少输出电压中的交流成分,使负载得到较理想的直流电压。

电容和电感对于交流成分和直流成分所表现出的阻抗不同,将它们合理地设置在电路中,以达到降低交流成分、保留直流成分的目的,这就是滤波作用。所以,电容和电感是组成滤波电路的主要元件。

1. 电容滤波电路

如图 11.2 所示为桥式整流和电容滤波电路。图中负载 R_L 两端并联了一个容量很大的电容 C。下面分析电容 C 的作用。

当 v_2 为正半周时,二极管 D_1、D_3 导通,v_2 通过 D_1、D_3 向负载提供电流 i_O,同时,对电容 C 充电,充电电流为 i_C,电容电压 v_C 的极性为上正下负。若忽略二极管的压降,则 v_C 等于 v_2。当 v_2 达到峰值后开始下降,此时 v_C 也将由于放电而逐渐下降。当 $v_2 < v_C$ 时,二极管 D_1、D_3 被反向偏置而截止,于是 v_C 以一定的时间常数按指数规律下降,一直持续到 v_2 的下一个半周。当 $|v_2| > v_C$ 时,二极管 D_2、D_4 导通,将重复上述过程。

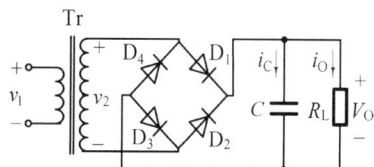

图 11.2 桥式整流和电容滤波电路

桥式整流和电容滤波电路在 Multisim 中的仿真波形图如图 11.3 所示。由图可见桥式整流波形和经电容滤波后的波形,显然,由于电容的滤波作用,使得输出电压平滑多了。

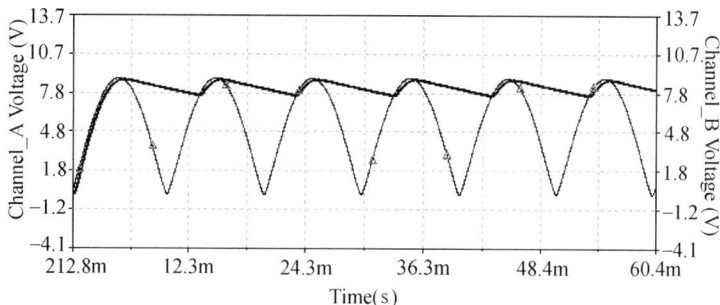

图 11.3 桥式整流和电容滤波的仿真波形图
(细线为桥式整流波形图,粗线为电容滤波波形图)

得到了不依赖于电源电压的恒定基准电压,但其电压的稳定性并不高;还有硅稳压二极管,利用其反向击穿电压作为基准电压,可以克服正向二极管作为基准电压的一些缺点。可以说,以上几种电路均不适用于对基准电压要求高的场合。

基准电压源是指可以输出稳定度、精度极高的电压,且温漂极小,但允许的输出电流很小的一类器件。正因为在许多集成电路和电路单元中,如数模转换器(DAC)、模数转换器(ADC)、线性稳压电源和开关稳压电源等,都需要精密而又稳定的电压基准,所以,基准电压源已成为大规模、超大规模集成电路和几乎所有数字模拟系统中不可缺少的基本电路模块。常见的基准源一般分为齐纳基准源和带隙基准源两种类型。

1. 齐纳基准源

由第5章可知,齐纳二极管工作在反向击穿区域,并可以通过一定的反向电流,击穿电压相对比较稳定,可视为一个稳定的基准源。齐纳基准源的优点是可以得到很宽的电压范围2～200V,另外,它的功率范围也很宽,从几个毫瓦到几瓦。齐纳二极管的主要缺点是精确度达不到高精度应用的要求,也很难达到低功耗应用的要求。齐纳基准源的另一个问题是它的输出阻抗较大,而非零输出阻抗将导致基准电压随负载电流的变化而变化。所以在实际电路中,需选择低输出阻抗的齐纳基准源。

事实上,由稳压二极管构成的稳压电路,在负载满足一定条件下,可以得到一个稳定的电压——基准电压。但存在两个问题,所得到的基准电压,一是不可能大于稳压管的稳压值,二是易受到负载变化的影响。为此,利用稳压管和运算放大器来构成一个基准电压源,如图11.8所示。图中,电阻 R 和稳压管组成基本的稳压管电路,产生基准电压 V_Z,并作用于运放的同相端,然后,经运放同相放大后,输出电压为

$$V_O = \left(1 + \frac{R_2}{R_1}\right)V_Z \tag{11.6}$$

可见,在基本的稳压管电路基础上,增加运放电路,可同时解决存在的两个问题。注意这里的运放需为同相放大器。当然,我们也可以将运放构成电压跟随器,如图11.9所示,这样,尽管输出电压仍为稳压值 V_Z,但由于电压跟随器的隔离作用,不仅稳压值更稳定,而且还可以提高基准源的带负载能力。

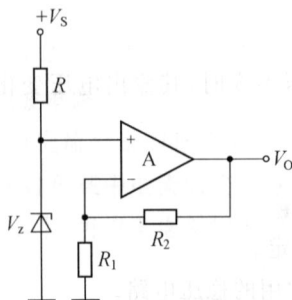

图 11.8　运放基准源 1　　　　　　　　图 11.9　运放基准源 2

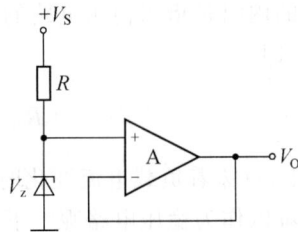

2. 带隙基准源

基准电压的一大特点,就是具有很好的温度稳定性,那么如何产生一个与温度无关的基准电压呢? 下面介绍一种带隙基准电路,它将一个具有正温度系数和另一个具有负温度系

数的两个电压,以适当的权重相加,来实现具有零温度系数的基准电压。它与利用稳压管的电路相比,具有功耗较小,温度稳定性较好,且可以适用于低电压工作等特点。图 11.10 为带隙基准电路的结构模型,它利用晶体管的发射结电压 $V_{BE(on)}$ 和 V_T 来产生一个稳定的输出 $V_O = V_{REF}$,即

$$V_{REF} = V_{BE(on)} + MV_T \tag{11.7}$$

此式称为带隙基准电压特征方程,其中 M 为常数。

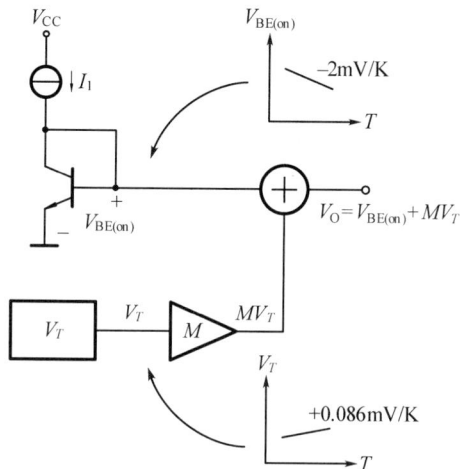

图 11.10　带隙基准电路模型

根据半导体物理的有关知识,有

$$V_{BE(on)} = V_{G0} - V_T \left[(\gamma - \alpha) \ln T - \ln(EG) \right] \tag{11.8}$$

式中,V_{G0} 是硅材料在外推到 0K 时的带隙电压,$V_{G0} = 1.205V$。γ、α、E、G 都是与温度无关的常数。

如果要在某一范围内使温度系数基本为零,可以将式(11.8)代入式(11.7)。用 V_{REF} 对 T 求导,令之为零并解方程。令在 T_0 处 V_{REF} 的温度系数为零,经整理解出 M,于是有

$$V_{REF} = V_{G0} + V_T (\gamma - \alpha) \left(1 + \ln \frac{T_0}{T} \right) \tag{11.9}$$

输出电压 V_{REF} 与 V_{G0} 接近,这也正是这类电路被称为"带隙基准电压电路"的原因。

可以证明,$V_{BE(on)}$ 的温度系数为负,约为 $(-2.4 \sim -1.8)\mathrm{mV/K}$,而 $V_T = kT/q$ 的温度系数为正,约为 $+0.086\mathrm{mV/K}$。当 M 取适当值时,可以使 V_{REF} 的温度系数在某一范围内接近零,从而获得较好的温度稳定性。

根据图 11.10,可以设计一个实现 $V_{BE(on)}$ 和 MV_T 相加的电路。如图 11.11 给出了基本带隙基准电压电路的一种形式。从图中可以看出,T_1 和 T_2 组成一个 Widlar 电流镜,T_3 是调整管。此时输出的基准电压

$$V_{REF} = V_{BE3} + I_2 R_2 \tag{11.10}$$

近似认为 $I_{R3} \approx I_2 \approx I_S \exp(V_{BE2}/V_T)$,且有 $I_2 R_3 \approx V_{BE1} - V_{BE2}$。 假设晶体管特性相同,则

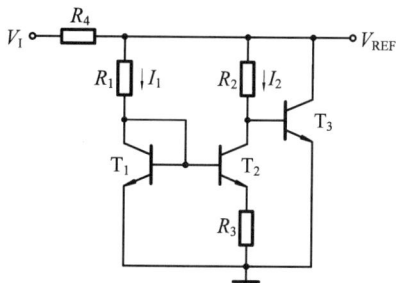

图 11.11　带隙基准电压电路

$$I_2 \approx \frac{1}{R_3}(V_{BE1} - V_{BE2}) = \frac{1}{R_3}V_T \ln \frac{I_1}{I_2}$$

又因为 $V_{BE1} \approx V_{BE3}$,则 $V_{R1} = V_{R2}$,即 $I_1/I_2 = R_2/R_1$。于是,有

$$V_{R2} = I_2 R_2 = \frac{R_2}{R_3}V_T \ln \frac{R_2}{R_1}$$

代入式(11.10),可得基准电压

$$V_{REF} \approx V_{BE3} + \frac{R_2}{R_3}V_T \ln \frac{R_2}{R_1} \qquad (11.11)$$

该式可以写成式(11.7)的形式,即满足带隙基准电压特征方程的形式。只要选取合适的电阻值,就可以获得一个较为稳定的基准电压。

由上述分析可知,正温度系数是由工作在不同电流值的两个 V_{be} 的差而产生的;负温度系数是由于 V_{be} 电压本身的负温度系数。正是利用这两个正负温度系数的电压得到了一个零温度系数的基准。在实际应用中,两个温度系数之和并不精确为零,这主要依赖于很多设计细节,例如集成电路设计、封装和测试等。

类似地,利用带隙基准和集成运放也可以构成一个基准电压源,其仿真电路如图 11.12 所示。图中,晶体管 Q_1、Q_2、Q_3 和 Q_4 等组成带隙基准电路,产生基准电压 V_{REF},并作用于运放的同相端。这里,为了增大调整管 Q_3 的调整能力,又复合了一个 2N3906 PNP 管 Q_4。然后,经运放同相放大后,输出电压为

$$V_O = \left(1 + \frac{R_6}{R_5}\right)V_{REF} \qquad (11.12)$$

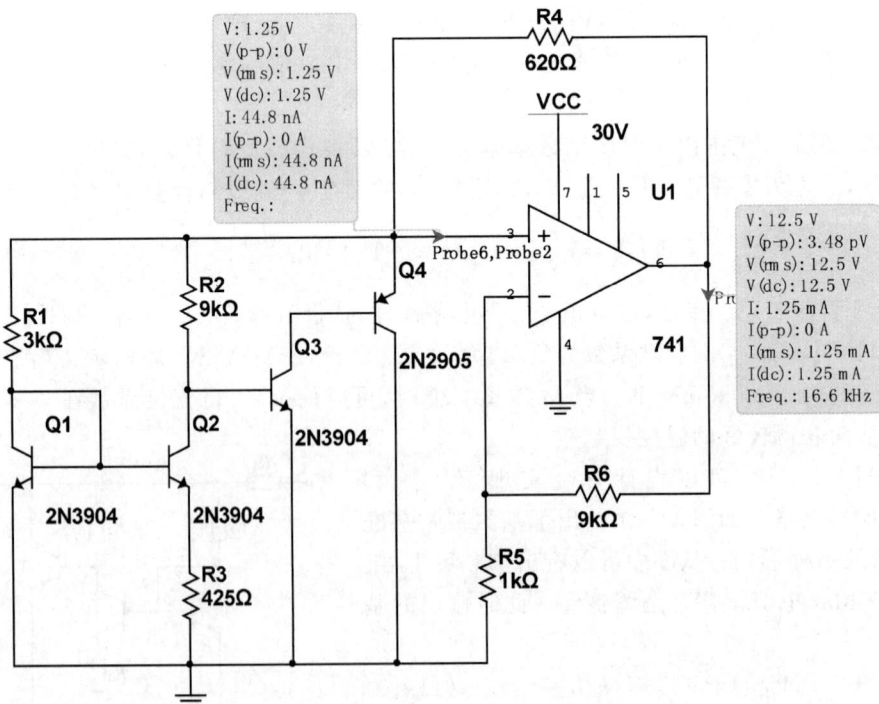

图 11.12　由带隙基准和运放构成的基准电压源

根据式(11.11),确定电阻 R_1、R_2 和 R_3 的值。因为在室温下,有

$$\frac{\partial V_{BE3}}{\partial T} \approx -2\text{mV/K} \quad \text{和} \quad \frac{\partial V_T}{\partial T} \approx +0.086\text{mV/K}$$

为了得到零温度系数,将式(11.11)对 T 求偏导数,并令 $\partial V_{REF}/\partial T = 0$,故有

$$\frac{R_2}{R_3}\ln\frac{R_2}{R_1} = 2/0.086 = 23.26$$

取 $R_1 = 3\text{k}\Omega$、$R_2 = 9\text{k}\Omega$,故有 $R_3 = 425\Omega$。再利用式(11.11),取 $V_{BE3} = 0.65\text{V}$,可得零温度系数的基准电压为

$$V_{REF} \approx 0.65 + \frac{9}{0.425} \times 0.026 \times \ln\frac{9}{3} \approx 1.25\text{V}$$

令运放为 10 倍同相放大器,则取 $R_5 = 1\text{k}\Omega$、$R_6 = 9\text{k}\Omega$,于是,输出电压 $V_{REF} = 12.5\text{V}$。

对仿真晶体管进行参数实测,2N2904 的 $\beta \approx 106$,2N2905 的 $\beta \approx 85$。因 Q_1 的集电极电流为 $(1.25 - 0.65)/3 = 0.2\text{mA}$,而 $V_{BE1} = V_{BE3}$,故 Q_3 的集电极电流也为 0.2mA,于是,Q_4 的射极电流为 $0.2 \times (1 + 85) = 17.2\text{mA}$(实测为 17.9mA)。由此可求得 $R_4 \approx (12.5 - 1.25)/17.9 = 0.628\text{k}\Omega$,仿真时取 620Ω。仿真测试结果如图 11.12 所示。

11.2.2　串联型稳压电源

在输出电压不需要调节,负载电流较小的情况下,可以直接使用基准源进行稳压。但在实际电路中,这种做法存在一定的局限性:一是输出电压不可随意调节;二是电网电压和负载电流的变化范围较大时,电路的适应能力差。注意 11.2.1 节所讨论的图 11.8 和图 11.12 电路,只要调整负反馈回路中的二电阻的比值,即可实现输出电压的随意调节;而在运放的输出端增加一个功率管 T,并采用射极输出的形式,不仅输出电流大,可以满足负载电流的要求,即实现了电路的扩流,而且电路的输出电阻小,提高了电路的带负载能力。于是,图 11.8 变为图 11.13。

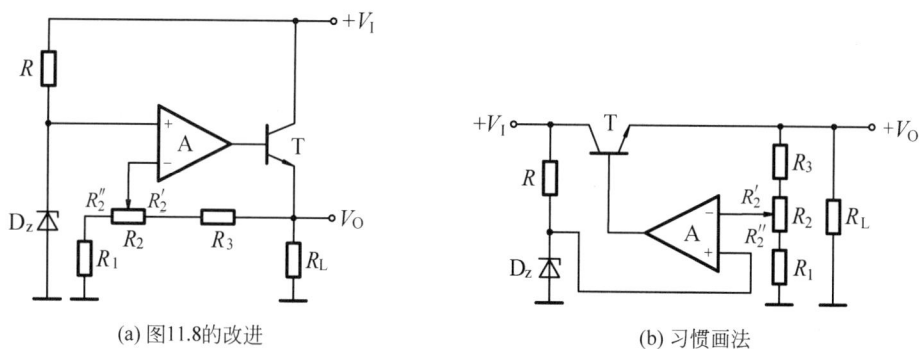

(a) 图11.8的改进　　　　(b) 习惯画法

图 11.13　具有放大环节的串联型稳压电源

图 11.13 所示电路就是在稳压电源领域中使用最多的一种电路——具有放大环节的串联型稳压电路,它实际上就是一个对基准电压实施同相放大的电路,其实质是一个电压串联负反馈放大电路,因此,串联型稳压电路具有电压串联负反馈电路的特点,即输出电压稳定,带负载能力强,其稳压过程实质上是通过电压负反馈使输出电压保持基本不变的过程。而整个电路调整环节的作用是利用差值$(V_{REF} - V_F)$来实现的,所以,输出电压 V_O 不可能达到绝对的稳定。

通常,人们从另一个角度来分析这个电路,即在输入直流电压和负载之间串入一个晶体

管 T,称为调整管,也因此将电路称为"串联型";将由于某种原因引起的输出电压 V_O 的变化,来控制 T 的基极,使 T 的集-射电压 V_{CE} 随之改变,进而调整 V_O,以维持 V_O 基本不变,其电路原理框图如图 11.14 所示。图中,包括四个组成部分,此外,还有各种保护电路。

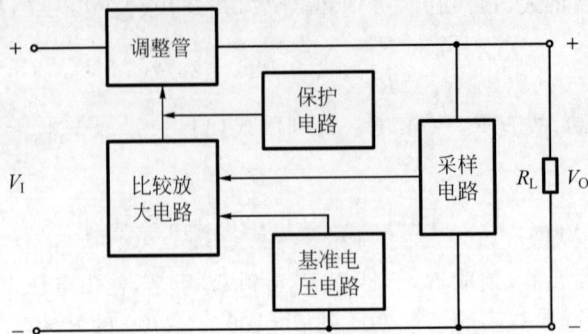

图 11.14   串联型稳压电路原理框图

1. 采样电路

采样电路由电阻组成,且与负载并联,当 V_O 变化时,采样电路将 V_O 变化量的一部分送到比较放大电路的反相输入端。

2. 基准电压电路

基准电压电路参见前文,它所产生的电压是独立于直流输入电压 V_I 和温度的。将基准电压送到比较放大电路的同相输入端。

3. 比较放大电路

比较放大电路由晶体管(单级放大或差分放大)或集成运放组成,其作用是将采样电压与基准电压进行比较后,再放大二者的差值,然后去控制调整管的基极。

4. 调整管

调整管是串在输入直流电压 V_I 和负载 R_L 之间的,所以,V_O 的变化经采样、比较、放大后,去控制调整管的基极,导致调整管的 V_{CE} 发生相应的变化,从而调整 V_O 基本不变。由于流过 T 的电流为较大的负载电流,故 T 选用功率管或复合功率管,并加装适当大小的散热片。

5. 保护电路

保护电路包括过流、过压保护和过热保护电路等。

现在根据图 11.14 原理框图,重新认识图 11.13(b)所示电路。这是一款由集成运放、晶体管和稳压管等元器件组成的串联型稳压电路,图中,V_I 是经整流滤波后的平滑直流,V_O 为稳定的输出电压。电阻 R_1、R_2、R_3 构成采样电路,从 R_2 的滑动端取出 V_O 变化量的一部分,送至比较放大电路 A 的反向输入端;限流电阻 R 和稳压管 D_Z 构成简单的基准电压电路,为 A 的同相输入端提供一个基准电压 V_{REF};用 A 比较放大的差值电压,来控制调整管 T 的基极,从而保持 V_O 基本稳定。

串联型稳压电路的稳压原理如下:

假设由于某种原因(如电网电压波动或负载电流变化等)使 V_O 增大,则取样电压 V_F 也随之增大,与加在 A 同相端的 V_{REF} 相比较,二者的差值($V_{REF} - V_F$)将减小,于是 A 的输出电压也减小,使 T 的基极电位 V_B 降低。由于 T 为射极输出形式,故 V_O 也随 V_B 的降低而降低,即 V_O 保持稳定。此时($V_I - V_O$)增大的部分全部由 T 承担,这是通过基极电位 V_B 降低,基极电流

I_B 和集电极电流 I_C 随之减小,导致 V_{CE} 增大而自动实现的。电路的整个稳压过程可概括如下:

$$V_O \uparrow \rightarrow V_F \uparrow \rightarrow (V_{REF} - V_F) \downarrow \rightarrow V_B \downarrow \rightarrow V_O \downarrow$$

下面在深度负反馈条件下,求出图 11.13(b)所示电路的输出电压。

因为反馈电压 V_F 为

$$V_F = \frac{R_1 + R_2''}{R_1 + R_2 + R_3} V_O$$

而 $V_F = V_Z$,故输出电压 V_O 为

$$V_O = \frac{R_1 + R_2 + R_3}{R_1 + R_2''} V_Z \tag{11.13}$$

若 R_2 的滑动端移到最下端,则输出电压的最大值

$$V_{Omax} = \frac{R_1 + R_2 + R_3}{R_1} V_Z \tag{11.14}$$

同理,若 R_2 的滑动端移到最上端,则输出电压的最小值

$$V_{Omin} = \frac{R_1 + R_2 + R_3}{R_1 + R_2} V_Z \tag{11.15}$$

特别指出,尽管目前上述串联型稳压电路已基本上为集成稳压电源所取代,但它的电路原理仍然是线性集成稳压电源内部电路(参见第 12 章)的基础。

11.2.3 三端集成稳压器

随着集成电路技术的发展,稳压电路也迅速实现了集成化。集成稳压器不仅具有体积小、可靠性高和温度特性好等优点,而且使用灵活简单、价格低廉,因此得到了广泛的应用。

视频 55

集成稳压器已经成为模拟集成电路的一个重要组成部分,其种类繁多。特别是三端集成稳压器,芯片只有三个引出端,因而能以最简方式接入电路。根据三端集成稳压器的用途有固定输出和可调输出两种不同的类型,按输出电压的极性又可分为正输出和负输出两大类。本节主要介绍 W7800 固定输出和 W117 可调输出三端集成稳压器的应用电路。

1. 三端集成稳压器简介

三端集成稳压器的内部电路实际上除了包括串联型直流稳压电路的各个组成部分以外,还设有限流保护、过热保护、安全工作区保护电路和启动电路等,使用更加安全、方便。关于它们的内部电路原理图,读者可参阅第 12 章。

W7800 系列是三端固定正输出集成稳压器,型号中的后两位数字表示该稳压器的输出电压值,例如 W7805,表示其稳定输出电压为 5V。W7800 系列的输出电压有 5V、6V、9V、12V、15V、18V 和 24V 共 7 个档次,输出电流有 0.1A(78L00 系列)、0.5A(78M00 系列)和 1.5A(7800 系列)3 个档次。W7900 系列是三端固定负输出集成稳压器,其输出电压是与 W7800 系列对应的负值。

W117 是一种只需外接很少元件就能输出可调正电压的三端集成稳压器,输出电压范围为 1.2～37V,输出电流有 1.5 A(W117)、0.5 A(W117M)和 0.1 A(W117L)3 种,其产品有 W117、W217 和 W317,它们的工作温度范围分别为 −55℃～150℃、−25℃～150℃ 和 0℃～125℃。W137/ W237/ W337 是与之对应的输出可调负电压的三端集成稳压器。

三端集成稳压器的封装及引脚图如图 11.15 所示。由于只有三个引出端:输入端、输出端和公共端(或调整端),因此,在实际的应用电路中连接比较简单。

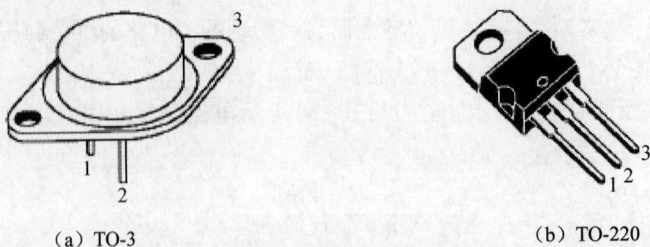

(a) TO-3　　　　　　　　　　　　　　　　　　　(b) TO-220

图 11.15　W7800/ W7900 系列三端集成稳压器的封装及引脚图

W7800：(a) TO-3 封装　　　1—输入端,2—输出端,3—公共端
　　　　(b) TO-220 封装　　1—输入端,2—公共端,3—输出端
W7900：(a) TO-3 封装　　　1—公共端,2—输出端,3—输入端
　　　　(b) TO-220 封装　　1—公共端,2—输入端,3—输出端
W117：(a) TO-3 封装　　　　1—调整端,2—输入端,3—输出端
　　　　(b) TO-220 封装　　1—调整端,2—输出端,3—输入端
W137：(a) TO-3 封装　　　　1—调整端,2—输出端,3—输入端
　　　　(b) TO-220 封装　　1—调整端,2—输入端,3—输出端

2. 三端集成稳压器的应用

1) 三端固定输出集成稳压器

(1) 基本电路

三端集成稳压器的基本应用电路如图 11.16 所示。直流输入电压 V_I 接在输入端和公共端之间,在输出端即可得到稳定的输出电压 V_O。为了改善纹波电压,常在输入端对公共端接入电容 C_I,其容量为 $0.33\mu F$。同时,在输出端对公共端接入电容 C_O(称为负载电容),以改善负载的瞬态响应,其容量为 $0.1\mu F$。两个电容器应直接接在集成稳压器的引脚处。为使三端稳压器能正常工作,V_I 与 V_O 之差应大于 $3\sim5V$,且 $V_I\leqslant 35V$。当输出电压 V_O 较高且 C_O 容量较大时,稳压器的输入端和输出端之间应跨接保护二极管 D,如图 11.16 所示。因为输入端一旦短路,C_O 端电压将反向作用于稳压器内部调整管的发射结上,易造成调整管的损坏。D 的作用是,当输入端发生短路时,C_O 上的电压可通过 D 而不经稳压器内部电路放电,防止调整管的损坏。

(2) 恒流源电路

根据 W7800 系列集成稳压器输出端与公共端之间电压恒定的特点,可实现恒流源电路,如图 11.17 所示。由图中可以看出,流过负载 R_L 的电流为

$$I_L = I_d + \frac{V_{XX}}{R_1} \tag{11.16}$$

式中,V_{XX} 为三端稳压器的固定输出电压值;I_d 为稳压器的静态电流(约为 5mA)。当稳压器确定后,可通过选择 R_1 的值设定恒流源的电流值。

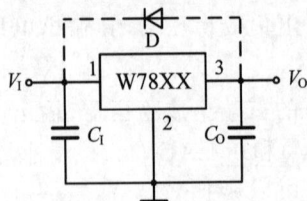

图 11.16　W7800 系列三端集成
稳压器基本电路

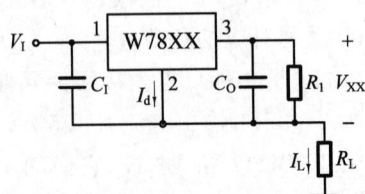

图 11.17　恒流源电路

（3）可调输出电压电路

利用外接电阻 R_1、R_2 可以提高输出电压，如图 11.18 所示。设计电路时，使流过电阻 R_1、R_2 的电流远远大于稳压器的静态电流 I_d，于是，有

$$V_{XX} = \frac{R_1}{R_1 + R_2} V_O$$

即输出电压为

$$V_O = \left(1 + \frac{R_2}{R_1}\right) V_{XX} \qquad (11.17)$$

图 11.18　提高输出电压电路

由此可知，若将电阻 R_2 改为可调电阻，可实现输出电压的调整，且 $V_O \geq V_{XX}$。

为了避免集成稳压器静态电流对输出电压的影响，可将图 11.18 中的 R_1、R_2 以 R_1、R_2、R_3 取代组成取样电路，同时，集成运放接成电压跟随器形式，接在稳压器与取样电路之间，起隔离作用，如图 11.19 所示。当电位器 R_2 滑动端处于最上端时，电路输出的最大电压为

$$V_{Omax} = \frac{R_1 + R_2 + R_3}{R_1} V_{XX} \qquad (11.18)$$

同理，当电位器 R_2 滑动端处于最下端时，电路输出的最小电压为

$$V_{Omin} = \frac{R_1 + R_2 + R_3}{R_1 + R_2} V_{XX} \qquad (11.19)$$

（4）扩大输出电流电路

当负载电流大于集成稳压器最大输出电流时，可以采用外接功率管 T 的方法进行扩流，如图 11.20 所示。图中 T 为大功率 PNP 晶体管，起扩流作用，R 为电流取样电阻，其阻值应满足

$$I_O' R = V_{EB}$$

式中 I_O' 为集成稳压器所允许的输出电流，这里忽略了集成稳压器的静态电流和扩流管的基极电流。当负载电流较小时，功率管截止，负载电流仍由集成稳压器提供；当负载电流较大时，功率管导通且分流 I_C，故负载电流 $I_O = I_O' + I_C$。

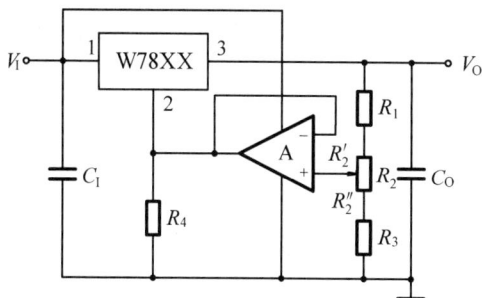

图 11.19　可调输出电压电路

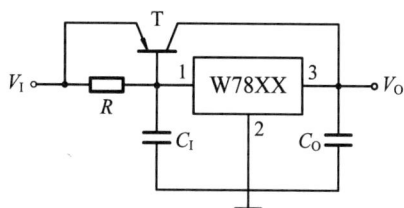

图 11.20　扩大输出电流电路

（5）输出正、负电压的双电源电路

在电子电路中，常采用正、负电压的双电源供电模式，例如集成运放的供电等。利用集成稳压器可以方便地组成正、负电压的双电源电路，由 W7800 系列和 W7900 系列集成稳压

器组成的正、负电压双电源电路如图 11.21 所示。图中 V_I 和 V_I' 分别为输入的正、负电压,V_O 和 V_O' 分别为输出的正、负电压。

2) 三端可调输出集成稳压器

(1) 可调正电压输出电路

三端可调输出集成稳压器的主要应用是实现输出电压可调的稳压电路,其采样电路需要外接,典型应用电路如图 11.22(a)所示,输出电压可写成

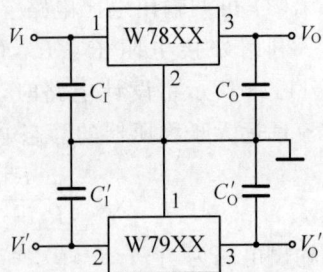

图 11.21 输出正、负电压的
双电源电路

$$V_O = V_{REF}\left(1 + \frac{R_2}{R_1}\right) + I_{ADJ}R_2$$

式中,V_{REF} 是输出端和调整端之间的电压,非常稳定,其典型值为 1.25V;I_{ADJ} 是调整端的电流,约为 $50\mu A$,其值很小,可忽略不计。于是,输出电压为

$$V_O = 1.25 \times \left(1 + \frac{R_2}{R_1}\right) \tag{11.20}$$

当 R_2 调至零时,输出电压为 1.25V。根据稳压器工作的最小负载电流可以计算 R_1 的最大值。对于 W117 来说,最小负载电流为 5mA,故 R_1 的最大值为 $1.25/5 = 0.25k\Omega$,实际取值 240Ω。

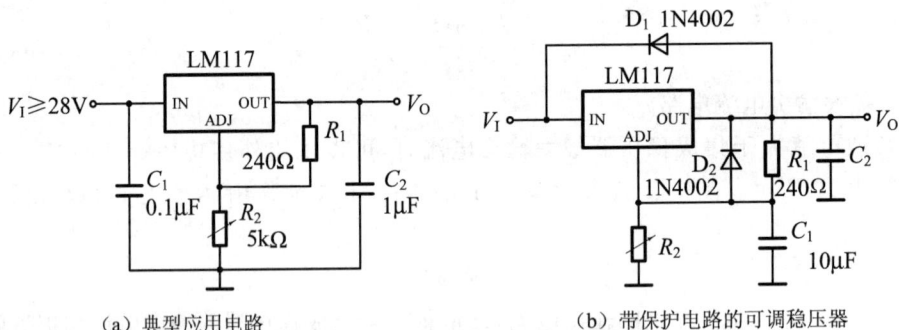

(a) 典型应用电路

(b) 带保护电路的可调稳压器

图 11.22 可调正电压输出稳压电路

例如设计一个电压在 $1.25 \sim 25V$ 可调的稳压器,就可以采用图 11.22(a)所示的电路。现在确定 R_2 的最大值。根据式(11.20),当 $V_O = 25V$ 时,求得 $R_2 = 4.56k\Omega$,实际取值 $5k\Omega$,即取 R_2 为一个 $5k\Omega$ 的电位器,通过调整其值,即可实现输出电压在 $1.25 \sim 25V$ 的变化。因为稳压器输入电压与输出电压的压差要求在 $3 \sim 5V$,所以输入电压应不小于 28V。

在实际电路中,如图 11.22(b)所示,可在 R_2 上并联一个 $10\mu F$ 的电容 C_2,以减小 R_2 上的纹波电压。与此同时,也带来了新问题,即当输出端开路时,C_2 将向稳压器的调整端放电,从而导致内部晶体管损坏。为了防止稳压器损坏,可接入二极管 D_2,为 C_2 提供一个放电回路;D_1 的作用可参考图 11.16。

(2) 前置跟踪调节器

由于可调稳压器的输出电压范围较大,而为了满足高输出电压的要求,稳压器的输入电压也会很高。当输出电压为最小时,稳压器的输入端与输出端之间的压差将达到最大,其功耗也会最大。

如图 11.23 所示,已知输入电压 V_I 为 20V,而可调稳压器 A 的输出电压 V_O 的最大值仅为 10V。当 V_O 为最小值 1.25V 时,A 的输入输出压差可达 19V,这将导致 A 的功耗很大。为此,可在输入电压端与 A 的输入端之间,接入另一个可调稳压器 B,使 B 的输出电压即 A 的输入电压始终跟踪 A 的输出电压而自动调节,以保持 A 的输入输出压差为一固定值,这样,B 可以分担 A 的一部分功耗,使整个电路工作更稳定。通常称可调稳压器 B 为前置跟踪调节器。若设 A 的输入输出压差为 5V,则 B 的输入输出压差的最小值也为 5V,最大值约为 14V。若每个稳压器的最小工作电流为 5mA,则可求得电阻 R_1 为 240Ω,R_2 为 720Ω,R_3 为 120Ω,R_4 为 1kΩ 的电位器。

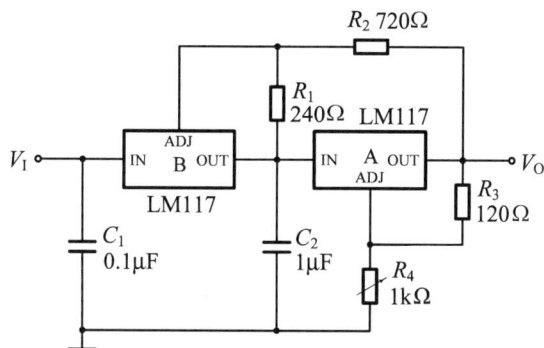

图 11.23 前置跟踪调节器

Multisim 仿真:根据图 11.23 得到的仿真图如图 11.24 所示。图中探针显示 A 输出电压为 10V 时,B 的输出电压即 A 的输入电压为 15.1V,即 B 的输入输出压差的最小值为 4.9V;类似地,可以测出输出电压为 1.25V 时,B 的输出电压即 A 的输入电压为 6.29V,即 B 的输入输出压差的最大值为 13.71V,与上述分析基本吻合。

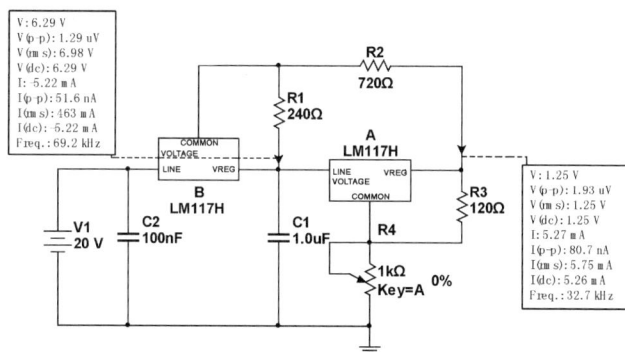

图 11.24 前置跟踪调节器

（3）数控稳压器

根据图 11.22(a) 可知,若将 R_2 设计为数控电阻,即可实现输出电压的数控。现利用 W117 设计一个三位二进制数的数控稳压器。要求:输出电压从 2～9V,步进 1V。

将式(11.20)变为

$$V_O = \frac{1.25}{R_1} \times (R_1 + R_2 + \Delta R_2) \tag{11.21}$$

式中 $R_1 = 240\Omega$。利用电子开关,将式中的 ΔR_2 设计为一个数控电阻,仿真图如图 11.25 所示。A、B、C 为控制信号,取"1"时,开关闭合;取"0"时,开关断开。这样,3 个控制信号,每个控制信号有 2 个取值,则 3 个开关共有 8 种状态。于是,控制稳压器输出 8 种电压值,即 $2\sim9V$,实现步进 1V。

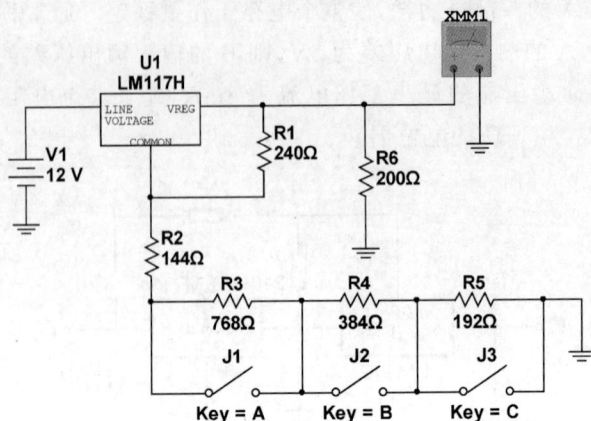

图 11.25 数控稳压器

下面计算 $R_2 \sim R_5$ 的值。

当 $\Delta R_2 = 0$ 时,$V_O = 2V$,故求得 $R_2 = 144\Omega$,于是式(11.21)变为

$$V_O = 2 + \frac{1.25}{240}\Delta R_2 \tag{11.22}$$

开关状态与输出电压的关系如表 11-2 所示。

表 11-2　开关状态与输出电压

A	B	C	V_O/V	A	B	C	V_O/V
0	0	0	9	1	0	0	5
0	0	1	8	1	0	1	4
0	1	0	7	1	1	0	3
0	1	1	6	1	1	1	2

根据式(11.22),当 A="0",B=C="1"时,$V_O = 6V$,可求得 $R_3 = 768\Omega$;当 B="0",A=C="1"时,$V_O = 4V$,可求得 $R_4 = 384\Omega$;当 C="0",A=B="1"时,$V_O = 3V$,可求得 $R_5 = 192\Omega$。

Multisim 仿真结果如表 11-3 所示,结果与理论值基本吻合。

表 11-3　仿真结果

A	B	C	V_O/V	A	B	C	V_O/V
0	0	0	9.077	1	0	0	5.04
0	0	1	8.068	1	0	1	4.03
0	1	0	7.059	1	1	0	3.02
0	1	1	6.049	1	1	1	2.009

11.3 开关型稳压电源

晶体管有放大和开关两种工作状态。在 11.2 节中,主要讨论了这样一类稳压电路,其中的调整管,例如带隙基准源中起电流调整作用的调整管和串联型稳压电路中起电压调整作用的调整管,它们始终工作在放大状态,这种稳压电源称为线性稳压电源。尽管线性稳压电源具有结构简单、调节方便、纹波电压小和输出电压稳定等优点,但也存在自身功耗较大,电源效率较低(一般为 40%~60%),需配以体积大且又笨重的工频变压器,甚至还要配以庞大的散热器等不足。

本节讨论另一类稳压电路,其中的调整管工作在开关状态,这就是所谓的开关型稳压电路。正因为调整管工作在开关状态,所以当调整管饱和导通时,虽电流较大,但管压降很小;当截止时,虽管压降较大,但流经管子的电流也很小,即调整管的管耗始终很小。而管耗主要发生在导通状态和截止状态之间的转换过程中,若能使管子在这两个状态转换时所用的过渡时间尽可能少(占开关周期的 10%以下),则调整管的功耗将大大减小,电路的效率就会大有提高,这是开关型稳压电路最突出的优点,它的缺点主要表现为输出电压中的纹波较大,对电子设备的干扰较大、电路结构较复杂和对元器件要求较高等。目前开关型稳压电源以其效率高(70%~95%)、稳压范围宽、体积小、重量轻和机内温升低等优势,在计算机、通信等电子设备中得到了越来越广泛的应用。

开关型稳压电路的种类很多,分类方法也很多。例如,按驱动方式分有自激式与他激式;按调整管或储能电感与负载连接方式分有串联型与并联型;按稳压的控制方式分有脉冲宽度调制型(PWM)、脉冲频率调制型(PFM)和混合调制型等。

本节主要介绍脉宽调制型(PWM)开关电源。

11.3.1 PWM 开关电源的工作原理

1. 电路原理

开关电源采用功率器件作为开关元件(调整管),例如功率晶体管或功率场效应管。通过控制开关元件饱和时间的长短,即控制占空比,来调整输出电压,其原理框图如图 11.26 所示。图中,DC/DC 变换器是开关电源的核心,为使输出电压保持稳定,还设有采样电路、基准电压、比较放大电路和 PWM 电路,此外,还有启动电路和过流、过压、短路及防止开关元件击穿等保护电路,以确保开关电源输出电压的稳定和工作的可靠。

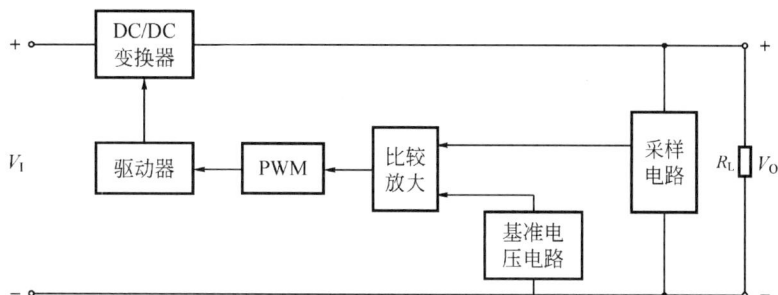

图 11.26 PWM 开关电源的基本原理框图

2. DC/DC 变换器

DC/DC 变换器的基本电路分为串联型和并联型两种形式。

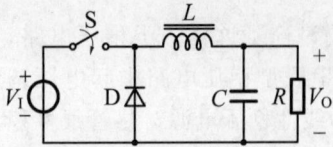

图 11.27 降压型变换器基本原理图

1) 串联型

串联型变换器基本原理图如图 11.27 所示。为简单起见,假定开关管为理想开关,故图中以开关 S 表示,并受开关脉冲的控制,使其工作在饱和(闭合)和截止(断开)状态,D 为续流二极管,L 为储能电感,C 为输出电压滤波电容,R_L 为负载。可以看出,开关管、储能电感和负载三者串联,故为串联型。

当 S 闭合时,D 因施加反压而截止,输入电压 V_I 经 S 和 L 给 C 充电,使 C 建立起输出的直流电压,同时,L 中的磁能不断增加;当 S 断开时,由于 L 中电流的连续性,L 的电流将通过 D 续流,所以 D 称为续流二极管,此时 L 中的磁场能量经 D 向 C 和负载释放。

根据电感 L 的伏安关系,可以分析输出电压 V_O 与占空比 q 的关系(忽略 S 的导通压降和二极管的正向导通压降)。

在开关脉冲 t_{on} 期间,S 闭合,L 两端的电压为 $V_I - V_O$,在此期间 L 中的电流增加量

$$\Delta I_1 = \frac{V_I - V_O}{L} t_{on}$$

在开关脉冲 t_{off} 期间,S 断开,因 L 中电流不能突变,经 D 续流,即把 S 闭合期间建立的磁场能量释放给 C 和负载,在此期间 L 中的电流减小量

$$\Delta I_2 = \frac{V_O}{L} t_{off}$$

电路在平衡情况下,必有 $\Delta I_1 = \Delta I_2$,故有

$$\frac{V_I - V_O}{L} t_{on} = \frac{V_O}{L} t_{off}$$

解此方程,得

$$V_O = q V_I \tag{11.23}$$

式中 $q = \dfrac{t_{on}}{t_{on} + t_{off}}$ 称为占空比。由于 $q < 1$,即输出电压 V_O 小于输入电压 V_I,故这种变换器是降压型的。式(11.23)表明只要改变开关脉冲的占空比,就可以实现输出电压 V_O 的调整。根据图 11.26 可知,占空比 q 的大小是由采样、基准和比较放大控制电路来决定的。当 V_I 升高或负载变轻时,控制电路自动减小占空比;当 V_I 下降或负载变重时,控制电路自动增大占空比,以实现输出电压的稳定。

不难证明,若考虑到开关 S 的导通压降即开关管的饱和压降 V_{CES} 和二极管的正向导通压降 V_D,则输出电压 V_O 为

$$V_O = q(V_I - V_{CES} + V_D) - V_D \tag{11.24}$$

2) 并联型

并联型变换器基本原理图如图 11.28 所示。图中开关管以开关 S 表示,并受开关脉冲的控制,使其工作在饱和(闭合)和截止(断开)状态,D 为续流二极管,L 为储能电感,C 为输出电压滤波电容,R_L 为负载。可以看出,开关管或储能电感与负载并联。

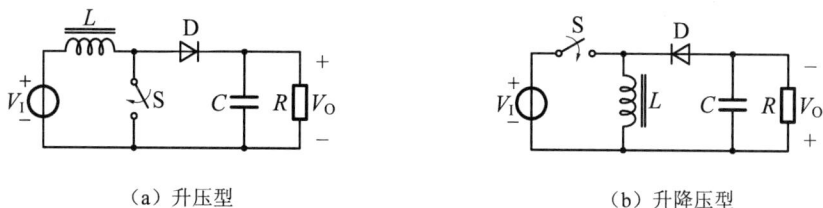

（a）升压型　　　　　　　　　　　　（b）升降压型

图 11.28　并联型变换器基本原理图

对于图 11.28(a)所示电路,当 S 闭合时,D 截止,V_I 通过 S 使 L 中的磁能不断增加;当 S 断开时,由于 L 中电流的连续性,L 中的感应电压为左负右正,恰与 V_I 相加,使 D 导通,并通过 D 给 C 和负载供电,使 V_O 大于 V_I,即为升压型变换器。

对于图 11.28(b)所示电路,当 S 闭合时,D 截止,V_I 通过 S 使 L 中的磁能不断增加;当 S 断开时,由于 L 中电流的连续性,L 中的感应电压为上负下正,使 D 导通,并通过 D 给 C 和负载供电,进而得到直流输出电压 V_O。

同理,根据电感 L 的伏安关系,可以分析图 11.28(a)和图 11.28(b)所示电路中输出电压 V_O 与占空比 q 的关系(忽略 S 的导通压降和二极管的正向导通压降)。

对于图 11.28(a)来说,在开关脉冲 t_{on} 期间,S 闭合,L 两端的电压为 V_I,在此期间 L 中的电流增加量

$$\Delta I_1 = \frac{V_I}{L} t_{on}$$

在开关脉冲 t_{off} 期间,S 断开,L 中的电压与 V_I 相加,使 D 导通,并给 C 和负载供电,形成直流输出电压,在此期间 L 中的电流变化量

$$\Delta I_2 = \frac{V_O - V_I}{L} t_{off}$$

电路在平衡情况下,必有 $\Delta I_1 = \Delta I_2$,故有

$$\frac{V_I}{L} t_{on} = \frac{V_O - V_I}{L} t_{off}$$

解此方程,得

$$V_O = \frac{1}{1-q} V_I \qquad\qquad (11.25)$$

式中 q 称为占空比。由于 $q<1$,即输出电压 V_O 大于输入电压 V_I,故这种变换器是升压型的。式(11.23)表明只要改变开关脉冲的占空比,就可以实现输出电压 V_O 的调整。例如,$q=0$ 时,即 S 始终断开时,$V_O = V_I$;$q = 0.5$ 时,$V_O = 2V_I$。

对于图 11.28(b)来说,在开关脉冲 t_{on} 期间,S 闭合,L 两端的电压为 V_I,在此期间 L 中的电流增加量

$$\Delta I_1 = \frac{V_I}{L} t_{on}$$

在开关脉冲 t_{off} 期间,S 断开。由于 L 中电流的连续性,L 中的感应电压为上负下正,使 D 导通,并通过 D 给 C 和负载供电,进而产生直流输出电压 V_O。在此期间 L 中的电流变化量

$$\Delta I_2 = \frac{V_O}{L} t_{off}$$

电路在平衡情况下,必有 $\Delta I_1 = \Delta I_2$,故有

$$\frac{V_I}{L}t_{on} = \frac{V_O}{L}t_{off}$$

解此方程,得

$$V_O = \frac{q}{1-q}V_I \tag{11.26}$$

式中 q 称为占空比。当 $q < 1-q$,即 V_O 小于 V_I 时,变换器是降压型的;当 $q > 1-q$,即 V_O 大于 V_I 时,变换器是升压型的,可见,这种变换器为升降压型。

以上首先分析了 PWM 开关电源的核心部分——DC/DC 变换器的基本原理,为使其中开关管工作在截止与饱和状态,必须有一个开关脉冲(激励脉冲)作用于开关管的基极。这就有两种产生开关脉冲的方式,即由开关管通过自激振荡产生的,则称为自激式开关电源;由其他电路产生的,而开关管不参与开关脉冲的振荡,则称为他激式开关电源。其次,作为开关电源还必须有稳压措施,以保证在输入电压波动或负载电流大小变化时,使输出电压保持稳定,这是由采样电路、基准电压电路、比较放大电路和 PWM 等电路来完成的。最后,就是各种保护电路,以保证开关电源的工作稳定可靠。

11.3.2 串联型开关稳压电路的仿真分析

根据图 11.26,这里给出了串联型开关稳压电源的一种电路形式,其仿真图如图 11.29 所示。图中,开关管 Q1、续流二极管 D1、储能电感 L1、滤波电容 C1 和负载 RL 组成串联型 DC/DC 变换器(见图 11.27);电阻 R1、R2 为采样电路,Vref(3V) 为基准电压,运放 A1 构成比较放大电路,采样电压 V_{N1} 与 V_{REF} 的差值经 A1 比较放大后,作用于 A2 的同相端,同时,信号发生器产生的三角波(10kHz)电压作用于 A2 的反相端,利用 A2 实现 PWM,所以 A2 为脉宽调制式电压比较器。A2 输出的矩形波电压 v_B 即为驱动 Q1 的开关信号,它作用于开关管 Q1 的基极,控制 Q1 的饱和导通和截止。因开关信号由独立的三角波发生器产生,故该开关稳压电源的驱动方式为他激式。

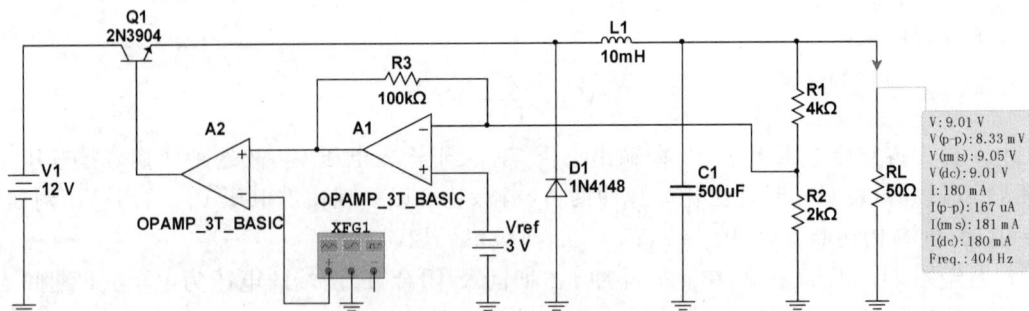

图 11.29 串联型开关稳压电路的电原理图仿真

当 v_B 为高电平时,Q1 饱和导通,输入电压 V_I 通过 Q1、L1 对 C1 充电,并对 R_L 供电,在此期间,i_L 增长,L1 和 C1 储存能量,D1 因反偏而截止;当 v_B 为低电平时,Q1 由饱和导通变为截止,此时 L1 的电流将继续沿原方向流动,i_L 通过 RL 和 D1 衰减而释放出能量,此时 C1 也向 RL 放电,因而 RL 两端仍能得到连续的输出电压。之后在 v_B 的作用下,Q1 又

进入饱和导通,$L1$ 和 $C1$ 又再次充电,然后 $Q1$ 又截止,$L1$ 和 $C1$ 又放电,如此循环不已。

下面分析图 11.29 的稳压过程:当输出电压 V_O 由于某种原因增大时,V_{N1} 随之增大,使 A1 的输出电压 V_{P2} 减小,即 v_B 的占空比 q 变小,导致 $Q1$ 的导通时间 t_{on} 减小,因此 V_O 减小,反馈控制的结果维持了输出电压的稳定。而当 V_O 减小时,反馈控制的结果将使 v_B 的占空比 q 增大,从而使 V_O 增大,同样维持了输出电压稳定。上述稳压过程可概括如下:

$$V_O\uparrow \to V_{N1}\uparrow \to V_{P2}\downarrow \to q\downarrow \qquad 或 \qquad V_O\downarrow \to V_{N1}\downarrow \to V_{P2}\uparrow \to q\uparrow$$
$$V_O\downarrow \longleftarrow \qquad\qquad\qquad\qquad V_O\uparrow \longleftarrow$$

通过瞬态分析,可以得到图 11.29 所示电路中各点的工作波形。v_B、v_E、i_L 和 V_O 的波形以及它们合在一起的波形图分别如图 11.30(a)、图 11.30(b)、图 11.30(c)、图 11.30(d)、图 11.30(e)所示。可以看出:

(1) v_B 的波形已经是 PWM 波形了。当采样电压 V_{N1} 大于 V_O 的一半时,v_B 的占空比 q 小于 50%;当 V_{N1} 小于 V_O 的一半时,v_B 的占空比 q 大于 50%,如图 11.30(a)所示,$V_{N1}=3V$,而 $V_O=9.01V$,即 $3<9.01/2$。可见,调整 R1、R2 的比值,可以调节输出电压的值,这一点与线性稳压电路的情形相似。

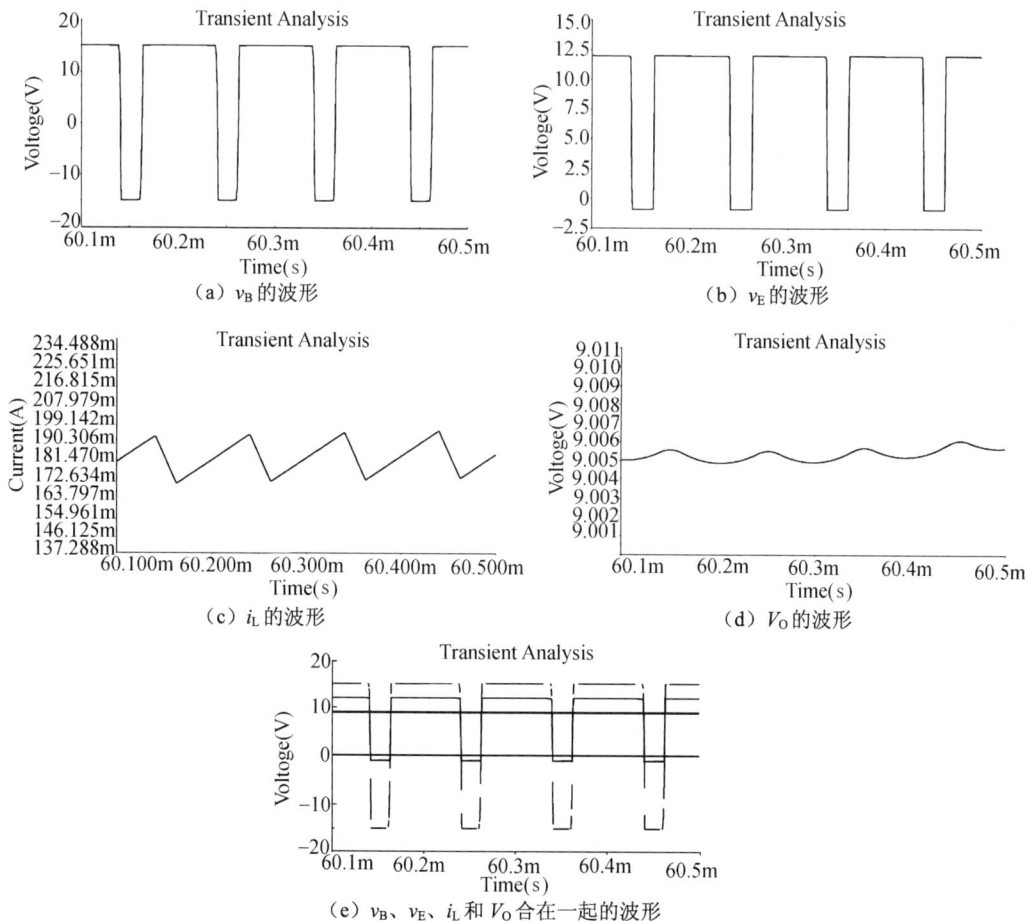

(a) v_B 的波形

(b) v_E 的波形

(c) i_L 的波形

(d) V_O 的波形

(e) v_B、v_E、i_L 和 V_O 合在一起的波形

图 11.30 v_B、v_E、i_L 和 V_O 的波形

（2）v_E 波形的最大值约为输入电压 V_I(12V)，最小值为 $-V_D$，即续流二极管正向导通电压的负值，约为 $-0.933V$。仿真测试 $t_{on}=77.3210\mu s$，$t_{off}=22.6790\mu s$，据此可以求得 v_E 的直流分量即输出电压的平均值

$$V_O = \frac{t_{on}}{T}V_I + \frac{t_{off}}{T}(-V_D) = \frac{77.3210}{100} \times 12 + \frac{22.6790}{100} \times (-0.933) \approx 9.07V$$

若用式(11.23)计算，$V_O = 9.28V$，均与仿真测试值 $V_O = 9.01V$ 有一定误差，但基本吻合。

（3）在 t_{on} 期间，i_L 波形直线上升，即 L 中的电流线性增大，说明 L 逐渐储存能量；在 t_{off} 期间，i_L 波形直线下降，即 L 中的电流线性减小，说明 L 逐渐释放能量。测得 i_L 的最小值为 169.9mA，最大值为 194.6mA。

（4）仿真测得 V_O 的波动范围为 9.0056～9.0067V，其平均值约为 9.006V。

电路的工作过程概括为利用 A_2 的输出信号 v_B 控制开关管 Q1，将连续的输入电压 V_I 变成断续的高频矩形波电压 v_E，再经续流滤波环节加以平滑，变为平稳的直流输出电压 V_O。

特别指出，当负载 R_L 变化时会影响 LC 滤波环节的滤波效果，因此开关型稳压电路适用于负载固定、输出电压调节范围不大的场合。

如果占空比 q 的改变是在保持开关周期 T 不变的前提下，通过改变导通时间 t_{on} 来实现的，则称为脉宽调制型(PWM)开关电源。显然，如果保持 t_{on} 不变而改变振荡频率 f 或同时改变 t_{on} 和 t_{off}，也同样可以改变占空比 q，达到稳压的目的，则这两类开关电源分别称为脉频调制型(PFM)和混合调制型。通过仿真还可以进一步观察该开关电源的调制类型等，这里就不一一列出了。

通过上述分析，我们对开关电源的工作原理有了一定的了解，在实际应用电路中，就其电路的元器件组成来看，有分立元件开关电源和集成开关电源之分。而开关电源与线性电源相比，前者在体积、效率、工作环境等方面的性能有了明显的提高，但分立元件开关电源由于其控制电路比较复杂、瞬态响应较差、测试较困难而难以推广。随着集成电路技术的发展，目前有多种开关电源的控制芯片——集成控制器，且含有各种保护电路，所以，采用集成控制器是开关稳压电源的一个发展趋势，它使得电路简化、使用方便、性能提高和工作可靠，从而使这种新型电源得到了广泛的应用。有关集成控制器的典型应用电路，在这里就不介绍了，读者可通过查阅相关资料，了解它们在不同场合下的应用电路，根据实际需要进行选择，以便设计所需的开关电源。

11.4 稳流电源

视频 56

前面重点讨论了稳压电源，一般来说，电子设备中所用的直流电源，包括稳压电源和稳流电源。串联型稳压电源的稳压过程，实质上是通过电压负反馈使输出电压保持基本稳定的过程。本节要介绍的稳流电源，则是通过电流负反馈使输出电流保持基本稳定的。简要来分，可分为负载不接地式直流稳流源和负载接地式直流稳流源。

11.4.1　负载不接地式直流稳流源

负载不接地式稳流源如图 11.31 所示。图中 F1403 精密基准电压源的输出电压 $V_R=2.5V$，作用于集成运放的同相端，并通过电压跟随输出到电流采样电阻 R 上。T 作为扩流管，可以满足负载 R_L 大电流的要求。T 可以用功率晶体管，也可以用功率场效应管或复合管。集成运放 A、晶体管 T 和电阻 R 构成电流负反馈电路，使输出电流 $I_L=V_R/R$。因此，只要选定 V_R 和 R，负载电流 I_L 将不受负载 R_L 变化的影响，以实现恒流输出。事实上，当 V_R 确定后，要根据 I_L 的大小来选择 R 的大小，即 $R=V_R/I_L$，并注意 R 的功率大小，即 $P=I^2R$。而电源电压 V_2 的选择，需根据 R_L 的最大取值，先确定 R_L 上的最大电压 $V_{RL(max)}=I_LR_{L(max)}$，于是

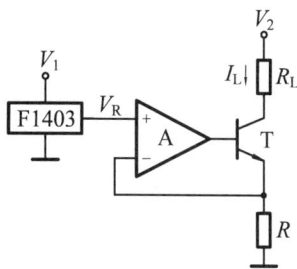

图 11.31　负载不接地式稳流源

$$V_2 \geqslant V_{RL(max)}+V_{CES}+V_R \tag{11.27}$$

式中 V_{CES} 为 T 的饱和压降。

11.4.2　负载接地式直流稳流源

在图 11.31 中负载 R_L 是不接地的，由于一般电路的接口电压都以地为参考，不接地的负载给应用造成了很大的不便。一种方法是将参考电压回路浮地，这样就可以将负载一端接地了。如采用图 11.32(a) 所示的电路，集成运放 A、晶体管 T 和电流取样电阻 R 依然构成电流负反馈电路，但将 R_L 接地，R 接在运放输出和 R_L 之间。此时 R 上的电流仍稳定为 V_R/R。由于运放的输入电流 $i_1\approx 0$，即运放的输入回路电流约为零，故 R_L 上的电流 $I_L=V_R/R$。注意，负载接电源 V_2 的"地"，而不是电源 V_1 的"地"。电阻 R 和电源 V_2 的选择与前述相同。

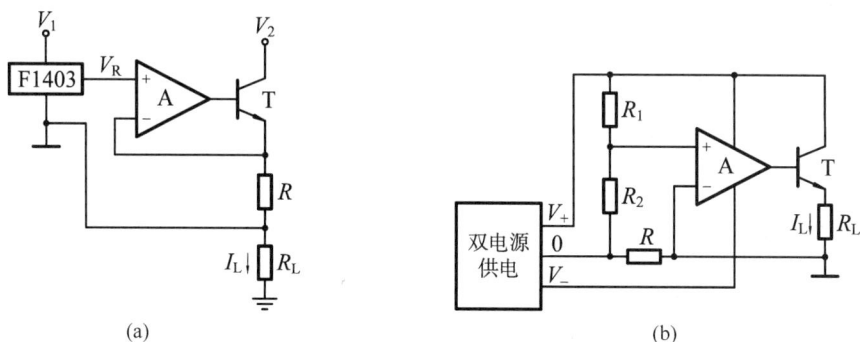

图 11.32　利用浮地电源实现负载接地

如果不采用电压参考芯片而直接用电阻分压的方法，也可将整个电路浮地，而仅将负载一端接地，如图 11.32(b) 所示。电阻 R_1、R_2 组成分压器，分压值送入运放同相端，为负载 R_L 设置电流

$$I_L = \frac{R_2}{R(R_1 + R_2)}V_+ \tag{11.28}$$

这类电路的问题在于参考电压浮地,不便于和其他电路进行接口。通过添加一个 PNP 管,就可以实现负载接地的利用单电源供电的稳流源。这个电路性能很好且结构简单,更重要的是便于和对地参考电压接口,如图 11.33(a)所示,其中晶体管 T 采用 PNP 型管,R_1、R_2 将电源电压 V_{CC} 分压,得到 V_I,电流取样电阻 R 上的压降为 $(V_{CC} - V_I)$,故负载电流为

$$I_L = \frac{R_1}{R(R_1 + R_2)}V_{CC} \tag{11.29}$$

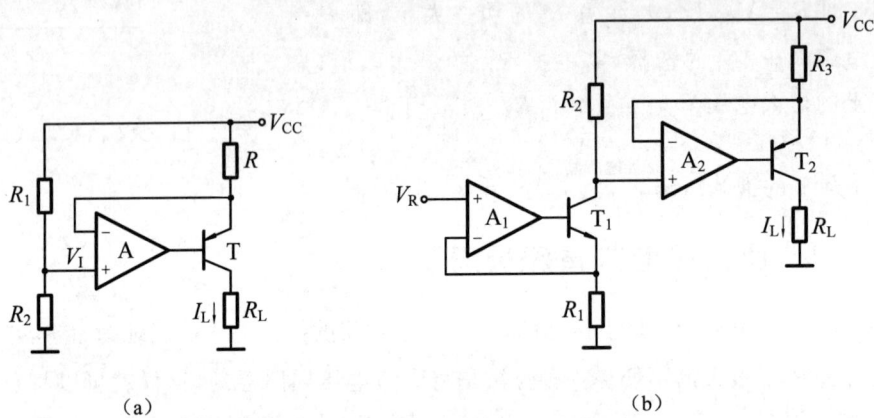

图 11.33 利用 PNP 管实现负载接地

如果采用外接与负载共地的电压参考 V_R,也可将图 11.33(a)改为图 11.33(b)。运放 A_1、晶体管 T_1 将参考电压 V_R 转换为 R_2 上的电压 V_{R2},并使 $V_{R2} = V_{R3} = (R_2/R_1)V_R$,故负载电流为

$$I_L = \frac{R_2}{R_1 R_3}V_R \tag{11.30}$$

以上仅对直流稳流源作了简单介绍,给出了一些计算公式,读者可自己进行实例设计,通过仿真作进一步的研究。

知识拓展

视频 57

视频 58

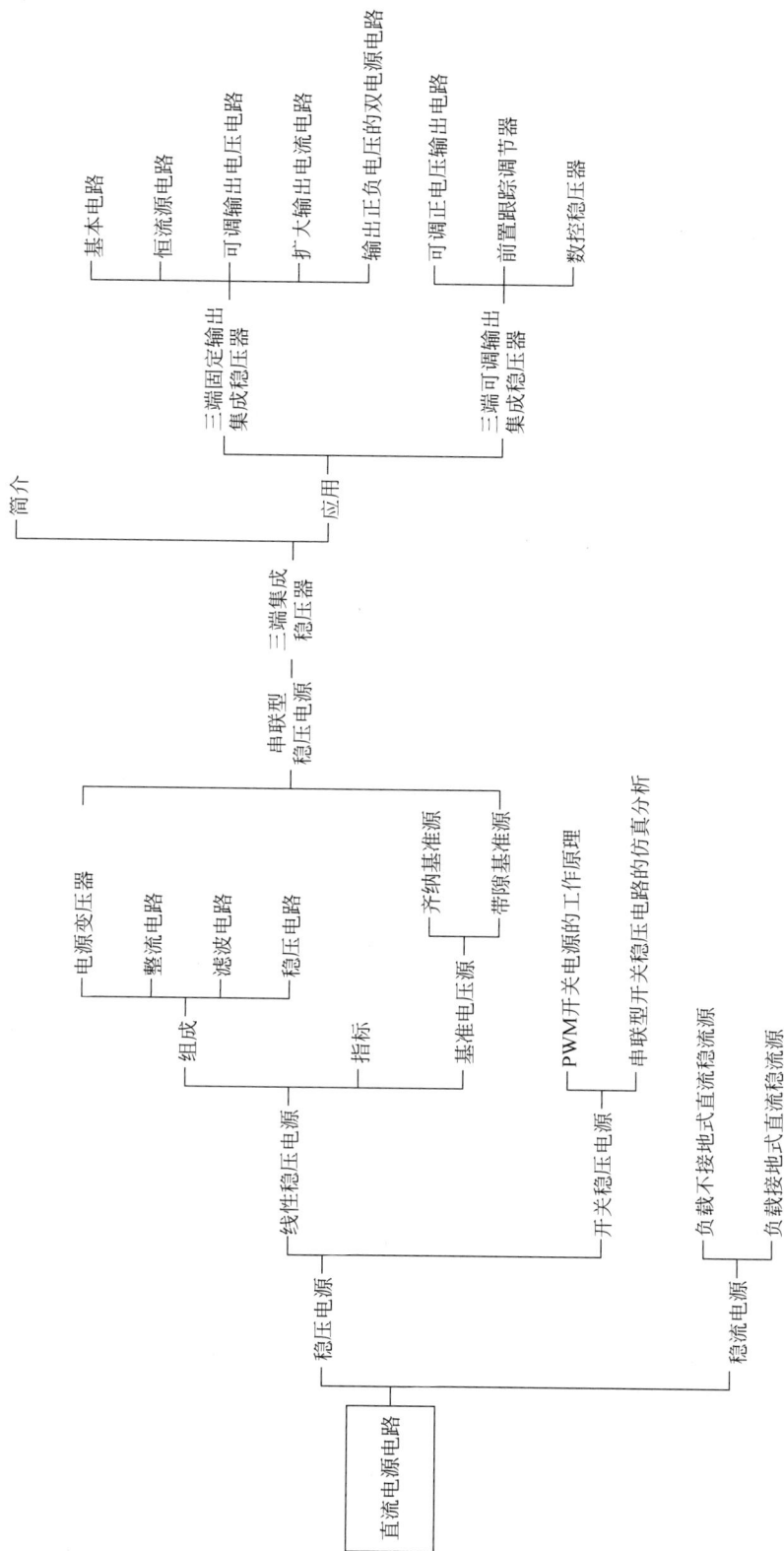

本章知识结构图和小结

知识结构图

直流电源电路
- 稳压电源
  - 线性稳压电源
    - 组成
      - 电源变压器
      - 整流电路
      - 滤波电路
      - 稳压电路
    - 指标
    - 基准电压源
      - 齐纳基准源
      - 带隙基准源
  - 开关稳压电源
    - PWM开关电源的工作原理
    - 串联型开关稳压电路的仿真分析
  - 串联型稳压电源
    - 三端集成稳压器
      - 简介
      - 应用
        - 三端固定输出集成稳压器
          - 基本电路
          - 恒流源电路
          - 可调输出电压电路
          - 扩大输出电流电路
          - 输出正负电压的双电源电路
        - 三端可调输出集成稳压器
          - 可调正电压输出电路
          - 前置跟踪调节器
          - 数控稳压器
- 稳流电源
  - 负载不接地式直流稳流源
  - 负载接地式直流稳流源

小结

本章介绍了直流线性稳压电源、开关型稳压电源和稳流电源。

1. 小功率直流电源一般包括四个组成部分,即电源变压器、整流、滤波和稳压电路。

2. 滤波电路一般由电容、电感等无源元件组成,其作用是将脉动直流电压中的脉动成分滤掉,使其输出的直流电压比较平滑。常见的滤波电路有电容滤波电路、RC 滤波电路、电感滤波电路、LC 滤波电路。

3. 常见的基准源一般分为齐纳基准源和带隙基准源两种类型。

4. 串联型稳压电源主要包括四个组成部分:调整管、基准电压电路、比较放大电路和采样电路,另外,还有保护电路,包括过流、过压和过热保护电路等。其实质是一个电压串联负反馈放大电路,其中基准电压的稳定性和反馈深度将影响输出电压的稳定性。

5. 三端集成稳压器有固定输出和可调输出两种不同的类型,按输出电压的极性又可分为正输出和负输出两大类。

利用三端集成稳压器可以构成各种应用电路。

6. 串联型稳压电路的调整管始终工作在线性区,所以,电路的功耗较大,效率较低。

7. 开关型稳压电路中的调整管工作在开关状态,所以,电路的功耗较小,效率较高。它的缺点主要表现为输出电压中的纹波较大,对电子设备的干扰较大、电路结构较复杂和对元器件要求较高等。

8. 开关型稳压电路的种类很多,分类方法也很多。例如,按驱动方式分有自激式与他激式;按调整管或储能电感与负载连接方式分有串联型与并联型;按稳压的控制方式分有脉冲宽度调制型(PWM)、脉冲频率调制型(PFM)和混合调制型等。

9. PWM 开关电源通过控制开关元件饱和时间的长短,即控制占空比,来调整输出电压。

10. DC/DC 变换器的基本电路分为串联型和并联型两种形式。其中串联型为降压型;并联型为升压型和升降压型。

11. 稳流电源是通过电流负反馈使输出电流保持基本稳定的。可分为负载不接地式直流稳流源和负载接地式直流稳流源。

习题

分析题

11.1 在图 11.34 所示的单相桥式整流电路中,已知变压器副边电压 $V_2 = 10V$(有效值)。

(1) 工作时,直流输出电压 $V_O = ?$

(2) 如果二极管 D_1 虚焊,将会出现什么现象?

(3) 如果四个二极管全部接反,则直流输出电压 $V_O = ?$

11.2 如图 11.35 所示的稳压电路中,$V_I = 35V$,$V_Z = 5V$,$R_1 + R_{21} = 50\text{k}\Omega$,$R_3 + R_{22} = 25\text{k}\Omega$,$R_L = 150\Omega$,晶体管 T_2 的 $P_{CM} = 3W$,β 值足够大。试求:

(1) 输出直流电压 V_O;

（2）T_2 管是否能安全工作？

（3）当 R_L 为 15Ω 时，电路是否能输出稳定电压？

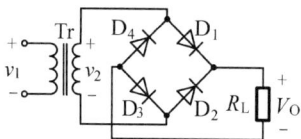

图 11.34 题 11.1 的图

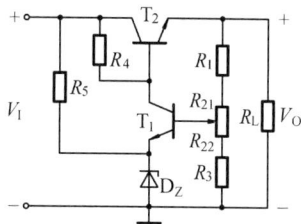

图 11.35 题 11.2 的图

11.3 稳压电源电路如图 11.36 所示。已知 $V_1=24V$，稳压管的稳定电压 $V_Z=10V$，晶体管的 V_{BEQ} 均为 0.7V，T_1 的 $\beta_1=100$，$R_1=R_2=200\Omega$，$R_3=R_5=500\Omega$，$R_4=4k\Omega$，$R_6=3k\Omega$，$R_L=150\Omega$。求：

（1）当 $V_O=15V$ 时，R_2 的滑动端应在什么位置？

（2）当 $V_O=15V$ 时，T_1 的功耗 P_{C1} 为多少？（T_2 的 I_{C2} 忽略不计）

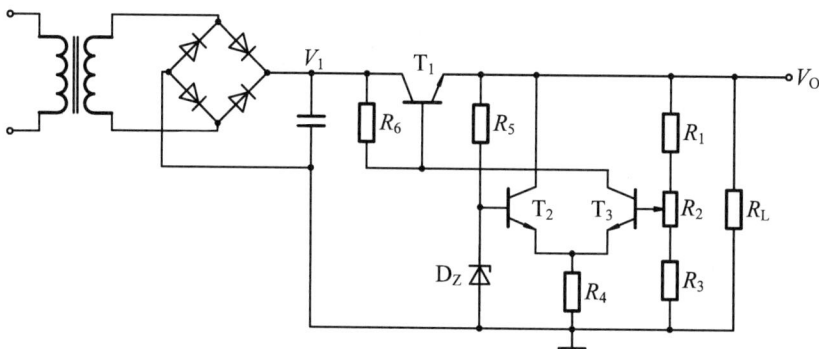

图 11.36 题 11.3 的图

11.4 电路如图 11.37 所示，已知输入电压 V_1 的波动范围为 ±10%，调整管的饱和管压降 $V_{CES}=2V$，输出电压 V_O 的调节范围为 5～20V，$R_1=R_3=200\Omega$。试问：稳压管的稳定电压 V_Z 和 R_2 的取值各为多少？

11.5 要求得到下列直流稳压电源，试分别选用适当的三端稳压器，画出电路原理图（包括整流、滤波电路），并标明变压器副边电压及各电容的值。

（1）+18V，1A；

（2）−5V，100mA；

（3）±12V，500mA。

11.6 电路如图 11.38 所示，已知 $V_{23}=5V$，$V_{BE}=-0.7V$，$I_W=5mA$，$\beta=50$，求 V_O。

11.7 由 LM317 和运放构成的跟踪电源如图 11.39 所示。试分析：

（1）电路组成；

（2）输出电压的可调范围及其跟踪原理。

实验视频 15

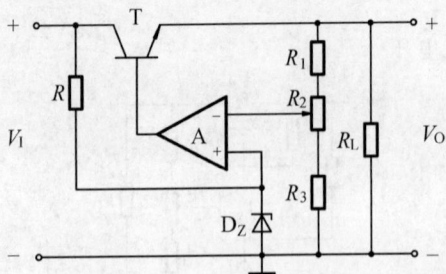

图 11.37 题 11.4 的图

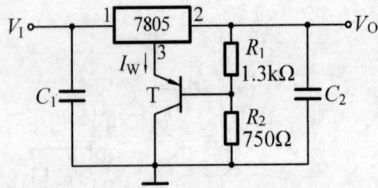

图 11.38 题 11.6 的图

11.8 如图 11.40 所示,是一个采用两组电源供电的稳流源电路。小电流供电电源为运放供电,使其完成误差放大功能;大电流供电电源为负载提供电流,可以根据不同需要选择其电压和功率。T 可选为 Darlington 晶体管或大功率 MOSFET。注意参考电压为负值。

(1) 试分析电路的稳流过程;

(2) 试求负载电流 I_L。

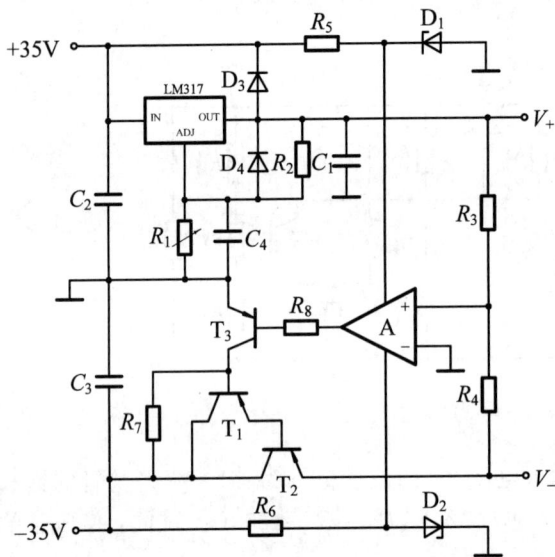

图 11.39 题 11.7 的图

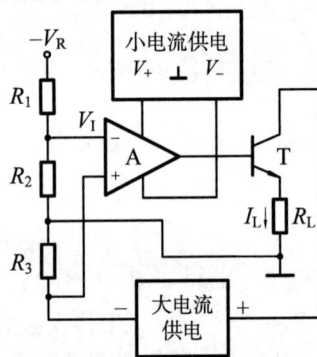

图 11.40 题 11.8 的图

11.9 SG3524 是脉宽调制型开关电源集成控制器,其内部结构框图和外部引脚功能分别如图 11.41(a)、图 11.41(b)所示。以 SG3524 为核心器件构成的输出电压 5V,输出电流 5A 的稳压电源如图 11.41(c)所示。简述电路的工作原理。

11.10 TL494 是一种脉宽调制型开关电源集成控制器,查阅有关资料,画出它的内部等效电路、外部引脚功能图和典型应用电路,并简述电路的工作原理。

11.11 一种串联型开关稳压电源的仿真图如图 11.42 所示。其中信号发生器产生 10kHz 三角波,V_{ref}(3V)作为基准电压,输入电压 V_I 为 12V。试分析:

(1) 电路的基本组成和工作原理;

(2) 电路采用了何种激励方式和调制方式?

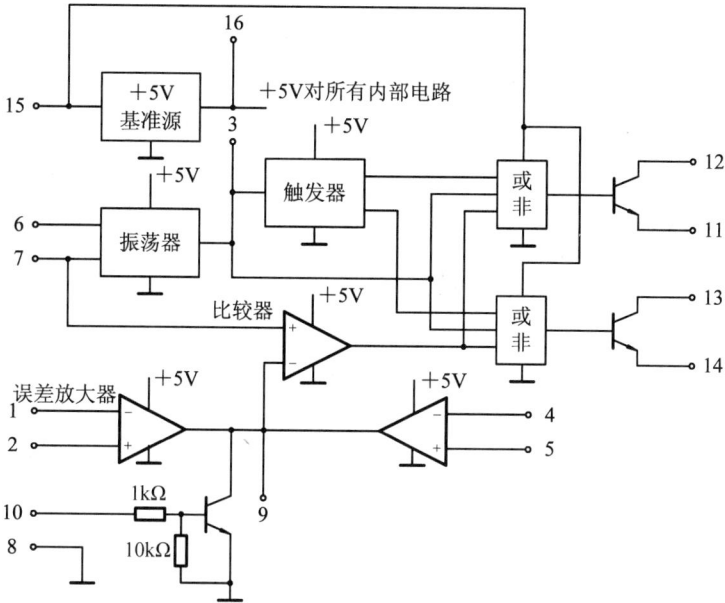

（a）结构框图

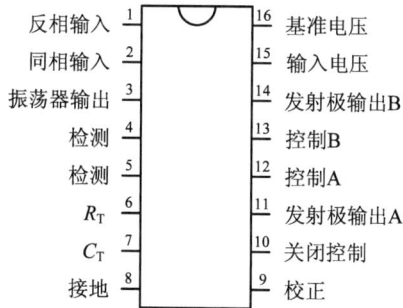

（b）外部引脚

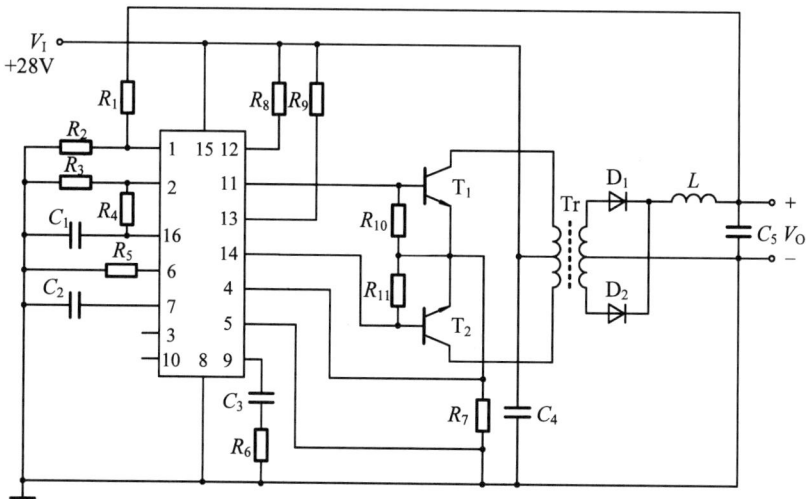

（c）电路图

图 11.41 题 11.9 的图

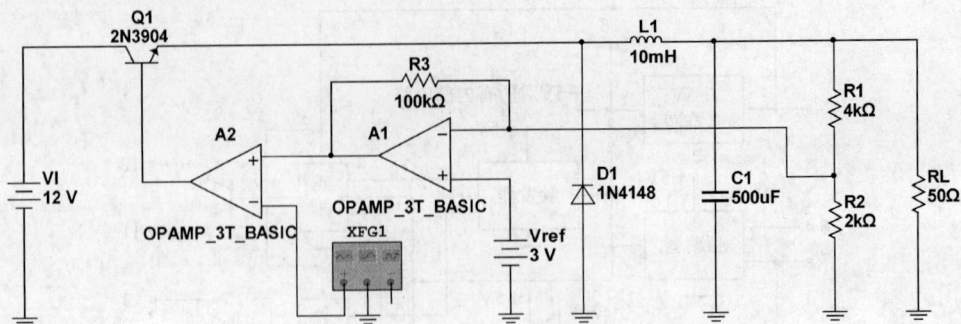

图 11.42 题 11.11 的图

(3) 负载 R_L 的端电压即输出电压为多少?

(4) 画出 A_2 输出端、Q_1 射极、L_1 中电流和输出电压 V_O 的波形图;

(5) 画出 A_2 的反相端、同相端和输出端电压波形图。

设计题

11.1 设计一个直流稳流源。稳定电流为 1A,负载电阻为 0~10Ω。

11.2 利用 LM317 设计一个步进稳压电源。输出电压为 3~18V,步进 1V。

11.3 设计一个开关稳压电源。输入电压为 12~18V,输出电压为 9V,负载电阻为 50Ω。

第 12 章

CHAPTER 12

模拟集成电路

前面讨论了分析和设计模拟电路的基本知识,包括频率响应、反馈技术和偏置电路技术等,介绍了一些基本单元电路,例如共射(共源)电路、射极(源极)跟随器、共基(共栅)电路、差分放大电路、互补输出电路和电流镜等。随着集成电路技术的发展,人们利用这些基本电路制造了具有各种功能的模拟集成电路,例如,集成运算放大器、集成振荡电路、集成稳压器、集成功率放大器、集成模拟乘法器、集成锁相环电路、数模转换器、模数转换器、开关电容电路,等等。因此,在本章我们将集中对一些典型的模拟集成电路的内部电路进行分析,从中可以清晰地看到人们是如何将基本电路巧妙、严密而富有创意地组合在一起,并最终实现所需功能,达到优异性能的。这对于体会模拟电路设计思想,设计新的模拟电路结构,更好地应用模拟集成电路都是非常有益的。

集成运算放大器是广泛用于电子系统中的一种模拟集成电路,在第 4 章曾经介绍了它的外部特性及其应用。我们知道,集成运放实质上是一个高电压增益的差分放大电路,而单级放大电路的电压增益不可能做得很高,这就涉及多个基本放大电路的级联(参见第 1 章)问题,即如何构成多级放大电路的问题。可见,在介绍集成运放内部电路之前,有必要先来了解一下多级放大电路的级间耦合方式及其特点。

12.1 多级放大电路的级间耦合方式

通常将组成多级放大电路的每一个基本电路称为一级,各级之间的连接称为级间耦合,这里涉及两个方面的问题,一是要确保各级放大电路有合适的静态工作点,二是前级输出信号尽可能不衰减地传递给后级。目前常见的耦合方式有四种,即阻容耦合、变压器耦合、光电耦合和直接耦合。

12.1.1 阻容耦合

第 6、7 章介绍了阻容耦合放大电路,其是将前级的输出端通过电容器连接到后级的输入端而构成的。如图 12.1 是一个共射-共射两级阻容耦合放大电路。

由于电容器的隔直作用,故阻容耦合放大电路各级的静态工作点相互独立,这给电路分析、设计和调试带来很大的方便,所以,在分立元件电路中阻容耦合方式得到广泛的应用。

由于电容器对低频信号呈现很大的容抗,故阻容耦合放大电路不能放大变化缓慢的信号,即电路的低频特性差,又由于在集成电路中制造大容量电容很困难,故阻容耦合方式不

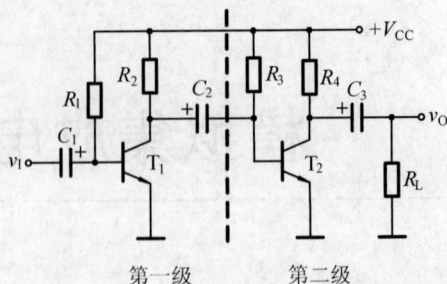

图 12.1 两级阻容耦合放大电路

便于集成化。而在信号频率很高、输出功率很大的情况下,可考虑采用阻容耦合方式的分立元件放大电路。

12.1.2 变压器耦合

将前级的输出端通过变压器连接到后级的输入端,称为变压器耦合,如图 12.2 所示。图中第一级的输出信号经变压器 Tr_1 传送到第二级,第二级的输出信号经变压器 Tr_2 传送给负载并进行阻抗变换,C_2 是旁路电容,主要防止偏置电阻对信号的衰减。

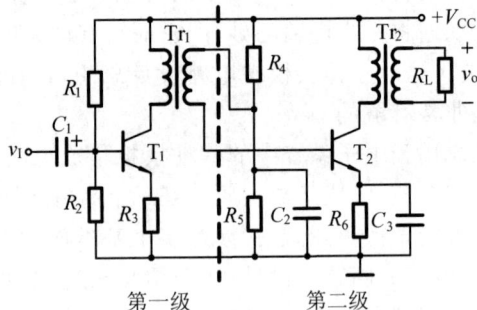

图 12.2 两级变压器耦合放大电路

由于变压器的隔直作用,与阻容耦合放大电路一样,变压器耦合放大电路各级静态工作点也是相互独立的,分析、设计和调试电路也较方便。

由于变化缓慢的信号也不能通过变压器,故变压器耦合放大电路的低频特性差,且体积大、造价高、不易于集成化。这种耦合方式的最大特点是可以实现阻抗变换,利用这一特点,根据所需要的放大倍数,选择适当的匝数比,可使负载电阻上获得足够大的电压,并且当匹配得当时,负载还可获得足够大的功率。

12.1.3 光电耦合

光电耦合是以光信号为媒介来实现电信号的耦合和传递的。图 12.3 是集成光电耦合线性隔离放大器 ISO100 的典型应用电路,图中发光二极管 LED 和光电二极管 D_1、D_2 安排在一起,所以 D_1、D_2 接收到相同的光照;光路 LED 和 D_1 构成 A_1 的负反馈,通过对 D_2 的匹配光路,实现信号的隔离传输。

由于流过 D_1 的电流为 i_1,故流过 D_2 的电流也为 i_1,于是,输出电压为 $v_O = i_1 R_F$。

光电耦合放大电路的特点:可以实现电气隔离,使电路具有很强的抗干扰能力。

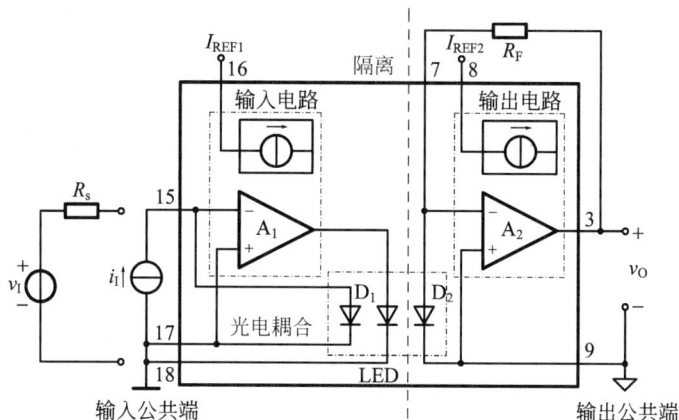

图 12.3 集成光电耦合线性隔离放大器

12.1.4 直接耦合

将前级的输出端直接连接到后级的输入端,称为直接耦合,如图 12.4(a)所示。显然,直接耦合放大电路的优点是既能放大交流信号,也能放大变化缓慢的信号,即电路的低频特性好。重要的是,直接耦合放大电路中没有大容量的电容,易于集成,因此集成放大电路一般采用直接耦合方式。

由于直接耦合放大电路前后级之间是直接连接的,故前后级之间存在着直流通路,这就造成了各级静态工作点相互影响,若处理不当,会使放大电路无法正常工作。因此,对于直接耦合放大电路,需要考虑两个方面的问题。

1. 级间的匹配问题

在图 12.4(a)中,T_1 的集电极电位被 T_2 的基极限制在 0.7V 左右,使 T_1 的工作点接近饱和区,因而引起饱和失真。所以,为使 T_1 有合适的静态工作点,可以在 T_2 的发射极串入电阻 R_{e2},如图 12.4(b)所示。由于 R_{e2} 的接入,提高了 T_2 的基极电位 V_{B2},从而保证了 T_1 的集电极得到较高的静态电位,使 T_1 不致工作在饱和区。然而,R_{e2} 接入后,使 T_2 的电压放大倍数大大下降,从而影响整个电路的放大能力。

为此,在图 12.4(c)所示的电路中用一只稳压管 D_Z 取代电阻 R_{e2},对于直流量,稳压管相当于一个稳压电源,限流电阻 R 的作用是保证稳压管工作在稳压状态;对于交流量,稳压管等效成一个动态电阻。由于稳压管的动态电阻很小,一般为十几至几十欧姆,因此几乎不会影响到 T_2 的放大倍数。

为了使各级晶体管都工作在放大区,必然要求 T_2 的集电极电位高于其基极电位,也就是高于 T_1 管的集电极电位,这样,当放大电路的级数增加时,势必使基极和集电极电位逐级上升,致使最终接近电源电压,以至于后级的静态工作点不合适。常用的解决方法是将NPN管和PNP管组合,构成直接耦合放大电路,如图 12.4(d)所示。由于后级采用了 PNP管,其集电极电位比基极电位低,即使耦合级数较多,也可以使各级获得合适的静态工作点。

由此可见,在直接耦合电路中,须接入电平位移电路,以便将不断提高的静态电位下移到较低电位上,同时,又不影响信号的传输。例如,上述利用 NPN 管和 PNP 管的组合就是一个电平位移很好的方法。

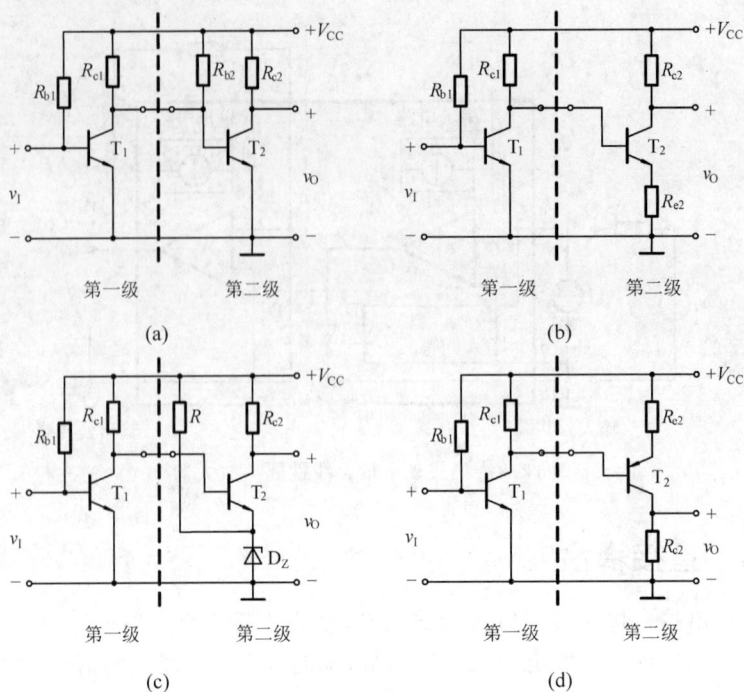

图 12.4 直接耦合放大电路

2. 零点漂移问题

在直接耦合放大电路中,若将输入端短路,用灵敏的直流表测量输出端,会有一个可观的、随时间缓慢变化的不规则信号输出,即输出电压在静态值上下随机偏离,也就是说,在输入电压 Δv_I 为零时,输出电压 Δv_O 不为零,这一现象称为零点漂移,简称零漂。

事实上,放大电路中任何参数的变化,如电源电压的波动、元件的老化、器件参数随温度的变化等,都会导致 Δv_O 不为零。在阻容耦合放大电路中,由于耦合电容的阻隔作用,这种缓慢变化的漂移电压不会传送到下一级放大电路进一步放大。但是,在直接耦合放大电路中,这种缓慢变化的漂移电压会和有用信号一起传输到下一级,并且被逐级放大,以至于有时在输出端难以分辨有用信号和漂移电压,放大电路也不能正常工作。

对于电源电压的波动、元件的老化所引起的零漂,可采用高质量的稳压电源或经过老化实验的元件来减小,因此温度变化所引起的半导体器件参数的变化是产生零点漂移的主要原因,故也将零点漂移称为温度漂移,简称温漂。

可见,对于直接耦合放大电路,必须采取措施来抑制温漂。根据已经学过的知识,可以归纳出以下抑制温漂的方法。

(1) 直流负反馈:根据直流负反馈的特点,当电路中引入直流电流负反馈时,可以稳定直流工作电流;当电路中引入直流电压负反馈时,可以稳定直流工作电压。

(2) 温度补偿:正温度系数和负温度系数元器件的结合。

(3) 差分放大电路:对于两个特性相同的管子来说,可将温漂视为共模信号,通过在电路中采用差分放大电路,可实现对温漂的抑制。

一般来说,直接耦合放大电路的零点漂移主要取决于第一级,而且级数越多,放大倍数越大,零点漂移越严重。通常,零点漂移的大小不能以输出端漂移电压的绝对大小来衡量。

因为输出端的漂移电压与放大倍数成正比,所以零漂一般都用输出的漂移电压折合到输入端后来衡量。

显然,直接耦合放大电路的第一级是至关重要的,它的性能优劣直接影响整体电路的性能,因此,在将要介绍的集成运放的内部电路中,我们将看到差分放大电路在运放电路中的重要地位。

12.2 集成运算放大器

可把集成运算放大电路作为分析模拟集成电路的首例,因为它的内部电路结构既不是很复杂,且具有一定的规律性,又对基本电路的综合应用是一个很好的范例,例如,双极型集成运放 LM741 就是这样一个实例。因此,下面介绍集成运放电路的一般设计原理。

12.2.1 集成运放电路的一般设计原理

集成运算放大器是一种具有高电压增益、高输入电阻和低输出电阻的差分放大电路,那么,曾经学过的哪些类型的电路结构可以构成这样一种电路呢?为此,先来确定集成运放的电路结构框图。

对于电压模式(即以电压作为输入、输出和信息传输参量的电路)集成运放来说,通常由输入级、中间级、输出级和偏置电路等四部分组成,如图 12.5 所示,可以看出,这是一个三级放大电路。目前,尽管集成运放品种繁多,内部电路也各有特色,但它们的电路结构基本上均可概括为这四部分。注意,在某些特别采用 MOSFET 的运放电路中,其电路组成只有前两级。

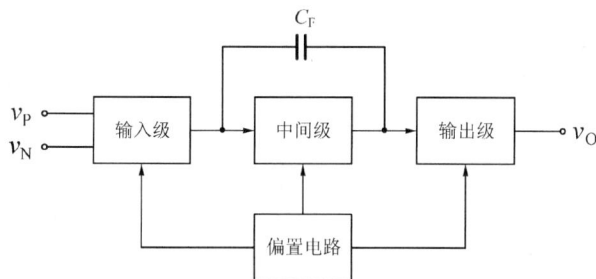

图 12.5 集成运放的组成框图

为了实现集成运放的基本功能,即高电压增益、高输入电阻和低输出电阻,对每一部分的要求分别是,输入级采用差分放大电路,中间级提供电压增益,输出级提供电流增益和低输出阻抗,偏置电路为各级提供合适的静态工作电流,反馈电容 C_F 通常处于中间级,为密勒补偿,为电路提供一定的频率补偿。

由于集成电路是采用微电子技术,将晶体管、场效应管、二极管、电阻、电容以及它们之间的连线制作在硅片上的电路,所以,受到集成工艺条件的制约,与分立元件放大电路相比,使得集成运放在电路的选择和结构上有较大的差别。归纳起来,有如下特点:

(1) 采用直接耦合方式:在集成电路芯片上不易制作耦合电容和旁路电容,所以,集成运放电路的各级间均采用直接耦合方式。

(2) 采用对称电路结构:在集成工艺中,一个给定的集成芯片上相邻或附近晶体管的参数具有较好的一致性,所以,集成运放的设计是基于晶体管参数的比值和电阻值的比值,而不是其绝对值。

(3)采用有源器件:由于大阻值的电阻需占用芯片很大的面积,所以在集成运放电路中,为了避免使用大阻值电阻,常用有源器件代替电阻。

鉴于此,在集成运放的电路中,输入级多采用对称结构的各种差分放大电路,要求其输入电阻高,差模放大倍数大,抑制共模信号能力强,静态电流小;中间级采用有源负载的共射(共源)电路,要求其提供足够大的电压增益;输出级采用射极输出器或互补输出电路,要求其提供足够的输出功率以满足负载的要求,同时还具有较低的输出电阻以便增强带负载能力;偏置电路采用电流源电路,为各级提供合适的偏置电流,确定各级静态工作点。

由此可见,集成运算放大器实质上是一种具有高电压增益、高输入电阻和低输出电阻的多级直接耦合放大电路。下面根据第 6、7 章中所学过的基本电路,如有源负载差分电路、有源负载共射电路、电流源偏置电路和互补输出电路等,来分析实际的集成运放电路。

12.2.2 双极型集成运算放大器

双极型集成运放 LM741 是一种高增益通用型运算放大器,应用极为广泛,其 DIP-8 封装、引脚图及其内部电路原理图如图 12.6 所示。

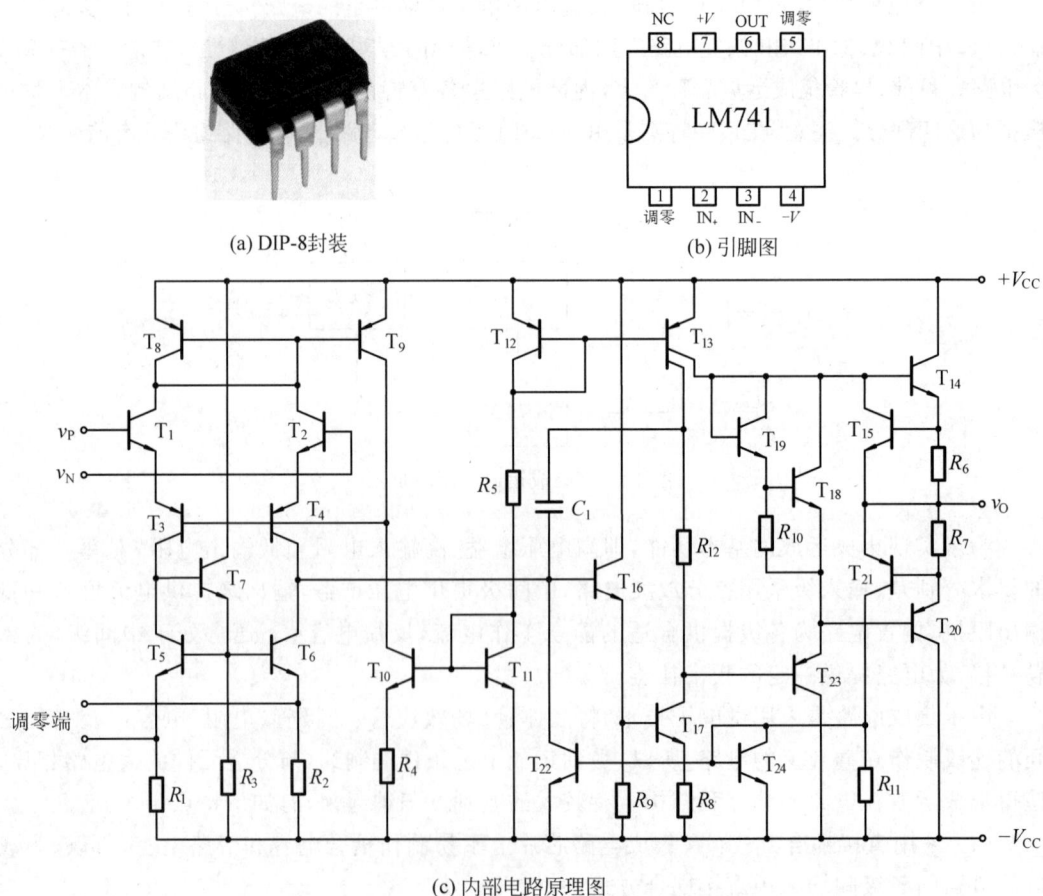

(a) DIP-8封装　　　　　　(b) 引脚图

(c) 内部电路原理图

图 12.6　LM741 运算放大器封装、引脚图及其内部电路原理图

到目前为止,这是我们认识的第一个较大规模的模拟电路,那么,从何处入手来分析它呢?一般来说,可分为以下几个步骤。

1. 观察电路,认清电路端口

直流供电的电源端。如图 12.6 中有正、负电源端,说明电路采用的是正负电源供电模式,然后,看清哪些元器件与正电源相连,哪些元器件与负电源相连,以便分析电路中晶体管的工作状态。同时,还应意识到,采用正负电源供电模式意味着可以不需要输入输出耦合电容,即 LM741 可以构成直流放大器,并且当输入电压为零时,直流输出电压也为零。

信号的输入输出端。可以看出,图 12.6 中有两个输入端,即采用了差分输入模式,意味着其输入级是差分放大电路;一个输出端,意味着电路中必有双入-单出的电路结构。

辅助端口。例如,外接相位补偿电容、调零电位器的端口等。

从图 12.6 中可以看到 LM741 共有 7 个引脚,而实际封装的 LM741 有 8 个引脚,如在 DIP-8 封装中,其引脚 2 为反相输入端,引脚 3 为同相输入端,引脚 6 为输出端,引脚 7 为正电源端,引脚 4 为负电源端,引脚 1、5 为调零电位器的端口,引脚 8 为空脚。

2. 画出信号流程图

以信号为线索,从输入端出发,按照信号的走向,得到信号流程图。

在图 12.6(c)中,信号从 T_1、T_2 的基极差分输入,由 T_1、T_2 的射极输出,分别送入 T_3、T_4 的射极,再由 T_4 的集电极单端输出,由此说明 T_1、T_2 为共集电路,T_3、T_4 为共基电路,即 T_1、T_2 和 T_3、T_4 构成共集-共基差分电路作为输入级,并完成了整个电路的双入-单出的转换;输入级的单出信号送入 T_{16} 的基极,由 T_{16} 的射极输出,送入 T_{17} 的基极,由 T_{17} 的集电极输出,送入 T_{23} 的基极,再由 T_{23} 的射极输出,由此说明 T_{16} 为共集电路、T_{17} 为共射电路、T_{23} 也为共集电路,即 T_{16}、T_{17} 和 T_{23} 等构成共集-共射-共集组合电路作为中间级;中间级的输出信号送入 T_{14} 和 T_{20} 的基极,由 T_{14} 和 T_{20} 的射极输出,由此说明 T_{14} 和 T_{20} 均为共集电路,即 T_{14} 和 T_{20} 构成双向跟随器作为输出电路。这样,我们就可以看到一个清晰的信号流程,如图 12.7 所示。

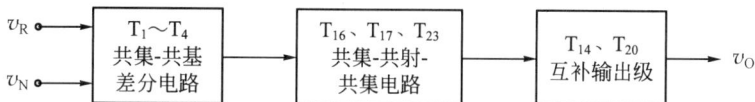

图 12.7 LM741 运算放大器信号流程图

据此,既可以分清电路有几级放大电路,又可得知每一级属于何种放大电路。为了便于分析,可将整个电路分成几个部分,即三个放大级:输入级、中间级和输出级,还有偏置电路。

3. 分析每一部分电路的功能和特点

1) 偏置电路

在分析了信号放大流程之后,需在电路中寻找这样一条支路,即主偏置电路,其中的电流是可以利用电源电压来求得的,通常该电流即为偏置电路的基准电流,再加上与之相关联的电流源,就构成了整体电路的偏置电路。如图 12.6(c)中,从正电源电压($+V_{CC}$)经 T_{12} 发射结、R_5 和 T_{11} 发射结到负电源电压($-V_{CC}$),构成了整体电路的基准电流电路,R_5 中的电流即为偏置电路的基准电流,可由下式来表示

$$I_{REF} = \frac{V_{CC} - V_{EB12} - V_{BE11} - (-V_{CC})}{R_5} = \frac{2V_{CC} - V_{EB12} - V_{BE11}}{R_5} \tag{12.1}$$

与之相关联的 T_{10} 和 T_{11} 构成微电流源,且 $I_{C10}=I_{C9}+I_{B3}+I_{B4}$,式中 I_{C10} 和 I_{C9} 分别为 T_{10} 和 T_9 的集电极电流,I_{B3}、I_{B4} 分别为 T_3、T_4 的基极电流;T_8 和 T_9 构成镜像电流源,为输入级提供静态工作电流;T_{12} 和 T_{13} 也构成镜像电流源,为中间级和输出级提供静态工作电流。

2) 输入级

根据第 6 章的分析可知,输入级采用了共集-共基差分放大电路,可以提高电路的输入电阻,改善整个电路的频率响应,同时,T_5、T_6 和 T_7 构成三晶体管电流源电路,作为差分电路的有源负载,一方面提高了输入级的差模放大能力,另一方面增强了对共模信号的抑制作用。另外,该差分电路与电流源 T_{10} 和 T_{11} 配合,还可以起到稳定输入级静态电流的作用。

由此可见,LM741 的输入级是一个输入电阻大、差模电压增益较高、共模信号抑制能力强的双入单出差分放大电路。

3) 中间级

中间级采用共集-共射-共集组合放大电路,其中共射 T_{17} 以电流源 T_{13B} 为有源负载,共集 T_{23} 以电流源 T_{13A} 为有源负载。这一电路的优势在于,一是 T_{16} 为共集电路,其输入电阻大,这样可降低中间级对输入级差分电路的负载效应,有利于提高输入级的电压增益;二是 T_{17} 为有源负载共射电路,具有极高的电压增益;三是由于 T_{23} 为有源负载共集电路,其输入电阻很大,输出电阻很小,故 T_{23} 一方面减小了输出级对中间级的负载效应,提高了 T_{17} 的电压增益,另一方面,提高了中间级的带负载(即输出级的输入电阻)能力。

总之,LM741 的中间级是一个输入电阻大、输出电阻小、电压增益极高的放大电路。

4) 输出级

输出级采用互补输出电路,T_{13A} 为 T_{18}、T_{19} 提供偏置电流,T_{18}、T_{19} 和 R_{10} 构成 V_{BE} 二倍压电路,为输出级设置合适的静态工作点,以消除交越失真。

可见,LM741 的输出级是一个甲乙类互补输出电路。

5) 保护电路

LM741 的保护电路为过流保护电路,一个是由 T_{15} 和 R_6 构成 T_{14} 的正向输出电流过流保护电路,其中 R_6 为电流采样电阻。当 T_{14} 的输出电流(射极电流)过大时,R_6 上的电压变大,使 T_{15} 由截止进入导通状态,为 T_{14} 的基极分流,从而限制了 T_{14} 的射极电流,保护了 T_{14};另一个是 R_7、T_{21} 和电流源 T_{22}、T_{24} 构成 T_{20} 的负向输出电流过流保护电路,其中 R_7 为电流采样电阻。当 T_{20} 的输出电流(射极电流)过大时,R_7 上的电压变大,使 T_{21} 由截止进入导通状态,同时,T_{24} 导通,一方面对 T_{20} 的输出电流进行分流,另一方面 T_{22} 也导通,为 T_{16} 的基极分流,导致 T_{23} 的射极电流减小,从而进一步限制了 T_{20} 的射极电流,保护了 T_{20}。

另外,电容 C_1 为相位补偿电容;外接电位器起调零作用,改变其滑动端,可改变 T_5、T_6 的射极电阻值,以调整输入级的对称程度,确保电路在输入为零时,输出也为零。

还可以对电路的输入电阻、输出电阻和差模电压增益等进行分析,读者可参考有关资料。概括地说,LM741 的输入级采用了 NPN 和 PNP 两种极性晶体管构成的共集-共基差分电路,具有很宽的差模及共模电压范围,输入电阻可达 2MΩ。同时,电路中的各级均采用有源负载,所以虽然只有两个电压增益级,却可获得高达 20 万倍的电压增益。另外,内部还设有输出过流保护电路;采用相位内补偿方式,并设有外接调零端。

通过对 LM741 集成运放内部电路的分析,可以看出以下特点:

(1) LM741 为了保证静态时输入和输出均为零电平,在输入级的差分电路中采用了

PNP 型管,将输入级的输出电平下移到中间级的输入电平(约为 $0.65+0.65+(-15)=-13.7\text{V}$)上,然后,经后续电路的电平上移,为实现输出零电平提供了可能。注意,调零电位器的调整,将使中间级输入电压发生变化,从而引起输出直流电压的变化,所以,调整电位器滑动端的位置,可以使直流输出电压为零。

(2) 在 LM741 内部电路中,注意使用共集电路作为隔离,以保证增益级(输入级和中间级)实现高电压增益。

(3) 尽管各级放大电路均由恒流源偏置,但不是设置几个独立的电流源,而是设置一个主偏置,各级的偏置由主偏置来设定,也就是说,以主偏置为核心的多路电流源。这样,既可获得稳定的工作点,又使电路结构简单、清晰,布局合理。

12.2.3 CMOS 集成运算放大器

CMOS 运算放大电路由 NMOS 和 PMOS 互补器件组成,具有线性度好、温度特性较好、电路结构简单等优点,尤其是在高输入阻抗、低功率、低价格等方面具有突出的优势。

大多数 CMOS 运算放大电路是为专用芯片而设计的,且只用于驱动 pF 量级的电容负载,故它不需要低电阻的输出级。我们已经看到,一般双极型运算放大器的输出级是一个双向射极跟随器,它能够提供必要的负载电流,其输出电阻很小。

下面介绍一种由 CMOS 工艺制成的运算放大器 MC14573,其内部简化电路如图 12.8 所示。

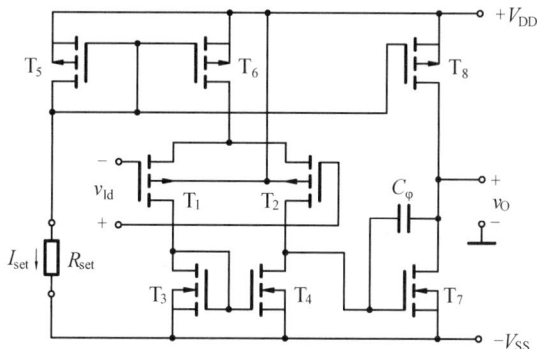

图 12.8 MC14573 运算放大器电原理图

1. 电路端口

电路采用正负电源供电模式;两个输入端和一个输出端。另外,还有一个外接偏置电阻端口。

2. 信号流程

信号从 T_1、T_2 的栅极差分输入,由 T_2 的漏极单端输出,由此说明 T_1、T_2 构成差分电路作为输入级,并完成了整个电路的双入-单出的转换;输入级的单出信号送入 T_7 的栅极,由 T_7 的漏极输出,由此说明 T_7 为共源电路作为输出级。据此,读者可以画出其信号流程图。

可见,该运放由两级放大电路组成。第一级为由 PMOS 管 T_1、T_2 组成的差分放大电路,第二级为由 NMOS 管 T_7 组成的共源放大电路。

3. 电路组成

1) 偏置电路

从正电源电压($+V_{DD}$)经 PMOS 管 T_5 源-栅极和外部电阻 R_{set} 到负电源电压($-V_{SS}$)，构成了整体电路的基准电流电路，R_{set} 中的电流即为偏置电路的基准电流，可由下式表示

$$I_{set} = \frac{V_{DD} - V_{SG5} - V_{SS}}{R_{set}} \tag{12.2}$$

与之相关联的 PMOS 管 T_6、T_8 与 T_5 构成多路电流镜。而基准电流可通过 R_{set} 来设定，即多路电流镜的各路电流均随 R_{set} 的改变而改变。其中，T_6 的电流为输入级提供偏置；T_8 既为 T_7 提供工作电流，又作为 T_7 的有源负载。

2) 输入级

差分输入级采用双端输入，单端输出的形式。NMOS 管 T_3、T_4 构成电流镜作为差分电路 T_1、T_2 的有源负载。所以，输入级为有源负载差分放大电路，具有很强的电压放大能力。

3) 输出级

输出级为有源负载共源电路，所以也具有很强的电压放大能力。但其输出电阻较大，所以带负载能力较差，较适于高阻抗负载，例如以场效应管为负载的电路。

另外，C_φ 构成密勒电容相位补偿电路，以保证系统的稳定性。

可以证明，整个电路的开环电压增益与基准电流有如下关系

$$A_v = \frac{\sqrt{1.6 K_{p1} K_{n7}}}{(\lambda_2 + \lambda_4)^2} \frac{1}{I_{set}} \tag{12.3}$$

即当所用管子参数确定后，整个电路的开环电压增益与基准电流成反比，或者说，$20 \lg A_v$ 与 $\lg I_{set}$ 呈线性关系。通过调整 R_{set} 的值，即可改变 I_{set}，从而改变电路的 A_v，因此，MC14573 是一种可编程运算放大器。

12.3 集成电压比较器

视频 60

第 4 章已介绍了集成运放和集成电压比较器及其应用，并指出了二者的不同点。12.2 节介绍了运放 LM741 和 MC14573 的内部电路及其原理。下面以通用集成电压比较器 LM393 为例，通过对其内部电路的分析，进一步解剖其原理，以便能更好地将其应用于实际电路中。

LM393 集成电压比较器的内部电路如图 12.9 所示。

1. 电路端口

电源供电端 V_{CC} 和地，实际上 LM393 既可以单电源供电，也可以双电源供电；同相和反相两个输入端；集电极开路的输出端。

2. 电路结构

信号作用于同相端和反相端，即 T_8，T_{11} 的基极，由 T_8，T_{11} 的射极输出，分别送入 T_9、T_{10} 的基极，由 T_{10} 的集电极单端输出，这里 T_{12} 和 T_{13} 组成基本电流镜作为差分电路 T_9、T_{10} 的有源负载，由此可知，$T_8 \sim T_{13}$ 构成有源负载共集-共射差分电路作为输入级，并完成了整个电路的双入-单出的转换；输入级的单出信号送入 T_{14} 的基极，由 T_{14} 的集电极输出，由此说明 T_{14} 为共射电路作为中间级；T_{14} 的集电极输出，送入 T_{15} 的基极，由 T_{15} 的集

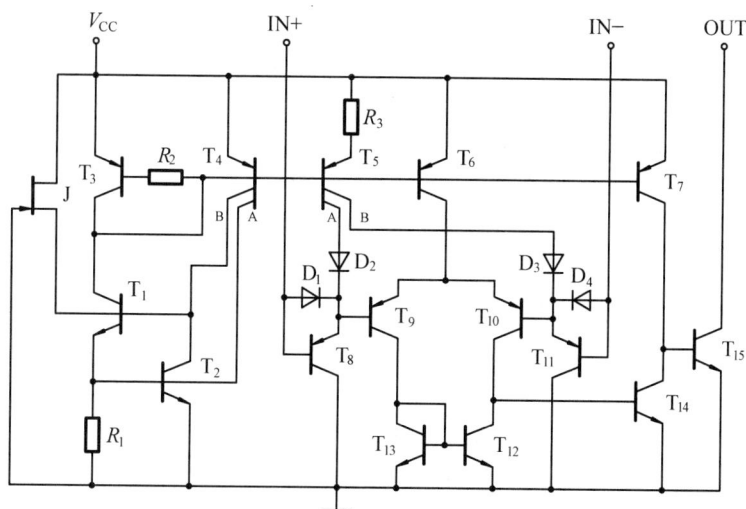

图 12.9　LM393 集成电压比较器的电原理图

电极开路输出,说明 T_{15} 也为共射电路,且需要根据输出电平的要求,对所设正电源外接上拉电阻,以确保输出所需的高电平"1"。

3. 偏置电路

LM393 的偏置电路如图 12.10 所示。图中,$T_1 \sim T_7$ 和场效应管 J 等组成多路电流镜电路,其中 T_5 的 A,B 集电极分别为 T_8 和 T_{11} 提供射极偏流(约数 μA);T_6 集电极为 T_9 和 T_{10} 差分电路提供射极工作电流(约 $100\mu A$);T_7 为中间级 T_{14} 的有源负载,并为之提供集电极工作电流。

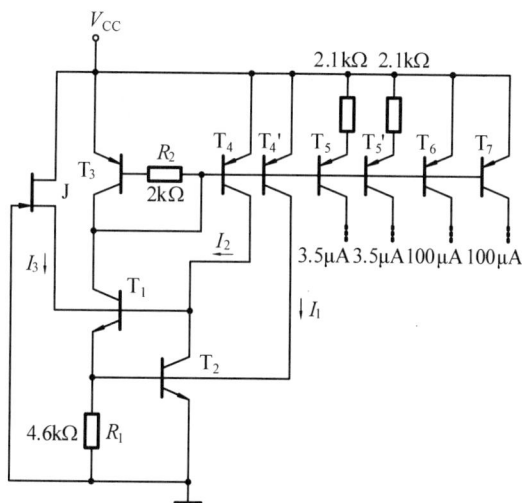

图 12.10　LM393 的偏置电路

下面讨论多路电流镜的核心部分,它由 $T_1 \sim T_4$、T_4' 和 J 等组成,其主要功能是使多路电流镜的电流受外界因素变化的影响小,从而保证比较器工作的稳定。

先来考察 $T_1 \sim T_4$ 所构成的电路。在接通电源 V_{CC} 的瞬间,设 I_2 有一个波动 Δi_2,使

$I_2 \uparrow$,作用于 T_1 的基极后,使 T_1 的集电极电流 $I_{C1} \uparrow$,通过 T_3、T_4 镜像,使 $I_2 \uparrow \uparrow$,即为一个正反馈过程;当 I_{C1} 上升到一定值时,电阻 R_1 的端电压使 T_2 导通。T_2 集电极对 T_1 的基极电流起到分流作用,使 T_1 的基极电流减小,从而引起 I_2 减小,即为一个负反馈过程。当正负反馈平衡时,I_2 最终为某一定值。

在外界某些因素变化时,为了使 I_2 基本不变,我们引入 T_4' 和 J。

T_4' 的作用:假设由于某种原因,导致 $I_2 \uparrow \rightarrow V_{R1} \uparrow$,同时 $I_2 \uparrow \rightarrow I_1 \uparrow$,从而 $V_{R1} \uparrow \uparrow \rightarrow I_{C2} \uparrow \rightarrow I_{B1} \downarrow \rightarrow I_{C1} \downarrow \rightarrow I_{C3} \downarrow \rightarrow I_2 \downarrow$,因此 T_4' 起到稳定 I_2 的作用。

J 的作用:假设由于某种原因使 $I_2 \uparrow$,有 $V_{C2} \downarrow \rightarrow |V_{GS}| \downarrow \rightarrow I_3 \uparrow$,而 I_3 增大引起 V_{C2} 进一步下降,于是 $I_{B1} \downarrow \rightarrow I_{C1} \downarrow \rightarrow I_{C3} \downarrow \rightarrow I_2 \downarrow$。因此场效应管 J 也起到稳定 I_2 的作用。

综合以上分析可知,当外界因素变化,如当电源电压在一定范围内变化时,电流源的各支路电流仍能保持较高的稳定度,以适应比较器的要求。

Multisim 仿真:为了理解 LM393 的偏置电路,可单独将其进行仿真,仿真时采用单电源供电,多路电流镜只选择了一路 Q4,如图 12.11 所示。

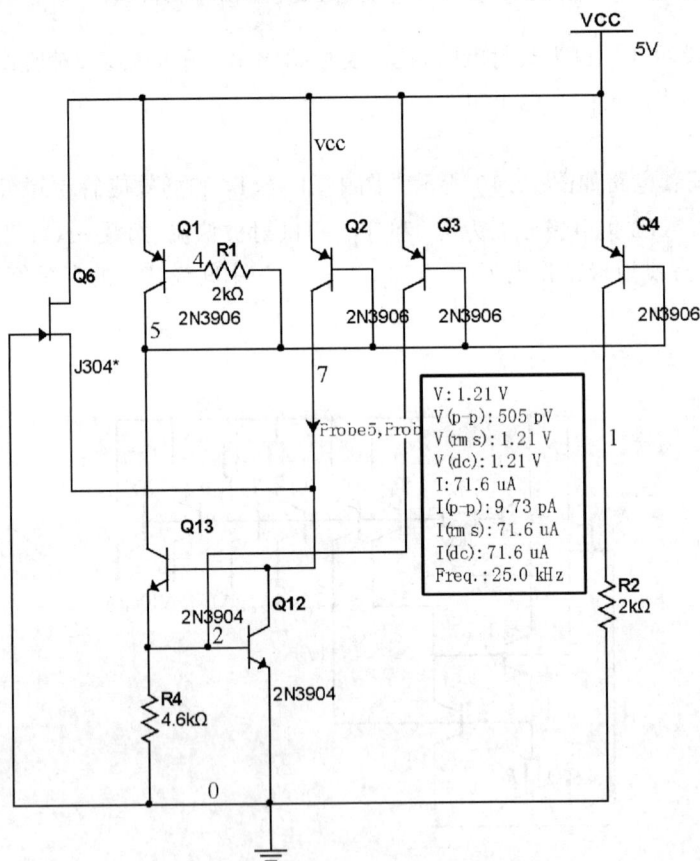

（a） $V_{CC} = 5V$ 时

图 12.11　LM393 偏置电路仿真

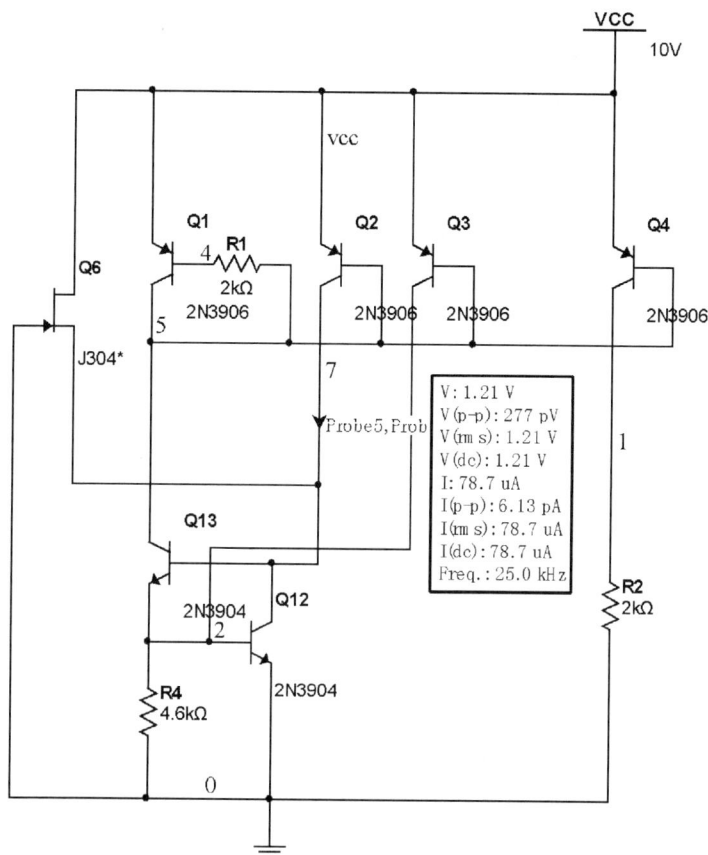

（b）　$V_{CC}=10V$ 时

图 12.11　（续）

（1）去掉 Q6 和 Q3 ，即 Q6 和 Q3 不起作用

电源电压从 5V 变化到 10V，Q2 集电极电流从 $163\mu A$ 上升到 $203\mu A$ ，即电源电压变化 100%，Q2 集电极电流变化为 24.54%。说明 Q6 和 Q3 不起作用时，Q2 集电极电流受电源电压变化的影响较大。

（2）Q6 和 Q3 同时起作用

电源电压从 5V 变化到 10V 时，Q2 集电极电流由 $71.6\mu A$ 变化到 $78.7\mu A$，如图 12.11 所示，即电源电压变化 100%，Q2 集电极电流变化为 9.92%。说明 Q6 和 Q3 同时起作用时，Q2 集电极电流受电源电压变化的影响较小。

由以上仿真可以看出，电源电压在一定范围内变化时，LM393 的偏置电路是很稳定的。或者说，LM393 的偏置电路是与电源电压无关的。

4. 加速电路

D1～D4 可以提高比较器的响应速度。以同相输入端为例，当输入为低电平时，D1 截止，D2 导通，D2 为 T8 提供了一个小电流，使之迅速饱和；反之，当输入为高电平时，D1 导通使 D2 迅速截止，从而使 T8、T9 快速退出饱和。这样就使比较器的传输特性更为陡峭，同时提高了其响应速度。

此外,电路中没有设置相位补偿电容。

与 LM741 集成运放相比,LM393 的内部电路有几个明显的特点:

(1) 为了使电路在不同电源电压下工作稳定,设置了与电源电压无关的偏置电路;

(2) 为了提高电路的比较速度,设置了加速电路,且无相位补偿电容;

(3) 为了使电路能够满足后续电路电平的需要,输出电路采用了集电极开路模式。

12.4 集成宽带放大器

随着通信技术的发展,电子设备中放大器工作的上限频率已提高上百倍(10^8 Hz 量级),甚至更高,于是集成宽带放大器应运而生。为了提高电路的上限频率,一方面要改进集成工艺,提高管子的特征频率 f_T,另一方面就是在电路中采用组合电路、负反馈和电流模等技术(有关电流模技术,可参见本章的 12.9 节)。下面结合前面几章所学的知识,介绍 μpc1651 集成宽带放大器的电路特点。

μpc1651 是一种利用负反馈展宽频带的集成宽带放大器,其电原理图如图 12.12 所示。

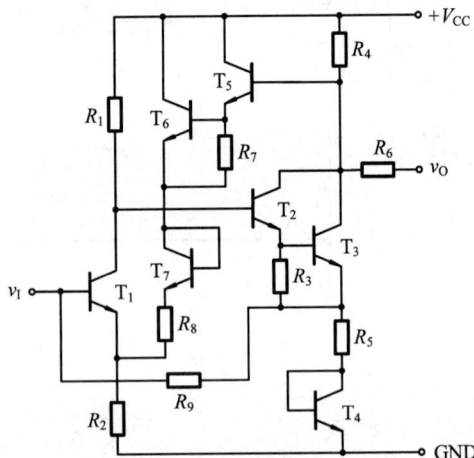

图 12.12 μpc1651 集成宽带放大器的电原理图

1. 电路端口

μpc1651 使用单电源 5V 供电,所以,它有电源供电端 V_{CC} 和地;一个信号输入端,一个信号输出端。

2. 电路结构

信号从 T_1 的基极输入,由 T_1 的集电极输出,即 T_1 构成共射电路;T_1 集电极的输出信号送入 T_2 的基极,T_2、T_3 组成复合管,信号最后由 T_2 和 T_3 集电极经 R_6 输出,即 T_2 和 T_3 构成复合管共射电路。可见,μpc1651 为两级共射电路。

我们知道,负反馈放大电路的增益带宽积为常数,也就是说,对于一个给定的电路来说,可以降低增益为代价来增加带宽,也可以降低带宽为代价来提高增益。在 μpc1651 内部电路中,引入了两个负反馈,通过加深反馈,以降低其增益为代价,提高了电路的上限频率。电路中,一是由 R_9、R_5 和 T_4 构成的电流并联负反馈;一是由 $T_5 \sim T_7$、R_7、R_8 和 R_2 构成的有源电压串联负反馈,其中 T_5、T_6 为复合管共集电路。同时,这两个负反馈也保证了电路静态工作点的稳定。

3. 电路分析

1) 静态分析

T_3 的射极电位经 R_9 作用于 T_1 的基极,决定了 T_1 的基极电位。同时,由 $T_5 \sim T_7$、R_7、R_8 和 R_2 构成的反馈支路,又决定了 T_1 的射极电位,从而建立了 T_1 的静态工作点。而电压负反馈和电流负反馈又起到了稳定电路的静态电压和静态电流的作用。

2) 动态分析

在两级共射放大电路的基础上,引入由 R_9、R_5 和 T_4 构成的电流并联负反馈,使电路的上限频率有一定的提高。下面根据深度负反馈来估算电路的电流增益。

因并联负反馈,故有 $\dot{I}_i = \dot{I}_f$,而

$$\dot{I}_f = \frac{R_5 + r_{ce4}}{R_9 + R_5 + r_{ce4}} \dot{I}_o$$

故电路的电流增益为

$$\dot{A}_i = \frac{\dot{I}_o}{\dot{I}_i} = 1 + \frac{R_9}{R_5 + r_{ce4}} \qquad (12.4a)$$

又由于 $\dot{V}_s = R_s \dot{I}_i$,$\dot{V}_o \approx \dot{I}_o R_4$,故电路的源电压增益为

$$\dot{A}'_{vs} = \frac{\dot{V}_o}{\dot{V}_s} = \frac{R_4 (R_9 + R_5 + r_{ce4})}{R_s (R_5 + r_{ce4})} \qquad (12.4b)$$

式中 R_s 为信号源内阻。

再引入由 $T_5 \sim T_7$、R_7、R_8 和 R_2 构成的有源电压串联负反馈,使电路的上限频率进一步提高。其中 T_5、T_6 构成复合管共集电路,串入负反馈网络中,起隔离作用。下面根据深度负反馈来估算电路的电压增益。

因串联负反馈,故有 $\dot{V}_i = \dot{V}_f$,而

$$\dot{V}_f = \frac{R_2}{R_2 + R_8 + r_{ce7}} \dot{A}_{ve} \dot{V}_o$$

式中 $\dot{A}_{ve}$ 为射极跟随器的电压增益。于是,电路的总电压增益为

$$\dot{A}_v = \frac{\dot{V}_o}{\dot{V}_i} = \left(1 + \frac{R_8 + r_{ce7}}{R_2}\right) \frac{1}{\dot{A}_{ve}} \qquad (12.5)$$

4. Multisim 仿真

通过仿真来了解 μpc1651 的频率特性,其仿真图如图 12.13 所示。

(1) 只有电流并联负反馈起作用。通过 AC 分析,得到电路的幅频特性曲线如图 12.14 所示。仿真测试:电路的源电压增益约为 143,上限频率为 49.2421MHz。

将信号源改为 1mVpk,5MHz,以保证输出信号不失真。仿真测试:输出电流峰-峰值为 1.42mA,输入电流峰-峰值为 137μA,故电路的电流增益为 10.4。

(2) 电流并联负反馈和有源电压串联负反馈同时起作用。通过 AC 分析,得到电路的幅频特性曲线如图 12.15 所示。仿真测试:电路的源电压增益约为 9.6,电压增益约为 10.9,上限频率为 1.0821GHz。

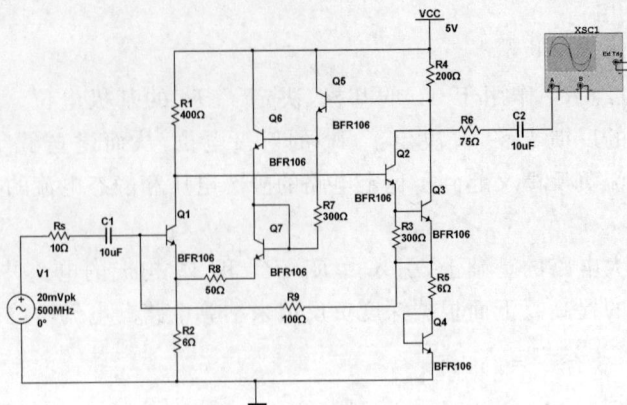

图 12.13 μpc1651 的仿真图

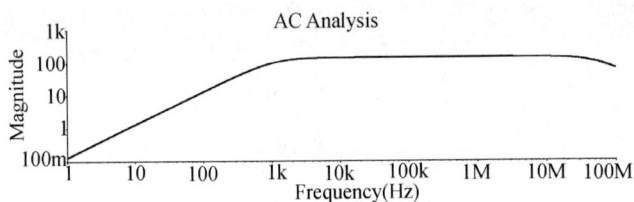

图 12.14 只有电流并联负反馈起作用

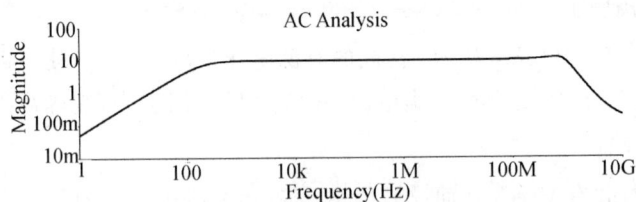

图 12.15 两个负反馈同时起作用

根据图中数据,测得 $r_{ce4} \approx r_{ce7} \approx 4.5\Omega$,$\dot{A}_{ve} = 0.911$。由式(12.4a)和式(12.5),可分别求得只有电流并联负反馈起作用时的电流增益约为 10.5 和两个负反馈同时起作用时的总电压增益约为 11.1。可见,仿真测试值比较接近理论计算值。

注意,由式(12.4b)得到的理论值(210)与仿真值(143)相差较大,这是为什么呢?

一个无反馈的两级共射电路,由于受晶体管结电容的影响,其上限频率是很低的。μpc1651 实质上是通过引入两种负反馈,使电路的上限频率得到很大的提高,高达 1GHz。正如在第 3 章中所讨论的,当电路中引入负反馈后,可以展宽频带。

12.5 集成功率放大器

集成电路功率放大器具有温度稳定性好,电源利用率高,功耗较低,非线性失真较小等突出优点,应用范围十分广泛。集成电路功率放大器一般由一个高增益的小信号放大器和一个甲乙类的互补输出级构成。为了达到更大的输出功率,集成功放的输出级常采用复合管组成的互补输出电路。集成功放的输出功率可以从几十毫瓦到几十瓦,而对于大功率的集成功放,使用时需要加装散热片。

LM386 是一种常用的音频集成功率放大器,具有电压增益可调、电源电压范围大、自身功耗低、外接元件少和总谐波失真小等优点,其内部电路及引脚图如图 12.16 所示。

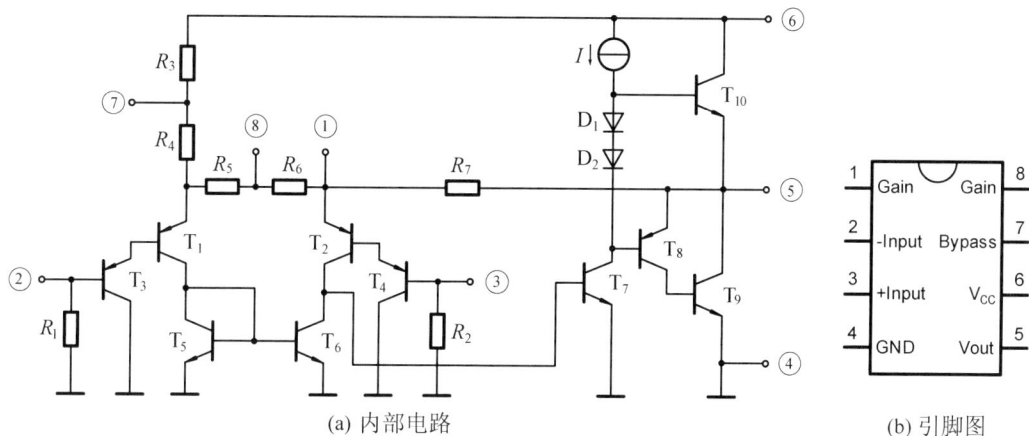

(a) 内部电路　　　　　(b) 引脚图

图 12.16　LM386 内部电路及引脚图

1. 电路端口

LM386 有 8 个引脚,其中,6 和 4 引脚分别为正电源 V_{CC} 和地;3、2 和 5 引脚分别为信号的同相输入端、反向输入端和输出端;7 引脚为旁路电容端;1 和 8 引脚为增益调整端。

2. 电路结构

信号从 T_3、T_4 的基极差分输入,由 T_2 的集电极单端输出,可见,$T_1 \sim T_4$ 组成共集-共射差分放大电路,这里 T_5、T_6 组成镜像电流源,作为 T_1、T_2 的有源负载;T_2 集电极单端输出的信号送入 T_7 的基极,由 T_7 的集电极输出,故 T_7 以共射电路作为中间级,或者说是输出级的推动级,这里恒流源 I 作为 T_7 的有源负载,以提高本级的电压增益;T_7 的输出信号送入由 $T_8 \sim T_{10}$ 组成的互补双向射极跟随器——输出级,从而得到最后的输出信号。其中 T_{10} 为 NPN 型晶体管,复合管 T_8、T_9 构成 PNP 型管,二极管 D_1、D_2 为 $T_8 \sim T_{10}$ 提供偏置,以保证其工作在甲乙类状态,可以消除交越失真。由于电路采用单电源供电,故输出级为 OTL 电路,也就是说,输出端应外接输出电容后再接负载。

可见,LM386 与通用型集成运放的内部电路很相似,也是一个由差分电路、共射电路和互补输出电路所构成的三级放大电路。

特别指出,电路中通过 $R_5 \sim R_7$ 引入了反馈,经判断可知为电压串联负反馈,这使得电路的电压增益仅由 $R_5 \sim R_7$ 三个电阻决定。同时,也使得电路的静态工作点稳定。

3. 电路分析

1)静态分析

输入级的偏置电流由 R_3、R_4 和 R_7 提供。V_{CC} 通过 R_3、R_4 为 T_1 提供偏置电流;输出端电压 V_O 通过 R_7 为 T_2 提供偏置电流。由图 12.16 中可以看出,当输入电压为 0 时,T_1、T_2 射极为等电位,它们的集电极电流分别为

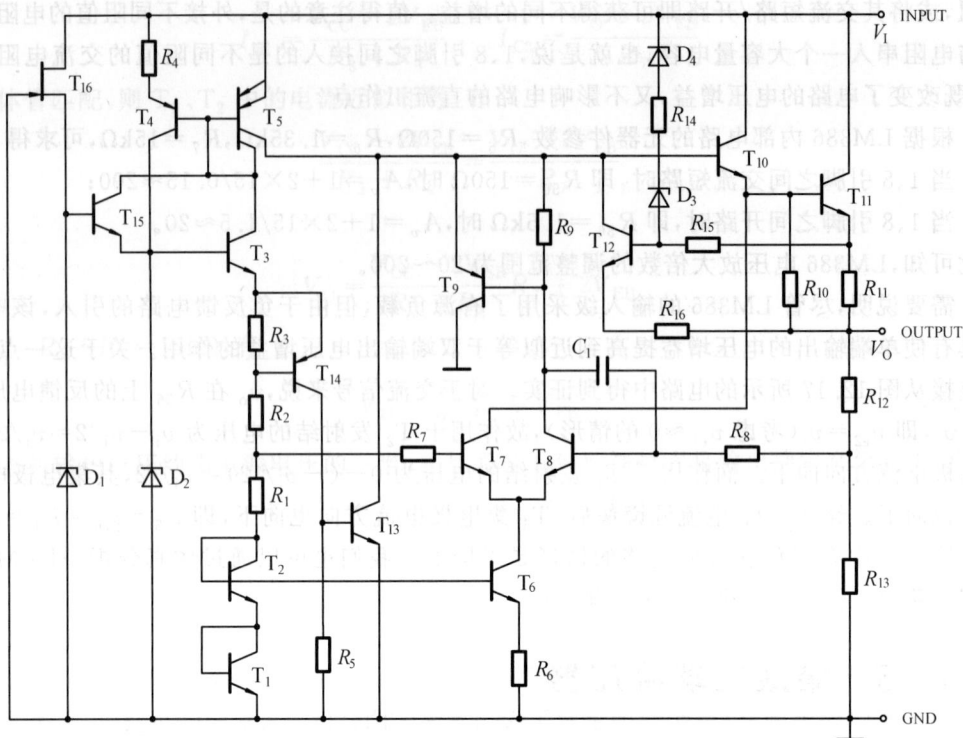

图 12.19 LM78L00 内部电路

1. 启动电路

晶体管 T_{15}、结型 N 沟道场效应管 T_{16} 和稳压管 D_1 构成启动电路。启动电路的作用是,在刚接通直流输入电压 V_1 时,T_{15} 给 T_3 的基极提供电流而导通,从而使 T_4、T_5 组成的电流源电路工作,同时,T_4 为稳压管 D_2 提供偏置,当 D_2 两端电压达到其稳压值时,T_{15} 的 V_{BE} 为 0 而截止(因 D_1、D_2 稳压值相等)。此时,稳压电路的各部分建立起各自的工作电流,整个电路进入正常工作状态,启动电路与基准电压电路断开。

2. 基准电压电路

电路的基准电压是由稳压管 D_2 通过 T_3、T_2、T_1 以及电阻 R_1、R_2、R_3 建立的。T_7 基极的对地电压即电路的基准电压 V_{REF}

$$V_{REF} = \frac{V_{D2} - 3V_{BE}}{R_1 + R_2 + R_3} R_1 + 2V_{BE} \tag{12.8}$$

式中,V_{D2} 为 D_2 的稳压值,V_{BE} 为 T_1、T_2、T_3 基-射极的导通电压。

由于稳压值大于 5V 的稳压管具有正温度系数,基-射极正偏时具有负温度系数,且二者的温度系数值几乎相等。因此,对于一定的温度增量,V_{D2} 上升了 ΔV,V_{BE} 下降了 ΔV,则基准电压的变化量为

$$\Delta V_{REF} = \frac{4\Delta V}{R_1 + R_2 + R_3} R_1 - 2\Delta V$$

根据 LM78L00 三端稳压器内部电路参数,$R_1 = 3.89k\Omega$,$R_2 = 3.41k\Omega$,$R_3 = 576\Omega$,再考虑到 R_1、R_2、R_3 具有正温度系数,则有

$$\Delta V_{REF} \approx 0$$

这表明 T_1、T_2、T_3 用于温度补偿,使基准电压 V_{REF} 几乎不受温度影响。

3. 电流源电路

T_4、T_5 构成多路电流源电路。其中,T_4 为微电流源,给 D_2 提供恒流偏置,这可使 D_2 的稳定电压几乎不受输入电压波动的影响;T_5 为多集电极、多发射极晶体管,其中的参考电流为 T_3 的集电极电流 I_{C3},而 I_{C3} 是由 D_2、T_1、T_2、T_3 和 R_1、R_2、R_3 所决定的。由于 V_{REF} 是稳定的(如上所述),故 I_{C3} 也是稳定的,这就使电路的基准电压和电流源提供的偏置电流几乎与输入电压无关。可见,D_2 的稳定电压与电流源的参考电流是相互制约的,而使电路不能自启动,由此可以看出,设置启动电路的必要性。

4. 误差放大电路

T_6、T_7、T_8 组成带恒流源的差分误差放大电路。其中,T_6 电流源为 T_7、T_8 差分电路提供射极电流;T_7 基极为差分电路的同相输入端,通过电阻 R_7 接基准电压 V_{REF};T_8 的基极为差分电路的反相输入端,通过电阻 R_8 接取样电路 R_{12}、R_{13} 的取样电压 V_f,且

$$V_f = \frac{R_{13}}{R_{12} + R_{13}} V_O$$

取样电压 V_f 与基准电压 V_{REF} 经比较放大后,得到一个负误差信号和一个正误差信号,前者经由 T_9、R_9 组成的电流调整电路,去控制 T_{10} 的基极,这一过程为负反馈,这是电路的主反馈;后者直接控制调整管 T_{11} 的基极,这一过程为正反馈,这是电路的局部反馈。

根据 V_{REF} 的值,有

$$V_{REF} = V_f = \frac{R_{13}}{R_{12} + R_{13}} V_O$$

从而

$$V_O = \left(1 + \frac{R_{12}}{R_{13}}\right) V_{REF} \tag{12.9}$$

由此可根据输出电压 V_O 的值,确定 R_{12} 的值。

5. 保护电路

1) 过热保护电路

晶体管 T_{13}、T_{14} 和电阻 R_3 组成过热保护电路。根据图中数据可以计算出 T_{14} 的 E-B 极电压约为 $0.33V$,即 T_{13}、T_{14} 均处于截止状态。当温度升高时,由于晶体管发射结的负温度系数和 I_{C3} 的增加,将使 T_{14} 导通,进而引起 T_{13} 的导通。T_{13} 对 T_{10} 基极电流分流,使输出电流 I_O 下降,达到过热保护的目的。

2) 过流保护电路

T_{12},R_{11} 等组成输出电流限制电路,R_{11} 为电流取样电阻。在输入电压正常情况下,D_3、D_4、R_{14} 支路不导通,对 T_{12} 的导通无影响。当电路过载或输出端短路时,R_{11} 上的电压 $I_O R_{11}$ 增大使 T_{12} 导通,对 T_{10} 的基极电流分流,从而限制了输出电流的大小,实现了过流保护。

3) 安全工作区保护电路

T_{12}、R_{11}、D_3、D_4、R_{14} 等组成调整管安全工作区保护电路。假如输出电流在允许范围内,但输入电压过高,即 V_I 与 V_O 之差(即调整管的管压降)超过允许值,则 D_3、D_4 反向击

范围较小,须有 $|v_2| \ll 52\text{mV}$。

2. 典型电路

以上介绍了 MC1496 集成模拟乘法器的电路组成及其原理,而在实际应用电路中,还需要外接电阻、电容等元件,以保证其内部电路的正常工作。图 12.21 给出了 MC1496 的一种应用电路结构,读者可结合 MC1496 的内部电路,来分析外接元件的作用。MC1496 在通信电子线路等方面有着广泛的应用,读者可查阅有关内容做进一步的了解。

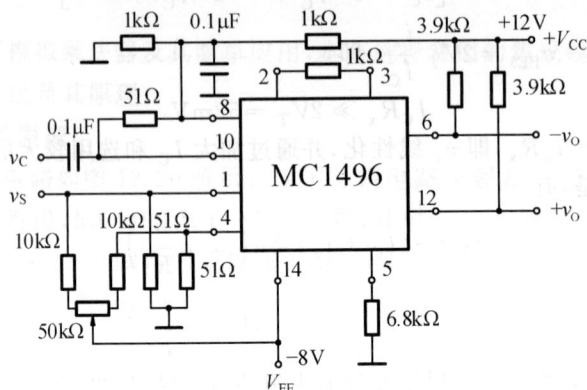

图 12.21　MC1496 的一种应用电路结构

12.8　开关电容电路

第 8 章讨论了有源 RC 滤波电路,其频率特性对时间常数(RC)是比较敏感的,若在芯片上实现准确的滤波器频率特性,则需要设计复杂的调节电路来控制电阻或电容值;若待处理的信号频率较低,则构成滤波器的时间常数(RC)就较大,即要求电阻和电容值较大,这在芯片上需要占用很大的芯片面积,甚至很难实现。下面将介绍一种电路——开关电容(SC)电路,它可以实现精确的时间常数而无须调节电路,并且,可实现较低频率的滤波特性。

开关电容电路是由受时钟信号控制的开关和电容器组成的电路。它是利用电荷的存储和转移来实现对信号的各种处理功能的。这种电路的特性与电容的精度无关,而仅与电容的比值的准确性有关,这在集成电路制造中是容易实现的。在实际电路中,由于仅用开关和电容器构成的电路往往不能满足要求,所以常与放大器或运算放大器、比较器等组合起来,以实现电信号的产生、变换与处理。

由于开关电容电路使用 MOS 工艺,尺寸小,功耗低,工艺过程比较简单,易于大规模集成,因此,SC 电路得到了较快的发展和广泛的应用。

本节将首先分析常用的 CMOS 模拟开关,了解 MOS 管作为开关应用时的基本特性,随后介绍开关电容电路的基本原理。

1. 模拟开关

图 12.22 为模拟开关的示意图,图中标号 1、2、3 分别为输入端、输出端和控制端,所以模拟开关是一个三端器件。利用模拟开关可以方便地实现电路的通与断,它既可以作为一个单元电路与其他电路组合起来集成在芯片上,以实现特定的功能电路,也可以制作成单片

模拟开关集成电路,因此,模拟开关作为电子系统中常用的基本单元电路得到了广泛的应用。

由于 MOS 模拟开关具有电路简单、占用芯片面积小、导通电阻小、关断电阻大、功耗小等优点,已成为目前实现模拟开关的主要器件。图 12.23 给出了由增强型 N 沟道 MOS 管构成的模拟开关原理图。当控制电压 $v_G = V_{GH}$ 时,T 的 $v_{GS} = V_{GH} - v_I > V_{GS(th)}$,T 导通,且其漏源之间的导通电阻 R_{on} 远远小于负载电阻 R_L,故 $v_O \approx v_I$(相当于 T 模拟开关闭合);当控制电压 $v_G = V_{GL}$ 时,T 的 $v_{GS} = V_{GL} - v_I < V_{GS(th)}$,T 截止,漏源之间的关断电阻 R_{off} 远远大于负载电阻 R_L,故 $v_O \approx 0$(相当于 T 模拟开关断开)。

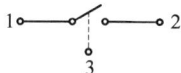

图 12.22　模拟开关示意图

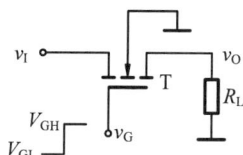

图 12.23　增强型 N 沟道 MOS 开关

为了克服导通电阻 R_{on} 随输入电压 v_I 变化较明显的缺点,常采用如图 12.24 所示的 CMOS 传输门,它由 N 沟道和 P 沟道两个增强型 MOS 管(T_1、T_2)并联而成,它们的源极接在一起,漏极接在一起,分别作为输入端和输出端(由于 MOS 管的对称结构,输入和输出端可以互换使用)。T_3、T_4 构成 CMOS 反相器,使 T_1、T_2 的栅极施加相互反相的控制信号。这样,CMOS 传输门在输入电压的变化范围内,可获得小而较恒定的导通电阻。R_{on} 随输入电压 v_I 变化的关系如图 12.25 所示。可见,CMOS 传输门的导通电阻 R_{on} 较每只 MOS 管导通电阻明显减小,且较为恒定。

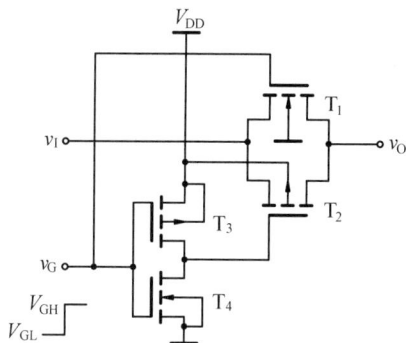

图 12.24　CMOS 传输门

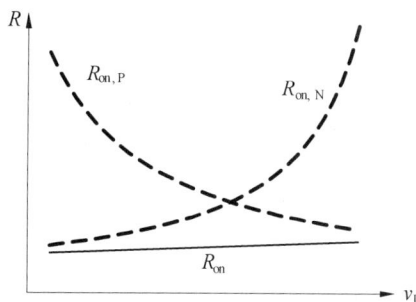

图 12.25　CMOS 模拟开关的导通电阻

2. 模拟电阻

正如以上所述,在有源 RC 滤波器的直接集成时遇到了面积限制的问题,以及电阻和电容的精度所造成的时间常数累计误差高的问题。所以,直接将 RC 滤波器集成到芯片上是不可取的。为了克服这些问题,人们使用电容和开关来制作模拟电阻。基本开关电容单元电路有两种形式,即并联型和串联型,如图 12.26(a)和图 12.26(b)所示,对应的模拟电阻也有两种形式,分别称为并联模拟电阻和串联模拟电阻。

在图 12.26(a)所示并联型电路中,S_1 和 S_2 分别为受 $V_{\phi 1}$ 和 $V_{\phi 2}$ 控制的开关。$V_{\phi 1}$ 和 $V_{\phi 2}$ 的波形如图 12.26(c)所示,是两个不相重叠的时钟信号。V_1 和 V_2 交替为电容 C 充

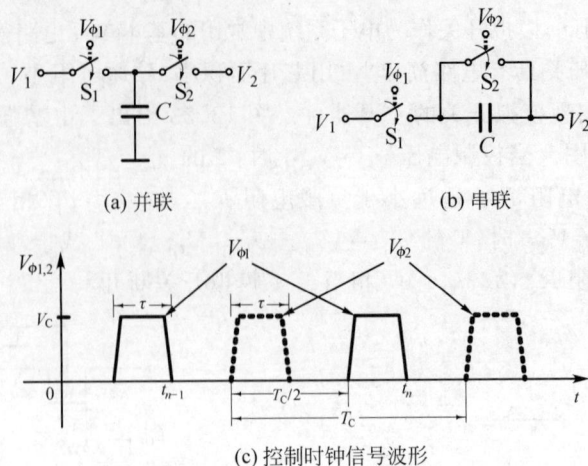

(a) 并联　　　　　　(b) 串联

(c) 控制时钟信号波形

图 12.26　模拟电阻

电。为了简便起见,这里先设 V_1 和 V_2 均为直流。每个周期内,C 上积累的电荷为

$$\Delta Q = C(V_1 - V_2) \tag{12.15}$$

同理,对于图 12.26(b)所示串联型电路,C 在 S_2 闭合瞬间被放电,在 S_2 断开,S_1 闭合时,充入的电量同样为 $\Delta Q = C(V_1 - V_2)$。虽然电荷在以脉冲形式流动,然而我们可以定义平均电流,即一个时钟周期 T_C 内的平均电荷流量

$$I_{av} = \frac{\Delta Q}{T_C} = \frac{V_1 - V_2}{T_C/C} \tag{12.16}$$

与欧姆定律比较,可以得到平均等效电阻

$$R = \frac{T_C}{C} = \frac{1}{Cf_C} \tag{12.17}$$

表明由开关和电容组成的等效电阻 R 与电容的容值 C 和时钟的频率 f_C 有关。当 C 确定后,仅通过 f_C 便可控制 R 的值。

特别注意,式(12.17)是在 V_1 和 V_2 均为直流条件下得到的,即这个等效电阻的近似值适于分析开关电容电路的低频特性。当时钟频率 f_C 远高于信号频率时,则可认为在 T_C 内 $v_1(t)$ 和 $v_2(t)$ 近似不变,于是有近似关系

$$\Delta q \approx C\left[v_1(t) - v_2(t)\right] \tag{12.18}$$

同样,可以得到平均等效电阻

$$R \approx \frac{T_C}{C} = \frac{1}{Cf_C} \tag{12.19}$$

可见,在时钟频率 f_C 远高于信号频率的条件下,基本开关电容单元电路可以等效为一个电阻,这样,我们就将开关电容电路与模拟电路之间建立了联系。例如,若将模拟电路中的电阻用基本开关电容单元电路替代,则可以得到具有类似特性的开关电容电路。

用基本开关电容单元来替代 RC 滤波器中的电阻,如图 12.27 所示。图 12.27(a)为原一阶滤波电路,图 12.27(b)为利用开关电容模拟电阻的一阶滤波电路。

设原电路的时间常数为 $T = RC_2$,根据式(12.19),图 12.27(b)所示电路的时间常数

$$T' \approx T_C \frac{C_2}{C_1} \tag{12.20}$$

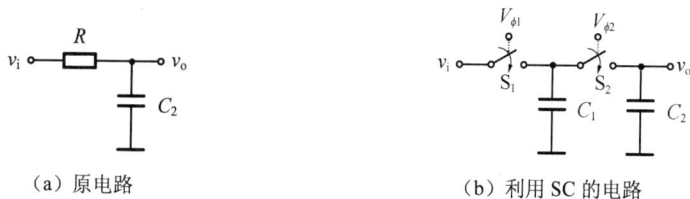

（a）原电路 （b）利用 SC 的电路

图 12.27 一阶 RC 滤波电路

由此表明，如果时钟频率 f_C 可以用晶振产生并获得很高的精度，则此滤波电路时间常数的精度仅取决于两个电容之比 C_2/C_1 的精度。我们知道，MOS 电容的绝对精度只能达到 $5\%\sim10\%$，而两个电容之比的精度可达 0.1% 以内。由于同一晶片上影响电容精度的因素常常对所有的电容都有相同的作用，最后获得的时间常数精度可在 $0.1\%\sim0.5\%$。

同时，电路占用的芯片面积也大大减少。对于 $10^7\,\Omega$ 电阻，若采用 100kHz 时钟，模拟电阻中的电容值仅为 1pF。MOS 管开关所占的面积可以忽略，比起原电阻，电容占用的芯片面积缩减为 1/500 倍以内。

3. 开关电容积分器

在第 4 章中介绍了有源 RC 积分电路，如图 12.28（a）所示。现在用并联型基本开关电容单元替代其中的 R，即可得到开关电容积分器，如图 12.28（b）所示。

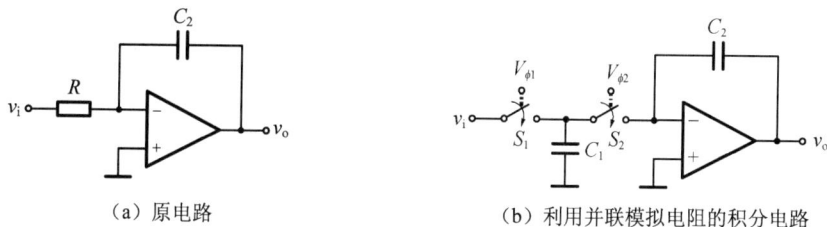

（a）原电路 （b）利用并联模拟电阻的积分电路

图 12.28 有源积分电路

已知图 12.28（a）有源 RC 积分电路的频率响应为

$$A(j\omega) = \frac{V_o(j\omega)}{V_i(j\omega)} = -\frac{1}{j\omega RC_2} \tag{12.21}$$

将式（12.19）代入式（12.21），即可得到开关电容积分器的频率响应为

$$A(j\omega) = \frac{V_o(j\omega)}{V_i(j\omega)} \approx -\frac{1}{j\omega T_C \dfrac{C_2}{C_1}} \tag{12.22}$$

可见，图 12.28（a）、图 12.28（b）两种电路是近似等价的。事实上，前面讨论电路时，只研究了输入为连续信号，经电路后，其输出也是连续信号，这种电路称为连续时间电路。而开关电容电路则属于离散时间电路，其输入和输出信号均是离散时间信号。因此，为了得到图 12.28（b）所示电路的精确的传输关系，需要进行准确的离散时间分析，这一点已经超出了本书的讨论范围，感兴趣的读者可进一步查阅有关资料。

正因为开关电容滤波器的滤波特性取决于时钟频率和电容比，故这种滤波器可实现高精度和高稳定的滤波，并且还便于集成，这是 RC 有源滤波器所不能比的。例如集成芯片 MAX260/261/262 就是一款 CMOS 双二阶通用型开关电容有源滤波器，它可利用微处理器编程，进行精确滤波函数的控制。

12.9　电流模式电路

在前面章节所讨论的电路中,习惯采用电压而不是电流作为信号变量,并通过处理电压信号来决定电路的功能,也就是说,这种传统电路都是以电压作为输入输出和信息传输的参量的,此类电路称为电压模式电路。

由于分布电容和晶体管极间电容的存在,导致此类电路的工作速度不可能很高,显然,随着被处理信号的频率越来越高,电压型运算放大器在高频、高速环境中的应用受到了很大的限制。例如,电压型运放的增益带宽积为常数即为其缺点之一,当展宽带宽时,增益将成比例下降。另外,还存在工作电压和功耗不可能很低等问题。

当采用电流而不是电压作为信号变量,并通过处理电流信号来决定电路的功能时,人们设计出了许多新颖的电路结构,也就是说,这种电路都是以电流作为输入输出和信息传输的参量的,我们把此类电路称为电流模式电路。

电压模式电路与电流模式电路不仅电路结构不同,信号流通过程不同,而且电路特性也不同。与电压模式电路相比,电流模式电路具有速度快、频带宽、线性好和电压低等优点,因此,在现代模拟集成电路中,电流模式电路得到了广泛的应用。

电流模式电路主要有跨导线性电路、电流传输器、电流反馈运算放大器、跨导运算放大器和开关电流电路等。为了使读者对目前模拟集成电路技术有一个初步的了解,作为范例,在本节,我们将对电流反馈放大器和跨导放大器作一个简单的介绍,更多内容读者可查阅相关资料。

12.9.1　电流反馈运算放大器

第4章介绍了CFB的模型,导出了相关公式,并与传统的VFB作了比较。在这里,我们将以双极型互补工艺制成的CFB的典型原理电路为例,通过仿真,进一步了解CFB的主要特性。

由双极型CFB构成的同相放大器仿真图如图12.29所示。图中,除R1、R2为外接反馈电阻,RL为负载电阻之外,其余元器件构成CFB的典型电路。

CFB的典型电路包括输入缓冲级,互阻放大级和输出缓冲级三个部分,电路各级均采用互补对称结构。具体地说,T1～T4构成输入缓冲级,其中,T3、T4的基极相连处为电路的同相输入端,具有高输入阻抗;T1、T2的射极连接处为电路的反相输入端,具有低输入阻抗,且反相输入端电压跟随同相输入端电压。T9～T14构成互阻放大器,Z为增益节点,其中T9～T11和T12～T14为互补的Wilson电流镜,将反相输入端的信号电流传送到Z点,利用Z点的高阻抗,将T1、T2的不平衡电流转换为电压V_Z。T5～T8构成输出缓冲级,将Z点电压传送到输出端。

下面通过仿真来了解图12.29所示电路的特性。

1. 运算特性

对图12.29所示电路进行DC扫描分析,得到它的电压传输特性曲线如图12.30(a)所示,再用一个幅值1V、频率1MHz的正弦信号检验,观察信号的失真情况,如图12.30(b)所示,其中,细线为输入信号,粗线为输出信号。

根据图12.29中数据,电路的电压增益为$1+R2/R1=6$,仿真测试为$11.9716/2/1=5.9858$。

从图12.29中不难看出,运放的静态误差较大。同相输入端未加平衡电阻,输出直流偏

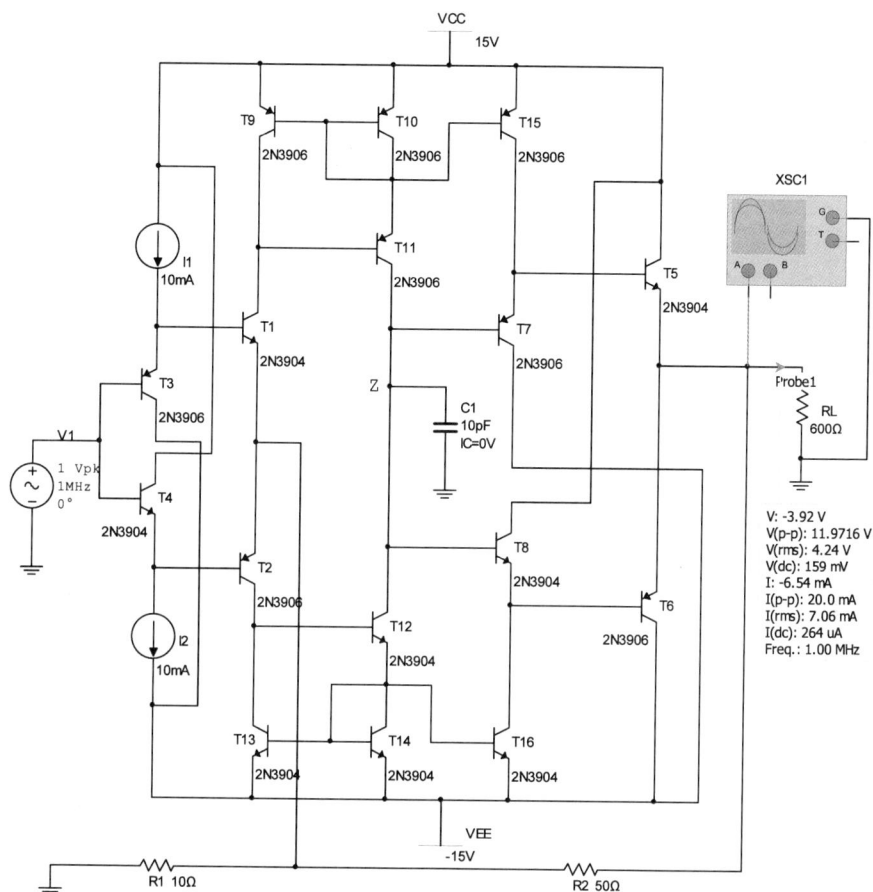

图 12.29 CFB 同相放大器仿真图

压高达 100mV 以上。这是由于多个原因所致,首先,输入级 NPN 和 PNP 管的 V_{BE} 差别较大,导致 CFB 输入失调电压较 VFB 的大,其次,反相输入端电阻很小,导致反相端的输入偏置电流比同相端的大很多,当电流流过反馈电阻时,导致输出失调,这一影响一般来说比输入失调的影响要大,再次,CFB 同相端和反相端拓扑结构不对称,使得抑制共模干扰的能力比对称差分输入的 VFB 要差,故 CFB 的传输精度也比 VFB 的低。

2. 压摆率

运放的压摆率是运放的一项重要指标,我们可以在单位增益条件下,通过测试输出电压从总输出范围的 10% 跳变到 90% 的平均速率来得到。先去掉电阻 R1,使图 12.29 所示电路的增益为 1,然后,输入一个幅度为 $-1 \sim +1\text{V}$,频率为 25MHz,占空比为 50%,上升沿和下降沿时间均为 1ps 的脉冲信号,通过瞬态分析,得到的输出信号(粗线)和输入信号(细线)如图 12.31 所示。

测试输出波形,在 0.904ns 内上升了 1.596V,可得运放的压摆率约为 1765V/μs,这远远大于一般的 VFB。

3. 频率特性

为了分析 CFB 的频率特性,我们从以下两个方面入手。

(1) 固定反馈电阻,改变增益:取 $R2 = 50\Omega$,对 $R1$ 进行参数扫描,即测试反馈电阻一定

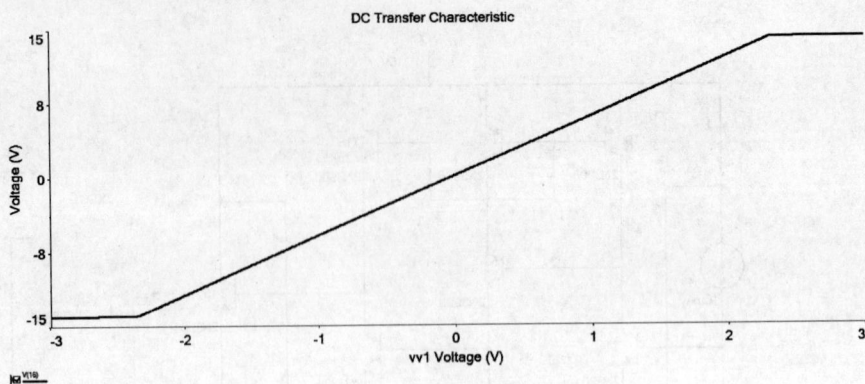

(a) 直流传输特性

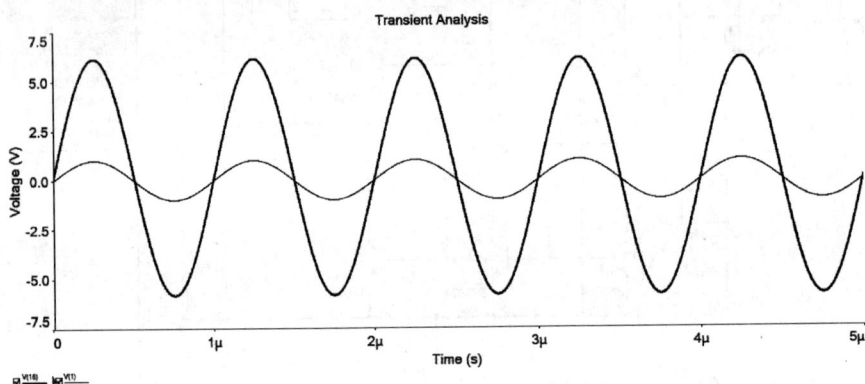

(b) 1V、1MHz信号瞬态响应

图 12.30　运算特性分析

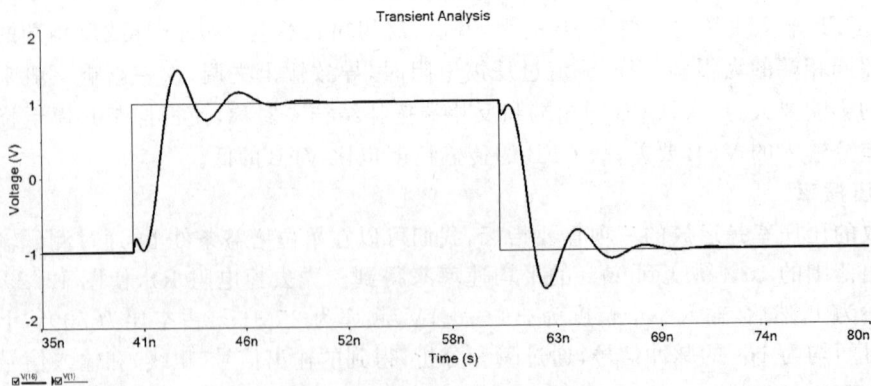

图 12.31　脉冲输入测定压摆率

时,不同增益下的闭环带宽,仿真结果如图 12.32(a)所示。图中自上而下分别是 $R1=10$、20、30、40、50Ω 时的幅频特性。

　　(2) 固定增益,改变反馈电阻:同时改变 $R1$ 和 $R2$,使 $R2/R1$ 恒定,得到的幅频特性如图 12.32(b)所示。图中自上而下分别是 $R2=50$、75、100、125Ω,对应 $R1=10$、15、20、25Ω

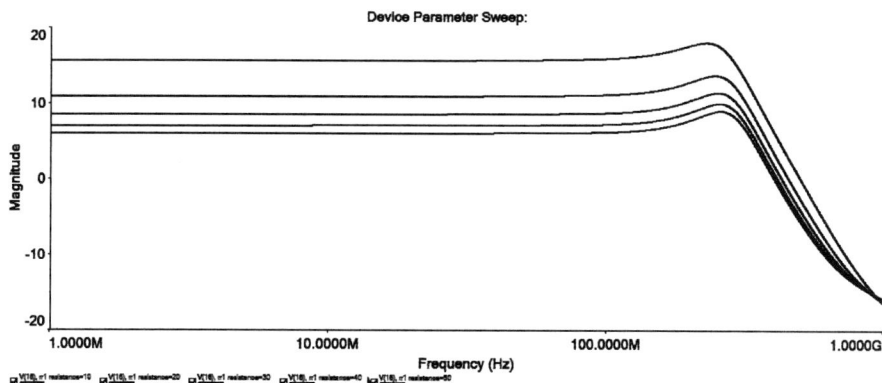

(a) 固定反馈电阻，改变增益

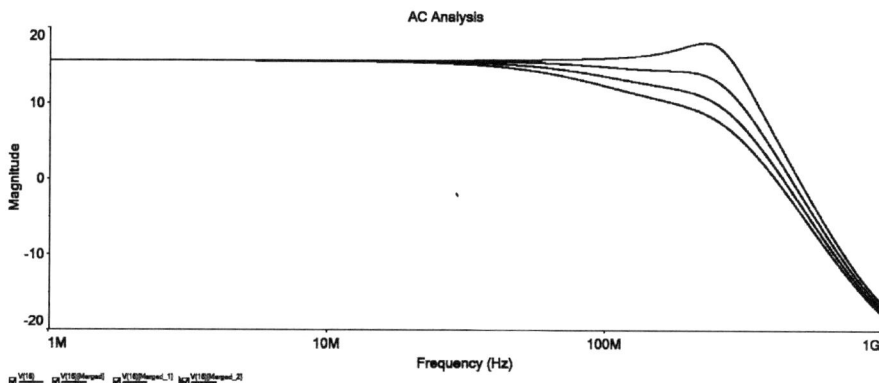

(b) 固定增益，改变反馈电阻

图 12.32 频率特性分析

时的幅频特性。

可以看出，在 $R2$ 不变时，改变电路增益，带宽随增益增大有所下降，但变化幅度很小，在一定范围内可认为近似恒定，这是传统 VFB 所不能做到的。而在增益一定时，随着 $R2$ 增大，带宽迅速下降，与第 4 章中的分析一致。

12.9.2 跨导运算放大器

跨导运算放大器(Operational Transconductance Amplifier, OTA)的输入信号是电压，输出信号是电流，即用输入电压控制输出电流，以互导增益 G_m 来表示其放大能力，其输出电流 i_O 与输入差模电压 v_{Id} 的关系为

$$i_O = G_m(v_{I+} - v_{I-}) = G_m v_{Id} \qquad (12.23)$$

OTA 的电路符号和等效模型分别如图 12.33(a)和图 12.33(b)所示。有两个输入端，一个输出端和一个控制端，其中 I_B 是偏置电流，即外部控制电流。

需要说明，OTA 的输入信号是电压，输出信号是电流，因此它是一种电压电流混合模式电路。由于 OTA 的内部只有电压-电流变换级和电流传输级，没有电压增益级，故没有

关系,可用很少的外围元件构建放大器、滤波器、振荡器等。

下面利用仿真,通过几个实例来了解 OTA 的应用。

1) 电压放大器

OTA 的一个重要的应用就是可以驱动低阻抗负载,并获得较大的带宽。图 12.36(a) 是在 Multisim 中仿照 CA3080 实现的 OTA,其中 NPN 管选用 2N3904,PNP 管选用 2N3906,将其封装起来,即可得到集成 CA3080,如图 12.36(b)所示。

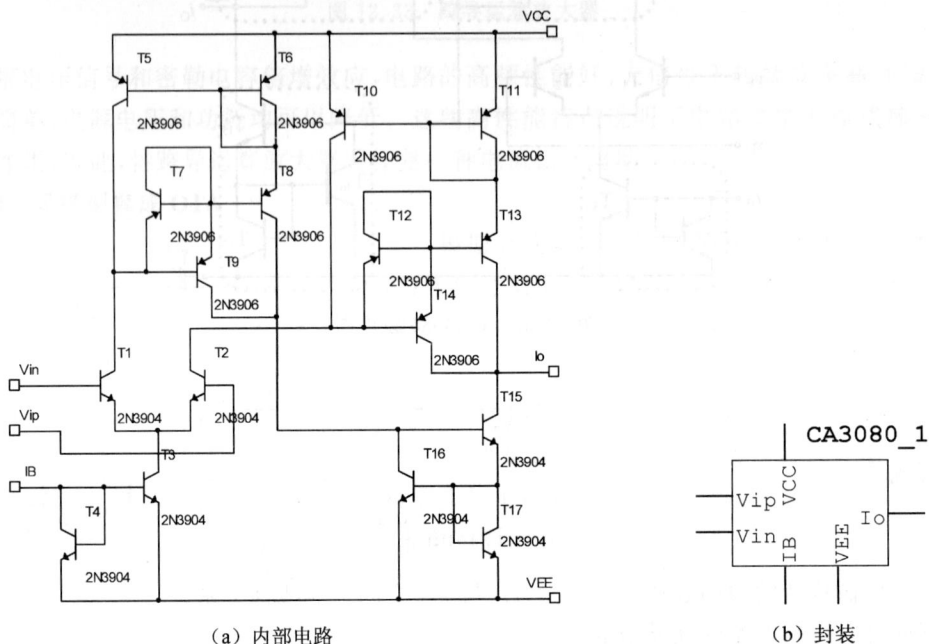

(a) 内部电路　　　　　　　　　　　　(b) 封装

图 12.36　集成 OTA CA3080

图 12.37 是一个最简单的放大器接法,组成典型 OTA 电压放大器,其电压增益为

$$A_v = \frac{v_o}{v_i} = \frac{i_o R_L}{v_i} = G_m R_L \tag{12.32}$$

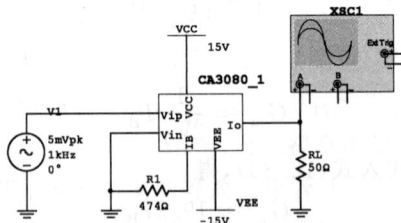

图 12.37　OTA 电压放大器

通过调整图中 $R1$,可实现电路偏置电流的设置,$R1$ 的值由下式来确定。

$$I_B = \frac{|V_{EE}| - V_{BE}}{R1}, \quad 而 \quad G_m = \frac{I_B}{2V_T} \tag{12.33}$$

电源电压取±15V,则 $R1$ 取 474Ω 时,IB 的值约为 30mA。通过 AC 分析,可得到此时电路 的幅频特性,如图 12.38 所示。测得放大器的带宽约为 78MHz,中频增益为 28.3dB。

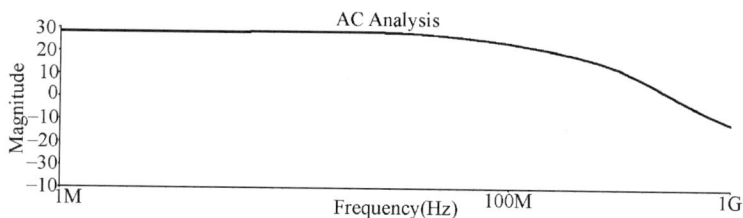

图 12.38　OTA 电压放大器的幅频特性

根据式(12.32)和式(12.33),可求得理想跨导放大器的电压增益为

$$A_v = G_m R_L = 19.2 I_B R_L = 28.8 \approx 29.2 \text{dB}$$

与仿真结果基本吻合。

2) 二阶带通滤波器

由 OTA 和电容构成的二阶带通滤波器的仿真图如图 12.39 所示。为了能够更好地理解图 12.39 所示电路,下面先来分析以下两个电路的功能,分别如图 12.40 和图 12.41 所示。

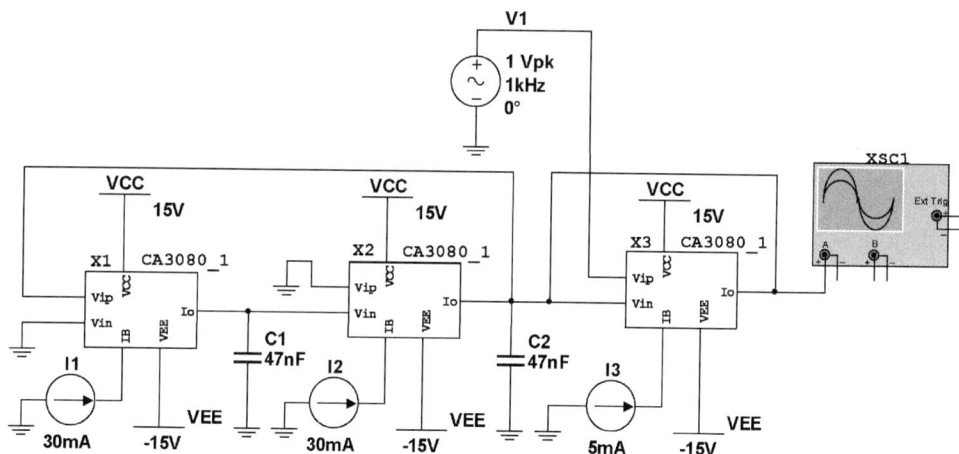

图 12.39　二阶带通滤波器

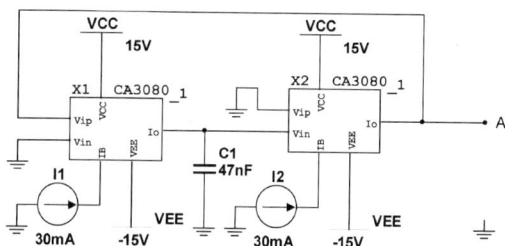

图 12.40　回转器

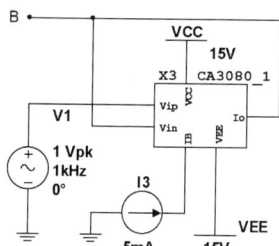

图 12.41　电流源(或电压源)

(1) 回转器。

从电路结构来看,图 12.40 所示电路是将两个 OTA 的输入端,即一个 OTA 用同相端,另一个用反相端,与它们的输出端交叉相连而构成的,输出端外接负载阻抗,如 C_1。这种电路具有何种功能呢?

根据图 12.40,可列出下列关系式

$$V_{o1}(s) = \frac{G_{m1}}{sC_1} V_{o2}(s) = \frac{G_{m1}}{sC_1} V_A(s), \quad I_{o2}(s) = -G_{m2} V_{o1}(s) = -I_A(s)$$

式中 $V_{o1}(s)$、$V_{o2}(s)$ 分别为 OTA X1、X2 的输出电压,$I_{o2}(s)$ 为 OTA X2 的输出电流,$V_A(s)$、$I_A(s)$ 分别为 A 点的电压和流入 A 点的电流。据此可求得 A 端的输入阻抗为(若使 $G_{m1} = G_{m2} = G_m$)

$$Z_i = \frac{V_A(s)}{I_A(s)} = \frac{sC_1}{G_m^2} \tag{12.34}$$

表明从 A 端看到的输入阻抗等于外接阻抗倒数的 $1/G_m^2$ 倍,即这种电路的基本功能是实现阻抗的倒置,称为回转器。利用回转器的阻抗倒置作用,外接一个电容,可实现模拟电感。如式(12.34)所表示的模拟电感为 $L_{eq} = C_1/G_m^2$。

(2)电流源(或电压源)。

根据图 12.41,从 B 点流出的电流可写为

$$I_B(s) = G_{m3} V_1(s) - G_{m3} V_B(s) \quad \text{或} \quad V_B(s) = V_1(s) - \frac{I_B(s)}{G_{m3}} \tag{12.35}$$

表明图 12.41 从 B 点看入的等效电路为一个电流源 $I1 = G_{m3} V_1(s)$ 和一个电导 G_{m3} 的并联,或者,从 B 点看入的等效电路为一个电压源 $V_1(s)$ 和一个电阻 $R_{m3} = 1/G_{m3}$ 的串联,如图 12.42 所示。

根据上述分析,图 12.39 可等效为图 12.43。

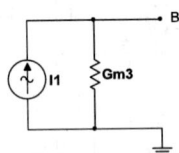

(a) 电流源

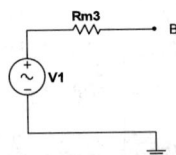

(b) 电压源

图 12.42　图 12.41 的等效电路

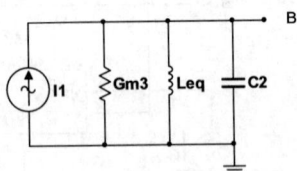

(a) 以电流源的等效电路

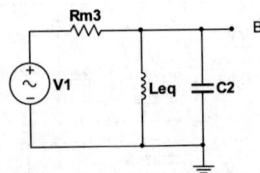

(b) 以电压源的等效电路

图 12.43　图 12.39 的等效电路

图 12.43 所示电路的传递函数为(令 $C_1 = C_2 = C$)

$$T(s) = \frac{V_B(s)}{V_1(s)} = \frac{G_{m3}}{sC + \dfrac{1}{sL_{eq}} + G_{m3}} = \frac{s\dfrac{G_{m3}}{C}}{s^2 + s\dfrac{G_{m3}}{C} + \dfrac{G_m^2}{C^2}} \tag{12.36}$$

与二阶带通滤波器的标准传递函数比较,可得该二阶带通滤波器的中心频率 f_0、Q 值、带宽 BW 和中心频率增益 $T(f_0)$,即

$$f_0 = \frac{1}{2\pi} \frac{G_m}{C} \tag{12.37}$$

$$Q = \frac{G_m}{G_{m3}} \tag{12.38}$$

$$\text{BW} = \frac{1}{2\pi} \frac{G_{m3}}{C} \tag{12.39}$$

$$T(f_0) = 1 \tag{12.40}$$

通过对图 12.39 进行 AC 分析,得到该电路的幅频特性,如图 12.44 所示。根据图中数据可分别求得如下理论值

$$f_0 = 1.95\text{MHz}, \quad Q = 6, \quad \text{BW} = 325\text{kHz}$$

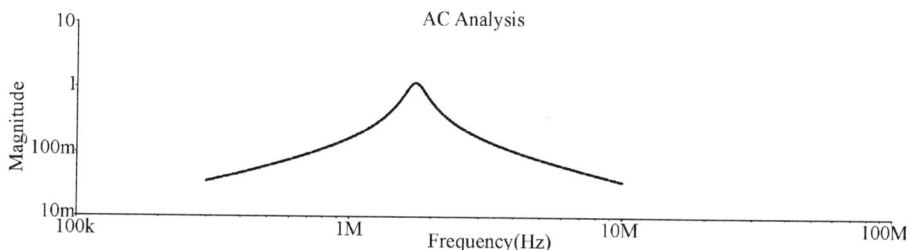

图 12.44 图 12.39 电路的幅频特性

仿真测试值分别为 $f_0 = 1.7511\text{MHz}$,$\text{BW} = 280\text{kHz}$,故 $Q = 6.25$,与理论值基本吻合。

3) 正弦波振荡器

与传统运放相比,OTA 尤其适用于高频应用。由 OTA 组成的振荡器元件数目少,调节振荡频率容易,且易实现压控振荡器。

在图 12.40 电路中的 A 点对地接入电容 C2,如图 12.45(a) 所示,相当于在等效电感 $L_{eq} = C_1/G_m^2$ 两端并联 C2,这样,便构成了一个 LC 谐振回路,即 OTA 正弦波振荡器。

可以看出,电路仅由两个 OTA 和两个电容构成。列出电路的 s 域方程

$$V_{o2}(s) = \frac{G_{m1}}{sC_1} \cdot \frac{-G_{m2}}{sC_2} \cdot V_{o2}(s)$$

整理,有

$$\left(s^2 + \frac{G_{m1}G_{m2}}{C_1C_2}\right) V_{o2}(s) = 0$$

令 $\omega_0^2 = \dfrac{G_{m1}G_{m2}}{C_1C_2}$,则上式可写为

$$(s^2 + \omega_0^2) V_{o2}(s) = 0$$

故电路的特征方程为

$$s^2 + \omega_0^2 = 0 \tag{12.41}$$

此式说明电路可以产生等幅正弦振荡,且振荡频率为

$$f_0 = \frac{1}{2\pi} \sqrt{\frac{G_{m1}G_{m2}}{C_1C_2}} \tag{12.42}$$

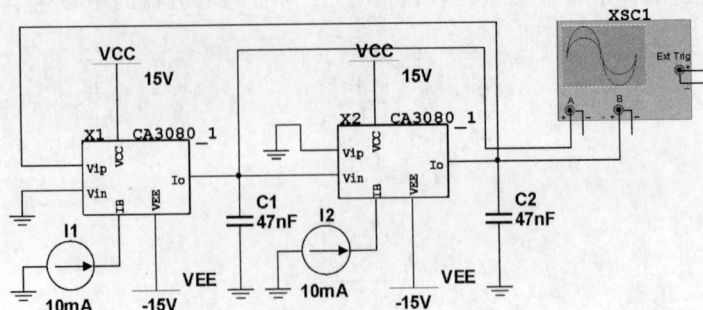

(a) 仿真图

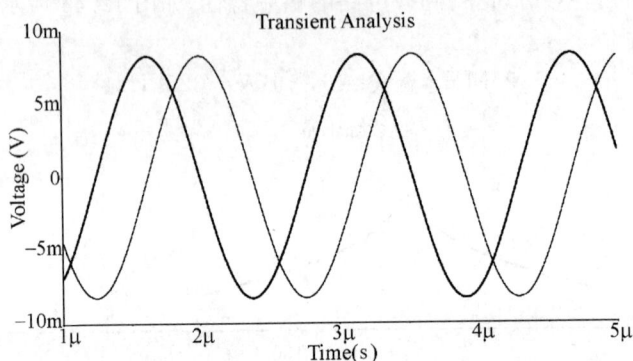

(b)输出波形

图 12.45　OTA 正弦波振荡器

又因为

$$V_{o1}(s) = \frac{G_{m1}}{sC_1}V_{o2}(s), \quad V_{o2}(s) = \frac{-G_{m2}}{sC_2}V_{o1}(s) \quad (12.43)$$

表明 V_{o1} 与 V_{o2} 相差 $90°$,故电路可以产生正交正弦振荡信号。

取 $G_{m1} = G_{m2} = G_m$,$C_1 = C_2 = C$,则有 $|V_{o1}| = |V_{o2}|$,即两输出信号幅值相等,相位正交。由于图 12.45(a)所示电路不能自动起振,仿真时,通过设置瞬态分析中的初始条件,可观察到电路的输出波形如图 12.45(b)所示。根据图中数据,求得振荡频率的理论值

$$f_0 = \frac{1}{2\pi}\sqrt{\frac{G_{m1}G_{m2}}{C_1C_2}} = \frac{1}{2\pi}\frac{G_m}{C} \approx 650\text{kHz}$$

仿真测试值为 657kHz,与理论值基本一致。

事实上,对于图 12.45(a)电路来说,除去 C_1 而保留 C_2,从 C_1 两端看到的输入阻抗与式(12.34)的形式是一样的。也就是说,无论从 C_1 两端还是从 C_2 两端看,均可视为一个模拟电感 C_2/G_m^2(或 C_1/G_m^2)与 C_1(或 C_2)构成的谐振回路,其振荡频率为

$$f = \frac{1}{2\pi\sqrt{(C_1/G_m^2)C_2}} = \frac{1}{2\pi\sqrt{(C_2/G_m^2)C_1}} = \frac{1}{2\pi}\sqrt{\frac{G_m^2}{C_1C_2}}$$

这与上述分析结果是一致的。

我们可以对图 12.45(a)所示电路进行改进,使之能够自动起振。例如在电路中引入负电阻,并适当选取其值,这时电路则为增幅正弦振荡,最后由电路内部的限幅环节实现稳幅

振荡。下面给出两种电路结构,如图 12.46 所示。

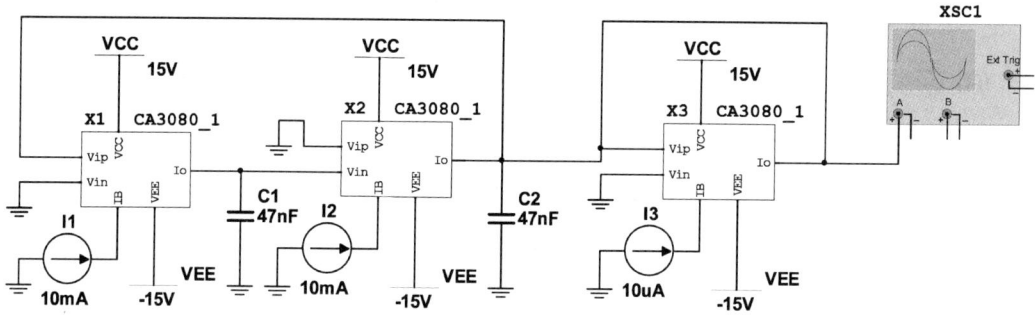

(a) OTA正弦波振荡器改进1

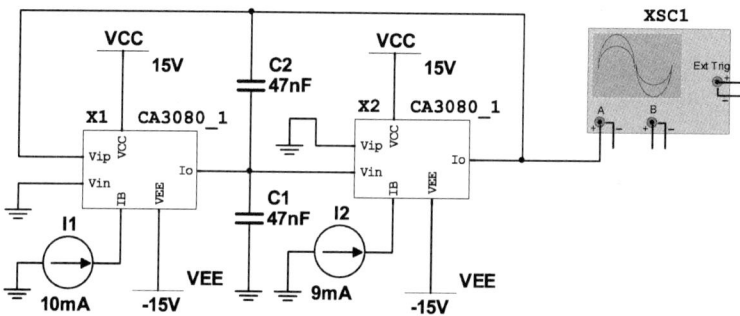

(b) OTA正弦波振荡器改进2

图 12.46 能够自动起振的 OTA 正弦波振荡器

对于图 12.46(a)来说,是在图 12.45(a)的基础上增加了 OTA X3 而得到的,而从 C_2 看 OTA X3 等效于一个负电阻 $-1/G_{m3}$,因此,图 12.46(a)所示电路等效于一个 LC 谐振回路与一个负电阻并联。不难证明,电路的特征方程为

$$s^2 - \frac{G_{m3}}{C_2}s + \frac{G_{m1}G_{m2}}{C_1 C_2} = 0 \tag{12.44}$$

电路的振荡频率为

$$f_0 = \frac{1}{2\pi}\sqrt{\frac{G_{m1}G_{m2}}{C_1 C_2}} \tag{12.45}$$

对于图 12.46(b)来说,是在图 12.45(a)的基础上,将 C_2 改接在 OTA X1 和 OTA X2 两个输出端之间而得到的,而从 C_1 两端看入等效于一个电感 $C_2/G_{m1}G_{m2}$ 与一个负电阻 $-1/(G_{m1}-G_{m2})$ 的并联,因此,图 12.46(b)所示电路也等效于一个 LC 谐振回路与一个负电阻并联。不难证明,电路的特征方程为

$$s^2 - \frac{G_{m1}-G_{m2}}{C_1}s + \frac{G_{m1}G_{m2}}{C_1 C_2} = 0 \tag{12.46}$$

电路的振荡频率为

$$f_0 = \frac{1}{2\pi}\sqrt{\frac{G_{m1}G_{m2}}{C_1 C_2}} \tag{12.47}$$

　　对上述 OTA 正弦波振荡器仿真,可以看到电路起振到波形稳定的全过程。需要注意,改变特征方程 s 一次项系数的值,可以调节振荡幅度,同时影响起振条件和输出波形的失真程度。

知识拓展

视频 61

本章知识结构图和小结

知识结构图

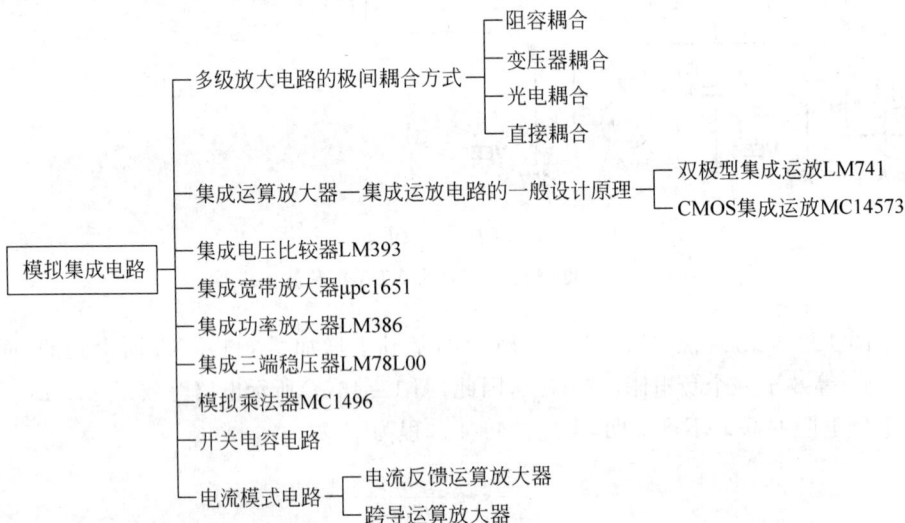

小结

　　1. 多级放大电路级间耦合方式有四种,即阻容耦合、变压器耦合、光电耦合和直接耦合。

　　2. 集成放大电路一般都采用直接耦合方式,这里需要考虑两方面的问题,一是级间的匹配问题,二是零点漂移问题。

　　3. 直接耦合放大电路的零点漂移主要取决于第一级,所以,在运放电路中的第一级一般采用差分放大电路。

　　4. 对于电压模式(即以电压作为输入、输出和信息传输参量的电路)集成运放来说,通常由输入级、中间级、输出级和偏置电路等四部分组成。其特点是:

　　(1) 采用直接耦合方式;

　　(2) 采用对称电路结构;

（3）采用有源器件。

输入级：多采用对称结构的各种组态的差分放大电路，要求其输入电阻高，差模放大倍数大，抑制共模信号能力强，静态电流小。

中间级：采用有源负载的共射（共源）电路，要求可提供足够大的电压增益。

输出级：采用射极输出器或互补输出电路，要求可提供足够的输出功率以满足负载的要求，同时还具有较低的输出电阻以便增强带负载能力。

偏置电路：采用电流源电路，为各级提供合适的偏置电流，确定各级静态工作点。

5. 分析双极型集成运放 LM741 每一部分电路的功能和特点。

6. 分析 CMOS 集成运算放大器 LM14573 每一部分电路的功能和特点。

7. 分析集成电压比较器 LM393 每一部分电路的功能和特点。

8. 分析集成宽带放大器 μpc1651 每一部分电路的功能和特点。

9. 分析音频集成功率放大器 LM386 每一部分电路的功能和特点。

10. 分析三端稳压器 LM78L00 每一部分电路的功能和特点。

11. 分析集成模拟乘法器 MC1496 电路的功能和特点。

12. 开关电容电路是由受时钟信号控制的开关和电容器组成的电路。它是利用电荷的存储和转移来实现对信号的各种处理功能的。这种电路的特性与电容的精度无关，而仅与电容的比值的准确性有关。

13. 以电流作为输入、输出和信息传输的参量，此类电路称为电流模式电路。电流模式电路具有速度快、频带宽、线性好和电压低等优点。

14. 跨导运算放大器的输入信号是电压，输出信号是电流，即用输入电压控制输出电流。利用 OTA，配以很少的外围元件可构建放大器、滤波器和振荡器等。

习题

分析题

12.1 两级放大电路如图 12.47 所示，各电容对交流信号可视为短路。

（1）画出电路的交流通路和直流通路。

（2）说明各级的电路组态和耦合方式。

（3）R_1 和 R_2 的作用是什么？R_1 短路对电路有何影响？

（4）写出电路的电压放大倍数表达式。

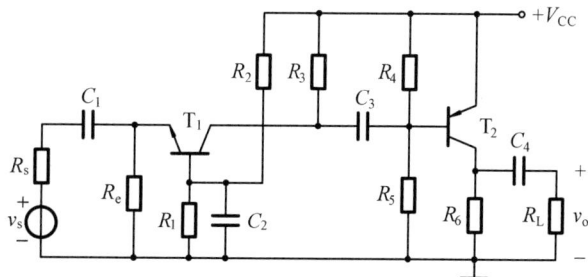

图 12.47 题 12.1 的图

12.2 电路如图 12.48 所示。设 T_1 的跨导为 g_m，r_d 很大，T_2 的电流放大系数为 β，输入电阻为 r_{be}。试求电路的电压放大倍数 A_v、输入电阻 R_i 和输出电阻 R_o。

12.3 电路如图 12.49 所示。试回答下列问题：

(1) 电路由哪几部分组成？

(2) 电路中 D_1、D_2、R_9、R_{10} 起什么作用？

(3) R_7、R_8、T_{15} 组成何种电路？起什么作用？

(4) 写出基准电流 I_{REF} 的表达式。

(5) 指出电路中的电流源电路。

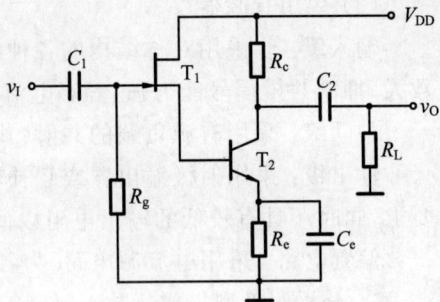

图 12.48 题 12.2 的图

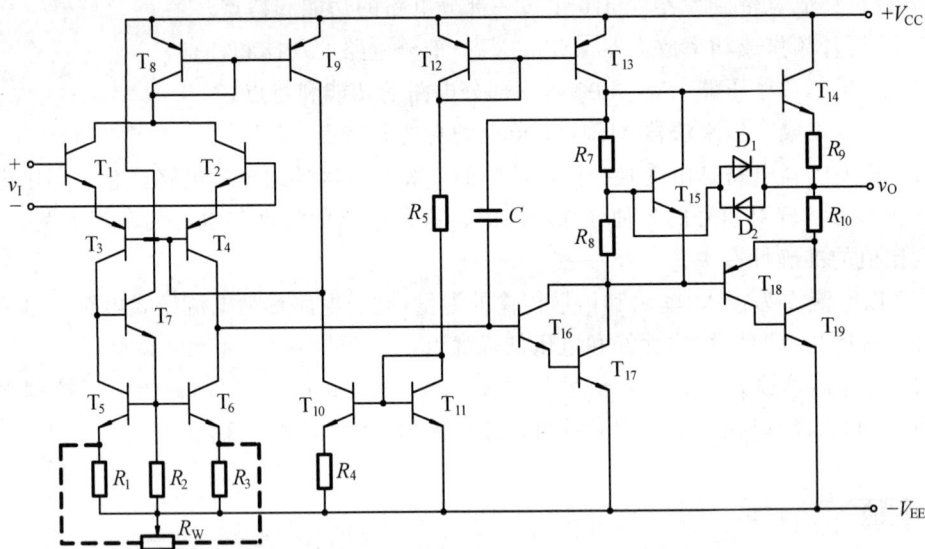

图 12.49 题 12.3 的图

12.4 集成运放 LF351 的内部电路如图 12.50 所示，试分析：

(1) 偏置电路由哪些元件组成？基准电流约为多少？

(2) 组成几级放大电路，每级各是什么基本电路？

(3) T_6、T_7 和 R_7 组成的电路的作用是什么？

12.5 电路如图 12.51 所示，是一款 NMOS 输入级低功耗运放，试分析：

(1) 电路组成；

(2) 各部分的作用；

(3) T_{10}、T_{11}、C_φ 组成的电路的作用是什么？

12.6 采用组合电路的 CA3040 集成宽带放大器，其内部电原理图如图 12.52 所示。

试分析：

(1) 电路的组成部分；

(2) 实现宽带的原理；

(3) 差模电压增益；

(4) 上限频率。

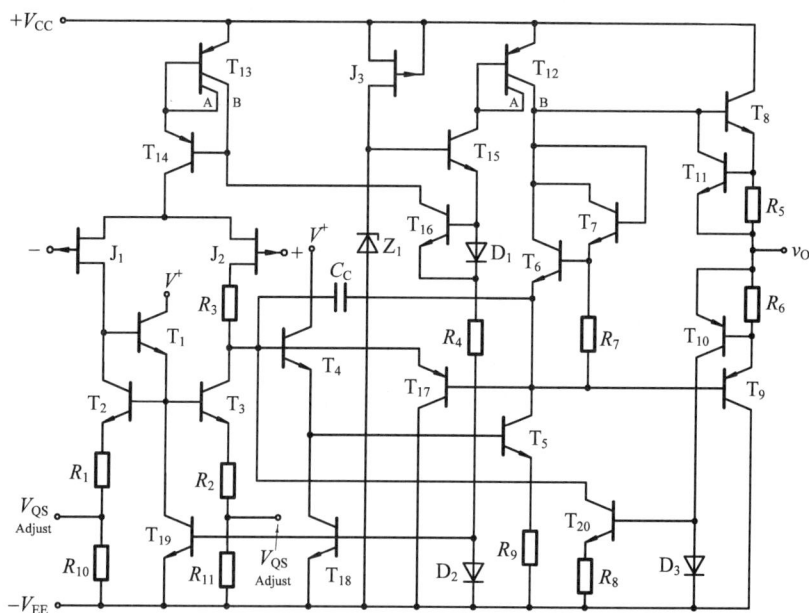

图 12.50　题 12.4 的图

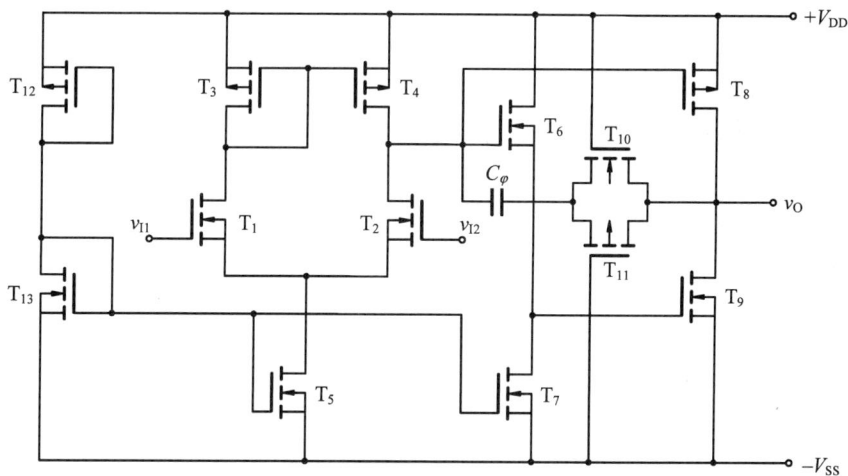

图 12.51　题 12.5 的图

12.7　试对图 12.16(LM386)进行静态和动态的仿真分析。

12.8　试对图 12.28(a)、图 12.28(b)所示电路进行仿真,观察、对比二者波形。

12.9　如图 12.53(a)所示,是典型的共源-共栅结构,其中 M_1 为共源放大电路,M_2 为共栅放大电路,其特点是交流电流流过 M_1、M_2 和直流电源。图 12.53(b)给出了另一种形式的共源-共栅结构,其特点是交流电流流过 M_1、M_2 和地,且流过 M_1、M_2 的交流电流大小相等、方向相反,即电流是"折叠"的。故这种结构称为折叠式共源-共栅放大电路。

将折叠式共源-共栅结构应用于差分放大电路,如图 12.53(c)所示。

(1) 分析电路结构;

(2) 求电路的差模电压增益。

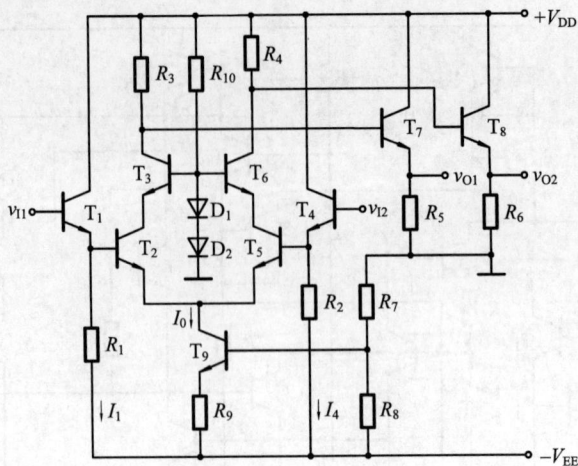

图 12.52　题 12.6 的图

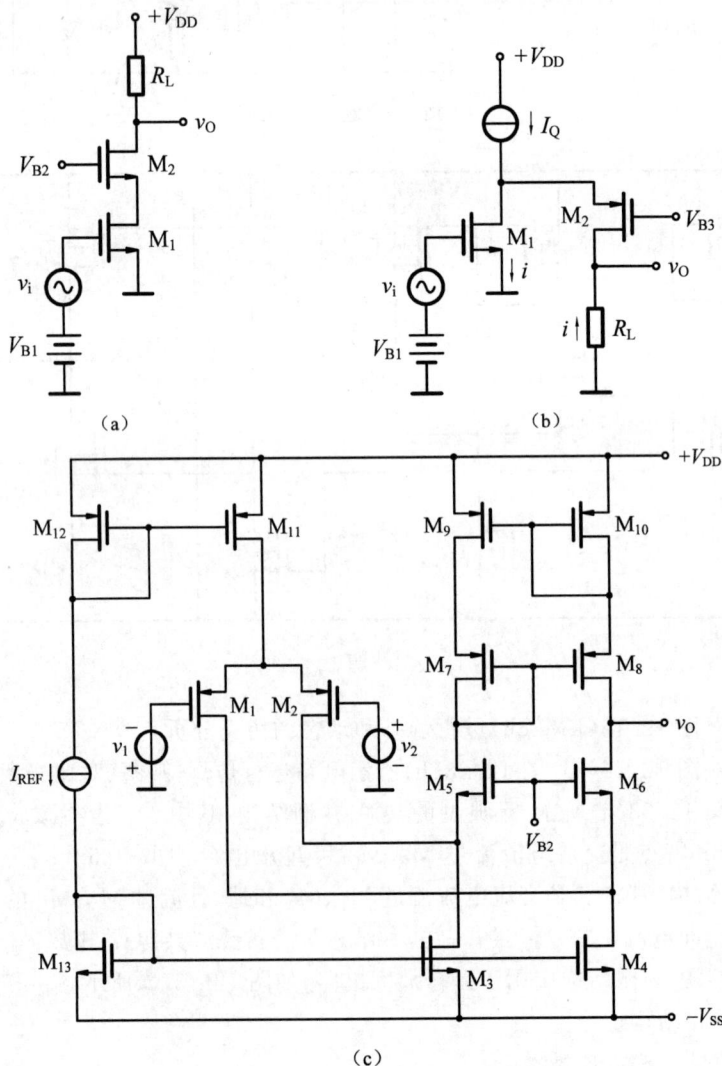

（a）

（b）

（c）

图 12.53　题 12.9 的图

12.10 查阅资料,分析集成电路 AD818 的内部电路结构。

12.11 仿真由 OTA 组成的二阶带通滤波器。

12.12 CMOS OTA 的典型电路如图 12.54 所示,其中 K 为电流比例系数(即宽长比的比例)。

回答以下问题:

(1) 电路由哪几部分组成?

(2) 写出电路的输出电流、输出电阻和上限频率的表达式。

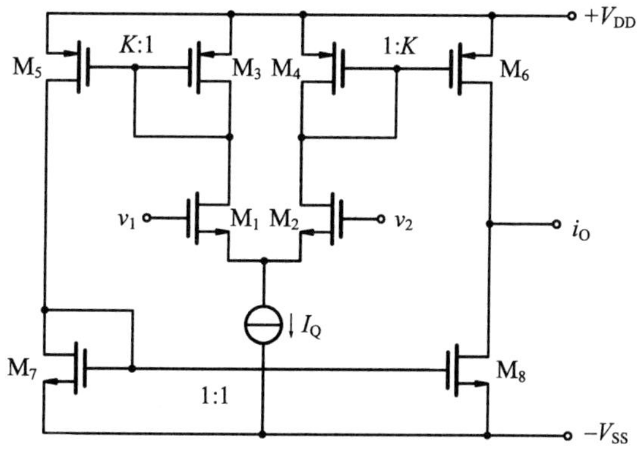

图 12.54 题 12.12 的图

12.13 导出图 12.46(a)所示电路的特征方程,并对电路进行仿真,测试相关参数。

12.14 导出图 12.46(b)所示电路的特征方程,并对电路进行仿真,测试相关参数。

设计题

12.1 设计一个 CMOS 集成运放,要求:电路如图 12.8 所示,电路开环电压放大倍数为 40000,双电源供电电压为 ±2.5V。

12.2 设计一个 OTA 电压放大器。要求:电压增益为 30dB,负载为 50Ω,双电源 ±15V 供电。

12.3 利用双极型 OTA 设计一个正交振荡器。要求:振荡频率为 650kHz。

第 13 章

CHAPTER 13

半导体器件的物理机理

扫码获取
对应内容

线性电路的基本问题

附录 A

电子制作——电子元器件、工具、仪器仪表

视频 62　　　视频 63

参 考 文 献

[1] 华成英,童诗白.模拟电子技术基础[M].4 版.北京:高等教育出版社,2006.

[2] 康华光.电子技术基础(模拟部分)[M].5 版.北京:高等教育出版社,2006.

[3] 谢嘉奎,宣月清.电子电路(非线性部分)[M].3 版.北京:高等教育出版社,1988.

[4] 高文焕,李冬梅.电子线路基础[M].2 版.北京:高等教育出版社,2005.

[5] 劳五一,劳佳.模拟电子电路分析、设计与仿真[M].北京:清华大学出版社,2007.

[6] 孙肖子.模拟电子电路及技术基础[M].西安:西安电子科技大学出版社,2001.

[7] 董在望,等.高等模拟集成电路[M].北京:清华大学出版社,2006.

[8] 赵玉山,周跃庆,等.电流模式电子电路[M].天津:天津大学出版社,2001.

[9] 池保勇.模拟集成电路与系统[M].北京:清华大学出版社,2009.

[10] 王卫东.现代模拟集成电路原理及应用[M].北京:电子工业出版社,2008.

[11] 杨素行.模拟电子技术基础简明教程[M].2 版.北京:高等教育出版社,1985.

[12] 张肃文,陆兆熊.高频电子线路[M].3 版.北京:高等教育出版社,1992.

[13] 何希才.新型开关电源及其应用[M].北京:人民邮电出版社,1996.

[14] Razavi, Behzad. Design of Analog CMOS Integrated Circuits[M]. McGraw-Hill, 2002.

[15] Neamen,Donald. Microelectronic Circuit Analysis and Design. 4th ed. McGraw-Hill, 2006.

[16] Razavi, Behzad. Fundamentals of Microelectronics[M]. Wiley, 2008.

[17] Sedra, Adel S., and Kenneth C. Smith. Microelectronic Circuits[M]. 6th ed. Oxford University Press,2009.

[18] Pease, Robert A., et. Analog Circuits:World Class Designs[M]. Newnes, 2004.

[19] Brown, Marty. Power Sources and Supplies:World Class Designs[M]. Newnes, 2011.

[20] Horowitz, Paul, Winfield Hill, and Thomas C. Hayes. The Art of Electronics[M]. 2nd ed. Cambridge University Press,1989.

[21] Allen, Phillip E., and Douglas R. Holberg. CMOS Analog Circuit Design[M]. 2nd ed. Oxford University Press,2002.

[22] Hambley, Allan R. Electronics:A Top-Down Approach to Computer-Aided Circuitry Design[M]. Prentice Hall PTR, 1994.

图书资源支持

感谢您一直以来对清华版图书的支持和爱护。为了配合本书的使用，本书提供配套的资源，有需求的读者请扫描下方的"书圈"微信公众号二维码，在图书专区下载，也可以拨打电话或发送电子邮件咨询。

如果您在使用本书的过程中遇到了什么问题，或者有相关图书出版计划，也请您发邮件告诉我们，以便我们更好地为您服务。

我们的联系方式：

地　　址：北京市海淀区双清路学研大厦 A 座 714

邮　　编：100084

电　　话：010-83470236　　010-83470237

客服邮箱：2301891038@qq.com

QQ：2301891038（请写明您的单位和姓名）

资源下载：关注公众号"书圈"下载配套资源。

资源下载、样书申请

书 圈　　　　获取最新书目　　　　观看课程直播